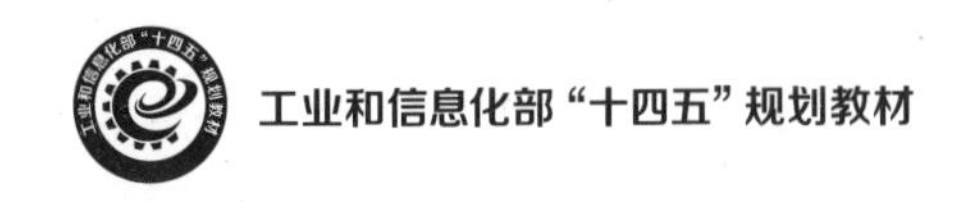

线性代数

第二版

北京理工大学
张　杰　吴惠彬　杨　刚　编著

中国教育出版传媒集团
高等教育出版社·北京

内容简介

本书在上一版基础上修订而成。本书内容深入浅出，突出矩阵的作用，强调线性变换的思想。全书共六章，包括矩阵、线性方程组、线性空间与线性变换、行列式、特征值与特征向量、二次型与正定矩阵。

本书将信息技术与线性代数教学深度融合，配备了交互式学习资源。读者可扫描书中的二维码打开 H5 交互网页，进行实时交互操作，加深对相关内容直观、深入的理解。

本书可作为高等院校理工类专业线性代数课程教材，也可供工程技术人员参考。

图书在版编目(CIP)数据

线性代数/张杰，吴惠彬，杨刚编著. --2版. --北京：高等教育出版社，2023.3

ISBN 978-7-04-059979-4

Ⅰ.①线… Ⅱ.①张… ②吴… ③杨… Ⅲ.①线性代数-高等学校-教材 Ⅳ.①O151.23

中国国家版本馆 CIP 数据核字(2023)第 026611 号

策划编辑	李　茜	责任编辑	朱　瑾	封面设计	裴一丹	版式设计	杜微言
责任绘图	于　博	责任校对	吕红颖	责任印制	韩　刚		

出版发行	高等教育出版社	网　　址	http://www.hep.edu.cn
社　　址	北京市西城区德外大街4号		http://www.hep.com.cn
邮政编码	100120	网上订购	http://www.hepmall.com.cn
印　　刷	运河(唐山)印务有限公司		http://www.hepmall.com
开　　本	787mm×1092mm　1/16		http://www.hepmall.cn
印　　张	23	版　　次	2007年8月第1版
字　　数	440千字		2023年3月第2版
购书热线	010-58581118	印　　次	2023年3月第1次印刷
咨询电话	400-810-0598	定　　价	46.80元

本书如有缺页、倒页、脱页等质量问题，请到所购图书销售部门联系调换

物 料 号　59979-00

第二版前言

本书第一版自 2007 年出版以来, 一直作为北京理工大学线性代数课程的教材。在使用过程中, 广大读者向我们提出了许多宝贵的建议, 对此深表感谢! 同时, 随着信息技术的发展, 线性代数也有了新的面貌。例如从几何的视角, 用多媒体动画的方式, 解释线性代数的一些基本概念、运算、理论、方法等。这些有利于读者更加直观、深刻地理解线性代数的内在本质。为此, 编者对本书第一版进行修订。主要修订内容如下:

(1) 通过 H5 交互网页, 将信息技术与线性代数教学深度融合, 增加了本书与读者的交互界面。读者可扫描书中的二维码打开相应的 H5 交互网页, 进行实时交互操作, 加深对线性代数相关内容直观、深入的理解;

(2) 在第一章开始增加了《九章算术》中有关“方程术”的介绍。《九章算术》系统总结了战国、秦、汉时期中国的数学成就。它与古希腊的《几何原本》并称为现代数学的两大源泉。该书先后传入朝鲜、日本、印度、阿拉伯, 并于 13 世纪传入欧洲。文中的“方程术”, 其本质就是高斯消元法;

(3) 将第三章中有关数域的内容前移作为第 1.2 节。在第 1.6 节中增加了有关分块初等变换与分块初等矩阵的内容;

(4) 对第三章的内容结构进行了调整, 增加了线性映射及其矩阵的相关内容;

(5) 增加了 15 幅配图, 以便读者更好地理解相关内容;

(6) 增加了书中概念和记号的索引, 以便读者查阅相关内容;

(7) 考虑到已有专门的数学实验课程和教材, 故删去了第一版中关于 MATLAB 算例的阅读材料;

(8) 对个别地方进行了勘误。

本书 (或本书不带“*”部分) 适用于理工科院校本科各专业60(或40)余学时的线性代数课程。

书中所用的 H5 交互网页均由作者通过数学动态交互软件 GeoGebra 编写。为此, 作者向这个免费、开源的软件开发者表示感谢!

本书的修订得到了北京理工大学和高等教育出版社的鼎力支持, 在此深表感谢! 同时, 对关心、支持本书的修订, 特别是提供帮助的各位同仁和广大读者再次深表感谢!

编者热诚欢迎广大读者对本书提出宝贵意见。

编　者

2022 年 4 月 12 日

第一版前言

线性代数是理工科院校本科生的一门数学公共基础课, 它所讨论的内容和研究的问题是许多近代科学理论与工程技术的基础。特别是在自动控制、电子通信、计算机技术以及工程力学等领域, 线性代数有广泛的应用。另一方面, 作为代数学的一个组成部分, 线性代数有其自身的数学特点。从方法论的角度看, 它的某些内容是体现数学思维模式的典型范例。因此, 线性代数不仅为其他学科提供强有力的数学工具, 而且在数学思维的训练和数学能力的培养上也发挥着重要作用。这正是本书力图达到的目标。

本书共分为六章, 前三章由杨刚编写, 后三章由吴惠彬编写。全书以矩阵为切入点, 以线性方程组为发展线索, 把矩阵作为贯穿始终的重要工具, 从实际应用到理论推导全方位地突出矩阵概念。前三章 (矩阵、线性方程组、线性空间与线性变换) 的内容完全不涉及行列式, 从而可使读者集中精力, 理解、掌握矩阵的基本内容, 为后续章节的学习打下良好的基础。行列式的内容被放在第四章, 以便计算矩阵的特征值时使用。这样的安排可有效地防止过去那种行列式与矩阵几乎同时引入的模式所产生的两个概念相互混淆的现象发生。编者按照这种体系结构在北京理工大学 8 届试验班上讲授线性代数, 均取得良好效果。

线性代数的许多内容或直接来源于实践, 或在实践中有重要的应用。但长久以来, 线性代数的教材重理论、轻实践者居多。这种理论与实践的相互脱节给学好、用好线性代数带来了不小的障碍, 使得线性代数考试成绩突出的学生未必就能在实践中同样突出地使用线性代数解决实际问题。这与加强素质教育的宗旨偏差甚大。针对这种现状, 本书加强了实践环节与工程应用的内容。首先, 对重要的基本概念, 力求做到从实践中来, 即概念的引入尽可能源于实际问题或作为思维过程的自然延续。其次, 增加了应用问题的举例, 重点讨论如何将线性代数知识应用到实践中去的问题。编者多年的教学实践表明, 理论联系实际的确会极大地增强对线性代数的思想和方法的理解与把握, 对提高运用线性代数知识解决实际问题的能力也会有较大的推动作用。

近几年来, 用 MATLAB 辅助线性代数的教学正越来越受到人们的重视, 并且已经成为一种比较流行的教学模式。MATLAB 是一种以矩阵运算为基础的交互式程序语言, 特别适用于求解线性代数的问题, 尤其是计算量比较大的实际应用问题。为此, 在本书每章的最后, 作为阅读材料, 安排了若干 MATLAB 算例, 供感兴趣的读者使用。

考虑到理工科院校各专业对线性代数的要求不尽相同, 本书设置了两种学时安排: 一、对机械制造、化学工程以及经济管理等专业, 只讲授一至六章的基本内容, 其中的线性空间与线性变换、Jordan 标准形, 以及某些较难的例题可以略去, 大约需要 40 多个学时。二、对电子信息、自动控制以及工程力学等专业, 讲授全部内容, 大约需要 60 学时左右。在实际讲授过程中, 教师可根据学时及专业自行安排讲授内容。

在本书即将正式出版前, 编者对在编写过程中给予过热情帮助和大力支持的各位同仁表示衷心的感谢! 特别应指出的是, 北京理工大学的孙良教授对全书的体系框架提出了非常重要的建设性意见, 北京航空航天大学的李心灿教授和北京信息工程学院的吴昌悫教授对本书的编写给予了热情的关心和帮助, 北京航空航天大学的王日爽教授仔细、认真地审阅了全稿, 并提出了许多重要的建议, 北京理工大学的魏丰副教授提供了本书的 MATLAB 算例。编者再次对上述专家表示衷心的谢意! 同时, 感谢高等教育出版社对本书出版的大力支持。由于时间仓促, 加之编者水平所限, 不妥或谬误之处在所难免, 恳请读者批评指正。

编　者

2007 年 4 月 19 日

目　　录

第一章　矩　　阵

矩阵是线性代数最重要的工具, 也是主要的研究对象. 本章将通过《九章算术》中的“方程术”引入矩阵的概念, 并介绍矩阵的运算以及相关的知识.

线性方程组理论是线性代数的重要组成部分. 我国汉代的数学名著《九章算术》的“方程”章第一题中就记载了一个由三个未知数、三个方程构成的线性方程组的解法. 文中方程组由以下文字给出:

“今有上禾三秉, 中禾二秉, 下禾一秉, 实三十九斗; 上禾二秉, 中禾三秉, 下禾一秉, 实三十四斗; 上禾一秉, 中禾二秉, 下禾三秉, 实二十六斗. 问上、中、下禾实一秉各几何?”

题中“禾”为黍米, “秉”指捆, “实”是打下来的粮食. 设上、中、下禾一秉打出的粮食分别为 x, y, z 斗, 则问题就相当于解下面这个三元一次方程组:

$$\begin{cases} 3x + 2y + \ \ z = 39, \\ 2x + 3y + \ \ z = 34, \\ \ \ x + 2y + 3z = 26. \end{cases}$$

《九章算术》没有表示未知数的符号, 而是用算筹将 x, y, z 的系数和常数项排列成一个矩形数阵, 这里已将算筹数码换作阿拉伯数字. 注意这里采取的是从右到左的纵向排列. 《九章算术》给出答案, 并提出了“方程术”. 下面就按照“方程术”求解这个三元一次方程组.

上:	1	2	3
中:	2	3	2
下:	3	1	1
实:	26	34	39

① “置上禾三秉, 中禾二秉, 下禾一秉, 实三十九斗, 于右方. 中、左禾列如右方” (给三个线性方程按列确定位置):

$$\begin{cases} 3x + 2y + \ \ z = 39, & 右 \\ 2x + 3y + \ \ z = 34, & 中 \\ \ \ x + 2y + 3z = 26. & 左 \end{cases}$$

	左行	中行	右行
上:	1	2	3
中:	2	3	2
下:	3	1	1
实:	26	34	39

②“以右行上禾遍乘中行，而以直除．又乘其次，亦以直除”(用右行上禾的 3 乘中行各数, 使其变为 6, 9, 3, 102, 再将这 4 个数分别减去右行对应各数的 2 倍, 使中行第一个数变成 0, 四个数分别变成 0, 5, 1, 24. 再将左行各数乘以 3, 并减去右行对应各数, 使左行第一个数也变成 0):

$$\begin{cases} 3x+2y+\ z=39, & 右 \\ \qquad 5y+\ z=24, & 中 \\ \qquad 4y+8z=39. & 左 \end{cases}$$

	左行	中行	右行
上:	0	0	3
中:	4	5	2
下:	8	1	1
实:	39	24	39

③“然以中行中禾不尽者遍乘左行，而以直除”(用中行中禾数 5 乘左行各数, 然后将所得结果减去中行对应各数的 4 倍, 使左行中禾数成为 0):

$$\begin{cases} 3x+2y+\quad z=39, & 右 \\ \qquad 5y+\quad z=24, & 中 \\ \qquad\qquad 36z=99. & 左 \end{cases}$$

	左行	中行	右行
上:	0	0	3
中:	0	5	2
下:	36	1	1
实:	99	24	39

由此方程组计算可得: 下禾一秉二斗四分斗之三 $\left(z=2\dfrac{3}{4}\right)$; 中禾一秉四斗四分斗之一 $\left(y=4\dfrac{1}{4}\right)$; 上禾一秉九斗四分斗之一 $\left(x=9\dfrac{1}{4}\right)$.

在《九章算术》给出的“方程术”中, 对一个线性方程组进行了如下两种类型的操作:

(1) 用一个非零数乘一个方程;

(2) 把一个方程的常数倍加到另一个方程上.

因此,《九章算术》中解方程组的过程可以表述如下:

$$\begin{cases} 3x+2y+\ z=39, & [1] \\ 2x+3y+\ z=34, & [2] \\ x+2y+3z=26, & [3] \end{cases}$$

$3\times[2], 3\times[3]$:

$$\begin{cases} 3x+2y+\ z=\ \ 39, & [1'] \\ 6x+9y+3z=102, & [2'] \\ 3x+6y+9z=\ \ 78, & [3'] \end{cases}$$

$[2'] + (-2) \times [1'], [3'] + (-1) \times [1']$:

$$\begin{cases} 3x + 2y + \ \ z = 39, & [1''] \\ \quad\ \ 5y + \ \ z = 24, & [2''] \\ \quad\ \ 4y + 8z = 39, & [3''] \end{cases}$$

$5 \times [3'']$:

$$\begin{cases} 3x + \ 2y \ + \quad z = \ 39, & [1'''] \\ \quad\ \ \ 5y \ + \quad z = \ 24, & [2'''] \\ \quad\ 20y + 40z = 195, & [3'''] \end{cases}$$

$[3'''] + (-4) \times [2''']$:

$$\begin{cases} 3x + 2y + \quad z = 39, & [1''''] \\ \quad\ \ 5y + \quad z = 24, & [2''''] \\ \qquad\quad\ \ 36z = 99, & [3''''] \end{cases}$$

由 $[3'''']$ 得 $z = \dfrac{99}{36} = \dfrac{11}{4} = 2\dfrac{3}{4}$; 将之代入 $[2'''']$ 得 $y = \dfrac{85}{4} \times \dfrac{1}{5} = \dfrac{17}{4} = 4\dfrac{1}{4}$;

将 $z = 2\dfrac{3}{4}, y = 4\dfrac{1}{4}$ 代入 $[1'''']$ 得 $x = \dfrac{37}{4} = 9\dfrac{1}{4}$.

以上解方程组的过程用了三个不同字母 x, y, z 分别代表上、中、下禾一秉打出粮食的量. 通过对以上过程的细心观察, 可以发现未知数、某些"+"号及"="号是不参与运算的, 只有未知数的系数和常数项参加运算.

我国古代没有用字母以及阿拉伯数字,《九章算术》是把每个方程中不同未知数的系数按顺序竖直排成一列来表示这个方程. 这样方程乘一个倍数就对应将该列中的各数同乘这个倍数; 要消去某个未知数, 就是将两列的同一位置的数字分别乘以适当的倍数之后再相加减.

仿照《九章算术》这个方法, 可以将方程组的未知数略去不写, 将不同未知数的系数按顺序排在不同位置来加以区分. 与《九章算术》的区别在于:《九章算术》中利用算筹将方程未知数的系数按列依次排出; 我们用阿拉伯数字将方程未知数的系数按行依次排在相应位置组成矩形数阵, 以此来代表方程组. 例如《九章算术》中的上述方程组可以表示为

$$\begin{bmatrix} 3 & 2 & 1 & 39 \\ 2 & 3 & 1 & 34 \\ 1 & 2 & 3 & 26 \end{bmatrix},$$

上面解方程组的过程可以简写如下:

$$
\begin{bmatrix} 3 & 2 & 1 & 39 \\ 2 & 3 & 1 & 34 \\ 1 & 2 & 3 & 26 \end{bmatrix}
\xrightarrow[\text{第三行各数乘3}]{\text{第二行各数乘3}}
\begin{bmatrix} 3 & 2 & 1 & 39 \\ 6 & 9 & 3 & 102 \\ 3 & 6 & 9 & 78 \end{bmatrix}
$$

$$
\xrightarrow[\text{第三行加上第一行的}(-1)\text{倍}]{\text{第二行加上第一行的}(-2)\text{倍}}
\begin{bmatrix} 3 & 2 & 1 & 39 \\ 0 & 5 & 1 & 24 \\ 0 & 4 & 8 & 39 \end{bmatrix}
$$

$$
\xrightarrow{\text{第三行各数乘5}}
\begin{bmatrix} 3 & 2 & 1 & 39 \\ 0 & 5 & 1 & 24 \\ 0 & 20 & 40 & 195 \end{bmatrix}
$$

$$
\xrightarrow{\text{第三行加上第二行的}(-4)\text{倍}}
\begin{bmatrix} 3 & 2 & 1 & 39 \\ 0 & 5 & 1 & 24 \\ 0 & 0 & 36 & 99 \end{bmatrix}.
$$

《九章算术》中用算筹将未知数的系数和常数项排列成的矩形数阵, 实质就是本书研究的主要对象: 矩阵; 文中“方程术”实质上就是下面这一节要学习的解线性方程组的消元法, 也称之为“高斯 (Gauss) 消元法”[①].

1.1 高斯消元法

中学的代数课程已经介绍过一些简单的二元一次、三元一次线性方程组, 并利用加减消元法对方程组进行求解. 例如, 对于方程组

$$
\begin{cases} x+y=0, \\ x-y=2, \end{cases}
$$

利用两个方程相加消去未知数 y, 即可求得 $x=1$, 再将其代入第一个方程即可求得 $y=-1$. 平面 Oxy 上直线方程的一般形式为 $ax+by+c=0$, 于是上述方程组可以理解为求两条直线的交点 (图 1.1.1). 而方程组

$$
\begin{cases} x+2y=0, \\ 2x+4y=0, \end{cases}
$$

可以理解为两条重合的直线 (图 1.1.2). 因此这条直线上所有的点都是这个方程组的解, 如 $(0,0)$, $(2,-1)$, $\left(3,-\dfrac{3}{2}\right)$, $\cdots$.

① 解线性方程组的消元法, 在西方文献中通常叫作高斯消元法. 这种求解线性方程组的方法最早见于《九章算术》.

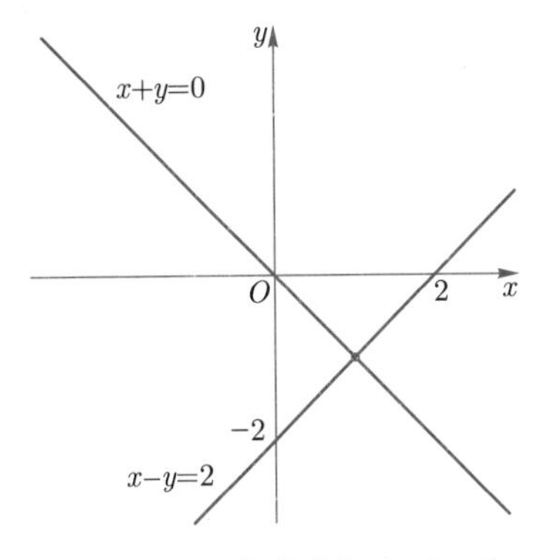

图 1.1.1 两条直线相交于一点

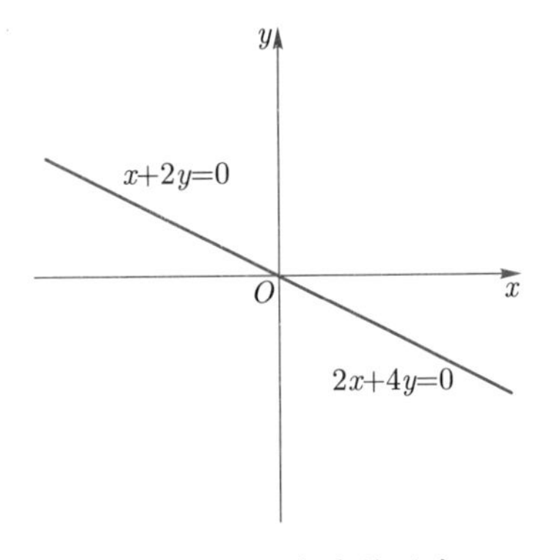

图 1.1.2 两条直线重合

下面对求解二元一次、三元一次线性方程组的加减消元法进行改进,以适用于所有的线性方程组.

1.1.1 线性方程组的概念

设有

$$\begin{cases} a_{11}x_1 + a_{12}x_2 + \cdots + a_{1n}x_n = b_1, \\ a_{21}x_1 + a_{22}x_2 + \cdots + a_{2n}x_n = b_2, \\ \cdots\cdots\cdots\cdots \\ a_{m1}x_1 + a_{m2}x_2 + \cdots + a_{mn}x_n = b_m, \end{cases} \tag{1.1.1}$$

其中 $x_1, x_2, \cdots, x_n$ 是未知数, $a_{ij}(i=1,2,\cdots,m; j=1,2,\cdots,n)$ 是未知数的系数, $b_1,b_2,\cdots,b_m$ 是常数项. 称上式为**含 m 个方程 n 个未知数的线性方程组**, 简称为 **n 元线性方程组**.

任取 n 个数 $c_1, c_2, \cdots, c_n$, 若分别代替 $x_1,x_2,\cdots,x_n$, 使方程组 (1.1.1) 的每个方程的等号都成立, 则称 $x_1 = c_1, x_2 = c_2, \cdots, x_n = c_n$ 是方程组 (1.1.1) 的一个**解**, 一般记为一个 n 元有序数组 $(c_1, c_2, \cdots, c_n)$. 线性方程组的一个取定的解通常称为它的一个**特解**, 将方程组全部解构成的集合称为这个方程组的**解集**, 解集中全部元素的一个通项表达式称为方程组 (1.1.1) 的**通解**或**一般解**.

下面举例说明新方法是如何求解方程组的.

例 1.1.1 解下列线性方程组:

$$\begin{cases} 2x_1 + 2x_2 + 2x_3 = 4, & [1] \\ 2x_1 + 2x_2 - x_3 = 1, & [2] \\ 3x_1 - x_2 + x_3 = 0. & [3] \end{cases}$$

解 $\frac{1}{2}\times[1]$:

$$\begin{cases} x_1+\ \ x_2+x_3=2, & [1'] \\ 2x_1+2x_2-x_3=1, & [2'] \\ 3x_1-\ \ x_2+x_3=0, & [3'] \end{cases}$$

$[2']+(-2)\times[1'],[3']+(-3)\times[1']$:

$$\begin{cases} x_1+\ \ x_2+\ \ x_3=\ \ 2, & [1''] \\ \qquad\qquad -3x_3=-3, & [2''] \\ \quad -4x_2-2x_3=-6, & [3''] \end{cases}$$

$[2'']\leftrightarrow[3'']$:

$$\begin{cases} x_1+\ x_2+\ x_3=\ \ 2, & [1'''] \\ \quad -4x_2-2x_3=-6, & [2'''] \\ \qquad\qquad -3x_3=-3, & [3'''] \end{cases}$$

交互实验 1.1.1

由 $[3''']$ 得 $x_3=1$; 将之代入 $[2''']$ 得 $x_2=1$; 将 $x_2=1,x_3=1$ 代入 $[1''']$ 得 $x_1=0$. 故方程组的解为 $(0,1,1)$.

空间中一个平面的标准方程为 $ax+by+cz+d=0$, 扫描交互实验 1.1.1 的二维码, 拖动滑动条选择不同的 a,b,c,d, 观察不同参数对应的平面. 因此, 上面的例子可以理解为三个平面相交于一点. 如图 1.1.3 所示.

图 1.1.3 彩图

例 1.1.1 虽然简单, 却能说明改进后的消元法的基本步骤: 首先是把方程组变为易于求解的形式, 称之为**消元过程**; 其次是根据新方程组, 从最后一个方程开始反复进行代入求解, 直到解出全部未知数, 称之为**回代过程**. 在消元过程中, 我们对方程组进行了三种类型的操作:

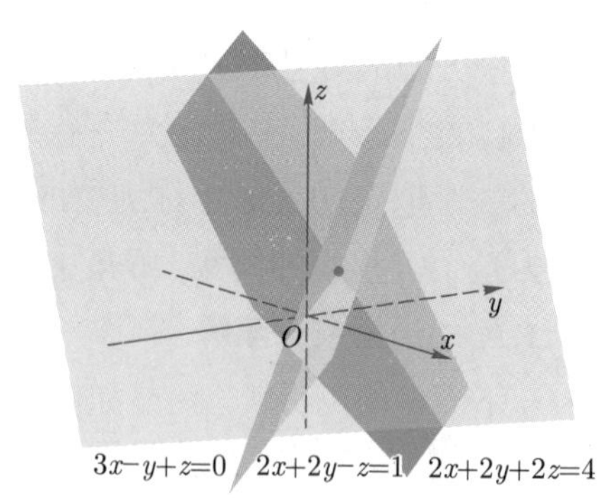

图 1.1.3

(1) 用一个非零数乘一个方程;

(2) 把一个方程的常数倍加到另一个方程上;

(3) 交换两个方程的位置.

称上述三种操作为**线性方程组的初等变换**.

与《九章算术》中“方程术”算法不同的是, 这里多了交换两个方程位置的操作. 为表述方便, 将以上三种初等变换分别称为倍乘、倍加和交换. 根据线性方程组的解的定义和等式的性质容易证明, 线性方程组经过倍乘初等变换后, 得到的方程组的解集与原方程组的解集相等, 这样的两个方程组称为**同解方程组**. 同样容易证明, 经过倍加或交换初等变换得到的方程组与原方程组同解, 即有

定理 1.1.1 方程组的初等变换把一个线性方程组变成另一个同解的线性方程组.

对方程组进行消元时有如下约定:

(1) 用上面方程中的未知数消去下面方程中的未知数;

(2) 一个方程中从左向右依次消去未知数.

这样, 最后总是可以把方程组化为一种特殊形式: 从上到下, 每个方程中系数不为零的第一个未知数的下标是严格增大的, 称这种形式的方程组为**阶梯形方程组**. 例如

$$\begin{cases} x_1+x_2+x_3=1, \\ \qquad x_2+x_3=2, \\ \qquad\qquad x_3=0, \end{cases} \qquad \begin{cases} x_1+x_2+x_3+x_4=1, \\ \qquad\qquad x_3+x_4=0. \end{cases}$$

显然, 阶梯形方程组非常便于回代求解.

1.1.2 矩阵的引入

当未知数与方程比较多时, 按例 1.1.1 的方法求解方程组, 其消元过程的书写量非常大. 通过对消元过程的细心观察, 发现方程组的初等变换只是改变了未知数的系数与常数项, 而未知数、某些“+”号及“=”号是不参与运算的. 这就促使人们去仿照《九章算术》中利用矩形数阵表示方程组的方法, 使之既能反映消元的真实过程, 同时又不含与变换无关的成分, 这种矩形数阵就是矩阵.

定义 1.1.1 $m\times n$ 个数 $a_{ij}\ (i=1,2,\cdots,m;j=1,2,\cdots,n)$ 构成的 m 行 n 列的矩形表

$$\begin{bmatrix} a_{11} & a_{12} & \cdots & a_{1n} \\ a_{21} & a_{22} & \cdots & a_{2n} \\ \vdots & \vdots & & \vdots \\ a_{m1} & a_{m2} & \cdots & a_{mn} \end{bmatrix} \tag{1.1.2}$$

称为 $m\times n$ **矩阵**, 简称为矩阵.

矩阵 (1.1.2) 可简记为 $[a_{ij}]_{m\times n}$, 其中

$$a_{i1}, a_{i2}, \cdots, a_{in}$$

是 $[a_{ij}]_{m\times n}$ 的第 i 行,

$$\begin{matrix} a_{1j} \\ a_{2j} \\ \vdots \\ a_{mj} \end{matrix}$$

是 $[a_{ij}]_{m\times n}$ 的第 j 列, 因此 a_{ij} 表示 $[a_{ij}]_{m\times n}$ 第 i 行第 j 列处的元 (或称元素), 称之为矩阵 $[a_{ij}]_{m\times n}$ 的 $(\boldsymbol{i},\boldsymbol{j})$–**元**.

矩阵一般用大写黑体英文字母 $\boldsymbol{A}, \boldsymbol{B}, \boldsymbol{C}, \cdots$ 表示, 其元素一般用小写英文字母 $a, b, a_i, b_i, a_{ij}, b_{ij}, \cdots$ 表示. 例如, 矩阵 (1.1.2) 可表示为 $\boldsymbol{A} = [a_{ij}]_{m\times n}, \boldsymbol{A}_{m\times n}, \boldsymbol{A}$ 等形式.

对线性方程组 (1.1.1), 令

$$\boldsymbol{A} = \begin{bmatrix} a_{11} & a_{12} & \cdots & a_{1n} \\ a_{21} & a_{22} & \cdots & a_{2n} \\ \vdots & \vdots & & \vdots \\ a_{m1} & a_{m2} & \cdots & a_{mn} \end{bmatrix}, \quad \widetilde{\boldsymbol{A}} = \begin{bmatrix} a_{11} & a_{12} & \cdots & a_{1n} & b_1 \\ a_{21} & a_{22} & \cdots & a_{2n} & b_2 \\ \vdots & \vdots & & \vdots & \vdots \\ a_{m1} & a_{m2} & \cdots & a_{mn} & b_m \end{bmatrix},$$

分别称 $\boldsymbol{A}$ 和 $\widetilde{\boldsymbol{A}}$ 为方程组 (1.1.1) 的**系数矩阵**和**增广矩阵**. 显然, 一个方程组和它的增广矩阵是相互唯一确定的.

前面对例 1.1.1 的分析表明, 方程组的三种初等变换恰好对应增广矩阵的下列三种操作:

(1) 用一个非零数乘一行的全部元素;

(2) 某行全部元素乘同一个数再加到另一行对应元素上;

(3) 交换两行的位置.

称这三种操作为**矩阵的初等行变换**. 与方程组的初等变换类似, 将以上三种初等行变换分别称为倍乘、倍加和交换. 为表述方便, 约定: 将非零数 c 乘矩阵的第 i 行, 记为 cR_i; 将矩阵第 i 行全部元素乘数 k 再加到第 j 行对应元素上, 记为 $R_j + kR_i$; 交换矩阵的第 i 行和第 j 行, 记为 R_{ij}. 于是对增广矩阵作初等行变换等同于对线性方程组作相应的初等变换, 不仅达到消元的目的, 还使求解过程的书写量大大减少.

下面利用增广矩阵的初等行变换, 重新给出例 1.1.1 的求解过程.

例 1.1.2 解下列线性方程组:

$$\begin{cases} 2x_1 + 2x_2 + 2x_3 = 4, \\ 2x_1 + 2x_2 - \ \ x_3 = 1, \\ 3x_1 - \ \ x_2 + \ \ x_3 = 0. \end{cases}$$

解 写出方程组的增广矩阵

$$\widetilde{\boldsymbol{A}} = \begin{bmatrix} 2 & 2 & 2 & 4 \\ 2 & 2 & -1 & 1 \\ 3 & -1 & 1 & 0 \end{bmatrix},$$

对 $\widetilde{\boldsymbol{A}}$ 作初等行变换将之化为阶梯形:

$$\widetilde{\boldsymbol{A}} \xrightarrow{\frac{1}{2}R_1} \begin{bmatrix} 1 & 1 & 1 & 2 \\ 2 & 2 & -1 & 1 \\ 3 & -1 & 1 & 0 \end{bmatrix}$$

$$\xrightarrow[R_3+(-3)R_1]{R_2+(-2)R_1} \begin{bmatrix} 1 & 1 & 1 & 2 \\ 0 & 0 & -3 & -3 \\ 0 & -4 & -2 & -6 \end{bmatrix} \xrightarrow{R_{23}} \begin{bmatrix} 1 & 1 & 1 & 2 \\ 0 & -4 & -2 & -6 \\ 0 & 0 & -3 & -3 \end{bmatrix},$$

以最后一个矩阵为增广矩阵, 得到原方程组的同解方程组

$$\begin{cases} x_1 + \ \ x_2 + \ \ x_3 = \ \ 2, \\ \qquad - 4x_2 - 2x_3 = -6, \\ \qquad\qquad -3x_3 = -3, \end{cases}$$

依次回代后即得原方程组的解 $(0,1,1)$.

在本例求解过程中, 有两点需引起我们的注意:

(1) 矩阵 $\boldsymbol{A}$ 用初等行变换化为矩阵 $\boldsymbol{B}$, 记为 $\boldsymbol{A} \to \boldsymbol{B}$, 但不能记为 $\boldsymbol{A} = \boldsymbol{B}$;

(2) 方程组的消元过程以阶梯形方程组为目标, 而阶梯形方程组所对应的矩阵也有阶梯的特征:

(i) **零行** (元素全为零的行) 在所有**非零行** (含有非零元的行) 的下面;

(ii) 随着行标的增大, 每个非零行的首非零元 (行中列标最小的非零元) 的列标严格增大. 称这样的矩阵为**阶梯形矩阵**[①] .

① 阶梯形矩阵的定义在不同的教材上不尽相同, 有的会要求非零行中第一个非零元为 1.

例如

$$\begin{bmatrix} 1 & 1 & 0 & 1 \\ 0 & 2 & 1 & 1 \\ 0 & 0 & 2 & 1 \end{bmatrix}, \quad \begin{bmatrix} 1 & 2 & 3 & 4 \\ 0 & 0 & 3 & 1 \\ 0 & 0 & 0 & 0 \end{bmatrix}$$

都是阶梯形矩阵. 我们将 (i,j)–元均为 0 的矩阵也称为阶梯形矩阵. 而

$$\begin{bmatrix} 1 & 2 & 3 & 4 \\ 0 & 1 & 1 & 0 \\ 0 & 2 & 1 & 1 \end{bmatrix}, \quad \begin{bmatrix} 1 & 1 & 0 & 1 \\ 0 & 0 & 0 & 0 \\ 0 & 1 & 1 & 1 \\ 0 & 0 & 2 & 1 \end{bmatrix}$$

都不是阶梯形矩阵. 显然, 以阶梯形矩阵为增广矩阵的线性方程组一定也是阶梯形方程组. 因此, 只要将增广矩阵用初等行变换化为阶梯形矩阵, 即可得所求的阶梯形方程组, 从而完成消元过程.

例 1.1.2 中所给出的求解线性方程组的方法就是所谓的**高斯消元法**. 此方法就是把一个线性方程组的增广矩阵用初等行变换化为阶梯形, 再通过回代得出方程组的解. 它主要依据方程组的初等变换不改变方程组的解集 (定理 1.1.1). 而且, 这个方法对一般的线性方程组都适用, 因为有以下定理成立.

定理 1.1.2 任一矩阵 $\boldsymbol{A}$ 均可通过有限次初等行变换化为阶梯形矩阵.

证 设 $\boldsymbol{A} = [a_{ij}]_{m\times n}$, 对行数 m 作数学归纳法:

当 $m = 1$ 时, $\boldsymbol{A}$ 只有一行, 本身即为阶梯形, 结论成立.

当 $m > 1$ 时, 设结论对全部有 $m-1$ 行的矩阵成立; 下面证明对有 m 行的矩阵结论也成立.

若 $\boldsymbol{A}$ 中所有 (i,j)–元均为 0, 则 $\boldsymbol{A}$ 本身为阶梯形, 结论成立.

否则 $\boldsymbol{A}$ 中存在非零的 (i,j)–元, 可以按照从第一列到最后一列的顺序寻找到第一个非零的 (i,j)–元. 不妨设第一列中就存在一个非零元, 并设 $a_{11} \neq 0$, 因为若 $a_{11} = 0$ 而 $a_{i1} \neq 0$, 则互换 $\boldsymbol{A}$ 的第 1 行与第 i 行即可使新矩阵的 $(1,1)$–元不为零.

对 $\boldsymbol{A}$ 作初等行变换:

$$\boldsymbol{A} \xrightarrow[i=2,3,\cdots,m]{R_i+\left(-\frac{a_{i1}}{a_{11}}\right)R_1} \begin{bmatrix} a_{11} & a_{12} & \cdots & a_{1n} \\ 0 & a'_{22} & \cdots & a'_{2n} \\ \vdots & \vdots & & \vdots \\ 0 & a'_{m2} & \cdots & a'_{mn} \end{bmatrix} = \boldsymbol{A}',$$

令

$$\boldsymbol{A}_1 = \begin{bmatrix} a'_{22} & \cdots & a'_{2n} \\ \vdots & & \vdots \\ a'_{m2} & \cdots & a'_{mn} \end{bmatrix},$$

因 $\boldsymbol{A}_1$ 只有 $m-1$ 行, 故由归纳假设知, $\boldsymbol{A}_1$ 可用有限次初等行变换化为阶梯形 $\boldsymbol{B}_1$. 对 $\boldsymbol{A}'$ 的第 $2,3,\cdots,m$ 行作同样的初等行变换, 可得

$$\boldsymbol{A}' = \begin{bmatrix} a_{11} & * \\ 0 & \boldsymbol{A}_1 \end{bmatrix} \longrightarrow \boldsymbol{B} = \begin{bmatrix} a_{11} & * \\ 0 & \boldsymbol{B}_1 \end{bmatrix},$$

显然, $\boldsymbol{B}$ 是阶梯形矩阵. 所以, $\boldsymbol{A}$ 可通过有限次初等行变换化为阶梯形矩阵 $\boldsymbol{B}$, 结论成立.

综上, 根据数学归纳法原理, 定理得证.

定理 1.1.1 与定理 1.1.2 为高斯消元法的可行性提供了可靠的理论保证, 高斯消元法的流程图如下 (图 1.1.4):

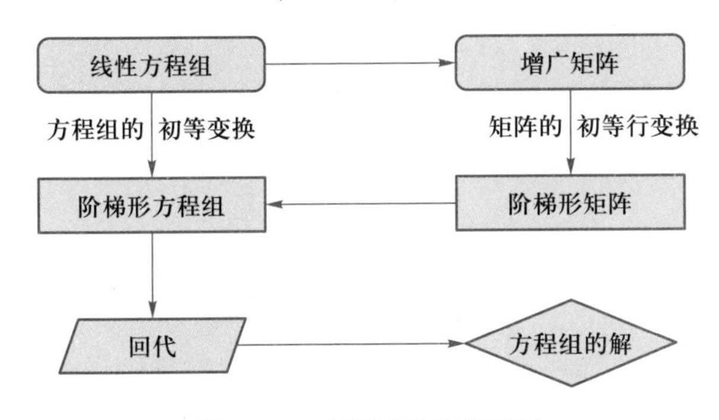

图 1.1.4 高斯消元法流程图

下面按照以上的高斯消元法流程图, 解线性方程组.

例 1.1.3 解线性方程组

$$\begin{cases} x_1 + x_2 + x_3 = 1, \\ x_1 + x_2 - 2x_3 = -6, \\ 2x_1 + 2x_2 - x_3 = 1. \end{cases}$$

解　写出方程组的增广矩阵并用初等行变换将之化为阶梯形:

$$\widetilde{\boldsymbol{A}}=\begin{bmatrix}1&1&1&1\\1&1&-2&-6\\2&2&-1&1\end{bmatrix}\xrightarrow[R_3+(-2)R_1]{R_2+(-1)R_1}\begin{bmatrix}1&1&1&1\\0&0&-3&-7\\0&0&-3&-1\end{bmatrix}$$

$$\xrightarrow{R_3+(-1)R_2}\begin{bmatrix}1&1&1&2\\0&0&-3&-7\\0&0&0&6\end{bmatrix},$$

由此得阶梯形方程组

$$\begin{cases}x_1+x_2+x_3=\ \ 2,\\ \qquad\quad -3x_3=-7,\\ \qquad\qquad 0x_3=\ \ 6,\end{cases}$$

交互实验 1.1.2

显然, 无论 x_1,x_2,x_3 如何取值, 都无法使上述方程组中最后一个式子 "$0=6$" 成立. 因此, 上述方程组无解.

称 "零 $=$ 非零数" 这样的式子为**矛盾方程**, 它一般出现在阶梯形方程组中. 可以将本例方程组中每个方程理解为空间中的平面, 方程组无解就意味着三个平面没有公共的交点, 如图 1.1.5 所示. 扫描交互实验 1.1.2 的二维码了解更多该方程组的几何意义.

图 1.1.5 彩图

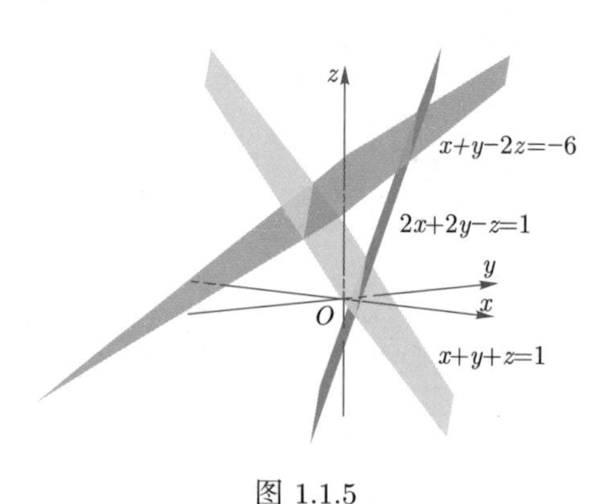

图 1.1.5

例 1.1.4　解线性方程组

$$\begin{cases}x_1+\ x_2-x_3=1,\\2x_1+\ x_2+2x_3=1,\\5x_1+4x_2-x_3=4.\end{cases}$$

解 写出方程组的增广矩阵, 并用初等行变换将之化为阶梯形:

$$\widetilde{\boldsymbol{A}}=\begin{bmatrix}1&1&-1&1\\2&1&2&1\\5&4&-1&4\end{bmatrix}$$

$$\xrightarrow[R_3+(-5)R_1]{R_2+(-2)R_1}\begin{bmatrix}1&1&-1&1\\0&-1&4&-1\\0&-1&4&-1\end{bmatrix}\xrightarrow{R_3+(-1)R_2}\begin{bmatrix}1&1&-1&1\\0&-1&4&-1\\0&0&0&0\end{bmatrix},$$

对应的阶梯形方程组为

$$\begin{cases}x_1+x_2-x_3=\ \ 1,\\ \quad\ -x_2+4x_3=-1.\end{cases}\tag{1.1.3}$$

阶梯形矩阵中的零行对应方程 $0=0$, 此方程可忽略不写. 上述方程组只有两个独立方程, 因此只能确定两个未知数. 把 x_3 移到等号另一侧, 视之为常数, 得

$$\begin{cases}x_1+x_2=1+\ x_3,\\ \qquad x_2=1+4x_3,\end{cases}\tag{1.1.4}$$

令 $x_3=k$, 则由上式得 $x_2=1+4k, x_1=-3k$. 因 $(-3k,1+4k,k)$ 的取值满足 (1.1.4), 故它们也满足 (1.1.3). 由此得

$$(-3k,1+4k,k)\tag{1.1.5}$$

是阶梯形方程组 (1.1.3) 的解. 又 k 是任意常数, 故方程组 (1.1.3) 有无穷多解.

反之, 任取方程组 (1.1.3) 的一个解 (a,b,c), 则有

$$\begin{cases}a+b-\ c=\ \ 1,\\ \ \ -b+4c=-1,\end{cases}$$

整理为 (1.1.4) 的形式得

$$\begin{cases}a+b=1+\ c,\\ \qquad b=1+4c,\end{cases}$$

由上式解得 $a=-3c, b=1+4c$. 这说明解 (a,b,c) 也可由 (1.1.5) 得到. 因此当 k 取遍所有数时, (1.1.5) 可给出方程组 (1.1.3) 的全部解. 所以 (1.1.5) 是方程组 (1.1.3) 的一般解. 又原方程组与 (1.1.3) 同解, 故得原方程组有无穷多解, 其一般解为 (1.1.5).

交互实验 1.1.3

本例可以理解为空间中的三个平面相交于一条直线, 如图 1.1.6 所示扫描交互实验 1.1.3 的二维码, 选择不同变量 k, 观察其对应的方程组的解.

图 1.1.6 彩图

在解 (1.1.5) 中, x_3 的值是自由取定的, 故称之为**自由未知数**. 为简单起见, 自由未知数的取值可以用其本身表示, 而不再引入新符号. 这样, 原方程组的一般解可表示为

$$\begin{cases} x_1 = \quad -3x_3, \\ x_2 = 1+4x_3, \\ x_3 = \quad\quad x_3 \end{cases} \quad (x_3\text{为自由未知数}).$$

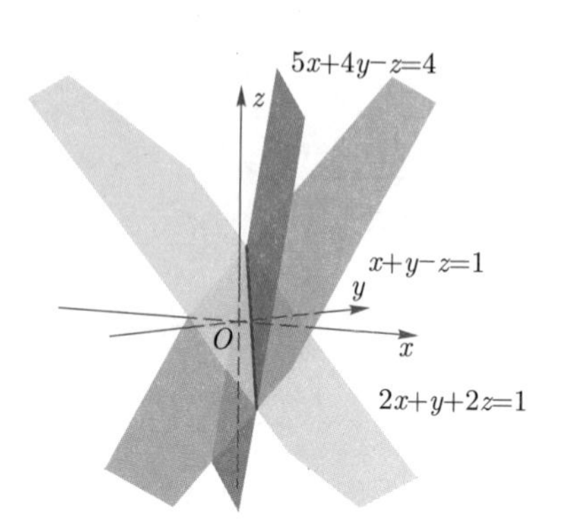

图 1.1.6

例 1.1.5 解线性方程组

$$\begin{cases} x_1 - x_2 - x_3 + 3x_5 = 0, \\ 2x_1 - 2x_2 - x_3 + 2x_4 + 4x_5 = 0, \\ 3x_1 - 3x_2 - x_3 + 4x_4 + 5x_5 = 0, \\ x_1 - x_2 + x_3 + 4x_4 - x_5 = 0. \end{cases}$$

解 因方程组常数项全为零, 故消元过程只需对系数矩阵进行. 将系数矩阵利用初等行变换化为阶梯形:

$$\boldsymbol{A} = \begin{bmatrix} 1 & -1 & -1 & 0 & 3 \\ 2 & -2 & -1 & 2 & 4 \\ 3 & -3 & -1 & 4 & 5 \\ 1 & -1 & 1 & 4 & -1 \end{bmatrix} \xrightarrow[\substack{R_3+(-3)R_1 \\ R_4+(-1)R_1}]{R_2+(-2)R_1} \begin{bmatrix} 1 & -1 & -1 & 0 & 3 \\ 0 & 0 & 1 & 2 & -2 \\ 0 & 0 & 2 & 4 & -4 \\ 0 & 0 & 2 & 4 & -4 \end{bmatrix}$$

$$\xrightarrow[R_4+(-2)R_2]{R_3+(-2)R_2} \begin{bmatrix} 1 & -1 & -1 & 0 & 3 \\ 0 & 0 & 1 & 2 & -2 \\ 0 & 0 & 0 & 0 & 0 \\ 0 & 0 & 0 & 0 & 0 \end{bmatrix},$$

由此得阶梯形方程组

$$\begin{cases} x_1 - x_2 - x_3 + 3x_5 = 0, \\ x_3 + 2x_4 - 2x_5 = 0, \end{cases}$$

选 x_2, x_4, x_5 为自由未知数, 并将所在项移至等式的另一侧, 得

$$\begin{cases} x_1 - x_3 = x_2 \quad -3x_5, \\ x_3 = \quad -2x_4 + 2x_5, \end{cases}$$

经回代, 得原方程组的一般解

$$\begin{cases} x_1 = x_2 \quad -2x_4 - \ x_5, \\ x_2 = x_2, \\ x_3 = \qquad -2x_4 + 2x_5, \\ x_4 = \qquad\quad x_4, \\ x_5 = \qquad\qquad\quad x_5 \end{cases} \quad (x_2, x_4, x_5 \text{为自由未知数}).$$

阶梯形矩阵中各非零行的首非零元常称为**主元**, 阶梯形方程组中主元对应的未知数可称为**主元未知数**. 为计算方便, 一般都取非主元未知数为自由未知数. 在例 1.1.4 中, 阶梯形矩阵的主元为 $(1,1)$–元与 $(2,2)$–元, 主元未知数为 x_1 与 x_2, 取 x_3 为自由未知数. 而在例 1.1.5 中, 主元分别为 $(1,1)$–元与 $(2,3)$–元, 主元未知数为 x_1, x_3, 取 x_2, x_4, x_5 为自由未知数.

请读者思考一下, 自由未知数是否只有一种取法? 自由未知数的选取应满足什么条件?

1.1.3 线性方程组解的判别定理

从例 1.1.2, 例 1.1.3 以及例 1.1.4 的讨论中我们获知, 一个线性方程组有可能出现有唯一解、无解以及有无穷多解三种情况. 该如何判断一个线性方程组的解的情况呢? 为解决这个问题, 下面我们对一般的线性方程组 (1.1.1) 进行研究.

首先, 将方程组 (1.1.1) 的增广矩阵

$$\widetilde{\boldsymbol{A}} = \begin{bmatrix} a_{11} & a_{12} & \cdots & a_{1n} & b_1 \\ a_{21} & a_{22} & \cdots & a_{2n} & b_2 \\ \vdots & \vdots & & \vdots & \vdots \\ a_{m1} & a_{m2} & \cdots & a_{mn} & b_m \end{bmatrix}$$

用初等行变换化为阶梯形矩阵 $\widetilde{\boldsymbol{B}}$. 不妨设

$$\widetilde{\boldsymbol{B}} = \begin{bmatrix} 0 & \cdots & 0 & b_{1j_1} & \cdots & b_{1j_2} & \cdots & b_{1j_r} & \cdots & b_{1n} & d_1 \\ 0 & \cdots & 0 & 0 & \cdots & b_{2j_2} & \cdots & b_{2j_r} & \cdots & b_{2n} & d_2 \\ \vdots & & \vdots & \vdots & & \vdots & & \vdots & & \vdots & \vdots \\ 0 & \cdots & 0 & 0 & \cdots & 0 & \cdots & b_{rj_r} & \cdots & b_{rn} & d_r \\ 0 & \cdots & 0 & 0 & \cdots & 0 & \cdots & 0 & \cdots & 0 & d_{r+1} \\ \vdots & & \vdots & \vdots & & \vdots & & \vdots & & \vdots & \vdots \\ 0 & \cdots & 0 & 0 & \cdots & 0 & \cdots & 0 & \cdots & 0 & 0 \end{bmatrix},$$

其中, $1 \leqslant j_1 < j_2 < \cdots < j_r \leqslant n, b_{1j_1}, b_{2j_2}, \cdots, b_{rj_r}$ 为 $\widetilde{\boldsymbol{B}}$ 的主元均不为零. 然后, 写出 $\widetilde{\boldsymbol{B}}$ 对应的阶梯形方程组

$$\begin{cases} b_{1j_1}x_{j_1} + \cdots + b_{1j_2}x_{j_2} + \cdots + b_{1j_r}x_{j_r} + \cdots + b_{1n}x_n = d_1, \\ \qquad\qquad b_{2j_2}x_{j_2} + \cdots + b_{2j_r}x_{j_r} + \cdots + b_{2n}x_n = d_2, \\ \qquad\qquad\qquad \cdots\cdots\cdots\cdots \\ \qquad\qquad\qquad\qquad b_{rj_r}x_{j_r} + \cdots + b_{rn}x_n = d_r, \\ \qquad\qquad\qquad\qquad\qquad\qquad 0 = d_{r+1}. \end{cases} \tag{1.1.6}$$

下面就可着手讨论方程组 (1.1.6) 的解的存在性与唯一性问题. 我们从方程组 (1.1.6) 中第 $r+1$ 个方程 “$0 = d_{r+1}$” 入手:

情况 1: $d_{r+1} \neq 0$.

此时, $0 = d_{r+1}$ 是矛盾方程, 方程组 (1.1.6) 无解.

情况 2: $d_{r+1} = 0$ 且 $r = n$.

此时, 方程组 (1.1.6) 可表示为

$$\begin{cases} b_{11}x_1 + b_{12}x_2 + \cdots + b_{1n}x_n = d_1, \\ \qquad b_{22}x_2 + \cdots + b_{2n}x_n = d_2, \\ \qquad\qquad \cdots\cdots\cdots\cdots \\ \qquad\qquad\qquad b_{nn}x_n = d_n, \end{cases}$$

因为 $b_{11}, b_{22}, \cdots, b_{nn}$ 均不为零, 故从最后一个方程开始, 通过依次回代即可唯一确定未知数 $x_1, x_2, \cdots, x_n$ 的值. 所以, 此时方程组 (1.1.6) 有唯一解.

情况 3: $d_{r+1} = 0$ 且 $r < n$.

此时, 方程组 (1.1.6) 可表示为

$$\begin{cases} b_{1j_1}x_{j_1} + \cdots + b_{1j_2}x_{j_2} + \cdots + b_{1j_r}x_{j_r} + \cdots + b_{1n}x_n = d_1, \\ \qquad\qquad b_{2j_2}x_{j_2} + \cdots + b_{2j_r}x_{j_r} + \cdots + b_{2n}x_n = d_2, \\ \qquad\qquad\qquad \cdots\cdots\cdots\cdots \\ \qquad\qquad\qquad\qquad b_{rj_r}x_{j_r} + \cdots + b_{rn}x_n = d_r, \end{cases}$$

其中 $x_{j_1}, x_{j_2}, \cdots, x_{j_r}$ 为主元未知数, 取其余 $n-r$ 个未知数 $x_{j_{r+1}}, x_{j_{r+2}}, \cdots, x_{j_n}$ 为自由未知数, 则至少有一个自由未知数. 将上述方程组

进一步改写为

$$\begin{cases} b_{1j_1}x_{j_1}+b_{1j_2}x_{j_2}+\cdots+b_{1j_r}x_{j_r}=d_1-b_{1j_{r+1}}x_{j_{r+1}}-\cdots-b_{1j_n}x_{j_n}, \\ \qquad\qquad b_{2j_2}x_{j_2}+\cdots+b_{2j_r}x_{j_r}=d_2-b_{2j_{r+1}}x_{j_{r+1}}-\cdots-b_{2j_n}x_{j_n}, \\ \qquad\qquad\qquad\cdots\cdots\cdots\cdots \\ \qquad\qquad\qquad\qquad b_{rj_r}x_{j_r}=d_r-b_{rj_{r+1}}x_{j_{r+1}}-\cdots-b_{rj_n}x_{j_n}, \end{cases} \tag{1.1.7}$$

因为 $b_{1j_1},b_{2j_2},\cdots,b_{rj_r}$ 均不为零, 所以由情况 2 的讨论可知, 对 $x_{j_{r+1}}$, $x_{j_{r+2}},\cdots,x_{j_n}$ 的任意一组取值 $c_{r+1},c_{r+2},\cdots,c_n$, $x_{j_1},x_{j_2},\cdots,x_{j_r}$ 均有唯一确定的值 $c_1,c_2,\cdots,c_r$ 与之相对应, 两组数合起来即为方程组 (1.1.7) 的一个解. 由于自由未知数的取值任意, 故此时方程组 (1.1.7) 有无穷多解.

通过方程组 (1.1.7) 依次回代, 把全部主元未知数 $x_{j_1},x_{j_2},\cdots,x_{j_r}$ 用自由未知数 $x_{j_{r+1}},x_{j_{r+2}},\cdots,x_{j_n}$ 表示出来, 即可得方程组 (1.1.6) 的一般解.

综上所述, 我们不仅一般性地讨论了消元法的可行性, 还得到了关于线性方程组解的存在性与唯一性的判别方法:

定理 1.1.3　*若方程组 (1.1.6) 是与方程组 (1.1.1) 同解的阶梯形方程组, 则有*

(1) 当 (1.1.6) 包含矛盾方程时, 方程组 (1.1.1) 无解;

(2) 当 (1.1.6) 不含矛盾方程时, 方程组 (1.1.1) 有解. 此时, 若 $r=n$, 则方程组 (1.1.1) 有唯一解; 若 $r<n$, 则方程组 (1.1.1) 有无穷多解.

请读者自己思考一下, 为什么对方程组 (1.1.1) 不讨论 $r>n$ 的情况?

在方程组 (1.1.1) 中, 若 $b_1,b_2,\cdots,b_m$ 不全为零, 则称其为**非齐次线性方程组**; 若 $b_1,b_2,\cdots,b_m$ 全为零, 则称其为**齐次线性方程组**. 对齐次线性方程组

$$\begin{cases} a_{11}x_1+a_{12}x_2+\cdots+a_{1n}x_n=0, \\ a_{21}x_1+a_{22}x_2+\cdots+a_{2n}x_n=0, \\ \qquad\cdots\cdots\cdots\cdots \\ a_{m1}x_1+a_{m2}x_2+\cdots+a_{mn}x_n=0, \end{cases} \tag{1.1.8}$$

显然, $x_1=0,x_2=0,\cdots,x_n=0$ 是方程组的一个解, 称之为**零解**; 称零解以外的其他解为**非零解**. 由上面的定理容易得到

推论 1.1.1　*若齐次线性方程组中方程的数目少于未知数的数目, 则该齐次方程组必有非零解.*

例 1.1.6 解方程组

$$\begin{cases} x_1 + 3x_2 - 4x_3 + 2x_4 = 0, \\ 3x_1 - x_2 + 2x_3 - x_4 = 0, \\ -2x_1 + 4x_2 - x_3 + 3x_4 = 0, \\ 3x_1 + 9x_2 - 7x_3 + 6x_4 = 0. \end{cases}$$

解 写出方程组的系数矩阵并用初等行变换将之化为阶梯形矩阵:

$$\boldsymbol{A} = \begin{bmatrix} 1 & 3 & -4 & 2 \\ 3 & -1 & 2 & -1 \\ -2 & 4 & -1 & 3 \\ 3 & 9 & -7 & 6 \end{bmatrix} \longrightarrow \begin{bmatrix} 1 & 3 & -4 & 2 \\ 0 & -10 & 14 & -7 \\ 0 & 0 & 5 & 0 \\ 0 & 0 & 0 & 0 \end{bmatrix},$$

对应的阶梯形方程组为

$$\begin{cases} x_1 + 3x_2 - 4x_3 + 2x_4 = 0, \\ \quad - 10x_2 + 14x_3 - 7x_4 = 0, \\ \qquad 5x_3 = 0, \end{cases}$$

选 x_4 为自由未知数并将其所在项移至等式的另一侧, 得

$$\begin{cases} x_1 + 3x_2 - 4x_3 = -2x_4, \\ \quad - 10x_2 + 14x_3 = 7x_4, \\ \qquad 5x_3 = 0, \end{cases}$$

回代求得原方程组的一般解为

$$\begin{cases} x_1 = \dfrac{1}{10}x_4, \\ x_2 = -\dfrac{7}{10}x_4, \\ x_3 = 0, \\ x_4 = x_4 \end{cases} \quad (x_4 \text{ 为自由未知数}).$$

例 1.1.7 设有线性方程组

$$\begin{cases} x_1 + x_2 - 2x_3 + 3x_4 = 0, \\ 2x_1 + x_2 - 6x_3 + 4x_4 = -1, \\ 3x_1 + 2x_2 + px_3 + 7x_4 = -1, \\ x_1 - x_2 - 6x_3 - x_4 = t, \end{cases}$$

讨论当 p,t 取何值时, 方程组无解? 有解? 并在有解时, 求其全部解.

解 首先将方程组的增广矩阵用初等行变换化为阶梯形:

$$\widetilde{\boldsymbol{A}}=\begin{bmatrix}1&1&-2&3&0\\2&1&-6&4&-1\\3&2&p&7&-1\\1&-1&-6&-1&t\end{bmatrix}\to\begin{bmatrix}1&1&-2&3&0\\0&1&2&2&1\\0&0&p+8&0&0\\0&0&0&0&t+2\end{bmatrix},$$

对应的阶梯形方程组为

$$\begin{cases}x_1+x_2-2x_3+3x_4=0,\\ x_2+2x_3+2x_4=1,\\ (p+8)x_3=0,\\ 0=t+2.\end{cases}$$

讨论: (1) $t\neq-2$. 此时, 方程组中有矛盾方程, 故方程组无解.

(2) $t=-2$. 此时, 方程组中无矛盾方程, 且独立方程个数始终少于未知数个数, 故无论 p 取何值, 方程组均有无穷多个解.

① $p\neq-8$. 此时, 方程组的一般解为

$$\begin{cases}x_1=-1-x_4,\\ x_2=1-2x_4,\\ x_3=0,\\ x_4=x_4\end{cases}\quad(x_4\text{ 为自由未知数}).$$

② $p=-8$. 此时, 方程组的一般解为

$$\begin{cases}x_1=-1+4x_3-x_4,\\ x_2=1-2x_3-2x_4,\\ x_3=x_3,\\ x_4=x_4\end{cases}\quad(x_3,x_4\text{为自由未知数}).$$

上述方程组中, 有一个系数 p 和一个常数项 t 待定, 称之为**参数**, 含有参数的方程组称为**含参数的方程组**. 讨论参数的取值与解的情况之间的关系是线性方程组理论中一类典型问题.

例 1.1.8 已知齐次方程组

$$\begin{cases}\lambda x_1+x_2+x_3=0,\\ x_1+\lambda x_2+x_3=0,\\ x_1+x_2+\lambda x_3=0,\end{cases}$$

讨论 λ 取何值时, 方程组有非零解? 只有零解?

解 将系数矩阵 $\boldsymbol{A}$ 用初等行变换化为阶梯形:

$$\boldsymbol{A}=\begin{bmatrix}\lambda&1&1\\1&\lambda&1\\1&1&\lambda\end{bmatrix}\xrightarrow{R_{13}}\begin{bmatrix}1&1&\lambda\\1&\lambda&1\\\lambda&1&1\end{bmatrix}$$

$$\xrightarrow[R_3+(-\lambda)R_1]{R_2+(-1)R_1}\begin{bmatrix}1&1&\lambda\\0&\lambda-1&1-\lambda\\0&1-\lambda&1-\lambda^2\end{bmatrix}$$

$$\xrightarrow{R_3+R_2}\begin{bmatrix}1&1&\lambda\\0&\lambda-1&1-\lambda\\0&0&2-\lambda-\lambda^2\end{bmatrix},$$

对应的阶梯形方程组为

$$\begin{cases}x_1+x_2+\lambda x_3=0,\\ (\lambda-1)x_2+(1-\lambda)x_3=0,\\ (2+\lambda)(1-\lambda)x_3=0.\end{cases}$$

讨论: (1) $\lambda\neq 1$ 且 $\lambda\neq -2$. 此时, 独立方程个数等于 3, 等于未知数个数, 故方程组有唯一解, 即只有零解.

(2) $\lambda=1$ 或 $\lambda=-2$. 此时, 独立方程个数等于 1 或 2, 小于未知数个数, 故方程组有无穷多解, 即有非零解.

例 1.1.9 某学校组织全校三年级学生进行数学建模比赛, 比赛以组为单位进行. 在分组时发现, 若 3 人一组, 最后剩余 2 人; 若 5 人一组, 最后剩余 3 人; 若 7 人一组, 最后剩余 2 人. 已知全校三年级学生人数在 800 到 1 000 之间. 问全校三年级学生有多少人?

解 设全校三年级学生人数为 x_4, 按 3 人一组可分成 x_1 组, 按 5 人一组可分成 x_2 组, 按 7 人一组可分成 x_3 组, 这里 x_1,x_2,x_3 中均未计剩

余人员. 根据已知条件可得

$$\begin{cases} 3x_1 \qquad\qquad -x_4 = -2, \\ \qquad 5x_2 \qquad -x_4 = -3, \\ \qquad\qquad 7x_3 - x_4 = -2, \end{cases}$$

由此得一般解为

$$\begin{cases} x_1 = -\dfrac{2}{3} + \dfrac{1}{3}x_4, \\ x_2 = -\dfrac{3}{5} + \dfrac{1}{5}x_4, \\ x_3 = -\dfrac{2}{7} + \dfrac{1}{7}x_4, \\ x_4 = \qquad\quad x_4 \end{cases} \quad (x_4 \text{ 为自由未知数}).$$

因在此问题中, 所涉及的数都是正整数, 故只需讨论上述方程组的正整数解. 为此, 需对一般解的表达式进行变形: 取 $x_4 = 23 + 105k$, 这里 k 可任意取值, 则方程组的一般解可改写为

$$\begin{cases} x_1 = 7 + 35k, \\ x_2 = 4 + 21k, \\ x_3 = 3 + 15k, \\ x_4 = 23 + 105k, \end{cases}$$

显然, 我们只需讨论 k 取非负整数的情况即可.

由已知 $800 \leqslant x_4 \leqslant 1\ 000$, 即

$$800 \leqslant 23 + 105k \leqslant 1\ 000,$$

故有 $777 \leqslant 105k \leqslant 977$. 此时, k 只有两个取值满足要求: $k = 8$ 与 $k = 9$. 于是, 全校三年级学生的人数为 863 或 968.

1.1.4 行简化阶梯形矩阵

高斯消元法的关键步骤是用初等行变换将增广矩阵或系数矩阵化为阶梯形矩阵. 一般地, 所得阶梯形矩阵不是唯一的, 其形式简单与否将直接影响回代过程的难易程度. 那么, 一个一般的阶梯形矩阵用初等行变换还能继续化简成什么形式呢? 就大家公认的原则而言, 不外乎有两点: 一

是零元素更多, 二是非零元素尽可能是 1. 例如, 对阶梯形矩阵

$$
\boldsymbol{A}=\begin{bmatrix}2&3&1&0&2&-1\\0&3&0&4&1&2\\0&0&0&0&-2&3\\0&0&0&0&0&0\end{bmatrix}
$$

作下述初等行变换:

$$
\boldsymbol{A}\xrightarrow{R_1+(-1)R_2}\begin{bmatrix}2&0&1&-4&1&-3\\0&3&0&4&1&2\\0&0&0&0&-2&3\\0&0&0&0&0&0\end{bmatrix}
$$

$$
\xrightarrow[R_1+\frac{1}{2}R_3]{R_2+\frac{1}{2}R_3}\begin{bmatrix}2&0&1&-4&0&-\dfrac{3}{2}\\0&3&0&4&0&\dfrac{7}{2}\\0&0&0&0&-2&3\\0&0&0&0&0&0\end{bmatrix}
$$

$$
\xrightarrow[\substack{\frac{1}{3}R_2\\-\frac{1}{2}R_3}]{\frac{1}{2}R_1}\begin{bmatrix}1&0&\dfrac{1}{2}&-2&0&-\dfrac{3}{4}\\0&1&0&\dfrac{4}{3}&0&\dfrac{7}{6}\\0&0&0&0&1&-\dfrac{3}{2}\\0&0&0&0&0&0\end{bmatrix}\xlongequal{\text{记为}}\boldsymbol{B},
$$

$\boldsymbol{B}$ 也是阶梯形矩阵, 其主元均为 1 且主元所在列的其余元素全为零. 显然, 矩阵 $\boldsymbol{B}$ 比矩阵 $\boldsymbol{A}$ 更简单. 以后, 称主元全为 1 且主元所在列其余元素全为零的阶梯形矩阵为**行简化阶梯形矩阵**. 上面讨论的阶梯形矩阵 $\boldsymbol{A}$ 不是行简化阶梯形矩阵, 而阶梯形矩阵 $\boldsymbol{B}$ 是行简化阶梯形矩阵.

在用消元法求解线性方程组的过程中, 若增广矩阵或系数矩阵被化为行简化阶梯形矩阵, 则对应的阶梯形方程组确定自由未知数后恰为解的表达式, 这就省略了回代的步骤, 因此高斯消元法也可以选择下面实线标注的流程 (图 1.1.7):

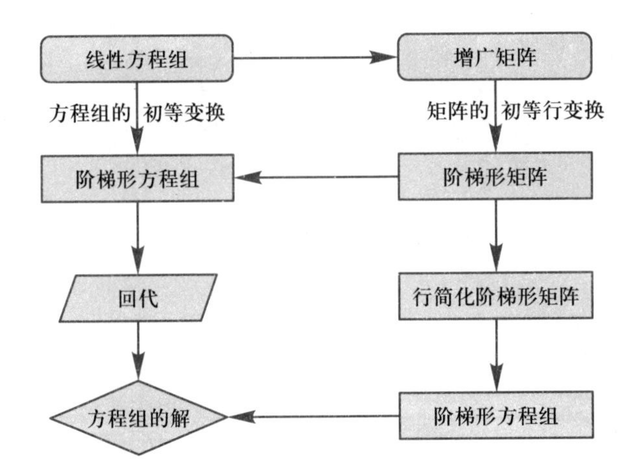

图 1.1.7 高斯消元法流程图

下面将例 1.1.1 中的增广矩阵用初等行变换化为行简化阶梯形矩阵:

$$\widetilde{\boldsymbol{A}}=\begin{bmatrix}2&2&2&4\\2&2&-1&1\\3&-1&1&0\end{bmatrix}\to\begin{bmatrix}1&1&1&2\\0&-4&-2&-6\\0&0&-3&-3\end{bmatrix}\xrightarrow[-\frac{1}{3}R_3]{-\frac{1}{2}R_2}\begin{bmatrix}1&1&1&2\\0&2&1&3\\0&0&1&1\end{bmatrix}$$

$$\xrightarrow[R_2+(-1)R_3]{R_1+(-1)R_3}\begin{bmatrix}1&1&0&1\\0&2&0&2\\0&0&1&1\end{bmatrix}\xrightarrow{\frac{1}{2}R_2}\begin{bmatrix}1&1&0&1\\0&1&0&1\\0&0&1&1\end{bmatrix}\xrightarrow{R_1+(-1)R_2}\begin{bmatrix}1&0&0&0\\0&1&0&1\\0&0&1&1\end{bmatrix},$$

对应的阶梯形方程组为

$$\begin{cases}x_1=0,\\x_2=1,\\x_3=1.\end{cases}$$

在例 1.1.5 中, 将系数矩阵用初等行变换化为行简化阶梯形矩阵:

$$\boldsymbol{A}=\begin{bmatrix}1&-1&-1&0&3\\2&-2&-1&2&4\\3&-3&-1&4&5\\1&-1&1&4&-1\end{bmatrix}\to\begin{bmatrix}1&-1&-1&0&3\\0&0&1&2&-2\\0&0&0&0&0\\0&0&0&0&0\end{bmatrix}$$

$$\xrightarrow{R_1+R_2}\begin{bmatrix}1&-1&0&2&1\\0&0&1&2&-2\\0&0&0&0&0\\0&0&0&0&0\end{bmatrix},$$

对应的阶梯形方程组为

$$\begin{cases} x_1 - x_2 \quad + 2x_4 + \ x_5 = 0, \\ \qquad\qquad x_3 + 2x_4 - 2x_5 = 0, \end{cases}$$

选非主元未知数为自由未知数, 经移项得一般解

$$\begin{cases} x_1 = x_2 - 2x_4 - \ x_5, \\ x_2 = x_2, \\ x_3 = \quad -2x_4 + 2x_5, \\ x_4 = \qquad x_4, \\ x_5 = \qquad\qquad x_5 \end{cases} \quad (x_2, x_4, x_5\text{为自由未知数}).$$

经比较发现, 将增广矩阵或系数矩阵化为行简化阶梯形矩阵而后求解线性方程组的方式更简便.

1.2 数域

我们发现研究的问题往往与未知量所允许的取值范围有关. 例如求方程 $x^2+1=0$ 的根, 不仅在有理数范围无解, 而且在实数范围也无解, 但在复数范围有解 $x=\pm\mathrm{i}$. 这些范围不同的有理数、实数、复数的性质是有差异的. 例如在整数范围内除法不是普遍可做的, 而在有理数范围内, 只要除数不为零, 除法总是可做的. 另一方面, 有理数、实数、复数也有许多共同的性质. 特别地, 它们有许多共同的运算 (指加法、减法、乘法和除法) 性质. 方便起见, 当把这些数当作整体考虑的时候, 常称之为数集. 为了在以后的讨论中能把具有这些共同运算性质的数集统一处理, 下面引入一个一般的概念.

定义 1.2.1 设 F 是复数集合的一个子集, 若其满足

(1) $0,1\in F$;

(2) 对 F 中任意两个数 a,b, 总有

$$a+b, a-b, a\times b, a\div b(b\neq 0)\in F,$$

则称 F 是一个**数域**.

条件 (2) 称为 F 对数的加、减、乘、除四种运算封闭. 因为数域包含 1 且对加法封闭, 所以数域包含自然数集合 $\mathbf{N}$; 又数域对减法封闭, 故数域包含整数集合 $\mathbf{Z}$; 数域还对除法封闭, 因此数域还包含有理数集合 $\mathbf{Q}$. 容易证明下述结论:

(1) 全体自然数的集合 $\mathbf{N}$ 与全体整数的集合 $\mathbf{Z}$ 都不是数域;

(2) 全体有理数的集合 $\mathbf{Q}$、全体实数的集合 $\mathbf{R}$ 以及全体复数的集合 $\mathbf{C}$ 都是数域, 分别称为**有理数域**、**实数域**和**复数域**;

(3) $\mathbf{Q}$ 是最小的数域, 任一数域均包含 $\mathbf{Q}$;

(4) 除了 $\mathbf{Q}, \mathbf{R}, \mathbf{C}$ 之外, 还有很多其他数域.

例 1.2.1 记 $\mathbf{Q}(\sqrt{2})=\{a+b\sqrt{2} \mid a,b\in\mathbf{Q}\}$, 则 $\mathbf{Q}(\sqrt{2})$ 是数域.

证 容易看出 $\mathbf{Q}\subseteq\mathbf{Q}(\sqrt{2})$, 且对任意的 $a+b\sqrt{2}, c+d\sqrt{2}\in\mathbf{Q}(\sqrt{2})$, 有

$$
\begin{aligned}
&(a+b\sqrt{2})\pm(c+d\sqrt{2})=(a\pm c)+(b\pm d)\sqrt{2}\in\mathbf{Q}(\sqrt{2}),\\
&(a+b\sqrt{2})(c+d\sqrt{2})=(ac+2bd)+(ad+bc)\sqrt{2}\in\mathbf{Q}(\sqrt{2}),
\end{aligned}
$$

另外, 当 $a+b\sqrt{2}\neq 0$ 时, $a-b\sqrt{2}$ 也不为零, 否则 $a=0, b=0$, 这与 $a+b\sqrt{2}\neq 0$ 矛盾. 从而

$$
\begin{aligned}
\frac{c+d\sqrt{2}}{a+b\sqrt{2}}&=\frac{(c+d\sqrt{2})(a-b\sqrt{2})}{(a+b\sqrt{2})(a-b\sqrt{2})}\\
&=\frac{ac-2bd}{a^2-2b^2}+\frac{ad-bc}{a^2-2b^2}\sqrt{2}\in\mathbf{Q}(\sqrt{2}),
\end{aligned}
$$

由定义 1.2.1 知, $\mathbf{Q}(\sqrt{2})$ 是数域.

在线性代数中, 常用的数域是 $\mathbf{R}$ 和 $\mathbf{C}$. 在以后的讨论中, 若无特别声明, 文中出现的数域 F 表示任一数域.

1.3 矩阵的基本运算

矩阵的思想可以追溯到我国汉代的数学名著《九章算术》, 其“方程”章详细阐述了线性方程组的解法“方程术”, 其实质相当于现代对方程组的增广矩阵施行初等行变换消去未知量的方法, 即高斯消元法. 英国数学家凯莱 (A. Cayley, 1821—1895) 一般被公认为矩阵论的创立者, 因为他首先把矩阵作为一个独立的数学概念提出来, 并首先发表了与此相关的一系列文章. 1858 年, 凯莱发表了关于这一课题的第一篇论文《矩阵论的研究报告》, 系统地阐述了关于矩阵的理论. 文中他定义了矩阵的相等、矩阵的运算法则、矩阵的转置以及矩阵的逆等一系列基本概念, 指出了矩阵加法的可交换性与可结合性. 另外, 凯莱还给出了方阵的特征方程和特征根 (特征值) 以及有关矩阵的一些基本结果.

随着线性代数学科的不断发展和完善, 矩阵的作用更加重要, 其应用

也更加广泛. 现在, 矩阵已经成为线性代数最重要的概念之一. 它不仅可用于处理线性方程组, 而且还可用于刻画许多实际问题.

1.3.1 生活中的矩阵

一个二值图像, 是经一个仅由 0,1 两个值构成的矩阵储存的, 其中 0 代表黑色, 1 代表白色 (如图 1.3.1 所示).

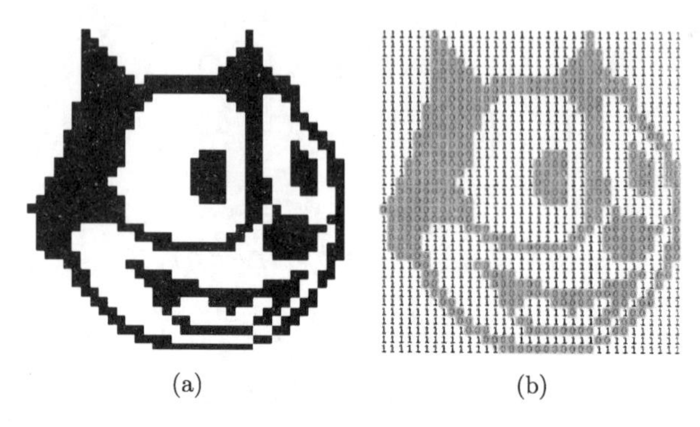

(a) (b)

图 1.3.1 黑白图片及其矩阵

生活中常见的电子黑白照片 (灰度图像), 是由一个 0~255 的整数构成的矩阵储存的, 其中 0 代表纯黑色, 255 代表纯白色, 中间的整数从小到大, 表示由黑色到白色的过渡色. 图 1.3.2(a) 是一幅天坛祈年殿的灰度图像, 它是由一个 $1\,338 \times 1\,388$ 矩阵储存的, 而照片中祈年殿 "年" 字及其附近是由图 1.3.2(b) 的矩阵储存的. 图中矩阵所有大于 57 的元素已经标记出来, 从图片中能看到 "年" 字的轮廓.

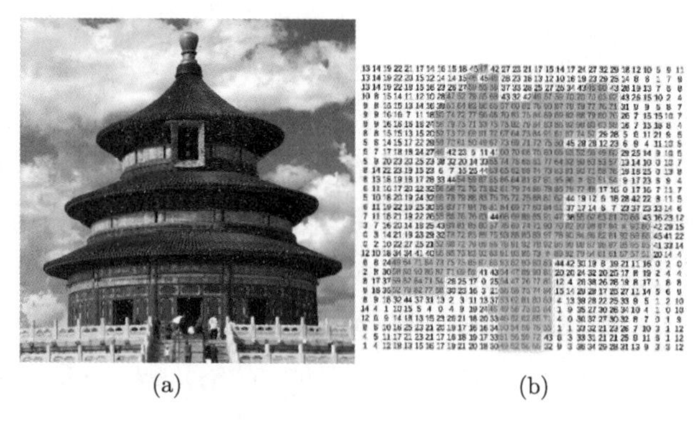

(a) (b)

图 1.3.2 黑白照片及其部分矩阵元素

在上述实例中, 我们要处理许多 "堆" 数据, 研究这些数据 "堆" 的一个简洁方便的工具就是矩阵. 利用矩阵进行研究是如何实现的呢? 要说明这个问题, 首先需要给出矩阵的运算.

1.3.2 矩阵的线性运算

定义 1.3.1 设 $\boldsymbol{A}=[a_{ij}]_{m\times n}$ 与 $\boldsymbol{B}=[b_{ij}]_{p\times q}$ 是数域 F 上的两个矩阵, 即 $a_{ij}, b_{ij}\in F$. 若它们满足

(1) $m=p$ 且 $n=q$;

(2) $a_{ij}=b_{ij}(i=1,2,\cdots,m;j=1,2,\cdots,n)$,

则称 $\boldsymbol{A}$ 与 $\boldsymbol{B}$ 相等, 记为 $\boldsymbol{A}=\boldsymbol{B}$.

满足条件 (1) 的矩阵称为**同型**的, 但同型矩阵不一定相等. 下面引入矩阵的基本运算.

例 1.3.1 某县有三个乡镇, 县里决定构建物流服务网络, 同时对县乡间的供电线路进行增容改造. 经过勘查测算, 获得了相关的建设费用的预算数据, 分别如图 1.3.3(a)、(b) 所示:

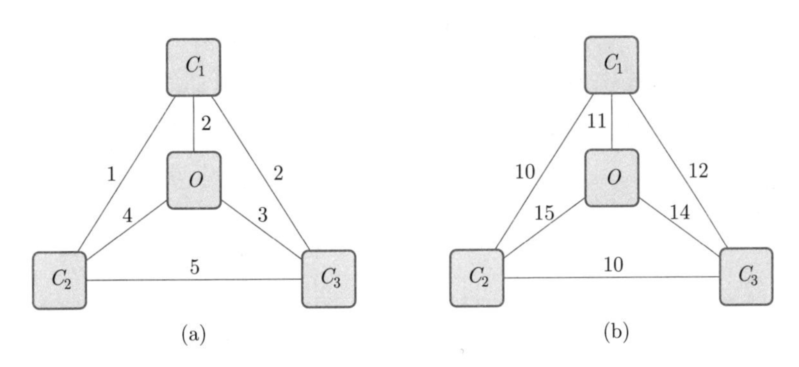

图 1.3.3 费用预算图

其中 C_1,C_2,C_3 分别表示三个乡镇, O 表示县城. 图 1.3.3(a)、(b) 中两点连线上的数字分别表示建设物流服务网络结点所需费用和增容改造所需费用 (单位: 万元).

我们用两个矩阵分别表示上述两组数据

$$
\boldsymbol{M}_{\text{线路}}=\begin{array}{c}O\\C_1\\C_2\\C_3\end{array}\overset{\begin{array}{cccc}O & C_1 & C_2 & C_3\end{array}}{\begin{bmatrix}0 & 2 & 4 & 3\\2 & 0 & 1 & 2\\4 & 1 & 0 & 5\\3 & 2 & 5 & 0\end{bmatrix}},\quad \boldsymbol{M}_{\text{增容}}=\begin{array}{c}O\\C_1\\C_2\\C_3\end{array}\overset{\begin{array}{cccc}O & C_1 & C_2 & C_3\end{array}}{\begin{bmatrix}0 & 11 & 15 & 14\\11 & 0 & 10 & 12\\15 & 10 & 0 & 10\\14 & 12 & 10 & 0\end{bmatrix}},
$$

把 $\boldsymbol{M}_{线路}$ 与 $\boldsymbol{M}_{增容}$ 的对应元素相加, 得到一个新矩阵

$$\boldsymbol{M}_{总和}=\begin{bmatrix}0+0 & 2+11 & 4+15 & 3+14\\ 2+11 & 0+0 & 1+10 & 2+12\\ 4+15 & 1+10 & 0+0 & 5+10\\ 3+14 & 2+12 & 5+10 & 0+0\end{bmatrix}=\begin{bmatrix}0 & 13 & 19 & 17\\ 13 & 0 & 11 & 14\\ 19 & 11 & 0 & 15\\ 17 & 14 & 15 & 0\end{bmatrix},$$

$\boldsymbol{M}_{总和}$ 为总的工程费用矩阵, 由它可以找出费用最低的建设方案.

在上例中出现的矩阵 $\boldsymbol{M}_{线路}$, $\boldsymbol{M}_{增容}$ 和 $\boldsymbol{M}_{总和}$ 可形象地记为

$$\boldsymbol{M}_{总和}=\boldsymbol{M}_{线路}+\boldsymbol{M}_{增容}.$$

这就是矩阵的加法. 一般地, 我们有

定义 1.3.2 设 $\boldsymbol{A}=[a_{ij}]_{m\times n}$ 与 $\boldsymbol{B}=[b_{ij}]_{m\times n}$ 是数域 F 上两个矩阵, 令

$$c_{ij}=a_{ij}+b_{ij},\quad i=1,2,\cdots,m;j=1,2,\cdots,n,$$

则称矩阵 $\boldsymbol{C}=[c_{ij}]_{m\times n}$ 为 **$\boldsymbol{A}$ 与 $\boldsymbol{B}$ 的和**, 记为 $\boldsymbol{C}=\boldsymbol{A}+\boldsymbol{B}$.

在之后的表述中 $\boldsymbol{A}+\boldsymbol{B}$ 表明矩阵 $\boldsymbol{A}$、$\boldsymbol{B}$ 都是可加的. 因为, 若 $\boldsymbol{A}$ 与 $\boldsymbol{B}$ 不同型, 则写法 $\boldsymbol{A}+\boldsymbol{B}$ 毫无意义.

定义 1.3.3 设 $\boldsymbol{A}=[a_{ij}]_{m\times n}$ 是数域 F 上的矩阵, $k\in F$, 令

$$b_{ij}=ka_{ij},\ 其中\ i=1,2,\cdots,m;j=1,2,\cdots,n,$$

称矩阵 $\boldsymbol{B}=[b_{ij}]_{m\times n}$ 为**数 k 与矩阵 $\boldsymbol{A}$ 的数量积**, 记为 $\boldsymbol{B}=k\boldsymbol{A}$ 或者 $\boldsymbol{A}k$.

注: (1) 设 $\boldsymbol{A}=[a_{ij}]_{m\times n}$, 则 $(-1)\boldsymbol{A}=[-a_{ij}]_{m\times n}$, 称 $(-1)\boldsymbol{A}$ 为 $\boldsymbol{A}$ 的**负矩阵**, 记为 $-\boldsymbol{A}$. 例如,

$$-\begin{bmatrix}1 & 2\\ 3 & 4\end{bmatrix}=\begin{bmatrix}-1 & -2\\ -3 & -4\end{bmatrix}.$$

两个同型矩阵 $\boldsymbol{A},\boldsymbol{B}$ **的差**定义为

$$\boldsymbol{A}-\boldsymbol{B}=\boldsymbol{A}+(-\boldsymbol{B})=[a_{ij}-b_{ij}]_{m\times n};$$

(2) 设 $\boldsymbol{A}$ 是 $m\times n$ 矩阵, 则 $0\boldsymbol{A}$ 是全部元素均为 0 的 $m\times n$ 矩阵. 称全部元素均为零的矩阵为**零矩阵**, 记为 $\boldsymbol{0}_{m\times n}$ 或 $\boldsymbol{0}$;

(3) 求两个矩阵和的运算称为矩阵的加法; 求一个数与一个矩阵数量积的运算称为矩阵的数乘; 加法与数乘统称为矩阵的**线性运算**.

例 1.3.2 设图 1.3.2(a) 所示灰度图像的矩阵为 $\boldsymbol{A}$, $\boldsymbol{B}=[b_{ij}]$, 其中 $b_{ij}=60$. 两个矩阵的差 $\boldsymbol{A}-\boldsymbol{B}$、与数量积 $3\boldsymbol{A}$ 对应的灰度图像如图 1.3.4 (a)、(b) 所示 (运算后数字小于 0 的部分用纯黑色表示, 数字大于 255 的部分用纯白色表示).

(a) (b)

图 1.3.4 $\boldsymbol{A}-\boldsymbol{B}$ 与 $3\boldsymbol{A}$ 对应的灰度图像

例 1.3.3 设

$$\boldsymbol{A}=\begin{bmatrix}1 & 2 & 3\\ 4 & -1 & 0\end{bmatrix},\quad \boldsymbol{B}=\begin{bmatrix}2 & 4 & 6\\ 8 & -2 & 0\end{bmatrix},$$

计算 $2\boldsymbol{A}-\boldsymbol{B}$.

解 由定义可得

$$\begin{aligned}2\boldsymbol{A}-\boldsymbol{B}&=2\begin{bmatrix}1 & 2 & 3\\ 4 & -1 & 0\end{bmatrix}-\boldsymbol{B}\\ &=\begin{bmatrix}2\times 1 & 2\times 2 & 2\times 3\\ 2\times 4 & 2\times(-1) & 2\times 0\end{bmatrix}-\boldsymbol{B}\\ &=\begin{bmatrix}2 & 4 & 6\\ 8 & -2 & 0\end{bmatrix}-\begin{bmatrix}2 & 4 & 6\\ 8 & -2 & 0\end{bmatrix}\\ &=\begin{bmatrix}2-2 & 4-4 & 6-6\\ 8-8 & -2-(-2) & 0-0\end{bmatrix}\\ &=\begin{bmatrix}0 & 0 & 0\\ 0 & 0 & 0\end{bmatrix}=\boldsymbol{0}.\end{aligned}$$

直接验证可知矩阵的线性运算有如下性质:

性质 1.3.1 设 $\boldsymbol{A},\boldsymbol{B},\boldsymbol{C}$ 是数域 F 上任意三个 $m\times n$ 矩阵, $k,l\in F$, 则有

(1) $\boldsymbol{A}+\boldsymbol{B}=\boldsymbol{B}+\boldsymbol{A}$;　　(2) $(\boldsymbol{A}+\boldsymbol{B})+\boldsymbol{C}=\boldsymbol{A}+(\boldsymbol{B}+\boldsymbol{C})$;

(3) $\boldsymbol{A}+\boldsymbol{0}=\boldsymbol{A}$;　　(4) $\boldsymbol{A}+(-\boldsymbol{A})=\boldsymbol{0}$;

(5) $1\boldsymbol{A}=\boldsymbol{A}$;　　(6) $(kl)\boldsymbol{A}=k(l\boldsymbol{A})$;

(7) $(k+l)\boldsymbol{A}=k\boldsymbol{A}+l\boldsymbol{A}$;　　(8) $k(\boldsymbol{A}+\boldsymbol{B})=k\boldsymbol{A}+k\boldsymbol{B}$.

性质 1.3.1 表明矩阵的加法与数乘, 同数的加法与乘法有类似的性质, 零矩阵与负矩阵, 同数零与相反数的作用完全相同. 因此, 我们可仿照数的运算来处理矩阵的加法与数乘.

例 1.3.4 已知 $\boldsymbol{A}-2\boldsymbol{X}=3\boldsymbol{A}-\boldsymbol{B}$, 其中

$$\boldsymbol{A}=\begin{bmatrix}1&2\\2&-1\\0&1\end{bmatrix},\quad \boldsymbol{B}=\begin{bmatrix}0&-1\\1&1\\-1&0\end{bmatrix},$$

求 $\boldsymbol{X}$.

解 由 $\boldsymbol{A}-2\boldsymbol{X}=3\boldsymbol{A}-\boldsymbol{B}$ 得

$$\begin{aligned}2\boldsymbol{X}&=\boldsymbol{A}-3\boldsymbol{A}+\boldsymbol{B}=(1-3)\boldsymbol{A}+\boldsymbol{B}=(-2)\boldsymbol{A}+\boldsymbol{B}\\&=(-2)\begin{bmatrix}1&2\\2&-1\\0&1\end{bmatrix}+\begin{bmatrix}0&-1\\1&1\\-1&0\end{bmatrix}\\&=\begin{bmatrix}-2&-4\\-4&2\\0&-2\end{bmatrix}+\begin{bmatrix}0&-1\\1&1\\-1&0\end{bmatrix}=\begin{bmatrix}-2&-5\\-3&3\\-1&-2\end{bmatrix},\end{aligned}$$

所以

$$\boldsymbol{X}=\frac{1}{2}\begin{bmatrix}-2&-5\\-3&3\\-1&-2\end{bmatrix}=\begin{bmatrix}-1&-\frac{5}{2}\\-\frac{3}{2}&\frac{3}{2}\\-\frac{1}{2}&-1\end{bmatrix}.$$

1.3.3 矩阵的乘法

矩阵的乘法比矩阵的线性运算要复杂一些, 但是非常重要. 首先看下例.

例 1.3.5 在平面解析几何中, 直角坐标系可进行旋转变换. 任取一个直角坐标系 Oxy, 使其原点不动, 逆时针旋转 θ 角, 得到另一个直角坐标系 $Ox'y'$, 如图 1.3.5 所示. 试讨论这个旋转变换.

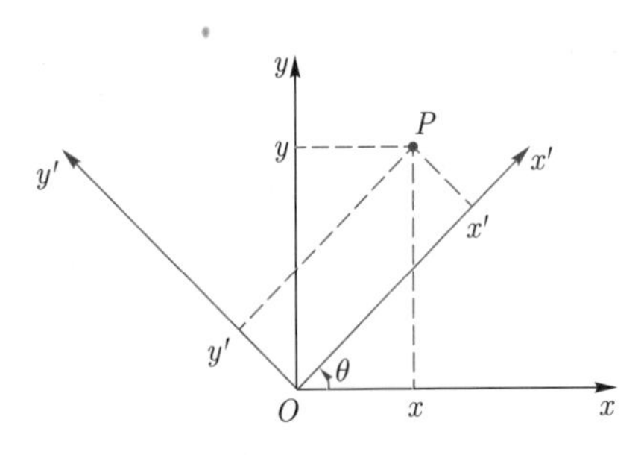

图 1.3.5 旋转变换

解 经投影和简单计算可知, 平面上任一点 P 在 Oxy 下的坐标 (x,y) 与 P 在 $Ox'y'$ 下的坐标 (x',y') 之间满足下述旋转变换公式:

$$\sigma_\theta: \begin{cases} x = x'\cos\theta - y'\sin\theta, \\ y = x'\sin\theta + y'\cos\theta, \end{cases}$$

显然, 旋转变换 σ_θ 被其系数矩阵

$$\boldsymbol{A} = \begin{bmatrix} \cos\theta & -\sin\theta \\ \sin\theta & \cos\theta \end{bmatrix}$$

唯一确定.

对坐标系 $Ox'y'$ 还可继续进行旋转变换而得到第三个直角坐标系 $Ox''y''$, 如图 1.3.6 所示.

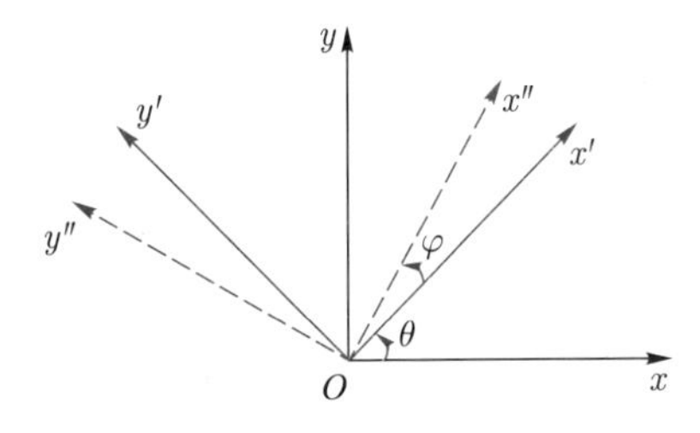

图 1.3.6 连续旋转变换

相应的旋转变换公式为

$$\sigma_\varphi: \begin{cases} x' = x''\cos\varphi - y''\sin\varphi, \\ y' = x''\sin\varphi + y''\cos\varphi, \end{cases}$$

其系数矩阵为

$$B = \begin{bmatrix} \cos\varphi & -\sin\varphi \\ \sin\varphi & \cos\varphi \end{bmatrix}.$$

为便于讨论, 简记 $\boldsymbol{A}, \boldsymbol{B}$ 为

$$\boldsymbol{A} = \begin{bmatrix} a_{11} & a_{12} \\ a_{21} & a_{22} \end{bmatrix}, \quad \boldsymbol{B} = \begin{bmatrix} b_{11} & b_{12} \\ b_{21} & b_{22} \end{bmatrix},$$

则旋转变换公式 σ_θ 与 σ_φ 变为

$$\sigma_\theta: \begin{cases} x = a_{11}x' + a_{12}y', \\ y = a_{21}x' + a_{22}y', \end{cases}$$

$$\sigma_\varphi: \begin{cases} x' = b_{11}x'' + b_{12}y'', \\ y' = b_{21}x'' + b_{22}y'', \end{cases}$$

将 σ_φ 代入 σ_θ 中得到 Oxy 与 $Ox''y''$ 之间的关系式

$$\sigma: \begin{cases} x = (a_{11}b_{11} + a_{12}b_{21})\,x'' + (a_{11}b_{12} + a_{12}b_{22})\,y'', \\ y = (a_{21}b_{11} + a_{22}b_{21})\,x'' + (a_{21}b_{12} + a_{22}b_{22})\,y'', \end{cases}$$

其系数矩阵为

$$\boldsymbol{C} = \begin{bmatrix} a_{11}b_{11} + a_{12}b_{21} & a_{11}b_{12} + a_{12}b_{22} \\ a_{21}b_{11} + a_{22}b_{21} & a_{21}b_{12} + a_{22}b_{22} \end{bmatrix},$$

简记 $\boldsymbol{C}$ 为

$$\boldsymbol{C} = \begin{bmatrix} c_{11} & c_{12} \\ c_{21} & c_{22} \end{bmatrix},$$

则关系式 σ 变为

$$\sigma: \begin{cases} x = c_{11}x'' + c_{12}y'', \\ y = c_{21}x'' + c_{22}y'', \end{cases}$$

容易验证

$$\boldsymbol{C} = \begin{bmatrix} \cos(\theta+\varphi) & -\sin(\theta+\varphi) \\ \sin(\theta+\varphi) & \cos(\theta+\varphi) \end{bmatrix},$$

也就是说 σ 也代表一个旋转变换, 它把坐标系 Oxy 直接变到 $Ox''y''$.

由于变换 σ 是变换 σ_θ 与 σ_φ 对 Oxy 连续作用的结果, 故称之为 σ_θ 与 σ_φ 的乘积. 因此, 我们就自然地把 σ 的系数矩阵 $\boldsymbol{C}$ 称为是 σ_θ 的系数矩阵 $\boldsymbol{A}$ 与 σ_φ 的系数矩阵 $\boldsymbol{B}$ 的乘积, 且记为

$$\boldsymbol{C} = \boldsymbol{AB}.$$

这一规定实际上引出了矩阵间的一种新运算 —— 乘法. 仔细观察 $\boldsymbol{C}$ 的元素, 不难发现从 $\boldsymbol{A}$ 与 $\boldsymbol{B}$ 的元素可以非常有规律地得到 $\boldsymbol{C}$:

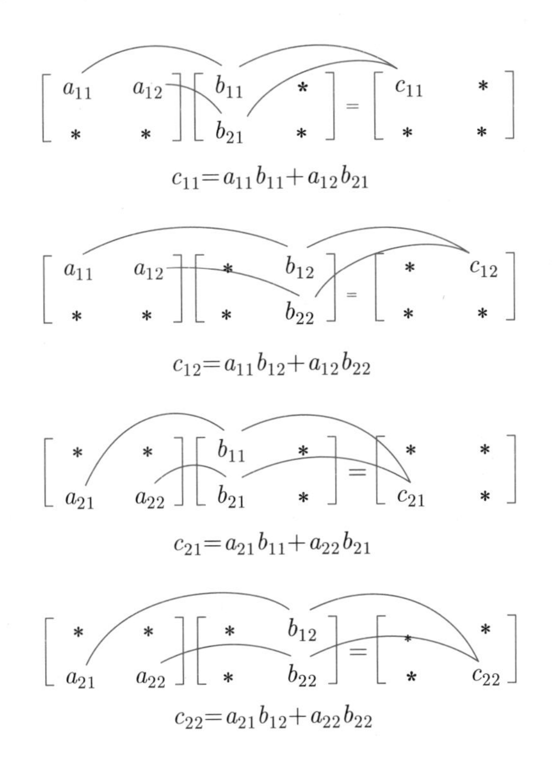

矩阵 $\boldsymbol{A}$ 的第 i 行

$$a_{i1}, a_{i2}$$

与矩阵 $\boldsymbol{B}$ 的第 j 列

$$\begin{matrix} b_{1j} \\ b_{2j} \end{matrix}$$

对应元素的乘积之和

$$a_{i1}b_{1j} + a_{i2}b_{2j}$$

恰好为矩阵 $\boldsymbol{C}$ 的 (i, j)–元 c_{ij}.

下面将由上例中引出的新运算推广到一般情况.

定义 1.3.4 设 $\boldsymbol{A}=[a_{ij}]_{m\times p}$ 与 $\boldsymbol{B}=[b_{ij}]_{p\times n}$ 是数域 F 上的两个矩阵, 令

$$c_{ij}=a_{i1}b_{1j}+a_{i2}b_{2j}+\cdots+a_{ip}b_{pj},$$

其中 $i=1,2,\cdots,m;j=1,2,\cdots,n$. 称 $m\times n$ 矩阵 $\boldsymbol{C}=[c_{ij}]_{m\times n}$ 为 $\boldsymbol{A}$ 与 $\boldsymbol{B}$ **的乘积**, 记为 $\boldsymbol{C}=\boldsymbol{AB}$.

求两个矩阵乘积的运算称为矩阵的乘法. 必须注意, 两个矩阵相乘要满足一定条件. 因为计算 $\boldsymbol{AB}$ 时, 总是取 $\boldsymbol{A}$ 的行与 $\boldsymbol{B}$ 的列对应元素相乘, 所以要求 $\boldsymbol{A}$ 的行与 $\boldsymbol{B}$ 的列应有相同个数的元素, 即 $\boldsymbol{A}$ 的列数应与 $\boldsymbol{B}$ 的行数相等. 计算方法如下所示:

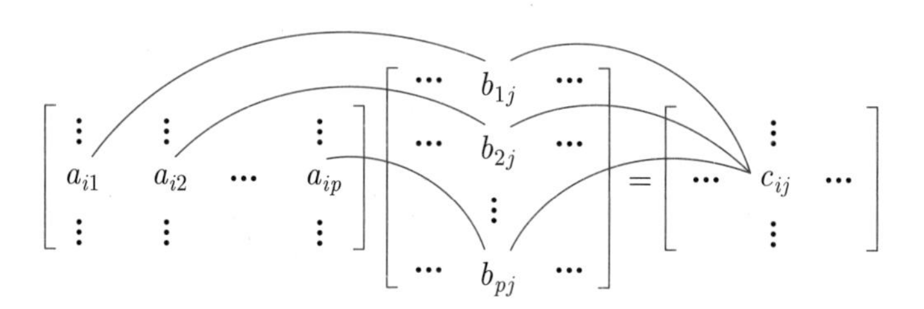

$$c_{ij}=a_{i1}b_{1j}+a_{i2}b_{2j}+\cdots+a_{ip}b_{pj}$$

此外, 由于 $\boldsymbol{A}$ 的第 i 行与 $\boldsymbol{B}$ 的各列运算可得到 $\boldsymbol{AB}$ 的第 i 行, 而 $\boldsymbol{A}$ 有 m 行, 故 $\boldsymbol{AB}$ 应有 m 行. 同理可知 $\boldsymbol{AB}$ 的列数应与 $\boldsymbol{B}$ 的列数相等. 对此, 可记之为

$$\boldsymbol{A}_{m\times\square}\boldsymbol{B}_{\square\times n}=\boldsymbol{C}_{m\times n}.$$

例 1.3.6 求下列矩阵的乘积:

(1) $\begin{bmatrix}2&-1&0\\3&1&-2\end{bmatrix}\begin{bmatrix}0&1\\1&0\\-1&1\end{bmatrix}$; (2) $\begin{bmatrix}3&-2\\1&4\end{bmatrix}\begin{bmatrix}x\\y\end{bmatrix}$;

(3) $\begin{bmatrix}2\\-3\end{bmatrix}\begin{bmatrix}3&4\end{bmatrix}$.

解 (1) $\begin{bmatrix}2&-1&0\\3&1&-2\end{bmatrix}\begin{bmatrix}0&1\\1&0\\-1&1\end{bmatrix}$

$$= \begin{bmatrix} 2\times 0+(-1)\times 1+0\times(-1) & 2\times 1+(-1)\times 0+0\times 1 \\ 3\times 0+1\times 1+(-2)\times(-1) & 3\times 1+1\times 0+(-2)\times 1 \end{bmatrix}$$

$$= \begin{bmatrix} -1 & 2 \\ 3 & 1 \end{bmatrix};$$

(2) $\begin{bmatrix} 3 & -2 \\ 1 & 4 \end{bmatrix}\begin{bmatrix} x \\ y \end{bmatrix} = \begin{bmatrix} 3\times x+(-2)\times y \\ 1\times x+4\times y \end{bmatrix} = \begin{bmatrix} 3x-2y \\ x+4y \end{bmatrix}$;

(3) $\begin{bmatrix} 2 \\ -3 \end{bmatrix}\begin{bmatrix} 3 & 4 \end{bmatrix} = \begin{bmatrix} 2\times 3 & 2\times 4 \\ (-3)\times 3 & (-3)\times 4 \end{bmatrix} = \begin{bmatrix} 6 & 8 \\ -9 & -12 \end{bmatrix}$.

利用矩阵乘法还可简单地表示线性方程组. 对方程组 (1.1.1), 令

$$\boldsymbol{A} = \begin{bmatrix} a_{11} & a_{12} & \cdots & a_{1n} \\ a_{21} & a_{22} & \cdots & a_{2n} \\ \vdots & \vdots & & \vdots \\ a_{m1} & a_{m2} & \cdots & a_{mn} \end{bmatrix}, \quad \boldsymbol{X} = \begin{bmatrix} x_1 \\ x_2 \\ \vdots \\ x_n \end{bmatrix}, \quad \boldsymbol{b} = \begin{bmatrix} b_1 \\ b_2 \\ \vdots \\ b_m \end{bmatrix},$$

则方程组 (1.1.1) 可表示为

$$\boldsymbol{AX} = \boldsymbol{b},$$

同理, 方程组 (1.1.8) 也可表示为

$$\boldsymbol{AX} = \boldsymbol{0}.$$

以上讨论再次表明, 在由例 1.3.5 中引出的矩阵乘法确实是合理的、有意义的一种矩阵运算.

注: 考虑到矩阵乘法的需要, 线性方程组的解通常写成列的形式, 平面、空间的坐标也常写为列的形式.

矩阵乘法具有下述性质:

性质 1.3.2 设 $\boldsymbol{A}, \boldsymbol{B}, \boldsymbol{C}$ 是数域 F 上满足所涉及运算条件的三个矩阵, $k \in F$, 则有

(1) $(\boldsymbol{AB})\boldsymbol{C} = \boldsymbol{A}(\boldsymbol{BC})$;

(2) $\boldsymbol{A}(\boldsymbol{B}+\boldsymbol{C}) = \boldsymbol{AB}+\boldsymbol{AC}, (\boldsymbol{B}+\boldsymbol{C})\boldsymbol{A} = \boldsymbol{BA}+\boldsymbol{CA}$;

(3) $k(\boldsymbol{AB}) = (k\boldsymbol{A})\boldsymbol{B} = \boldsymbol{A}(k\boldsymbol{B})$.

证 (1) 设 $\boldsymbol{A}=[a_{ij}]_{m\times p}$, $\boldsymbol{B}=[b_{ij}]_{p\times q}$, $\boldsymbol{C}=[c_{ij}]_{q\times n}$, 则

$$\boldsymbol{AB}=\left[\sum_{k=1}^{p}a_{ik}b_{kj}\right]_{m\times q},$$

$$\begin{aligned}(\boldsymbol{AB})\boldsymbol{C}&=\left[\sum_{l=1}^{q}\left(\sum_{k=1}^{p}a_{ik}b_{kl}\right)c_{lj}\right]_{m\times n}\\&=\left[\sum_{l=1}^{q}\sum_{k=1}^{p}a_{ik}b_{kl}c_{lj}\right]_{m\times n}\\&=\left[\sum_{k=1}^{p}\sum_{l=1}^{q}a_{ik}b_{kl}c_{lj}\right]_{m\times n}\\&=\left[\sum_{k=1}^{p}a_{ik}\left(\sum_{l=1}^{q}b_{kl}c_{lj}\right)\right]_{m\times n},\end{aligned}$$

而

$$\boldsymbol{BC}=\left[\sum_{l=1}^{q}b_{kl}c_{lj}\right]_{p\times n},$$

$$\boldsymbol{A}(\boldsymbol{BC})=\left[\sum_{k=1}^{p}a_{ik}\left(\sum_{l=1}^{q}b_{kl}c_{lj}\right)\right]_{m\times n},$$

所以

$$(\boldsymbol{AB})\boldsymbol{C}=\boldsymbol{A}(\boldsymbol{BC});$$

(2) 设 $\boldsymbol{A}=[a_{ij}]_{m\times p}$, $\boldsymbol{B}=[b_{ij}]_{p\times n}$, $\boldsymbol{C}=[c_{ij}]_{p\times n}$, 则

$$\begin{aligned}\boldsymbol{B}+\boldsymbol{C}&=[b_{ij}+c_{ij}]_{p\times n},\\\boldsymbol{A}(\boldsymbol{B}+\boldsymbol{C})&=\left[\sum_{k=1}^{p}a_{ik}\left(b_{kj}+c_{kj}\right)\right]_{m\times n}\\&=\left[\sum_{k=1}^{p}a_{ik}b_{kj}+\sum_{k=1}^{p}a_{ik}c_{kj}\right]_{m\times n}\\&=\left[\sum_{k=1}^{p}a_{ik}b_{kj}\right]_{m\times n}+\left[\sum_{k=1}^{p}a_{ik}c_{kj}\right]_{m\times n}\\&=\boldsymbol{AB}+\boldsymbol{AC}.\end{aligned}$$

以上证明的性质是矩阵乘法对矩阵加法的左分配律, 同理可证右分配律也成立;

(3) 设 $\boldsymbol{A}=[a_{ij}]_{m\times p}$, $\boldsymbol{B}=[b_{ij}]_{p\times n}$, 则

$$
\begin{aligned}
\boldsymbol{AB}&=\left[\sum_{l=1}^{p}a_{il}b_{lj}\right]_{m\times n},\\
k(\boldsymbol{AB})&=\left[k(\sum_{l=1}^{p}a_{il}b_{lj})\right]_{m\times n}\\
&=\left[\sum_{l=1}^{p}ka_{il}b_{lj}\right]_{m\times n}\\
&=\left[\sum_{l=1}^{p}(ka_{il})b_{lj}\right]_{m\times n}=(k\boldsymbol{A})\boldsymbol{B},
\end{aligned}
$$

同理可证 $k(\boldsymbol{AB})=\boldsymbol{A}(k\boldsymbol{B})$.

矩阵乘法还有一些类似于数域 F 中数的乘法的性质.

设 $\boldsymbol{A}=[a_{ij}]$ 是 $m\times n$ 矩阵, 若 $m=n$, 则称 $\boldsymbol{A}$ 是 **$\boldsymbol{n}$ 阶方阵**或 **$\boldsymbol{n}$ 阶矩阵**. 此时, $a_{11},a_{22},\cdots,a_{nn}$ 称为 $\boldsymbol{A}$ 的**主对角元**. 方阵是一类非常重要的矩阵.

主对角元全为 1, 其他元素全为零的 n 阶方阵称为 n 阶**单位矩阵**, 记为 $\boldsymbol{I}_n$ 或 $\boldsymbol{I}$, 即

$$
\boldsymbol{I}=\begin{bmatrix}1&0&\cdots&0\\0&1&\cdots&0\\\vdots&\vdots&&\vdots\\0&0&\cdots&1\end{bmatrix}_{n\times n}.
$$

有时也会用 $\boldsymbol{E}_n$ 或 $\boldsymbol{E}$ 来表示单位矩阵.

性质 1.3.3 对任一 $m\times n$ 矩阵 $\boldsymbol{A}_{m\times n}$, 均有

$$
\begin{aligned}
\boldsymbol{A}_{m\times n}\boldsymbol{I}_n=\boldsymbol{A}_{m\times n},\quad \boldsymbol{I}_m\boldsymbol{A}_{m\times n}=\boldsymbol{A}_{m\times n},\\
\boldsymbol{A}_{m\times n}\boldsymbol{0}_{n\times q}=\boldsymbol{0}_{m\times q},\quad \boldsymbol{0}_{p\times m}\boldsymbol{A}_{m\times n}=\boldsymbol{0}_{p\times n}.
\end{aligned}
$$

上述性质表明, 零矩阵和单位矩阵在矩阵乘法中的作用与数域 F 中的 0 和 1 在数的乘法中的作用相同.

定义 1.3.5 设 $\boldsymbol{A}$ 是 n 阶方阵, k 是正整数, 称 k 个 $\boldsymbol{A}$ 的连乘为 $\boldsymbol{A}$ 的 k **次幂**, 记为 $\boldsymbol{A}^k$,

$$
\boldsymbol{A}^k=\underbrace{\boldsymbol{AA}\cdots\boldsymbol{A}}_{k个}.
$$

我们规定 $\boldsymbol{A}^0=\boldsymbol{I},\boldsymbol{A}^1=\boldsymbol{A}$.

设 $f(x)=a_nx^n+a_{n-1}x^{n-1}+\cdots+a_1x+a_0$ 是数域 F 上的一元多项式, 其中 $a_n,a_{n-1},\cdots,a_1,a_0\in F$. 记 $f(\boldsymbol{A})=a_n\boldsymbol{A}^n+a_{n-1}\boldsymbol{A}^{n-1}+\cdots+a_1\boldsymbol{A}+a_0\boldsymbol{I}$, 称 $f(\boldsymbol{A})$ 为**方阵 $\boldsymbol{A}$ 的矩阵多项式**.

例 1.3.7 设

$$\boldsymbol{A}=\begin{bmatrix}1&2\\0&3\end{bmatrix},$$

计算 $\boldsymbol{A}^2,\boldsymbol{A}^3,\boldsymbol{A}^n,\boldsymbol{A}^4-2\boldsymbol{A}^2+\boldsymbol{A}-3\boldsymbol{I}$.

解

$$\boldsymbol{A}^2=\boldsymbol{A}\boldsymbol{A}=\begin{bmatrix}1&2\\0&3\end{bmatrix}\begin{bmatrix}1&2\\0&3\end{bmatrix}=\begin{bmatrix}1&8\\0&9\end{bmatrix},$$

$$\boldsymbol{A}^3=\boldsymbol{A}^2\boldsymbol{A}=\begin{bmatrix}1&8\\0&9\end{bmatrix}\begin{bmatrix}1&2\\0&3\end{bmatrix}=\begin{bmatrix}1&26\\0&27\end{bmatrix},$$

根据 $\boldsymbol{A}^2$ 与 $\boldsymbol{A}^3$, 猜想

$$\boldsymbol{A}^n=\begin{bmatrix}1&3^n-1\\0&3^n\end{bmatrix}.$$

下面用数学归纳法证明上式:

当 $n=1$ 时, 结论显然成立.

当 $n>1$ 时, 设结论对 $n-1$ 成立, 则

$$\begin{aligned}\boldsymbol{A}^n=\boldsymbol{A}^{n-1}\boldsymbol{A}&=\begin{bmatrix}1&3^{n-1}-1\\0&3^{n-1}\end{bmatrix}\begin{bmatrix}1&2\\0&3\end{bmatrix}\\&=\begin{bmatrix}1&3^n-1\\0&3^n\end{bmatrix}.\end{aligned}$$

这表明结论对 n 也成立.

由数学归纳法可知, 结论对一切自然数 n 成立.

因此

$$\begin{aligned}&\boldsymbol{A}^4-2\boldsymbol{A}^2+\boldsymbol{A}-3\boldsymbol{I}\\=&\begin{bmatrix}1&3^4-1\\0&3^4\end{bmatrix}-2\begin{bmatrix}1&8\\0&9\end{bmatrix}+\begin{bmatrix}1&2\\0&3\end{bmatrix}-3\begin{bmatrix}1&0\\0&1\end{bmatrix}\\=&\begin{bmatrix}-3&66\\0&63\end{bmatrix}.\end{aligned}$$

例 1.3.8 设 $\boldsymbol{P}=\boldsymbol{AB},\boldsymbol{Q}=\boldsymbol{BA}$, 其中

$$\boldsymbol{A}=\begin{bmatrix}1&2&-3\end{bmatrix},\quad \boldsymbol{B}=\begin{bmatrix}3\\-1\\2\end{bmatrix},$$

计算 $\boldsymbol{P}^n,\boldsymbol{Q}^n$.

解 因

$$\boldsymbol{P}=\boldsymbol{AB}=\begin{bmatrix}1&2&-3\end{bmatrix}\begin{bmatrix}3\\-1\\2\end{bmatrix}$$
$$=1\times3+2\times(-1)+(-3)\times2=-5,$$

故 $\boldsymbol{P}^n=(-5)^n$.

又

$$\boldsymbol{Q}=\boldsymbol{BA}=\begin{bmatrix}3\\-1\\2\end{bmatrix}\begin{bmatrix}1&2&-3\end{bmatrix}=\begin{bmatrix}3&6&-9\\-1&-2&3\\2&4&-6\end{bmatrix},$$

$$\begin{aligned}\boldsymbol{Q}^2&=\boldsymbol{QQ}=(\boldsymbol{BA})(\boldsymbol{BA})=\boldsymbol{B}(\boldsymbol{AB})\boldsymbol{A}\\&=\begin{bmatrix}3\\-1\\2\end{bmatrix}[-5]\begin{bmatrix}1&2&-3\end{bmatrix}=\begin{bmatrix}(-5)\times3\\(-5)\times(-1)\\(-5)\times2\end{bmatrix}\begin{bmatrix}1&2&-3\end{bmatrix}\\&=(-5)\times\begin{bmatrix}3\\-1\\2\end{bmatrix}\begin{bmatrix}1&2&-3\end{bmatrix}=(-5)\begin{bmatrix}3&6&-9\\-1&-2&3\\2&4&-6\end{bmatrix},\end{aligned}$$

把此方法推广到 $\boldsymbol{Q}^n$ 上, 可得

$$\begin{aligned}\boldsymbol{Q}^n&=\underbrace{\boldsymbol{QQ}\cdots\boldsymbol{Q}}_{n\text{个}\boldsymbol{Q}}=\underbrace{(\boldsymbol{BA})(\boldsymbol{BA})(\boldsymbol{BA})\cdots(\boldsymbol{BA})(\boldsymbol{BA})}_{n\text{个}\boldsymbol{BA}}\\&=\boldsymbol{B}\underbrace{(\boldsymbol{AB})(\boldsymbol{AB})\cdots(\boldsymbol{AB})}_{n-1\text{个}\boldsymbol{AB}}\boldsymbol{A}=\boldsymbol{B}(\boldsymbol{AB})^{n-1}\boldsymbol{A}\\&=(-5)^{n-1}\begin{bmatrix}3&6&-9\\-1&-2&3\\2&4&-6\end{bmatrix}.\end{aligned}$$

上例中, 当运算结果为一阶矩阵时, 可将之视同数, 矩阵符号也常省去, 但在运算过程中, 还是要按照矩阵对待.

性质 1.3.4 设 $\boldsymbol{A}$ 是数域 F 上的方阵, k,l 是非负整数, $f(x)$ 是数域 F 上的一元多项式, 则有

(1) $\boldsymbol{A}^k\boldsymbol{A}^l=\boldsymbol{A}^{k+l}, \left(\boldsymbol{A}^k\right)^l=\boldsymbol{A}^{kl}$;

(2) 若 $f(x)=g(x)h(x)$, 则

$$f(\boldsymbol{A})=g(\boldsymbol{A})h(\boldsymbol{A}),$$

这里 $g(x),h(x)$ 也是数域 F 上的一元多项式.

例 1.3.9 设 $\boldsymbol{A}$ 是方阵, 证明:

$$\boldsymbol{A}^n-\boldsymbol{I}=(\boldsymbol{A}-\boldsymbol{I})\left(\boldsymbol{A}^{n-1}+\boldsymbol{A}^{n-2}+\cdots+\boldsymbol{A}+\boldsymbol{I}\right).$$

证 令 $f(x)=x^n-1$, 则 $f(\boldsymbol{A})=\boldsymbol{A}^n-\boldsymbol{I}$.

因

$$f(x)=(x-1)\left(x^{n-1}+x^{n-2}+\cdots+x+1\right)=h(x)g(x),$$

这里 $h(x)=x-1, g(x)=x^{n-1}+x^{n-2}+\cdots+x+1$. 根据性质 1.3.4(2) 可得 $f(\boldsymbol{A})=h(\boldsymbol{A})g(\boldsymbol{A})$, 即

$$\boldsymbol{A}^n-\boldsymbol{I}=(\boldsymbol{A}-\boldsymbol{I})\left(\boldsymbol{A}^{n-1}+\boldsymbol{A}^{n-2}+\cdots+\boldsymbol{A}+\boldsymbol{I}\right).$$

例 1.3.10 假设 $\boldsymbol{A}$ 是一个 (i,j)–元均为实数的 2×2 矩阵, 利用矩阵的乘法定义一个由平面 Oxy 到其本身的映射 $\sigma_{\boldsymbol{A}}$.

解 不妨设

$$\boldsymbol{A}=\begin{bmatrix} a & b \\ c & d \end{bmatrix},$$

其中 $a,b,c,d\in\mathbf{R}$. 将平面 Oxy 上任意一点 $P(x,y)$ 的坐标表示为列矩阵的形式

$$\begin{bmatrix} x \\ y \end{bmatrix},$$

由矩阵乘法的定义可以得到一个由矩阵 $\boldsymbol{A}$ 决定的对应法则

$$\begin{bmatrix} x \\ y \end{bmatrix} \xrightarrow{\sigma_{\boldsymbol{A}}} \begin{bmatrix} a & b \\ c & d \end{bmatrix}\begin{bmatrix} x \\ y \end{bmatrix}=\begin{bmatrix} ax+by \\ cx+dy \end{bmatrix},$$

即 $\sigma_{\boldsymbol{A}}$ 将平面 Oxy 上任意点 $P(x,y)$ 映为平面 Oxy 的点 $P'(ax+by,cx+dy)$.

例如, 矩阵

$$\boldsymbol{A}=\begin{bmatrix}0 & -1\\ 1 & 0\end{bmatrix}$$

定义的映射 $\sigma_{\boldsymbol{A}}$ 将对平面 Oxy 上任意一点 $P(x,y)$ 映为 $P'(-y,x)$, 如图 1.3.7 所示, 这是一个平面上绕坐标原点逆时针旋转 $\dfrac{\pi}{2}$ 的变换. 矩阵

$$\boldsymbol{B}=\begin{bmatrix}1 & 1\\ 0 & 1\end{bmatrix}$$

定义的映射 $\sigma_{\boldsymbol{B}}$ 将平面 Oxy 上任意一点 $P(x,y)$ 映为 $P'(x+y,y)$, 如图 1.3.8 所示.

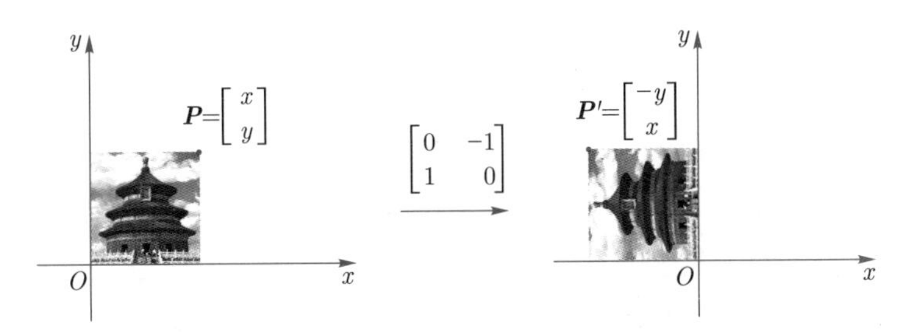

图 1.3.7 旋转变换

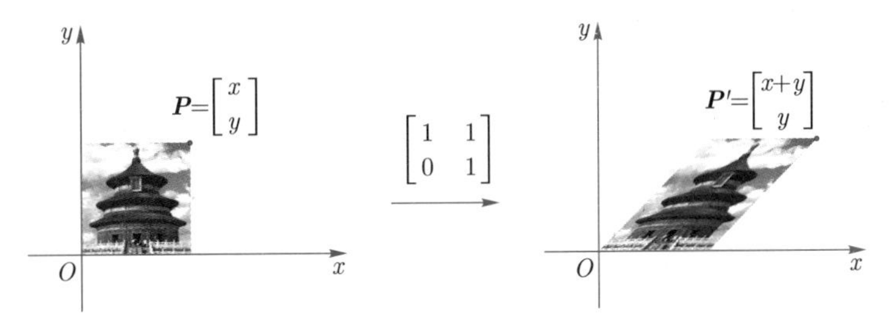

图 1.3.8 切变变换

扫描交互实验 1.3.1 的二维码, 拖动滑动条选择不同的 2×2 矩阵, 并观察矩阵对应的变换, 试着找到表示平面上沿 x 轴反射、放大变换对应的 2×2 矩阵.

交互实验 1.3.1

同样地, 利用矩阵的乘法, 矩阵

$$\boldsymbol{P}=\begin{bmatrix}1 & 0 & 0\\ 0 & 1 & 0\end{bmatrix}$$

可以定义一个空间到平面的投影映射

$$\sigma_{\boldsymbol{P}}:(x,y,z)\longrightarrow(x,y).$$

在上面的讨论中, 我们得到了数域 F 上的矩阵乘法类似于 F 中数的乘法的若干性质. 但同时更应注意到, 有些数域 F 中数的乘法的性质在矩阵乘法中是不成立的.

注: (1) 矩阵的乘法不满足交换律.

首先, $\boldsymbol{AB}$ 有意义时, 可能 $\boldsymbol{BA}$ 没有意义. 例如 $\boldsymbol{A}_{2\times\square}\boldsymbol{B}_{\square\times 3}=\boldsymbol{C}_{2\times 3}$, 但是 $\boldsymbol{B}_{\square\times 3}\boldsymbol{A}_{2\times\square}$ 就无意义.

其次, $\boldsymbol{AB}$ 与 $\boldsymbol{BA}$ 都有意义, 但可能它们不同型. 例如 $\boldsymbol{A}_{1\times 2}\boldsymbol{B}_{2\times 1}=\boldsymbol{C}_{1\times 1}$, 但是 $\boldsymbol{B}_{2\times 1}\boldsymbol{A}_{1\times 2}=\boldsymbol{D}_{2\times 2}$.

最后, 即使 $\boldsymbol{AB}$ 与 $\boldsymbol{BA}$ 都有意义且同型, 也不保证 $\boldsymbol{AB}=\boldsymbol{BA}$. 例如, 考虑图 1.3.7 与图 1.3.8 中旋转变换与切变变换对应的两个矩阵的乘积

$$\begin{bmatrix}1&1\\0&1\end{bmatrix}\begin{bmatrix}0&-1\\1&0\end{bmatrix}=\begin{bmatrix}1&-1\\1&0\end{bmatrix},$$

$$\begin{bmatrix}0&-1\\1&0\end{bmatrix}\begin{bmatrix}1&1\\0&1\end{bmatrix}=\begin{bmatrix}0&-1\\1&1\end{bmatrix}.$$

因此, 在一般情况下, 矩阵的乘法是不可交换的.

(2) 两个非零矩阵的乘积有可能是零矩阵.

若 $a,b\in F, a\times b=0$, 则 a 与 b 中至少有一个是 0. 但在矩阵运算中, 由 $\boldsymbol{AB}=\boldsymbol{0}$ 不能导出 $\boldsymbol{A}=\boldsymbol{0}$ 或 $\boldsymbol{B}=\boldsymbol{0}$. 例如, 取

$$\boldsymbol{A}=\begin{bmatrix}1&0\\1&0\end{bmatrix},\quad \boldsymbol{B}=\begin{bmatrix}0&0\\1&1\end{bmatrix},$$

则 $\boldsymbol{A}\neq\boldsymbol{0},\boldsymbol{B}\neq\boldsymbol{0}$, 但 $\boldsymbol{AB}=\boldsymbol{0}$. 矩阵乘法的这一特点意味着消去律在此是不成立的, 即由 $\boldsymbol{AB}=\boldsymbol{AC},\boldsymbol{A}\neq\boldsymbol{0}$ 不能导出 $\boldsymbol{B}=\boldsymbol{C}$. 例如, 取

$$\boldsymbol{B}=\begin{bmatrix}1&0\\0&0\end{bmatrix}, \text{则 } \boldsymbol{B}^2=\boldsymbol{B},\boldsymbol{B}\neq\boldsymbol{0}, \text{但 } \boldsymbol{B}\neq\boldsymbol{I}.$$

矩阵的乘法不满足交换律导致关于数的乘法的完全平方公式、平方差公式等对矩阵不成立.

例 1.3.11 设 $\boldsymbol{A},\boldsymbol{B}$ 是同阶方阵, 证明: 等式

$$(\boldsymbol{A}+\boldsymbol{B})^2=\boldsymbol{A}^2+2\boldsymbol{AB}+\boldsymbol{B}^2$$

成立的充要条件为 $\boldsymbol{AB}=\boldsymbol{BA}$.

证 必要性: 假设

$$(\boldsymbol{A}+\boldsymbol{B})^2=\boldsymbol{A}^2+2\boldsymbol{AB}+\boldsymbol{B}^2,$$

因

$$(\boldsymbol{A}+\boldsymbol{B})^2=(\boldsymbol{A}+\boldsymbol{B})(\boldsymbol{A}+\boldsymbol{B})=\boldsymbol{A}^2+\boldsymbol{AB}+\boldsymbol{BA}+\boldsymbol{B}^2,$$

故有

$$\boldsymbol{A}^2+\boldsymbol{AB}+\boldsymbol{BA}+\boldsymbol{B}^2=\boldsymbol{A}^2+2\boldsymbol{AB}+\boldsymbol{B}^2,$$

两端同时减去 $\boldsymbol{A}^2, \boldsymbol{B}^2, \boldsymbol{AB}$, 即得

$$\boldsymbol{BA}=\boldsymbol{AB}.$$

充分性读者可自行证明.

1.3.4 矩阵的转置

本小节介绍矩阵的另外一类运算: 矩阵的转置.

定义 1.3.6 设 $\boldsymbol{A}$ 是 $m\times n$ 矩阵,

$$\boldsymbol{A}=\begin{bmatrix} a_{11} & a_{12} & \cdots & a_{1n} \\ a_{21} & a_{22} & \cdots & a_{2n} \\ \vdots & \vdots & & \vdots \\ a_{m1} & a_{m2} & \cdots & a_{mn} \end{bmatrix},$$

把 $\boldsymbol{A}$ 的各行写成相应的各列, 得到 $n\times m$ 矩阵

$$\begin{bmatrix} a_{11} & a_{21} & \cdots & a_{m1} \\ a_{12} & a_{22} & \cdots & a_{m2} \\ \vdots & \vdots & & \vdots \\ a_{1n} & a_{2n} & \cdots & a_{mn} \end{bmatrix},$$

称之为 $\boldsymbol{A}$ 的转置矩阵, 简称为 $\boldsymbol{A}$ 的转置, 记为 $\boldsymbol{A}^{\mathrm{T}}$.

转置矩阵可以理解为原矩阵沿着对角线元素所在直线翻转了 180° 后变成的新矩阵

$$\boldsymbol{A}=\begin{bmatrix} a_{11} & a_{12} & a_{13} & a_{14} \\ a_{21} & a_{22} & a_{23} & a_{24} \\ a_{31} & a_{32} & a_{33} & a_{34} \end{bmatrix} \xrightarrow{\text{翻转}} \boldsymbol{A}^{\mathrm{T}}=\begin{bmatrix} a_{11} & a_{21} & a_{31} \\ a_{12} & a_{22} & a_{32} \\ a_{13} & a_{23} & a_{33} \\ a_{14} & a_{24} & a_{34} \end{bmatrix}$$

例如, 若

$$A=\begin{bmatrix}1&2&3\\4&5&6\end{bmatrix},$$

则

$$A^{\mathrm{T}}=\begin{bmatrix}1&4\\2&5\\3&6\end{bmatrix}.$$

例 1.3.12 设 $\boldsymbol{A}$ 是实矩阵(元素均为实数), 若 $\boldsymbol{A}^{\mathrm{T}}\boldsymbol{A}=\boldsymbol{0}$, 证明: $\boldsymbol{A}=\boldsymbol{0}$.

证 设 $\boldsymbol{A}=[a_{ij}]_{m\times n}$, 其中 $a_{ij}\in\mathbf{R}$, 则

$$\boldsymbol{A}^{\mathrm{T}}\boldsymbol{A}=\left[\sum_{k=1}^{m}a_{ki}a_{kj}\right]_{n\times n},$$

从而, $\boldsymbol{A}^{\mathrm{T}}\boldsymbol{A}$ 的主对角元为

$$a_{1j}^2+a_{2j}^2+\cdots+a_{mj}^2\quad(j=1,2,\cdots,n),$$

因 $\boldsymbol{A}^{\mathrm{T}}\boldsymbol{A}=\boldsymbol{0}$, 故

$$a_{1j}^2+a_{2j}^2+\cdots+a_{mj}^2=0,$$

又 $a_{1j},a_{2j},\cdots,a_{mj}$ 全为实数, 故由上式可得

$$a_{1j}=a_{2j}=\cdots=a_{mj}=0\quad(j=1,2,\cdots,n),$$

即 $\boldsymbol{A}$ 的每列元素均为零, 所以 $\boldsymbol{A}=\boldsymbol{0}$.

例 1.3.13 某公司有三个部门, 财务部 (1)、人事部 (2)、销售部 (3). 现要调查这三个部门彼此之间对工作成效的认可情况. 令

$$a_{ij}=\begin{cases}1, & \text{如果部门 } i \text{ 对部门 } j \text{ 满意},\\ 0, & \text{否则}\end{cases}\quad(i,j=1,2,3),$$

同时规定 $a_{11}=a_{22}=a_{33}=0$, 则矩阵 $\boldsymbol{A}=[a_{ij}]_{3\times3}$ 可全面反映出调查结果.

考虑矩阵 $\boldsymbol{A}\boldsymbol{A}^{\mathrm{T}}=\boldsymbol{B}=[b_{ij}]_{3\times3}$

$$b_{ij}=a_{i1}a_{j1}+a_{i2}a_{j2}+a_{i3}a_{j3},\quad i,j=1,2,3,$$

不难发现, $\boldsymbol{B}$ 的每个元素都有实际的含义. 首先观察 $\boldsymbol{B}$ 的主对角元 b_{11}, b_{22}, b_{33}, 以 b_{11} 为例: 因 $b_{11} = a_{11}^2 + a_{12}^2 + a_{13}^2$, 而 $\boldsymbol{A}$ 的第一行元素 a_{11}, a_{12}, a_{13} 分别表示财务部对三个部门的满意情况, 故 b_{11} 为财务部所满意的其他部门的数目. 同理, b_{22}, b_{33} 分别是人事部、销售部所满意的其他部门的数目. 其次观察 $\boldsymbol{B}$ 的其他元素 $b_{ij}(i \neq j)$, 以 b_{12} 为例: 因 $b_{12} = a_{11}a_{21} + a_{12}a_{22} + a_{13}a_{23}$, 而 $\boldsymbol{A}$ 的第一行元素 a_{11}, a_{12}, a_{13} 与第二行元素 a_{21}, a_{22}, a_{23} 分别表示财务部与人事部对三个部门的满意情况, 故 b_{12} 应为同时被财务部与人事部满意的部门的数目. 同理, $b_{ij}(i \neq j)$ 应为同时被部门 i 与部门 j 所满意的部门的数目.

矩阵的转置满足下述运算规律:

性质 1.3.5 设 $\boldsymbol{A}, \boldsymbol{B}$ 是数域 F 上的两个矩阵, $k \in F$ 是任意数, 则有

(1) $\left(\boldsymbol{A}^{\mathrm{T}}\right)^{\mathrm{T}} = \boldsymbol{A}$;

(2) $(\boldsymbol{A} + \boldsymbol{B})^{\mathrm{T}} = \boldsymbol{A}^{\mathrm{T}} + \boldsymbol{B}^{\mathrm{T}}$;

(3) $(k\boldsymbol{A})^{\mathrm{T}} = k\boldsymbol{A}^{\mathrm{T}}$;

(4) $(\boldsymbol{A}\boldsymbol{B})^{\mathrm{T}} = \boldsymbol{B}^{\mathrm{T}}\boldsymbol{A}^{\mathrm{T}}$.

证 (1),(2),(3) 显然成立. 下面证明 (4).

设 $\boldsymbol{A} = [a_{ij}]_{m \times p}, \boldsymbol{B} = [b_{ij}]_{p \times n}$, 则

$$\boldsymbol{A}\boldsymbol{B} = \left[\sum_{k=1}^{p} a_{ik}b_{kj}\right]_{m \times n},$$

因 $\boldsymbol{A}\boldsymbol{B}$ 的 (i,j)–元 $\sum\limits_{k=1}^{p} a_{ik}b_{kj}$ 是 $(\boldsymbol{A}\boldsymbol{B})^{\mathrm{T}}$ 的 (j,i)–元. 故只需证明 $\boldsymbol{B}^{\mathrm{T}}\boldsymbol{A}^{\mathrm{T}}$ 的 (j,i)–元也是 $\sum\limits_{k=1}^{p} a_{ik}b_{kj}$ 即可.

因 $\boldsymbol{B}^{\mathrm{T}}\boldsymbol{A}^{\mathrm{T}}$ 的 (j,i)–元是 $\boldsymbol{B}^{\mathrm{T}}$ 的第 j 行与 $\boldsymbol{A}^{\mathrm{T}}$ 的第 i 列对应元素乘积之和, 而 $\boldsymbol{B}^{\mathrm{T}}$ 的第 j 行为 $b_{1j}, b_{2j}, \cdots, b_{pj}$, $\boldsymbol{A}^{\mathrm{T}}$ 的第 i 列为 $a_{i1}, a_{i2}, \cdots, a_{ip}$, 故 $\boldsymbol{B}^{\mathrm{T}}\boldsymbol{A}^{\mathrm{T}}$ 的 (j,i)–元为

$$\begin{aligned}&b_{1j}a_{i1} + b_{2j}a_{i2} + \cdots + b_{pj}a_{ip}\\ =&a_{i1}b_{1j} + a_{i2}b_{2j} + \cdots + a_{ip}b_{pj} = \sum_{k=1}^{p} a_{ik}b_{kj},\end{aligned}$$

又 $(\boldsymbol{A}\boldsymbol{B})^{\mathrm{T}}$ 与 $\boldsymbol{B}^{\mathrm{T}}\boldsymbol{A}^{\mathrm{T}}$ 都是 $n \times m$ 矩阵, 故得 $(\boldsymbol{A}\boldsymbol{B})^{\mathrm{T}} = \boldsymbol{B}^{\mathrm{T}}\boldsymbol{A}^{\mathrm{T}}$.

例 1.3.14 设 $\boldsymbol{A}$ 与 $\boldsymbol{B}$ 是同阶方阵, 证明:

$$\left(\boldsymbol{A}\boldsymbol{B}^{\mathrm{T}} + \boldsymbol{B}\boldsymbol{A}^{\mathrm{T}}\right)^{\mathrm{T}} = \boldsymbol{A}\boldsymbol{B}^{\mathrm{T}} + \boldsymbol{B}\boldsymbol{A}^{\mathrm{T}}.$$

证

$$\begin{aligned}\left(\boldsymbol{A}\boldsymbol{B}^{\mathrm{T}}+\boldsymbol{B}\boldsymbol{A}^{\mathrm{T}}\right)^{\mathrm{T}}&=\left(\boldsymbol{A}\boldsymbol{B}^{\mathrm{T}}\right)^{\mathrm{T}}+\left(\boldsymbol{B}\boldsymbol{A}^{\mathrm{T}}\right)^{\mathrm{T}}\\&=\left(\boldsymbol{B}^{\mathrm{T}}\right)^{\mathrm{T}}\boldsymbol{A}^{\mathrm{T}}+\left(\boldsymbol{A}^{\mathrm{T}}\right)^{\mathrm{T}}\boldsymbol{B}^{\mathrm{T}}\\&=\boldsymbol{B}\boldsymbol{A}^{\mathrm{T}}+\boldsymbol{A}\boldsymbol{B}^{\mathrm{T}}\\&=\boldsymbol{A}\boldsymbol{B}^{\mathrm{T}}+\boldsymbol{B}\boldsymbol{A}^{\mathrm{T}}.\end{aligned}$$

1.4 矩阵的秩与初等变换

在第一节中, 通过引入高斯消元法基本解决了线性方程组的求解问题与解的判别问题. 然而, 消元过程中的某些方面尚未完全清晰. 例如, 阶梯形方程组中方程的个数是否唯一确定? 它与增广矩阵有无内在联系? 在本节中, 我们将初步解决这些问题.

1.4.1 矩阵的秩

在用高斯消元法将一个线性方程组化为阶梯形方程组时, 这个阶梯形方程组一般不是唯一的. 那么, 阶梯形方程组中独立方程的个数是否相同呢? 下面就用矩阵语言给这个问题一个肯定的答案.

定理 1.4.1 *一个矩阵经初等行变换化成的阶梯形矩阵中, 非零行的数目唯一确定.*

证 设 $\boldsymbol{A}$ 是任一 $m\times n$ 矩阵, $\boldsymbol{B}_1$ 与 $\boldsymbol{B}_2$ 是任意两个由 $\boldsymbol{A}$ 经初等行变换得到的阶梯形矩阵, 它们的非零行数目分别为 r_1 与 r_2. 下面用反证法证明 $r_1=r_2$.

假设 $r_1\neq r_2$, 不妨设 $r_1<r_2$.

考虑下述三个齐次线性方程组

$$\text{I. } \boldsymbol{A}\boldsymbol{X}=\boldsymbol{0};\qquad \text{II. } \boldsymbol{B}_1\boldsymbol{X}=\boldsymbol{0};\qquad \text{III. } \boldsymbol{B}_2\boldsymbol{X}=\boldsymbol{0}.$$

由定理 1.1.1 可知, 方程组 I 分别与方程组 II、方程组 III 同解, 故方程组 II 与方程组 III 同解.

① $r_2=n$. 此时, 因为阶梯形方程组 III 中方程个数 r_2 与未知数个数 n 相等, 由定理 1.1.3 可知齐次方程组 III 只有零解. 但是, 因为阶梯形方程组 II 中方程个数 r_1 小于未知数个数 n, 所以由推论 1.1.1 可知齐次方程组 II 有非零解. 这与 II 、III 同解相矛盾.

② $r_2<n$. 不妨设方程组 III 的主元未知数为 $x_1,x_2,\cdots,x_{r_2}$, 于是可取 $x_{r_2+1},x_{r_2+2},\cdots,x_n$ 为自由未知数. 令自由未知数全部取零, 则主元未知数也一定全部为零.

与此同时, 把 $x_{r_2+1}=x_{r_2+2}=\cdots=x_n=0$ 代入方程组 II, 则得到一个以 $x_1, x_2, \cdots, x_{r_2}$ 为未知数的齐次方程组 II′. 由于其包含的方程个数小于或等于 $r_1<r_2$, 故根据推论 1.1.1 知其必有非零解. 任取方程组 II′ 的一个非零解 $x_1=c_1, x_2=c_2, \cdots, x_{r_2}=c_{r_2}$, 由此可得方程组 II 的一个非零解 $(c_1, c_2, \cdots, c_{r_2}, 0, \cdots, 0)$, 但显然它不是方程组 III 的解. 这与方程组 II、III 同解相矛盾.

综上所述, 假设错误. 所以 $r_1=r_2$.

定义 1.4.1 矩阵 $\boldsymbol{A}$ 经初等行变换化成的阶梯形矩阵中非零行的数目称为**矩阵 $\boldsymbol{A}$ 的秩**, 记为 $\mathrm{r}(\boldsymbol{A})$.

由此可知, 与线性方程组同解的阶梯形方程组中, 方程的数目恰为原方程组增广矩阵的秩.

例 1.4.1 求下述矩阵的秩

$$\boldsymbol{A}=\begin{bmatrix}2 & 1 & 0 & -3 & -1 & -2\\ 3 & -1 & 2 & -1 & 0 & 1\\ 4 & -1 & 6 & 3 & -5 & 8\\ 2 & 2 & -2 & -6 & 0 & -6\end{bmatrix}.$$

解 对矩阵 $\boldsymbol{A}$ 作初等行变换将之化为阶梯形矩阵

$$\boldsymbol{A}\xrightarrow[R_4+(-1)R_1]{R_3+(-2)R_1}\begin{bmatrix}2 & 1 & 0 & -3 & -1 & -2\\ 3 & -1 & 2 & -1 & 0 & 1\\ 0 & -3 & 6 & 9 & -3 & 12\\ 0 & 1 & -2 & -3 & 1 & -4\end{bmatrix}$$

$$\xrightarrow[R_4+\frac{1}{3}R_3]{R_1+(-1)R_2}\begin{bmatrix}-1 & 2 & -2 & -2 & -1 & -3\\ 3 & -1 & 2 & -1 & 0 & 1\\ 0 & -3 & 6 & 9 & -3 & 12\\ 0 & 0 & 0 & 0 & 0 & 0\end{bmatrix}$$

$$\xrightarrow[\frac{1}{3}R_3]{R_2+3R_1}\begin{bmatrix}-1 & 2 & -2 & -2 & -1 & -3\\ 0 & 5 & -4 & -7 & -3 & -8\\ 0 & -1 & 2 & 3 & -1 & 4\\ 0 & 0 & 0 & 0 & 0 & 0\end{bmatrix}$$

$$\xrightarrow{R_{23}} \begin{bmatrix} -1 & 2 & -2 & -2 & -1 & -3 \\ 0 & -1 & 2 & 3 & -1 & 4 \\ 0 & 5 & -4 & -7 & -3 & -8 \\ 0 & 0 & 0 & 0 & 0 & 0 \end{bmatrix}$$

$$\xrightarrow{R_3+5R_2} \begin{bmatrix} -1 & 2 & -2 & -2 & -1 & -3 \\ 0 & -1 & 2 & 3 & -1 & 4 \\ 0 & 0 & 6 & 8 & -8 & 12 \\ 0 & 0 & 0 & 0 & 0 & 0 \end{bmatrix},$$

最后得到的阶梯形矩阵中有 3 个非零行, 故矩阵 $\boldsymbol{A}$ 的秩应为 3, 即 $\mathrm{r}(\boldsymbol{A}) = 3$.

利用定义, 容易证明矩阵的秩具有下述性质:

性质 1.4.1 设 $\boldsymbol{A}$ 是一个 $m \times n$ 矩阵, 则

(1) $\mathrm{r}(\boldsymbol{A}) = 0$ 当且仅当 $\boldsymbol{A} = \boldsymbol{0}$;

(2) $\mathrm{r}(\boldsymbol{A}) \leqslant \min\{m, n\}$;

(3) 初等行变换不改变矩阵的秩.

定义 1.4.2 设 $\boldsymbol{A}$ 是 n 阶方阵, 若 $\mathrm{r}(\boldsymbol{A}) = n$, 则称 $\boldsymbol{A}$ 是**满秩矩阵**; 若 $\mathrm{r}(\boldsymbol{A}) < n$, 则称 $\boldsymbol{A}$ 是**降秩矩阵**.

显然, 单位矩阵是满秩的行简化阶梯形矩阵. 反之, 若一个行简化阶梯形方阵满秩, 则它一定为单位矩阵. 于是可得下面定理.

定理 1.4.2 满秩矩阵只需用初等行变换即可被化为单位矩阵.

1.4.2 矩阵的初等变换

为了便于研究矩阵, 我们把初等行变换推广到矩阵的列上. 对矩阵 $\boldsymbol{A}$ 的下述操作称为**初等列变换**:

(1) 用一个非零数乘 $\boldsymbol{A}$ 的一列的全部元素 (倍乘);

(2) $\boldsymbol{A}$ 的某列元素乘同一个常数再加到另一列的对应元素上 (倍加);

(3) 互换 $\boldsymbol{A}$ 的两列的位置 (交换).

矩阵的初等行变换与初等列变换统称为**矩阵的初等变换**. 同初等行变换一样, 我们用 $cC_i, C_j + kC_i, C_{ij}$ 分别表示上述三种初等列变换: 用非零数 c 乘第 i 列, 第 i 列的 k 倍加到第 j 列, 互换第 i 列与第 j 列.

定义 1.4.3 设 $\boldsymbol{A}$ 和 $\boldsymbol{B}$ 是两个同型矩阵. 若 $\boldsymbol{A}$ 可通过有限次初等变换化为 $\boldsymbol{B}$, 则称 $\boldsymbol{A}$ **相抵**于 $\boldsymbol{B}$(或 $\boldsymbol{A}$ 等价于 $\boldsymbol{B}$), 记为 $\boldsymbol{A} \cong \boldsymbol{B}$.

上述定义在同型矩阵之间建立了一种关系 —— 相抵关系. 容易验证矩阵的相抵关系具有下述性质:

性质 1.4.2 矩阵的相抵满足:

(1) 反身性: $\boldsymbol{A} \cong \boldsymbol{A}$;

(2) 对称性: $\boldsymbol{A} \cong \boldsymbol{B} \Rightarrow \boldsymbol{B} \cong \boldsymbol{A}$;

(3) 传递性: $\boldsymbol{A} \cong \boldsymbol{B}, \boldsymbol{B} \cong \boldsymbol{C} \Rightarrow \boldsymbol{A} \cong \boldsymbol{C}$.

在数学上, 一种关系若同时具有反身性、对称性和传递性, 则称其是**等价关系**. 由性质 1.4.2 可知, 矩阵之间的相抵关系是等价关系.

如果在若干个事物之间定义了一种等价关系, 那么根据这一关系可将这些事物分成若干组, 使得同组的事物彼此之间均有此关系, 而不同组的事物之间均无此关系, 并且每个事物必在且仅在一个组中. 我们称这些组为**等价类**. 用 $\mathcal{A}$ 表示全部 $m \times n$ 矩阵构成的集合, 则矩阵的相抵是 $\mathcal{A}$ 中元素之间的一个等价关系. 由此, 可将 $\mathcal{A}$ 中元素分成若干个等价类, 使得每个 $m \times n$ 矩阵均属于且仅属于一个等价类, 同类中的矩阵彼此相抵, 不同类的矩阵一定不相抵. 在此, 自然产生了一个问题: 同一类中, 最简单的矩阵是什么? 其形式是否唯一?

根据相抵的定义以及将一个矩阵化为行简化阶梯形矩阵的方法, 容易证明下述结论:

定理 1.4.3 设 $\boldsymbol{A}$ 是一个 $m \times n$ 矩阵, 且 $\mathrm{r}(\boldsymbol{A}) = r$, 则 $\boldsymbol{A}$ 相抵于下述矩阵:

$$\boldsymbol{K}_{m\times n}(r) = \left[\begin{array}{cccccc} 1 & 0 & \cdots & 0 & \cdots & 0 \\ 0 & 1 & \cdots & 0 & \cdots & 0 \\ \vdots & \vdots & & \vdots & & \vdots \\ 0 & 0 & \cdots & 1 & \cdots & 0 \\ 0 & 0 & \cdots & 0 & \cdots & 0 \\ \vdots & \vdots & & \vdots & & \vdots \\ 0 & 0 & \cdots & 0 & \cdots & 0 \end{array}\right]_{m\times n} \begin{array}{l} \left.\begin{array}{l} \\ \\ \\ \\ \end{array}\right\} r \text{ 行} \\ \\ \\ \\ \end{array},$$

称之为 $\boldsymbol{A}$ 的相抵标准形.

例 1.4.2 用初等变换将下述矩阵化为相抵标准形:

$$\boldsymbol{A} = \begin{bmatrix} 1 & 1 & 2 & 1 \\ 2 & -1 & 2 & 4 \\ 1 & -2 & 0 & 3 \\ 4 & 1 & 6 & 2 \end{bmatrix}.$$

解 对矩阵 $\boldsymbol{A}$ 作初等变换将之化为相抵标准形

$$\boldsymbol{A}\xrightarrow[\substack{R_3+(-1)R_1\\R_4+(-4)R_1}]{R_2+(-2)R_1}\begin{bmatrix}1&1&2&1\\0&-3&-2&2\\0&-3&-2&2\\0&-3&-2&-2\end{bmatrix}$$

$$\xrightarrow[R_4+(-1)R_2]{R_3+(-1)R_2}\begin{bmatrix}1&1&2&1\\0&-3&-2&2\\0&0&0&0\\0&0&0&-4\end{bmatrix}\xrightarrow[R_{34}]{-\frac{1}{4}R_4}\begin{bmatrix}1&1&2&1\\0&-3&-2&2\\0&0&0&1\\0&0&0&0\end{bmatrix}$$

$$\xrightarrow[R_2+(-2)R_3]{R_1+(-1)R_3}\begin{bmatrix}1&1&2&0\\0&3&-2&0\\0&0&0&1\\0&0&0&0\end{bmatrix}\xrightarrow[\frac{1}{3}R_2]{R_1+(-\frac{1}{3})R_2}\begin{bmatrix}1&0&\dfrac{8}{3}&0\\0&1&-\dfrac{2}{3}&0\\0&0&0&1\\0&0&0&0\end{bmatrix}$$

$$\xrightarrow[C_3+\left(\frac{2}{3}\right)C_2]{C_3+\left(-\frac{8}{3}\right)C_1}\begin{bmatrix}1&0&0&0\\0&1&0&0\\0&0&0&1\\0&0&0&0\end{bmatrix}\xrightarrow{C_{34}}\begin{bmatrix}1&0&0&0\\0&1&0&0\\0&0&1&0\\0&0&0&0\end{bmatrix}=\boldsymbol{K}_{4\times4}(3),$$

则 $\boldsymbol{K}_{4\times4}(3)$ 即为 $\boldsymbol{A}$ 的相抵标准形.

相抵标准形也是阶梯形矩阵, 但由于在化简时有可能用到初等列变换, 因此现在还不能通过相抵标准形来判断原矩阵的秩, 这就产生了相抵标准形的唯一性问题.

1.4.3 初等矩阵

本小节将利用矩阵的运算来实现矩阵的初等变换, 并解决矩阵的相抵标准形的唯一性问题.

例 1.4.3 已知矩阵

$$\boldsymbol{A}=\begin{bmatrix}a_1&a_2&a_3\\b_1&b_2&b_3\\c_1&c_2&c_3\end{bmatrix},$$

构造三个矩阵

$$\boldsymbol{P}_1=\begin{bmatrix}1&0&0\\0&2&0\\0&0&1\end{bmatrix},\quad \boldsymbol{P}_2=\begin{bmatrix}1&0&0\\0&1&0\\0&-2&1\end{bmatrix},\quad \boldsymbol{P}_3=\begin{bmatrix}0&1&0\\1&0&0\\0&0&1\end{bmatrix},$$

分别计算 $\boldsymbol{P}_1,\boldsymbol{P}_2,\boldsymbol{P}_3$ 与 $\boldsymbol{A}$ 的乘积.

解

$$\boldsymbol{P}_1\boldsymbol{A}=\begin{bmatrix} a_1 & a_2 & a_3 \\ 2b_1 & 2b_2 & 2b_3 \\ c_1 & c_2 & c_3 \end{bmatrix}=\boldsymbol{B}_1,\quad \boldsymbol{A}\boldsymbol{P}_1=\begin{bmatrix} a_1 & 2a_2 & a_3 \\ b_1 & 2b_2 & b_3 \\ c_1 & 2c_2 & c_3 \end{bmatrix}=\boldsymbol{B}_2,$$

$$\boldsymbol{P}_2\boldsymbol{A}=\begin{bmatrix} a_1 & a_2 & a_3 \\ b_1 & b_2 & b_3 \\ c_1-2b_1 & c_2-2b_2 & c_3-2b_3 \end{bmatrix}=\boldsymbol{B}_3,$$

$$\boldsymbol{A}\boldsymbol{P}_2=\begin{bmatrix} a_1 & a_2-2a_3 & a_3 \\ b_1 & b_2-2b_3 & b_3 \\ c_1 & c_2-2c_3 & c_3 \end{bmatrix}=\boldsymbol{B}_4,$$

$$\boldsymbol{P}_3\boldsymbol{A}=\begin{bmatrix} b_1 & b_2 & b_3 \\ a_1 & a_2 & a_3 \\ c_1 & c_2 & c_3 \end{bmatrix}=\boldsymbol{B}_5,\quad \boldsymbol{A}\boldsymbol{P}_3=\begin{bmatrix} a_2 & a_1 & a_3 \\ b_2 & b_1 & b_3 \\ c_2 & c_1 & c_3 \end{bmatrix}=\boldsymbol{B}_6,$$

不难发现, $\boldsymbol{B}_1,\boldsymbol{B}_3,\boldsymbol{B}_5$ 可由 $\boldsymbol{A}$ 通过一次初等行变换得到, 而 $\boldsymbol{B}_2,\boldsymbol{B}_4,\boldsymbol{B}_6$ 可由 $\boldsymbol{A}$ 通过一次初等列变换得到. 也就是说, 用矩阵 $\boldsymbol{P}_1,\boldsymbol{P}_2,\boldsymbol{P}_3$ 去乘矩阵 $\boldsymbol{A}$, 等同于对 $\boldsymbol{A}$ 作一次初等变换. 而矩阵 $\boldsymbol{P}_1,\boldsymbol{P}_2,\boldsymbol{P}_3$ 本身均可由单位矩阵 $\boldsymbol{I}_3$ 通过一次初等变换得到. 把上述讨论一般化, 我们有下述结论.

定义 1.4.4　对单位矩阵 $\boldsymbol{I}$ 作一次初等变换得到的矩阵称为**初等矩阵**.

根据初等变换的分类, 可以将初等矩阵分为倍乘初等矩阵、倍加初等矩阵与交换初等矩阵三种类型:

倍乘初等矩阵, 是指将单位矩阵 $\boldsymbol{I}$ 的第 i 行 (第 i 列) 乘一个非零数 c 得到的矩阵

$$\boldsymbol{E}_i(c)=\begin{bmatrix} 1 & & & & & & \\ & \ddots & & & & & \\ & & 1 & & & & \\ & & & c & & & \\ & & & & 1 & & \\ & & & & & \ddots & \\ & & & & & & 1 \end{bmatrix}\begin{matrix} \\ \\ \\ \dashrightarrow \text{第 } i \text{ 行} \\ \\ \\ \\ \end{matrix}$$

$$\underset{\text{第 } i \text{ 列}}{\downarrow}$$

即

$$\boldsymbol{I} \xrightarrow{cR_i} \boldsymbol{E}_i(c) \xleftarrow{cC_i} \boldsymbol{I}.$$

倍加初等矩阵, 是指将 $\boldsymbol{I}$ 的第 i 行 (第 j 列) 的 k 倍加到第 j 行 (第 i 列) 上所得到的矩阵

$$\boldsymbol{E}_{ij}(k) = \begin{bmatrix} 1 & & & & & & \\ & \ddots & & & & & \\ & & 1 & \cdots & 0 & & \\ & & \vdots & & \vdots & & \\ & & k & \cdots & 1 & & \\ & & & & & \ddots & \\ & & & & & & 1 \end{bmatrix} \begin{matrix} \\ \\ \dashrightarrow \text{第 } i \text{ 行} \\ \\ \dashrightarrow \text{第 } j \text{ 行} \\ \\ \\ \end{matrix}$$

$$\begin{matrix} \downarrow & & \downarrow \\ \text{第 } i \text{ 列} & & \text{第 } j \text{ 列} \end{matrix}$$

即

$$\boldsymbol{I} \xrightarrow{R_j+kR_i} \boldsymbol{E}_{ij}(k) \xleftarrow{C_i+kC_j} \boldsymbol{I}.$$

交换初等矩阵, 是指将 $\boldsymbol{I}$ 的第 i 行与第 j 行 (第 i 列与第 j 列) 互换所得到的矩阵

$$\boldsymbol{E}_{ij} = \begin{bmatrix} 1 & & & & & & \\ & \ddots & & & & & \\ & & 0 & \cdots & 1 & & \\ & & \vdots & & \vdots & & \\ & & 1 & \cdots & 0 & & \\ & & & & & \ddots & \\ & & & & & & 1 \end{bmatrix} \begin{matrix} \\ \\ \dashrightarrow \text{第 } i \text{ 行} \\ \\ \dashrightarrow \text{第 } j \text{ 行} \\ \\ \\ \end{matrix}$$

$$\begin{matrix} \downarrow & & \downarrow \\ \text{第 } i \text{ 列} & & \text{第 } j \text{ 列} \end{matrix}$$

即

$$\boldsymbol{I} \xrightarrow{R_{ij}} \boldsymbol{E}_{ij} \xleftarrow{C_{ij}} \boldsymbol{I}.$$

下面的定理揭示了初等矩阵与初等变换之间的联系.

定理 1.4.4 对 $m\times n$ 矩阵 $\boldsymbol{A}$ 作一次初等行变换，等同于在 $\boldsymbol{A}$ 的左边乘一个对应的 m 阶初等矩阵；对 $\boldsymbol{A}$ 作一次初等列变换，等同于在 $\boldsymbol{A}$ 的右边乘一个对应的 n 阶初等矩阵.

证 设 $\boldsymbol{A}=[a_{ij}]_{m\times n}$，取三个 m 阶初等矩阵 $\boldsymbol{E}_i(c),\boldsymbol{E}_{ij}(k),\boldsymbol{E}_{ij}$，易得

$$\boldsymbol{E}_i(c)\boldsymbol{A}=\begin{bmatrix} a_{11} & \cdots & a_{1n} \\ \vdots & & \vdots \\ a_{i-1,1} & \cdots & a_{i-1,n} \\ ca_{i1} & \cdots & ca_{in} \\ a_{i+1,1} & \cdots & a_{i+1,n} \\ \vdots & & \vdots \\ a_{m1} & \cdots & a_{mn} \end{bmatrix}=\boldsymbol{B}_1,$$

$$\boldsymbol{E}_{ij}(k)\boldsymbol{A}=\begin{bmatrix} a_{11} & \cdots & a_{1n} \\ \vdots & & \vdots \\ a_{i1} & \cdots & a_{in} \\ \vdots & & \vdots \\ a_{j-1,1} & \cdots & a_{j-1,n} \\ a_{j1}+ka_{i1} & \cdots & a_{jn}+ka_{in} \\ a_{j+1,1} & \cdots & a_{j+1,n} \\ \vdots & & \vdots \\ a_{m1} & \cdots & a_{mn} \end{bmatrix}=\boldsymbol{B}_2,$$

$$\boldsymbol{E}_{ij}\boldsymbol{A}=\begin{bmatrix} a_{11} & \cdots & a_{1n} \\ \vdots & & \vdots \\ a_{i-1,1} & \cdots & a_{i-1,n} \\ a_{j1} & \cdots & a_{jn} \\ a_{i+1,1} & \cdots & a_{i+1,n} \\ \vdots & & \vdots \\ a_{j-1,1} & \cdots & a_{j-1,n} \\ a_{i1} & \cdots & a_{in} \\ a_{j+1,1} & \cdots & a_{j+1,n} \\ \vdots & & \vdots \\ a_{m1} & \cdots & a_{mn} \end{bmatrix}=\boldsymbol{B}_3,$$

显然

$$\boldsymbol{A} \xrightarrow{cR_i} \boldsymbol{B}_1, \quad \boldsymbol{A} \xrightarrow{R_j+kR_i} \boldsymbol{B}_2, \quad \boldsymbol{A} \xrightarrow{R_{ij}} \boldsymbol{B}_3.$$

同理可证, 用初等矩阵右乘 $\boldsymbol{A}$ 等同于对 $\boldsymbol{A}$ 作对应的初等列变换.

例 1.4.4 已知矩阵

$$\boldsymbol{A}=\begin{bmatrix} a_1 & a_2 & a_3 \\ b_1 & b_2 & b_3 \end{bmatrix}, \boldsymbol{B}=\begin{bmatrix} b_1+2b_2 & b_2 & b_3 \\ a_1+2a_2 & a_2 & a_3 \end{bmatrix},$$

求两个初等矩阵, 使得它们与 $\boldsymbol{A}$ 相乘可以得到 $\boldsymbol{B}$.

解 通过观察不难发现, 以下两种途径可使 $\boldsymbol{A}$ 经过初等变换得到 $\boldsymbol{B}$:

$$\boldsymbol{A} \xrightarrow{R_{12}} \boldsymbol{B}_1 \xrightarrow{C_1+2C_2} \boldsymbol{B} \quad 或 \quad \boldsymbol{A} \xrightarrow{C_1+2C_2} \boldsymbol{B}_2 \xrightarrow{R_{12}} \boldsymbol{B},$$

对单位矩阵 $\boldsymbol{I}$ 作相同的初等变换, 即

$$\boldsymbol{I}_2 \xrightarrow{R_{12}} \boldsymbol{P}=\begin{bmatrix} 0 & 1 \\ 1 & 0 \end{bmatrix}, \quad \boldsymbol{I}_3 \xrightarrow{C_1+2C_2} \boldsymbol{Q}=\begin{bmatrix} 1 & 0 & 0 \\ 2 & 1 & 0 \\ 0 & 0 & 1 \end{bmatrix},$$

根据定理 1.4.4 可得

$$\boldsymbol{A} \xrightarrow{R_{12}} \boldsymbol{PA} \xrightarrow{C_1+2C_2} (\boldsymbol{PA})\boldsymbol{Q},$$

$$\boldsymbol{A} \xrightarrow{C_1+2C_2} \boldsymbol{AQ} \xrightarrow{R_{12}} \boldsymbol{P}(\boldsymbol{AQ}),$$

于是

$$\boldsymbol{PAQ}=(\boldsymbol{PA})\boldsymbol{Q}=\boldsymbol{P}(\boldsymbol{AQ})=\boldsymbol{B}.$$

性质 1.4.3 初等矩阵有下述重要性质:

(1) 初等矩阵的转置依然是同类型的初等矩阵;

(2) 初等矩阵是满秩的, 而且初等矩阵的乘积也是满秩的;

(3) 对任一初等矩阵 $\boldsymbol{P}$, 均存在同类型的初等矩阵 $\boldsymbol{Q}$, 使得 $\boldsymbol{PQ}=\boldsymbol{QP}=\boldsymbol{I}$.

证 (1) 由定义可知 $\boldsymbol{E}_i^{\mathrm{T}}(c)=\boldsymbol{E}_i(c), \boldsymbol{E}_{ij}^{\mathrm{T}}(k)=\boldsymbol{E}_{ji}(k), \boldsymbol{E}_{ij}^{\mathrm{T}}=\boldsymbol{E}_{ij}$.

(2) 设 $\boldsymbol{P}_1, \boldsymbol{P}_2, \cdots, \boldsymbol{P}_s$ 是 s 个初等矩阵, 令 $\boldsymbol{P}=\boldsymbol{P}_1\boldsymbol{P}_2\cdots\boldsymbol{P}_s$. 因

$$\boldsymbol{P}=\boldsymbol{PI}=\boldsymbol{P}_1\boldsymbol{P}_2\cdots\boldsymbol{P}_s\boldsymbol{I},$$

由定理 1.4.4, $\boldsymbol{P}$ 可看成由单位矩阵 $\boldsymbol{I}$ 经过 s 次初等行变换得到. 根据性质 1.4.1(3) 及 $\boldsymbol{I}$ 是满秩方阵, 可得 $\boldsymbol{P}$ 也是满秩方阵.

(3) 若 $\boldsymbol{P}=\boldsymbol{E}_i(c)$, 则取 $\boldsymbol{Q}=\boldsymbol{E}_i(\frac{1}{c})$; 若 $\boldsymbol{P}=\boldsymbol{E}_{ij}(k)$, 则取 $\boldsymbol{Q}=\boldsymbol{E}_{ij}(-k)$; 若 $\boldsymbol{P}=\boldsymbol{E}_{ij}$, 则取 $\boldsymbol{Q}=\boldsymbol{E}_{ij}$. 此时, 总有 $\boldsymbol{PQ}=\boldsymbol{QP}=\boldsymbol{I}$.

根据定理 1.4.2、定理 1.4.4 以及性质 1.4.3(3), 我们可得下面定理.

定理 1.4.5 满秩矩阵可表示成若干个初等矩阵的乘积.

例 1.4.5 考虑以下 2 阶初等矩阵

$$\boldsymbol{E}_1(c)=\begin{bmatrix} c & 0 \\ 0 & 1 \end{bmatrix}, \boldsymbol{E}_{21}(k)=\begin{bmatrix} 1 & k \\ 0 & 1 \end{bmatrix}, \boldsymbol{E}_{12}=\begin{bmatrix} 0 & 1 \\ 1 & 0 \end{bmatrix},$$

其中 $c \neq 0$. $\boldsymbol{E}_1(c)$ 表示沿 x 轴方向的伸缩变换, 如图 1.4.1 所示; 由例 1.3.10 后的举例可知, $\boldsymbol{E}_{21}(k)$ 表示沿 x 轴方向的切变变换, 如图 1.3.8 所示; E_{12} 表示沿直线 $y=x$ 的反射变换. 如图 1.4.2 所示. 扫描交互实验 1.4.1 的二维码, 了解更多初等矩阵对应的变换.

交互实验 1.4.1

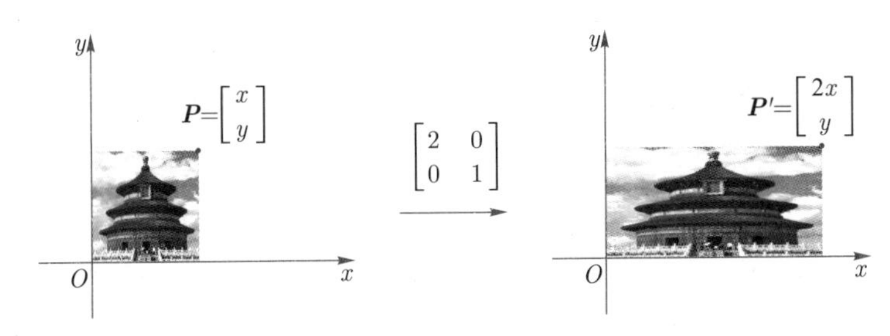

图 1.4.1 倍乘初等矩阵的几何意义

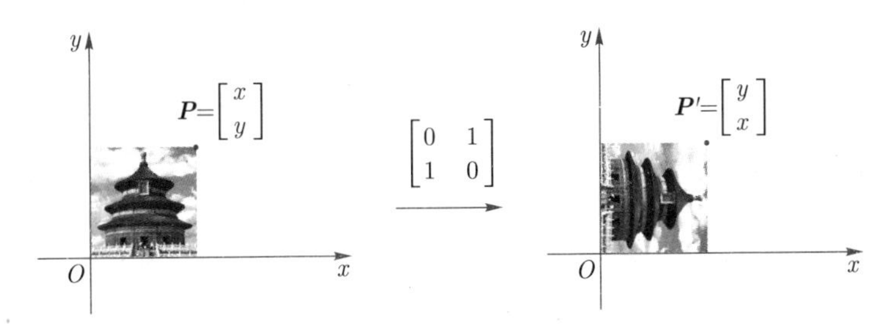

图 1.4.2 交换初等矩阵的几何意义

定理 1.4.5 说明一个满秩方阵表示的变换可以分解成一些由初等矩阵表示的简单变换的连续作用. 通过例 1.3.10 及后面的举例、例 1.4.5 可知, 由

$$\begin{bmatrix} 2 & 0 \\ 0 & 2 \end{bmatrix}=\begin{bmatrix} 2 & 0 \\ 0 & 1 \end{bmatrix}\begin{bmatrix} 1 & 0 \\ 0 & 2 \end{bmatrix}, \begin{bmatrix} 0 & -1 \\ 1 & 0 \end{bmatrix}=\begin{bmatrix} 0 & 1 \\ 1 & 0 \end{bmatrix}\begin{bmatrix} 1 & 0 \\ 0 & -1 \end{bmatrix}$$

可得, 平面放大二倍的变换可以理解为沿 y 轴正方向伸长 2 倍与沿 x 轴正方向伸长 2 倍的变换; 绕原点逆时针旋转 $90°$ 的变换 (图 1.3.7) 可以理解为沿 x 轴反射之后, 再沿直线 $y=x$ 反射的变换 (图 1.4.2).

根据性质 1.4.3(2) 与定理 1.4.5 可得如下结果.

推论 1.4.1 满秩矩阵的乘积也是满秩矩阵.

下面对相抵矩阵做进一步的研究, 并由此解决相抵标准形的唯一性问题.

定理 1.4.6 设 $\boldsymbol{A}$ 与 $\boldsymbol{B}$ 是两个 $m\times n$ 矩阵, 则 $\boldsymbol{A}$ 相抵于 $\boldsymbol{B}$ 的充要条件是: 存在 m 阶满秩矩阵 $\boldsymbol{P}$ 与 n 阶满秩矩阵 $\boldsymbol{Q}$, 使 $\boldsymbol{PAQ}=\boldsymbol{B}$.

证 必要性: 设 $\boldsymbol{A}$ 相抵于 $\boldsymbol{B}$, 根据定义, $\boldsymbol{A}$ 可经初等变换化为 $\boldsymbol{B}$, 不妨设 $\boldsymbol{A}$ 经过 s 次初等行变换、t 次初等列变换化为 $\boldsymbol{B}$, 则存在对应的初等矩阵 $\boldsymbol{P}_1,\boldsymbol{P}_2,\cdots,\boldsymbol{P}_s$, 与 $\boldsymbol{Q}_1,\boldsymbol{Q}_2,\cdots,\boldsymbol{Q}_t$, 使得

$$\boldsymbol{P}_s\cdots\boldsymbol{P}_2\boldsymbol{P}_1\boldsymbol{A}\boldsymbol{Q}_1\boldsymbol{Q}_2\cdots\boldsymbol{Q}_t=\boldsymbol{B},$$

令 $\boldsymbol{P}=\boldsymbol{P}_s\cdots\boldsymbol{P}_2\boldsymbol{P}_1,\boldsymbol{Q}=\boldsymbol{Q}_1\boldsymbol{Q}_2\cdots\boldsymbol{Q}_t$, 由性质 1.4.3(2) 可知, $\boldsymbol{P}$ 与 $\boldsymbol{Q}$ 均是满秩矩阵, 且 $\boldsymbol{PAQ}=\boldsymbol{B}$.

充分性: 设存在满秩矩阵 $\boldsymbol{P}$ 与 $\boldsymbol{Q}$, 使 $\boldsymbol{PAQ}=\boldsymbol{B}$, 由定理 1.4.5 可知, 存在初等矩阵 $\boldsymbol{P}_1,\boldsymbol{P}_2,\cdots,\boldsymbol{P}_s$, 与 $\boldsymbol{Q}_1,\boldsymbol{Q}_2,\cdots,\boldsymbol{Q}_t$, 使 $\boldsymbol{P}=\boldsymbol{P}_s\boldsymbol{P}_2\cdots\boldsymbol{P}_1$, $\boldsymbol{Q}=\boldsymbol{Q}_1\boldsymbol{Q}_2\cdots\boldsymbol{Q}_t$, 于是

$$\boldsymbol{P}_s\cdots\boldsymbol{P}_2\boldsymbol{P}_1\boldsymbol{A}\boldsymbol{Q}_1\boldsymbol{Q}_2\cdots\boldsymbol{Q}_t=\boldsymbol{B},$$

由定理 1.4.4 可知, $\boldsymbol{A}$ 可通过 s 次初等行变换和 t 次初等列变换化为 $\boldsymbol{B}$, 所以 $\boldsymbol{A}$ 相抵于 $\boldsymbol{B}$.

矩阵 $\boldsymbol{A}$ 的相抵标准形唯一是指: 若 $m\times n$ 矩阵 $\boldsymbol{A}$ 相抵于矩阵 $\boldsymbol{K}_{m\times n}(r)$, 则 $\mathrm{r}(\boldsymbol{A})=r$. 即 $\boldsymbol{A}$ 的相抵标准形被 $\boldsymbol{A}$ 的秩唯一确定. 这一特点与下述结论是等价的.

定理 1.4.7 两个 $m\times n$ 矩阵 $\boldsymbol{A}$ 与 $\boldsymbol{B}$ 相抵的充要条件是 $\mathrm{r}(\boldsymbol{A})=\mathrm{r}(\boldsymbol{B})$.

证 充分性: 设 $\mathrm{r}(\boldsymbol{A})=\mathrm{r}(\boldsymbol{B})=r$, 则 $\boldsymbol{A}$ 与 $\boldsymbol{B}$ 均相抵于矩阵 $\boldsymbol{K}_{m\times n}(r)$. 即 $\boldsymbol{A}\cong\boldsymbol{K}_{m\times n}(r)$ 且 $\boldsymbol{B}\cong\boldsymbol{K}_{m\times n}(r)$. 由相抵的对称性可得 $\boldsymbol{K}_{m\times n}(r)\cong\boldsymbol{B}$, 再由相抵的传递性得 $\boldsymbol{A}\cong\boldsymbol{B}$, 即 $\boldsymbol{A}$ 相抵于 $\boldsymbol{B}$.

必要性: 设 $\boldsymbol{A}$ 相抵于 $\boldsymbol{B}$, 要证 $\mathrm{r}(\boldsymbol{A})=\mathrm{r}(\boldsymbol{B})$. 设 $\mathrm{r}(\boldsymbol{A})=s,\mathrm{r}(\boldsymbol{B})=t$, 则

$$A \cong K_{m\times n}(s) = \begin{bmatrix} 1 & 0 & \cdots & 0 & \cdots & 0 \\ 0 & 1 & \cdots & 0 & \cdots & 0 \\ \vdots & \vdots & & \vdots & & \vdots \\ 0 & 0 & \cdots & 1 & \cdots & 0 \\ 0 & 0 & \cdots & 0 & \cdots & 0 \\ \vdots & \vdots & & \vdots & & \vdots \\ 0 & 0 & \cdots & 0 & \cdots & 0 \end{bmatrix} \left.\begin{matrix} \\ \\ \\ \\ \end{matrix}\right\} s \text{ 行},$$

$$B \cong K_{m\times n}(t) = \begin{bmatrix} 1 & 0 & \cdots & 0 & \cdots & 0 \\ 0 & 1 & \cdots & 0 & \cdots & 0 \\ \vdots & \vdots & & \vdots & & \vdots \\ 0 & 0 & \cdots & 1 & \cdots & 0 \\ 0 & 0 & \cdots & 0 & \cdots & 0 \\ \vdots & \vdots & & \vdots & & \vdots \\ 0 & 0 & \cdots & 0 & \cdots & 0 \end{bmatrix} \left.\begin{matrix} \\ \\ \\ \\ \end{matrix}\right\} t \text{ 行},$$

由此得 $K_{m\times n}(s) \cong K_{m\times n}(t)$. 于是, 存在初等矩阵 $P_1, P_2, \cdots, P_k$, 与 $Q_1, Q_2, \cdots, Q_l$, 使得

$$P_k \cdots P_2 P_1 K_{m\times n}(s) Q_1 Q_2 \cdots Q_l = K_{m\times n}(t), \tag{1.4.1}$$

由性质 1.4.3(3) 可知, 存在初等矩阵 $P_1', P_2', \cdots, P_k'$, 使得

$$P_1' P_1 = I, P_2' P_2 = I, \cdots, P_k' P_k = I,$$

于是, (1.4.1) 式又可改写为

$$P_1' P_2' \cdots P_k' K_{m\times n}(t) = K_{m\times n}(s) Q_1 Q_2 \cdots Q_l,$$

令 $P = P_1' P_2' \cdots P_k', Q = Q_1 Q_2 \cdots Q_l$, 则 P 与 Q 均为满秩矩阵且

$$P K_{m\times n}(t) = K_{m\times n}(s) Q, \tag{1.4.2}$$

设 $P = [p_{ij}]_{m\times m}, Q = [q_{ij}]_{n\times n}$, 则由 (1.4.2) 式可得

$$p_{ij} = 0, \text{其中 } i = s+1, s+2, \cdots, m; j = 1, 2, \cdots, t,$$
$$q_{ij} = 0, \text{其中 } i = 1, 2, \cdots, s; j = t+1, t+2, \cdots, n,$$

假设 $\mathrm{r}(A) \neq \mathrm{r}(B)$, 即 $s \neq t$,

情况 1: $t > s$. 考虑矩阵

$$
\boldsymbol{P} = \begin{bmatrix} p_{11} & \cdots & p_{1t} & p_{1,t+1} & \cdots & p_{1m} \\ \vdots & & \vdots & \vdots & & \vdots \\ p_{s1} & \cdots & p_{st} & p_{s,t+1} & \cdots & p_{sm} \\ 0 & \cdots & 0 & p_{s+1,t+1} & \cdots & p_{s+1,m} \\ \vdots & & \vdots & \vdots & & \vdots \\ 0 & \cdots & 0 & p_{m,t+1} & \cdots & p_{mm} \end{bmatrix},
$$

分别对 $\boldsymbol{P}$ 的前 s 行与后 $m-s$ 行作初等行变换化为阶梯形, 记所得矩阵为 $\boldsymbol{P}'$, 则 $\boldsymbol{P}'$ 前 s 行的非零行数小于等于 s, 而后 $m-s$ 行的非零行数小于等于 $m-t$. 此时, $\boldsymbol{P}'$ 的非零行数小于等于 $s+m-t$, 即矩阵 $\boldsymbol{P}'$ 的秩小于等于 $s+m-t$. 因初等行变换不改变矩阵的秩, 故 $\mathrm{r}(\boldsymbol{P}) = \mathrm{r}\left(\boldsymbol{P}'\right) \leqslant s+m-t < t+m-t = m$, 即 $\boldsymbol{P}$ 是降秩矩阵. 这与 $\boldsymbol{P}$ 的构造相矛盾.

情况 2: $s > t$. 同理可证 $\boldsymbol{Q}$ 不满秩, 矛盾.

综上所述, 假设 $s \neq t$ 是错误的. 所以 $s = t$. 即 $\mathrm{r}(\boldsymbol{A}) = \mathrm{r}(\boldsymbol{B})$.

推论 1.4.2 矩阵的初等列变换也不改变矩阵的秩, 因此初等变换不改变矩阵的秩.

例 1.4.6 利用矩阵的相抵关系将所有 2×3 矩阵进行分类.

解 由定理 1.4.7 可知所有 2×3 的矩阵, 按照它们的秩, 分为三个等价类. 由定理 1.4.3 可以选取每个类中的代表元为

$$
\boldsymbol{K}_{2\times3}(0) = \begin{bmatrix} 0 & 0 & 0 \\ 0 & 0 & 0 \end{bmatrix}, \boldsymbol{K}_{2\times3}(1) = \begin{bmatrix} 1 & 0 & 0 \\ 0 & 0 & 0 \end{bmatrix},
$$

$$
\boldsymbol{K}_{2\times3}(2) = \begin{bmatrix} 1 & 0 & 0 \\ 0 & 1 & 0 \end{bmatrix}.
$$

此外, 关于矩阵的秩还有下述重要结论:

定理 1.4.8 设 $\boldsymbol{A}$ 是 $m \times n$ 矩阵, 则

(1) $\mathrm{r}(\boldsymbol{A}) = \mathrm{r}(\boldsymbol{A}^{\mathrm{T}})$;

(2) $\mathrm{r}(\boldsymbol{A}) = \mathrm{r}(\boldsymbol{PA}) = \mathrm{r}(\boldsymbol{AQ}) = \mathrm{r}(\boldsymbol{PAQ})$.

这里, $\boldsymbol{P}$ 与 $\boldsymbol{Q}$ 分别是 m 阶满秩矩阵和 n 阶满秩矩阵.

证 (1) 设 $\mathrm{r}(\boldsymbol{A})=r$, 则 $\boldsymbol{A}$ 的相抵标准形为 $\boldsymbol{K}_{m\times n}(r)$, 即存在初等矩阵 $\boldsymbol{P}_1,\boldsymbol{P}_2,\cdots,\boldsymbol{P}_s$, 与 $\boldsymbol{Q}_1,\boldsymbol{Q}_2,\cdots,\boldsymbol{Q}_t$, 使得

$$\boldsymbol{P}_s\cdots\boldsymbol{P}_2\boldsymbol{P}_1\boldsymbol{A}\boldsymbol{Q}_1\boldsymbol{Q}_2\cdots\boldsymbol{Q}_t=\boldsymbol{K}_{m\times n}(r),$$

上式两端取转置得

$$\boldsymbol{Q}_t^{\mathrm{T}}\cdots\boldsymbol{Q}_2^{\mathrm{T}}\boldsymbol{Q}_1^{\mathrm{T}}\boldsymbol{A}^{\mathrm{T}}\boldsymbol{P}_1^{\mathrm{T}}\boldsymbol{P}_2^{\mathrm{T}}\cdots\boldsymbol{P}_s^{\mathrm{T}}=\boldsymbol{K}_{m\times n}^{\mathrm{T}}(r),$$

由性质 1.4.3(1) 可知 $\boldsymbol{Q}_i(i=1,2,\cdots,t)$ 和 $\boldsymbol{P}_j(j=1,2,\cdots,s)$ 的转置为初等矩阵, 进而由上式可得 $\boldsymbol{A}^{\mathrm{T}}$ 相抵于 $\boldsymbol{K}_{m\times n}^{\mathrm{T}}(r)$. 由定理 1.4.7 得

$$\mathrm{r}\left(\boldsymbol{A}^{\mathrm{T}}\right)=\mathrm{r}\left(\boldsymbol{K}_{m\times n}^{\mathrm{T}}(r)\right)=r.$$

(2) 因 $\boldsymbol{P}$ 与 $\boldsymbol{Q}$ 均为满秩方阵, 故由定理 1.4.6 得, $\boldsymbol{PA}$、$\boldsymbol{AQ}$、$\boldsymbol{PAQ}$ 均与 $\boldsymbol{A}$ 相抵. 由定理 1.4.7 得, $\boldsymbol{PA}$、$\boldsymbol{AQ}$、$\boldsymbol{PAQ}$ 的秩均与 $\mathrm{r}(\boldsymbol{A})$ 相等.

例 1.4.7 设 $\boldsymbol{A}$ 是 4×5 矩阵且 $\mathrm{r}(\boldsymbol{A})=3$,

$$\boldsymbol{B}=\begin{bmatrix}1&2&3&4\\2&3&4&0\\3&4&0&0\\4&0&0&0\end{bmatrix},$$

求 $\mathrm{r}(\boldsymbol{BA})$.

解 对 $\boldsymbol{B}$ 作初等列变换

$$\boldsymbol{B}\xrightarrow[C_{23}]{C_{14}}\begin{bmatrix}4&3&2&1\\0&4&3&2\\0&0&4&3\\0&0&0&4\end{bmatrix},$$

由此得 $\mathrm{r}(\boldsymbol{B})=4$, 即 $\boldsymbol{B}$ 是满秩矩阵. 由定理 1.4.8(2) 得 $\mathrm{r}(\boldsymbol{BA})=\mathrm{r}(\boldsymbol{A})=3$.

例 1.4.8 证明: 对任一满秩矩阵 $\boldsymbol{P}$, 均存在同阶满秩矩阵 $\boldsymbol{Q}$, 使得 $\boldsymbol{PQ}=\boldsymbol{QP}=\boldsymbol{I}$.

证 设 $\boldsymbol{P}$ 是 n 阶满秩矩阵. 由定理 1.4.5 可知, 存在若干个 n 阶初等矩阵 $\boldsymbol{P}_1,\boldsymbol{P}_2,\cdots,\boldsymbol{P}_s$, 使得 $\boldsymbol{P}=\boldsymbol{P}_1\boldsymbol{P}_2\cdots\boldsymbol{P}_s$. 由性质 1.4.3(3) 可知, 存在 s 个 n 阶初等矩阵 $\boldsymbol{Q}_1,\boldsymbol{Q}_2,\cdots,\boldsymbol{Q}_s$, 使得

$$\boldsymbol{P}_i\boldsymbol{Q}_i=\boldsymbol{Q}_i\boldsymbol{P}_i=\boldsymbol{I},\quad i=1,2,\cdots,s,$$

令 $\boldsymbol{Q}=\boldsymbol{Q}_s\cdots\boldsymbol{Q}_2\boldsymbol{Q}_1$, 则 $\boldsymbol{PQ}=\boldsymbol{QP}=\boldsymbol{I}$. 根据性质 1.4.3(2), $\boldsymbol{Q}$ 也是 n 阶满秩矩阵.

1.5 可逆矩阵

对一元线性方程 $ax=b$, 当 $a\neq 0$ 时, 可通过两边同时乘 a 的倒数 $\frac{1}{a}$ 解得 $x=\frac{b}{a}$. 注意倒数满足

$$a\times\frac{1}{a}=\frac{1}{a}\times a=1,$$

对一个线性方程组 $\boldsymbol{AX}=\boldsymbol{b}$, 能否用类似的方法求出 $\boldsymbol{X}$ 呢? 也就是, 对矩阵 $\boldsymbol{A}$ 是否存在"倒数"矩阵 $\boldsymbol{B}$ 满足 $\boldsymbol{AB}=\boldsymbol{BA}=\boldsymbol{I}$?

由例 1.4.8 可知, 满秩矩阵具有这样的特性. 一般地, 给出如下定义.

定义 1.5.1 设 $\boldsymbol{A}$ 是 n 阶方阵, 若存在 n 阶方阵 $\boldsymbol{B}$, 满足

$$\boldsymbol{AB}=\boldsymbol{BA}=\boldsymbol{I},$$

则称 $\boldsymbol{A}$ 是**可逆矩阵**, 称 $\boldsymbol{B}$ 是 $\boldsymbol{A}$ 的**逆矩阵**.

由定义可知, 若 $\boldsymbol{B}$ 是 $\boldsymbol{A}$ 的逆矩阵, 则 $\boldsymbol{B}$ 也是可逆矩阵且 $\boldsymbol{A}$ 是 $\boldsymbol{B}$ 的逆矩阵. 此外, 若 $\boldsymbol{A}$ 可逆, 则 $\boldsymbol{A}$ 的逆矩阵是唯一的: 设 $\boldsymbol{B}_1,\boldsymbol{B}_2$ 为 $\boldsymbol{A}$ 的任意两个逆矩阵, 则有 $\boldsymbol{B}_1\boldsymbol{A}=\boldsymbol{I},\boldsymbol{AB}_2=\boldsymbol{I}$, 于是

$$\boldsymbol{B}_1=\boldsymbol{B}_1\boldsymbol{I}=\boldsymbol{B}_1(\boldsymbol{AB}_2)=(\boldsymbol{B}_1\boldsymbol{A})\boldsymbol{B}_2=\boldsymbol{IB}_2=\boldsymbol{B}_2.$$

以后, 可逆矩阵 $\boldsymbol{A}$ 的逆矩阵记为 $\boldsymbol{A}^{-1}$.

应该注意, 可逆矩阵只对方阵有意义, 而方阵未必都可逆.

例 1.5.1 零方阵 $\boldsymbol{0}$ 是不可逆的, 因为零方阵与任意矩阵的乘积都不会等于单位矩阵 $\boldsymbol{I}$; $\boldsymbol{II}=\boldsymbol{I}$, 故 $\boldsymbol{I}$ 可逆且 $\boldsymbol{I}^{-1}=\boldsymbol{I}$.

例 1.5.2 证明: 初等矩阵都是可逆矩阵, 且它们的逆矩阵也是初等矩阵.

交互实验 1.5.1

证 根据性质 1.4.3(3), 初等矩阵可逆, 且

$$[\boldsymbol{E}_i(c)]^{-1}=\boldsymbol{E}_i\left(\frac{1}{c}\right),\quad [\boldsymbol{E}_{ij}(k)]^{-1}=\boldsymbol{E}_{ij}(-k),\quad (\boldsymbol{E}_{ij})^{-1}=\boldsymbol{E}_{ij}.$$

扫描交互实验 1.5.1 的二维码观察二阶可逆矩阵与它的逆矩阵对应的变换.

由例 1.4.8 可知满秩矩阵都是可逆矩阵. 下面将证明, 这个结论的逆命题也成立.

定理 1.5.1 设 $\boldsymbol{A}$ 是方阵, 则 $\boldsymbol{A}$ 可逆的充要条件是 $\boldsymbol{A}$ 满秩.

证 充分性已由例 1.4.8 给出. 下面证明必要性. 设 $\boldsymbol{A}$ 是 n 阶可逆矩阵, 则存在 $\boldsymbol{A}^{-1}$ 使

$$\boldsymbol{A}\boldsymbol{A}^{-1}=\boldsymbol{I}, \tag{1.5.1}$$

若 $\boldsymbol{A}$ 不满秩, 则由 $\boldsymbol{A}$ 经初等行变换化成的阶梯形矩阵 $\boldsymbol{T}$ 中至少有一个零行. 由定理 1.4.4 与性质 1.4.3(2) 可知, 存在 n 阶满秩矩阵 $\boldsymbol{P}$ 使得 $\boldsymbol{P}\boldsymbol{A}=\boldsymbol{T}$. 用 $\boldsymbol{P}$ 左乘 (1.5.1) 式可得

$$\boldsymbol{T}\boldsymbol{A}^{-1}=\boldsymbol{P}\boldsymbol{I}=\boldsymbol{P},$$

因为 $\boldsymbol{T}$ 至少有一行元素全为零, 所以由矩阵乘法的定义可知 $\boldsymbol{T}\boldsymbol{A}^{-1}$ 也至少有一行元素全为零. 但 $\boldsymbol{P}$ 是满秩方阵, 不含零行, 所以 $\boldsymbol{T}\boldsymbol{A}^{-1}\neq\boldsymbol{P}$, 矛盾. 由此得 $\boldsymbol{A}$ 是满秩矩阵.

因为方阵的可逆与满秩是等价的, 所以前一节中有关满秩矩阵的结论对可逆矩阵全部成立. 如何求一个可逆矩阵的逆矩阵呢? 由定理 1.5.1 可知, 1 阶方阵 $\boldsymbol{A}=[a]$ 可逆当且仅当 $a\neq 0$, 且其逆矩阵为 $\boldsymbol{A}^{-1}=[1/a]$. 下面来看 2 阶方阵的情况.

例 1.5.3 设

$$\boldsymbol{A}=\begin{bmatrix} a & b \\ c & d \end{bmatrix},$$

验证: 当 $ad\neq bc$ 时, $\boldsymbol{A}$ 可逆, 并且

$$\boldsymbol{A}^{-1}=\frac{1}{ad-bc}\begin{bmatrix} d & -b \\ -c & a \end{bmatrix}.$$

证 当 $ad\neq bc$ 时,

$$\begin{aligned}&\begin{bmatrix} a & b \\ c & d \end{bmatrix}\left(\frac{1}{ad-bc}\begin{bmatrix} d & -b \\ -c & a \end{bmatrix}\right)\\ =&\frac{1}{ad-bc}\begin{bmatrix} a & b \\ c & d \end{bmatrix}\begin{bmatrix} d & -b \\ -c & a \end{bmatrix}\end{aligned}$$

$$
= \frac{1}{ad-bc}\begin{bmatrix} ad-bc & 0 \\ 0 & ad-bc \end{bmatrix}
$$

$$
= \begin{bmatrix} 1 & 0 \\ 0 & 1 \end{bmatrix},
$$

同理可得

$$
\left(\frac{1}{ad-bc}\begin{bmatrix} d & -b \\ -c & a \end{bmatrix}\right)\begin{bmatrix} a & b \\ c & d \end{bmatrix} = \begin{bmatrix} 1 & 0 \\ 0 & 1 \end{bmatrix},
$$

所以, 矩阵 $\boldsymbol{A}$ 可逆, 且

$$
\boldsymbol{A}^{-1} = \frac{1}{ad-bc}\begin{bmatrix} d & -b \\ -c & a \end{bmatrix}.
$$

对 3 阶或更高阶的可逆矩阵, 我们给出一个利用初等变换求逆的方法.

设 $\boldsymbol{A}$ 是 n 阶可逆矩阵, 由定理 1.4.2 与定理 1.4.4 可知, 存在若干个初等矩阵 $\boldsymbol{P}_1, \boldsymbol{P}_2, \cdots, \boldsymbol{P}_s$, 使得

$$
\boldsymbol{P}_s \cdots \boldsymbol{P}_2 \boldsymbol{P}_1 \boldsymbol{A} = \boldsymbol{I}, \tag{1.5.2}
$$

用 $\boldsymbol{A}^{-1}$ 右乘 (1.5.2) 式两端, 得

$$
\boldsymbol{P}_s \cdots \boldsymbol{P}_2 \boldsymbol{P}_1 \boldsymbol{I} = \boldsymbol{A}^{-1}, \tag{1.5.3}
$$

(1.5.2) 式表示用 s 次初等行变换将 $\boldsymbol{A}$ 化为 $\boldsymbol{I}$, (1.5.3) 式表示同样的初等行变换将 $\boldsymbol{I}$ 化为 $\boldsymbol{A}^{-1}$. 也就是说, 如果能使 $\boldsymbol{A}$ 与 $\boldsymbol{I}$ 同步地进行初等行变换, 那么当将 $\boldsymbol{A}$ 化为 $\boldsymbol{I}$ 时, $\boldsymbol{I}$ 一定被化为 $\boldsymbol{A}^{-1}$. 为此, 我们将 $\boldsymbol{A}$ 与 n 阶单位矩阵 $\boldsymbol{I}$ 并列构成一个 $n \times 2n$ 矩阵

$$
[\boldsymbol{A} \quad \boldsymbol{I}],
$$

用初等行变换将它化为行简化阶梯形矩阵即把 $\boldsymbol{A}$ 所在的位置化为 $\boldsymbol{I}$, 则 $\boldsymbol{I}$ 所在的位置化为 $\boldsymbol{A}^{-1}$.

例 1.5.4 求矩阵

$$
\boldsymbol{A} = \begin{bmatrix} 3 & -1 & 0 \\ -2 & 1 & 1 \\ 2 & -1 & 4 \end{bmatrix}
$$

的逆矩阵.

解　用初等行变换将 $[\boldsymbol{A}\quad\boldsymbol{I}]$ 化为行简化阶梯形矩阵

$$[\boldsymbol{A}\quad\boldsymbol{I}]=\begin{bmatrix}3&-1&0&1&0&0\\-2&1&1&0&1&0\\2&-1&4&0&0&1\end{bmatrix}\xrightarrow[R_3+R_2]{R_1+R_2}\begin{bmatrix}1&0&1&1&1&0\\-2&1&1&0&1&0\\0&0&5&0&1&1\end{bmatrix}$$

$$\xrightarrow[R_2+2R_1]{\frac{1}{5}R_3}\begin{bmatrix}1&0&1&1&1&0\\0&1&3&2&3&0\\0&0&1&0&\frac{1}{5}&\frac{1}{5}\end{bmatrix}\xrightarrow[R_1+(-1)R_3]{R_2+(-3)R_3}\begin{bmatrix}1&0&0&1&\frac{4}{5}&-\frac{1}{5}\\0&1&0&2&\frac{12}{5}&-\frac{3}{5}\\0&0&1&0&\frac{1}{5}&\frac{1}{5}\end{bmatrix},$$

于是

$$\boldsymbol{A}^{-1}=\begin{bmatrix}1&\frac{4}{5}&-\frac{1}{5}\\2&\frac{12}{5}&-\frac{3}{5}\\0&\frac{1}{5}&\frac{1}{5}\end{bmatrix}.$$

例 1.5.5　求矩阵

$$\boldsymbol{A}=\begin{bmatrix}0&0&1&0&0\\0&0&0&2&0\\0&0&0&0&3\\0&4&0&0&0\\5&0&0&0&0\end{bmatrix}$$

的逆矩阵.

解　用初等行变换将 $[\boldsymbol{A}\quad\boldsymbol{I}]$ 化为行简化阶梯形矩阵

$$[\boldsymbol{A}\quad\boldsymbol{I}]=\begin{bmatrix}0&0&1&0&0&1&0&0&0&0\\0&0&0&2&0&0&1&0&0&0\\0&0&0&0&3&0&0&1&0&0\\0&4&0&0&0&0&0&0&1&0\\5&0&0&0&0&0&0&0&0&1\end{bmatrix}$$

$$\xrightarrow{R_{i(i-1)},\ i=4,3,2}\begin{bmatrix}0&4&0&0&0&0&0&0&1&0\\0&0&1&0&0&1&0&0&0&0\\0&0&0&2&0&0&1&0&0&0\\0&0&0&0&3&0&0&1&0&0\\5&0&0&0&0&0&0&0&0&1\end{bmatrix}$$

$$\xrightarrow{R_{i(i-1)},\ i=5,4,3,2}\begin{bmatrix}5&0&0&0&0&0&0&0&0&1\\0&4&0&0&0&0&0&0&1&0\\0&0&1&0&0&1&0&0&0&0\\0&0&0&2&0&0&1&0&0&0\\0&0&0&0&3&0&0&1&0&0\end{bmatrix}$$

$$\xrightarrow[\substack{\frac{1}{2}R_4\\ \frac{1}{3}R_5}]{\substack{\frac{1}{5}R_1\\ \frac{1}{4}R_2}}\begin{bmatrix}1&0&0&0&0&0&0&0&0&\frac{1}{5}\\0&1&0&0&0&0&0&0&\frac{1}{4}&0\\0&0&1&0&0&1&0&0&0&0\\0&0&0&1&0&0&\frac{1}{2}&0&0&0\\0&0&0&0&1&0&0&\frac{1}{3}&0&0\end{bmatrix},$$

于是

$$\boldsymbol{A}^{-1}=\begin{bmatrix}0&0&0&0&\frac{1}{5}\\0&0&0&\frac{1}{4}&0\\1&0&0&0&0\\0&\frac{1}{2}&0&0&0\\0&0&\frac{1}{3}&0&0\end{bmatrix}.$$

由定理 1.5.1 易得以下结论:

推论 1.5.1 设 $\boldsymbol{A}$ 是 n 阶方阵, 若存在 n 阶方阵 $\boldsymbol{B}$ 使得 $\boldsymbol{AB}=\boldsymbol{I}$ 或 $\boldsymbol{BA}=\boldsymbol{I}$, 则 $\boldsymbol{A}$ 可逆, 且 $\boldsymbol{A}^{-1}=\boldsymbol{B}$.

证 设存在方阵 $\boldsymbol{B}$ 使得 $\boldsymbol{AB}=\boldsymbol{I}$, 由定理 1.5.1 必要性的证明过程可得 $\boldsymbol{A}$ 是满秩的. 因此 $\boldsymbol{A}$ 可逆. 用 $\boldsymbol{A}^{-1}$ 左乘 $\boldsymbol{AB}=\boldsymbol{I}$ 即得 $\boldsymbol{B}=\boldsymbol{A}^{-1}$.

同理可证 $\boldsymbol{BA}=\boldsymbol{I}$ 的情况.

上述结论说明, 在判断方阵 $\boldsymbol{A}$ 是否可逆时, 只需要验证 $\boldsymbol{AB}=\boldsymbol{I}$ 或 $\boldsymbol{BA}=\boldsymbol{I}$ 即可.

例 1.5.6 设 $\boldsymbol{A}$ 是 n 阶方阵且满足 $\boldsymbol{A}^2-2\boldsymbol{A}+3\boldsymbol{I}=\boldsymbol{0}$, 证明 $\boldsymbol{A}+2\boldsymbol{I}$ 可逆, 并求 $(\boldsymbol{A}+2\boldsymbol{I})^{-1}$.

证

$$\begin{aligned}(\boldsymbol{A}+2\boldsymbol{I})(\boldsymbol{A}-4\boldsymbol{I})&=\boldsymbol{A}^2-2\boldsymbol{A}-8\boldsymbol{I}\\&=-3\boldsymbol{I}-8\boldsymbol{I}\\&=-11\boldsymbol{I},\end{aligned}$$

由此可得

$$(\boldsymbol{A}+2\boldsymbol{I})\left[\frac{1}{11}(4\boldsymbol{I}-\boldsymbol{A})\right]=\boldsymbol{I},$$

由推论 1.5.1 可知 $\boldsymbol{A}+2\boldsymbol{I}$ 可逆, 且

$$(\boldsymbol{A}+2\boldsymbol{I})^{-1}=\frac{1}{11}(4\boldsymbol{I}-\boldsymbol{A}).$$

可逆矩阵还有以下性质:

性质 1.5.1 设 $\boldsymbol{A},\boldsymbol{B}$ 是两个 n 阶可逆矩阵, 则

(1) $\boldsymbol{A}^{-1}$ 可逆, 且 $\left(\boldsymbol{A}^{-1}\right)^{-1}=\boldsymbol{A}$;

(2) $\boldsymbol{A}^{\mathrm{T}}$ 可逆, 且 $\left(\boldsymbol{A}^{\mathrm{T}}\right)^{-1}=\left(\boldsymbol{A}^{-1}\right)^{\mathrm{T}}$;

(3) $\boldsymbol{AB}$ 可逆, 且 $(\boldsymbol{AB})^{-1}=\boldsymbol{B}^{-1}\boldsymbol{A}^{-1}$.

证 按照定义 1.5.1 直接验证即可.

(1) 因为 $\boldsymbol{A}^{-1}\boldsymbol{A}=\boldsymbol{I}$, 所以 $\boldsymbol{A}^{-1}$ 可逆且 $\left(\boldsymbol{A}^{-1}\right)^{-1}=\boldsymbol{A}$.

(2) 因为 $\boldsymbol{A}^{\mathrm{T}}\left(\boldsymbol{A}^{-1}\right)^{\mathrm{T}}=\left(\boldsymbol{A}^{-1}\boldsymbol{A}\right)^{\mathrm{T}}=\boldsymbol{I}^{\mathrm{T}}=\boldsymbol{I}$, 所以 $\boldsymbol{A}^{\mathrm{T}}$ 可逆且

$$\left(\boldsymbol{A}^{\mathrm{T}}\right)^{-1}=\left(\boldsymbol{A}^{-1}\right)^{\mathrm{T}}.$$

(3) 因为 $(\boldsymbol{AB})\left(\boldsymbol{B}^{-1}\boldsymbol{A}^{-1}\right)=\boldsymbol{A}\left(\boldsymbol{B}\boldsymbol{B}^{-1}\right)\boldsymbol{A}^{-1}=\boldsymbol{A}\boldsymbol{A}^{-1}=\boldsymbol{I}$, 所以 $\boldsymbol{AB}$ 可逆且

$$(\boldsymbol{AB})^{-1}=\boldsymbol{B}^{-1}\boldsymbol{A}^{-1}.$$

定理 1.5.2 设 $\boldsymbol{A}$ 是 n 阶方阵, 则齐次线性方程组 $\boldsymbol{AX}=\boldsymbol{0}$ 有非零解的充要条件是 $\boldsymbol{A}$ 不可逆.

证 必要性: 设 $\boldsymbol{AX}=\boldsymbol{0}$ 有非零解 $\boldsymbol{X}_0$, 即 $\boldsymbol{AX}_0=\boldsymbol{0}$. 若 $\boldsymbol{A}$ 可逆, 则 $\boldsymbol{X}_0=\boldsymbol{A}^{-1}\boldsymbol{0}=\boldsymbol{0}$, 矛盾. 所以, $\boldsymbol{A}$ 不可逆.

充分性: 设 $\boldsymbol{A}$ 不可逆, 则 $\boldsymbol{A}$ 不满秩. 用初等行变换把 $\boldsymbol{A}$ 化为阶梯形矩阵 $\boldsymbol{T}$, 则 $\boldsymbol{T}$ 至少有一个零行. 于是, 齐次线性方程组 $\boldsymbol{TX}=\boldsymbol{0}$ 中方程个数少于未知数个数, 由推论 1.1.1 可知, $\boldsymbol{TX}=\boldsymbol{0}$ 有非零解. 又 $\boldsymbol{AX}=\boldsymbol{0}$ 与 $\boldsymbol{TX}=\boldsymbol{0}$ 同解, 所以 $\boldsymbol{AX}=\boldsymbol{0}$ 有非零解.

在本节的最后, 我们讨论矩阵方程问题.

设有矩阵等式 $\boldsymbol{AX}=\boldsymbol{B}$ 和 $\boldsymbol{YC}=\boldsymbol{D}$, 其中 $\boldsymbol{A},\boldsymbol{B},\boldsymbol{C},\boldsymbol{D}$ 是已知矩阵, $\boldsymbol{X}$ 与 $\boldsymbol{Y}$ 是未知矩阵, 则称上述两式为**矩阵方程**, $\boldsymbol{A}$ 与 $\boldsymbol{C}$ 为系数矩阵. 从矩阵方程中求未知矩阵即为解矩阵方程.

在上述两个矩阵方程中, 若系数矩阵 $\boldsymbol{A}$ 与 $\boldsymbol{C}$ 可逆, 则 $\boldsymbol{X}=\boldsymbol{A}^{-1}\boldsymbol{B},\boldsymbol{Y}=\boldsymbol{DC}^{-1}$.

例 1.5.7 解矩阵方程

$$\begin{bmatrix} 2 & 5 \\ 1 & 3 \end{bmatrix}\boldsymbol{X}=\begin{bmatrix} 1 & -6 \\ 2 & 1 \end{bmatrix}.$$

解 利用例 1.5.3 容易判别矩阵

$$\begin{bmatrix} 2 & 5 \\ 1 & 3 \end{bmatrix}$$

可逆且可求出其逆矩阵, 于是

$$\begin{aligned}\boldsymbol{X}&=\begin{bmatrix} 2 & 5 \\ 1 & 3 \end{bmatrix}^{-1}\begin{bmatrix} 1 & -6 \\ 2 & 1 \end{bmatrix}=\begin{bmatrix} 3 & -5 \\ -1 & 2 \end{bmatrix}\begin{bmatrix} 1 & -6 \\ 2 & 1 \end{bmatrix}\\&=\begin{bmatrix} -7 & -23 \\ 3 & 8 \end{bmatrix}.\end{aligned}$$

例 1.5.8 设矩阵 $\boldsymbol{X}$ 满足 $\boldsymbol{AX}=\boldsymbol{A}+2\boldsymbol{X}$, 其中

$$\boldsymbol{A}=\begin{bmatrix} 4 & 2 & 3 \\ 1 & 1 & 0 \\ -1 & 2 & 3 \end{bmatrix},$$

求 $\boldsymbol{X}$.

解 由 $\boldsymbol{AX}=\boldsymbol{A}+2\boldsymbol{X}$ 得

$$\boldsymbol{AX}-2\boldsymbol{X}=(\boldsymbol{A}-2\boldsymbol{I})\boldsymbol{X}=\boldsymbol{A},$$

不难验证 $\boldsymbol{A}-2\boldsymbol{I}$ 可逆, 所以

$$\begin{aligned}\boldsymbol{X} &= (\boldsymbol{A}-2\boldsymbol{I})^{-1}\boldsymbol{A} \\ &= (\boldsymbol{A}-2\boldsymbol{I})^{-1}[(\boldsymbol{A}-2\boldsymbol{I})+2\boldsymbol{I}] \\ &= \boldsymbol{I}+2(\boldsymbol{A}-2\boldsymbol{I})^{-1},\end{aligned}$$

又因为

$$(\boldsymbol{A}-2\boldsymbol{I})^{-1}=\begin{bmatrix}2 & 2 & 3\\ 1 & -1 & 0\\ -1 & 2 & 1\end{bmatrix}^{-1}=\begin{bmatrix}1 & -4 & -3\\ 1 & -5 & -3\\ -1 & 6 & 4\end{bmatrix},$$

所以

$$\boldsymbol{X}=\begin{bmatrix}3 & -8 & -6\\ 2 & -9 & -6\\ -2 & 12 & 9\end{bmatrix}.$$

1.6 分块矩阵

在矩阵运算中, 人们经常使用一个重要技巧 —— 分块矩阵. 其基本思想是将大型矩阵的问题转化为小型矩阵的问题, 以达到简化的目的. 在进行矩阵的许多理论推导时, 矩阵分块也是一个有力的工具. 因此, 熟练掌握矩阵分块的方法将会为矩阵研究带来极大的方便.

首先, 通过例子说明矩阵分块的基本思想. 已知 5 阶方阵

$$\boldsymbol{A}=\left[\begin{array}{ccc:cc}1 & 2 & 3 & 0 & 0\\ 2 & 3 & 4 & 0 & 0\\ \hdashline 1 & 0 & 0 & 1 & 2\\ 0 & 1 & 0 & 2 & 3\\ 0 & 0 & 1 & 3 & 4\end{array}\right],$$

在 $\boldsymbol{A}$ 的第 2 行与第 3 行之间加一条横线、第 3 列与第 4 列之间加一条竖线, 则 $\boldsymbol{A}$ 被分为 4 个部分, 记

$$\begin{bmatrix}1 & 2 & 3\\ 2 & 3 & 4\end{bmatrix}=\boldsymbol{A}_1,\quad \begin{bmatrix}0 & 0\\ 0 & 0\end{bmatrix}=\boldsymbol{A}_2,$$

$$\begin{bmatrix}1 & 0 & 0\\ 0 & 1 & 0\\ 0 & 0 & 1\end{bmatrix}=\boldsymbol{A}_3,\quad \begin{bmatrix}1 & 2\\ 2 & 3\\ 3 & 4\end{bmatrix}=\boldsymbol{A}_4,$$

此时, $\boldsymbol{A}$ 可表示为

$$\boldsymbol{A}=\begin{bmatrix}\boldsymbol{A}_1 & \boldsymbol{A}_2\\ \boldsymbol{A}_3 & \boldsymbol{A}_4\end{bmatrix},$$

若将小矩阵 $\boldsymbol{A}_1,\boldsymbol{A}_2,\boldsymbol{A}_3,\boldsymbol{A}_4$ 视为 4 个元素, 则 $\boldsymbol{A}$ 可视为形式上的 2 阶方阵. 这种做法称为对 $\boldsymbol{A}$ 的分块, 对应的形式矩阵即是分块矩阵. 在一般情况下我们有

定义 1.6.1 设 $\boldsymbol{A}$ 是 $m\times n$ 矩阵, 在 $\boldsymbol{A}$ 的行之间加入 $s-1$ 条横线 $(1\leqslant s\leqslant m)$, 在 $\boldsymbol{A}$ 的列之间加入 $t-1$ 条竖线 $(1\leqslant t\leqslant n)$, 则 $\boldsymbol{A}$ 被分成 $s\times t$ 个小矩阵, 依次记为 $\boldsymbol{A}_{ij}(i=1,2,\cdots,s;j=1,2,\cdots,t)$. 此时, $\boldsymbol{A}$ 可写为

$$\boldsymbol{A}=\begin{bmatrix}\boldsymbol{A}_{11} & \boldsymbol{A}_{12} & \cdots & \boldsymbol{A}_{1t}\\ \boldsymbol{A}_{21} & \boldsymbol{A}_{22} & \cdots & \boldsymbol{A}_{2t}\\ \vdots & \vdots & & \vdots\\ \boldsymbol{A}_{s1} & \boldsymbol{A}_{s2} & \cdots & \boldsymbol{A}_{st}\end{bmatrix},$$

把 $\boldsymbol{A}$ 视为以 $\boldsymbol{A}_{ij}$ 为元素的形式上的 $s\times t$ 矩阵, 称之为**分块矩阵**, 也称为对 $\boldsymbol{A}$ 的分块, 每个小矩阵 $\boldsymbol{A}_{ij}$ 称为 $\boldsymbol{A}$ 的**子块**.

显然, 分块矩阵的规模一般要小于原矩阵的规模, 每个子块的规模一般也小于原矩阵的规模. 然而, 在实际问题中, 这常常还不够, 还需要考虑其他一些因素. 对矩阵的分块有下述三个着眼点:

(1) 根据矩阵元素的局部特征分块. 例如, 秩为 r 的 $m\times n$ 矩阵的相抵标准形 $\boldsymbol{K}_{m\times n}(r)$ 可以写为

$$\boldsymbol{K}_{m\times n}(r)=\left.\begin{bmatrix}1 & 0 & \cdots & 0 & 0 & \cdots & 0\\ 0 & 1 & \cdots & 0 & 0 & \cdots & 0\\ \vdots & \vdots & & \vdots & \vdots & & \vdots\\ 0 & 0 & \cdots & 1 & 0 & \cdots & 0\\ \hline 0 & 0 & \cdots & 0 & 0 & \cdots & 0\\ \vdots & \vdots & & \vdots & \vdots & & \vdots\\ 0 & 0 & \cdots & 0 & 0 & \cdots & 0\end{bmatrix}_{m\times n}\right\}r\text{ 行}=\begin{bmatrix}\boldsymbol{I}_r & \boldsymbol{0}\\ \boldsymbol{0} & \boldsymbol{0}\end{bmatrix}.$$

(2) 按行或按列分块. 例如, 对 4×5 矩阵

$$A = \left[\begin{array}{ccccc} 1 & 0 & 0 & 0 & 0 \\ \hdashline 0 & 0 & 0 & 1 & 0 \\ \hdashline 0 & 0 & 1 & 0 & 0 \\ \hdashline 0 & 0 & 0 & 0 & 0 \end{array}\right],$$

在每两个相邻行间均加横线, 而列之间不加竖线, 记

$$\begin{aligned} A_1 &= [1 \quad 0 \quad 0 \quad 0 \quad 0], & A_2 &= [0 \quad 0 \quad 0 \quad 1 \quad 0], \\ A_3 &= [0 \quad 0 \quad 1 \quad 0 \quad 0], & \mathbf{0} &= [0 \quad 0 \quad 0 \quad 0 \quad 0], \end{aligned}$$

则 A 分块为形式上的列矩阵

$$A = \begin{bmatrix} A_1 \\ A_2 \\ A_3 \\ \mathbf{0} \end{bmatrix},$$

称之为对 A 按行分块.

同时, A 也可按列分块为

$$A = [B_1 \quad B_2 \quad B_3 \quad B_4 \quad B_5],$$

其中

$$B_1 = \begin{bmatrix} 1 \\ 0 \\ 0 \\ 0 \end{bmatrix}, B_2 = \begin{bmatrix} 0 \\ 0 \\ 0 \\ 0 \end{bmatrix}, B_3 = \begin{bmatrix} 0 \\ 0 \\ 1 \\ 0 \end{bmatrix}, B_4 = \begin{bmatrix} 0 \\ 1 \\ 0 \\ 0 \end{bmatrix}, B_5 = \begin{bmatrix} 0 \\ 0 \\ 0 \\ 0 \end{bmatrix}.$$

(3) 两个特例: 一是将矩阵 A 本身作为一个子块, 构成一个形式上的 1 阶方阵

$$A = [A],$$

二是将 A 的相邻行和相邻列间均加线, 每个子块是 A 的一个元素构成的 1 阶方阵.

例如, 3 阶方阵

$$A = \begin{bmatrix} 1 & 2 & 3 \\ 4 & 5 & 6 \\ 7 & 8 & 9 \end{bmatrix}$$

可以写为

$$\boldsymbol{A}=[\boldsymbol{A}]=\begin{bmatrix}[1] & [2] & [3]\\ [4] & [5] & [6]\\ [7] & [8] & [9]\end{bmatrix}.$$

为了便于讨论, 这两种特殊的分块经常不写成分块矩阵的形式.

1.6.1 分块矩阵的运算

下面讨论矩阵如何在分块的形式下进行运算.

一、线性运算

加法: 设 $\boldsymbol{A}$ 与 $\boldsymbol{B}$ 是两个同型矩阵. 对 $\boldsymbol{A}$, $\boldsymbol{B}$ 作相同的分块, 设所得分块矩阵分别为 $\boldsymbol{A}=[\boldsymbol{A}_{ij}]_{s\times t}$, $\boldsymbol{B}=[\boldsymbol{B}_{ij}]_{s\times t}$, 则

$$\boldsymbol{A}+\boldsymbol{B}=[\boldsymbol{A}_{ij}+\boldsymbol{B}_{ij}]_{s\times t},$$

这里 $\boldsymbol{A}_{ij}+\boldsymbol{B}_{ij}$ 是子块 $\boldsymbol{A}_{ij}$ 与 $\boldsymbol{B}_{ij}$ 的和.

数乘: 设 $\boldsymbol{A}$ 是数域 F 上的矩阵, $k\in F$. 将 $\boldsymbol{A}$ 任意分块为 $\boldsymbol{A}=[\boldsymbol{A}_{ij}]_{s\times t}$, 则

$$k\boldsymbol{A}=[k\boldsymbol{A}_{ij}]_{s\times t},$$

这里 $k\boldsymbol{A}_{ij}$ 是数 k 与子块 $\boldsymbol{A}_{ij}$ 的数乘积.

二、转置

设 $\boldsymbol{A}$ 是矩阵. 将 $\boldsymbol{A}$ 任意分块为

$$\boldsymbol{A}=\begin{bmatrix}\boldsymbol{A}_{11} & \boldsymbol{A}_{12} & \cdots & \boldsymbol{A}_{1t}\\ \boldsymbol{A}_{21} & \boldsymbol{A}_{22} & \cdots & \boldsymbol{A}_{2t}\\ \vdots & \vdots & & \vdots\\ \boldsymbol{A}_{s1} & \boldsymbol{A}_{s2} & \cdots & \boldsymbol{A}_{st}\end{bmatrix},$$

则

$$\boldsymbol{A}^{\mathrm{T}}=\begin{bmatrix}\boldsymbol{A}_{11}^{\mathrm{T}} & \boldsymbol{A}_{21}^{\mathrm{T}} & \cdots & \boldsymbol{A}_{s1}^{\mathrm{T}}\\ \boldsymbol{A}_{12}^{\mathrm{T}} & \boldsymbol{A}_{22}^{\mathrm{T}} & \cdots & \boldsymbol{A}_{s2}^{\mathrm{T}}\\ \vdots & \vdots & & \vdots\\ \boldsymbol{A}_{1t}^{\mathrm{T}} & \boldsymbol{A}_{2t}^{\mathrm{T}} & \cdots & \boldsymbol{A}_{st}^{\mathrm{T}}\end{bmatrix},$$

这里 $\boldsymbol{A}_{ij}^{\mathrm{T}}$ 是子块 $\boldsymbol{A}_{ij}$ 的转置.

三、乘法

设 $\boldsymbol{A}$ 是 $m\times l$ 矩阵, $\boldsymbol{B}$ 是 $l\times n$ 矩阵. 对 $\boldsymbol{A}$ 的列与 $\boldsymbol{B}$ 的行按相同方法分块, 而 $\boldsymbol{A}$ 的行与 $\boldsymbol{B}$ 的列任意分块, 设所得分块矩阵为

$$\boldsymbol{A}=[\boldsymbol{A}_{ij}]_{s\times k},\quad \boldsymbol{B}=[\boldsymbol{B}_{ij}]_{k\times t},$$

则

$$AB = [C_{ij}]_{s\times t},$$

这里

$$C_{ij} = A_{i1}B_{1j} + A_{i2}B_{2j} + \cdots + A_{ik}B_{kj}.$$

例 1.6.1 设

$$A = \left[\begin{array}{cc|ccc} 1 & 0 & 0 & 0 & 0 \\ 0 & 1 & 0 & 0 & 0 \\ \hline -1 & 2 & 1 & 0 & 0 \\ 1 & 1 & 0 & 1 & 0 \\ -2 & 0 & 0 & 0 & 1 \end{array}\right], \quad B = \left[\begin{array}{cc|cc} 3 & 2 & 1 & 0 \\ 1 & 3 & 0 & 1 \\ \hline -1 & 0 & 0 & 0 \\ 0 & -1 & 0 & 0 \\ 0 & 0 & 0 & 0 \end{array}\right],$$

计算 AB.

解 记

$$A_1 = \begin{bmatrix} -1 & 2 \\ 1 & 1 \\ -2 & 0 \end{bmatrix}, \quad B_1 = \begin{bmatrix} 3 & 2 \\ 1 & 3 \end{bmatrix}, \quad B_2 = \begin{bmatrix} -1 & 0 \\ 0 & -1 \\ 0 & 0 \end{bmatrix},$$

则 A 与 B 可分别写为

$$A = \begin{bmatrix} I_2 & 0 \\ A_1 & I_3 \end{bmatrix}, \quad B = \begin{bmatrix} B_1 & I_2 \\ B_2 & 0 \end{bmatrix},$$

于是

$$AB = \begin{bmatrix} I_2 & 0 \\ A_1 & I_3 \end{bmatrix} \begin{bmatrix} B_1 & I_2 \\ B_2 & 0 \end{bmatrix} = \begin{bmatrix} B_1 & I_2 \\ A_1B_1 + B_2 & A_1 \end{bmatrix},$$

又

$$A_1B_1 + B_2 = \begin{bmatrix} -1 & 2 \\ 1 & 1 \\ -2 & 0 \end{bmatrix} \begin{bmatrix} 3 & 2 \\ 1 & 3 \end{bmatrix} + \begin{bmatrix} -1 & 0 \\ 0 & -1 \\ 0 & 0 \end{bmatrix} = \begin{bmatrix} -2 & 4 \\ 4 & 4 \\ -6 & -4 \end{bmatrix},$$

由此可得

$$\boldsymbol{AB}=\left[\begin{array}{cc|cc}3&2&1&0\\1&3&0&1\\\hline -2&4&-1&2\\4&4&1&1\\-6&-4&-2&0\end{array}\right].$$

例 1.6.2 设 $\boldsymbol{A}$ 是 n 阶非零方阵. 证明: $\boldsymbol{A}$ 是降秩矩阵的充要条件是存在 n 阶非零方阵 $\boldsymbol{B}$, 使得 $\boldsymbol{AB}=\boldsymbol{0}$.

证 充分性: 假设存在 n 阶非零方阵 $\boldsymbol{B}$, 使得 $\boldsymbol{AB}=\boldsymbol{0}$. 将 $\boldsymbol{B}$ 按列分块得 $\boldsymbol{B}=[\boldsymbol{B}_1\ \boldsymbol{B}_2\ \cdots\ \boldsymbol{B}_n]$, 这里 $\boldsymbol{B}_1,\boldsymbol{B}_2,\cdots,\boldsymbol{B}_n$ 是 $\boldsymbol{B}$ 的 n 个列构成的子块. 于是

$$\boldsymbol{AB}=[\boldsymbol{A}][\boldsymbol{B}_1\ \boldsymbol{B}_2\cdots\ \boldsymbol{B}_n]=[\boldsymbol{AB}_1\ \boldsymbol{AB}_2\ \cdots\boldsymbol{AB}_n]=\boldsymbol{0},$$

由此可得

$$\boldsymbol{AB}_1=\boldsymbol{0},\boldsymbol{AB}_2=\boldsymbol{0},\cdots,\boldsymbol{AB}_n=\boldsymbol{0},$$

即 $\boldsymbol{B}_1,\boldsymbol{B}_2,\cdots,\boldsymbol{B}_n$ 是齐次线性方程组 $\boldsymbol{AX}=\boldsymbol{0}$ 的 n 个解. 由已知 $\boldsymbol{B}\neq\boldsymbol{0}$ 可知 $\boldsymbol{B}$ 至少有一列 $\boldsymbol{B}_j\neq\boldsymbol{0}(1\leqslant j\leqslant n)$. 于是 $\boldsymbol{B}_j$ 是 $\boldsymbol{AX}=\boldsymbol{0}$ 的非零解. 根据定理 1.5.2, $\boldsymbol{A}$ 不可逆.

必要性: 设 $\boldsymbol{A}$ 不可逆. 根据定理 1.5.2, 齐次线性方程组 $\boldsymbol{AX}=\boldsymbol{0}$ 有非零解. 任取其一个非零解 $\boldsymbol{X}_0$, 构造 n 阶方阵 $\boldsymbol{B}$:

$$\boldsymbol{B}=[\boldsymbol{X}_0\ \boldsymbol{0}\cdots\boldsymbol{0}],$$

显然, $\boldsymbol{B}\neq\boldsymbol{0}$, 且

$$\boldsymbol{AB}=[\boldsymbol{AX}_0\ \boldsymbol{A0}\cdots\boldsymbol{A0}]=[\boldsymbol{0}\ \boldsymbol{0}\cdots\boldsymbol{0}]=\boldsymbol{0}.$$

四、求逆

利用矩阵分块, 可给出某些抽象矩阵的求逆方法. 下面举例说明.

例 1.6.3 已知分块矩阵

$$\boldsymbol{T}=\begin{bmatrix}\boldsymbol{A}&\boldsymbol{0}\\\boldsymbol{C}&\boldsymbol{D}\end{bmatrix}$$

可逆, 其中 $\boldsymbol{A}$、$\boldsymbol{D}$ 是可逆的子块, 求 $\boldsymbol{T}^{-1}$.

解 设 $\boldsymbol{T}$ 的阶数为 n, $\boldsymbol{A}$ 的阶数为 s, $\boldsymbol{D}$ 的阶数为 t. 因 $\boldsymbol{T}$ 可逆, 故 $\boldsymbol{T}^{-1}$ 存在. 将 $\boldsymbol{T}^{-1}$ 分块为

$$\boldsymbol{T}^{-1}=\begin{bmatrix}\boldsymbol{X}_1 & \boldsymbol{X}_2\\ \boldsymbol{X}_3 & \boldsymbol{X}_4\end{bmatrix},$$

其中 $\boldsymbol{X}_1$ 是 s 阶方阵, $\boldsymbol{X}_4$ 是 t 阶方阵.

根据可逆矩阵的定义, 经计算得

$$\boldsymbol{T}\boldsymbol{T}^{-1}=\begin{bmatrix}\boldsymbol{A} & \boldsymbol{0}\\ \boldsymbol{C} & \boldsymbol{D}\end{bmatrix}\begin{bmatrix}\boldsymbol{X}_1 & \boldsymbol{X}_2\\ \boldsymbol{X}_3 & \boldsymbol{X}_4\end{bmatrix}$$

$$=\begin{bmatrix}\boldsymbol{A}\boldsymbol{X}_1 & \boldsymbol{A}\boldsymbol{X}_2\\ \boldsymbol{C}\boldsymbol{X}_1+\boldsymbol{D}\boldsymbol{X}_3 & \boldsymbol{C}\boldsymbol{X}_2+\boldsymbol{D}\boldsymbol{X}_4\end{bmatrix}=\boldsymbol{I}_n=\begin{bmatrix}\boldsymbol{I}_s & \boldsymbol{0}\\ \boldsymbol{0} & \boldsymbol{I}_t\end{bmatrix},$$

由此可得

$$\boldsymbol{A}\boldsymbol{X}_1=\boldsymbol{I}_s,\quad \boldsymbol{A}\boldsymbol{X}_2=\boldsymbol{0},\quad \boldsymbol{C}\boldsymbol{X}_1+\boldsymbol{D}\boldsymbol{X}_3=\boldsymbol{0},\quad \boldsymbol{C}\boldsymbol{X}_2+\boldsymbol{D}\boldsymbol{X}_4=\boldsymbol{I}_t,$$

已知 $\boldsymbol{A}$ 可逆, 所以由 $\boldsymbol{A}\boldsymbol{X}_1=\boldsymbol{I}_s,\boldsymbol{A}\boldsymbol{X}_2=\boldsymbol{0}$ 得

$$\boldsymbol{X}_1=\boldsymbol{A}^{-1},\quad \boldsymbol{X}_2=\boldsymbol{0},$$

又已知 $\boldsymbol{D}$ 可逆, 可由矩阵方程 $\boldsymbol{C}\boldsymbol{X}_1+\boldsymbol{D}\boldsymbol{X}_3=\boldsymbol{0},\boldsymbol{C}\boldsymbol{X}_2+\boldsymbol{D}\boldsymbol{X}_4=\boldsymbol{I}_t$ 解得

$$\boldsymbol{X}_3=-\boldsymbol{D}^{-1}\boldsymbol{C}\boldsymbol{A}^{-1},\boldsymbol{X}_4=\boldsymbol{D}^{-1},$$

于是

$$\boldsymbol{T}^{-1}=\begin{bmatrix}\boldsymbol{A}^{-1} & \boldsymbol{0}\\ -\boldsymbol{D}^{-1}\boldsymbol{C}\boldsymbol{A}^{-1} & \boldsymbol{D}^{-1}\end{bmatrix}.$$

特别地, 若 $\boldsymbol{C}=\boldsymbol{0}$, 则有

$$\begin{bmatrix}\boldsymbol{A} & \boldsymbol{0}\\ \boldsymbol{0} & \boldsymbol{D}\end{bmatrix}^{-1}=\begin{bmatrix}\boldsymbol{A}^{-1} & \boldsymbol{0}\\ \boldsymbol{0} & \boldsymbol{D}^{-1}\end{bmatrix}.$$

五、解矩阵方程

由上节可知, 解矩阵方程时, 首先应把方程化为最简形式, 然后通过求系数矩阵的逆矩阵得到未知矩阵. 但是, 如果系数矩阵不可逆该如何处理呢?

例 1.6.4 讨论 s,t 取何值时, 矩阵方程

$$\begin{bmatrix} 1 & 0 & 1 \\ 2 & 1 & 0 \\ 1 & 1 & -1 \end{bmatrix} \boldsymbol{X} = \begin{bmatrix} 1 & 0 \\ t & 1 \\ 1 & s \end{bmatrix}$$

有解, 并在有解时求该方程的解.

解 由矩阵乘法的定义可知, $\boldsymbol{X}$ 是一个 3×2 矩阵. 不妨令

$$\boldsymbol{X} = [\boldsymbol{X}_1 \ \ \boldsymbol{X}_2] = \begin{bmatrix} x_{11} & x_{12} \\ x_{21} & x_{22} \\ x_{31} & x_{32} \end{bmatrix}, \boldsymbol{A} = \begin{bmatrix} 1 & 0 & 1 \\ 2 & 1 & 0 \\ 1 & 1 & -1 \end{bmatrix},$$

$$\boldsymbol{B} = [\boldsymbol{B}_1 \ \ \boldsymbol{B}_2] = \begin{bmatrix} 1 & 0 \\ t & 1 \\ 1 & s \end{bmatrix},$$

于是, $\boldsymbol{AX} = \boldsymbol{B}$ 成立当且仅当 $\boldsymbol{AX}_1 = \boldsymbol{B}_1, \boldsymbol{AX}_2 = \boldsymbol{B}_2$ 同时成立. 考虑矩阵 $[\boldsymbol{A} \ \boldsymbol{B}]$, 并对其作初等行变换, 将之化为阶梯形

$$\begin{bmatrix} 1 & 0 & 1 & 1 & 0 \\ 2 & 1 & 0 & t & 1 \\ 1 & 1 & -1 & 1 & s \end{bmatrix} \to \begin{bmatrix} 1 & 0 & 1 & 1 & 0 \\ 0 & 1 & -2 & t-2 & 1 \\ 0 & 1 & -2 & 0 & s \end{bmatrix}$$

$$\to \begin{bmatrix} 1 & 0 & 1 & 1 & 0 \\ 0 & 1 & -2 & t-2 & 1 \\ 0 & 0 & 0 & 2-t & s-1 \end{bmatrix},$$

根据定理 1.1.3, $\boldsymbol{AX}_1 = \boldsymbol{B}_1, \boldsymbol{AX}_2 = \boldsymbol{B}_2$ 都有解当且仅当 $s = 1, t = 2$, 对应方程组增广矩阵的阶梯形分别为

$$\begin{bmatrix} 1 & 0 & 1 & 1 \\ 0 & 1 & -2 & 0 \\ 0 & 0 & 0 & 0 \end{bmatrix}, \quad \begin{bmatrix} 1 & 0 & 1 & 0 \\ 0 & 1 & -2 & 1 \\ 0 & 0 & 0 & 0 \end{bmatrix},$$

解方程组可得

$$\boldsymbol{X}_1 = (1 - x_{31}, 2x_{31}, x_{31})^{\mathrm{T}},$$

$$\boldsymbol{X}_2 = (-x_{32}, 1 + 2x_{32}, x_{32})^{\mathrm{T}},$$

进而

$$X = [X_1 \quad X_2] = \begin{bmatrix} 1-x_{31} & -x_{32} \\ 2x_{31} & 1+2x_{32} \\ x_{31} & x_{32} \end{bmatrix}, \text{其中} x_{31}, x_{32} \text{为自由未知数}$$

实际上, 无论系数矩阵是否可逆, 矩阵方程 $\boldsymbol{AX}=\boldsymbol{B}$ 都可用上例的方法求解.

由上面的讨论不难发现, 在分块形式下进行矩阵运算的实质就是把分块矩阵看成普通矩阵进行各种运算. 许多例子表明, 这种方法经常能使运算过程更加简洁. 下面将普通矩阵的初等变换推广到分块矩阵上, 这将使矩阵变形迅速和便捷.

1.6.2　分块初等变换

为表述简洁, 本小节仅讨论形式上 2×2 的分块矩阵. 对于其他情况结果相同.

定义 1.6.2　对分块矩阵

$$\boldsymbol{A} = \begin{bmatrix} \boldsymbol{A}_1 & \boldsymbol{A}_2 \\ \boldsymbol{A}_3 & \boldsymbol{A}_4 \end{bmatrix}$$

的下述三种操作称为**分块初等行 (列) 变换**:

(1) 用可逆矩阵 $\boldsymbol{P}$ 左 (右) 乘 $\boldsymbol{A}$ 的某一行 (列) 全部子块;

(2) $\boldsymbol{A}$ 的某一行 (列) 全部子块左 (右) 侧乘上矩阵 $\boldsymbol{Q}$, 再将所得结果加到另一行 (列) 上;

(3) 互换 $\boldsymbol{A}$ 的两行 (列).

分块初等行变换与分块初等列变换统称为**分块初等变换**.

例如

$$\begin{bmatrix} \boldsymbol{A}_1 & \boldsymbol{A}_2 \\ \boldsymbol{A}_3 & \boldsymbol{A}_4 \end{bmatrix} \xrightarrow{\boldsymbol{P}_1 R_1} \begin{bmatrix} \boldsymbol{P}_1\boldsymbol{A}_1 & \boldsymbol{P}_1\boldsymbol{A}_2 \\ \boldsymbol{A}_3 & \boldsymbol{A}_4 \end{bmatrix},$$

$$\begin{bmatrix} \boldsymbol{A}_1 & \boldsymbol{A}_2 \\ \boldsymbol{A}_3 & \boldsymbol{A}_4 \end{bmatrix} \xrightarrow{C_1 \boldsymbol{P}_2} \begin{bmatrix} \boldsymbol{A}_1\boldsymbol{P}_2 & \boldsymbol{A}_2 \\ \boldsymbol{A}_3\boldsymbol{P}_2 & \boldsymbol{A}_4 \end{bmatrix},$$

$$\begin{bmatrix} \boldsymbol{A}_1 & \boldsymbol{A}_2 \\ \boldsymbol{A}_3 & \boldsymbol{A}_4 \end{bmatrix} \xrightarrow{R_2+\boldsymbol{Q}_1 R_1} \begin{bmatrix} \boldsymbol{A}_1 & \boldsymbol{A}_2 \\ \boldsymbol{A}_3+\boldsymbol{Q}_1\boldsymbol{A}_1 & \boldsymbol{A}_4+\boldsymbol{Q}_1\boldsymbol{A}_2 \end{bmatrix},$$

$$\begin{bmatrix} \boldsymbol{A}_1 & \boldsymbol{A}_2 \\ \boldsymbol{A}_3 & \boldsymbol{A}_4 \end{bmatrix} \xrightarrow{C_2+C_1 \boldsymbol{Q}_2} \begin{bmatrix} \boldsymbol{A}_1 & \boldsymbol{A}_2+\boldsymbol{A}_1\boldsymbol{Q}_2 \\ \boldsymbol{A}_3 & \boldsymbol{A}_4+\boldsymbol{A}_3\boldsymbol{Q}_2 \end{bmatrix},$$

$$\begin{bmatrix} \boldsymbol{A}_1 & \boldsymbol{A}_2 \\ \boldsymbol{A}_3 & \boldsymbol{A}_4 \end{bmatrix} \xrightarrow{R_{12}} \begin{bmatrix} \boldsymbol{A}_3 & \boldsymbol{A}_4 \\ \boldsymbol{A}_1 & \boldsymbol{A}_2 \end{bmatrix}, \begin{bmatrix} \boldsymbol{A}_1 & \boldsymbol{A}_2 \\ \boldsymbol{A}_3 & \boldsymbol{A}_4 \end{bmatrix} \xrightarrow{C_{12}} \begin{bmatrix} \boldsymbol{A}_2 & \boldsymbol{A}_1 \\ \boldsymbol{A}_4 & \boldsymbol{A}_3 \end{bmatrix}.$$

对于分块初等变换必须注意以下两点:

① 在第 (1) 类变换中, $\boldsymbol{P}$ 必须可逆;

② 在第 (1)、(2) 类变换中, 行变换要求左乘矩阵, 而列变换则要求右乘矩阵.

假设分块矩阵 $\boldsymbol{A}$ 通过分块初等变换化为分块矩阵 $\boldsymbol{B}$, 我们很自然地想到两个问题: 一个是 $\boldsymbol{A}$ 是否相抵于 $\boldsymbol{B}$? 另一个是 $\boldsymbol{A}$ 与 $\boldsymbol{B}$ 是否有相同的秩? 为此, 需要对分块初等变换作进一步的讨论.

将单位矩阵 $\boldsymbol{I}$ 按如下方式分块:

$$\boldsymbol{I} = \begin{bmatrix} \boldsymbol{I}_s & \boldsymbol{0} \\ \boldsymbol{0} & \boldsymbol{I}_t \end{bmatrix},$$

这里 $\boldsymbol{I}_s, \boldsymbol{I}_t$ 都是单位矩阵. 称上述分块矩阵为**分块单位矩阵**.

定义 1.6.3 对分块单位矩阵作一次分块初等变换, 所得分块矩阵称为**分块初等矩阵**.

分块初等矩阵有如下三种类型:

(1)

$$\begin{bmatrix} \boldsymbol{P}_1 & \boldsymbol{0} \\ \boldsymbol{0} & \boldsymbol{I}_t \end{bmatrix} \text{或} \begin{bmatrix} \boldsymbol{I}_s & \boldsymbol{0} \\ \boldsymbol{0} & \boldsymbol{P}_2 \end{bmatrix} \quad (\boldsymbol{P}_1, \boldsymbol{P}_2\text{均可逆});$$

(2)

$$\begin{bmatrix} \boldsymbol{I}_s & \boldsymbol{0} \\ \boldsymbol{Q}_1 & \boldsymbol{I}_t \end{bmatrix} \quad \text{或} \quad \begin{bmatrix} \boldsymbol{I}_s & \boldsymbol{Q}_2 \\ \boldsymbol{0} & \boldsymbol{I}_t \end{bmatrix};$$

(3)

$$\begin{bmatrix} \boldsymbol{0} & \boldsymbol{I}_t \\ \boldsymbol{I}_s & \boldsymbol{0} \end{bmatrix}.$$

容易验证:

性质 1.6.1 分块初等矩阵是满秩方阵.

定理 1.6.1 对一个分块矩阵 $\boldsymbol{A}$ 作一次分块初等行 (列) 变换等同于在 $\boldsymbol{A}$ 的左 (右) 侧乘上一个对应的分块初等矩阵.

根据性质 1.6.1, 定理 1.4.6 及定理 1.6.1, 可得如下结果:

推论 1.6.1 若分块矩阵 $\boldsymbol{A}$ 经过有限次分块初等变换化为分块矩阵 $\boldsymbol{B}$, 则 $\boldsymbol{A}$ 相抵于 $\boldsymbol{B}$.

推论 1.6.2 分块初等变换不改变分块矩阵的秩.

下面我们来学习分块初等变换的一些应用.

例 1.6.5 已知分块矩阵

$$\boldsymbol{T}=\begin{bmatrix}\boldsymbol{A} & \boldsymbol{0}\\ \boldsymbol{C} & \boldsymbol{D}\end{bmatrix},$$

其中 $\boldsymbol{A},\boldsymbol{D}$ 均为 n 阶可逆矩阵, 证明 $\boldsymbol{T}$ 可逆, 并求 $\boldsymbol{T}^{-1}$.

证 对 $\boldsymbol{T}$ 作分块初等列变换

$$\boldsymbol{T}=\begin{bmatrix}\boldsymbol{A} & \boldsymbol{0}\\ \boldsymbol{C} & \boldsymbol{D}\end{bmatrix}\xrightarrow{C_1+C_2(-\boldsymbol{D}^{-1}\boldsymbol{C})}\begin{bmatrix}\boldsymbol{A} & \boldsymbol{0}\\ \boldsymbol{0} & \boldsymbol{D}\end{bmatrix}\xrightarrow[C_2\boldsymbol{D}^{-1}]{C_1\boldsymbol{A}^{-1}}\begin{bmatrix}\boldsymbol{I}_n & \boldsymbol{0}\\ \boldsymbol{0} & \boldsymbol{I}_n\end{bmatrix}=\boldsymbol{I}_{2n},$$

由推论 1.6.2 可知

$$\mathrm{r}(\boldsymbol{T})=\mathrm{r}\left(\boldsymbol{I}_{2n}\right)=2n,$$

由于 $\boldsymbol{T}$ 本身为 $2n$ 阶方阵, 故 $\boldsymbol{T}$ 满秩. 根据定理 1.5.1, 可得 $\boldsymbol{T}$ 可逆.

下面求 $\boldsymbol{T}$ 的逆:

解法一 同例 1.6.3.

解法二 根据定理 1.6.1, 上述分块初等列变换可转化为在 $\boldsymbol{T}$ 的右侧依次乘三个对应的分块初等矩阵

$$\begin{bmatrix}\boldsymbol{A} & \boldsymbol{0}\\ \boldsymbol{C} & \boldsymbol{D}\end{bmatrix}\begin{bmatrix}\boldsymbol{I}_n & \boldsymbol{0}\\ -\boldsymbol{D}^{-1}\boldsymbol{C} & \boldsymbol{I}_n\end{bmatrix}\begin{bmatrix}\boldsymbol{A}^{-1} & \boldsymbol{0}\\ \boldsymbol{0} & \boldsymbol{I}_n\end{bmatrix}\begin{bmatrix}\boldsymbol{I}_n & \boldsymbol{0}\\ \boldsymbol{0} & \boldsymbol{D}^{-1}\end{bmatrix}=\begin{bmatrix}\boldsymbol{I}_n & \boldsymbol{0}\\ \boldsymbol{0} & \boldsymbol{I}_n\end{bmatrix},$$

令

$$\begin{aligned}\boldsymbol{U}&=\begin{bmatrix}\boldsymbol{I}_n & \boldsymbol{0}\\ -\boldsymbol{D}^{-1}\boldsymbol{C} & \boldsymbol{I}_n\end{bmatrix}\begin{bmatrix}\boldsymbol{A}^{-1} & \boldsymbol{0}\\ \boldsymbol{0} & \boldsymbol{I}_n\end{bmatrix}\begin{bmatrix}\boldsymbol{I}_n & \boldsymbol{0}\\ \boldsymbol{0} & \boldsymbol{D}^{-1}\end{bmatrix}\\ &=\begin{bmatrix}\boldsymbol{A}^{-1} & \boldsymbol{0}\\ -\boldsymbol{D}^{-1}\boldsymbol{C}\boldsymbol{A}^{-1} & \boldsymbol{D}^{-1}\end{bmatrix},\end{aligned}$$

于是

$$\boldsymbol{T}\boldsymbol{U}=\boldsymbol{I}_{2n},$$

所以

$$\boldsymbol{T}^{-1}=\boldsymbol{U}=\begin{bmatrix}\boldsymbol{A}^{-1} & \boldsymbol{0}\\ -\boldsymbol{D}^{-1}\boldsymbol{C}\boldsymbol{A}^{-1} & \boldsymbol{D}^{-1}\end{bmatrix}.$$

可以证明分块矩阵的秩有如下的性质:

(1)

$$\mathrm{r}\left(\begin{bmatrix} \boldsymbol{A} & \boldsymbol{B} \\ \boldsymbol{C} & \boldsymbol{D} \end{bmatrix}\right) \geqslant \mathrm{r}(\boldsymbol{A}), \qquad \mathrm{r}\left(\begin{bmatrix} \boldsymbol{A} & \boldsymbol{0} \\ \boldsymbol{C} & \boldsymbol{B} \end{bmatrix}\right) \geqslant \mathrm{r}\left(\begin{bmatrix} \boldsymbol{A} & \boldsymbol{0} \\ \boldsymbol{0} & \boldsymbol{B} \end{bmatrix}\right); \tag{1.6.1}$$

(2)

$$\mathrm{r}\left(\begin{bmatrix} \boldsymbol{A} & \boldsymbol{0} \\ \boldsymbol{0} & \boldsymbol{B} \end{bmatrix}\right) = \mathrm{r}\left(\begin{bmatrix} \boldsymbol{0} & \boldsymbol{A} \\ \boldsymbol{B} & \boldsymbol{0} \end{bmatrix}\right) = \mathrm{r}(\boldsymbol{A}) + \mathrm{r}(\boldsymbol{B}); \tag{1.6.2}$$

(3) 若 $\boldsymbol{A}, \boldsymbol{B}$ 都满秩, 则分块矩阵 $\begin{bmatrix} \boldsymbol{A} & \boldsymbol{0} \\ \boldsymbol{C} & \boldsymbol{B} \end{bmatrix}$, $\begin{bmatrix} \boldsymbol{A} & \boldsymbol{C} \\ \boldsymbol{0} & \boldsymbol{B} \end{bmatrix}$ 都满秩.

利用上述性质及定理 1.6.1 以及推论 1.6.2, 可以证明下面的重要结论.

定理 1.6.2 (1) 设 $\boldsymbol{A}$、$\boldsymbol{B}$ 是两个同型矩阵, 则

$$\mathrm{r}(\boldsymbol{A}+\boldsymbol{B}) \leqslant \mathrm{r}(\boldsymbol{A}) + \mathrm{r}(\boldsymbol{B});$$

(2) 设 $\boldsymbol{A}$ 是 $s \times n$ 矩阵, $\boldsymbol{B}$ 是 $n \times t$ 矩阵, 则

$$\mathrm{r}(\boldsymbol{AB}) \geqslant \mathrm{r}(\boldsymbol{A}) + \mathrm{r}(\boldsymbol{B}) - n.$$

证 (1) 构造如下分块矩阵并对其作分块初等变换:

$$\begin{bmatrix} \boldsymbol{A} & \boldsymbol{0} \\ \boldsymbol{0} & \boldsymbol{B} \end{bmatrix} \xrightarrow{R_1+R_2} \begin{bmatrix} \boldsymbol{A} & \boldsymbol{B} \\ \boldsymbol{0} & \boldsymbol{B} \end{bmatrix} \xrightarrow{C_1+C_2} \begin{bmatrix} \boldsymbol{A}+\boldsymbol{B} & \boldsymbol{B} \\ \boldsymbol{B} & \boldsymbol{B} \end{bmatrix},$$

由 (1.6.2) 式、推论 1.6.2 以及 (1.6.1) 式可得

$$\mathrm{r}(\boldsymbol{A}) + \mathrm{r}(\boldsymbol{B}) = \mathrm{r}\left(\begin{bmatrix} \boldsymbol{A} & \boldsymbol{0} \\ \boldsymbol{0} & \boldsymbol{B} \end{bmatrix}\right) = \mathrm{r}\left(\begin{bmatrix} \boldsymbol{A}+\boldsymbol{B} & \boldsymbol{B} \\ \boldsymbol{B} & \boldsymbol{B} \end{bmatrix}\right) \geqslant \mathrm{r}(\boldsymbol{A}+\boldsymbol{B}).$$

(2) 构造如下分块矩阵并对其作分块初等变换:

$$\begin{bmatrix} \boldsymbol{A} & \boldsymbol{0} \\ -\boldsymbol{I}_n & \boldsymbol{B} \end{bmatrix} \xrightarrow{R_1+\boldsymbol{A}R_2} \begin{bmatrix} \boldsymbol{0} & \boldsymbol{AB} \\ -\boldsymbol{I}_n & \boldsymbol{B} \end{bmatrix} \xrightarrow{C_2+C_1\boldsymbol{B}} \begin{bmatrix} \boldsymbol{0} & \boldsymbol{AB} \\ -\boldsymbol{I}_n & \boldsymbol{0} \end{bmatrix},$$

由 (1.6.2) 式、推论 1.6.2 以及 (1.6.1) 式可得

$$\mathrm{r}(\boldsymbol{AB}) + \mathrm{r}(-\boldsymbol{I}_n) = \mathrm{r}\left(\begin{bmatrix} \boldsymbol{0} & \boldsymbol{AB} \\ -\boldsymbol{I}_n & \boldsymbol{0} \end{bmatrix}\right) = \mathrm{r}\left(\begin{bmatrix} \boldsymbol{A} & \boldsymbol{0} \\ -\boldsymbol{I}_n & \boldsymbol{B} \end{bmatrix}\right) \geqslant \mathrm{r}(\boldsymbol{A}) + \mathrm{r}(\boldsymbol{B}).$$

即

$$\mathrm{r}(\boldsymbol{AB}) \geqslant \mathrm{r}(\boldsymbol{A}) + \mathrm{r}(\boldsymbol{B}) - n.$$

推论 1.6.3 设 $\boldsymbol{A}$ 是 $s \times n$ 矩阵, $\boldsymbol{B}$ 是 $n \times t$ 矩阵. 若 $\boldsymbol{AB} = \boldsymbol{0}$, 则

$$\mathrm{r}(\boldsymbol{A}) + \mathrm{r}(\boldsymbol{B}) \leqslant n.$$

1.7 若干特殊矩阵

在矩阵的研究与应用中, 经常会遇见一些形式特殊的矩阵, 这些矩阵都有各自独特的性质, 本节将介绍一些常用的特殊矩阵.

1.7.1 对称矩阵与反称矩阵

在例 1.3.1 中, 我们见到一个满足条件 $\boldsymbol{A}^{\mathrm{T}} = \boldsymbol{A}$ 的矩阵 $\boldsymbol{A}$. 设 $\boldsymbol{A} = [a_{ij}]_{n\times n}$, 则由 $\boldsymbol{A}^{\mathrm{T}} = \boldsymbol{A}$ 易得

$$a_{ij} = a_{ji}, i, j = 1, 2, \cdots, n,$$

即 $\boldsymbol{A}$ 关于其主对角线两侧对称位置上的元素相等. 形象地说, $\boldsymbol{A}$ 关于其主对角线是对称的. 因此, 我们称 $\boldsymbol{A}$ 是对称矩阵.

定义 1.7.1 设 $\boldsymbol{A}$ 是 n 阶方阵. 若 $\boldsymbol{A}^{\mathrm{T}} = \boldsymbol{A}$, 则称 $\boldsymbol{A}$ 是**对称矩阵**; 若 $\boldsymbol{A}^{\mathrm{T}} = -\boldsymbol{A}$, 则称 $\boldsymbol{A}$ 是**反称矩阵**.

例 1.7.1 设 $\boldsymbol{A}$ 是任一 n 阶方阵, 则 $\boldsymbol{A} + \boldsymbol{A}^{\mathrm{T}}$ 是对称矩阵, $\boldsymbol{A} - \boldsymbol{A}^{\mathrm{T}}$ 是反称矩阵.

证 由 $\left(\boldsymbol{A} + \boldsymbol{A}^{\mathrm{T}}\right)^{\mathrm{T}} = \boldsymbol{A}^{\mathrm{T}} + \left(\boldsymbol{A}^{\mathrm{T}}\right)^{\mathrm{T}} = \boldsymbol{A}^{\mathrm{T}} + \boldsymbol{A} = \boldsymbol{A} + \boldsymbol{A}^{\mathrm{T}}$ 可知, $\boldsymbol{A} + \boldsymbol{A}^{\mathrm{T}}$ 是对称矩阵.

又 $\left(\boldsymbol{A} - \boldsymbol{A}^{\mathrm{T}}\right)^{\mathrm{T}} = \boldsymbol{A}^{\mathrm{T}} - \left(\boldsymbol{A}^{\mathrm{T}}\right)^{\mathrm{T}} = \boldsymbol{A}^{\mathrm{T}} - \boldsymbol{A} = -\left(\boldsymbol{A} - \boldsymbol{A}^{\mathrm{T}}\right)$, 因此 $\boldsymbol{A} - \boldsymbol{A}^{\mathrm{T}}$ 是反称矩阵.

例 1.7.2 设 $\boldsymbol{A}$ 是任一方阵，证明: $\boldsymbol{A}$ 可表示成一个对称矩阵与一个反称矩阵的和.

证 因 $\boldsymbol{A} = \dfrac{1}{2}\left(\boldsymbol{A} + \boldsymbol{A}^{\mathrm{T}}\right) + \dfrac{1}{2}\left(\boldsymbol{A} - \boldsymbol{A}^{\mathrm{T}}\right)$, 故由例 1.7.1 得此结论.

1.7.2 对角矩阵

单位矩阵是一类主对角元全为 1 且主对角线以外的元素全为零的特殊方阵. 如果把主对角元全为 1 的条件去掉, 就得到一类更一般的特殊矩阵.

定义 1.7.2 主对角线以外的元素全为零的 n 阶方阵

$$\begin{bmatrix} a_1 & 0 & \cdots & 0 \\ 0 & a_2 & \cdots & 0 \\ \vdots & \vdots & & \vdots \\ 0 & 0 & \cdots & a_n \end{bmatrix}$$

称为**对角矩阵**.

对角矩阵通常简记为

$$\begin{bmatrix} a_1 & & & \\ & a_2 & & \\ & & \ddots & \\ & & & a_n \end{bmatrix} \quad 或 \quad \operatorname{diag}(a_1, a_2, \cdots, a_n),$$

当 $a_1 = a_2 = \cdots = a_n = k$ 时, 称形如

$$\begin{bmatrix} k & & & \\ & k & & \\ & & \ddots & \\ & & & k \end{bmatrix} = k\boldsymbol{I}$$

的矩阵为**标量矩阵**. 若 $k = 1$, 则该标量矩阵即是单位矩阵.

容易看出, 对角矩阵的和、差、积、幂以及数量乘积仍是对角矩阵. 对角矩阵的秩与可逆性也很容易判断.

例 1.7.3 对角矩阵的秩等于其非零主对角元的个数.

例 1.7.4 对角矩阵 $\boldsymbol{A} = \operatorname{diag}(a_1, a_2, \cdots, a_n)$ 可逆的充要条件是 $a_1, a_2, \cdots, a_n$ 全不为零. 当 $\boldsymbol{A}$ 可逆时

$$\boldsymbol{A}^{-1} = \operatorname{diag}\left(a_1^{-1}, a_2^{-1}, \cdots, a_n^{-1}\right).$$

有些矩阵虽然不是对角矩阵, 但形状上很接近对角矩阵. 下面介绍其中的两类.

定义 1.7.3 设 $\boldsymbol{A}$ 是分块矩阵

$$\boldsymbol{A} = \begin{bmatrix} \boldsymbol{A}_1 & \boldsymbol{0} & \cdots & \boldsymbol{0} \\ \boldsymbol{0} & \boldsymbol{A}_2 & \cdots & \boldsymbol{0} \\ \vdots & \vdots & & \vdots \\ \boldsymbol{0} & \boldsymbol{0} & \cdots & \boldsymbol{A}_t \end{bmatrix},$$

若子块 $\boldsymbol{A}_1, \boldsymbol{A}_2, \cdots, \boldsymbol{A}_t$ 全是方阵, 则称 $\boldsymbol{A}$ 是**准对角矩阵**或**分块对角矩阵**, 可简写为

$$\boldsymbol{A} = \begin{bmatrix} \boldsymbol{A}_1 & & & \\ & \boldsymbol{A}_2 & & \\ & & \ddots & \\ & & & \boldsymbol{A}_t \end{bmatrix}.$$

显然, 当子块 $\boldsymbol{A}_1, \boldsymbol{A}_2, \cdots, \boldsymbol{A}_t$ 全是 1 阶方阵时, 准对角矩阵 $\boldsymbol{A}$ 即是对角矩阵.

与对角矩阵完全类似, 在可运算的条件下, 准对角矩阵的和、差、积、幂以及数量乘积仍是准对角矩阵.

例 1.7.5 设 $\boldsymbol{A}$ 为准对角矩阵

$$\boldsymbol{A} = \begin{bmatrix} \boldsymbol{A}_1 & & & \\ & \boldsymbol{A}_2 & & \\ & & \ddots & \\ & & & \boldsymbol{A}_t \end{bmatrix},$$

则 $\boldsymbol{A}$ 可逆的充要条件是子块 $\boldsymbol{A}_1, \boldsymbol{A}_2, \cdots, \boldsymbol{A}_t$ 均可逆. 当 $\boldsymbol{A}$ 可逆时,

$$\boldsymbol{A}^{-1} = \begin{bmatrix} \boldsymbol{A}_1^{-1} & & & \\ & \boldsymbol{A}_2^{-1} & & \\ & & \ddots & \\ & & & \boldsymbol{A}_t^{-1} \end{bmatrix}.$$

证 充分性: 若子块 $\boldsymbol{A}_1, \boldsymbol{A}_2, \cdots, \boldsymbol{A}_t$ 均可逆, 则存在分块矩阵

$$\boldsymbol{B} = \begin{bmatrix} \boldsymbol{A}_1^{-1} & & & \\ & \boldsymbol{A}_2^{-1} & & \\ & & \ddots & \\ & & & \boldsymbol{A}_t^{-1} \end{bmatrix},$$

利用分块矩阵的乘法验证即得 $\boldsymbol{A}^{-1} = \boldsymbol{B}$.

必要性: 若 $\boldsymbol{A}$ 可逆, 则 $\boldsymbol{A}^{-1}$ 存在. 对 $\boldsymbol{A}^{-1}$ 进行分块

$$\boldsymbol{A}^{-1} = \begin{bmatrix} \boldsymbol{B}_{11} & \boldsymbol{B}_{12} & \cdots & \boldsymbol{B}_{1t} \\ \boldsymbol{B}_{21} & \boldsymbol{B}_{22} & \cdots & \boldsymbol{B}_{2t} \\ \vdots & \vdots & & \vdots \\ \boldsymbol{B}_{t1} & \boldsymbol{B}_{t2} & \cdots & \boldsymbol{B}_{tt} \end{bmatrix},$$

其中 $\boldsymbol{B}_{ij}$ 为子块, $\boldsymbol{B}_{11},\boldsymbol{B}_{22},\cdots,\boldsymbol{B}_{tt}$ 均为方阵, 且 $\boldsymbol{B}_{ii}$ 与 $\boldsymbol{A}_i$ 阶数相同 $(i=1,2,\cdots,t)$. 因

$$\boldsymbol{A}\boldsymbol{A}^{-1}=\begin{bmatrix}\boldsymbol{A}_1\boldsymbol{B}_{11} & \boldsymbol{A}_1\boldsymbol{B}_{12} & \cdots & \boldsymbol{A}_1\boldsymbol{B}_{1t}\\ \boldsymbol{A}_2\boldsymbol{B}_{21} & \boldsymbol{A}_2\boldsymbol{B}_{22} & \cdots & \boldsymbol{A}_2\boldsymbol{B}_{2t}\\ \vdots & \vdots & & \vdots\\ \boldsymbol{A}_t\boldsymbol{B}_{t1} & \boldsymbol{A}_t\boldsymbol{B}_{t2} & \cdots & \boldsymbol{A}_t\boldsymbol{B}_{tt}\end{bmatrix}=\boldsymbol{I}=\begin{bmatrix}\boldsymbol{I}_{s_1} & & & \\ & \boldsymbol{I}_{s_2} & & \\ & & \ddots & \\ & & & \boldsymbol{I}_{s_t}\end{bmatrix},$$

其中 $\boldsymbol{I}_{s_i}$ 是与 $\boldsymbol{A}_i$ 同阶的单位矩阵, 故得

$$\boldsymbol{A}_1\boldsymbol{B}_{11}=\boldsymbol{I}_{s_1},\boldsymbol{A}_2\boldsymbol{B}_{22}=\boldsymbol{I}_{s_2},\cdots,\boldsymbol{A}_t\boldsymbol{B}_{tt}=\boldsymbol{I}_{s_t},$$

所以, $\boldsymbol{A}_1,\boldsymbol{A}_2,\cdots,\boldsymbol{A}_t$ 都是可逆矩阵.

在化学工程的研究中, 常要处理形如

$$\begin{bmatrix}b_1 & c_1 & & & & \\ a_2 & b_2 & c_2 & & & \\ & a_3 & b_3 & c_3 & & \\ & & \ddots & \ddots & \ddots & \\ & & & a_{n-1} & b_{n-1} & c_{n-1}\\ & & & & a_n & b_n\end{bmatrix}$$

的矩阵, 称之为**三对角矩阵**.

1.7.3 三角形矩阵

将主对角线以外的元素全为零的条件改为主对角线下方的元素全为零, 则对角矩阵还可进一步推广.

定义 1.7.4 称主对角线以下元素全为零的方阵为**上三角形矩阵**; 主对角线以上元素全为零的方阵为**下三角形矩阵**.

上三角形矩阵的一般形式为

$$\begin{bmatrix}a_{11} & a_{12} & a_{13} & \cdots & a_{1n}\\ 0 & a_{22} & a_{23} & \cdots & a_{2n}\\ 0 & 0 & a_{33} & \cdots & a_{3n}\\ \vdots & \vdots & \vdots & & \vdots\\ 0 & 0 & 0 & \cdots & a_{nn}\end{bmatrix},$$

下三角形矩阵的一般形式为

$$\begin{bmatrix} b_{11} & 0 & 0 & \cdots & 0 \\ b_{21} & b_{22} & 0 & \cdots & 0 \\ b_{31} & b_{32} & b_{33} & \cdots & 0 \\ \vdots & \vdots & \vdots & & \vdots \\ b_{n1} & b_{n2} & b_{n3} & \cdots & b_{nn} \end{bmatrix}.$$

我们将上三角形矩阵与下三角形矩阵统称为**三角形矩阵**. 显然, 对角矩阵也是三角形矩阵.

容易证明, 上 (下) 三角形矩阵的和、差、积、幂以及数量乘积仍是上 (下) 三角形矩阵. 下面讨论三角形矩阵的可逆性.

例 1.7.6 三角形矩阵可逆的充要条件是其主对角元全不为零.

证 充分性: 设 $\boldsymbol{A}$ 是上三角形矩阵且主对角元全不为零, 则 $\boldsymbol{A}$ 是阶梯形矩阵且主元即为主对角元. 此时, 主元个数等于 $\boldsymbol{A}$ 的阶数, 从而 $\boldsymbol{A}$ 是满秩矩阵. 所以 $\boldsymbol{A}$ 可逆.

若 $\boldsymbol{A}$ 是下三角形矩阵且主对角元全不为零, 则由上述讨论可知 $\boldsymbol{A}^{\mathrm{T}}$ 是可逆的. 所以 $\boldsymbol{A}$ 也可逆.

必要性: 设 $\boldsymbol{A}$ 是可逆的上三角形矩阵.

对 $\boldsymbol{A}$ 的阶数作数学归纳法: 显然, 1 阶可逆上三角形矩阵的主对角元 (只有一个) 不为零, 结论成立.

假设任意 $n-1$ 阶可逆上三角形矩阵的主对角元全不为零, 下面考虑任一 n 阶可逆上三角形矩阵

$$\boldsymbol{A} = \begin{bmatrix} a_{11} & a_{12} & \cdots & a_{1n} \\ 0 & a_{22} & \cdots & a_{2n} \\ \vdots & \vdots & & \vdots \\ 0 & 0 & \cdots & a_{nn} \end{bmatrix},$$

因为 $\boldsymbol{A}$ 可逆, 所以 $\boldsymbol{A}$ 是满秩矩阵. 由此可得 $a_{nn} \neq 0$, 否则 $\mathrm{r}(\boldsymbol{A}) \leqslant n-1$ (与 $\boldsymbol{A}$ 满秩相矛盾). 对 $\boldsymbol{A}$ 分块

$$\boldsymbol{A} = \begin{bmatrix} \boldsymbol{A}_1 & \boldsymbol{\alpha} \\ \boldsymbol{0} & a_{nn} \end{bmatrix},$$

其中

$$\boldsymbol{A}_1 = \begin{bmatrix} a_{11} & a_{12} & \cdots & a_{1,n-1} \\ 0 & a_{22} & \cdots & a_{2,n-1} \\ \vdots & \vdots & & \vdots \\ 0 & 0 & \cdots & a_{n-1,n-1} \end{bmatrix},$$

对 $\boldsymbol{A}^{-1} = [b_{ij}]_{n\times n}$ 按相同方式分块

$$\boldsymbol{A}^{-1} = \begin{bmatrix} \boldsymbol{B}_1 & \boldsymbol{\beta}_1 \\ \boldsymbol{\beta}_2 & b_{nn} \end{bmatrix},$$

其中 $\boldsymbol{B}_1$ 是 $n-1$ 阶方阵. 于是有

$$\begin{aligned} \boldsymbol{A}^{-1}\boldsymbol{A} &= \begin{bmatrix} \boldsymbol{B}_1 & \boldsymbol{\beta}_1 \\ \boldsymbol{\beta}_2 & b_{nn} \end{bmatrix} \begin{bmatrix} \boldsymbol{A}_1 & \boldsymbol{\alpha} \\ \boldsymbol{0} & a_{nn} \end{bmatrix} \\ &= \begin{bmatrix} \boldsymbol{B}_1\boldsymbol{A}_1 & \boldsymbol{B}_1\boldsymbol{\alpha} + a_{nn}\boldsymbol{\beta}_1 \\ \boldsymbol{\beta}_2\boldsymbol{A}_1 & \boldsymbol{\beta}_2\boldsymbol{\alpha} + a_{nn}b_{nn} \end{bmatrix} = \begin{bmatrix} \boldsymbol{I}_{n-1} & \boldsymbol{0} \\ \boldsymbol{0} & 1 \end{bmatrix}, \end{aligned}$$

由此可得

$$\boldsymbol{B}_1\boldsymbol{A}_1 = \boldsymbol{I}_{n-1},$$

于是, $\boldsymbol{A}_1$ 是 $n-1$ 阶可逆的上三角形矩阵. 根据归纳假设, $\boldsymbol{A}_1$ 的主对角元 $a_{11}, a_{22}, \cdots, a_{n-1,n-1}$ 全不为零. 至此得证 $\boldsymbol{A}$ 的主对角元 $a_{11}, a_{22}, \cdots, a_{nn}$ 全不为零.

若 $\boldsymbol{A}$ 是可逆的下三角形矩阵, 则对 $\boldsymbol{A}^{\mathrm{T}}$ 应用上面结论可得, $\boldsymbol{A}$ 的主对角元全不为零.

利用例 1.7.6 的结论及证明方法可得如下结论.

例 1.7.7 可逆的上 (下) 三角形矩阵的逆矩阵也是上 (下) 三角形矩阵.

请读者自己证明.

最后给出在计算方法理论中常用的一个结果:

例 1.7.8 设 $\boldsymbol{A} = [a_{ij}]_{n\times n}$ 是 n 阶方阵. 若下列方阵

$$\boldsymbol{A}_k = [a_{ij}]_{k\times k} \quad (k = 1, 2, \cdots, n)$$

(称为 $\boldsymbol{A}$ 的**顺序主子阵**) 均满秩, 则 $\boldsymbol{A}$ 可表示成

$$\boldsymbol{A} = \boldsymbol{L}\boldsymbol{U}, \tag{1.7.1}$$

其中 $\boldsymbol{L}$ 是主对角元全为 1 的 n 阶下三角形矩阵, $\boldsymbol{U}$ 是 n 阶可逆上三角形矩阵. 称 (1.7.1) 式为 $\boldsymbol{A}$ 的**三角分解**.

证 由例 1.7.6 可知 $\boldsymbol{L}$ 是可逆矩阵, 故 (1.7.1) 式可改写为

$$\boldsymbol{L}^{-1}\boldsymbol{A}=\boldsymbol{U},$$

根据例 1.7.7, $\boldsymbol{L}^{-1}$ 也是下三角形矩阵且主对角元全为 1. 因此, 要证 (1.7.1) 式, 只需证: 存在主对角元全为 1 的下三角形矩阵 $\boldsymbol{L}_0$, 使 $\boldsymbol{L}_0\boldsymbol{A}=\boldsymbol{U}$ 是上三角形矩阵.

对 $\boldsymbol{A}$ 的阶数 n 作数学归纳法: 当 $n=1$ 时, $\boldsymbol{A}=[a_{11}]_{1\times 1}$. 取 $\boldsymbol{L}_0=[1]_{1\times 1}$, 则 $\boldsymbol{L}_0\boldsymbol{A}=[a_{11}]_{1\times 1}=\boldsymbol{U}$. 显然, $\boldsymbol{L}_0$ 与 $\boldsymbol{U}$ 均满足条件.

假设当 $\boldsymbol{A}$ 为 $n-1$ 阶方阵时, 结论成立.

下面证明结论对 n 阶方阵 $\boldsymbol{A}$ 也成立.

对 $\boldsymbol{A}$ 作如下分块

$$\boldsymbol{A}=\begin{bmatrix}\boldsymbol{B}_1 & \boldsymbol{\alpha}\\ \boldsymbol{\beta} & a_{nn}\end{bmatrix},$$

其中 $\boldsymbol{B}_1$ 是 $n-1$ 阶方阵. 显然, $\boldsymbol{A}$ 的顺序主子阵 $\boldsymbol{A}_1,\boldsymbol{A}_2,\cdots,\boldsymbol{A}_{n-1}$ 也是 $\boldsymbol{B}_1$ 的全部顺序主子阵. 已知它们都满秩, 故由归纳假设知: 存在 $n-1$ 阶主对角元全为 1 的下三角形矩阵 $\boldsymbol{L}_1$, 使得 $\boldsymbol{L}_1\boldsymbol{B}_1=\boldsymbol{U}_1$ 为上三角形矩阵. 又 $\boldsymbol{B}_1$ 满秩, 故 $\boldsymbol{B}_1$ 可逆. 令

$$\boldsymbol{L}_0=\begin{bmatrix}\boldsymbol{L}_1 & \boldsymbol{0}\\ -\boldsymbol{\beta}\boldsymbol{B}_1^{-1} & 1\end{bmatrix},$$

这里 $\boldsymbol{0}$ 表示 $(n-1)\times 1$ 零矩阵, 则 $\boldsymbol{L}_0$ 是 n 阶主对角元全为 1 的下三角形矩阵, 并且

$$\begin{aligned}\boldsymbol{L}_0\boldsymbol{A}&=\begin{bmatrix}\boldsymbol{L}_1 & \boldsymbol{0}\\ -\boldsymbol{\beta}\boldsymbol{B}_1^{-1} & 1\end{bmatrix}\begin{bmatrix}\boldsymbol{B}_1 & \boldsymbol{\alpha}\\ \boldsymbol{\beta} & a_{nn}\end{bmatrix}\\&=\begin{bmatrix}\boldsymbol{L}_1\boldsymbol{B}_1 & \boldsymbol{L}_1\boldsymbol{\alpha}\\ \boldsymbol{0} & a_{nn}-\boldsymbol{\beta}\boldsymbol{B}_1^{-1}\boldsymbol{\alpha}\end{bmatrix}\\&=\begin{bmatrix}\boldsymbol{U}_1 & \boldsymbol{L}_1\boldsymbol{\alpha}\\ \boldsymbol{0} & a_{nn}-\boldsymbol{\beta}\boldsymbol{B}_1^{-1}\boldsymbol{\alpha}\end{bmatrix}=\boldsymbol{U},\end{aligned}$$

显然, $\boldsymbol{U}$ 是 n 阶上三角形矩阵, 且由 $\boldsymbol{L}_0$ 与 $\boldsymbol{A}$ 都可逆得 $\boldsymbol{U}$ 可逆. 命题得证.

考虑线性方程组

$$\boldsymbol{AX}=\boldsymbol{b},$$

若 $\boldsymbol{A}$ 存在三角分解

$$\boldsymbol{A}=\boldsymbol{LU},$$

则解方程组 $\boldsymbol{AX}=\boldsymbol{b}$ 可转化为解下列两个方程组

$$\boldsymbol{LY}=\boldsymbol{b} \quad 与 \quad \boldsymbol{UX}=\boldsymbol{Y}, \tag{1.7.2}$$

因为 $\boldsymbol{L}$ 与 $\boldsymbol{U}$ 均为三角形矩阵, 所以对 (1.7.2) 式中的两个方程组无须消元, 直接回代即可得解.

在三角分解 (1.7.1) 式中, $\boldsymbol{L}$ 由若干个倍加初等矩阵 $\boldsymbol{E}_{ij}(k)(i<j)$ 的乘积所构成. 具体的分解方法在计算方法理论的数值代数部分均有详细介绍, 有兴趣的读者可参阅计算方法理论的有关书籍.

习题一

1. 用消元法求解下列线性方程组:

(1) $\begin{cases} x_1+3x_2+5x_3-4x_4 = 1, \\ x_1+3x_2+2x_3-2x_4+x_5=-1, \\ x_1-2x_2+x_3-x_4-x_5=3, \\ x_1-4x_2+x_3+x_4-x_5=3, \\ x_1+2x_2+x_3-x_4+x_5=-1; \end{cases}$

(2) $\begin{cases} x_1+2x_2-3x_4+2x_5=1, \\ x_1-x_2-3x_3+x_4-3x_5=2, \\ 2x_1-3x_2+4x_3-5x_4+2x_5=7, \\ 9x_1-9x_2+6x_3-16x_4+2x_5=25; \end{cases}$

(3) $\begin{cases} x_1-2x_2+3x_3-4x_4=4, \\ x_2-x_3+x_4=-3, \\ x_1+3x_2+x_4=1, \\ -7x_2+3x_3+x_4=-3; \end{cases}$

$$(4)\begin{cases} 3x_1+4x_2-5x_3+7x_4=0, \\ 2x_1-3x_2+3x_3-2x_4=0, \\ 4x_1+11x_2-13x_3+16x_4=0, \\ 7x_1-2x_2+x_3+3x_4=0. \end{cases}$$

2. 当 c,d 取何值时, 线性方程组

$$\begin{cases} x_1+x_2+x_3+x_4+x_5=1, \\ 3x_1+2x_2+x_3+x_4-3x_5=c, \\ x_2+2x_3+2x_4+6x_5=3, \\ 5x_1+4x_2+3x_3+3x_4-x_5=d \end{cases}$$

有解? 若有解, 求它的全部解.

3. 当 λ 取何值时, 线性方程组

$$\begin{cases} x_1+x_2+\lambda x_3=1, \\ x_1+\lambda x_2+x_3=\lambda, \\ \lambda x_1+x_2+x_3=\lambda^2 \end{cases}$$

有解? 若有解, 求它的一般解.

4. 试确定 λ 的值, 使齐次线性方程组

$$\begin{cases} x_1-3x_3=0, \\ x_1+2x_2+\lambda x_3=0, \\ 2x_1+\lambda x_2-x_3=0 \end{cases}$$

(1) 只有零解; (2) 有非零解.

5. 当 a,b 取何值时, 线性方程组

$$\begin{cases} ax_1+x_2+x_3=a, \\ x_1+bx_2+x_3=-b, \\ (a+1)x_1+(b+1)x_2+2x_3=0 \end{cases}$$

有解? 有解时, 求它的一般解.

6. 已知平面上的三条直线

$$x-y+a=0, \quad 2x+3y-1=0, \quad x-ay-\frac{1}{2}=0,$$

讨论 a 的取值与这三条直线相互位置之间的关系.

7. 已知某物质的密度 h 与温度 t 满足关系

$$h=h_0+h_1t+h_2t^2,$$

通过实验测得当 $t=1\,^\circ\mathrm{C}$ 时 $h=5$, 当 $t=2\,^\circ\mathrm{C}$ 时 $h=8$, 且当 $t=4\,^\circ\mathrm{C}$ 时 h 达到最大值. 求上述关系式.

8. 已知

$$\begin{bmatrix} x+2y & 0 \\ -3 & x-y \end{bmatrix}=\begin{bmatrix} 8 & 0 \\ -3 & 2 \end{bmatrix},$$

试求 x,y.

9. 已知

$$\boldsymbol{A}=\begin{bmatrix} 1 & 0 & -2 \\ 0 & 4 & -1 \\ 3 & 2 & 0 \end{bmatrix},\quad \boldsymbol{B}=\begin{bmatrix} 0 & 1 & 5 \\ 7 & 2 & -1 \\ 6 & -1 & 3 \end{bmatrix},$$

求满足 $-3\boldsymbol{A}+\boldsymbol{B}+\boldsymbol{X}=\boldsymbol{0}$ 的矩阵 $\boldsymbol{X}$.

10. 设

$$\boldsymbol{A}=\begin{bmatrix} 1 & 2 \\ 0 & 3 \end{bmatrix},\quad \boldsymbol{B}=\begin{bmatrix} 2 & 3 \\ 0 & 1 \end{bmatrix},$$

计算 $4\boldsymbol{A},2\boldsymbol{A}-3\boldsymbol{B}^{\mathrm{T}},\boldsymbol{AB}-\boldsymbol{BA}$.

11. 计算下列矩阵的乘积:

(1) $\begin{bmatrix} 1 & 0 & 0 \\ 0 & 1 & 0 \\ 3 & 1 & 2 \end{bmatrix}\begin{bmatrix} 3 & 1 & 1 \\ 3 & 0 & 0 \\ 0 & 0 & 3 \end{bmatrix}$; (2) $\begin{bmatrix} 2 & 4 & 5 \\ 7 & 5 & 3 \\ 1 & 0 & 2 \end{bmatrix}\begin{bmatrix} 2 & 0 \\ 0 & 1 \\ 1 & 0 \end{bmatrix}$;

(3) $\begin{bmatrix} 2 & 5 \\ 1 & 0 \\ 3 & 2 \end{bmatrix}\begin{bmatrix} 2 & 7 \\ 3 & 2 \end{bmatrix}$; (4) $\begin{bmatrix} 2 & 0 & 3 \end{bmatrix}\begin{bmatrix} 2 \\ 4 \\ 6 \end{bmatrix}$;

(5) $\begin{bmatrix} 2 \\ 4 \\ 6 \end{bmatrix}\begin{bmatrix} 2 & 0 & 3 \end{bmatrix}$; (6) $\begin{bmatrix} 1 & 2 & 3 \\ 2 & -1 & 0 \\ 0 & 2 & 1 \end{bmatrix}\begin{bmatrix} x_1 \\ x_2 \\ x_3 \end{bmatrix}$.

12. 已知

$$\begin{cases} x_1= 2y_1+y_2, \\ x_2=-2y_1+3y_2+2y_3, \\ x_3= y_1+y_2+5y_3, \end{cases}\qquad \begin{cases} y_1=-3z_1+z_2, \\ y_2= 2z_2+z_3, \\ y_3= -z_2+3z_3, \end{cases}$$

利用矩阵乘法求 x_1,x_2,x_3 与 z_1,z_2,z_3 之间的关系式.

13. 计算

(1) $\begin{bmatrix} x_1 & x_2 & x_3 \end{bmatrix}\begin{bmatrix} a_{11} & a_{12} & a_{13} \\ a_{12} & a_{22} & a_{23} \\ a_{13} & a_{23} & a_{33} \end{bmatrix}\begin{bmatrix} x_1 \\ x_2 \\ x_3 \end{bmatrix}$; (2) $\begin{bmatrix} \lambda & 1 \\ 0 & \lambda \end{bmatrix}^n$;

(3) $\begin{bmatrix} \cos\alpha & -\sin\alpha \\ \sin\alpha & \cos\alpha \end{bmatrix}^n$; (4) $\begin{bmatrix} 0 & 1 & 0 \\ 0 & 0 & 1 \\ 0 & 0 & 0 \end{bmatrix}^n$;

(5) $\begin{bmatrix} 0 & 0 & \lambda_1 \\ 0 & \lambda_2 & 0 \\ \lambda_3 & 0 & 0 \end{bmatrix}^n$; (6) $\begin{bmatrix} \lambda_1 & 0 & 0 \\ 0 & \lambda_2 & 0 \\ 0 & 0 & \lambda_3 \end{bmatrix}\begin{bmatrix} a_{11} & a_{12} & a_{13} \\ a_{21} & a_{22} & a_{23} \\ a_{31} & a_{32} & a_{33} \end{bmatrix}$;

(7) $\begin{bmatrix} a_{11} & a_{12} & a_{13} \\ a_{21} & a_{22} & a_{23} \\ a_{31} & a_{32} & a_{33} \end{bmatrix}\begin{bmatrix} \lambda_1 & 0 & 0 \\ 0 & \lambda_2 & 0 \\ 0 & 0 & \lambda_3 \end{bmatrix}$.

14. 设 $f(\lambda)=\lambda^2-\lambda-1, g(\lambda)=\lambda^2-5\lambda+3, \boldsymbol{A}=\begin{bmatrix} 3 & 1 & 1 \\ 3 & 1 & 2 \\ 1 & -1 & 0 \end{bmatrix}, \boldsymbol{B}=\begin{bmatrix} 2 & -1 \\ -3 & 3 \end{bmatrix}$, 求 $f(\boldsymbol{A}), g(\boldsymbol{B})$.

15. 已知

$$\begin{bmatrix} 17 & -6 \\ 35 & -12 \end{bmatrix}=\begin{bmatrix} 2 & 3 \\ 5 & 7 \end{bmatrix}\begin{bmatrix} 2 & 0 \\ 0 & 3 \end{bmatrix}\begin{bmatrix} -7 & 3 \\ 5 & -2 \end{bmatrix},$$

计算

$$\begin{bmatrix} 17 & -6 \\ 35 & -12 \end{bmatrix}^7.$$

16. 计算

$$\begin{bmatrix} \lambda & 1 & 0 \\ 0 & \lambda & 1 \\ 0 & 0 & \lambda \end{bmatrix}^n.$$

17. 设 $\boldsymbol{A}, \boldsymbol{B}$ 为 n 阶方阵, 下面等式在什么条件下成立:

(1) $(\boldsymbol{A}\pm\boldsymbol{B})^2=\boldsymbol{A}^2\pm 2\boldsymbol{A}\boldsymbol{B}+\boldsymbol{B}^2$;

(2) $(\boldsymbol{A}+\boldsymbol{B})(\boldsymbol{A}-\boldsymbol{B})=\boldsymbol{A}^2-\boldsymbol{B}^2$;

(3) $(\boldsymbol{A}\boldsymbol{B})^3=\boldsymbol{A}^3\boldsymbol{B}^3$.

18. 求与

$$\boldsymbol{A}=\begin{bmatrix}1&1\\0&1\end{bmatrix}$$

乘法可交换的所有 2 阶方阵.

19. 求平方等于零矩阵的所有 2 阶方阵.

20. 设矩阵 $\boldsymbol{A},\boldsymbol{B},\boldsymbol{C}$ 满足 $\boldsymbol{A}\boldsymbol{B}=\boldsymbol{B}\boldsymbol{A},\boldsymbol{A}\boldsymbol{C}=\boldsymbol{C}\boldsymbol{A}$, 证明: $\boldsymbol{A},\boldsymbol{B},\boldsymbol{C}$ 是同阶方阵, 并且 $\boldsymbol{A}(\boldsymbol{B}+\boldsymbol{C})=(\boldsymbol{B}+\boldsymbol{C})\boldsymbol{A},\boldsymbol{A}(\boldsymbol{B}\boldsymbol{C})=(\boldsymbol{B}\boldsymbol{C})\boldsymbol{A}$.

21. 设 $\boldsymbol{A}=[a_{ij}]_{n\times n}$, 则 $\boldsymbol{A}$ 的**迹** $\operatorname{tr}\boldsymbol{A}$ 规定为

$$\operatorname{tr}\boldsymbol{A}=a_{11}+a_{22}+\cdots+a_{nn}.$$

证明: 对任一 $m\times n$ 矩阵 $\boldsymbol{A}$ 和任一 $n\times m$ 矩阵 $\boldsymbol{B}$, 均有 $\operatorname{tr}(\boldsymbol{A}\boldsymbol{B})=\operatorname{tr}(\boldsymbol{B}\boldsymbol{A})$.

22. 设 $\boldsymbol{A},\boldsymbol{B}$ 为任意两个 n 阶方阵, 证明: $\boldsymbol{A}\boldsymbol{B}-\boldsymbol{B}\boldsymbol{A}\neq\boldsymbol{I}_n$.

23. 某人在第一个月存入银行本金 M 元, 银行以月息 a 计单利 (只对本金计息). 令

$$\begin{bmatrix}N_1&N_2\\N_3&N_4\end{bmatrix}=\begin{bmatrix}1&a\\0&1\end{bmatrix}^{n-1}\begin{bmatrix}0&M\\M&M\end{bmatrix}.$$

证明: N_1 为在第 n 个月时的利息总额, N_2 为在第 n 个月时的存款总额.

24. 求下列矩阵的秩:

$$(1)\begin{bmatrix}1&2&3&4\\2&3&4&1\\3&5&7&4\end{bmatrix};\quad(2)\begin{bmatrix}1&-2&-1&-2&2\\1&1&2&1&3\\2&5&4&-1&0\\1&1&1&-1&\frac{2}{3}\end{bmatrix}.$$

25. 试确定参数 t 和 λ, 使矩阵

$$\begin{bmatrix}1&t&-1&2\\2&-1&\lambda&5\\1&10&-6&1\end{bmatrix}$$

的秩达到最小.

26. 设 $\boldsymbol{A}$ 是 $m\times n$ 矩阵, 证明: 若 $\mathrm{r}(\boldsymbol{A})=n$, 则 $\boldsymbol{A}$ 可用初等行变换化为

$$\begin{bmatrix} \boldsymbol{I}_n \\ \boldsymbol{0} \end{bmatrix}.$$

27. 设 $\boldsymbol{A}$ 是 n 阶非零方阵, 证明: 若 $\mathrm{r}(\boldsymbol{A})<n$, 则存在 n 阶非零方阵 $\boldsymbol{C}$, 使 $\boldsymbol{CA}=\boldsymbol{0}$.

28. 证明: 初等矩阵都是满秩矩阵.

29. 设 $\boldsymbol{A}=[a_{ij}]_{m\times n}$, 令

$$\boldsymbol{B}=\begin{bmatrix} a_{i_1j_1} & a_{i_1j_2} & \cdots & a_{i_1j_t} \\ a_{i_2j_1} & a_{i_2j_2} & \cdots & a_{i_2j_t} \\ \vdots & \vdots & & \vdots \\ a_{i_sj_1} & a_{i_sj_2} & \cdots & a_{i_sj_t} \end{bmatrix},$$

其中 $1\leqslant i_1<i_2<\cdots<i_s\leqslant m, 1\leqslant j_1<j_2<\cdots<j_t\leqslant n$, 即 $\boldsymbol{B}$ 是 $\boldsymbol{A}$ 的一个 $s\times t$ 子矩阵. 证明: $\mathrm{r}(\boldsymbol{B})\leqslant\mathrm{r}(\boldsymbol{A})$.

30. 求下列矩阵的逆矩阵:

$$(1)\begin{bmatrix} 1 & 2 & 3 \\ 2 & 3 & 1 \\ 3 & 1 & 2 \end{bmatrix};\qquad (2)\begin{bmatrix} 3 & -1 & 0 \\ -2 & 1 & 1 \\ 2 & -1 & 4 \end{bmatrix};$$

$$(3)\begin{bmatrix} 1 & 2 & 3 & 4 \\ 2 & 3 & 1 & 2 \\ 1 & 1 & 1 & -1 \\ 1 & 0 & -2 & -6 \end{bmatrix};\quad (4)\begin{bmatrix} 0 & 0 & 0 & 1 \\ 0 & 0 & 1 & 1 \\ 0 & 1 & 1 & 1 \\ 1 & 1 & 1 & 1 \end{bmatrix}.$$

31. 求下述矩阵的逆矩阵

$$\begin{bmatrix} 0 & 0 & 0 & \cdots & 0 & a_n \\ a_1 & 0 & 0 & \cdots & 0 & 0 \\ 0 & a_2 & 0 & \cdots & 0 & 0 \\ \vdots & \vdots & \vdots & & \vdots & \vdots \\ 0 & 0 & 0 & \cdots & a_{n-1} & 0 \end{bmatrix},$$

其中 $a_i\neq 0, i=1,2,\cdots,n$.

32. 用求逆矩阵的方法求解下列线性方程组:

$$\begin{bmatrix} 1 & 2 & 3 \\ 4 & 5 & 6 \\ 7 & 8 & 10 \end{bmatrix}\begin{bmatrix} x_1 \\ x_2 \\ x_3 \end{bmatrix}=\begin{bmatrix} 1 \\ -1 \\ 0 \end{bmatrix}.$$

33. 设 n 阶方阵 $\boldsymbol{A}$ 可逆, 且 $\boldsymbol{A}^{\mathrm{T}}=\boldsymbol{A}$. 试利用条件 $(\boldsymbol{A}-\boldsymbol{B})^2=\boldsymbol{I}$ 化简

$$\left(\boldsymbol{A}^{-1}\boldsymbol{B}^{\mathrm{T}}+\boldsymbol{I}\right)^{\mathrm{T}}\left(\boldsymbol{I}-\boldsymbol{B}\boldsymbol{A}^{-1}\right)^{-1}.$$

34. 已知方阵 $\boldsymbol{A}$ 满足 $\boldsymbol{A}^2-3\boldsymbol{A}-\boldsymbol{I}=\boldsymbol{0}$, 证明 $\boldsymbol{A}+2\boldsymbol{I}$ 可逆, 并求 $(\boldsymbol{A}+2\boldsymbol{I})^{-1}$.

35. 设 $\boldsymbol{A}$ 是**幂零矩阵** (即存在正整数 m 使 $\boldsymbol{A}^m=\boldsymbol{0}$), 证明 $\boldsymbol{I}-\boldsymbol{A}$ 可逆, 并且

$$(\boldsymbol{I}-\boldsymbol{A})^{-1}=\boldsymbol{I}+\boldsymbol{A}+\boldsymbol{A}^2+\cdots+\boldsymbol{A}^{m-1}.$$

36. 设 $\boldsymbol{A}$ 是**幂等矩阵**(即 $\boldsymbol{A}^2=\boldsymbol{A}$), 且 $\boldsymbol{A}\neq\boldsymbol{I}$, 证明: $\boldsymbol{A}$ 不可逆.

37. 设 $\boldsymbol{A}$ 是 n 阶非零方阵, 证明: 若对 n 阶方阵 $\boldsymbol{B}$ 和 $\boldsymbol{C}$, 由 $\boldsymbol{AB}=\boldsymbol{AC}$ 均可得到 $\boldsymbol{B}=\boldsymbol{C}$, 则 $\boldsymbol{A}$ 一定可逆.

38. 解下列矩阵方程:

$$\boldsymbol{X}\begin{bmatrix} 1 & 2 & -3 \\ 3 & 2 & -4 \\ 2 & -1 & 0 \end{bmatrix}=\begin{bmatrix} 1 & -3 & 0 \\ 10 & 2 & 7 \\ 10 & 7 & 8 \end{bmatrix}.$$

39. 解矩阵方程 $\boldsymbol{AX}=\boldsymbol{B}+2\boldsymbol{X}$, 其中

$$\boldsymbol{A}=\begin{bmatrix} 5 & -1 & 0 \\ -2 & 3 & 1 \\ 2 & -1 & 6 \end{bmatrix},\quad \boldsymbol{B}=\begin{bmatrix} 2 & 1 \\ 2 & 0 \\ 3 & 5 \end{bmatrix}.$$

40. 解矩阵方程 $\boldsymbol{AX}+4\boldsymbol{I}=2\boldsymbol{X}+\boldsymbol{A}^2$, 其中

$$\boldsymbol{A}=\begin{bmatrix} 1 & 2 & 2 \\ 2 & 1 & -2 \\ 2 & -2 & 1 \end{bmatrix}.$$

41. (1) 设方阵 $\boldsymbol{A}$ 满足 $\boldsymbol{A}^2+\boldsymbol{A}-8\boldsymbol{I}=\boldsymbol{0}$, 证明: $\boldsymbol{A}-2\boldsymbol{I}$ 可逆;

(2) 对满足 (1) 中条件的 $\boldsymbol{A}$, 设矩阵 $\boldsymbol{X}$ 与之具有关系

$$\boldsymbol{AX}+2(\boldsymbol{A}+3\boldsymbol{I})^{-1}\boldsymbol{A}=2\boldsymbol{X}+2\boldsymbol{I},$$

求 $\boldsymbol{X}$.

42. 已知

$$\boldsymbol{A}=\begin{bmatrix}1&1&0&0\\2&-1&0&0\\0&0&1&2\\0&0&2&1\end{bmatrix},\quad \boldsymbol{B}=\begin{bmatrix}1&1&0\\0&2&0\\-1&0&2\\2&0&-1\end{bmatrix},$$

利用分块矩阵求 $\boldsymbol{AB}$.

43. 设 $\boldsymbol{A}$ 与 $\boldsymbol{B}$ 是两个任意矩阵, 证明:

(1) $\mathrm{r}\left(\begin{bmatrix}\boldsymbol{A}&\boldsymbol{0}\\\boldsymbol{0}&\boldsymbol{B}\end{bmatrix}\right)=\mathrm{r}(\boldsymbol{A})+\mathrm{r}(\boldsymbol{B})$;

(2) $\mathrm{r}\left(\begin{bmatrix}\boldsymbol{A}&\boldsymbol{C}\\\boldsymbol{0}&\boldsymbol{B}\end{bmatrix}\right)\geqslant \mathrm{r}(\boldsymbol{A})+\mathrm{r}(\boldsymbol{B})$, $\boldsymbol{C}$ 是任一个满足分块要求的矩阵.

44. 设 $\boldsymbol{A}$ 和 $\boldsymbol{B}$ 是任意两个可逆矩阵, 证明: 下列分块矩阵

$$\begin{bmatrix}\boldsymbol{A}&\boldsymbol{0}\\\boldsymbol{0}&\boldsymbol{B}\end{bmatrix},\quad \begin{bmatrix}\boldsymbol{0}&\boldsymbol{A}\\\boldsymbol{B}&\boldsymbol{0}\end{bmatrix}$$

都可逆.

45. 利用分块矩阵求下列矩阵的逆:

$$(1)\begin{bmatrix}5&2&0&0\\2&1&0&0\\0&0&1&-2\\0&0&1&1\end{bmatrix};\quad (2)\begin{bmatrix}0&0&0&1&2\\0&0&0&2&5\\1&2&-1&0&0\\3&4&-2&0&0\\5&-4&1&0&0\end{bmatrix}.$$

46. 设有分块矩阵

$$\boldsymbol{P}=\begin{bmatrix}\boldsymbol{0}&\boldsymbol{A}\\\boldsymbol{B}&\boldsymbol{C}\end{bmatrix},$$

其中 $\boldsymbol{A},\boldsymbol{B}$ 都是可逆矩阵, 且已知 $\boldsymbol{A}^{-1},\boldsymbol{B}^{-1}$, 求 $\boldsymbol{P}^{-1}$.

47. 设 $\boldsymbol{A}$、$\boldsymbol{B}$、$\boldsymbol{C}$、$\boldsymbol{D}$ 为 n 阶方阵, 且 $\boldsymbol{AC}=\boldsymbol{CA},\boldsymbol{AD}=\boldsymbol{CB}$, 令

$$\boldsymbol{Q}=\begin{bmatrix}\boldsymbol{A}&\boldsymbol{B}\\\boldsymbol{C}&\boldsymbol{D}\end{bmatrix},$$

证明: 若 $\boldsymbol{A}$ 可逆, 则 $\mathrm{r}(\boldsymbol{Q})=n$.

48. 证明: 两个上三角形矩阵的乘积仍是上三角形矩阵.

49. 设 $\boldsymbol{A}$ 是主对角元互不相等的 n 阶对角矩阵, 证明: 与 $\boldsymbol{A}$ 的乘积可交换的矩阵必是对角矩阵.

50. 证明: 可逆的对称矩阵的逆矩阵也是对称矩阵.

51. 证明: 上三角形矩阵 $\boldsymbol{A}$ 是幂零矩阵的充要条件是 $\boldsymbol{A}$ 的主对角元全为零.

52. 设 $\boldsymbol{A}$ 是 $s\times n$ 矩阵, $\boldsymbol{B}$ 是 $n\times t$ 矩阵, 证明: 若 $\boldsymbol{AB}=\boldsymbol{0}$, 则 $\mathrm{r}(\boldsymbol{A})+\mathrm{r}(\boldsymbol{B})\leqslant n$.

第二章　线性方程组

线性方程组的理论是线性代数的重点研究内容. 通过上一章对高斯消元法的讨论, 我们已经基本解决了线性方程组理论三个基本问题中的两个, 即方程组解的判别问题和求解问题. 在本章我们将重点研究最后一个问题——解的结构. 为此, 我们将引入 n 元向量的概念, 定义它的线性运算, 研究向量的线性相关性, 并最终解决线性方程组解的结构问题.

2.1　向量的线性相关性

通过第一章的讨论我们已经知道, 线性方程组的一个解就是一个有序数组. 例如, 二元线性方程组的一个解就是一个 2 元有序数组, 三元线性方程组的一个解就是一个 3 元有序数组, n 元线性方程组的一个解就是一个 n 元有序数组. 所谓线性方程组解的结构实际上是指解与解的关系, 于是问题就归结为研究有序数组之间的关系.

交互实验 2.1.1

在实际生活中, 也会经常涉及 n 元有序数组. 例如, 电子显示屏幕的颜色都是由一个 3 元有序数组表示的, 一般会用 $(255,0,0)$ 表示红色, $(0,255,0)$ 表示绿色, $(0,0,255)$ 表示蓝色, 白色则用有序数组 $(255,255,255)$ 来表示 (图 2.1.1). 扫描交互实验 2.1.1 的二维码, 通过选择不同的 3 元有序数组找到你最喜欢的颜色.

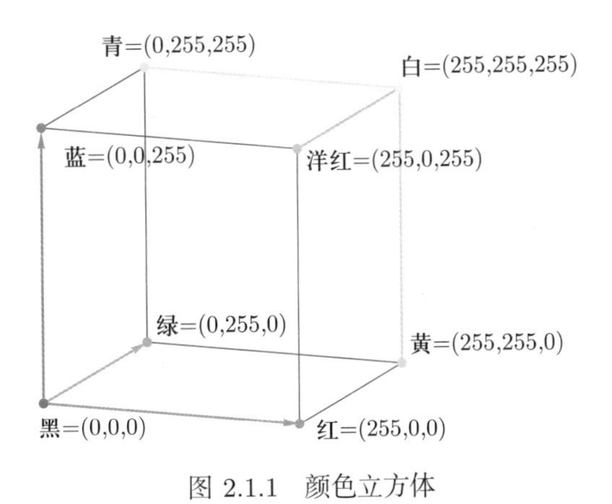

图 2.1.1　颜色立方体

此外, 许多理论研究会经常涉及有序数组. 例如, 一个线性方程中未知数的系数与常数项即对应一个有序数组, 一个矩阵的一行或一列也对应一个有序数组, 一个数列中的前 n 项对应一个 n 元有序数组, 建立了直角坐标系的平面上一条有向线段对应一个 2 元有序数组, 一张采购清单对应一个有序数组, 体育比赛的名次排列也对应一个有序数组, 这种例子不胜枚举. 由此可见, 对有序数组进行深入研究十分必要.

2.1.1 向量的定义及运算

在解析几何中, 有向线段也称为向量或矢量, 从代数的角度看, 有向线段就是 2 元或 3 元有序数组. 因此, 借用解析几何中的叫法, 把有序数组称为向量.

定义 2.1.1 设 F 是一个数域, 由 F 中 n 个数 $a_1, a_2, \cdots, a_n$ 顺序构成的一个 n 元有序数组称为数域 F 上的一个 **n 元向量** (或 **n 维向量**), 记为

$$\boldsymbol{\alpha}=(a_1, a_2, \cdots, a_n), \tag{2.1.1}$$

称 a_i 为**向量 $\boldsymbol{\alpha}$ 的第 i 个分量** $(i=1,2,\cdots,n)$.

向量一般用小写黑体希腊字母 $\boldsymbol{\alpha}, \boldsymbol{\beta}, \boldsymbol{\gamma}, \cdots$ 表示, 而其分量则用小写白体英文字母 $a, b, c, \cdots$ 表示.

向量既可写成 (2.1.1) 的形式, 称之为**行向量**, 也可写成下列形式:

$$\boldsymbol{\alpha}=\begin{bmatrix} a_1 \\ a_2 \\ \vdots \\ a_n \end{bmatrix},$$

称之为**列向量**. 在很多情况下, 人们把行向量视为行矩阵, 把列向量视为列矩阵. 这样, 列向量可表示成

$$\boldsymbol{\alpha}=(a_1, a_2, \cdots, a_n)^{\mathrm{T}}.$$

根据向量在理论和实际中的作用以及它与矩阵的相似之处, 我们作出如下规定:

定义 2.1.2 设 $\boldsymbol{\alpha}=(a_1, a_2, \cdots, a_s), \boldsymbol{\beta}=(b_1, b_2, \cdots, b_t)$. 若 $s=t$ 且 $a_i=b_i\ (i=1,2,\cdots,s)$, 则称**向量 $\boldsymbol{\alpha}$ 与 $\boldsymbol{\beta}$ 相等**, 记为 $\boldsymbol{\alpha}=\boldsymbol{\beta}$.

定义 2.1.3 设 $\boldsymbol{\alpha}=(a_1, a_2, \cdots, a_n), \boldsymbol{\beta}=(b_1, b_2, \cdots, b_n)$ 是数域 F 上的两个 n 元向量, 则称向量

$$(a_1+b_1, a_2+b_2, \cdots, a_n+b_n)$$

为**向量 $\boldsymbol{\alpha}$ 与 $\boldsymbol{\beta}$ 的和**, 记为 $\boldsymbol{\alpha}+\boldsymbol{\beta}$.

定义 2.1.4 设 $\boldsymbol{\alpha}=(a_1, a_2, \cdots, a_n)$ 是数域 F 上 n 元向量, $k \in F$, 称向量

$$(ka_1, ka_2, \cdots, ka_n)$$

为 k **与向量 $\boldsymbol{\alpha}$ 的数量乘积**, 记为 $k\boldsymbol{\alpha}$ 或 $\boldsymbol{\alpha}k$.

向量的加法与数乘运算统称为向量的**线性运算**.

例 2.1.1 设 $\boldsymbol{\alpha}=(a_1,a_2,\cdots,a_n)$ 是数域 F 上任一 n 元向量, 则

$$0\boldsymbol{\alpha}=(0,0,\cdots,0),$$
$$(-1)\boldsymbol{\alpha}=(-a_1,-a_2,\cdots,-a_n),$$

称分量全为零的向量 $(0,0,\cdots,0)$ 为**零向量**, 记为 $\boldsymbol{\theta}$ 或 $\mathbf{0}$. 称向量 $(-a_1,-a_2,\cdots,-a_n)$ 为向量 $\boldsymbol{\alpha}$ 的**负向量**, 记为 $-\boldsymbol{\alpha}$. 于是

$$0\boldsymbol{\alpha}=\boldsymbol{\theta},\quad (-1)\boldsymbol{\alpha}=-\boldsymbol{\alpha}.$$

显然, 对任一 $k\in F$, 还有 $k\boldsymbol{\theta}=\boldsymbol{\theta}$. 利用负向量可引入**向量的减法**:

$$\boldsymbol{\alpha}-\boldsymbol{\beta}=\boldsymbol{\alpha}+(-\boldsymbol{\beta}).$$

在平面 π 上建立直角坐标系 Oxy, 如图 2.1.2 所示. 设 $\boldsymbol{a}$ 是 π 上任一条有向线段, 把 $\boldsymbol{a}$ 的起点平移到原点 O, 则其终点坐标 (a_1,a_2) 唯一确定. 这样, 有向线段 $\boldsymbol{a}$ 唯一对应一个 2 元向量 (a_1,a_2). 设 $\boldsymbol{b}$ 是 π 上另一有向线段, 对应 2 元向量 (b_1,b_2). 有向线段 $\boldsymbol{a}$ 与 $\boldsymbol{b}$ 可按平行四边形对角线法求和 $\boldsymbol{a}+\boldsymbol{b}$, 利用平面解析几何的知识不难证明: 有向线段 $\boldsymbol{a}+\boldsymbol{b}$ 对应的 2 元向量恰为

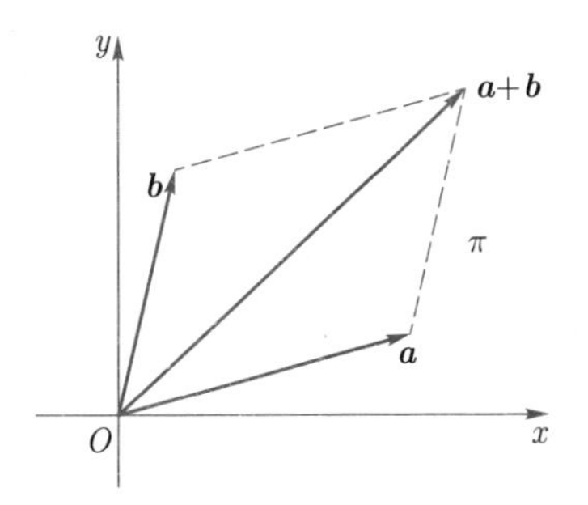

图 2.1.2　有向线段的加法

$$(a_1+b_1,a_2+b_2),$$

即向量 (a_1,a_2) 与 (b_1,b_2) 的和. 向量的数乘与有向线段与实数的乘法也有类似的关系. 由此可见, 向量的线性运算的确是几何运算的推广和延拓.

根据定义可以验证, 向量的线性运算满足下列规则:

性质 2.1.1 设 $\boldsymbol{\alpha},\boldsymbol{\beta},\boldsymbol{\gamma}$ 是数域 F 上任意三个 n 元向量, $k,l\in F$, 则有

(1) $\boldsymbol{\alpha}+\boldsymbol{\beta}=\boldsymbol{\beta}+\boldsymbol{\alpha}$;　(2) $(\boldsymbol{\alpha}+\boldsymbol{\beta})+\boldsymbol{\gamma}=\boldsymbol{\alpha}+(\boldsymbol{\beta}+\boldsymbol{\gamma})$;

(3) $\boldsymbol{\alpha}+\boldsymbol{\theta}=\boldsymbol{\alpha}$;　(4) $\boldsymbol{\alpha}+(-\boldsymbol{\alpha})=\boldsymbol{\theta}$;

(5) $1\boldsymbol{\alpha}=\boldsymbol{\alpha}$;　(6) $(kl)\boldsymbol{\alpha}=k(l\boldsymbol{\alpha})$;

(7) $(k+l)\boldsymbol{\alpha}=(k\boldsymbol{\alpha}+l\boldsymbol{\alpha})$;　(8) $k(\boldsymbol{\alpha}+\boldsymbol{\beta})=k\boldsymbol{\alpha}+k\boldsymbol{\beta}$.

除此之外, 向量的线性运算还有下述性质:

(1) 若 $k\boldsymbol{\alpha}=\boldsymbol{\theta}$, 则 $k=0$ 或 $\boldsymbol{\alpha}=\boldsymbol{\theta}$;

(2) 向量方程 $\boldsymbol{\alpha}+\boldsymbol{x}=\boldsymbol{\beta}$ 有唯一解: $\boldsymbol{x}=\boldsymbol{\beta}-\boldsymbol{\alpha}$.

若把向量看成行矩阵或列矩阵, 则上述性质显然都是成立的.

2.1.2 向量的线性相关性

向量的线性相关性是通过向量的线性运算引入的, 为此我们首先给出

定义 2.1.5 设 $\boldsymbol{\alpha}_1,\boldsymbol{\alpha}_2,\cdots,\boldsymbol{\alpha}_m$ 是数域 F 上 m 个 n 元向量, k_1, $k_2,\cdots,k_m\in F$, 称向量

$$\boldsymbol{\beta}=k_1\boldsymbol{\alpha}_1+k_2\boldsymbol{\alpha}_2+\cdots+k_m\boldsymbol{\alpha}_m$$

是向量组 $\boldsymbol{\alpha}_1,\boldsymbol{\alpha}_2,\cdots,\boldsymbol{\alpha}_m$ 的**一个线性组合**. 此时, 也称**向量 $\boldsymbol{\beta}$ 可由向量组 $\boldsymbol{\alpha}_1$, $\boldsymbol{\alpha}_2,\cdots,\boldsymbol{\alpha}_m$ 线性表出** (或**线性表示**).

例 2.1.2 已知向量组

$$\boldsymbol{\alpha}_1=(1,1,1),\quad \boldsymbol{\alpha}_2=(0,1,1),\quad \boldsymbol{\alpha}_3=(0,0,1),$$

问 $\boldsymbol{\beta}=(3,2,1)$ 能否由 $\boldsymbol{\alpha}_1,\boldsymbol{\alpha}_2,\boldsymbol{\alpha}_3$ 线性表出? 若能表出, 求相应的表达式.

解 设

$$\boldsymbol{\beta}=x_1\boldsymbol{\alpha}_1+x_2\boldsymbol{\alpha}_2+x_3\boldsymbol{\alpha}_3, \tag{2.1.2}$$

由向量相等的定义可得

$$\begin{cases} x_1 & =3, \\ x_1+x_2 & =2, \\ x_1+x_2+x_3 & =1, \end{cases} \tag{2.1.3}$$

显然, (2.1.2) 式成立的充要条件是线性方程组 (2.1.3) 有解, 且其每一个解都是使 (2.1.2) 式成立的一组系数.

容易验证方程组 (2.1.3) 有解 $x_1=3,x_2=-1,x_3=-1$, 所以 $\boldsymbol{\beta}$ 可由 $\boldsymbol{\alpha}_1$, $\boldsymbol{\alpha}_2$, $\boldsymbol{\alpha}_3$ 线性表出, 且 $\boldsymbol{\beta}=3\boldsymbol{\alpha}_1-\boldsymbol{\alpha}_2-\boldsymbol{\alpha}_3$. 扫描交互实验 2.1.2 的二维码, 拖动滑动条验证所得结果.

交互实验 2.1.2

在上例中, 我们将 $\boldsymbol{\beta}$ 能否由 $\boldsymbol{\alpha}_1,\boldsymbol{\alpha}_2,\boldsymbol{\alpha}_3$ 线性表出的问题转化为非齐次线性方程组 $\boldsymbol{AX}=\boldsymbol{b}$ 是否有解的问题, 这里 $\boldsymbol{A}$ 是以 $\boldsymbol{\alpha}_1,\boldsymbol{\alpha}_2,\boldsymbol{\alpha}_3$ 为列的矩阵, $\boldsymbol{b}$ 是 $\boldsymbol{\beta}$ 构成的列矩阵. 线性方程组 $\boldsymbol{AX}=\boldsymbol{b}$ 的解是否唯一还可判别线性表出的方式是否唯一. 这个方法具有普遍性.

在解析几何中, 同一平面上的两条有向线段 $\boldsymbol{a}$ 与 $\boldsymbol{b}$ 可能具有的最简单关系是共线 (即 $\boldsymbol{a}$ 与 $\boldsymbol{b}$ 平行于同一直线), 此时必有 $\boldsymbol{a}=k\boldsymbol{b}$ 或 $\boldsymbol{b}=l\boldsymbol{a}$,

即存在两个不全为零的实数 k_1, k_2, 使得

$$k_1\boldsymbol{a} + k_2\boldsymbol{b} = \boldsymbol{0}. \tag{2.1.4}$$

对空间中的三条有向线段 $\boldsymbol{a}$, $\boldsymbol{b}$, $\boldsymbol{c}$, 它们可能具有的最简单关系是共面 (即 $\boldsymbol{a}$, $\boldsymbol{b}$, $\boldsymbol{c}$ 平行于同一平面), 此时必有 $\boldsymbol{a} = n_1\boldsymbol{b} + n_2\boldsymbol{c}$ 或 $\boldsymbol{b} = l_1\boldsymbol{a} + l_2\boldsymbol{c}$ 或 $\boldsymbol{c} = m_1\boldsymbol{a} + m_2\boldsymbol{b}$, 即存在三个不全为零的实数 k_1, k_2, k_3, 使得

$$k_1\boldsymbol{a} + k_2\boldsymbol{b} + k_3\boldsymbol{c} = \boldsymbol{0}. \tag{2.1.5}$$

由 (2.1.4)、(2.1.5) 两式可见, 共线的有向线段与共面的有向线段具有相似的代数特征. 因此, 向量间的线性关系可类似地定义.

定义 2.1.6 设 $\boldsymbol{\alpha}_1, \boldsymbol{\alpha}_2, \cdots, \boldsymbol{\alpha}_m$ 是数域 F 上 m 个 n 元向量. 若存在 m 个不全为零的数 $k_1, k_2, \cdots, k_m \in F$ 使得

$$k_1\boldsymbol{\alpha}_1 + k_2\boldsymbol{\alpha}_2 + \cdots + k_m\boldsymbol{\alpha}_m = \boldsymbol{\theta}, \tag{2.1.6}$$

则称向量组 $\boldsymbol{\alpha}_1, \boldsymbol{\alpha}_2, \cdots, \boldsymbol{\alpha}_m$ **线性相关**. 否则, 称该向量组**线性无关**.

由定义可知在验证向量组线性相关时, 只需找到一组不全为零的数使 (2.1.6) 式成立即可.

例 2.1.3 在一个向量组中, 若有一个部分组 (即由其中一部分向量构成的向量组) 线性相关, 则整个向量组也线性相关.

证 设向量组 $\boldsymbol{\alpha}_1, \boldsymbol{\alpha}_2, \cdots, \boldsymbol{\alpha}_m$ 中有某一部分组线性相关. 不妨设 $\boldsymbol{\alpha}_1, \boldsymbol{\alpha}_2, \cdots, \boldsymbol{\alpha}_s (s < m)$ 线性相关, 则存在 s 个不全为零的数 $k_1, k_2, \cdots, k_s$, 使得

$$k_1\boldsymbol{\alpha}_1 + k_2\boldsymbol{\alpha}_2 + \cdots + k_s\boldsymbol{\alpha}_s = \boldsymbol{\theta},$$

于是得

$$k_1\boldsymbol{\alpha}_1 + \cdots + k_s\boldsymbol{\alpha}_s + 0\boldsymbol{\alpha}_{s+1} + \cdots + 0\boldsymbol{\alpha}_m = \boldsymbol{\theta},$$

因 $k_1, k_2, \cdots, k_s, 0, \cdots, 0$ 不全为零, 故由定义知 $\boldsymbol{\alpha}_1, \boldsymbol{\alpha}_2, \cdots, \boldsymbol{\alpha}_m$ 线性相关.

上例的结论也可表述为: 线性无关向量组的任一部分组都线性无关.

例 2.1.4 设 $\boldsymbol{\alpha}$ 是一个向量, 证明: 当 $\boldsymbol{\alpha} = \boldsymbol{\theta}$ 时, $\boldsymbol{\alpha}$ 线性相关; 当 $\boldsymbol{\alpha} \neq \boldsymbol{\theta}$ 时, $\boldsymbol{\alpha}$ 线性无关.

证 因 $\boldsymbol{\alpha}$ 的线性组合为 $k\boldsymbol{\alpha}$, 由性质 2.1.1 可知, $k\boldsymbol{\alpha} = \boldsymbol{\theta}$ 必得 $k = 0$ 或 $\boldsymbol{\alpha} = \boldsymbol{\theta}$, 故结论得证.

由例 2.1.3 与例 2.1.4 得: 包含零向量的向量组线性相关.

例 2.1.5 讨论向量组

$$\boldsymbol{\alpha}_1=(1,2,3),\quad \boldsymbol{\alpha}_2=(3,2,1),\quad \boldsymbol{\alpha}_3=(1,1,1)$$

的线性相关性.

解 令

$$x_1\boldsymbol{\alpha}_1+x_2\boldsymbol{\alpha}_2+x_3\boldsymbol{\alpha}_3=\boldsymbol{\theta}, \tag{2.1.7}$$

由向量相等的定义, 对比等号两边向量的分量可得

$$\begin{cases} x_1+3x_2+x_3=0,\\ 2x_1+2x_2+x_3=0,\\ 3x_1+\ \ x_2+x_3=0. \end{cases}$$

显然, 存在不全为零系数使 (2.1.7) 式成立的充要条件是上述齐次线性方程组有非零解. 解这个齐次线性方程组可得一个非零解: $x_1=-1,x_2=-1,x_3=4$. 从而

$$-\boldsymbol{\alpha}_1-\boldsymbol{\alpha}_2+4\boldsymbol{\alpha}_3=\boldsymbol{\theta}.$$

交互实验 2.1.3

在上例中, 我们将向量组 $\boldsymbol{\alpha}_1,\boldsymbol{\alpha}_2,\boldsymbol{\alpha}_3$ 是否线性相关的问题转化为齐次线性方程组 $\boldsymbol{AX}=\mathbf{0}$ 是否有非零解的问题, 这里 $\boldsymbol{A}$ 是以 $\boldsymbol{\alpha}_1,\boldsymbol{\alpha}_2,\boldsymbol{\alpha}_3$ 为列的矩阵. 这一方法同样具有普遍性. 扫描交互实验 2.1.3 的二维码, 拖动滑动条找到更多可能的线性组合使 (2.1.7) 式成立.

例 2.1.6 m 个 n 元向量 $(m>n)$ 线性相关.

证 任取 m 个 n 元向量 $\boldsymbol{\alpha}_1,\boldsymbol{\alpha}_2,\cdots,\boldsymbol{\alpha}_m(m>n)$, 设

$$\boldsymbol{\alpha}_j=(a_{1j},a_{2j},\cdots,a_{nj}),\quad 其中\ j=1,2,\cdots,m,$$

令

$$x_1\boldsymbol{\alpha}_1+x_2\boldsymbol{\alpha}_2+\cdots+x_m\boldsymbol{\alpha}_m=\boldsymbol{\theta}, \tag{2.1.8}$$

则有

$$\begin{cases} a_{11}x_1+a_{12}x_2+\cdots+a_{1m}x_m=0,\\ a_{21}x_1+a_{22}x_2+\cdots+a_{2m}x_m=0,\\ \cdots\cdots\cdots\cdots\\ a_{n1}x_1+a_{n2}x_2+\cdots+a_{nm}x_m=0, \end{cases} \tag{2.1.9}$$

已知 $m > n$, 故由推论 1.1.1 可得: 齐次方程组 (2.1.9) 有非零解. 于是, 存在不全为零的系数使 (2.1.8) 式成立, 即向量组 $\boldsymbol{\alpha}_1, \boldsymbol{\alpha}_2, \cdots, \boldsymbol{\alpha}_m$ 线性相关.

一个向量组若不线性相关则线性无关. 因此线性相关的验证方法也适用于验证线性无关. 也就是说, 如果线性相关对应齐次线性方程组有非零解, 那么线性无关则对应齐次线性方程组没有非零解 (亦即只有零解). 向量组的线性无关有一个易于使用的等价条件:

向量组 $\boldsymbol{\alpha}_1, \boldsymbol{\alpha}_2, \cdots, \boldsymbol{\alpha}_m$ 线性无关的充要条件是: 如果 $k_1\boldsymbol{\alpha}_1 + k_2\boldsymbol{\alpha}_2 + \cdots + k_m\boldsymbol{\alpha}_m = \boldsymbol{\theta}$, 那么 $k_1 = k_2 = \cdots = k_m = 0$.

例 2.1.7 已知向量组 $\boldsymbol{\alpha}_1, \boldsymbol{\alpha}_2, \boldsymbol{\alpha}_3$ 线性无关,

$$\boldsymbol{\beta}_1 = \boldsymbol{\alpha}_1 + \boldsymbol{\alpha}_2 + 2\boldsymbol{\alpha}_3, \boldsymbol{\beta}_2 = \boldsymbol{\alpha}_1 + \boldsymbol{\alpha}_2, \boldsymbol{\beta}_3 = \boldsymbol{\alpha}_1 + \boldsymbol{\alpha}_3,$$

证明: $\boldsymbol{\beta}_1, \boldsymbol{\beta}_2, \boldsymbol{\beta}_3$ 线性无关.

证 令

$$x_1\boldsymbol{\beta}_1 + x_2\boldsymbol{\beta}_2 + x_3\boldsymbol{\beta}_3 = \boldsymbol{\theta},$$

则有

$$(x_1 + x_2 + x_3)\,\boldsymbol{\alpha}_1 + (x_1 + x_2)\,\boldsymbol{\alpha}_2 + (2x_1 + x_3)\,\boldsymbol{\alpha}_3 = \boldsymbol{\theta},$$

因 $\boldsymbol{\alpha}_1, \boldsymbol{\alpha}_2, \boldsymbol{\alpha}_3$ 线性无关, 故由上式得

$$\begin{cases} x_1 + x_2 + x_3 = 0, \\ x_1 + x_2 \qquad = 0, \\ 2x_1 + \qquad x_3 = 0, \end{cases}$$

容易验证上述齐次方程组只有零解, 即 $x_1 = x_2 = x_3 = 0$. 于是, $\boldsymbol{\beta}_1, \boldsymbol{\beta}_2, \boldsymbol{\beta}_3$ 线性无关.

下面给出判别向量组线性相关的一个基本结论.

定理 2.1.1 向量组 $\boldsymbol{\alpha}_1, \boldsymbol{\alpha}_2, \cdots, \boldsymbol{\alpha}_m$ $(m \geqslant 2)$ 线性相关的充要条件是: 至少存在一个 $\boldsymbol{\alpha}_i$ $(1 \leqslant i \leqslant m)$ 可由其余向量 $\boldsymbol{\alpha}_1, \cdots, \boldsymbol{\alpha}_{i-1}, \boldsymbol{\alpha}_{i+1}, \cdots, \boldsymbol{\alpha}_m$ 线性表出.

证 充分性: 假设 $\boldsymbol{\alpha}_i$ 可由 $\boldsymbol{\alpha}_1, \cdots, \boldsymbol{\alpha}_{i-1}, \boldsymbol{\alpha}_{i+1}, \cdots, \boldsymbol{\alpha}_m$ 线性表出, 则存在 $m-1$ 个数 $k_1, \cdots, k_{i-1}, k_{i+1}, \cdots, k_m \in F$, 使得

$$\boldsymbol{\alpha}_i = k_1\boldsymbol{\alpha}_1 + \cdots + k_{i-1}\boldsymbol{\alpha}_{i-1} + k_{i+1}\boldsymbol{\alpha}_{i+1} + \cdots + k_m\boldsymbol{\alpha}_m,$$

整理后得

$$k_1\boldsymbol{\alpha}_1+\cdots+k_{i-1}\boldsymbol{\alpha}_{i-1}-\boldsymbol{\alpha}_i+k_{i+1}\boldsymbol{\alpha}_{i+1}+\cdots+k_m\boldsymbol{\alpha}_m=\boldsymbol{\theta},$$

因上式中系数 $k_1,\cdots,k_{i-1},-1,k_{i+1},\cdots,k_m$ 不全为零, 故 $\boldsymbol{\alpha}_1,\boldsymbol{\alpha}_2,\cdots,\boldsymbol{\alpha}_m$ 线性相关.

必要性: 假设 $\boldsymbol{\alpha}_1,\boldsymbol{\alpha}_2,\cdots,\boldsymbol{\alpha}_m$ 线性相关, 则由定义可知, 存在 m 个不全为零的数 $k_1,k_2,\cdots,k_m\in F$, 使得

$$k_1\boldsymbol{\alpha}_1+k_2\boldsymbol{\alpha}_2+\cdots+k_m\boldsymbol{\alpha}_m=\boldsymbol{\theta},$$

设 $k_i\neq 0\ (1\leqslant i\leqslant m)$, 则上式可改写为

$$\boldsymbol{\alpha}_i=-\frac{k_1}{k_i}\boldsymbol{\alpha}_1-\cdots-\frac{k_{i-1}}{k_i}\boldsymbol{\alpha}_{i-1}-\frac{k_{i+1}}{k_i}\boldsymbol{\alpha}_{i+1}-\cdots-\frac{k_m}{k_i}\boldsymbol{\alpha}_m,$$

由此可得 $\boldsymbol{\alpha}_i$ 可由其余向量 $\boldsymbol{\alpha}_1,\cdots,\boldsymbol{\alpha}_{i-1},\boldsymbol{\alpha}_{i+1},\cdots,\boldsymbol{\alpha}_m$ 线性表出.

例 2.1.8 设 $\boldsymbol{\varepsilon}_i=(\underbrace{0,\cdots,0}_{i-1个},1,0,\cdots,0)(i=1,2,\cdots,n)$ 是 n 个 n 元向量, 称之为 **$\boldsymbol{n}$ 元基本向量组**. 则对任一 n 元向量 $\boldsymbol{\alpha}$, 均有 $\boldsymbol{\alpha},\boldsymbol{\varepsilon}_1,\boldsymbol{\varepsilon}_2,\cdots,\boldsymbol{\varepsilon}_n$ 线性相关.

证 设 $\boldsymbol{\alpha}=(a_1,a_2,\cdots,a_n)$, 则

$$\boldsymbol{\alpha}=a_1\boldsymbol{\varepsilon}_1+a_2\boldsymbol{\varepsilon}_2+\cdots+a_n\boldsymbol{\varepsilon}_n,$$

即 $\boldsymbol{\alpha}$ 可由 $\boldsymbol{\varepsilon}_1,\boldsymbol{\varepsilon}_2,\cdots,\boldsymbol{\varepsilon}_n$ 线性表出. 由定理 2.1.1 可知, $\boldsymbol{\alpha},\boldsymbol{\varepsilon}_1,\boldsymbol{\varepsilon}_2,\cdots,\boldsymbol{\varepsilon}_n$ 线性相关.

关于基本向量组 $\boldsymbol{\varepsilon}_1,\boldsymbol{\varepsilon}_2,\cdots,\boldsymbol{\varepsilon}_n$, 容易证明它们是线性无关的.

上一例中隐含了三点特别之处: $\boldsymbol{\varepsilon}_1,\boldsymbol{\varepsilon}_2,\cdots,\boldsymbol{\varepsilon}_n$ 线性无关; $\boldsymbol{\alpha},\boldsymbol{\varepsilon}_1,\boldsymbol{\varepsilon}_2,\cdots,\boldsymbol{\varepsilon}_n$ 线性相关; $\boldsymbol{\alpha}$ 可由 $\boldsymbol{\varepsilon}_1,\boldsymbol{\varepsilon}_2,\cdots,\boldsymbol{\varepsilon}_n$ 线性表出. 在一般情况下我们有

定理 2.1.2 设向量组 $\boldsymbol{\alpha}_1,\boldsymbol{\alpha}_2,\cdots,\boldsymbol{\alpha}_m$ 线性无关, 向量组 $\boldsymbol{\beta},\boldsymbol{\alpha}_1,\boldsymbol{\alpha}_2,\cdots,\boldsymbol{\alpha}_m$ 线性相关, 则 $\boldsymbol{\beta}$ 可由向量组 $\boldsymbol{\alpha}_1,\boldsymbol{\alpha}_2,\cdots,\boldsymbol{\alpha}_m$ 线性表出, 且表示法唯一.

证 因 $\boldsymbol{\beta},\boldsymbol{\alpha}_1,\boldsymbol{\alpha}_2,\cdots,\boldsymbol{\alpha}_m$ 线性相关, 故存在 $m+1$ 个不全为零的数 $l,k_1,k_2,\cdots,k_m\in F$, 使得

$$l\boldsymbol{\beta}+k_1\boldsymbol{\alpha}_1+k_2\boldsymbol{\alpha}_2+\cdots+k_m\boldsymbol{\alpha}_m=\boldsymbol{\theta},$$

若 $l=0$, 则 $k_1,k_2,\cdots,k_m$ 不全为零且

$$k_1\boldsymbol{\alpha}_1+k_2\boldsymbol{\alpha}_2+\cdots+k_m\boldsymbol{\alpha}_m=\boldsymbol{\theta},$$

由此可得 $\boldsymbol{\alpha}_1,\boldsymbol{\alpha}_2,\cdots,\boldsymbol{\alpha}_m$ 线性相关. 这与已知条件矛盾, 所以 $l\neq 0$. 于是

$$\boldsymbol{\beta}=-\frac{k_1}{l}\boldsymbol{\alpha}_1-\frac{k_2}{l}\boldsymbol{\alpha}_2-\cdots-\frac{k_m}{l}\boldsymbol{\alpha}_m,$$

即 $\boldsymbol{\beta}$ 可由 $\boldsymbol{\alpha}_1,\boldsymbol{\alpha}_2,\cdots,\boldsymbol{\alpha}_m$ 线性表出.

设

$$\boldsymbol{\beta}=k_1\boldsymbol{\alpha}_1+k_2\boldsymbol{\alpha}_2+\cdots+k_m\boldsymbol{\alpha}_m,$$

且

$$\boldsymbol{\beta}=l_1\boldsymbol{\alpha}_1+l_2\boldsymbol{\alpha}_2+\cdots+l_m\boldsymbol{\alpha}_m,$$

两式相减得

$$(k_1-l_1)\,\boldsymbol{\alpha}_1+(k_2-l_2)\,\boldsymbol{\alpha}_2+\cdots+(k_m-l_m)\,\boldsymbol{\alpha}_m=\boldsymbol{\theta},$$

已知 $\boldsymbol{\alpha}_1,\boldsymbol{\alpha}_2,\cdots,\boldsymbol{\alpha}_m$ 线性无关, 故有

$$k_1-l_1=0,\quad k_2-l_2=0,\ \cdots,\quad k_m-l_m=0,$$

即 $k_1=l_1,k_2=l_2,\cdots,k_m=l_m$. 说明 $\boldsymbol{\beta}$ 只有唯一一种方式被 $\boldsymbol{\alpha}_1,\boldsymbol{\alpha}_2,\cdots,\boldsymbol{\alpha}_m$ 线性表出.

在有些情况下, 利用与其他向量组进行对比, 也可以验证向量组的线性相关性. 因此, 我们有必要推广线性表出的概念.

定义 2.1.7 设 $\boldsymbol{\alpha}_1,\boldsymbol{\alpha}_2,\cdots,\boldsymbol{\alpha}_s$ 与 $\boldsymbol{\beta}_1,\boldsymbol{\beta}_2,\cdots,\boldsymbol{\beta}_t$ 是数域 F 上的两组 n 元向量. 若每个 $\boldsymbol{\alpha}_i\ (i=1,2,\cdots,s)$ 均可由向量组 $\boldsymbol{\beta}_1,\boldsymbol{\beta}_2,\cdots,\boldsymbol{\beta}_t$ 线性表出, 则称**向量组 $\boldsymbol{\alpha}_1,\ \boldsymbol{\alpha}_2,\cdots,\boldsymbol{\alpha}_s$ 可由向量组 $\boldsymbol{\beta}_1,\ \boldsymbol{\beta}_2,\ \cdots,\boldsymbol{\beta}_t$ 线性表出**. 若向量组 $\boldsymbol{\alpha}_1,\boldsymbol{\alpha}_2,\cdots,\boldsymbol{\alpha}_s$ 与 $\boldsymbol{\beta}_1,\ \boldsymbol{\beta}_2,\cdots,\boldsymbol{\beta}_t$ 可相互线性表出, 则称**向量组 $\boldsymbol{\alpha}_1,\ \boldsymbol{\alpha}_2,\cdots,\boldsymbol{\alpha}_s$ 与向量组 $\boldsymbol{\beta}_1,\boldsymbol{\beta}_2,\ \cdots,\boldsymbol{\beta}_t$ 等价**, 记为

$$\{\boldsymbol{\alpha}_1,\boldsymbol{\alpha}_2,\cdots,\boldsymbol{\alpha}_s\}\cong\{\boldsymbol{\beta}_1,\boldsymbol{\beta}_2,\cdots,\boldsymbol{\beta}_t\}.$$

例 2.1.9 讨论下列向量组之间的关系:

(1) $\boldsymbol{\varepsilon}_1=(1,0),\boldsymbol{\varepsilon}_2=(0,1)$ 与 $\boldsymbol{\alpha}_1=(1,0),\boldsymbol{\alpha}_2=(0,0)$;

(2) $\boldsymbol{\varepsilon}_1=(1,0),\boldsymbol{\varepsilon}_2=(0,1)$ 与 $\boldsymbol{\beta}_1=(1,2),\boldsymbol{\beta}_2=(2,1)$.

解 (1) 因 $\boldsymbol{\alpha}_1=\boldsymbol{\varepsilon}_1+0\boldsymbol{\varepsilon}_2,\boldsymbol{\alpha}_2=0\boldsymbol{\varepsilon}_1+0\boldsymbol{\varepsilon}_2$, 故 $\boldsymbol{\alpha}_1,\boldsymbol{\alpha}_2$ 可由 $\boldsymbol{\varepsilon}_1,\boldsymbol{\varepsilon}_2$ 线性表出. 而 $\boldsymbol{\varepsilon}_2$ 不能由 $\boldsymbol{\alpha}_1,\boldsymbol{\alpha}_2$ 线性表出, 故 $\boldsymbol{\varepsilon}_1,\boldsymbol{\varepsilon}_2$ 不能由 $\boldsymbol{\alpha}_1,\boldsymbol{\alpha}_2$ 线性表出. 所以, $\boldsymbol{\varepsilon}_1,\boldsymbol{\varepsilon}_2$ 与 $\boldsymbol{\alpha}_1,\ \boldsymbol{\alpha}_2$ 不等价.

(2) 因 $\boldsymbol{\varepsilon}_1=-\frac{1}{3}\boldsymbol{\beta}_1+\frac{2}{3}\boldsymbol{\beta}_2,\boldsymbol{\varepsilon}_2=\frac{2}{3}\boldsymbol{\beta}_1-\frac{1}{3}\boldsymbol{\beta}_2$, 故 $\boldsymbol{\varepsilon}_1,\boldsymbol{\varepsilon}_2$ 可由 $\boldsymbol{\beta}_1,\boldsymbol{\beta}_2$ 线

性表出. 又显然 $\boldsymbol{\beta}_1,\boldsymbol{\beta}_2$ 可由 $\varepsilon_1,\varepsilon_2$ 线性表出, 故 $\varepsilon_1,\varepsilon_2$ 与 $\boldsymbol{\beta}_1,\boldsymbol{\beta}_2$ 等价.

扫描交互实验 2.1.4 的二维码, 拖动滑动条试将一个向量组中的向量, 用另一个向量组中的向量线性表出.

交互实验 2.1.4

性质 2.1.2 设有 3 个 n 元向量组

① $\{\boldsymbol{\alpha}_1,\boldsymbol{\alpha}_2,\cdots,\boldsymbol{\alpha}_r\}$, ② $\{\boldsymbol{\beta}_1,\boldsymbol{\beta}_2,\cdots,\boldsymbol{\beta}_s\}$, ③ $\{\boldsymbol{\gamma}_1,\boldsymbol{\gamma}_2,\cdots,\boldsymbol{\gamma}_t\}$, 则向量组的等价具有

反身性: ①≅①;

对称性: 若 ①≅②, 则 ②≅①;

传递性: 若 ①≅②, ②≅③, 则 ①≅③.

性质 2.1.3 设向量组 ①: $\boldsymbol{\alpha}_1,\boldsymbol{\alpha}_2,\cdots,\boldsymbol{\alpha}_s$ 与向量组 ②: $\boldsymbol{\beta}_1,\boldsymbol{\beta}_2,\cdots,\boldsymbol{\beta}_t$ 是数域 F 上的两组 n 元向量. 向量组 ① 可由向量组 ② 线性表出的充要条件是存在 F 上的 $t\times s$ 矩阵 $\boldsymbol{C}=[c_{ij}]$, 使得

$$[\boldsymbol{\alpha}_1,\boldsymbol{\alpha}_2,\cdots,\boldsymbol{\alpha}_s]=[\boldsymbol{\beta}_1,\boldsymbol{\beta}_2,\cdots,\boldsymbol{\beta}_t]\boldsymbol{C}.$$

证 充分性可由分块矩阵乘法直接得证. 下面证明必要性.

假设向量组 $\boldsymbol{\alpha}_1,\boldsymbol{\alpha}_2,\cdots,\boldsymbol{\alpha}_s$ 可由 $\boldsymbol{\beta}_1,\boldsymbol{\beta}_2,\cdots,\boldsymbol{\beta}_t$ 线性表出, 即有

$$\boldsymbol{\alpha}_j=c_{1j}\boldsymbol{\beta}_1+c_{2j}\boldsymbol{\beta}_2+\cdots+c_{tj}\boldsymbol{\beta}_t,$$

其中, $c_{ij}\in F(1\leqslant i\leqslant t,1\leqslant j\leqslant s)$.

令 $\boldsymbol{C}=[c_{ij}]$, 利用分块矩阵的乘法, 上式可改写为

$$[\boldsymbol{\alpha}_1,\boldsymbol{\alpha}_2,\cdots,\boldsymbol{\alpha}_s]=[\boldsymbol{\beta}_1,\boldsymbol{\beta}_2,\cdots,\boldsymbol{\beta}_t]\boldsymbol{C}. \tag{2.1.10}$$

在本节的最后, 我们给出向量组线性相关的一个充分条件:

定理 2.1.3 设 $\boldsymbol{\alpha}_1,\boldsymbol{\alpha}_2,\cdots,\boldsymbol{\alpha}_s$ 是数域 F 上的一组 n 元向量. 若存在数域 F 上的另一组 n 元向量 $\boldsymbol{\beta}_1,\ \boldsymbol{\beta}_2,\cdots,\boldsymbol{\beta}_t$, 使得

(1) $\boldsymbol{\alpha}_1,\boldsymbol{\alpha}_2,\cdots,\boldsymbol{\alpha}_s$ 可由 $\boldsymbol{\beta}_1,\boldsymbol{\beta}_2,\cdots,\boldsymbol{\beta}_t$ 线性表出,

(2) $s>t$,

则向量组 $\boldsymbol{\alpha}_1,\boldsymbol{\alpha}_2,\cdots,\boldsymbol{\alpha}_s$ 线性相关.

证 根据性质 2.1.3, 由定理的条件 (1) 可知存在 $t\times s$ 矩阵 $\boldsymbol{C}=[c_{ij}]$, 使得

$$[\boldsymbol{\alpha}_1,\boldsymbol{\alpha}_2,\cdots,\boldsymbol{\alpha}_s]=[\boldsymbol{\beta}_1,\boldsymbol{\beta}_2,\cdots,\boldsymbol{\beta}_t]\boldsymbol{C}, \tag{2.1.11}$$

因为 $s>t$, 由推论 1.1.1 可知, 齐次线性方程组 $\boldsymbol{CX}=\boldsymbol{0}$ 有非零解.

任取其非零解 $(k_1,k_2,\cdots,k_s)^{\mathrm{T}}$, 有

$$\boldsymbol{C}\begin{bmatrix}k_1\\k_2\\\vdots\\k_s\end{bmatrix}=\mathbf{0},\tag{2.1.12}$$

将 (2.1.11) 式两边同时右乘 $(k_1,k_2,\cdots,k_s)^{\mathrm{T}}$, 并利用 (2.1.12) 式可得

$$\begin{aligned}k_1\boldsymbol{\alpha}_1+k_2\boldsymbol{\alpha}_2+\cdots+k_s\boldsymbol{\alpha}_s&=[\boldsymbol{\alpha}_1,\boldsymbol{\alpha}_2,\cdots,\boldsymbol{\alpha}_s]\begin{bmatrix}k_1\\k_2\\\vdots\\k_s\end{bmatrix}\\&=[\boldsymbol{\beta}_1,\boldsymbol{\beta}_2,\cdots,\boldsymbol{\beta}_t]\boldsymbol{C}\begin{bmatrix}k_1\\k_2\\\vdots\\k_s\end{bmatrix}=\mathbf{0},\end{aligned}$$

从而, 向量组 $\boldsymbol{\alpha}_1,\boldsymbol{\alpha}_2,\cdots,\boldsymbol{\alpha}_s$ 线性相关.

推论 2.1.1　设 $\boldsymbol{\alpha}_1,\boldsymbol{\alpha}_2,\cdots,\boldsymbol{\alpha}_s$ 与 $\boldsymbol{\beta}_1,\boldsymbol{\beta}_2,\cdots,\boldsymbol{\beta}_t$ 是数域 F 上的两组 n 元向量. 若 $\boldsymbol{\alpha}_1,\boldsymbol{\alpha}_2,\cdots,\boldsymbol{\alpha}_s$ 可由 $\boldsymbol{\beta}_1,\boldsymbol{\beta}_2,\cdots,\boldsymbol{\beta}_t$ 线性表出, 且 $\boldsymbol{\alpha}_1,\boldsymbol{\alpha}_2,\cdots,\boldsymbol{\alpha}_s$ 线性无关, 则 $s\leqslant t$.

2.2　向量组的秩

线性组合、线性表出、线性相关以及线性无关是向量组相关性理论的基本概念, 而向量组线性相关性的判别则是一个核心问题. 为了更好地解决这个问题, 本节引入两个辅助性概念: 向量组的秩与极大无关组. 通过对它们的研究, 特别是揭示其与矩阵的秩的联系, 不仅得到了判别线性相关性的新方法, 而且还极大地拓展了向量理论的应用领域.

2.2.1　向量组的秩

如果我们遇到两个向量组, 一个线性相关, 而另一个线性无关, 那么我们很容易区分它们, 也容易理解它们所产生的不同作用. 但是, 如果我们面对两个都线性相关的向量组, 却可能有着完全不同的情形.

例 2.2.1　向量组 $\boldsymbol{\alpha}_1=(1,2,3),\boldsymbol{\alpha}_2=(2,3,1),\boldsymbol{\alpha}_3=(3,5,4),\boldsymbol{\alpha}_4=(1,1,\ -2)$ 与向量组 $\boldsymbol{\beta}_1=(0,1,1),\boldsymbol{\beta}_2=(1,0,1),\boldsymbol{\beta}_3=(1,1,0),\boldsymbol{\beta}_4=$

$(1,1,1)$ 都线性相关, 以 $\boldsymbol{\alpha}_1,\boldsymbol{\alpha}_2,\boldsymbol{\alpha}_3,\boldsymbol{\alpha}_4$ 为行系数确定齐次线性方程组

$$\begin{cases} x_1+2x_2+3x_3=0, \\ 2x_1+3x_2+\ \ x_3=0, \\ 3x_1+5x_2+4x_3=0, \\ x_1+\ \ x_2-2x_3=0, \end{cases}$$

以 $\boldsymbol{\beta}_1,\boldsymbol{\beta}_2,\boldsymbol{\beta}_3,\boldsymbol{\beta}_4$ 为行系数确定齐次线性方程组

$$\begin{cases} \qquad x_2+x_3=0, \\ x_1+\qquad x_3=0, \\ x_1+x_2\qquad =0, \\ x_1+x_2+x_3=0, \end{cases}$$

容易验证, 前一个齐次方程组有非零解, 而后一个齐次方程组却只有零解. 为什么会出现上述情况呢?

我们注意到, 上例中向量组 $\boldsymbol{\alpha}_1,\boldsymbol{\alpha}_2,\boldsymbol{\alpha}_3,\boldsymbol{\alpha}_4$ 的线性无关部分组至多包含 2 个向量, 而向量组 $\boldsymbol{\beta}_1,\boldsymbol{\beta}_2,\boldsymbol{\beta}_3,\boldsymbol{\beta}_4$ 却有包含 3 个向量的线性无关部分组. 也许两个向量组在线性相关“程度”上的差异是造成上述情况的根本原因. 为此, 我们需要寻找一个能反映向量组线性相关“程度”强弱的数量指标.

定义 2.2.1 设 $\boldsymbol{\alpha}_1,\boldsymbol{\alpha}_2,\cdots,\boldsymbol{\alpha}_m$ 是 m 个 n 元向量. 若其中存在 r 个向量线性无关, 但任意 $r+1$ 个向量都线性相关, 则称**向量组 $\boldsymbol{\alpha}_1,\boldsymbol{\alpha}_2,\cdots,\boldsymbol{\alpha}_m$ 的秩为** r, 记为 $\mathrm{r}\{\boldsymbol{\alpha}_1,\boldsymbol{\alpha}_2,\cdots,\boldsymbol{\alpha}_m\}$.

显然, 向量组的秩就是最大的线性无关部分组包含的向量个数. 秩越大, 线性无关的“程度”越强, 而线性相关的“程度”就越弱. 因此, 向量组的秩就可作为衡量向量组线性相关“程度”强弱的一个数量指标.

定理 2.2.1 向量组 $\boldsymbol{\alpha}_1,\boldsymbol{\alpha}_2,\cdots,\boldsymbol{\alpha}_m$ 线性相关的充要条件是: $\mathrm{r}\{\boldsymbol{\alpha}_1,\boldsymbol{\alpha}_2,\cdots,\boldsymbol{\alpha}_m\}<m$.

为了给出求向量组秩的方法, 我们再引入一个有关的概念.

定义 2.2.2 设向量组 $\boldsymbol{\alpha}_1,\boldsymbol{\alpha}_2,\cdots,\boldsymbol{\alpha}_m$ 的秩为 r, 则 $\boldsymbol{\alpha}_1,\boldsymbol{\alpha}_2,\cdots,\boldsymbol{\alpha}_m$ 中任意由 r 个向量组成的线性无关的部分组都称为 $\boldsymbol{\alpha}_1,\boldsymbol{\alpha}_2,\cdots,\boldsymbol{\alpha}_m$ 的**极大线性无关部分组**, 简称为**极大无关组**.

在例 2.2.1 中, 向量组 $\boldsymbol{\alpha}_1,\boldsymbol{\alpha}_2,\boldsymbol{\alpha}_3,\boldsymbol{\alpha}_4$ 的秩为 2, 且其中任意 2 个向量都构成极大无关组. 而向量组 $\boldsymbol{\beta}_1,\boldsymbol{\beta}_2,\boldsymbol{\beta}_3,\boldsymbol{\beta}_4$ 的秩为 3, 且其中任意 3 个向量都构成极大无关组.

性质 2.2.1 向量组与其任一极大无关组都等价.

证 设向量组 $\boldsymbol{\alpha}_1, \boldsymbol{\alpha}_2, \cdots, \boldsymbol{\alpha}_m$ 的秩为 r, 任取其一个极大无关组 $\boldsymbol{\alpha}_{i_1}$, $\boldsymbol{\alpha}_{i_2}, \cdots, \boldsymbol{\alpha}_{i_r}$, 要证

$$\{\boldsymbol{\alpha}_1, \boldsymbol{\alpha}_2, \cdots, \boldsymbol{\alpha}_m\} \cong \{\boldsymbol{\alpha}_{i_1}, \boldsymbol{\alpha}_{i_2}, \cdots, \boldsymbol{\alpha}_{i_r}\}.$$

因 $\boldsymbol{\alpha}_{i_1}, \boldsymbol{\alpha}_{i_2}, \cdots, \boldsymbol{\alpha}_{i_r}$ 是 $\boldsymbol{\alpha}_1, \boldsymbol{\alpha}_2, \cdots, \boldsymbol{\alpha}_m$ 的一个部分组, 故 $\boldsymbol{\alpha}_{i_1}, \boldsymbol{\alpha}_{i_2}, \cdots$, $\boldsymbol{\alpha}_{i_r}$ 可由 $\boldsymbol{\alpha}_1$, $\boldsymbol{\alpha}_2, \cdots, \boldsymbol{\alpha}_m$ 线性表出. 下面证明 $\boldsymbol{\alpha}_1, \boldsymbol{\alpha}_2, \cdots, \boldsymbol{\alpha}_m$ 也可由 $\boldsymbol{\alpha}_{i_1}, \boldsymbol{\alpha}_{i_2}, \cdots, \boldsymbol{\alpha}_{i_r}$ 线性表出.

任取 $\boldsymbol{\alpha}_j(1 \leqslant j \leqslant m)$, 若 $\boldsymbol{\alpha}_j \in \{\boldsymbol{\alpha}_{i_1}, \boldsymbol{\alpha}_{i_2}, \cdots, \boldsymbol{\alpha}_{i_r}\}$, 则 $\boldsymbol{\alpha}_j$ 可由 $\boldsymbol{\alpha}_{i_1}, \boldsymbol{\alpha}_{i_2}, \cdots, \boldsymbol{\alpha}_{i_r}$ 线性表出; 若 $\boldsymbol{\alpha}_j \notin \{\boldsymbol{\alpha}_{i_1}, \boldsymbol{\alpha}_{i_2}, \cdots, \boldsymbol{\alpha}_{i_r}\}$, 则由 $\boldsymbol{\alpha}_1, \boldsymbol{\alpha}_2, \cdots$, $\boldsymbol{\alpha}_m$ 的秩为 r 可得: $\boldsymbol{\alpha}_j, \boldsymbol{\alpha}_{i_1}, \boldsymbol{\alpha}_{i_2}, \cdots, \boldsymbol{\alpha}_{i_r}$ 线性相关. 根据定理 2.1.2, $\boldsymbol{\alpha}_j$ 可由 $\boldsymbol{\alpha}_{i_1}, \boldsymbol{\alpha}_{i_2}, \cdots, \boldsymbol{\alpha}_{i_r}$ 线性表出. 于是, $\boldsymbol{\alpha}_1, \boldsymbol{\alpha}_2, \cdots, \boldsymbol{\alpha}_m$ 可由 $\boldsymbol{\alpha}_{i_1}, \boldsymbol{\alpha}_{i_2}, \cdots, \boldsymbol{\alpha}_{i_r}$ 线性表出.

综上, 结论得证.

定理 2.2.2 若向量组 $\boldsymbol{\alpha}_1, \boldsymbol{\alpha}_2, \cdots, \boldsymbol{\alpha}_s$ 可由向量组 $\boldsymbol{\beta}_1, \boldsymbol{\beta}_2, \cdots, \boldsymbol{\beta}_t$ 线性表出, 则

$$\mathrm{r}\{\boldsymbol{\alpha}_1, \boldsymbol{\alpha}_2, \cdots, \boldsymbol{\alpha}_s\} \leqslant \mathrm{r}\{\boldsymbol{\beta}_1, \boldsymbol{\beta}_2, \cdots, \boldsymbol{\beta}_t\}.$$

证 设 $\boldsymbol{\alpha}_{i_1}, \boldsymbol{\alpha}_{i_2}, \cdots, \boldsymbol{\alpha}_{i_r}$ 是向量组 $\boldsymbol{\alpha}_1, \boldsymbol{\alpha}_2, \cdots, \boldsymbol{\alpha}_s$ 的一个极大无关组, 则 $\boldsymbol{\alpha}_{i_1}, \boldsymbol{\alpha}_{i_2}, \cdots, \boldsymbol{\alpha}_{i_r}$ 可由 $\boldsymbol{\alpha}_1, \boldsymbol{\alpha}_2, \cdots, \boldsymbol{\alpha}_s$ 线性表出. 同样, 设 $\boldsymbol{\beta}_{j_1}, \boldsymbol{\beta}_{j_2}, \cdots$, $\boldsymbol{\beta}_{j_p}$ 是向量组 $\boldsymbol{\beta}_1$, $\boldsymbol{\beta}_2, \cdots, \boldsymbol{\beta}_t$ 的一个极大无关组, 则 $\boldsymbol{\beta}_1, \boldsymbol{\beta}_2, \cdots, \boldsymbol{\beta}_t$ 可由 $\boldsymbol{\beta}_{j_1}, \boldsymbol{\beta}_{j_2}, \cdots, \boldsymbol{\beta}_{j_p}$ 线性表出. 又已知 $\boldsymbol{\alpha}_1, \boldsymbol{\alpha}_2, \cdots, \boldsymbol{\alpha}_s$ 可由 $\boldsymbol{\beta}_1, \boldsymbol{\beta}_2, \cdots, \boldsymbol{\beta}_t$ 线性表出, 经等量代换可得 $\boldsymbol{\alpha}_{i_1}$, $\boldsymbol{\alpha}_{i_2}, \cdots, \boldsymbol{\alpha}_{i_r}$ 可由 $\boldsymbol{\beta}_{j_1}$, $\boldsymbol{\beta}_{j_2}, \cdots, \boldsymbol{\beta}_{j_p}$ 线性表出. 又因 $\boldsymbol{\alpha}_{i_1}, \boldsymbol{\alpha}_{i_2}, \cdots, \boldsymbol{\alpha}_{i_r}$ 线性无关, 故由推论 2.1.1 可得 $r \leqslant p$. 而极大无关组包含的向量个数即为整个向量组的秩, 所以

$$\mathrm{r}\{\boldsymbol{\alpha}_1, \boldsymbol{\alpha}_2, \cdots, \boldsymbol{\alpha}_s\} \leqslant \mathrm{r}\{\boldsymbol{\beta}_1, \boldsymbol{\beta}_2, \cdots, \boldsymbol{\beta}_t\}.$$

这个命题在讨论矩阵的秩时非常有用, 其证明过程充分显示了极大无关组的作用. 关于极大无关组, 它还有下述易于使用的等价定义:

定义 2.2.3 设 $\boldsymbol{\alpha}_{i_1}, \boldsymbol{\alpha}_{i_2}, \cdots, \boldsymbol{\alpha}_{i_r}$ 是向量组 $\boldsymbol{\alpha}_1, \boldsymbol{\alpha}_2, \cdots, \boldsymbol{\alpha}_m$ 的一个部分组. 若

(1) $\boldsymbol{\alpha}_{i_1}, \boldsymbol{\alpha}_{i_2}, \cdots, \boldsymbol{\alpha}_{i_r}$ 线性无关,

(2) 每个 $\boldsymbol{\alpha}_j$ $(j = 1, 2, \cdots, m)$ 均可由 $\boldsymbol{\alpha}_{i_1}, \boldsymbol{\alpha}_{i_2}, \cdots, \boldsymbol{\alpha}_{i_r}$ 线性表出,

则 $\boldsymbol{\alpha}_{i_1}, \boldsymbol{\alpha}_{i_2}, \cdots, \boldsymbol{\alpha}_{i_r}$ 是向量组 $\boldsymbol{\alpha}_1, \boldsymbol{\alpha}_2, \cdots, \boldsymbol{\alpha}_m$ 的**极大无关组**.

上述说法通过检验 $\boldsymbol{\alpha}_1,\boldsymbol{\alpha}_2,\cdots,\boldsymbol{\alpha}_m$ 的秩为 r 即可获知其正确性.

例 2.2.2 已知向量组 $\boldsymbol{\alpha}_1,\boldsymbol{\alpha}_2,\cdots,\boldsymbol{\alpha}_s,\boldsymbol{\alpha}_{s+1},\cdots,\boldsymbol{\alpha}_m$. 假设每个 $\boldsymbol{\alpha}_j(j=s+1,s+2,\cdots,m)$ 均可由 $\boldsymbol{\alpha}_1,\boldsymbol{\alpha}_2,\cdots,\boldsymbol{\alpha}_s$ 线性表出, 则

$$\mathrm{r}\left\{\boldsymbol{\alpha}_1,\boldsymbol{\alpha}_2,\cdots,\boldsymbol{\alpha}_s\right\}=\mathrm{r}\left\{\boldsymbol{\alpha}_1,\boldsymbol{\alpha}_2,\cdots,\boldsymbol{\alpha}_s,\cdots,\boldsymbol{\alpha}_m\right\}.$$

证 设 $\boldsymbol{\alpha}_1,\boldsymbol{\alpha}_2,\cdots,\boldsymbol{\alpha}_s$ 的秩为 r, $\boldsymbol{\alpha}_{i_1},\boldsymbol{\alpha}_{i_2},\cdots,\boldsymbol{\alpha}_{i_r}$ 是其一个极大无关组, 则 $\boldsymbol{\alpha}_1,\boldsymbol{\alpha}_2,\cdots,\boldsymbol{\alpha}_s$ 可由 $\boldsymbol{\alpha}_{i_1},\boldsymbol{\alpha}_{i_2},\cdots,\boldsymbol{\alpha}_{i_r}$ 线性表出. 已知 $\boldsymbol{\alpha}_j(j=s+1,s+2,\cdots,m)$ 可由 $\boldsymbol{\alpha}_1,\boldsymbol{\alpha}_2,\cdots,\boldsymbol{\alpha}_s$ 线性表出, 故 $\boldsymbol{\alpha}_j$ 可由 $\boldsymbol{\alpha}_{i_1},\boldsymbol{\alpha}_{i_2},\cdots,\boldsymbol{\alpha}_{i_r}$ 线性表出. 于是任意 $\boldsymbol{\alpha}_i\ (i=1,2,\cdots,m)$ 可由 $\boldsymbol{\alpha}_{i_1},\boldsymbol{\alpha}_{i_2},\cdots,\boldsymbol{\alpha}_{i_r}$ 线性表出. 根据假设 $\boldsymbol{\alpha}_{i_1},\boldsymbol{\alpha}_{i_2},\cdots,\boldsymbol{\alpha}_{i_r}$ 线性无关, 故由极大无关组的等价定义, 可知 $\boldsymbol{\alpha}_{i_1},\boldsymbol{\alpha}_{i_2},\cdots,\boldsymbol{\alpha}_{i_r}$ 也是向量组 $\boldsymbol{\alpha}_1,\boldsymbol{\alpha}_2,\cdots,\boldsymbol{\alpha}_s,\cdots,\boldsymbol{\alpha}_m$ 的极大无关组. 于是

$$\mathrm{r}\left\{\boldsymbol{\alpha}_1,\boldsymbol{\alpha}_2,\cdots,\boldsymbol{\alpha}_s,\cdots,\boldsymbol{\alpha}_m\right\}=r.$$

2.2.2 向量组的秩与矩阵秩的关系

向量组的秩是刻画向量组的线性相关性的一个重要指标. 通过与矩阵的秩的联系, 我们将得到求向量组的秩的一种实用方法.

设

$$\boldsymbol{A}=\begin{bmatrix} a_{11} & a_{12} & \cdots & a_{1n} \\ a_{21} & a_{22} & \cdots & a_{2n} \\ \vdots & \vdots & & \vdots \\ a_{m1} & a_{m2} & \cdots & a_{mn} \end{bmatrix},$$

令

$$\boldsymbol{\gamma}_i=(a_{i1},a_{i2},\cdots,a_{in}),\quad 其中\ i=1,2,\cdots,m,$$

$$\boldsymbol{\alpha}_j=\begin{bmatrix} a_{1j} \\ a_{2j} \\ \vdots \\ a_{mj} \end{bmatrix},\quad 其中\ j=1,2,\cdots,n,$$

我们称 $\boldsymbol{\gamma}_1,\boldsymbol{\gamma}_2,\cdots,\boldsymbol{\gamma}_m$ 是矩阵 $\boldsymbol{A}$ **的行向量组**, 称 $\boldsymbol{\alpha}_1,\boldsymbol{\alpha}_2,\cdots,\boldsymbol{\alpha}_n$ 是 $\boldsymbol{A}$ **的列向量组**. 此时, $\boldsymbol{A}$ 可记为

$$A = \begin{bmatrix} \gamma_1 \\ \gamma_2 \\ \vdots \\ \gamma_m \end{bmatrix} = [\alpha_1, \alpha_2, \cdots, \alpha_n].$$

我们首先讨论阶梯形矩阵的秩与其行向量组的秩之间的关系.

性质 2.2.2　阶梯形矩阵的秩等于其行向量组的秩.

证　任取一个秩为 r 的 $m \times n$ 阶梯形矩阵 T. 不妨设

$$T = \begin{bmatrix} 0 & \cdots & 0 & b_{1j_1} & \cdots & b_{1j_2} & \cdots & b_{1j_r} & \cdots & b_{1n} \\ 0 & \cdots & 0 & 0 & \cdots & b_{2j_2} & \cdots & b_{2j_r} & \cdots & b_{2n} \\ \vdots & & \vdots & \vdots & & \vdots & & \vdots & & \vdots \\ 0 & \cdots & 0 & 0 & \cdots & 0 & \cdots & b_{rj_r} & \cdots & b_{rn} \\ 0 & \cdots & 0 & 0 & \cdots & 0 & \cdots & 0 & \cdots & 0 \\ \vdots & & \vdots & \vdots & & \vdots & & \vdots & & \vdots \\ 0 & \cdots & 0 & 0 & \cdots & 0 & \cdots & 0 & \cdots & 0 \end{bmatrix},$$

其中, $1 \leqslant j_1 < j_2 < \cdots < j_r \leqslant n, b_{1j_1}, b_{2j_2}, \cdots, b_{rj_r}$ 是 T 的主元. 令

$$\begin{aligned} \gamma_1 &= (0, \cdots, 0, b_{1j_1}, \cdots, b_{1j_2}, \cdots, b_{1j_r}, \cdots, b_{1n}), \\ \gamma_2 &= (0, \cdots, 0, 0, \cdots, 0, b_{2j_2}, \cdots, b_{2j_r}, \cdots, b_{2n}), \\ &\cdots \\ \gamma_r &= (0, \cdots, 0, 0, \cdots, 0, 0, \cdots, 0, b_{rj_r}, \cdots, b_{rn}), \\ \gamma_{r+1} &= \cdots = \gamma_m = (0, \cdots, 0, \cdots, 0, 0, \cdots, 0, \cdots, 0). \end{aligned}$$

容易验证, $\gamma_1, \gamma_2, \cdots, \gamma_r$ 线性无关, 且 $\gamma_1, \gamma_2, \cdots, \gamma_m$ 中任意 $r+1$ 个向量都线性相关. 由此得, T 的行向量组的秩为 r.

性质 2.2.3　矩阵的初等行变换不改变行向量组的秩.

证　只需证明作一次初等行变换不改变矩阵行向量组的秩即可.

设 A 是 $m \times n$ 矩阵, $\gamma_1, \gamma_2, \cdots, \gamma_m$ 是 A 的行向量组. 对 A 作一次初等行变换得到矩阵 B, 设 $\beta_1, \beta_2, \cdots, \beta_m$ 为 B 的行向量组.

容易验证, 不管对 A 作哪种初等行变换, 均有 $\beta_1, \beta_2, \cdots, \beta_m$ 可由 $\gamma_1, \gamma_2, \cdots, \gamma_m$ 线性表出, 根据定理 2.2.2

$$\mathrm{r}\{\beta_1, \beta_2, \cdots, \beta_m\} \leqslant \mathrm{r}\{\gamma_1, \gamma_2, \cdots, \gamma_m\},$$

因为初等行变换是可逆的, 所以对 $\boldsymbol{B}$ 作一次相应的初等行变换可还原为 $\boldsymbol{A}$. 利用上述结果可得

$$\mathrm{r}\{\boldsymbol{\gamma}_1,\boldsymbol{\gamma}_2,\cdots,\boldsymbol{\gamma}_m\}\leqslant \mathrm{r}\{\boldsymbol{\beta}_1,\boldsymbol{\beta}_2,\cdots,\boldsymbol{\beta}_m\},$$

于是

$$\mathrm{r}\{\boldsymbol{\gamma}_1,\boldsymbol{\gamma}_2,\cdots,\boldsymbol{\gamma}_m\}= \mathrm{r}\{\boldsymbol{\beta}_1,\boldsymbol{\beta}_2,\cdots,\boldsymbol{\beta}_m\}.$$

下面给出向量组的秩与矩阵的秩的关系:

定理 2.2.3 矩阵的秩等于其行向量组的秩, 也等于其列向量组的秩.

证 任取矩阵 $\boldsymbol{A}$, 并将它用初等行变换化为阶梯形矩阵 $\boldsymbol{T}$, 则 $\mathrm{r}(\boldsymbol{A})=\mathrm{r}(\boldsymbol{T})$. 另一方面, 根据性质 2.2.3

$$\boldsymbol{A}\text{ 的行向量组的秩}=\boldsymbol{T}\text{ 的行向量组的秩},$$

再根据性质 2.2.2,

$$\boldsymbol{T}\text{ 的行向量组的秩}=\mathrm{r}(\boldsymbol{T}),$$

综合上述情况即得, $\boldsymbol{A}$ 的秩等于 $\boldsymbol{A}$ 的行向量组的秩.

因为 $\boldsymbol{A}$ 的列向量组是 $\boldsymbol{A}^{\mathrm{T}}$ 的行向量组, 所以由上述结论可得: $\boldsymbol{A}$ 的列向量组的秩等于 $\boldsymbol{A}^{\mathrm{T}}$ 的秩. 而 $\mathrm{r}(\boldsymbol{A})=\mathrm{r}\left(\boldsymbol{A}^{\mathrm{T}}\right)$, 故 $\boldsymbol{A}$ 的列向量组的秩也等于 $\boldsymbol{A}$ 的秩.

根据这个定理, 可以很方便地利用矩阵的秩来计算向量组的秩.

例 2.2.3 判断向量组

$$\boldsymbol{\gamma}_1=(-1,-4,5,0),\boldsymbol{\gamma}_2=(3,1,7,11),\boldsymbol{\gamma}_3=(2,3,0,5)$$

的线性相关性.

解 以 $\boldsymbol{\gamma}_1,\boldsymbol{\gamma}_2,\boldsymbol{\gamma}_3$ 为行构造矩阵 $\boldsymbol{A}$

$$\boldsymbol{A}=\begin{bmatrix}\boldsymbol{\gamma}_1\\ \boldsymbol{\gamma}_2\\ \boldsymbol{\gamma}_3\end{bmatrix}=\begin{bmatrix}-1 & -4 & 5 & 0\\ 3 & 1 & 7 & 11\\ 2 & 3 & 0 & 5\end{bmatrix},$$

用初等行变换将 $\boldsymbol{A}$ 化为阶梯形

$$\boldsymbol{A}\xrightarrow[R_3+2R_1]{R_2+3R_1}\begin{bmatrix}-1 & -4 & 5 & 0\\ 0 & -11 & 22 & 11\\ 0 & -5 & 10 & 5\end{bmatrix}$$

$$\xrightarrow{R_3+(-\frac{5}{11})R_2}\begin{bmatrix} -1 & -4 & 5 & 0 \\ 0 & -11 & 22 & 11 \\ 0 & 0 & 0 & 0 \end{bmatrix},$$

所以, $\mathrm{r}(\boldsymbol{A})=2$. 由此得, $\mathrm{r}\{\boldsymbol{\gamma}_1,\boldsymbol{\gamma}_2,\boldsymbol{\gamma}_3\}=2$. 根据定理 2.2.1, $\boldsymbol{\gamma}_1,\boldsymbol{\gamma}_2,\boldsymbol{\gamma}_3$ 线性相关.

利用定理 1.5.1 与定理 2.2.3 可证下述命题:

定理 2.2.4 设 $\boldsymbol{A}$ 是方阵, 则 $\boldsymbol{A}$ 是可逆矩阵的充要条件是: $\boldsymbol{A}$ 的行 (列) 向量组线性无关.

下面我们给出求极大无关组的方法:

设 $\boldsymbol{\alpha}_1,\boldsymbol{\alpha}_2,\cdots,\boldsymbol{\alpha}_m$ 是一组 n 元列向量, 以它们为**列**构造矩阵 $\boldsymbol{A}$, 将 $\boldsymbol{A}$ 用初等**行**变换化为阶梯形矩阵 $\boldsymbol{T}$

$$\boldsymbol{T}=\begin{bmatrix} 0 & \cdots & 0 & b_{1j_1} & \cdots & b_{1j_2} & \cdots & b_{1j_r} & \cdots & b_{1m} \\ 0 & \cdots & 0 & 0 & \cdots & b_{2j_2} & \cdots & b_{2j_r} & \cdots & b_{2m} \\ \vdots & & \vdots & \vdots & & \vdots & & \vdots & & \vdots \\ 0 & \cdots & 0 & 0 & \cdots & 0 & \cdots & b_{rj_r} & \cdots & b_{rm} \\ 0 & \cdots & 0 & 0 & \cdots & 0 & \cdots & 0 & \cdots & 0 \\ \vdots & & \vdots & \vdots & & \vdots & & \vdots & & \vdots \\ 0 & \cdots & 0 & 0 & \cdots & 0 & \cdots & 0 & \cdots & 0 \end{bmatrix},$$

其中 $b_{1j_1},b_{2j_2},\cdots,b_{rj_r}$ 是 $\boldsymbol{T}$ 的主元. 可以断言, 向量组 $\boldsymbol{\alpha}_1,\boldsymbol{\alpha}_2,\cdots,\boldsymbol{\alpha}_m$ 的秩为 r, 且 $\boldsymbol{\alpha}_{j_1},\boldsymbol{\alpha}_{j_2},\cdots,\boldsymbol{\alpha}_{j_r}$ 即是一个极大无关组.

上述论断的第一部分显然成立, 对第二部分只需证明 $\boldsymbol{\alpha}_{j_1},\boldsymbol{\alpha}_{j_2},\cdots,\boldsymbol{\alpha}_{j_r}$ 线性无关.

以 $\boldsymbol{\alpha}_{j_1},\boldsymbol{\alpha}_{j_2},\cdots,\boldsymbol{\alpha}_{j_r}$ 为列构造矩阵 $\boldsymbol{A}_1$, 则在同样的初等行变换下, $\boldsymbol{A}_1$ 化为阶梯形矩阵 $\boldsymbol{T}_1$

$$\boldsymbol{T}_1=\begin{bmatrix} b_{1j_1} & b_{1j_2} & \cdots & b_{1j_r} \\ 0 & b_{2j_2} & \cdots & b_{2j_r} \\ \vdots & \vdots & & \vdots \\ 0 & 0 & \cdots & b_{rj_r} \\ 0 & 0 & \cdots & 0 \\ \vdots & \vdots & & \vdots \\ 0 & 0 & \cdots & 0 \end{bmatrix},$$

其中 $\boldsymbol{T}_1$ 的主元也是 $b_{1j_1},b_{2j_2},\cdots,b_{rj_r}$. 于是

$$\mathrm{r}\{\boldsymbol{\alpha}_{j_1}, \boldsymbol{\alpha}_{j_2}, \cdots, \boldsymbol{\alpha}_{j_r}\} = \mathrm{r}(\boldsymbol{A}_1) = \mathrm{r}(\boldsymbol{T}_1) = r,$$

所以 $\boldsymbol{\alpha}_{j_1}, \boldsymbol{\alpha}_{j_2}, \cdots, \boldsymbol{\alpha}_{j_r}$ 线性无关.

例 2.2.4 已知向量组

$$\boldsymbol{\alpha}_1 = (1,2,2,3), \boldsymbol{\alpha}_2 = (1,4,-3,6), \boldsymbol{\alpha}_3 = (-2,-6,1,-9)$$
$$\boldsymbol{\alpha}_4 = (1,4,-1,7), \boldsymbol{\alpha}_5 = (4,8,2,9),$$

求该向量组的秩及一个极大无关组, 并用所求极大无关组表示剩余的向量.

解 以 $\boldsymbol{\alpha}_1, \boldsymbol{\alpha}_2, \boldsymbol{\alpha}_3, \boldsymbol{\alpha}_4, \boldsymbol{\alpha}_5$ 为列构造矩阵 $\boldsymbol{A}$

$$\boldsymbol{A} = \begin{bmatrix} 1 & 1 & -2 & 1 & 4 \\ 2 & 4 & -6 & 4 & 8 \\ 2 & -3 & 1 & -1 & 2 \\ 3 & 6 & -9 & 7 & 9 \end{bmatrix},$$

用初等行变换将 $\boldsymbol{A}$ 化为阶梯形

$$\boldsymbol{A} \longrightarrow \begin{bmatrix} 1 & 1 & -2 & 1 & 4 \\ 0 & 1 & -1 & 1 & 0 \\ 0 & 0 & 0 & 1 & -3 \\ 0 & 0 & 0 & 0 & 0 \end{bmatrix} \xlongequal{\text{记为}} \boldsymbol{T}_1,$$

易见 $\mathrm{r}(\boldsymbol{A}) = 3$, 故向量组 $\boldsymbol{\alpha}_1, \boldsymbol{\alpha}_2, \boldsymbol{\alpha}_3, \boldsymbol{\alpha}_4, \boldsymbol{\alpha}_5$ 的秩为 3. 又阶梯形中的主元在第 1,2,4 列, 所以 $\boldsymbol{\alpha}_1$, $\boldsymbol{\alpha}_2, \boldsymbol{\alpha}_4$ 是向量组 $\boldsymbol{\alpha}_1, \boldsymbol{\alpha}_2, \boldsymbol{\alpha}_3, \boldsymbol{\alpha}_4, \boldsymbol{\alpha}_5$ 的一个极大无关组.

设 $\boldsymbol{\alpha}_3 = x_1\boldsymbol{\alpha}_1 + x_2\boldsymbol{\alpha}_2 + x_3\boldsymbol{\alpha}_4$, 即 $(x_1, x_2, x_3)^{\mathrm{T}}$ 是增广矩阵为 $[\boldsymbol{\alpha}_1^{\mathrm{T}}, \boldsymbol{\alpha}_2^{\mathrm{T}}, \boldsymbol{\alpha}_4^{\mathrm{T}}, \boldsymbol{\alpha}_3^{\mathrm{T}}]$ 的非齐次线性方程组的唯一解. 利用初等行变换将 $\boldsymbol{T}_1$ 化为行简化阶梯形

$$\boldsymbol{T}_1 \longrightarrow \begin{bmatrix} 1 & 0 & -1 & 0 & 4 \\ 0 & 1 & -1 & 0 & 3 \\ 0 & 0 & 0 & 1 & -3 \\ 0 & 0 & 0 & 0 & 0 \end{bmatrix},$$

故

$$[\boldsymbol{\alpha}_1^{\mathrm{T}}, \boldsymbol{\alpha}_2^{\mathrm{T}}, \boldsymbol{\alpha}_4^{\mathrm{T}}, \boldsymbol{\alpha}_3^{\mathrm{T}}] \longrightarrow \begin{bmatrix} 1 & 0 & 0 & -1 \\ 0 & 1 & 0 & -1 \\ 0 & 0 & 1 & 0 \\ 0 & 0 & 0 & 0 \end{bmatrix},$$

解得 $x_1=-1, x_2=-1, x_3=0$, 即有 $\boldsymbol{\alpha}_3=-\boldsymbol{\alpha}_1-\boldsymbol{\alpha}_2+0\boldsymbol{\alpha}_4$; 同理可得, $\boldsymbol{\alpha}_5=4\boldsymbol{\alpha}_1+3\boldsymbol{\alpha}_2-3\boldsymbol{\alpha}_4$.

利用定理 2.2.2, 定理 2.2.3 以及分块矩阵的乘法, 还可以得到下面的结果.

定理 2.2.5 设 $\boldsymbol{A}$ 是 $m\times p$ 矩阵, $\boldsymbol{B}$ 是 $p\times n$ 矩阵, 则

$$\mathrm{r}(\boldsymbol{AB})\leqslant\min\{\mathrm{r}(\boldsymbol{A}),\mathrm{r}(\boldsymbol{B})\}.$$

证 设 $\boldsymbol{A}$ 的列向量组为 $\boldsymbol{\alpha}_1,\boldsymbol{\alpha}_2,\cdots,\boldsymbol{\alpha}_p$, $\boldsymbol{AB}$ 的列向量组为 $\boldsymbol{\gamma}_1,\boldsymbol{\gamma}_2,\cdots,\boldsymbol{\gamma}_n$, $\boldsymbol{B}=[b_{ij}]_{p\times n}$, 则由

$$[\boldsymbol{\alpha}_1,\boldsymbol{\alpha}_2,\cdots,\boldsymbol{\alpha}_p]\begin{bmatrix} b_{11} & b_{12} & \cdots & b_{1n} \\ b_{21} & b_{22} & \cdots & b_{2n} \\ \vdots & \vdots & & \vdots \\ b_{p1} & b_{p2} & \cdots & b_{pn} \end{bmatrix}=[\boldsymbol{\gamma}_1,\boldsymbol{\gamma}_2,\cdots,\boldsymbol{\gamma}_n],$$

得

$$\boldsymbol{\gamma}_j=b_{1j}\boldsymbol{\alpha}_1+b_{2j}\boldsymbol{\alpha}_2+\cdots+b_{pj}\boldsymbol{\alpha}_p,\ 其中 j=1,2,\cdots,n,$$

由此得向量组 $\boldsymbol{\gamma}_1,\boldsymbol{\gamma}_2,\cdots,\boldsymbol{\gamma}_n$ 可由 $\boldsymbol{\alpha}_1,\boldsymbol{\alpha}_2,\cdots,\boldsymbol{\alpha}_p$ 线性表出. 根据定理 2.2.2,

$$\mathrm{r}\{\boldsymbol{\gamma}_1,\boldsymbol{\gamma}_2,\cdots,\boldsymbol{\gamma}_n\}\leqslant\mathrm{r}\{\boldsymbol{\alpha}_1,\boldsymbol{\alpha}_2,\cdots,\boldsymbol{\alpha}_p\},$$

再根据定理 2.2.3, $\mathrm{r}(\boldsymbol{AB})\leqslant\mathrm{r}(\boldsymbol{A})$.

请读者证明 $\mathrm{r}(\boldsymbol{AB})\leqslant\mathrm{r}(\boldsymbol{B})$.

这个定理连同定理 1.4.8、定理 1.6.2 及推论 1.6.3 等都是揭示矩阵运算与矩阵秩的关系的重要结论, 读者应理解并记住它们.

例 2.2.5 设 $\boldsymbol{A}$ 是 $m\times n$ 矩阵, $\boldsymbol{B}$ 是 $n\times m$ 矩阵, 并且 $\boldsymbol{AB}=\boldsymbol{I}$, 则 $\boldsymbol{B}$ 的列向量组线性无关.

证法一 由于 $\boldsymbol{B}$ 的秩等于 $\boldsymbol{B}$ 的列向量组的秩, 故只需证明 $\mathrm{r}(\boldsymbol{B})=m$.

已知 $\boldsymbol{AB}=\boldsymbol{I}$, 故 $\boldsymbol{I}$ 是 m 阶单位矩阵. 根据定理 2.2.5, 可得

$$m=\mathrm{r}(\boldsymbol{I})=\mathrm{r}(\boldsymbol{AB})\leqslant\mathrm{r}(\boldsymbol{B}),$$

又 $\boldsymbol{B}$ 是 $n\times m$ 矩阵, 故 $\mathrm{r}(\boldsymbol{B})\leqslant m$. 于是, $\mathrm{r}(\boldsymbol{B})=m$.

证法二 设 $\boldsymbol{B}$ 的列向量组为 $\boldsymbol{\beta}_1,\boldsymbol{\beta}_2,\cdots,\boldsymbol{\beta}_m$, 则

$$\boldsymbol{B}=[\boldsymbol{\beta}_1,\boldsymbol{\beta}_2,\cdots,\boldsymbol{\beta}_m],$$

令

$$k_1\boldsymbol{\beta}_1+k_2\boldsymbol{\beta}_2+\cdots+k_m\boldsymbol{\beta}_m=\boldsymbol{\theta},$$

这里 $\boldsymbol{\theta}$ 是 n 元零列向量. 上式可改写为

$$[\boldsymbol{\beta}_1,\boldsymbol{\beta}_2,\cdots,\boldsymbol{\beta}_m]\begin{bmatrix}k_1\\k_2\\\vdots\\k_m\end{bmatrix}=\boldsymbol{\theta},$$

即

$$\boldsymbol{B}\begin{bmatrix}k_1\\k_2\\\vdots\\k_m\end{bmatrix}=\boldsymbol{\theta},$$

已知 $\boldsymbol{AB}=\boldsymbol{I}$, 故用 $\boldsymbol{A}$ 左乘上式两端

$$\boldsymbol{AB}\begin{bmatrix}k_1\\k_2\\\vdots\\k_m\end{bmatrix}=\boldsymbol{A\theta}=\boldsymbol{\theta},$$

由此可得

$$\begin{bmatrix}k_1\\k_2\\\vdots\\k_m\end{bmatrix}=\begin{bmatrix}0\\0\\\vdots\\0\end{bmatrix},$$

即 $k_1=k_2=\cdots=k_m=0$, 所以 $\boldsymbol{\beta}_1,\boldsymbol{\beta}_2,\cdots,\boldsymbol{\beta}_m$ 线性无关.

2.3 齐次线性方程组解的结构

本节和下一节将讨论数域 F 上的线性方程组, 即它的系数和常数项都在 F 中, 并在数域 F 上求方程组的解, 即方程组的每个解都是由数域 F 中的数构成的有序数组. 我们将利用数域 F 上的向量组的线性相关性理论研究并解决线性方程组解的结构问题.

设 $\boldsymbol{A}$ 是数域 F 上 $m\times n$ 矩阵, 对 $\boldsymbol{A}$ 按列分块 $\boldsymbol{A}=[\boldsymbol{\alpha}_1,\boldsymbol{\alpha}_2,\cdots,\boldsymbol{\alpha}_n]$, 则齐次线性方程组

$$\boldsymbol{AX}=\mathbf{0} \tag{2.3.1}$$

可表示为

$$x_1\boldsymbol{\alpha}_1+x_2\boldsymbol{\alpha}_2+\cdots+x_n\boldsymbol{\alpha}_n=\boldsymbol{\theta}. \tag{2.3.2}$$

称 (2.3.2) 式为**齐次线性方程组** (2.3.1) **的向量表达式**. 于是, 齐次方程组 (2.3.1) 有非零解的充要条件是 $\boldsymbol{\alpha}_1,\boldsymbol{\alpha}_2,\cdots,\boldsymbol{\alpha}_n$ 线性相关. 又 $\mathrm{r}(\boldsymbol{A})=\mathrm{r}\{\boldsymbol{\alpha}_1,\boldsymbol{\alpha}_2,\cdots,\boldsymbol{\alpha}_n\}$, 所以有

定理 2.3.1　齐次线性方程组 $\boldsymbol{AX}=\mathbf{0}$ 有非零解的充要条件是 $\mathrm{r}(\boldsymbol{A})$ 小于 $\boldsymbol{A}$ 的列数.

这个定理也可叙述为: 齐次线性方程组 $\boldsymbol{AX}=\mathbf{0}$ 只有零解的充要条件是 $\mathrm{r}(\boldsymbol{A})$ 等于 $\boldsymbol{A}$ 的列数.

为了研究线性方程组解的结构, 我们把 n 元线性方程组的一个解看成一个 n 元列向量, 称为**解向量**.

性质 2.3.1　设 $\boldsymbol{X}_1,\boldsymbol{X}_2$ 是齐次线性方程组 $\boldsymbol{AX}=\mathbf{0}$ 的任意两个解向量, $k\in F$, 则有

(1) $\boldsymbol{X}_1+\boldsymbol{X}_2$ 是此方程组的解向量;

(2) $k\boldsymbol{X}_1$ 是此方程组的解向量.

证　(1) 因 $\boldsymbol{AX}_1=\mathbf{0},\boldsymbol{AX}_2=\mathbf{0}$, 故

$$\boldsymbol{A}(\boldsymbol{X}_1+\boldsymbol{X}_2)=\boldsymbol{AX}_1+\boldsymbol{AX}_2=\mathbf{0},$$

所以 $\boldsymbol{X}_1+\boldsymbol{X}_2$ 也是 $\boldsymbol{AX}=\mathbf{0}$ 的解向量.

(2) 因 $\boldsymbol{A}(k\boldsymbol{X}_1)=k(\boldsymbol{AX}_1)=k\mathbf{0}=\mathbf{0}$, 故 $k\boldsymbol{X}_1$ 也是 $\boldsymbol{AX}=\mathbf{0}$ 的解向量.

性质 2.3.1 的两个结论可综合为: 若 $\boldsymbol{X}_1,\boldsymbol{X}_2$ 是 $\boldsymbol{AX}=\mathbf{0}$ 的解向量, 则 $\boldsymbol{X}_1$, $\boldsymbol{X}_2$ 的任意线性组合 $k_1\boldsymbol{X}_1+k_2\boldsymbol{X}_2$ 也是 $\boldsymbol{AX}=\mathbf{0}$ 的解向量. 并且这个结论可推广为任意有限个解向量的情形.

交互实验 2.3.1

扫描交互实验 2.3.1 的二维码, 利用三元齐次线性方程组的几何意义, 选择解向量的线性组合, 验证性质 2.3.1 中的结论.

在上一节, 我们引入了极大无关组的概念. 通过其等价定义, 可以发现极大无关组在某种程度上反映了向量组的结构. 下面将这一想法推广到齐次线性方程组的解集合中.

定义 2.3.1 设 $\boldsymbol{X}_1, \boldsymbol{X}_2, \cdots, \boldsymbol{X}_t$ 是齐次线性方程组 $\boldsymbol{AX}=\boldsymbol{0}$ 的 t 个解向量. 若它们满足

(1) $\boldsymbol{X}_1, \boldsymbol{X}_2, \cdots, \boldsymbol{X}_t$ 线性无关,

(2) $\boldsymbol{AX}=\boldsymbol{0}$ 的任一解向量均可由 $\boldsymbol{X}_1, \boldsymbol{X}_2, \cdots, \boldsymbol{X}_t$ 线性表出, 则称 $\boldsymbol{X}_1, \boldsymbol{X}_2, \cdots, \boldsymbol{X}_t$ 是齐次线性方程组 $\boldsymbol{AX}=\boldsymbol{0}$ 的一个**基础解系**.

若齐次线性方程组 $\boldsymbol{AX}=\boldsymbol{0}$ 有基础解系 $\boldsymbol{X}_1, \boldsymbol{X}_2, \cdots, \boldsymbol{X}_t$, 则它的一般解可表示为

$$k_1\boldsymbol{X}_1+k_2\boldsymbol{X}_2+\cdots+k_t\boldsymbol{X}_t,$$

其中, $k_1, k_2, \cdots, k_t \in F$.

基础解系搭建了齐次线性方程组解集合的结构, 现在的问题是如何寻找齐次线性方程组的基础解系. 下面的定理解决了这个问题.

定理 2.3.2 设 $\boldsymbol{A}$ 是 $m \times n$ 矩阵. 若 $\mathrm{r}(\boldsymbol{A})=r<n$, 则齐次线性方程组 $\boldsymbol{AX}=\boldsymbol{0}$ 存在基础解系, 且基础解系包含 $n-r$ 个解向量.

证 将 $\boldsymbol{A}$ 用初等行变换化为阶梯形矩阵 $\boldsymbol{T}$, 为便于书写, 可设

$$\boldsymbol{T}=\begin{bmatrix} b_{11} & b_{12} & \cdots & b_{1r} & \cdots & b_{1n} \\ 0 & b_{22} & \cdots & b_{2r} & \cdots & b_{2n} \\ \vdots & \vdots & & \vdots & & \vdots \\ 0 & 0 & \cdots & b_{rr} & \cdots & b_{rn} \\ 0 & 0 & \cdots & 0 & \cdots & 0 \\ \vdots & \vdots & & \vdots & & \vdots \\ 0 & 0 & \cdots & 0 & \cdots & 0 \end{bmatrix},$$

其中 $\boldsymbol{T}$ 的主元为 $b_{11}, b_{22}, \cdots, b_{rr}$, 则对应的阶梯形方程组为

$$\begin{cases} b_{11}x_1+b_{12}x_2+\cdots+b_{1r}x_r+\cdots+b_{1n}x_n=0, \\ \qquad b_{22}x_2+\cdots+b_{2r}x_r+\cdots+b_{2n}x_n=0, \\ \qquad\cdots\cdots\cdots\cdots \\ \qquad\qquad b_{rr}x_r+\cdots+b_{rn}x_n=0, \end{cases}$$

取 $x_{r+1}, x_{r+2}, \cdots, x_n$ 为自由未知数, 则有

$$\begin{cases} b_{11}x_1+b_{12}x_2+\cdots+b_{1r}x_r=-b_{1,r+1}x_{r+1}-\cdots-b_{1n}x_n, \\ \qquad b_{22}x_2+\cdots+b_{2r}x_r=-b_{2,r+1}x_{r+1}-\cdots-b_{2n}x_n, \\ \qquad\cdots\cdots\cdots\cdots \\ \qquad\qquad b_{rr}x_r=-b_{r,r+1}x_{r+1}-\cdots-b_{rn}x_n, \end{cases} \tag{2.3.3}$$

让自由未知数分别取下列 $n-r$ 组值

$$1,0,\cdots,0;0,1,0,\cdots,0;\cdots;0,\cdots,0,1,$$

由方程组 (2.3.3) 相应地求得 $n-r$ 个解向量 (也是 $\boldsymbol{AX}=\mathbf{0}$ 的解向量)

$$\begin{aligned}
&\boldsymbol{X}_1=(c_{11},c_{12},\cdots,c_{1r},1,0,\cdots,0)^{\mathrm{T}},\\
&\boldsymbol{X}_2=(c_{21},c_{22},\cdots,c_{2r},0,1,\cdots,0)^{\mathrm{T}},\\
&\qquad\cdots\\
&\boldsymbol{X}_{n-r}=(c_{n-r,1},c_{n-r,2},\cdots,c_{n-r,r},0,\cdots,0,1)^{\mathrm{T}}.
\end{aligned}$$

下面证明 $\boldsymbol{X}_1,\boldsymbol{X}_2,\cdots,\boldsymbol{X}_{n-r}$ 就是一个基础解系:

(1) 证明 $\boldsymbol{X}_1,\boldsymbol{X}_2,\cdots,\boldsymbol{X}_{n-r}$ 线性无关.

以 $\boldsymbol{X}_1,\boldsymbol{X}_2,\cdots,\boldsymbol{X}_{n-r}$ 为行构造矩阵 $\boldsymbol{C}$, 容易求得 $\mathrm{r}(\boldsymbol{C})=n-r$, 故

$$\mathrm{r}\left\{\boldsymbol{X}_1,\boldsymbol{X}_2,\cdots,\boldsymbol{X}_{n-r}\right\}=n-r,$$

所以, $\boldsymbol{X}_1,\boldsymbol{X}_2,\cdots,\boldsymbol{X}_{n-r}$ 线性无关.

(2) 证明 $\boldsymbol{AX}=\mathbf{0}$ 的任一解向量均可由 $\boldsymbol{X}_1,\boldsymbol{X}_2,\cdots,\boldsymbol{X}_{n-r}$ 线性表出.

任取 $\boldsymbol{AX}=\mathbf{0}$ 的一个解向量 $\boldsymbol{X}_0=(d_1,d_2,\cdots,d_r,d_{r+1},\cdots,d_n)^{\mathrm{T}}$.

令

$$\begin{aligned}
\boldsymbol{X}_0^*&=\boldsymbol{X}_0-d_{r+1}\boldsymbol{X}_1-d_{r+2}\boldsymbol{X}_2-\cdots-d_n\boldsymbol{X}_{n-r}\\
&=(d_1^*,d_2^*,\cdots,d_r^*,0,\cdots,0)^{\mathrm{T}},
\end{aligned}$$

则 $\boldsymbol{X}_0^*$ 也是 $\boldsymbol{AX}=\mathbf{0}$ 的解向量, 把 $\boldsymbol{X}_0^*$ 代入同解方程组 (2.3.3), 得

$$\left\{\begin{aligned}
b_{11}d_1^*+b_{12}d_2^*+\cdots+b_{1r}d_r^*&=0,\\
b_{22}d_2^*+\cdots+b_{2r}d_r^*&=0,\\
\cdots\cdots\cdots\cdots&\\
b_{rr}d_r^*&=0,
\end{aligned}\right.$$

依次回代可求出 $d_1^*=d_2^*=\cdots=d_r^*=0$. 于是

$$\boldsymbol{X}_0-d_{r+1}\boldsymbol{X}_1-d_{r+2}\boldsymbol{X}_2-\cdots-d_n\boldsymbol{X}_{n-r}=\boldsymbol{X}_0^*=\boldsymbol{\theta},$$

即

$$\boldsymbol{X}_0=d_{r+1}\boldsymbol{X}_1+d_{r+2}\boldsymbol{X}_2+\cdots+d_n\boldsymbol{X}_{n-r},$$

所以, $\boldsymbol{X}_0$ 可由 $\boldsymbol{X}_1,\boldsymbol{X}_2,\cdots,\boldsymbol{X}_{n-r}$ 线性表出.

当齐次线性方程组 $\boldsymbol{AX}=\mathbf{0}$ 只有零解时, 其解集合的结构一目了然; 当 $\boldsymbol{AX}=\mathbf{0}$ 有非零解时, 其解集合包含无穷多解, 它的结构需要研究. 而

定理 2.3.2 告诉我们, 此时方程组存在基础解系, 问题迎刃而解. 此外, 定理 2.3.2 的证明过程提供了一种求基础解系的方法.

例 2.3.1 求下列齐次线性方程组的一个基础解系:

$$\begin{cases} x_1 + 2x_2 + x_3 + x_4 + x_5 = 0, \\ 2x_1 + 4x_2 + 3x_3 + 4x_4 + x_5 = 0, \\ -x_1 - 2x_2 + x_3 + 3x_4 - 3x_5 = 0, \\ 2x_3 + 4x_4 - 2x_5 = 0. \end{cases}$$

解 对系数矩阵 $\boldsymbol{A}$ 作初等行变换, 将它化为阶梯形

$$\boldsymbol{A} = \begin{bmatrix} 1 & 2 & 1 & 1 & 1 \\ 2 & 4 & 3 & 4 & 1 \\ -1 & -2 & 1 & 3 & -3 \\ 0 & 0 & 2 & 4 & -2 \end{bmatrix} \longrightarrow \begin{bmatrix} 1 & 2 & 1 & 1 & 1 \\ 0 & 0 & 1 & 2 & -1 \\ 0 & 0 & 0 & 0 & 0 \\ 0 & 0 & 0 & 0 & 0 \end{bmatrix},$$

对应阶梯形方程组为

$$\begin{cases} x_1 + 2x_2 + x_3 + x_4 + x_5 = 0, \\ x_3 + 2x_4 - x_5 = 0, \end{cases}$$

选 x_2, x_4, x_5 为自由未知数, 得

$$\begin{cases} x_1 + x_3 = -2x_2 - x_4 - x_5, \\ x_3 = -2x_4 + x_5, \end{cases}$$

取 $x_2 = 1, x_4 = 0, x_5 = 0$ 得 $\boldsymbol{X}_1 = (-2, 1, 0, 0, 0)^{\mathrm{T}}$;

取 $x_2 = 0, x_4 = 1, x_5 = 0$ 得 $\boldsymbol{X}_2 = (1, 0, -2, 1, 0)^{\mathrm{T}}$;

取 $x_2 = 0, x_4 = 0, x_5 = 1$ 得 $\boldsymbol{X}_3 = (-2, 0, 1, 0, 1)^{\mathrm{T}}$.

于是, $\boldsymbol{X}_1, \boldsymbol{X}_2, \boldsymbol{X}_3$ 为方程组的一个基础解系.

例 2.3.2 求下列齐次线性方程组的一般解:

$$\begin{cases} x_1 + x_2 + x_3 = 0, \\ 2x_1 + 5x_2 + 4x_3 = 0, \\ 3x_1 + 6x_2 + 5x_3 = 0. \end{cases}$$

解 用初等行变换将系数矩阵 $\boldsymbol{A}$ 化为阶梯形

$$\boldsymbol{A}=\begin{bmatrix}1&1&1\\2&5&4\\3&6&5\end{bmatrix}\longrightarrow\begin{bmatrix}1&1&1\\0&3&2\\0&0&0\end{bmatrix},$$

对应阶梯形方程组为

$$\begin{cases}x_1+\ x_2+\ x_3=0,\\ \qquad 3x_2+2x_3=0,\end{cases}$$

选 x_3 为自由未知数, 得

$$\begin{cases}x_1+x_2=-x_3,\\ \qquad 3x_2=-2x_3,\end{cases}$$

取 $x_3=3$ 得

$$\boldsymbol{X}_1=(-1,-2,3)^{\mathrm{T}}.$$

于是, $\boldsymbol{X}_1$ 为方程组的一个基础解系. 故原方程组的一般解为 $k_1\boldsymbol{X}_1\,(k_1\in F)$.

在定理 2.3.2 的证明中, 自由未知数 $x_{r+1},x_{r+2},\cdots,x_n$ 的取值实际上是任意的, 只需保证所得解向量 $\boldsymbol{X}_1,\boldsymbol{X}_2,\cdots,\boldsymbol{X}_{n-r}$ 线性无关即可.

例 2.3.3 设 $\boldsymbol{A}$ 是 $m\times n$ 矩阵, 且 $\mathrm{r}(\boldsymbol{A})=r<n$, 则齐次线性方程组 $\boldsymbol{AX}=\boldsymbol{0}$ 的任意 $n-r$ 个线性无关的解向量均构成一个基础解系.

证 设 $\boldsymbol{X}_1^*,\boldsymbol{X}_2^*,\cdots,\boldsymbol{X}_{n-r}^*$ 是 $\boldsymbol{AX}=\boldsymbol{0}$ 的 $n-r$ 个线性无关的解向量, $\boldsymbol{X}_0$ 是 $\boldsymbol{AX}=\boldsymbol{0}$ 的任意一个解向量. 要证 $\boldsymbol{X}_1^*$, $\boldsymbol{X}_2^*$, $\cdots$, $\boldsymbol{X}_{n-r}^*$ 是基础解系, 只需证明 $\boldsymbol{X}_0$ 可由 $\boldsymbol{X}_1^*$, $\boldsymbol{X}_2^*,\cdots,\boldsymbol{X}_{n-r}^*$ 线性表出.

任取 $\boldsymbol{AX}=\boldsymbol{0}$ 的一个基础解系 $\boldsymbol{X}_1$, $\boldsymbol{X}_2,\cdots,\boldsymbol{X}_{n-r}$, 根据定义, 解向量组 $\boldsymbol{X}_0,\boldsymbol{X}_1^*$, $\boldsymbol{X}_2^*,\cdots,\boldsymbol{X}_{n-r}^*$ 可由 $\boldsymbol{X}_1$, $\boldsymbol{X}_2,\cdots$, $\boldsymbol{X}_{n-r}$ 线性表出. 根据定理 2.1.3, $\boldsymbol{X}_0$, $\boldsymbol{X}_1^*$, $\boldsymbol{X}_2^*,\cdots$, $\boldsymbol{X}_{n-r}^*$ 线性相关. 又 $\boldsymbol{X}_1^*,\boldsymbol{X}_2^*,\cdots,\boldsymbol{X}_{n-r}^*$ 线性无关, 故由定理 2.1.2 得, $\boldsymbol{X}_0$ 可由 $\boldsymbol{X}_1^*$, $\boldsymbol{X}_2^*,\cdots,\boldsymbol{X}_{n-r}^*$ 线性表出.

定理 2.3.2 揭示了矩阵 $\boldsymbol{A}$ 的秩与齐次线性方程组 $\boldsymbol{AX}=\boldsymbol{0}$ 的解的关系, 我们可以利用这一点, 通过研究基础解系来讨论矩阵的秩.

例 2.3.4 设 $\boldsymbol{A}$ 是 $m\times n$ 实矩阵, 则

$$\mathrm{r}\left(\boldsymbol{A}^{\mathrm{T}}\boldsymbol{A}\right)=\mathrm{r}\left(\boldsymbol{AA}^{\mathrm{T}}\right)=\mathrm{r}(\boldsymbol{A}).$$

证 只需证明: $\mathrm{r}\left(\boldsymbol{A}^{\mathrm{T}}\boldsymbol{A}\right)=\mathrm{r}(\boldsymbol{A})$.

考虑齐次线性方程组

$$\boldsymbol{A}\boldsymbol{X}=\mathbf{0}, \qquad ①$$

$$\boldsymbol{A}^{\mathrm{T}}\boldsymbol{A}\boldsymbol{X}=\mathbf{0}, \qquad ②$$

任取方程组 ① 的一个解 $\boldsymbol{\alpha}_1$, 则 $\boldsymbol{A}\boldsymbol{\alpha}_1=\mathbf{0}$. 此式两边同时左乘 $\boldsymbol{A}^{\mathrm{T}}$, 得

$$\boldsymbol{A}^{\mathrm{T}}\boldsymbol{A}\boldsymbol{\alpha}_1=\boldsymbol{A}^{\mathrm{T}}\mathbf{0}=\mathbf{0},$$

所以 $\boldsymbol{\alpha}_1$ 也是方程组 ② 的解.

反之, 任取方程组 ② 的一个解 $\boldsymbol{\alpha}_2$. 若方程组 ② 只有零解, 则 $\boldsymbol{\alpha}_2$ 也是方程组 ① 的解; 若方程组 ② 有非零解, 因方程组 ② 的系数矩阵为一个实矩阵, 由定理 2.3.2 中构造基础解系的方法可知, 方程组 ② 存在一个由实向量构成的基础解系 $\boldsymbol{X}_1,\boldsymbol{X}_2,\cdots,\boldsymbol{X}_t$, 使得

$$\boldsymbol{\alpha}_2=k_1\boldsymbol{X}_1+k_2\boldsymbol{X}_2+\cdots+k_t\boldsymbol{X}_t, \tag{2.3.4}$$

其中, $k_1,k_2,\cdots,k_t\in F$. 因

$$\boldsymbol{A}^{\mathrm{T}}\boldsymbol{A}\boldsymbol{X}_i=\mathbf{0},\quad i=1,2,\cdots,t,$$

两边同时左乘 $\boldsymbol{X}_i^{\mathrm{T}}$, 得

$$\boldsymbol{X}_i^{\mathrm{T}}\boldsymbol{A}^{\mathrm{T}}\boldsymbol{A}\boldsymbol{X}_i=(\boldsymbol{A}\boldsymbol{X}_i)^{\mathrm{T}}(\boldsymbol{A}\boldsymbol{X}_i)=\boldsymbol{X}_i^{\mathrm{T}}\mathbf{0}=\mathbf{0},$$

因 $\boldsymbol{A}\boldsymbol{X}_i$ 为实向量, 从而 $\boldsymbol{A}\boldsymbol{X}_i=\mathbf{0},i=1,2,\cdots,t$, 由 (2.3.4) 式可知 $\boldsymbol{\alpha}_2$ 也是方程组 ① 的解.

综上所述, 方程组 ① 与方程组 ② 同解. 若方程组 ①、② 都只有零解, 则显然 $\mathrm{r}(\boldsymbol{A})=\mathrm{r}\left(\boldsymbol{A}^{\mathrm{T}}\boldsymbol{A}\right)=n$. 否则, 两个齐次方程组有相同的基础解系. 根据定理 2.3.2 可得

$$n-\mathrm{r}(\boldsymbol{A})=n-\mathrm{r}\left(\boldsymbol{A}^{\mathrm{T}}\boldsymbol{A}\right),$$

于是, $\mathrm{r}(\boldsymbol{A})=\mathrm{r}\left(\boldsymbol{A}^{\mathrm{T}}\boldsymbol{A}\right)$.

2.4 非齐次线性方程组解的结构

利用上一节关于齐次线性方程组的结论, 现在可以对数域 F 上的非齐次线性方程组的解集进行讨论了.

设 $\boldsymbol{A}$ 是数域 F 上的 $m\times n$ 矩阵, $\boldsymbol{b}$ 是数域 F 上的 $m\times 1$ 矩阵, 对 $\boldsymbol{A}$ 按列分块 $\boldsymbol{A}=[\boldsymbol{\alpha}_1,\boldsymbol{\alpha}_2,\cdots,\boldsymbol{\alpha}_n]$, 则线性方程组

$$\boldsymbol{A}\boldsymbol{X}=\boldsymbol{b} \tag{2.4.1}$$

可表示为

$$x_1\boldsymbol{\alpha}_1+x_2\boldsymbol{\alpha}_2+\cdots+x_n\boldsymbol{\alpha}_n=\boldsymbol{\beta}, \tag{2.4.2}$$

这里 $\boldsymbol{\beta}$ 即列矩阵 $\boldsymbol{b}$, 称 (2.4.2) 式为**非齐次线性方程组 (2.4.1) 的向量表达式**. 由此易得, 方程组 (2.4.1) 有解的充要条件是 $\boldsymbol{\beta}$ 可由 $\boldsymbol{\alpha}_1,\boldsymbol{\alpha}_2,\cdots,\boldsymbol{\alpha}_n$ 线性表出.

于是, 我们有

定理 2.4.1 非齐次线性方程组 $\boldsymbol{AX}=\boldsymbol{b}$ 有解的充要条件是 $\mathrm{r}(\boldsymbol{A})=\mathrm{r}(\widetilde{\boldsymbol{A}})$, 这里 $\widetilde{\boldsymbol{A}}$ 是该方程组的增广矩阵 $[\boldsymbol{A}\ \boldsymbol{b}]$.

证 将 $\boldsymbol{A}$ 与 $\widetilde{\boldsymbol{A}}$ 按列分块: $\boldsymbol{A}=[\boldsymbol{\alpha}_1,\boldsymbol{\alpha}_2,\cdots,\boldsymbol{\alpha}_n]$, $\widetilde{\boldsymbol{A}}=[\boldsymbol{\alpha}_1,\boldsymbol{\alpha}_2,\cdots,\boldsymbol{\alpha}_n,\boldsymbol{\beta}]$, 这里 $\boldsymbol{\beta}$ 即矩阵 $\boldsymbol{b}$.

必要性: 若方程组 $\boldsymbol{AX}=\boldsymbol{b}$ 有解, 由 (2.4.2) 式得 $\boldsymbol{\beta}$ 可由 $\boldsymbol{\alpha}_1,\boldsymbol{\alpha}_2,\cdots,\boldsymbol{\alpha}_n$ 线性表出, 从而 $\{\boldsymbol{\alpha}_1,\boldsymbol{\alpha}_2,\cdots,\boldsymbol{\alpha}_n\}\cong\{\boldsymbol{\alpha}_1,\boldsymbol{\alpha}_2,\cdots,\boldsymbol{\alpha}_n,\boldsymbol{\beta}\}$, 故 $\mathrm{r}\{\boldsymbol{\alpha}_1,\boldsymbol{\alpha}_2,\cdots,\boldsymbol{\alpha}_n\}=\mathrm{r}\{\boldsymbol{\alpha}_1,\boldsymbol{\alpha}_2,\cdots,\boldsymbol{\alpha}_n,\boldsymbol{\beta}\}$, 即 $\mathrm{r}(\boldsymbol{A})=\mathrm{r}(\widetilde{\boldsymbol{A}})$.

充分性: 设 $\mathrm{r}(\boldsymbol{A})=\mathrm{r}(\widetilde{\boldsymbol{A}})=r$, 且 $\boldsymbol{\alpha}_{i_1},\boldsymbol{\alpha}_{i_2},\cdots,\boldsymbol{\alpha}_{i_r}$ 为 $\boldsymbol{\alpha}_1,\boldsymbol{\alpha}_2,\cdots,\boldsymbol{\alpha}_n$ 的一个极大无关组, 则 $\boldsymbol{\alpha}_{i_1},\boldsymbol{\alpha}_{i_2},\cdots,\boldsymbol{\alpha}_{i_r},\boldsymbol{\beta}$ 线性相关, 由定理 2.1.2 得 $\boldsymbol{\beta}$ 可由 $\boldsymbol{\alpha}_{i_1},\boldsymbol{\alpha}_{i_2},\cdots,\boldsymbol{\alpha}_{i_r}$ 线性表出, 从而可由 $\boldsymbol{\alpha}_1,\boldsymbol{\alpha}_2,\cdots,\boldsymbol{\alpha}_n$ 线性表出, 即方程组 $\boldsymbol{AX}=\boldsymbol{b}$ 有解.

从线性方程组 (2.4.1) 的向量表达式 (2.4.2) 还可发现, (2.4.1) 有唯一解的充要条件是 $\boldsymbol{\beta}$ 可由 $\boldsymbol{\alpha}_1,\boldsymbol{\alpha}_2,\cdots,\boldsymbol{\alpha}_n$ 线性表出, 且表示法唯一. 这不仅要求 $\boldsymbol{\alpha}_1,\boldsymbol{\alpha}_2,\cdots,\boldsymbol{\alpha}_n$ 与 $\boldsymbol{\alpha}_1,\boldsymbol{\alpha}_2,\cdots,\boldsymbol{\alpha}_n,\boldsymbol{\beta}$ 有相同的秩, 而且还要求 $\boldsymbol{\alpha}_1,\boldsymbol{\alpha}_2,\cdots,\boldsymbol{\alpha}_n$ 线性无关. 因此又有

定理 2.4.2 非齐次线性方程组 $\boldsymbol{AX}=\boldsymbol{b}$ 有唯一解的充要条件是 $\mathrm{r}(\boldsymbol{A})=\mathrm{r}(\widetilde{\boldsymbol{A}})=n$, 这里 $\widetilde{\boldsymbol{A}}=[\boldsymbol{A}\ \boldsymbol{b}]$.

这个定理的等价命题是: $\boldsymbol{AX}=\boldsymbol{b}$ 有无穷多解的充要条件是 $\mathrm{r}(\boldsymbol{A})=\mathrm{r}(\widetilde{\boldsymbol{A}})<n$.

当方程组 (2.4.1) 有无穷多解时, 解集的结构如何, 就是下面要讨论的问题.

由三元线性方程组的几何意义可知, 三元非齐次线性方程 $ax+by+cz=d(d\neq 0)$ 的解集是不过原点的一个平面 π, 而相应的齐次线性方程 $ax+by+cz=0$ 的解集是过原点的一个平面 π_0. 如图 2.4.1 所示. 平面 π 可以由 π_0 沿着向量 $\boldsymbol{\gamma_0}$ 平移得到, 其中 $\boldsymbol{\gamma_0}\in\pi$. 由向量加法的几何意义可以得到, π 上每一个向量 $\boldsymbol{\gamma}$ 可以表示成 $\boldsymbol{\gamma}=\boldsymbol{\gamma}_0+\boldsymbol{\alpha}$, 其中 $\boldsymbol{\alpha}\in\pi_0$. 反之,

对于 π_0 上任一向量 $\boldsymbol{\alpha}$, 都有 $\boldsymbol{\gamma}_0+\boldsymbol{\alpha}\in\pi$. 因此

$$\pi=\{\boldsymbol{\gamma}_0+\boldsymbol{\alpha}|\boldsymbol{\alpha}\in\pi_0\}.$$

从上述几何空间中的例子可以发现, 非齐次线性方程组的解与齐次线性方程组的解有着密切的关系. 设有非齐次线性方程组 $\boldsymbol{AX}=\boldsymbol{b}$, 把常数项全部换为零 (即将 $\boldsymbol{b}$ 换为零列矩阵) 得到齐次线性方程组 $\boldsymbol{AX}=\boldsymbol{0}$, 称后者为前者的**导出方程组**.

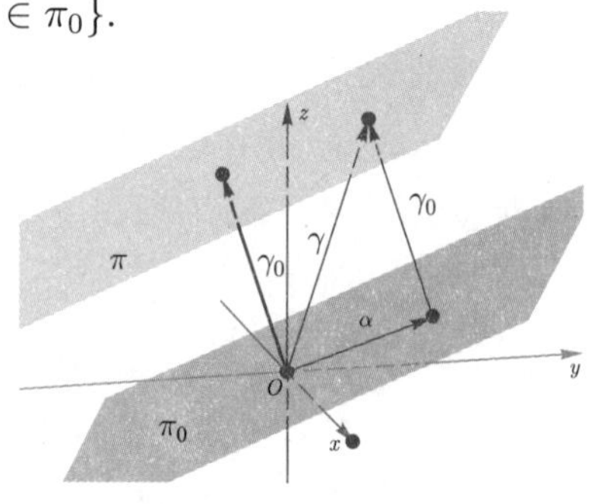

图 2.4.1 方程组的解

性质 2.4.1 (1) 设 $\boldsymbol{X}_1,\boldsymbol{X}_2$ 是非齐次线性方程组 $\boldsymbol{AX}=\boldsymbol{b}$ 的任意两个解向量, 则 $\boldsymbol{X}_1-\boldsymbol{X}_2$ 是其导出方程组 $\boldsymbol{AX}=\boldsymbol{0}$ 的解向量.

(2) 设 $\boldsymbol{X}_0$ 是非齐次线性方程组 $\boldsymbol{AX}=\boldsymbol{b}$ 的任一解向量, $\overline{\boldsymbol{X}}$ 是其导出方程组 $\boldsymbol{AX}=\boldsymbol{0}$ 的任一解向量, 则 $\boldsymbol{X}_0+\overline{\boldsymbol{X}}$ 是 $\boldsymbol{AX}=\boldsymbol{b}$ 的解向量.

证 (1) 因 $\boldsymbol{X}_1,\boldsymbol{X}_2$ 都是 $\boldsymbol{AX}=\boldsymbol{b}$ 的解, 故 $\boldsymbol{AX}_1=\boldsymbol{b},\boldsymbol{AX}_2=\boldsymbol{b}$, 于是

$$\boldsymbol{A}(\boldsymbol{X}_1-\boldsymbol{X}_2)=\boldsymbol{AX}_1-\boldsymbol{AX}_2=\boldsymbol{b}-\boldsymbol{b}=\boldsymbol{0},$$

所以 $\boldsymbol{X}_1-\boldsymbol{X}_2$ 是 $\boldsymbol{AX}=\boldsymbol{0}$ 的解.

(2) 因 $\boldsymbol{X}_0$ 是 $\boldsymbol{AX}=\boldsymbol{b}$ 的解, $\overline{\boldsymbol{X}}$ 是 $\boldsymbol{AX}=\boldsymbol{0}$ 的解, 故 $\boldsymbol{AX}_0=\boldsymbol{b},\boldsymbol{A}\overline{\boldsymbol{X}}=\boldsymbol{0}$. 于是

$$\boldsymbol{A}\left(\boldsymbol{X}_0+\overline{\boldsymbol{X}}\right)=\boldsymbol{AX}_0+\boldsymbol{A}\overline{\boldsymbol{X}}=\boldsymbol{b}+\boldsymbol{0}=\boldsymbol{b},$$

所以 $\boldsymbol{X}_0+\overline{\boldsymbol{X}}$ 是 $\boldsymbol{AX}=\boldsymbol{b}$ 的解.

交互实验 2.4.1

扫描交互实验 2.4.1 的二维码, 利用三元非齐次线性方程组的几何意义, 选择不同的解向量, 验证性质 2.4.1 中的结论.

与齐次线性方程组不同的是, 非齐次线性方程组解向量的线性组合一般不再是非齐次线性方程组的解向量. 也就是说, 若 $\boldsymbol{X}_1,\boldsymbol{X}_2,\cdots,\boldsymbol{X}_s$ 是非齐次线性方程组 $\boldsymbol{AX}=\boldsymbol{b}$ 的解向量, 则

$$k_1\boldsymbol{X}_1+k_2\boldsymbol{X}_2+\cdots+k_s\boldsymbol{X}_s$$

一般不再是 $\boldsymbol{AX}=\boldsymbol{b}$ 的解向量, 除非 $k_1+k_2+\cdots+k_s=1$.

与齐次线性方程组相同的是, 非齐次线性方程组仅在有无穷多解时, 才需研究解集合的结构.

定理 2.4.3　设非齐次线性方程组 $\boldsymbol{AX}=\boldsymbol{b}$ 有无穷多解, 则其一般解为

$$\boldsymbol{X}_0+k_1\boldsymbol{X}_1+k_2\boldsymbol{X}_2+\cdots+k_t\boldsymbol{X}_t, \tag{2.4.3}$$

其中 $\boldsymbol{X}_0$ 是 $\boldsymbol{AX}=\boldsymbol{b}$ 的一个特解, $\boldsymbol{X}_1,\boldsymbol{X}_2,\cdots,\boldsymbol{X}_t$ 是导出方程组 $\boldsymbol{AX}=\boldsymbol{0}$ 的一个基础解系, $k_1,k_2,\cdots,k_t\in F$.

证　显然, (2.4.3) 式是 $\boldsymbol{AX}=\boldsymbol{b}$ 的解. 反之, 任取 $\boldsymbol{AX}=\boldsymbol{b}$ 的一个解 $\boldsymbol{X}$, 则 $\boldsymbol{X}-\boldsymbol{X}_0$ 是导出方程组 $\boldsymbol{AX}=\boldsymbol{0}$ 的解. 于是, $\boldsymbol{X}-\boldsymbol{X}_0=k_1\boldsymbol{X}_1+k_2\boldsymbol{X}_2+\cdots+k_t\boldsymbol{X}_t$, 即

$$\boldsymbol{X}=\boldsymbol{X}_0+k_1\boldsymbol{X}_1+k_2\boldsymbol{X}_2+\cdots+k_t\boldsymbol{X}_t,$$

由此可知, (2.4.3) 式是 $\boldsymbol{AX}=\boldsymbol{b}$ 的一般解.

例 2.4.1　求下列线性方程组的一般解:

$$\begin{cases} x_1+5x_2-\ x_3-\ x_4=-1,\\ x_1-2x_2+\ x_3+3x_4=\ 3,\\ 3x_1+8x_2-\ x_3+\ x_4=\ 1,\\ x_1-9x_2+3x_3+7x_4=\ 7.\end{cases}$$

解　将增广矩阵 $\widetilde{\boldsymbol{A}}=[\boldsymbol{A}\ \boldsymbol{b}]$ 用初等行变换化为阶梯形

$$\widetilde{\boldsymbol{A}}=\begin{bmatrix}1&5&-1&-1&-1\\1&-2&1&3&3\\3&8&-1&1&1\\1&-9&3&7&7\end{bmatrix}\longrightarrow\begin{bmatrix}1&5&-1&-1&-1\\0&7&-2&-4&-4\\0&0&0&0&0\\0&0&0&0&0\end{bmatrix},$$

对应阶梯形方程组为

$$\begin{cases} x_1+5x_2-\ x_3-\ x_4=-1,\\ \qquad 7x_2-2x_3-4x_4=-4,\end{cases}$$

选 x_3,x_4 为自由未知数, 得

$$\begin{cases} x_1+5x_2=-1+\ x_3+\ x_4,\\ \qquad 7x_2=-4+2x_3+4x_4,\end{cases} \tag{2.4.4}$$

令 $x_3=x_4=0$, 由方程组 (2.4.4) 得原方程组的一个特解

$$\boldsymbol{X}_0=\left(\frac{13}{7},-\frac{4}{7},0,0\right)^{\mathrm{T}}.$$

把方程组 (2.4.4) 中的常数项 -1, -4 均去掉, 得

$$\begin{cases} x_1+5x_2= \ x_3+\ x_4, \\ \qquad 7x_2=2x_3+4x_4, \end{cases} \tag{2.4.5}$$

不难看出, 方程组 (2.4.5) 就是原方程组的导出方程组对应的阶梯形方程组 (而且已选定自由未知数). 因此, 由 (2.4.5) 可求导出方程组的基础解系. 取 $x_3=1, x_4=0$, 由方程组 (2.4.5) 解得

$$\boldsymbol{X}_1=\left(-\frac{3}{7},\frac{2}{7},1,0\right)^{\mathrm{T}},$$

取 $x_3=0, x_4=1$, 由方程组 (2.4.5) 解得

$$\boldsymbol{X}_2=\left(-\frac{13}{7},\frac{4}{7},0,1\right)^{\mathrm{T}},$$

则 $\boldsymbol{X}_1,\boldsymbol{X}_2$ 是导出方程组的一个基础解系.

于是, 原方程组的一般解为

$$\boldsymbol{X}_0+k_1\boldsymbol{X}_1+k_2\boldsymbol{X}_2,$$

其中 $k_1,k_2\in F$.

例 2.4.2 已知 $\boldsymbol{X}_0=(-1,1,1)^{\mathrm{T}}, \boldsymbol{X}_0^*=(1,-3,3)^{\mathrm{T}}$ 是线性方程组

$$\begin{cases} x_1+\ x_2+\ x_3=1, \\ x_1+2x_2+3x_3=4, \\ ax_1+bx_2+cx_3=d \end{cases}$$

的两个解, 求此方程组的一般解.

解　因为方程组有两个解, 所以方程组解不唯一. 设系数矩阵为 $\boldsymbol{A}$, 增广矩阵为 $\tilde{\boldsymbol{A}}$, 根据定理 2.4.2, $\mathrm{r}(\boldsymbol{A})=\mathrm{r}(\tilde{\boldsymbol{A}})<3$.

从系数矩阵 $\boldsymbol{A}$ 的前两行可以看出 $\mathrm{r}(\boldsymbol{A})\geqslant 2$, 于是得 $\mathrm{r}(\boldsymbol{A})=2$, 此方程组的导出方程组的基础解系应含 $3-2=1$ 个解.

令 $\boldsymbol{X}_1=\boldsymbol{X}_0-\boldsymbol{X}_0^*=(-2,4,-2)^{\mathrm{T}}$, 则 $\boldsymbol{X}_1$ 是导出方程组的非零解. 于是, 可取 $\boldsymbol{X}_1$ 作为其基础解系, 由此得原方程组的一般解为

$$\boldsymbol{X}_0+k_1\boldsymbol{X}_1,$$

其中 $k_1\in F$.

注意, 只有齐次线性方程组才有基础解系的概念. 但是, 非齐次线性方程组也存在着一组特殊的解, 与基础解系有些相似之处.

例 2.4.3 设 $\boldsymbol{X}_0$ 是非齐次线性方程组 $\boldsymbol{AX}=\boldsymbol{b}$ 的一个特解, $\boldsymbol{X}_1,\boldsymbol{X}_2,\cdots,\boldsymbol{X}_t$ 是导出方程组 $\boldsymbol{AX}=\boldsymbol{0}$ 的一个基础解系, 则 $\boldsymbol{X}_0,\boldsymbol{X}_0+\boldsymbol{X}_1,\boldsymbol{X}_0+\boldsymbol{X}_2,\cdots,\boldsymbol{X}_0+\boldsymbol{X}_t$ 线性无关, 并且 $\boldsymbol{AX}=\boldsymbol{b}$ 的任意一个解均可表示为

$$k_0\boldsymbol{X}_0+k_1(\boldsymbol{X}_0+\boldsymbol{X}_1)+k_2(\boldsymbol{X}_0+\boldsymbol{X}_2)+\cdots+k_t(\boldsymbol{X}_0+\boldsymbol{X}_t),$$

其中 $k_0+k_1+k_2+\cdots+k_t=1$.

证 令

$$c_0\boldsymbol{X}_0+c_1(\boldsymbol{X}_0+\boldsymbol{X}_1)+c_2(\boldsymbol{X}_0+\boldsymbol{X}_2)+\cdots+c_t(\boldsymbol{X}_0+\boldsymbol{X}_t)=\boldsymbol{\theta},$$

则有

$$(c_0+c_1+c_2+\cdots+c_t)\boldsymbol{X}_0+c_1\boldsymbol{X}_1+c_2\boldsymbol{X}_2+\cdots+c_t\boldsymbol{X}_t=\boldsymbol{\theta}, \tag{2.4.6}$$

若 $c_0+c_1+c_2+\cdots+c_t\neq 0$, 则由 (2.4.6) 式可得, $\boldsymbol{X}_0$ 可由 $\boldsymbol{X}_1,\boldsymbol{X}_2,\cdots,\boldsymbol{X}_t$ 线性表出. 此时, $\boldsymbol{X}_0$ 也是导出方程组 $\boldsymbol{AX}=\boldsymbol{0}$ 的解, 与题设矛盾. 因此, 必有

$$c_0+c_1+c_2+\cdots+c_t=0, \tag{2.4.7}$$

将 (2.4.7) 式代入 (2.4.6) 式得

$$c_1\boldsymbol{X}_1+c_2\boldsymbol{X}_2+\cdots+c_t\boldsymbol{X}_t=\boldsymbol{\theta},$$

又 $\boldsymbol{X}_1,\boldsymbol{X}_2,\cdots,\boldsymbol{X}_t$ 线性无关, 故得 $c_1=c_2=\cdots=c_t=0$. 将之代入 (2.4.7) 式得 $c_0=0$. 因此, $\boldsymbol{X}_0,\boldsymbol{X}_0+\boldsymbol{X}_1,\boldsymbol{X}_0+\boldsymbol{X}_2,\cdots,\boldsymbol{X}_0+\boldsymbol{X}_t$ 线性无关.

任取 $\boldsymbol{AX}=\boldsymbol{b}$ 的一个解 $\boldsymbol{X}$, 根据定理 2.4.3, $\boldsymbol{X}$ 可表示为

$$\begin{aligned}\boldsymbol{X}&=\boldsymbol{X}_0+k_1\boldsymbol{X}_1+k_2\boldsymbol{X}_2+\cdots+k_t\boldsymbol{X}_t\\&=\left(1-\sum_{i=1}^{t}k_i\right)\boldsymbol{X}_0+k_1(\boldsymbol{X}_0+\boldsymbol{X}_1)+\cdots+k_t(\boldsymbol{X}_0+\boldsymbol{X}_t),\end{aligned}$$

令 $k_0=1-k_1-\cdots-k_t$, 则 $k_0+k_1+\cdots+k_t=1$.

到此为止, 我们已经完成了对线性方程组三个主要问题的讨论. 应该指出的是, 这些讨论只是为线性方程组的实际应用提供了理论基础, 而具体应用时还要考虑规模、误差等多种因素. 特别是对无解线性方程组, 在实际问题中就不能以无解为由而不再考虑. 在第 3.4.5 节, 我们将对无解线性方程组进行深入讨论.

习题二

1. 设 $\boldsymbol{\alpha}_1=(1,-1,2,-2,0),\boldsymbol{\beta}=(0,2,-5,1,2)$, 计算 $3\boldsymbol{\alpha}-2\boldsymbol{\beta}$.

2. 已知 $\boldsymbol{\alpha}_1=(2,5,1,3),\boldsymbol{\alpha}_2=(10,1,5,10),\boldsymbol{\alpha}_3=(4,1,-1,1)$, 并且 $3(\boldsymbol{\alpha}_1-\boldsymbol{\beta})+2(\boldsymbol{\alpha}_2+\boldsymbol{\beta})=5(\boldsymbol{\alpha}_3+\boldsymbol{\beta})$, 求向量 $\boldsymbol{\beta}$.

3. 已知 $\boldsymbol{\beta}=(0,0,0,1),\boldsymbol{\alpha}_1=(1,1,0,1),\boldsymbol{\alpha}_2=(2,1,3,1),\boldsymbol{\alpha}_3=(1,1,0,0)$, $\boldsymbol{\alpha}_4=(0,1,-1,-1)$, 把向量 $\boldsymbol{\beta}$ 表示成 $\boldsymbol{\alpha}_1,\boldsymbol{\alpha}_2,\boldsymbol{\alpha}_3,\boldsymbol{\alpha}_4$ 的线性组合.

4. 已知 $\boldsymbol{\beta}=(5,4,1),\boldsymbol{\alpha}_1=(2,3,t),\boldsymbol{\alpha}_2=(-1,2,3),\boldsymbol{\alpha}_3=(3,1,2)$, 当 t 取何值时, $\boldsymbol{\beta}$ 可由 $\boldsymbol{\alpha}_1,\boldsymbol{\alpha}_2,\boldsymbol{\alpha}_3$ 线性表出? 当 $\boldsymbol{\beta}$ 可由 $\boldsymbol{\alpha}_1,\boldsymbol{\alpha}_2,\boldsymbol{\alpha}_3$ 线性表出时, 求出相应的表达式.

5. 判断下列向量组是否线性相关:

(1) $\boldsymbol{\alpha}_1=(1,1,1),\boldsymbol{\alpha}_2=(1,2,3),\boldsymbol{\alpha}_3=(1,3,6)$;

(2) $\boldsymbol{\alpha}_1=(1,2,3,4),\boldsymbol{\alpha}_2=(1,0,1,2),\boldsymbol{\alpha}_3=(3,-1,-1,0),\boldsymbol{\alpha}_4=(1,2,0,5)$;

(3) $\boldsymbol{\alpha}_1=(1,1,1),\boldsymbol{\alpha}_2=(0,2,5),\boldsymbol{\alpha}_3=(1,3,6)$.

6. 证明: 若 $\boldsymbol{\alpha}_1,\boldsymbol{\alpha}_2$ 线性无关, 则 $\boldsymbol{\alpha}_1+\boldsymbol{\alpha}_2,\boldsymbol{\alpha}_1-\boldsymbol{\alpha}_2$ 也线性无关.

7. 证明: $\boldsymbol{\alpha}_1+\boldsymbol{\alpha}_2,\boldsymbol{\alpha}_2+\boldsymbol{\alpha}_3,\boldsymbol{\alpha}_3+\boldsymbol{\alpha}_1$ 线性无关的充要条件是 $\boldsymbol{\alpha}_1,\boldsymbol{\alpha}_2,\boldsymbol{\alpha}_3$ 线性无关.

8. 设 $\boldsymbol{\alpha}_i=(a_{i1},a_{i2},\cdots,a_{ik}),i=1,2,\cdots,m$. 令

$$\boldsymbol{\beta}_i=(a_{i1},a_{i2},\cdots,a_{ik},a_{i,k+1},\cdots,a_{in}),i=1,2,\cdots,m,$$

证明: 若 $\boldsymbol{\alpha}_1,\boldsymbol{\alpha}_2,\cdots,\boldsymbol{\alpha}_m$ 线性无关, 则 $\boldsymbol{\beta}_1,\boldsymbol{\beta}_2,\cdots,\boldsymbol{\beta}_m$ 线性无关.

9. 证明: 向量 $\boldsymbol{\alpha},\boldsymbol{\beta}$ 线性相关的充要条件是 $\boldsymbol{\alpha}$ 与 $\boldsymbol{\beta}$ 的分量对应成比例.

10. 设 $\boldsymbol{\alpha}_1,\boldsymbol{\alpha}_2,\cdots,\boldsymbol{\alpha}_m$ 线性无关, $\boldsymbol{\beta}$ 不能由 $\boldsymbol{\alpha}_1,\boldsymbol{\alpha}_2,\cdots,\boldsymbol{\alpha}_m$ 线性表出, 证明: $\boldsymbol{\alpha}_1, \boldsymbol{\alpha}_2,\cdots,\boldsymbol{\alpha}_m,\boldsymbol{\beta}$ 线性无关.

11. 设 $\boldsymbol{\beta}$ 可由 $\boldsymbol{\alpha}_1,\boldsymbol{\alpha}_2,\cdots,\boldsymbol{\alpha}_m$ 线性表出, 证明: 表示方法唯一的充要条件是 $\boldsymbol{\alpha}_1,\boldsymbol{\alpha}_2,\cdots,\boldsymbol{\alpha}_m$ 线性无关.

12. 设 $\boldsymbol{\alpha}_1,\boldsymbol{\alpha}_2,\boldsymbol{\alpha}_3$ 线性无关, 当 s,t 满足什么条件时, $s\boldsymbol{\alpha}_2-\boldsymbol{\alpha}_1,t\boldsymbol{\alpha}_3-\boldsymbol{\alpha}_2$, $\boldsymbol{\alpha}_1-\boldsymbol{\alpha}_3$ 线性无关?

13. 设 $\boldsymbol{\alpha}=(1,2,a)^{\mathrm{T}},\boldsymbol{A}=\begin{bmatrix}2&-1&1\\b&1&1\\2&1&0\end{bmatrix}$, 当 a,b 满足什么条件时, $\boldsymbol{\alpha},\boldsymbol{A}\boldsymbol{\alpha}$ 线性相关?

14. 判别下列说法是否正确? 若正确, 则给出证明; 若不正确, 则举反例说明:

(1) 若存在一组不全为零的数 $k_1, k_2, \cdots, k_m \in F$ 使

$$k_1\boldsymbol{\alpha}_1 + k_2\boldsymbol{\alpha}_2 + \cdots + k_m\boldsymbol{\alpha}_m \neq \boldsymbol{\theta},$$

则向量组 $\boldsymbol{\alpha}_1, \boldsymbol{\alpha}_2, \cdots, \boldsymbol{\alpha}_m$ 线性无关;

(2) 若 $\boldsymbol{\alpha}_1, \boldsymbol{\alpha}_2, \cdots, \boldsymbol{\alpha}_m$ 线性相关, 则每个 $\boldsymbol{\alpha}_i$ 均可由其余 $m-1$ 个向量 $\boldsymbol{\alpha}_1, \cdots, \boldsymbol{\alpha}_{i-1}, \boldsymbol{\alpha}_{i+1}, \cdots, \boldsymbol{\alpha}_m$ 线性表出;

(3) 线性无关的向量组不包含零向量;

(4) $\boldsymbol{\alpha}_1+\boldsymbol{\alpha}_2, \boldsymbol{\alpha}_2+\boldsymbol{\alpha}_3, \boldsymbol{\alpha}_3+\boldsymbol{\alpha}_4, \boldsymbol{\alpha}_4+\boldsymbol{\alpha}_1$ 线性无关的充要条件是 $\boldsymbol{\alpha}_1, \boldsymbol{\alpha}_2, \boldsymbol{\alpha}_3, \boldsymbol{\alpha}_4$ 线性无关 ;

(5) 线性相关的向量组至少有一个部分组 (真子集) 也线性相关.

15. 证明: 向量组 $\boldsymbol{\alpha}_1, \boldsymbol{\alpha}_2, \cdots, \boldsymbol{\alpha}_m\,(\boldsymbol{\alpha}_1 \neq \boldsymbol{\theta}, m > 1)$ 线性相关的充要条件是存在 $\boldsymbol{\alpha}_i (1 < i \leqslant m)$ 可由 $\boldsymbol{\alpha}_1, \boldsymbol{\alpha}_2, \cdots, \boldsymbol{\alpha}_{i-1}$ 线性表出.

16. 设 $m \times n$ 矩阵 $\boldsymbol{A}$ 经过初等行变换化可为矩阵 $\boldsymbol{B}, \boldsymbol{A}$ 和 $\boldsymbol{B}$ 的列向量组分别为 $\boldsymbol{\alpha}_1, \boldsymbol{\alpha}_2, \cdots, \boldsymbol{\alpha}_n$ 和 $\boldsymbol{\beta}_1, \boldsymbol{\beta}_2, \cdots, \boldsymbol{\beta}_n$, 证明: 对任意 n 个数 $k_1, k_2, \cdots, k_n \in F$, 下式

$$k_1\boldsymbol{\alpha}_1 + k_2\boldsymbol{\alpha}_2 + \cdots + k_n\boldsymbol{\alpha}_n = \boldsymbol{\theta}$$

成立的充要条件是

$$k_1\boldsymbol{\beta}_1 + k_2\boldsymbol{\beta}_2 + \cdots + k_n\boldsymbol{\beta}_n = \boldsymbol{\theta}$$

成立.

17. 设 $\boldsymbol{\alpha}_1, \boldsymbol{\alpha}_2, \cdots, \boldsymbol{\alpha}_m$ 是一组 n 元向量, 证明: 若任一 n 元向量均可由 $\boldsymbol{\alpha}_1$, $\boldsymbol{\alpha}_2, \cdots, \boldsymbol{\alpha}_m$ 线性表出, 则 $m \geqslant n$.

18. 证明: 两个等价的线性无关向量组包含相同个数的向量.

19. 证明: 两个等价的向量组具有相同的秩.

20. 设 $\boldsymbol{\alpha}_1, \boldsymbol{\alpha}_2, \cdots, \boldsymbol{\alpha}_n$ 是一组 n 元向量, 证明: 若任一 n 元向量均可由 $\boldsymbol{\alpha}_1$, $\boldsymbol{\alpha}_2, \cdots, \boldsymbol{\alpha}_n$ 线性表出, 则 $\boldsymbol{\alpha}_1, \boldsymbol{\alpha}_2, \cdots, \boldsymbol{\alpha}_n$ 线性无关.

21. 设向量 $\boldsymbol{\alpha}_1, \boldsymbol{\alpha}_2, \boldsymbol{\alpha}_3, \boldsymbol{\alpha}_4, \boldsymbol{\alpha}_5$ 满足

$$\mathrm{r}\{\boldsymbol{\alpha}_1, \boldsymbol{\alpha}_2, \boldsymbol{\alpha}_3\} = \mathrm{r}\{\boldsymbol{\alpha}_1, \boldsymbol{\alpha}_2, \boldsymbol{\alpha}_3, \boldsymbol{\alpha}_4\} = 3,\ \mathrm{r}\{\boldsymbol{\alpha}_1, \boldsymbol{\alpha}_2, \boldsymbol{\alpha}_3, \boldsymbol{\alpha}_4, \boldsymbol{\alpha}_5\} = 4,$$

证明：$\boldsymbol{\alpha}_1, \boldsymbol{\alpha}_2, \boldsymbol{\alpha}_3, \boldsymbol{\alpha}_5 - \boldsymbol{\alpha}_4$ 的秩为 4.

22. 求下列向量组的秩及其一个极大无关组, 并将其余向量用极大无关组线性表出:

(1) $\boldsymbol{\alpha}_1=(-2,1,0,3),\boldsymbol{\alpha}_2=(1,-3,2,4),\boldsymbol{\alpha}_3=(3,0,2,-1),\boldsymbol{\alpha}_4=(2,-2,4,6)$;

(2) $\boldsymbol{\alpha}_1=(1,1,1),\boldsymbol{\alpha}_2=(1,1,0),\boldsymbol{\alpha}_3=(1,0,0),\boldsymbol{\alpha}_4=(1,2,3)$;

(3) $\boldsymbol{\alpha}_1=(1,2,3,-4),\boldsymbol{\alpha}_2=(2,3,-4,1),\boldsymbol{\alpha}_3=(2,-5,8,-3)$, $\boldsymbol{\alpha}_4=(5,26,-9,-12),\boldsymbol{\alpha}_5=(3,-4,1,2)$.

23. 设有向量组 $\boldsymbol{\alpha}_1=(1,-1,2,4),\boldsymbol{\alpha}_2=(0,3,1,2),\boldsymbol{\alpha}_3=(3,0,7,14)$, $\boldsymbol{\alpha}_4=(1,-1,2,0),\boldsymbol{\alpha}_5=(2,1,5,6)$, 求一个包含 $\boldsymbol{\alpha}_1,\boldsymbol{\alpha}_2$ 的极大无关组. 并问这样的极大无关组是否唯一?

24. 利用 16 题证明: 初等行变换不改变矩阵列向量组的秩.

25. 已知两个向量组有相同的秩, 且其中一个向量组可由另一个向量组线性表出, 证明: 这两个向量组等价.

26. 设 $\boldsymbol{A}$ 是 $m\times n$ 矩阵 $(m<n)$, 问方阵 $\boldsymbol{A}\boldsymbol{A}^{\mathrm{T}}$ 与 $\boldsymbol{A}^{\mathrm{T}}\boldsymbol{A}$ 哪个肯定不可逆?

27. 设 $\boldsymbol{A}$ 为 n 阶幂等矩阵 (即$\boldsymbol{A}^2=\boldsymbol{A}$), 证明:

$$\mathrm{r}(\boldsymbol{A})+\mathrm{r}(\boldsymbol{A}-\boldsymbol{I})=n.$$

28. 设 $\boldsymbol{A}$ 为 n 阶方阵, 且 $\boldsymbol{A}^2=\boldsymbol{I}$, 证明:

$$\mathrm{r}(\boldsymbol{A}+\boldsymbol{I})+\mathrm{r}(\boldsymbol{A}-\boldsymbol{I})=n.$$

29. 设 $\boldsymbol{A}$ 是 n 阶方阵, 且 $\mathrm{r}(\boldsymbol{A})=1$, 证明: $\boldsymbol{A}$ 可分解为

$$\boldsymbol{A}=\begin{bmatrix}a_1\\a_2\\\vdots\\a_n\end{bmatrix}\begin{bmatrix}b_1&b_2&\cdots&b_n\end{bmatrix}.$$

30. 证明: 向量组中任意一个线性无关的部分组均可扩充为一个极大无关组.

31. 求下列齐次线性方程组的一个基础解系及一般解:

$$(1)\begin{cases}x_1-\ \ x_2+5x_3-\ \ x_4=0,\\x_1+\ \ x_2-2x_3+3x_4=0,\\3x_1-\ \ x_2+8x_3+\ \ x_4=0,\\x_1+3x_2-9x_3+7x_4=0;\end{cases}$$

(2) $\begin{cases} 3x_1 + x_2 - 8x_3 + 2x_4 + x_5 = 0, \\ 2x_1 - 2x_2 - 3x_3 - 7x_4 + 2x_5 = 0, \\ x_1 + 11x_2 - 12x_3 + 34x_4 - 5x_5 = 0, \\ x_1 - 5x_2 + 2x_3 - 16x_4 + 3x_5 = 0; \end{cases}$

(3) $\begin{cases} x_1 - x_3 + x_5 = 0, \\ x_2 - x_4 + x_6 = 0, \\ x_1 - x_2 + x_5 - x_6 = 0, \\ x_2 - x_3 + x_5 = 0, \\ x_1 - x_4 + x_5 = 0; \end{cases}$

(4) $x_1 + 2x_2 + 3x_3 + \cdots + nx_n = 0.$

32. 求下列线性方程组的一般解, 并用导出方程组的基础解系来表示:

(1) $\begin{cases} x_1 - 5x_2 + 2x_3 - 3x_4 = 11, \\ -3x_1 + x_2 - 4x_3 + 2x_4 = -5, \\ -x_1 - 9x_2 - 4x_4 = 17, \\ 5x_1 + 3x_2 + 6x_3 - x_4 = -1; \end{cases}$

(2) $\begin{cases} x_1 + x_2 + x_3 + x_4 + x_5 = 7, \\ 3x_1 + 2x_2 + x_3 + x_4 - 3x_5 = -2, \\ x_2 + 2x_3 + 2x_4 + 6x_5 = 23, \\ 5x_1 + 4x_2 + 3x_3 + 3x_4 - x_5 = 12; \end{cases}$

(3) $x_1 + x_2 + x_3 + x_4 + x_5 = 6.$

33. 设

$$\begin{cases} x_1 - x_2 = a_1, \\ x_2 - x_3 = a_2, \\ x_3 - x_4 = a_3, \\ x_4 - x_5 = a_4, \\ x_5 - x_1 = a_5, \end{cases}$$

证明: 这个线性方程组有解的充要条件是 $a_1 + a_2 + a_3 + a_4 + a_5 = 0$. 在有解时, 求其一般解.

34. 设 $\boldsymbol{A}=\begin{bmatrix} a & 1 & 1 & 2 \\ 2 & a+1 & 2a & 3a+1 \\ 1 & 1 & 1 & 2 \end{bmatrix}$, 且存在 3 阶非零方阵 $\boldsymbol{B}$, 使 $\boldsymbol{BA}=\boldsymbol{0}$. 求 a.

35. 设 $\boldsymbol{A},\boldsymbol{B}$ 是 n 阶方阵, 证明: $\boldsymbol{I}-\boldsymbol{AB}$ 可逆的充要条件是 $\boldsymbol{I}-\boldsymbol{BA}$ 可逆.

36. 已知 $\boldsymbol{X}_1=(1,2,3,4),\boldsymbol{X}_2=(4,3,2,1)$, 求一齐次线性方程组 $\boldsymbol{AX}=\boldsymbol{0}$, 使其以 $\boldsymbol{X}_1,\boldsymbol{X}_2$ 为一个基础解系.

37. 设 $\boldsymbol{A}$ 是 $m\times n$ 矩阵, $\mathrm{r}(\boldsymbol{A})=r(<n)$, 证明: 齐次线性方程组 $\boldsymbol{AX}=\boldsymbol{0}$ 的任意 $n-r$ 个线性无关的解向量都是该方程组的一个基础解系.

38. 设 $\boldsymbol{X}_1,\boldsymbol{X}_2,\boldsymbol{X}_3,\boldsymbol{X}_4$ 是齐次线性方程组 $\boldsymbol{AX}=\boldsymbol{0}$ 的一个基础解系, 下述向量组中哪一个也是该方程组的基础解系:

(1) $\boldsymbol{X}_1+\boldsymbol{X}_2,\boldsymbol{X}_2+\boldsymbol{X}_3,\boldsymbol{X}_3+\boldsymbol{X}_4,\boldsymbol{X}_4+\boldsymbol{X}_1$;

(2) $\boldsymbol{X}_1+\boldsymbol{X}_2,\boldsymbol{X}_2+\boldsymbol{X}_3,\boldsymbol{X}_3-\boldsymbol{X}_4,\boldsymbol{X}_4-\boldsymbol{X}_1$;

(3) $\boldsymbol{X}_1+\boldsymbol{X}_2,\boldsymbol{X}_2+\boldsymbol{X}_3,\boldsymbol{X}_3+\boldsymbol{X}_4,\boldsymbol{X}_4-\boldsymbol{X}_1$;

(4) $\boldsymbol{X}_1-\boldsymbol{X}_2,\boldsymbol{X}_2-\boldsymbol{X}_3,\boldsymbol{X}_3-\boldsymbol{X}_4,\boldsymbol{X}_4-\boldsymbol{X}_1$.

39. 设 $\boldsymbol{A}$ 是 $m\times n$ 矩阵, $\mathrm{r}(\boldsymbol{A})=m$, 且 $\boldsymbol{\beta}_1,\boldsymbol{\beta}_2,\cdots,\boldsymbol{\beta}_{n-m}$ 是齐次线性方程组 $\boldsymbol{AX}=\boldsymbol{0}$ 的一个基础解系,

$$\boldsymbol{\beta}_i=(b_{i1},b_{i2},\cdots,b_{in})^{\mathrm{T}},\ 其中\ i=1,2,\cdots,n-m,$$

令

$$\boldsymbol{B}=\begin{bmatrix} b_{11} & b_{12} & \cdots & b_{1n} \\ b_{21} & b_{22} & \cdots & b_{2n} \\ \vdots & \vdots & & \vdots \\ b_{n-m,1} & b_{n-m,2} & \cdots & b_{n-m,n} \end{bmatrix},$$

且设 $\boldsymbol{A}$ 的行向量组为 $\boldsymbol{\alpha}_1,\boldsymbol{\alpha}_2,\cdots,\boldsymbol{\alpha}_m$, 证明: 齐次线性方程组 $\boldsymbol{BY}=\boldsymbol{0}$ 的一个基础解系为 $\boldsymbol{\alpha}_1^{\mathrm{T}},\boldsymbol{\alpha}_2^{\mathrm{T}},\cdots,\boldsymbol{\alpha}_m^{\mathrm{T}}$.

40. 设 $\boldsymbol{A}$ 是 3×4 矩阵, $\mathrm{r}(\boldsymbol{A})=3$, 且 $\boldsymbol{X}_1,\boldsymbol{X}_2,\boldsymbol{X}_3$ 是非齐次线性方程组 $\boldsymbol{AX}=\boldsymbol{b}$ 的三个解. 已知 $\boldsymbol{X}_1+\boldsymbol{X}_2=(2,3,1,1),\boldsymbol{X}_2+\boldsymbol{X}_3=(1,2,0,0)$, 求该方程组的一般解.

41. 线性方程组 $\boldsymbol{AX}=\boldsymbol{b}$ 的系数矩阵 $\boldsymbol{A}$ 和增广矩阵 $\widetilde{\boldsymbol{A}}=[\boldsymbol{A}\ \boldsymbol{b}]$ 满足什么条件时, 可使该方程组有解, 并且全部解向量的第 i 个分量均为零.

42. 设 $\boldsymbol{B}$ 是 $m\times n$ 矩阵, 且其 m 个行向量是齐次线性方程组 $\boldsymbol{AX}=\mathbf{0}$ 的一个基础解系. 证明: 对任一 m 阶可逆矩阵 $\boldsymbol{C}$, 均有 $\boldsymbol{CB}$ 的行向量组也是 $\boldsymbol{AX}=\mathbf{0}$ 的基础解系.

43. 什么条件下, 在齐次线性方程组

$$\begin{cases} x_2+ax_3+bx_4=0, \\ -x_1+cx_3+dx_4=0, \\ ax_1+cx_2-ex_4=0, \\ bx_1+dx_2+ex_3=0 \end{cases}$$

的一般解中可取 x_3,x_4 作为自由未知数.

44. 设 $\boldsymbol{X}_0$ 是非齐次线性方程组 $\boldsymbol{AX}=\boldsymbol{b}$ 的一个特解, $\boldsymbol{X}_1,\boldsymbol{X}_2,\cdots,\boldsymbol{X}_t$ 是导出方程组 $\boldsymbol{AX}=\mathbf{0}$ 的一个基础解系, 证明: $\boldsymbol{X}_0,\boldsymbol{X}_1,\boldsymbol{X}_2,\cdots,\boldsymbol{X}_t$ 线性无关.

45. 设 $\boldsymbol{A},\boldsymbol{B}$ 是 n 阶方阵, 证明: 矩阵方程 $\boldsymbol{AX}=\boldsymbol{B}$ 有解的充要条件是

$$\mathrm{r}(\boldsymbol{A})=\mathrm{r}([\boldsymbol{A}\ \boldsymbol{B}]).$$

46. 设 $\boldsymbol{\beta}=(b_1,b_2,\cdots,b_n),\boldsymbol{\alpha}_i=(a_{i1},a_{i2},\cdots,a_{in})$, 其中 $i=1,2,\cdots,m$, 证明: 若齐次线性方程组

$$\begin{cases} a_{11}x_1+a_{12}x_2+\cdots+a_{1n}x_n=0, \\ a_{21}x_1+a_{22}x_2+\cdots+a_{2n}x_n=0, \\ \cdots\cdots\cdots\cdots \\ a_{m1}x_1+a_{m2}x_2+\cdots+a_{mn}x_n=0 \end{cases}$$

的解都是方程

$$b_1x_1+b_2x_2+\cdots+b_nx_n=0$$

的解, 则向量 $\boldsymbol{\beta}$ 可由向量组 $\boldsymbol{\alpha}_1,\boldsymbol{\alpha}_2,\cdots,\boldsymbol{\alpha}_m$ 线性表出.

第三章 线性空间与线性变换

正如前面介绍过的, 在许多理论研究和实际应用中都需要处理有序数组 (向量)、矩阵、映射等对象. 为了用整体的观点考虑和研究这些对象, 我们有必要引入由这些对象及其线性运算构成的代数系统, 这就是线性空间, 它是研究客观世界中线性问题的重要理论, 即使对于非线性问题, 经过局部化后, 也可以运用线性空间的理论对其展开理论研究. 本章, 我们将讨论线性空间的结构、介绍线性空间之间保持加法与数乘的映射 —— 线性映射, 并重点研究一个线性空间到其自身的线性映射 —— 线性变换.

3.1 线性空间

通过前两章的学习, 我们已经知道数域 F 上所有 n 元向量组成的集合有加法、数量乘法运算, 它们满足加法交换律、结合律等八条运算法则 (性质 2.1.1); 数域 F 上所有 $m\times n$ 矩阵组成的集合有矩阵的加法、数量乘法运算, 它们也满足加法交换律、结合律等八条运算法则 (性质 1.3.1). 类似的情况还有很多. 由此受到启发, 人们从这些结构相似的代数系统中抽象出共同的属性, 略去具体元素与具体运算的实际含义. 这一抽象的代数系统就是线性空间.

定义 3.1.1 设 V 是一个非空集合, F 是一个数域. 在 V 的元素之间定义一种代数运算称为**加法**, 即对任意 $\boldsymbol{\alpha},\boldsymbol{\beta}\in V$, 在 V 中都有唯一的一个元素 $\boldsymbol{\gamma}$ 与它们对应, 称之为 $\boldsymbol{\alpha}$ 与 $\boldsymbol{\beta}$ 的和, 记为 $\boldsymbol{\gamma}=\boldsymbol{\alpha}+\boldsymbol{\beta}$. 在数域 F 和集合 V 的元素之间还定义了一种运算称为**数量乘法**, 即对任一 $k\in F$ 及任一 $\boldsymbol{\alpha}\in V$, 在 V 中都有唯一的一个元素 $\boldsymbol{\delta}$ 与它们对应, 称之为 k 与 $\boldsymbol{\alpha}$ 的**数量乘积**, 记为 $\boldsymbol{\delta}=k\boldsymbol{\alpha}$. 如果加法与数量乘法满足下面八条运算规则, 就称 V 是 F 上的**线性空间**. 这八条运算规则是:

(1) $\boldsymbol{\alpha}+\boldsymbol{\beta}=\boldsymbol{\beta}+\boldsymbol{\alpha}$;

(2) $(\boldsymbol{\alpha}+\boldsymbol{\beta})+\boldsymbol{\gamma}=\boldsymbol{\alpha}+(\boldsymbol{\beta}+\boldsymbol{\gamma})$;

(3) 在 V 中存在一个元素 $\boldsymbol{\theta}$, 对任一 $\boldsymbol{\alpha}\in V$, 都有 $\boldsymbol{\alpha}+\boldsymbol{\theta}=\boldsymbol{\alpha}$, 其中 $\boldsymbol{\theta}$ 称为 V 的**零元素**;

(4) 对任一 $\boldsymbol{\alpha}\in V$, 都存在 V 中的元素 $\boldsymbol{\sigma}$ 使得 $\boldsymbol{\alpha}+\boldsymbol{\sigma}=\boldsymbol{\theta}$, 其中 $\boldsymbol{\sigma}$ 称为 $\boldsymbol{\alpha}$ 的**负元素**, 记为 $-\boldsymbol{\alpha}$;

(5) $1\boldsymbol{\alpha}=\boldsymbol{\alpha}$;

(6) $(kl)\boldsymbol{\alpha}=k(l\boldsymbol{\alpha})$;

(7) $(k+l)\boldsymbol{\alpha}=k\boldsymbol{\alpha}+l\boldsymbol{\alpha}$;

(8) $k(\boldsymbol{\alpha}+\boldsymbol{\beta})=k\boldsymbol{\alpha}+k\boldsymbol{\beta}$.

这里 $\boldsymbol{\alpha},\boldsymbol{\beta},\boldsymbol{\gamma}$ 是 V 中任意元素, k,l 是 F 中的任意数.

线性空间的元素也称为**向量**. 显然, 这里所谓的向量比前面所述 n 元向量的涵义更广泛.

例 3.1.1 数域 F 上全体 n 元向量的集合对向量的加法及数与向量的数量乘法, 构成 F 上的线性空间 (称之为**向量空间**), 记为 F^n.

例 3.1.2 数域 F 上全体 $m\times n$ 矩阵的集合对矩阵的加法及数与矩阵的数量乘法, 构成 F 上的线性空间 (称之为**矩阵空间**), 记为 $F^{m\times n}$.

例 3.1.3 设

$$F[x]_n=\{a_0+a_1x+a_2x^2+\cdots+a_{n-1}x^{n-1}|a_i\in F,i=0,1,\cdots,n-1\}$$

表示数域 F 上所有次数小于 n 的一元多项式再添加零多项式构成的集合, $F[x]_n$ 中的两个多项式

$$f(x)=\sum_{i=0}^{n-1}a_ix^i,\quad g(x)=\sum_{i=0}^{n-1}b_ix^i,$$

有加法运算

$$f(x)+g(x)=\sum_{i=0}^{n-1}(a_i+b_i)x^i,$$

数域 F 中的数 k 与多项式 $f(x)$ 有数量乘法运算

$$kf(x)=\sum_{i=0}^{n-1}(ka_i)x^i.$$

容易验证, 上述的加法和数量乘法运算满足下列八条运算规则:

(1) 交换律: $f(x)+g(x)=g(x)+f(x)$;

(2) 结合律: $[f(x)+g(x)]+h(x)=f(x)+[g(x)+h(x)]$;

(3) 存在零多项式 $\boldsymbol{\theta}$: 对任一 $f(x)\in F[x]_n$, 都有 $f(x)+\boldsymbol{\theta}=f(x)$;

(4) 存在负多项式: 对任一 $f(x)=\sum\limits_{i=0}^{n-1}a_ix^i\in F[x]_n$, 都有$-f(x)=\sum\limits_{i=0}^{n-1}(-a_i)x^i\in F[x]_n$, 满足 $f(x)+(-f(x))=\boldsymbol{\theta}$;

(5) $1f(x)=f(x)$;

(6) $(kl)f(x)=k(lf(x))$;

(7) $(k+l)f(x)=kf(x)+lf(x)$;

(8) $k(f(x)+g(x))=kf(x)+kg(x)$.

这里 $f(x),g(x),h(x)\in F[x]_n$, $k,l\in F$. 因此, $F[x]_n$ 对多项式的加法及数与多项式的乘法也构成 F 上的线性空间. 同样地, 以数域 F 中的数为系数的全体一元多项式的集合 $F[x]$ 对多项式的加法及数与多项式的乘法, 也构成 F 上的线性空间 (称之为**多项式空间**).

例 3.1.4 在闭区间 $[a,b]$ 上一切连续实函数的集合 $C[a,b]$ 上定义函数的加法及实数与函数的数量乘法

$$(f+g)(x)=f(x)+g(x),\quad \forall\, x\in\mathbf{R},$$
$$(kf)(x)=k(f(x)),\qquad \forall\, x\in\mathbf{R},$$

其中 $f,g\in C[a,b],k\in\mathbf{R}$, 则 $C[a,b]$ 构成实数域 $\mathbf{R}$ 上的线性空间 (称之为**函数空间**).

例 3.1.5 设 $\boldsymbol{A}\in F^{m\times n}$, 则齐次线性方程组 $\boldsymbol{AX}=\mathbf{0}$ 的所有解的集合构成数域 F 上的线性空间. 这个空间称为**方程组 $\boldsymbol{AX}=\mathbf{0}$ 的解空间**, 也称为**矩阵 $\boldsymbol{A}$ 的核**(或**零空间**), 常用 $\mathrm{N}(\boldsymbol{A})$ 表示.

例 3.1.6 设 $\mathbf{R}^+$ 是全体正实数的集合, $\mathbf{R}$ 是实数域. 在 $\mathbf{R}^+$ 中定义元素的加法"$\oplus$"及 $\mathbf{R}$ 中的数与 $\mathbf{R}^+$ 的元素之间的数量乘法"$\cdot$":

$$a\oplus b=ab,\quad k\cdot a=a^k,$$

其中 $a,b\in\mathbf{R}^+,k\in\mathbf{R}$, 则 $\mathbf{R}^+$ 关于运算"$\oplus$"和"$\cdot$"构成 $\mathbf{R}$ 上的线性空间.

证 显然, 如上定义的"$\oplus$"和"$\cdot$"对 $\mathbf{R}^+$ 是封闭的, 即它们确实可作为 $\mathbf{R}^+$ 的运算. 下面逐一验证它们也满足线性空间定义中的八条运算规则. 任取 $a,b,c\in\mathbf{R}^+,k,l\in\mathbf{R}$, 则

(1) $a\oplus b=ab=ba=b\oplus a$;

(2) $(a\oplus b)\oplus c=(ab)\oplus c=(ab)c=a(bc)=a\oplus(bc)=a\oplus(b\oplus c)$;

(3) $a\oplus 1=a1=a$;

(4) $a\oplus\dfrac{1}{a}=a\times\dfrac{1}{a}=1$;

(5) $1 \cdot a = a^1 = a$;

(6) $(kl) \cdot a = a^{kl} = a^{lk} = \left(a^l\right)^k = k \cdot a^l = k \cdot (l \cdot a)$;

(7) $(k+l) \cdot a = a^{k+l} = a^k a^l = a^k \oplus a^l = (k \cdot a) \oplus (l \cdot a)$;

(8) $k \cdot (a \oplus b) = k \cdot (ab) = (ab)^k = a^k b^k = a^k \oplus b^k = (k \cdot a) \oplus (k \cdot b)$.

所以, $\mathbf{R}^+$ 关于"$\oplus$"与"$\cdot$"构成 $\mathbf{R}$ 上的线性空间.

这个例子表明, 线性空间的加法与数量乘法完全是借用 $\mathbf{R}^n$ 及 $\mathbf{R}^{m\times n}$ 中运算的叫法. 而与通常的加法、数乘并无必然联系.

根据线性空间 V 的八条运算规则, 可得出下述几个简单但很有用的性质.

性质 3.1.1 线性空间 V 的零向量唯一, 任一向量的负向量唯一.

证明 设 $\boldsymbol{\theta}_1, \boldsymbol{\theta}_2$ 是 V 的两个零向量, 由 $\boldsymbol{\theta}_1$ 是零向量可得

$$\boldsymbol{\theta}_1 + \boldsymbol{\theta}_2 = \boldsymbol{\theta}_2,$$

由 $\boldsymbol{\theta}_2$ 是零向量可得

$$\boldsymbol{\theta}_1 + \boldsymbol{\theta}_2 = \boldsymbol{\theta}_1,$$

所以 $\boldsymbol{\theta}_1 = \boldsymbol{\theta}_2$, 即零向量唯一.

任取 $\boldsymbol{\alpha} \in V$, 设 $\boldsymbol{\beta}_1, \boldsymbol{\beta}_2$ 是 $\boldsymbol{\alpha}$ 的两个负向量, 则

$$\boldsymbol{\alpha} + \boldsymbol{\beta}_1 = \boldsymbol{\theta}, \quad \boldsymbol{\alpha} + \boldsymbol{\beta}_2 = \boldsymbol{\theta},$$

于是

$$\boldsymbol{\beta}_1 = \boldsymbol{\beta}_1 + \boldsymbol{\theta} = \boldsymbol{\beta}_1 + (\boldsymbol{\alpha} + \boldsymbol{\beta}_2) = (\boldsymbol{\beta}_1 + \boldsymbol{\alpha}) + \boldsymbol{\beta}_2 = \boldsymbol{\theta} + \boldsymbol{\beta}_2 = \boldsymbol{\beta}_2,$$

即 $\boldsymbol{\alpha}$ 的负向量唯一.

性质 3.1.2 设 V 是数域 F 上的线性空间, 则对任意 $\boldsymbol{\alpha} \in V, k \in F$, 都有

(1) $0\boldsymbol{\alpha} = \boldsymbol{\theta}, k\boldsymbol{\theta} = \boldsymbol{\theta}$;

(2) $k(-\boldsymbol{\alpha}) = (-k)\boldsymbol{\alpha} = -(k\boldsymbol{\alpha})$;

(3) 若 $k\boldsymbol{\alpha} = \boldsymbol{\theta}$, 则 $k = 0$ 或 $\boldsymbol{\alpha} = \boldsymbol{\theta}$.

证 利用线性空间运算的八条运算规则可得

(1) $k\boldsymbol{\alpha} = (k+0)\boldsymbol{\alpha} = k\boldsymbol{\alpha} + 0\boldsymbol{\alpha}$, 故 $0\boldsymbol{\alpha} = \boldsymbol{\theta}$. 类似地, 由 $k\boldsymbol{\alpha} + k\boldsymbol{\theta} = k(\boldsymbol{\alpha} + \boldsymbol{\theta}) = k\boldsymbol{\alpha}$ 可得 $k\boldsymbol{\theta} = \boldsymbol{\theta}$.

(2) 由 $k(-\boldsymbol{\alpha}) + k\boldsymbol{\alpha} = k[(-\boldsymbol{\alpha}) + \boldsymbol{\alpha}] = k\boldsymbol{\theta} = \boldsymbol{\theta}$ 可得

$$k(-\boldsymbol{\alpha}) = -(k\boldsymbol{\alpha}),$$

同理可证, $(-k)\boldsymbol{\alpha}=-(k\boldsymbol{\alpha})$.

(3) 若 $k=0$, 则 $k\boldsymbol{\alpha}=0\boldsymbol{\alpha}=\boldsymbol{\theta}$; 若 $k\neq 0$, 则由 $k\boldsymbol{\alpha}=\boldsymbol{\theta}$ 得

$$\boldsymbol{\alpha}=1\boldsymbol{\alpha}=(\frac{1}{k}\times k)\boldsymbol{\alpha}=\frac{1}{k}(k\boldsymbol{\alpha})=\frac{1}{k}\boldsymbol{\theta}=\boldsymbol{\theta}.$$

3.2 基、维数与坐标

由于线性空间中的两种线性运算与 F^n 中的两种线性运算都满足性质 2.1.1, 于是, 可以仿照 F^n 中的做法, 在线性空间中引入线性组合、线性表出、线性相关与线性无关、向量组的秩以及极大无关组等概念, 并且 F^n 中向量组成立的性质、结论等也完全可以推广到线性空间中, 这里不再一一赘述. 下面仅举例说明.

例 3.2.1 在线性空间 $\mathbf{R}^{2\times 2}$ 中, 因为

$$\begin{bmatrix}1&2\\3&4\end{bmatrix}=1\cdot\begin{bmatrix}1&0\\0&0\end{bmatrix}+2\cdot\begin{bmatrix}0&1\\0&0\end{bmatrix}+3\cdot\begin{bmatrix}0&0\\1&0\end{bmatrix}+4\cdot\begin{bmatrix}0&0\\0&1\end{bmatrix},$$

所以, 矩阵 $\begin{bmatrix}1&2\\3&4\end{bmatrix}$ 是矩阵 $\begin{bmatrix}1&0\\0&0\end{bmatrix}$、$\begin{bmatrix}0&1\\0&0\end{bmatrix}$、$\begin{bmatrix}0&0\\1&0\end{bmatrix}$、$\begin{bmatrix}0&0\\0&1\end{bmatrix}$ 的线性组合.

例 3.2.2 线性空间 $\mathbf{R}^{2\times 2}$ 中的一组向量 (矩阵)

$$\boldsymbol{I}_{11}=\begin{bmatrix}1&0\\0&0\end{bmatrix},\boldsymbol{I}_{12}=\begin{bmatrix}0&1\\0&0\end{bmatrix},\boldsymbol{I}_{21}=\begin{bmatrix}0&0\\1&0\end{bmatrix},\boldsymbol{I}_{22}=\begin{bmatrix}0&0\\0&1\end{bmatrix}$$

是线性无关的.

证 假设

$$k_1\cdot\begin{bmatrix}1&0\\0&0\end{bmatrix}+k_2\cdot\begin{bmatrix}0&1\\0&0\end{bmatrix}+k_3\cdot\begin{bmatrix}0&0\\1&0\end{bmatrix}+k_4\cdot\begin{bmatrix}0&0\\0&1\end{bmatrix}=\begin{bmatrix}0&0\\0&0\end{bmatrix},$$

整理得

$$\begin{bmatrix}k_1&k_2\\k_3&k_4\end{bmatrix}=\begin{bmatrix}0&0\\0&0\end{bmatrix},$$

所以 $k_1=k_2=k_3=k_4=0$, 于是 $\boldsymbol{I}_{11},\boldsymbol{I}_{12},\boldsymbol{I}_{21},\boldsymbol{I}_{22}$ 线性无关.

例 3.2.3 线性空间 $F[x]_4$ 中的一组向量 (多项式)

$$x^3+x, x^2+1, x+1$$

是线性无关的.

证 假设

$$k_1(x^3+x)+k_2(x^2+1)+k_3(x+1)=\boldsymbol{\theta},$$

整理得

$$k_1x^3+k_2x^2+(k_1+k_3)x+(k_2+k_3)=\boldsymbol{\theta},$$

由零多项式及多项式相等的定义得 $k_1=k_2=k_1+k_3=k_2+k_3=0$, 从而 $k_1=k_2=k_3=0$, 于是 $x^3+x, x^2+1, x+1$ 是多项式空间 $F[x]_4$ 中线性无关的向量组.

例 3.2.4 试求函数空间 $C[a,b]$ 中的向量 (函数) 组

$$\boldsymbol{\alpha}_1=1, \quad \boldsymbol{\alpha}_2=\cos^2 x, \quad \boldsymbol{\alpha}_3=\cos 2x$$

的一个极大无关组.

解 显然

$$\cos 2x=2\cdot\cos^2 x-1,$$

因此 $\boldsymbol{\alpha}_1, \boldsymbol{\alpha}_2, \boldsymbol{\alpha}_3$ 线性相关. 又因 $\boldsymbol{\alpha}_1, \boldsymbol{\alpha}_2$ 不能相互线性表出, 所以 $\boldsymbol{\alpha}_1, \boldsymbol{\alpha}_2$ 线性无关, 并为向量组 $\boldsymbol{\alpha}_1, \boldsymbol{\alpha}_2, \boldsymbol{\alpha}_3$ 的一个极大无关组, 且 $\mathrm{r}\{\boldsymbol{\alpha}_1, \boldsymbol{\alpha}_2, \boldsymbol{\alpha}_3\}=2$.

3.2.1 基与维数

定义 3.2.1 若能从线性空间 V 中找到有限个向量 $\boldsymbol{\alpha}_1, \boldsymbol{\alpha}_2, \cdots, \boldsymbol{\alpha}_m$ 使 V 中任一向量均可由 $\boldsymbol{\alpha}_1, \boldsymbol{\alpha}_2, \cdots, \boldsymbol{\alpha}_m$ 线性表出, 则称 V 是**有限维线性空间**; 否则, 就称 V 是**无限维线性空间**.

若 V 是有限维线性空间, 则存在 $\boldsymbol{\alpha}_1, \boldsymbol{\alpha}_2, \cdots, \boldsymbol{\alpha}_m \in V$ 使 V 中任一向量均可由 $\boldsymbol{\alpha}_1, \boldsymbol{\alpha}_2, \cdots, \boldsymbol{\alpha}_m$ 线性表出. 任取 V 中 k 个向量 $\boldsymbol{\beta}_1, \boldsymbol{\beta}_2, \cdots, \boldsymbol{\beta}_k$, 只要 $k>m$, 则 $\boldsymbol{\beta}_1, \boldsymbol{\beta}_2, \cdots, \boldsymbol{\beta}_k$ 线性相关. 这就表明 V 中线性无关向量组所含向量最大个数不超过 m, 即有上界.

例 3.2.5 向量空间 F^n、矩阵空间 $F^{m\times n}$、多项式空间 $F[x]_n$ 都是有限维的, 而多项式空间 $F[x]$ 与函数空间 $C[a,b]$ 都是无限维的.

证 令 $\boldsymbol{\varepsilon}_1=(1,0,\cdots,0),\boldsymbol{\varepsilon}_2=(0,1,\cdots,0),\cdots,\boldsymbol{\varepsilon}_n=(0,\cdots,0,1)$, 则 $\boldsymbol{\varepsilon}_1,\boldsymbol{\varepsilon}_2,\cdots,\boldsymbol{\varepsilon}_n\in F^n$. 对任意 $\boldsymbol{\alpha}=(a_1,a_2,\cdots,a_n)\in F^n$, 有

$$\boldsymbol{\alpha}=a_1\boldsymbol{\varepsilon}_1+a_2\boldsymbol{\varepsilon}_2+\cdots+a_n\boldsymbol{\varepsilon}_n,$$

所以 F^n 是有限维的.

令 $\boldsymbol{I}_{ij}(i=1,2,\cdots,m;j=1,2,\cdots,n)$ 表示 (i,j)–元为 1, 其余元素均为零的 $m\times n$ 矩阵, 则这些矩阵均在 $F^{m\times n}$ 中, 对任意 $\boldsymbol{A}=[a_{ij}]\in F^{m\times n}$, 有

$$\boldsymbol{A}=\sum_{i,j}a_{ij}\boldsymbol{I}_{ij},$$

故 $F^{m\times n}$ 是有限维的.

令 $f_1=1,f_2=x,f_3=x^2,\cdots,f_n=x^{n-1}$, 则对任意 $f(x)=a_0+a_1x+a_2x^2+\cdots+a_{n-1}x^{n-1}\in F[x]_n$, 均有

$$f(x)=a_0f_1+a_1f_2+\cdots+a_{n-1}f_n,$$

所以 $F[x]_n$ 是有限维的.

由定义 3.2.1 后的讨论可知, 有限维线性空间中线性无关向量组所含向量的个数有上界, 故只要表明 $F[x]$ 中有任意多个向量组成的线性无关向量组就可说明它是无限维的. 对任一正整数 N, 考虑 $F[x]$ 中的 N 个多项式 $1,x,x^2,\cdots,x^{N-1}$, 显然, 对任意 N 个不全为零的数 $a_0,a_1,a_2,\cdots,a_{N-1}$, 多项式

$$a_0+a_1x+a_2x^2+\cdots+a_{N-1}x^{N-1}$$

不是零多项式, 即 $a_0+a_1x+\cdots+a_{N-1}x^{N-1}\neq\boldsymbol{\theta}$, 所以 $1,x,x^2,\cdots,x^{N-1}$ 线性无关. 由此可得, $F[x]$ 是无限维的.

同理可证, $C[a,b]$ 也是无限维的.

本书只讨论有限维线性空间, 但在某些例题中也会使用 $F[x]$ 与 $C[a,b]$.

定义 3.2.2 设 V 是数域 F 上的一个有限维线性空间. 若 V 中 m 个向量 $\boldsymbol{\alpha}_1,\boldsymbol{\alpha}_2,\cdots,\boldsymbol{\alpha}_m$ 满足

(1) $\boldsymbol{\alpha}_1,\boldsymbol{\alpha}_2,\cdots,\boldsymbol{\alpha}_m$ 线性无关;

(2) V 中任一向量均可由 $\boldsymbol{\alpha}_1,\boldsymbol{\alpha}_2,\cdots,\boldsymbol{\alpha}_m$ 线性表出,

则称 $\boldsymbol{\alpha}_1,\boldsymbol{\alpha}_2,\cdots,\boldsymbol{\alpha}_m$ 是 V 的一个(组)**基**, 称 m 为 V 的**维数**, 记为 $\dim_F V$, 简记为 $\dim V$.

从上述定义不难看出, 线性空间的基实际上就是线性空间这个“向量组”的一个极大无关组, 因此, 基包含的向量个数是唯一确定的. 我们规定

只含零向量的线性空间是 0 维的.

例 3.2.6 F^n 的维数是 n, $F^{m\times n}$ 的维数是 $m\times n, F[x]_n$ 的维数是 n.

容易验证, $\varepsilon_1,\varepsilon_2,\cdots,\varepsilon_n$; $\boldsymbol{I}_{11},\cdots,\boldsymbol{I}_{mn}$ 与 $1,x,x^2,\cdots,x^{n-1}$ 均线性无关, 再根据例 3.2.5, F^n 有基

$$\varepsilon_1,\varepsilon_2,\cdots,\varepsilon_n,$$

称之为 F^n 的**自然基**, $F^{m\times n}$ 有基

$$\boldsymbol{I}_{11},\boldsymbol{I}_{12},\cdots,\boldsymbol{I}_{1n},\boldsymbol{I}_{21},\boldsymbol{I}_{22},\cdots,\boldsymbol{I}_{2n},\cdots,\boldsymbol{I}_{m1},\boldsymbol{I}_{m2},\cdots,\boldsymbol{I}_{mn},$$

称之为 $F^{m\times n}$ 的**自然基**, $F[x]_n$ 有基

$$1,x,x^2,\cdots,x^{n-1},$$

称之为 $F[x]_n$ 的**自然基**.

定理 3.2.1 n 维线性空间 V 中任意 n 个线性无关的向量均构成 V 的一个基.

证 任取 V 中 n 个线性无关的向量 $\boldsymbol{\beta}_1,\boldsymbol{\beta}_2,\cdots,\boldsymbol{\beta}_n$, 只需证 V 中任一向量均可由 $\boldsymbol{\beta}_1,\boldsymbol{\beta}_2,\cdots,\boldsymbol{\beta}_n$ 线性表出.

任取 $\boldsymbol{\alpha}\in V$ 及 V 的一个基 $\boldsymbol{\alpha}_1,\boldsymbol{\alpha}_2,\cdots,\boldsymbol{\alpha}_n$, 则 $\boldsymbol{\alpha},\boldsymbol{\beta}_1,\boldsymbol{\beta}_2,\cdots,\boldsymbol{\beta}_n$ 可由 $\boldsymbol{\alpha}_1,\boldsymbol{\alpha}_2,\cdots,\boldsymbol{\alpha}_n$ 线性表出. 根据定理 2.1.3, $\boldsymbol{\alpha},\boldsymbol{\beta}_1,\boldsymbol{\beta}_2,\cdots,\boldsymbol{\beta}_m$ 线性相关, 又 $\boldsymbol{\beta}_1,\boldsymbol{\beta}_2,\cdots,\boldsymbol{\beta}_n$ 线性无关, 所以 $\boldsymbol{\alpha}$ 可由 $\boldsymbol{\beta}_1,\boldsymbol{\beta}_2,\cdots,\boldsymbol{\beta}_n$ 线性表出.

3.2.2 坐标

定义 3.2.3 设 $\boldsymbol{\alpha}_1,\boldsymbol{\alpha}_2,\cdots,\boldsymbol{\alpha}_n$ 是数域 F 上的 n 维线性空间 V 的一个基, 则 V 中任一向量 $\boldsymbol{\alpha}$ 可唯一地表示为

$$\boldsymbol{\alpha}=a_1\boldsymbol{\alpha}_1+a_2\boldsymbol{\alpha}_2+\cdots+a_n\boldsymbol{\alpha}_n,$$

其中 $a_i\in F, i=1,2,\cdots,n$, 称有序数组 $a_1,a_2,\cdots,a_n$ 为 $\boldsymbol{\alpha}$ **关于基** $\boldsymbol{\alpha}_1,\boldsymbol{\alpha}_2,\cdots,\boldsymbol{\alpha}_n$ **的坐标**, 记为

$$(a_1,a_2,\cdots,a_n)^{\mathrm{T}}.$$

例 3.2.7 F^n 中任一向量 $\boldsymbol{\alpha}=(a_1,a_2,\cdots,a_n)$ 关于基 $\varepsilon_1,\varepsilon_2,\cdots,\varepsilon_n$ 的坐标为 $(a_1,a_2,\cdots,a_n)^{\mathrm{T}}$; $F^{m\times n}$ 中任一矩阵 $\boldsymbol{A}=[a_{ij}]$ 关于基 $\boldsymbol{I}_{11},\cdots,\boldsymbol{I}_{1n},\cdots,\boldsymbol{I}_{m1},\cdots,\boldsymbol{I}_{mn}$ 的坐标为 $(a_{11},\cdots,a_{1n},\cdots,a_{m1},\cdots,a_{mn})^{\mathrm{T}}$; $F[x]_n$

中任一多项式 $f(x)=a_0+a_1x+\cdots+a_{n-1}x^{n-1}$ 关于基 $1,x,\cdots,x^{n-1}$ 的坐标为 $(a_0,a_1,\cdots,a_{n-1})^{\mathrm{T}}$.

例 3.2.8 已知 $\mathbf{R}^3$ 中的 3 个向量

$$\boldsymbol{\alpha}_1=(1,1,1),\quad \boldsymbol{\alpha}_2=(1,1,0),\quad \boldsymbol{\alpha}_3=(1,0,0),$$

(1) 证明: $\boldsymbol{\alpha}_1,\boldsymbol{\alpha}_2,\boldsymbol{\alpha}_3$ 是 $\mathbf{R}^3$ 的一个基;

(2) 求向量 $\boldsymbol{\alpha}=(1,2,3)$ 关于基 $\boldsymbol{\alpha}_1,\boldsymbol{\alpha}_2,\boldsymbol{\alpha}_3$ 的坐标.

解 (1) 因 $\mathbf{R}^3$ 是三维向量空间, 故只需证明 $\boldsymbol{\alpha}_1,\boldsymbol{\alpha}_2,\boldsymbol{\alpha}_3$ 线性无关. 以 $\boldsymbol{\alpha}_1,\boldsymbol{\alpha}_2,\boldsymbol{\alpha}_3$ 为列构造矩阵 $\boldsymbol{A}$, 并利用初等变换将之化为阶梯形

$$\boldsymbol{A}=\begin{bmatrix}1&1&1\\1&1&0\\1&0&0\end{bmatrix}\longrightarrow\begin{bmatrix}1&1&1\\0&1&1\\0&0&1\end{bmatrix},$$

由此可得 $\mathrm{r}\{\boldsymbol{\alpha}_1,\boldsymbol{\alpha}_2,\boldsymbol{\alpha}_3\}=3$, 即 $\boldsymbol{\alpha}_1,\boldsymbol{\alpha}_2,\boldsymbol{\alpha}_3$ 线性无关.

(2) 令

$$\boldsymbol{\alpha}=x_1\boldsymbol{\alpha}_1+x_2\boldsymbol{\alpha}_2+x_3\boldsymbol{\alpha}_3,$$

则有

$$\begin{cases}x_1+x_2+x_3=1,\\x_1+x_2\qquad\ =2,\\x_1\qquad\qquad\ \ =3,\end{cases}$$

解得 $x_1=3,x_2=-1,x_3=-1$. 故 $\boldsymbol{\alpha}$ 关于基 $\boldsymbol{\alpha}_1,\boldsymbol{\alpha}_2,\boldsymbol{\alpha}_3$ 的坐标为 $(3,-1,-1)^{\mathrm{T}}$.

例 3.2.9 在 $\mathbf{R}^{2\times2}$ 中证明矩阵

$$\boldsymbol{A}_1=\begin{bmatrix}1&1\\1&1\end{bmatrix},\boldsymbol{A}_2=\begin{bmatrix}1&1\\-1&-1\end{bmatrix},\boldsymbol{A}_3=\begin{bmatrix}1&-1\\1&-1\end{bmatrix},\boldsymbol{A}_4=\begin{bmatrix}-1&1\\1&-1\end{bmatrix}$$

构成一个基, 并求矩阵 $\boldsymbol{A}=\begin{bmatrix}1&2\\3&4\end{bmatrix}$ 关于这个基的坐标.

解 已知矩阵空间 $\mathbf{R}^{2\times2}$ 的维数为四, 根据定理 3.2.1, 只需验证 $\boldsymbol{A}_1,\boldsymbol{A}_2,\boldsymbol{A}_3,\boldsymbol{A}_4$ 线性无关.

令 $k_1\boldsymbol{A}_1+k_2\boldsymbol{A}_2+k_3\boldsymbol{A}_3+k_4\boldsymbol{A}_4=\mathbf{0}$, 则有

$$\begin{cases} k_1+k_2+k_3-k_4=0, \\ k_1+k_2-k_3+k_4=0, \\ k_1-k_2+k_3+k_4=0, \\ k_1-k_2-k_3-k_4=0, \end{cases}$$

容易验证上述齐次线性方程组只有零解, 即 $k_1=k_2=k_3=k_4=0$, 所以 $\boldsymbol{A}_1,\boldsymbol{A}_2,\boldsymbol{A}_3,\boldsymbol{A}_4$ 线性无关.

令 $\boldsymbol{A}=x_1\boldsymbol{A}_1+x_2\boldsymbol{A}_2+x_3\boldsymbol{A}_3+x_4\boldsymbol{A}_4$, 则有

$$\begin{cases} x_1+x_2+x_3-x_4=1, \\ x_1+x_2-x_3+x_4=2, \\ x_1-x_2+x_3+x_4=3, \\ x_1-x_2-x_3-x_4=4, \end{cases}$$

不难验证上述线性方程组有唯一解：$x_1=\dfrac{5}{2},x_2=-1,x_3=-\dfrac{1}{2}$, $x_4=0$. 所以, $\boldsymbol{A}=\dfrac{5}{2}\boldsymbol{A}_1-\boldsymbol{A}_2-\dfrac{1}{2}\boldsymbol{A}_3+0\boldsymbol{A}_4$.

对一般的线性空间 V, 当取定一个基 $\boldsymbol{\alpha}_1,\boldsymbol{\alpha}_2,\cdots,\boldsymbol{\alpha}_n$ 后, V 中向量 $\boldsymbol{\alpha}$ 与其关于 $\boldsymbol{\alpha}_1, \boldsymbol{\alpha}_2, \cdots, \boldsymbol{\alpha}_n$ 的坐标 $(a_1,a_2,\cdots,a_n)^{\mathrm{T}}$ 一一对应, 可表示为

$$\boldsymbol{\alpha}\longleftrightarrow(a_1,a_2,\cdots,a_n)^{\mathrm{T}},$$

在同一个基下, 设

$$\boldsymbol{\beta}\longleftrightarrow(b_1,b_2,\cdots,b_n)^{\mathrm{T}},$$

则

$$\begin{aligned} \boldsymbol{\alpha}+\boldsymbol{\beta}&\longleftrightarrow(a_1+b_1,a_2+b_2,\cdots,a_n+b_n)^{\mathrm{T}}, \\ k\boldsymbol{\alpha}&\longleftrightarrow(ka_1,ka_2,\cdots,ka_n)^{\mathrm{T}}. \end{aligned}$$

这样, 线性空间中抽象元素之间的运算可转化为具体的 n 元向量间的线性运算. 这一点如用第 3.6.4 节中线性空间同构的语言来描述, 就是显而易见的了.

3.2.3 基变换与坐标变换

通过例 3.2.8 可以看到, $\boldsymbol{\alpha}$ 关于基 $\boldsymbol{\alpha}_1,\boldsymbol{\alpha}_2,\boldsymbol{\alpha}_3$ 的坐标, 与关于 $\mathbf{R}^3$ 的自然基的坐标是不一样的. 一般地, 同一个向量关于不同基的坐标是不同的. 本节我们就来讨论同一个向量在不同基下的坐标之间的关系.

定义 3.2.4 设 V 是数域 F 上的 n 维线性空间, $\boldsymbol{\alpha}_1,\boldsymbol{\alpha}_2,\cdots,\boldsymbol{\alpha}_n$ 与 $\boldsymbol{\beta}_1,\boldsymbol{\beta}_2,\cdots,\boldsymbol{\beta}_n$ 是 V 的两个基, 且

$$\begin{cases}\boldsymbol{\beta}_1=a_{11}\boldsymbol{\alpha}_1+a_{21}\boldsymbol{\alpha}_2+\cdots+a_{n1}\boldsymbol{\alpha}_n,\\ \boldsymbol{\beta}_2=a_{12}\boldsymbol{\alpha}_1+a_{22}\boldsymbol{\alpha}_2+\cdots+a_{n2}\boldsymbol{\alpha}_n,\\ \qquad\qquad\cdots\cdots\cdots\cdots\\ \boldsymbol{\beta}_n=a_{1n}\boldsymbol{\alpha}_1+a_{2n}\boldsymbol{\alpha}_2+\cdots+a_{nn}\boldsymbol{\alpha}_n,\end{cases}\tag{3.2.1}$$

(3.2.1) 式可形式上写成如下矩阵的形式:

$$[\boldsymbol{\beta}_1,\boldsymbol{\beta}_2,\cdots,\boldsymbol{\beta}_n]=[\boldsymbol{\alpha}_1,\boldsymbol{\alpha}_2,\cdots,\boldsymbol{\alpha}_n]\,\boldsymbol{A},\tag{3.2.2}$$

其中

$$\boldsymbol{A}=\begin{bmatrix}a_{11}&a_{12}&\cdots&a_{1n}\\a_{21}&a_{22}&\cdots&a_{2n}\\\vdots&\vdots&&\vdots\\a_{n1}&a_{n2}&\cdots&a_{nn}\end{bmatrix},$$

则称 $\boldsymbol{A}$ 是基 $\boldsymbol{\alpha}_1,\boldsymbol{\alpha}_2,\cdots,\boldsymbol{\alpha}_n$ 到基 $\boldsymbol{\beta}_1,\boldsymbol{\beta}_2,\cdots,\boldsymbol{\beta}_n$ 的**过渡矩阵**. 称 (3.2.1) 式和 (3.2.2) 式为**基 $\boldsymbol{\alpha}_1,\boldsymbol{\alpha}_2,\cdots,\boldsymbol{\alpha}_n$ 到基 $\boldsymbol{\beta}_1,\boldsymbol{\beta}_2,\cdots,\boldsymbol{\beta}_n$ 的基变换公式**.

(3.2.2) 式之所以称为是"形式上"的, 是因为这里将向量作为矩阵的元素. 可以证明这个形式写法满足以下规则:

设 $\boldsymbol{\alpha}_1,\boldsymbol{\alpha}_2,\cdots,\boldsymbol{\alpha}_n$ 与 $\boldsymbol{\beta}_1,\boldsymbol{\beta}_2,\cdots,\boldsymbol{\beta}_n$ 是 V 中两个向量组, $\boldsymbol{A},\boldsymbol{B}\in F^{n\times n}$, $k\in F$, 则

$$\begin{aligned}([\boldsymbol{\alpha}_1,\boldsymbol{\alpha}_2,\cdots,\boldsymbol{\alpha}_n]\,\boldsymbol{A})\,\boldsymbol{B}&=[\boldsymbol{\alpha}_1,\boldsymbol{\alpha}_2,\cdots,\boldsymbol{\alpha}_n]\,(\boldsymbol{AB}),\\ [\boldsymbol{\alpha}_1,\boldsymbol{\alpha}_2,\cdots,\boldsymbol{\alpha}_n]\,\boldsymbol{A}+[\boldsymbol{\alpha}_1,\boldsymbol{\alpha}_2,\cdots,\boldsymbol{\alpha}_n]\,\boldsymbol{B}&=[\boldsymbol{\alpha}_1,\boldsymbol{\alpha}_2,\cdots,\boldsymbol{\alpha}_n]\,(\boldsymbol{A}+\boldsymbol{B}),\\ [\boldsymbol{\alpha}_1,\boldsymbol{\alpha}_2,\cdots,\boldsymbol{\alpha}_n]\,\boldsymbol{A}+[\boldsymbol{\beta}_1,\boldsymbol{\beta}_2,\cdots,\boldsymbol{\beta}_n]\,\boldsymbol{A}&=[\boldsymbol{\alpha}_1+\boldsymbol{\beta}_1,\boldsymbol{\alpha}_2+\boldsymbol{\beta}_2,\cdots,\boldsymbol{\alpha}_n+\boldsymbol{\beta}_n]\,\boldsymbol{A},\\ (k\,[\boldsymbol{\alpha}_1,\boldsymbol{\alpha}_2,\cdots,\boldsymbol{\alpha}_n])\,\boldsymbol{A}&=[\boldsymbol{\alpha}_1,\boldsymbol{\alpha}_2,\cdots,\boldsymbol{\alpha}_n]\,(k\boldsymbol{A})\\ &=k\,([\boldsymbol{\alpha}_1,\boldsymbol{\alpha}_2,\cdots,\boldsymbol{\alpha}_n]\,\boldsymbol{A}).\end{aligned}$$

根据定义 3.2.4, 过渡矩阵 $\boldsymbol{A}$ 的每列都是向量关于基的坐标, 因此过渡矩阵 $\boldsymbol{A}$ 是被基唯一确定的. 特别地, 一个基到自身的过渡矩阵为 $\boldsymbol{I}$.

如果设基 $\boldsymbol{\beta}_1,\boldsymbol{\beta}_2,\cdots,\boldsymbol{\beta}_n$ 到基 $\boldsymbol{\alpha}_1,\boldsymbol{\alpha}_2,\cdots,\boldsymbol{\alpha}_n$ 的过渡矩阵为 $\boldsymbol{B}$, 即 $[\boldsymbol{\alpha}_1,\boldsymbol{\alpha}_2,\cdots,\boldsymbol{\alpha}_n]=[\boldsymbol{\beta}_1,\boldsymbol{\beta}_2,\cdots,\boldsymbol{\beta}_n]\,\boldsymbol{B}$, 将之代入 (3.2.2) 式有

$$[\boldsymbol{\beta}_1,\boldsymbol{\beta}_2,\cdots,\boldsymbol{\beta}_n]=[\boldsymbol{\beta}_1,\boldsymbol{\beta}_2,\cdots,\boldsymbol{\beta}_n]\,(\boldsymbol{BA}),$$

于是 $\boldsymbol{BA}=\boldsymbol{I}$, 即 $\boldsymbol{A}$ 是可逆的, 且 $\boldsymbol{B}=\boldsymbol{A}^{-1}$. 综上所述, 关于过渡矩阵可得:

(1) 过渡矩阵是唯一确定的;

(2) 过渡矩阵是可逆的;

(3) 若 $\boldsymbol{A}$ 是基 $\boldsymbol{\alpha}_1,\boldsymbol{\alpha}_2,\cdots,\boldsymbol{\alpha}_n$ 到基 $\boldsymbol{\beta}_1,\boldsymbol{\beta}_2,\cdots,\boldsymbol{\beta}_n$ 的过渡矩阵, 则 $\boldsymbol{A}^{-1}$ 是 $\boldsymbol{\beta}_1,\boldsymbol{\beta}_2,\cdots,\boldsymbol{\beta}_n$ 到 $\boldsymbol{\alpha}_1,\boldsymbol{\alpha}_2,\cdots,\boldsymbol{\alpha}_n$ 的过渡矩阵;

(4) 基变换公式 (3.2.2) 可按普通矩阵那样进行运算.

在定义 3.2.4 的条件下, 任取 $\boldsymbol{\gamma}\in V$, 设 $\boldsymbol{\gamma}$ 关于基 $\boldsymbol{\alpha}_1,\boldsymbol{\alpha}_2,\cdots,\boldsymbol{\alpha}_n$ 的坐标为 $(x_1,x_2,\cdots,x_n)^{\mathrm{T}}$, 关于基 $\boldsymbol{\beta}_1,\boldsymbol{\beta}_2,\cdots,\boldsymbol{\beta}_n$ 的坐标为 $(y_1,y_2,\cdots,y_n)^{\mathrm{T}}$, 即有

$$\boldsymbol{\gamma}=x_1\boldsymbol{\alpha}_1+x_2\boldsymbol{\alpha}_2+\cdots+x_n\boldsymbol{\alpha}_n,$$

和

$$\boldsymbol{\gamma}=y_1\boldsymbol{\beta}_1+y_2\boldsymbol{\beta}_2+\cdots+y_n\boldsymbol{\beta}_n,$$

将上面两式形式地改写为

$$\boldsymbol{\gamma}=[\boldsymbol{\alpha}_1,\boldsymbol{\alpha}_2,\cdots,\boldsymbol{\alpha}_n]\begin{bmatrix}x_1\\x_2\\\vdots\\x_n\end{bmatrix},\tag{3.2.3}$$

$$\boldsymbol{\gamma}=[\boldsymbol{\beta}_1,\boldsymbol{\beta}_2,\cdots,\boldsymbol{\beta}_n]\begin{bmatrix}y_1\\y_2\\\vdots\\y_n\end{bmatrix},$$

将 (3.2.2) 式代入上式, 得到

$$\boldsymbol{\gamma}=[\boldsymbol{\alpha}_1,\boldsymbol{\alpha}_2,\cdots,\boldsymbol{\alpha}_n]\,\boldsymbol{A}\begin{bmatrix}y_1\\y_2\\\vdots\\y_n\end{bmatrix},$$

将上式与 (3.2.3) 式对比, 根据坐标的唯一性可得

$$\begin{bmatrix}x_1\\x_2\\\vdots\\x_n\end{bmatrix}=\boldsymbol{A}\begin{bmatrix}y_1\\y_2\\\vdots\\y_n\end{bmatrix}.\tag{3.2.4}$$

于是有如下结果:

定理 3.2.2 设 V 是数域 F 上的 n 维线性空间, $\boldsymbol{\alpha}_1,\boldsymbol{\alpha}_2,\cdots,\boldsymbol{\alpha}_n$ 与 $\boldsymbol{\beta}_1,\boldsymbol{\beta}_2,\cdots,\boldsymbol{\beta}_n$ 是 V 的两个基, $\boldsymbol{\alpha}_1,\boldsymbol{\alpha}_2,\cdots,\boldsymbol{\alpha}_n$ 到 $\boldsymbol{\beta}_1,\boldsymbol{\beta}_2,\cdots,\boldsymbol{\beta}_n$ 的过渡矩阵为 $\boldsymbol{A}$. 任取 $\boldsymbol{\gamma}\in V$, 设 $\boldsymbol{\gamma}$ 关于基 $\boldsymbol{\alpha}_1,\boldsymbol{\alpha}_2,\cdots,\boldsymbol{\alpha}_n$ 的坐标为 $(x_1,x_2,\cdots,x_n)^{\mathrm{T}}$, 关于基 $\boldsymbol{\beta}_1,\boldsymbol{\beta}_2,\cdots,\boldsymbol{\beta}_n$ 的坐标为 $(y_1,y_2,\cdots,y_n)^{\mathrm{T}}$, 则

$$\begin{bmatrix} x_1 \\ x_2 \\ \vdots \\ x_n \end{bmatrix} = \boldsymbol{A}\begin{bmatrix} y_1 \\ y_2 \\ \vdots \\ y_n \end{bmatrix} \text{ 或 } \begin{bmatrix} y_1 \\ y_2 \\ \vdots \\ y_n \end{bmatrix} = \boldsymbol{A}^{-1}\begin{bmatrix} x_1 \\ x_2 \\ \vdots \\ x_n \end{bmatrix}, \tag{3.2.5}$$

称 (3.2.5) 式为**基 $\boldsymbol{\alpha}_1,\boldsymbol{\alpha}_2,\cdots,\boldsymbol{\alpha}_n$ 到基 $\boldsymbol{\beta}_1,\boldsymbol{\beta}_2,\cdots,\boldsymbol{\beta}_n$ 的坐标变换公式**.

例 3.2.10 已知 $\boldsymbol{\beta}_1=(1,1),\boldsymbol{\beta}_2=(-1,1)$ 为 $\mathbf{R}^2$ 的一个基, 求 $\mathbf{R}^2$ 的自然基 $\boldsymbol{\varepsilon}_1,\boldsymbol{\varepsilon}_2$ 到基 $\boldsymbol{\beta}_1,\boldsymbol{\beta}_2$ 的过渡矩阵, 并计算 $\boldsymbol{\alpha}=(1,3)$ 关于基 $\boldsymbol{\beta}_1,\boldsymbol{\beta}_2$ 的坐标.

解 因 $\boldsymbol{\beta}_1=\boldsymbol{\varepsilon}_1+\boldsymbol{\varepsilon}_2,\boldsymbol{\beta}_2=-\boldsymbol{\varepsilon}_1+\boldsymbol{\varepsilon}_2$, 整理得

$$[\boldsymbol{\beta}_1,\boldsymbol{\beta}_2]=[\boldsymbol{\varepsilon}_1,\boldsymbol{\varepsilon}_2]\begin{bmatrix} 1 & -1 \\ 1 & 1 \end{bmatrix},$$

即所求过渡矩阵为

$$\boldsymbol{A}=\begin{bmatrix} 1 & -1 \\ 1 & 1 \end{bmatrix}.$$

设 $\boldsymbol{\alpha}$ 关于基 $\boldsymbol{\beta}_1,\boldsymbol{\beta}_2$ 的坐标为 $(y_1,y_2)^{\mathrm{T}}$, 因 $\boldsymbol{\alpha}=\boldsymbol{\varepsilon}_1+3\boldsymbol{\varepsilon}_2$, 即关于基 $\boldsymbol{\varepsilon}_1,\boldsymbol{\varepsilon}_2$ 的坐标为 $(1,3)^{\mathrm{T}}$(见图 3.2.1(a)), 由 (3.2.5) 式得

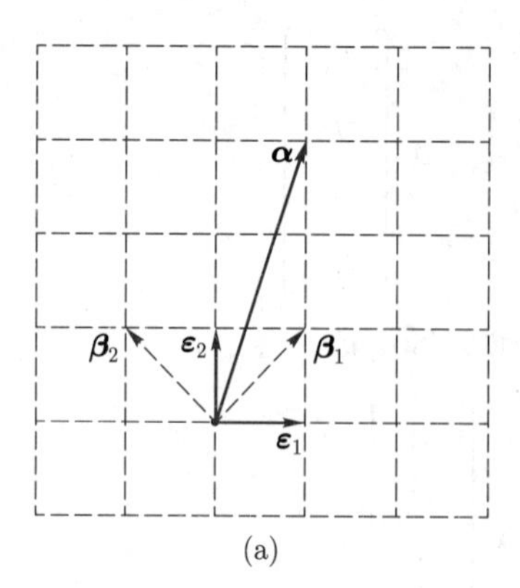

(a)

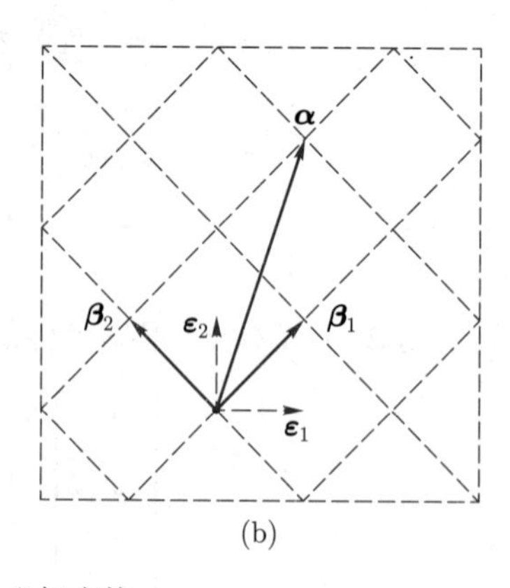

(b)

图 3.2.1 坐标变换

$$\begin{bmatrix} y_1 \\ y_2 \end{bmatrix} = \boldsymbol{A}^{-1}\begin{bmatrix} 1 \\ 3 \end{bmatrix} = \begin{bmatrix} \frac{1}{2} & \frac{1}{2} \\ -\frac{1}{2} & \frac{1}{2} \end{bmatrix}\begin{bmatrix} 1 \\ 3 \end{bmatrix} = \begin{bmatrix} 2 \\ 1 \end{bmatrix},$$

即 $\boldsymbol{\alpha}$ 关于 $\boldsymbol{\beta}_1, \boldsymbol{\beta}_2$ 的坐标为 $(2,1)^{\mathrm{T}}$(见图 3.2.1(b)).

例 3.2.11 求 $F[x]_4$ 的自然基到基

$$g_0 = 1, g_1 = 1 + x, g_2 = 1 + x + x^2, g_3 = 1 + x + x^2 + x^3$$

的过渡矩阵. 已知多项式 $h(x)$ 关于基 g_0, g_1, g_2, g_3 的坐标为 $(7,0,8,-2)^{\mathrm{T}}$, 求 $h(x)$ 关于自然基的坐标.

解 将 $F[x]_4$ 的自然基记为 $f_0 = 1, f_1 = x, f_2 = x^2, f_3 = x^3$, 则有

$$\begin{cases} g_0 = f_0, \\ g_1 = f_0 + f_1, \\ g_2 = f_0 + f_1 + f_2, \\ g_3 = f_0 + f_1 + f_2 + f_3, \end{cases}$$

整理得

$$[g_0, g_1, g_2, g_3] = [f_0, f_1, f_2, f_3]\begin{bmatrix} 1 & 1 & 1 & 1 \\ 0 & 1 & 1 & 1 \\ 0 & 0 & 1 & 1 \\ 0 & 0 & 0 & 1 \end{bmatrix},$$

故基 f_0, f_1, f_2, f_3 到基 g_0, g_1, g_2, g_3 的过渡矩阵为

$$\boldsymbol{A} = \begin{bmatrix} 1 & 1 & 1 & 1 \\ 0 & 1 & 1 & 1 \\ 0 & 0 & 1 & 1 \\ 0 & 0 & 0 & 1 \end{bmatrix},$$

设 $h(x)$ 关于基 f_0, f_1, f_2, f_3 的坐标为 $(x_1, x_2, x_3, x_4)^{\mathrm{T}}$, 则由坐标变换公式 (3.2.5) 得 $(x_1, x_2, x_3, x_4)^{\mathrm{T}} = \boldsymbol{A}(7,0,8,-2)^{\mathrm{T}} = (13,6,6,-2)^{\mathrm{T}}$.

性质 3.2.1 设 $\boldsymbol{\alpha}_1, \boldsymbol{\alpha}_2, \cdots, \boldsymbol{\alpha}_n$ 是数域 F 上线性空间 V 的一个基, 且

$$[\boldsymbol{\beta}_1, \boldsymbol{\beta}_2, \cdots, \boldsymbol{\beta}_n] = [\boldsymbol{\alpha}_1, \boldsymbol{\alpha}_2, \cdots, \boldsymbol{\alpha}_n]\,\boldsymbol{A},$$

其中 $\boldsymbol{A} \in F^{n\times n}$, 则 $\boldsymbol{\beta}_1, \boldsymbol{\beta}_2, \cdots, \boldsymbol{\beta}_n$ 是 V 的一个基当且仅当 $\boldsymbol{A}$ 是可逆矩阵.

证　充分性: 只需证明 $\boldsymbol{\beta}_1, \boldsymbol{\beta}_2, \cdots, \boldsymbol{\beta}_n$ 线性无关. 不妨设 $k_1\boldsymbol{\beta}_1 + k_2\boldsymbol{\beta}_2 + \cdots + k_n\boldsymbol{\beta}_n = \mathbf{0}$, 即

$$[\boldsymbol{\beta}_1, \boldsymbol{\beta}_2, \cdots, \boldsymbol{\beta}_n]\begin{bmatrix} k_1 \\ k_2 \\ \vdots \\ k_n \end{bmatrix} = [\boldsymbol{\alpha}_1, \boldsymbol{\alpha}_2, \cdots, \boldsymbol{\alpha}_n]\,\boldsymbol{A}\begin{bmatrix} k_1 \\ k_2 \\ \vdots \\ k_n \end{bmatrix} = \mathbf{0},$$

由 $\boldsymbol{\alpha}_1, \boldsymbol{\alpha}_2, \cdots, \boldsymbol{\alpha}_n$ 线性无关可得

$$\boldsymbol{A}\begin{bmatrix} k_1 \\ k_2 \\ \vdots \\ k_n \end{bmatrix} = \mathbf{0},$$

由 $\boldsymbol{A}$ 为可逆矩阵可知 $k_1 = k_2 = \cdots = k_n = 0$, 因此, $\boldsymbol{\beta}_1, \boldsymbol{\beta}_2, \cdots, \boldsymbol{\beta}_n$ 线性无关, 进而是 V 的一个基.

必要性: 由定理 1.5.1 可知, 只需证明齐次线性方程组 $\boldsymbol{AX} = \mathbf{0}$ 仅有零解. 设 $(k_1, k_2, \cdots, k_n)^{\mathrm{T}}$ 为方程组 $\boldsymbol{AX} = \mathbf{0}$ 的任意一个解, 则

$$\begin{aligned} & k_1\boldsymbol{\beta}_1 + k_2\boldsymbol{\beta}_2 + \cdots + k_n\boldsymbol{\beta}_n \\ = & [\boldsymbol{\beta}_1, \boldsymbol{\beta}_2, \cdots, \boldsymbol{\beta}_n]\begin{bmatrix} k_1 \\ k_2 \\ \vdots \\ k_n \end{bmatrix} = [\boldsymbol{\alpha}_1, \boldsymbol{\alpha}_2, \cdots, \boldsymbol{\alpha}_n]\,\boldsymbol{A}\begin{bmatrix} k_1 \\ k_2 \\ \vdots \\ k_n \end{bmatrix} = \mathbf{0}, \end{aligned}$$

由 $\boldsymbol{\beta}_1, \boldsymbol{\beta}_2, \cdots, \boldsymbol{\beta}_n$ 是 V 的一个基可知, $\boldsymbol{\beta}_1, \boldsymbol{\beta}_2, \cdots, \boldsymbol{\beta}_n$ 线性无关, 因此, $k_1 = k_2 = \cdots = k_n = 0$, 即方程组 $\boldsymbol{AX} = \mathbf{0}$ 仅有零解, 从而 $\boldsymbol{A}$ 为可逆矩阵.

3.3　线性子空间

在研究代数系统时, 有很多途径, 其中之一就是通过研究一部分元素来获取整个系统的某些性质.

3.3.1　线性子空间的概念

在平面解析几何中, 过原点的共线向量集合保留了平面向量的加法与数量乘法运算, 依然构成 $\mathbf{R}$ 上的线性空间. 数域 F 上的多项式空间 $F[x]$ 中的子集 $F[x]_n$ 也是 F 上的一个线性空间. 一般地,

定义 3.3.1 设 V 是数域 F 上的线性空间, W 是 V 的非空子集. 若 W 对 V 的两种线性运算也构成 F 上的线性空间, 则称 W 是 V 的**线性子空间**, 简称**子空间**.

显然, $F[x]_n$ 是 $F[x]$ 的子空间, 然而, 例 3.1.6 中的线性空间 $\mathbf{R}^+$ 却不是实数域 $\mathbf{R}$ 上的线性空间 $\mathbf{R}$ 的子空间, 这是因为这两个线性空间的线性运算的定义不相同.

例 3.3.1 设 V 是数域 F 上线性空间, 则 V 一定包含零向量 $\boldsymbol{\theta}$. 同时, V 本身及 $\{\boldsymbol{\theta}\}$ 都是 V 的子空间, 称它们为**平凡子空间**. V 的其他子空间, 如果还有的话, 均称为**非平凡子空间**.

例 3.3.2 设 $\boldsymbol{A} \in F^{m\times n}$, 则矩阵 $\boldsymbol{A}$ 的零空间 $\mathrm{N}(\boldsymbol{A})$ 为 F^n 的子空间.

那么, 一个数域 F 上线性空间 V 的非空子集 W 什么情况下才能构成 V 的子空间呢?

首先, W 应对 V 的两种线性运算**封闭**, 即对任意 $\boldsymbol{\alpha},\boldsymbol{\beta} \in W, k \in F$ 均有 $\boldsymbol{\alpha}+\boldsymbol{\beta}$, $k\boldsymbol{\alpha} \in W$, 这样 V 的两种运算也可作为 W 的两种运算. 其次, W 应对这两种线性运算满足线性空间的八条运算规则. 不难发现, W 显然满足定义 3.1.1 中第 (1)、(2)、(5)、(6)、(7)、(8) 条性质, 这是因为 W 中的向量也是 V 中的向量. 现在唯一需要确定的是, V 中的零向量与 W 中向量的负向量是否也在 W 中. 实际上, 由 W 对 V 的两种运算的封闭性即可保证第 (3)、(4) 条性质也成立, 这里只需取 $k=0$ 和 $k=-1$ 就会有 $0\boldsymbol{\alpha}=\boldsymbol{\theta}, (-1)\boldsymbol{\alpha}=-\boldsymbol{\alpha} \in W$. 于是得到子空间的下述判别定理:

定理 3.3.1 设 V 是数域 F 上的线性空间, W 是 V 的非空子集. 若 W 满足

(1) 对 $\forall\ \boldsymbol{\alpha},\boldsymbol{\beta} \in W$, 均有 $\boldsymbol{\alpha}+\boldsymbol{\beta} \in W$;

(2) 对 $\forall\ \boldsymbol{\alpha} \in W, \forall\ k \in F$, 均有 $k\boldsymbol{\alpha} \in W$, 则 W 是 V 的子空间.

例 3.3.3 考虑向量空间 $\mathbf{R}^3$ 中的两个非空集合

$$V_1 = \{(x,y,z) \in \mathbf{R}^3 \mid x+y+z=0\},$$
$$V_2 = \{(x,y,z) \in \mathbf{R}^3 \mid x+y+z=1\},$$

问 V_1 和 V_2 是否构成 $\mathbf{R}^3$ 的子空间?

解 V_1 可以看成齐次线性方程组 $x+y+z=0$ 的解的集合, 因此 V_1 是 $\mathbf{R}^3$ 的子空间.

考虑 $\boldsymbol{\alpha}=(2,-3,2)\in V_2$, $k=4$, 则 $k\boldsymbol{\alpha}=4(2,-3,2)=(8,-12,8)$. 因 $8+(-12)+8=4\neq 1$, 故 $k\boldsymbol{\alpha}\notin V_2$, 即 V_2 对数乘运算不封闭. 因此, V_2 不构成 $\mathbf{R}^3$ 的子空间 (也可通过 V_2 不包含零向量来说明 V_2 不构成子空间).

显然, V_1 和 V_2 均可以看作空间中的两个平面, 如图 3.3.1 所示.

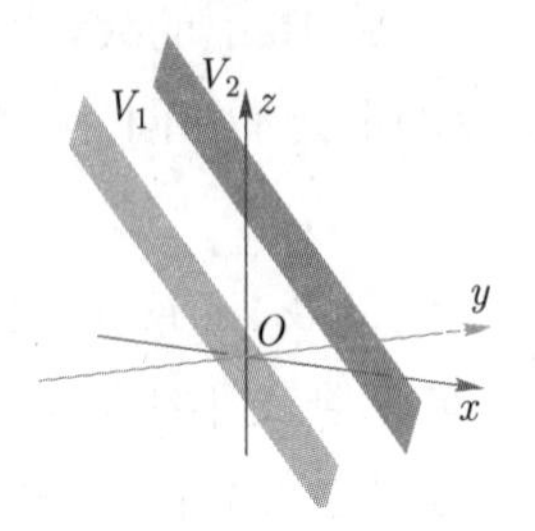

图 3.3.1　V_1 与 V_2

对一般的线性空间, 可由其中的任一组向量构造一种特殊且很重要的子空间.

定理 3.3.2　设 V 是数域 F 上的线性空间, $\boldsymbol{\alpha}_1,\boldsymbol{\alpha}_2,\cdots,\boldsymbol{\alpha}_m$ 是 V 中 m 个向量, 则 V 的子集合

$$\left\{\sum_{i=1}^{m}k_i\boldsymbol{\alpha}_i \mid k_1,k_2,\cdots,k_m\in F\right\}$$

构成 V 的子空间, 称为**由 $\boldsymbol{\alpha}_1,\boldsymbol{\alpha}_2,\cdots,\boldsymbol{\alpha}_m$ 生成的子空间**, 记为 $L(\boldsymbol{\alpha}_1,\boldsymbol{\alpha}_2,\cdots,\boldsymbol{\alpha}_m)$.

证　显然 V 是一个非空集合.

任取 $L(\boldsymbol{\alpha}_1,\boldsymbol{\alpha}_2,\cdots,\boldsymbol{\alpha}_m)$ 中的两个向量 $\boldsymbol{\beta}=\sum_{i=1}^{m}k_i\boldsymbol{\alpha}_i,\boldsymbol{\gamma}=\sum_{i=1}^{m}l_i\boldsymbol{\alpha}_i$, 其中, $k_i,l_i\in F,i=1,2,\cdots,m$ 及 $c\in F$, 因有

$$\boldsymbol{\beta}+\boldsymbol{\gamma}=\sum_{i=1}^{m}k_i\boldsymbol{\alpha}_i+\sum_{i=1}^{m}l_i\boldsymbol{\alpha}_i=\sum_{i=1}^{m}(k_i+l_i)\boldsymbol{\alpha}_i,$$

$$c\boldsymbol{\beta}=c\left(\sum_{i=1}^{m}k_i\boldsymbol{\alpha}_i\right)=\sum_{i=1}^{m}(ck_i)\boldsymbol{\alpha}_i,$$

都是 $L(\boldsymbol{\alpha}_1,\boldsymbol{\alpha}_2,\cdots,\boldsymbol{\alpha}_m)$ 中的向量, 故 $L(\boldsymbol{\alpha}_1,\boldsymbol{\alpha}_2,\cdots,\boldsymbol{\alpha}_m)$ 构成 V 的子空间.

交互实验 3.3.1

显然, $\mathbf{R}^2=L((1,0),(0,1))$, $F[x]_n=L(1,x,x^2,\cdots,x^{n-1})$, 而 $C[-\pi,\pi]$ 有无穷多个子空间 $C_n=L(\cos nx,\sin nx)(n=1,2,\cdots)$.

由向量空间 $\mathbf{R}^3$ 中两个向量 $\boldsymbol{\alpha}=(1,4,1),\boldsymbol{\beta}=(1,-1,1)$ 生成的子空间 $L(\boldsymbol{\alpha},\boldsymbol{\beta})$ 如图 3.3.2 所示. 扫描交互实验 3.3.1 的二维码, 选择 $\mathbf{R}^3$ 中的两个向量, 观察它们生成的子空间.

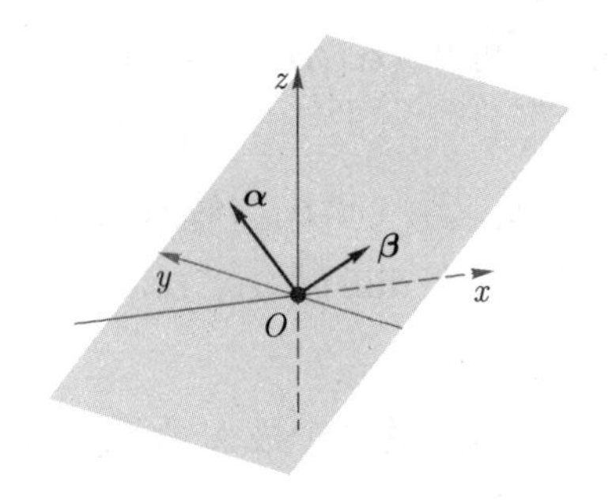

图 3.3.2　生成的子空间

例 3.3.4　设 $\boldsymbol{X}_1, \boldsymbol{X}_2, \cdots, \boldsymbol{X}_t$ 是齐次线性方程组 $\boldsymbol{AX}=\boldsymbol{0}$ 的一个基础解系, 则矩阵 $\boldsymbol{A}$ 的零空间

$$\mathrm{N}(\boldsymbol{A})=L(\boldsymbol{X}_1, \boldsymbol{X}_2, \cdots, \boldsymbol{X}_t).$$

虽然基础解系能生成解空间, 但解空间的生成向量组未必都是基础解系. 不过有一点可以肯定, 即解空间的生成向量组一定包含一个基础解系.

例 3.3.5　设 $\boldsymbol{A} \in F^{m \times n}$, 把 $\boldsymbol{A}$ 按列分块 $\boldsymbol{A}=[\boldsymbol{\alpha}_1, \boldsymbol{\alpha}_2, \cdots, \boldsymbol{\alpha}_n]$, 则 $L(\boldsymbol{\alpha}_1, \boldsymbol{\alpha}_2, \cdots, \boldsymbol{\alpha}_n)$ 是 F^m 的子空间, 称之为**矩阵 $\boldsymbol{A}$ 的列空间**或 **$\boldsymbol{A}$ 的值域**, 常记为 $\mathrm{Col}(\boldsymbol{A})$ 或者 $\mathrm{R}(\boldsymbol{A})$.

显然, 线性方程组 $\boldsymbol{AX}=\boldsymbol{b}$ 有解的充要条件是 $\boldsymbol{b} \in \mathrm{Col}(\boldsymbol{A})$. 此外, 由 $\boldsymbol{A}$ 的行向量组生成的子空间, 称为**矩阵 $\boldsymbol{A}$ 的行空间**, 记为 $\mathrm{Row}(\boldsymbol{A})$.

$\mathrm{N}(\boldsymbol{A})$, $\mathrm{Col}(\boldsymbol{A})$, $\mathrm{Row}(\boldsymbol{A})$ 是与 $\boldsymbol{A}$ 相关的三个重要的向量空间, 在许多理论和实际问题中都有应用.

例 3.3.6　设 $\boldsymbol{\alpha}_1, \boldsymbol{\alpha}_2, \cdots, \boldsymbol{\alpha}_s$ 与 $\boldsymbol{\beta}_1, \boldsymbol{\beta}_2, \cdots, \boldsymbol{\beta}_t$ 是线性空间 V 的两组向量, 则 $L(\boldsymbol{\alpha}_1, \boldsymbol{\alpha}_2, \cdots, \boldsymbol{\alpha}_s)=L(\boldsymbol{\beta}_1, \boldsymbol{\beta}_2, \cdots, \boldsymbol{\beta}_t)$ 的充要条件是 $\{\boldsymbol{\alpha}_1, \boldsymbol{\alpha}_2, \cdots, \boldsymbol{\alpha}_s\} \cong \{\boldsymbol{\beta}_1, \boldsymbol{\beta}_2, \cdots, \boldsymbol{\beta}_t\}$.

证　充分性: 设 $\{\boldsymbol{\alpha}_1, \boldsymbol{\alpha}_2, \cdots, \boldsymbol{\alpha}_s\} \cong \{\boldsymbol{\beta}_1, \boldsymbol{\beta}_2, \cdots, \boldsymbol{\beta}_t\}$. 任取 $\boldsymbol{\gamma} \in L(\boldsymbol{\alpha}_1, \boldsymbol{\alpha}_2, \cdots, \boldsymbol{\alpha}_s)$, 则 $\boldsymbol{\gamma}$ 可由 $\boldsymbol{\alpha}_1, \boldsymbol{\alpha}_2, \cdots, \boldsymbol{\alpha}_s$ 线性表出. 又 $\boldsymbol{\alpha}_1, \boldsymbol{\alpha}_2, \cdots, \boldsymbol{\alpha}_s$ 可由 $\boldsymbol{\beta}_1, \boldsymbol{\beta}_2, \cdots, \boldsymbol{\beta}_t$ 线性表出, 故 $\boldsymbol{\gamma}$ 可由 $\boldsymbol{\beta}_1, \boldsymbol{\beta}_2, \cdots, \boldsymbol{\beta}_t$ 线性表出. 所以 $\boldsymbol{\gamma} \in L(\boldsymbol{\beta}_1, \boldsymbol{\beta}_2, \cdots, \boldsymbol{\beta}_t)$, 由此得 $L(\boldsymbol{\alpha}_1, \boldsymbol{\alpha}_2, \cdots, \boldsymbol{\alpha}_s) \subseteq L(\boldsymbol{\beta}_1, \boldsymbol{\beta}_2, \cdots, \boldsymbol{\beta}_t)$.

同理可证 $L(\boldsymbol{\beta}_1, \boldsymbol{\beta}_2, \cdots, \boldsymbol{\beta}_t) \subseteq L(\boldsymbol{\alpha}_1, \boldsymbol{\alpha}_2, \cdots, \boldsymbol{\alpha}_s)$. 于是 $L(\boldsymbol{\alpha}_1, \boldsymbol{\alpha}_2, \cdots, \boldsymbol{\alpha}_s)=L(\boldsymbol{\beta}_1, \boldsymbol{\beta}_2, \cdots, \boldsymbol{\beta}_t)$.

必要性: 设 $L(\boldsymbol{\alpha}_1, \boldsymbol{\alpha}_2, \cdots, \boldsymbol{\alpha}_s)=L(\boldsymbol{\beta}_1, \boldsymbol{\beta}_2, \cdots, \boldsymbol{\beta}_t)$. 因为 $\boldsymbol{\alpha}_1, \boldsymbol{\alpha}_2, \cdots, \boldsymbol{\alpha}_s \in L(\boldsymbol{\alpha}_1, \boldsymbol{\alpha}_2, \cdots, \boldsymbol{\alpha}_s)=L(\boldsymbol{\beta}_1, \boldsymbol{\beta}_2, \cdots, \boldsymbol{\beta}_t)$, 所以 $\boldsymbol{\alpha}_1, \boldsymbol{\alpha}_2, \cdots, \boldsymbol{\alpha}_s$ 可由 $\boldsymbol{\beta}_1, \boldsymbol{\beta}_2, \cdots, \boldsymbol{\beta}_t$ 线性表出. 同理, $\boldsymbol{\beta}_1, \boldsymbol{\beta}_2, \cdots, \boldsymbol{\beta}_t$ 也可由 $\boldsymbol{\alpha}_1, \boldsymbol{\alpha}_2, \cdots, \boldsymbol{\alpha}_s$ 线

性表出. 所以由定义 2.1.7 可知 $\{\boldsymbol{\alpha}_1,\boldsymbol{\alpha}_2,\cdots,\boldsymbol{\alpha}_s\}\cong\{\boldsymbol{\beta}_1,\boldsymbol{\beta}_2,\cdots,\boldsymbol{\beta}_t\}$.

例 3.3.7 向量组 $\boldsymbol{\alpha}_1,\boldsymbol{\alpha}_2,\cdots,\boldsymbol{\alpha}_m$ 的极大无关组都是生成子空间 $L(\boldsymbol{\alpha}_1,\boldsymbol{\alpha}_2,\cdots,\boldsymbol{\alpha}_m)$ 的基, 且有 $\dim(L(\boldsymbol{\alpha}_1,\boldsymbol{\alpha}_2,\cdots,\boldsymbol{\alpha}_m))=\mathrm{r}\{\boldsymbol{\alpha}_1,\boldsymbol{\alpha}_2,\cdots,\boldsymbol{\alpha}_m\}$.

证 任取 $\boldsymbol{\alpha}_1,\boldsymbol{\alpha}_2,\cdots,\boldsymbol{\alpha}_m$ 的一个极大无关组 $\boldsymbol{\alpha}_{i_1},\boldsymbol{\alpha}_{i_2},\cdots,\boldsymbol{\alpha}_{i_r}$, 则每个 $\boldsymbol{\alpha}_j(j=1,2,\cdots,m)$ 均可由 $\boldsymbol{\alpha}_{i_1},\boldsymbol{\alpha}_{i_2},\cdots,\boldsymbol{\alpha}_{i_r}$ 线性表出. 又 $L(\boldsymbol{\alpha}_1,\boldsymbol{\alpha}_2,\cdots,\boldsymbol{\alpha}_m)$ 中任一向量 $\boldsymbol{\alpha}$ 均可由 $\boldsymbol{\alpha}_1,\boldsymbol{\alpha}_2,\cdots,\boldsymbol{\alpha}_m$ 线性表出, 故 $\boldsymbol{\alpha}$ 也可由 $\boldsymbol{\alpha}_{i_1},\boldsymbol{\alpha}_{i_2},\cdots,\boldsymbol{\alpha}_{i_r}$ 线性表出. 从而 $\boldsymbol{\alpha}_{i_1},\boldsymbol{\alpha}_{i_2},\cdots,\boldsymbol{\alpha}_{i_r}$ 是 $L(\boldsymbol{\alpha}_1,\boldsymbol{\alpha}_2,\cdots,\boldsymbol{\alpha}_m)$ 的基.

根据线性空间维数和向量组秩的定义, 立即可得 $\dim(L(\boldsymbol{\alpha}_1,\boldsymbol{\alpha}_2,\cdots,\boldsymbol{\alpha}_m))=\mathrm{r}\{\boldsymbol{\alpha}_1,\boldsymbol{\alpha}_2,\cdots,\boldsymbol{\alpha}_m\}$.

例 3.3.8 设 $\boldsymbol{A}\in F^{m\times n},\mathrm{r}(\boldsymbol{A})=r(1\leqslant r<n)$, 任取齐次线性方程组 $\boldsymbol{AX}=\boldsymbol{0}$ 的一个基础解系 $\boldsymbol{X}_1,\boldsymbol{X}_2,\cdots,\boldsymbol{X}_{n-r}$, 容易看出它们构成 $\mathrm{N}(\boldsymbol{A})$ 的一个基, 因此 $\dim(\mathrm{N}(\boldsymbol{A}))=n-r$.

由上例可得, 矩阵 $\boldsymbol{A}$ 的零空间 $\mathrm{N}(\boldsymbol{A})$ 与行空间 $\mathrm{Row}(\boldsymbol{A})$ 之间的一个重要关系:

定理 3.3.3 设 $\boldsymbol{A}\in F^{m\times n}$, 则

$$\dim(\mathrm{N}(\boldsymbol{A}))+\dim(\mathrm{Row}(\boldsymbol{A}))=n. \tag{3.3.1}$$

例 3.3.9 已知 $\mathbf{R}^4$ 中的 3 个向量

$$\boldsymbol{\alpha}_1=(1,2,0,1),\boldsymbol{\alpha}_2=(-1,1,1,1),\boldsymbol{\alpha}_3=(4,14,2,8),$$

求 $L(\boldsymbol{\alpha}_1,\boldsymbol{\alpha}_2,\boldsymbol{\alpha}_3)$ 的一个基及维数, 并将这个基扩充为 $\mathbf{R}^4$ 的一个基.

解 根据例 3.3.8, $L(\boldsymbol{\alpha}_1,\boldsymbol{\alpha}_2,\boldsymbol{\alpha}_3)$ 的基可取 $\boldsymbol{\alpha}_1,\boldsymbol{\alpha}_2,\boldsymbol{\alpha}_3$ 的一个极大无关组. 以 $\boldsymbol{\alpha}_1$, $\boldsymbol{\alpha}_2,\boldsymbol{\alpha}_3$ 为列向量构造矩阵 $\boldsymbol{A}$, 用初等行变换将之化为阶梯形

$$\boldsymbol{A}=\begin{bmatrix}1&-1&4\\2&1&14\\0&1&2\\1&1&8\end{bmatrix}\longrightarrow\begin{bmatrix}1&-1&4\\0&1&2\\0&0&0\\0&0&0\end{bmatrix},$$

故得 $\mathrm{r}\{\boldsymbol{\alpha}_1,\boldsymbol{\alpha}_2,\boldsymbol{\alpha}_3\}=2$, 且 $\boldsymbol{\alpha}_1,\boldsymbol{\alpha}_2$ 是其一个极大无关组. 所以 $\boldsymbol{\alpha}_1,\boldsymbol{\alpha}_2$ 是 $L(\boldsymbol{\alpha}_1,\boldsymbol{\alpha}_2,\ \boldsymbol{\alpha}_3)$ 的一个基, 并且 $L(\boldsymbol{\alpha}_1,\boldsymbol{\alpha}_2,\boldsymbol{\alpha}_3)$ 的维数为 2.

因 $\mathbf{R}^4$ 是四维向量空间, 故只需找 $\boldsymbol{\alpha}_4,\ \boldsymbol{\alpha}_5\in\mathbf{R}^4$ 使 $\boldsymbol{\alpha}_1,\boldsymbol{\alpha}_2,\boldsymbol{\alpha}_4,\boldsymbol{\alpha}_5$ 线性无关. 以 $\boldsymbol{\alpha}_1,\boldsymbol{\alpha}_2$ 为前两列、4 元基本向量 $\boldsymbol{\varepsilon}_3,\boldsymbol{\varepsilon}_4$ 为后两列构造 4 阶方阵

$$\boldsymbol{B}=\begin{bmatrix}1&-1&0&0\\2&1&0&0\\0&1&1&0\\1&1&0&1\end{bmatrix},$$

容易验证 $\boldsymbol{B}$ 是满秩的, 故 $\mathrm{r}\{\boldsymbol{\alpha}_1,\boldsymbol{\alpha}_2,\boldsymbol{\varepsilon}_3,\boldsymbol{\varepsilon}_4\}=4$. 取 $\boldsymbol{\alpha}_4=\boldsymbol{\varepsilon}_3,\boldsymbol{\alpha}_5=\boldsymbol{\varepsilon}_4$, 则 $\boldsymbol{\alpha}_1,\boldsymbol{\alpha}_2,\ \boldsymbol{\alpha}_4,\boldsymbol{\alpha}_5$ 线性无关, 即是 $\mathbf{R}^4$ 的一个基.

3.3.2 子空间的运算

子空间作为子集合, 可进行集合的运算.

定理 3.3.4 设 W_1,W_2 是数域 F 上线性空间 V 的两个子空间, 则 $W_1\cap W_2$ 也是 V 的子空间, 称之为 W_1 与 W_2 的**交空间**.

证 因 W_1,W_2 是 V 的子空间, 故 V 的零向量 $\boldsymbol{\theta}$ 同时属于 W_1,W_2, 即 $\boldsymbol{\theta}\in W_1\cap W_2$. 所以, $W_1\cap W_2$ 是 V 的非空子集.

任取 $\boldsymbol{\alpha},\boldsymbol{\beta}\in W_1\cap W_2$, 则 $\boldsymbol{\alpha},\boldsymbol{\beta}\in W_1$. 因 W_1 是子空间, 故 $\boldsymbol{\alpha}+\boldsymbol{\beta}\in W_1$. 同理可证 $\boldsymbol{\alpha}+\boldsymbol{\beta}\in W_2$. 所以 $\boldsymbol{\alpha}+\boldsymbol{\beta}\in W_1\cap W_2$.

任取 $\boldsymbol{\alpha}\in W_1\cap W_2,k\in F$, 则由 $\boldsymbol{\alpha}\in W_1$ 可得 $k\boldsymbol{\alpha}\in W_1$. 同理可证 $k\boldsymbol{\alpha}\in W_2$. 所以 $k\boldsymbol{\alpha}\in W_1\cap W_2$

由定理 3.3.1 可知 $W_1\cap W_2$ 是 V 的子空间.

定理 3.3.5 设 W_1,W_2 是数域 F 上线性空间 V 的两个子空间, 则下列集合

$$\{\boldsymbol{\alpha}_1+\boldsymbol{\alpha}_2\mid\boldsymbol{\alpha}_1\in W_1,\boldsymbol{\alpha}_2\in W_2\}$$

也是 V 的子空间, 称之为 W_1 与 W_2 的**和空间**, 记为 W_1+W_2.

证 因 $\boldsymbol{\theta}=\boldsymbol{\theta}+\boldsymbol{\theta}$, 故 $\boldsymbol{\theta}\in W_1+W_2$. 因此 W_1+W_2 是 V 的非空子集.

任取 $\boldsymbol{\alpha},\boldsymbol{\beta}\in W_1+W_2$, 则 $\boldsymbol{\alpha}=\boldsymbol{\alpha}_1+\boldsymbol{\alpha}_2,\boldsymbol{\beta}=\boldsymbol{\beta}_1+\boldsymbol{\beta}_2$, 这里 $\boldsymbol{\alpha}_1,\boldsymbol{\beta}_1\in W_1,\boldsymbol{\alpha}_2,\ \boldsymbol{\beta}_2\in W_2$. 因 $\boldsymbol{\alpha}_1+\boldsymbol{\beta}_1\in W_1,\boldsymbol{\alpha}_2+\boldsymbol{\beta}_2\in W_2$, 故

$$\begin{aligned}\boldsymbol{\alpha}+\boldsymbol{\beta}&=(\boldsymbol{\alpha}_1+\boldsymbol{\alpha}_2)+(\boldsymbol{\beta}_1+\boldsymbol{\beta}_2)\\&=(\boldsymbol{\alpha}_1+\boldsymbol{\beta}_1)+(\boldsymbol{\alpha}_2+\boldsymbol{\beta}_2)\in W_1+W_2,\end{aligned}$$

任取 $\boldsymbol{\alpha}\in W_1+W_2,k\in F$, 则 $\boldsymbol{\alpha}=\boldsymbol{\alpha}_1+\boldsymbol{\alpha}_2$, 其中 $\boldsymbol{\alpha}_1\in W_1,\boldsymbol{\alpha}_2\in W_2$.

又 $k\boldsymbol{\alpha}_1 \in W_1$, $k\boldsymbol{\alpha}_2 \in W_2$, 故

$$k\boldsymbol{\alpha} = k(\boldsymbol{\alpha}_1 + \boldsymbol{\alpha}_2) = k\boldsymbol{\alpha}_1 + k\boldsymbol{\alpha}_2 \in W_1 + W_2,$$

于是 $W_1 + W_2$ 是 V 的子空间.

必须指出的是, 两个子空间 W_1 与 W_2 的并 $W_1 \cup W_2$ 一般不再是子空间.

例 3.3.10 已知

$$W_1 = \left\{ \begin{bmatrix} a_1 & b_1 \\ 0 & c_1 \end{bmatrix} \middle| \, a_1, b_1, c_1 \in \mathbf{R} \right\},$$

$$W_2 = \left\{ \begin{bmatrix} a_2 & 0 \\ b_2 & c_2 \end{bmatrix} \middle| \, a_2, b_2, c_2 \in \mathbf{R} \right\}, \quad W_3 = \left\{ \begin{bmatrix} 0 & 0 \\ a_3 & 0 \end{bmatrix} \middle| \, a_3 \in \mathbf{R} \right\}$$

是矩阵空间 $\mathbf{R}^{2\times 2}$ 的三个子空间. 试讨论它们的交与和.

解 首先, 易得 $W_1 \cap W_3 = \{\mathbf{0}\}, W_2 \cap W_3 = W_3$,

$$W_1 \cap W_2 = \left\{ \begin{bmatrix} a_4 & 0 \\ 0 & b_4 \end{bmatrix} \middle| \, a_4, b_4 \in \mathbf{R} \right\},$$

其次, 任取 $\boldsymbol{A} = [a_{ij}] \in \mathbf{R}^{2\times 2}$, 因

$$\boldsymbol{A} = \begin{bmatrix} a_{11} & a_{12} \\ 0 & a_{22} \end{bmatrix} + \begin{bmatrix} 0 & 0 \\ a_{21} & 0 \end{bmatrix},$$

故 $\boldsymbol{A} \in W_1 + W_2, \boldsymbol{A} \in W_1 + W_3$. 由此得

$$W_1 + W_2 = \mathbf{R}^{2\times 2}, \quad W_1 + W_3 = \mathbf{R}^{2\times 2},$$

此外, $W_2 + W_3 = W_2$.

在上例中, 虽然 $W_1 + W_2 = W_1 + W_3 = \mathbf{R}^{2\times 2}$, 但是这两个和却有很大的不同. 在 $W_1 + W_2 = \mathbf{R}^{2\times 2}$ 中, 每个矩阵均可分解为 W_1 与 W_2 中各一个矩阵的和, 但分解式不唯一. 而在 $W_1 + W_3 = \mathbf{R}^{2\times 2}$ 中, 每个矩阵均可唯一地分解为 W_1 与 W_3 中各一个矩阵的和. 我们称后一个和为**直和**, 记为 $W_1 \oplus W_3 = \mathbf{R}^{2\times 2}$.

例 3.3.11 设 $\boldsymbol{\alpha}_1, \boldsymbol{\alpha}_2, \cdots, \boldsymbol{\alpha}_s$ 与 $\boldsymbol{\beta}_1, \boldsymbol{\beta}_2, \cdots, \boldsymbol{\beta}_t$ 是数域 F 上线性空间 V 中的两组向量, 则

$$L(\boldsymbol{\alpha}_1, \boldsymbol{\alpha}_2, \cdots, \boldsymbol{\alpha}_s) + L(\boldsymbol{\beta}_1, \boldsymbol{\beta}_2, \cdots, \boldsymbol{\beta}_t) = L(\boldsymbol{\alpha}_1, \boldsymbol{\alpha}_2, \cdots, \boldsymbol{\alpha}_s, \boldsymbol{\beta}_1, \boldsymbol{\beta}_2, \cdots, \boldsymbol{\beta}_t).$$

证 任取 $\boldsymbol{\gamma} \in L(\boldsymbol{\alpha}_1,\boldsymbol{\alpha}_2,\cdots,\boldsymbol{\alpha}_s) + L(\boldsymbol{\beta}_1,\boldsymbol{\beta}_2,\cdots,\boldsymbol{\beta}_t)$, 则 $\boldsymbol{\gamma} = \boldsymbol{\alpha} + \boldsymbol{\beta}$, 其中 $\boldsymbol{\alpha} \in L(\boldsymbol{\alpha}_1,\boldsymbol{\alpha}_2,\cdots,\boldsymbol{\alpha}_s), \boldsymbol{\beta} \in L(\boldsymbol{\beta}_1,\boldsymbol{\beta}_2,\cdots,\boldsymbol{\beta}_t)$. 因为 $\boldsymbol{\alpha}$ 可由 $\boldsymbol{\alpha}_1,\boldsymbol{\alpha}_2,\cdots,\boldsymbol{\alpha}_s$ 线性表出, $\boldsymbol{\beta}$ 可由 $\boldsymbol{\beta}_1,\boldsymbol{\beta}_2,\cdots,\boldsymbol{\beta}_t$ 线性表出, 所以 $\boldsymbol{\gamma} = \boldsymbol{\alpha}+\boldsymbol{\beta}$ 可由 $\boldsymbol{\alpha}_1,\boldsymbol{\alpha}_2,\cdots,\boldsymbol{\alpha}_s, \boldsymbol{\beta}_1,\boldsymbol{\beta}_2, \cdots,\boldsymbol{\beta}_t$ 线性表出, 即 $\boldsymbol{\gamma} \in L(\boldsymbol{\alpha}_1,\boldsymbol{\alpha}_2,\cdots,\boldsymbol{\alpha}_s, \boldsymbol{\beta}_1,\boldsymbol{\beta}_2,\cdots,\boldsymbol{\beta}_t)$. 由此可得

$$L(\boldsymbol{\alpha}_1,\boldsymbol{\alpha}_2,\cdots,\boldsymbol{\alpha}_s)+L(\boldsymbol{\beta}_1,\boldsymbol{\beta}_2,\cdots,\boldsymbol{\beta}_t) \subseteq L(\boldsymbol{\alpha}_1,\boldsymbol{\alpha}_2,\cdots,\boldsymbol{\alpha}_s,\boldsymbol{\beta}_1,\boldsymbol{\beta}_2,\cdots,\boldsymbol{\beta}_t),$$

反之, 任取 $\boldsymbol{\gamma} \in L(\boldsymbol{\alpha}_1,\boldsymbol{\alpha}_2,\cdots,\boldsymbol{\alpha}_s,\boldsymbol{\beta}_1,\boldsymbol{\beta}_2,\cdots,\boldsymbol{\beta}_t)$, 则

$$\boldsymbol{\gamma} = k_1\boldsymbol{\alpha}_1 + k_2\boldsymbol{\alpha}_2 + \cdots + k_s\boldsymbol{\alpha}_s + l_1\boldsymbol{\beta}_1 + l_2\boldsymbol{\beta}_2 + \cdots + l_t\boldsymbol{\beta}_t,$$

令

$$\boldsymbol{\alpha} = k_1\boldsymbol{\alpha}_1 + k_2\boldsymbol{\alpha}_2 + \cdots + k_s\boldsymbol{\alpha}_s, \quad \boldsymbol{\beta} = l_1\boldsymbol{\beta}_1 + l_2\boldsymbol{\beta}_2 + \cdots + l_t\boldsymbol{\beta}_t,$$

则 $\boldsymbol{\gamma} = \boldsymbol{\alpha} + \boldsymbol{\beta}$, 且有 $\boldsymbol{\alpha} \in L(\boldsymbol{\alpha}_1,\boldsymbol{\alpha}_2,\cdots,\boldsymbol{\alpha}_s), \boldsymbol{\beta} \in L(\boldsymbol{\beta}_1,\boldsymbol{\beta}_2,\cdots,\boldsymbol{\beta}_t)$. 由此得 $\boldsymbol{\gamma} \in L(\boldsymbol{\alpha}_1,\boldsymbol{\alpha}_2,\cdots,\boldsymbol{\alpha}_s) + L(\boldsymbol{\beta}_1,\boldsymbol{\beta}_2,\cdots,\boldsymbol{\beta}_t)$, 于是

$$L(\boldsymbol{\alpha}_1,\boldsymbol{\alpha}_2,\cdots,\boldsymbol{\alpha}_s,\boldsymbol{\beta}_1,\boldsymbol{\beta}_2,\cdots,\boldsymbol{\beta}_t) \subseteq L(\boldsymbol{\alpha}_1,\boldsymbol{\alpha}_2,\cdots,\boldsymbol{\alpha}_s)+L(\boldsymbol{\beta}_1,\boldsymbol{\beta}_2,\cdots,\boldsymbol{\beta}_t).$$

综上所述, 结论得证.

定理 3.3.6 设 W_1, W_2 是数域 F 上线性空间 V 的两个有限维子空间, 则

$$\dim(W_1) + \dim(W_2) = \dim(W_1 + W_2) + \dim(W_1 \cap W_2),$$

称上式为**维数公式**.

证 设 $\dim(W_1) = s, \dim(W_2) = t, \dim(W_1 \cap W_2) = r$, 只需证明 $W_1 + W_2$ 的维数为 $s + t - r$.

取 $W_1 \cap W_2$ 的一个基 $\boldsymbol{\alpha}_1,\boldsymbol{\alpha}_2,\cdots,\boldsymbol{\alpha}_r$, 因 $W_1 \cap W_2$ 是 W_1 和 W_2 的子空间, 故由 $\boldsymbol{\alpha}_1, \boldsymbol{\alpha}_2,\cdots,\boldsymbol{\alpha}_r$ 可分别扩充为 W_1 和 W_2 的基, 分别设为 $\boldsymbol{\alpha}_1,\boldsymbol{\alpha}_2,\cdots,\boldsymbol{\alpha}_r, \boldsymbol{\beta}_{r+1}, \cdots, \boldsymbol{\beta}_s$ 和 $\boldsymbol{\alpha}_1, \boldsymbol{\alpha}_2, \cdots, \boldsymbol{\alpha}_r, \boldsymbol{\gamma}_{r+1}, \cdots, \boldsymbol{\gamma}_t$, 则

$$W_1 = L(\boldsymbol{\alpha}_1,\cdots,\boldsymbol{\alpha}_r,\boldsymbol{\beta}_{r+1},\cdots,\boldsymbol{\beta}_s), W_2 = L(\boldsymbol{\alpha}_1,\cdots,\boldsymbol{\alpha}_r,\boldsymbol{\gamma}_{r+1},\cdots,\boldsymbol{\gamma}_t),$$

于是

$$W_1 + W_2 = L(\boldsymbol{\alpha}_1,\cdots,\boldsymbol{\alpha}_r,\boldsymbol{\beta}_{r+1},\cdots,\boldsymbol{\beta}_s,\boldsymbol{\gamma}_{r+1},\cdots,\boldsymbol{\gamma}_t),$$

下面只需证明 $\boldsymbol{\alpha}_1,\cdots,\boldsymbol{\alpha}_r,\boldsymbol{\beta}_{r+1},\cdots,\boldsymbol{\beta}_s,\boldsymbol{\gamma}_{r+1},\cdots,\boldsymbol{\gamma}_t$ 线性无关.

令

$$k_1\boldsymbol{\alpha}_1+\cdots+k_r\boldsymbol{\alpha}_r+k_{r+1}\boldsymbol{\beta}_{r+1}+\cdots+k_s\boldsymbol{\beta}_s+k_{s+1}\boldsymbol{\gamma}_{r+1}+\cdots+k_{s+t-r}\boldsymbol{\gamma}_t=\boldsymbol{\theta}, \tag{3.3.2}$$

则

$$\begin{aligned}\boldsymbol{\alpha}&=k_1\boldsymbol{\alpha}_1+\cdots+k_r\boldsymbol{\alpha}_r+k_{r+1}\boldsymbol{\beta}_{r+1}+\cdots+k_s\boldsymbol{\beta}_s\\&=-k_{s+1}\boldsymbol{\gamma}_{r+1}-\cdots-k_{s+t-r}\boldsymbol{\gamma}_t\end{aligned}$$

既属于 W_1 又属于 W_2, 即 $\boldsymbol{\alpha}\in W_1\cap W_2$, 于是有 $\boldsymbol{\alpha}=l_1\boldsymbol{\alpha}_1+\cdots+l_r\boldsymbol{\alpha}_r$. 将之代入上式整理得

$$l_1\boldsymbol{\alpha}_1+\cdots+l_r\boldsymbol{\alpha}_r+k_{s+1}\boldsymbol{\gamma}_{r+1}+\cdots+k_{s+t-r}\boldsymbol{\gamma}_t=\boldsymbol{\theta},$$

因 $\boldsymbol{\alpha}_1,\cdots,\boldsymbol{\alpha}_r,\boldsymbol{\gamma}_{r+1},\cdots,\boldsymbol{\gamma}_t$ 是 W_2 的基, 故其线性无关, 所以由上式可得

$$k_{s+1}=k_{s+2}=\cdots=k_{s+t-r}=0,$$

将之代入 (3.3.2) 式得

$$k_1\boldsymbol{\alpha}_1+\cdots+k_r\boldsymbol{\alpha}_r+k_{r+1}\boldsymbol{\beta}_{r+1}+\cdots+k_s\boldsymbol{\beta}_s=\boldsymbol{\theta},$$

因 $\boldsymbol{\alpha}_1,\cdots,\boldsymbol{\alpha}_r,\boldsymbol{\beta}_{r+1},\cdots,\boldsymbol{\beta}_s$ 是 W_1 的基, 故其线性无关, 所以由上式得

$$k_1=k_2=\cdots=k_s=0,$$

于是有 $\boldsymbol{\alpha}_1,\cdots,\boldsymbol{\alpha}_r,\boldsymbol{\beta}_{r+1},\cdots,\boldsymbol{\beta}_s,\boldsymbol{\gamma}_{r+1},\cdots,\boldsymbol{\gamma}_t$ 线性无关.

维数公式是有限维线性空间的一个重要结论, 利用它可得到关于维数和空间运算的更进一步的结果.

例 3.3.12 已知 $\mathbf{R}^3$ 中的两组向量

$$\boldsymbol{\alpha}_1=(-1,-1,-2),\boldsymbol{\alpha}_2=(2,1,1),\boldsymbol{\alpha}_3=(-1,0,1),$$

$$\boldsymbol{\beta}_1=(1,2,1),\boldsymbol{\beta}_2=(-1,-1,-1),$$

令 $W_1=L(\boldsymbol{\alpha}_1,\boldsymbol{\alpha}_2,\boldsymbol{\alpha}_3),W_2=L(\boldsymbol{\beta}_1,\boldsymbol{\beta}_2)$, 求 W_1+W_2 与 $W_1\cap W_2$.

解 首先, 通过求生成向量组的秩和极大无关组, 不难得到

$$\dim W_1=2,\dim W_2=2,\dim(W_1+W_2)=3,$$

并且

$$W_1=L(\boldsymbol{\alpha}_1,\boldsymbol{\alpha}_2),\quad W_1+W_2=L(\boldsymbol{\alpha}_1,\boldsymbol{\alpha}_2,\boldsymbol{\beta}_1),$$

由维数公式可得 $\dim(W_1 \cap W_2) = 1$.

设 $\boldsymbol{\gamma} \in W_1 \cap W_2$, 则

$$\boldsymbol{\gamma} = k_1\boldsymbol{\alpha}_1 + k_2\boldsymbol{\alpha}_2 = k_3\boldsymbol{\beta}_1 + k_4\boldsymbol{\beta}_2,$$

即 $k_1\boldsymbol{\alpha}_1 + k_2\boldsymbol{\alpha}_2 - k_3\boldsymbol{\beta}_1 - k_4\boldsymbol{\beta}_2 = \boldsymbol{\theta}$, 按分量写出即为

$$\begin{cases} -k_1 + 2k_2 - k_3 + k_4 = 0, \\ -k_1 + k_2 - 2k_3 + k_4 = 0, \\ -2k_1 + k_2 - k_3 + k_4 = 0, \end{cases}$$

因为系数矩阵的秩为 3, 所以上述齐次线性方程组的基础解系恰含一个解向量. 求出一个基础解系为 $(k_1, k_2, k_3, k_4)^{\mathrm{T}} = (1, -1, 1, 4)^{\mathrm{T}}$, 于是

交互实验
3.3.2

$$\boldsymbol{\gamma} = \boldsymbol{\alpha}_1 - \boldsymbol{\alpha}_2 = \boldsymbol{\beta}_1 + 4\boldsymbol{\beta}_2 = (-3, -2, -3),$$

由此即得 $W_1 \cap W_2 = L(\boldsymbol{\gamma})$.

扫描交互实验 3.3.2 的二维码, 找到子空间 $W_1 + W_2$ 与 $W_1 \cap W_2$, 并验证维数公式.

3.4 欧几里得空间 (一)

众所周知, 几何中的向量或物理中的矢量都有大小和方向. 如何定义线性空间中向量的大小和方向呢? 本节将在实向量空间 (即 $\mathbf{R}^n$ 的子空间) 上, 通过引入内积, 赋予向量大小和方向的内涵.

3.4.1 向量的内积

在平面解析几何中, 根据几何直观, 可定义有向线段 $\boldsymbol{a}$ 与有向线段 $\boldsymbol{b}$ 的内积 (也称点乘或数性积)为

$$\boldsymbol{a} \cdot \boldsymbol{b} = |\boldsymbol{a}||\boldsymbol{b}| \cos\langle \boldsymbol{a}, \boldsymbol{b} \rangle, \tag{3.4.1}$$

这里 $|\boldsymbol{a}|$ 表示 $\boldsymbol{a}$ 的长度, $\langle \boldsymbol{a}, \boldsymbol{b} \rangle$ 表示 $\boldsymbol{a}$ 与 $\boldsymbol{b}$ 的夹角. 利用内积可表示有向线段的度量

$$|\boldsymbol{a}| = \sqrt{\boldsymbol{a} \cdot \boldsymbol{a}}, \quad \cos\langle \boldsymbol{a}, \boldsymbol{b} \rangle = \frac{\boldsymbol{a} \cdot \boldsymbol{b}}{|\boldsymbol{a}||\boldsymbol{b}|}, \tag{3.4.2}$$

建立平面直角坐标系 Oxy, 平移 $\boldsymbol{a}, \boldsymbol{b}$ 使之起点落在原点 O 上, 则终点坐标即为 $\boldsymbol{a}, \boldsymbol{b}$ 对应的 2 元实向量. 设 $\boldsymbol{a}$ 对应 (a_1, a_2), $\boldsymbol{b}$ 对应 (b_1, b_2), 可以证明

$$\boldsymbol{a} \cdot \boldsymbol{b} = a_1 b_1 + a_2 b_2. \tag{3.4.3}$$

同样地, 对于三维几何空间中对应 3 元实向量 (a_1,a_2,a_3), (b_1,b_2,b_3) 的有向线段 $\boldsymbol{a},\boldsymbol{b}$ 有

$$\boldsymbol{a}\cdot\boldsymbol{b}=a_1b_1+a_2b_2+a_3b_3.$$

对一般的 n 元 $(n\geqslant 4)$ 实向量 $\boldsymbol{\alpha}=(a_1,a_2,\cdots,a_n)$, $\boldsymbol{\beta}=(b_1,b_2,\cdots,b_n)$, 由于没有直观的几何意义, 故无法像 (3.4.1) 式那样引入内积, 因此人们仿照 (3.4.3) 式定义 $\boldsymbol{\alpha}$ 与 $\boldsymbol{\beta}$ 的内积.

定义 3.4.1 设 $\boldsymbol{\alpha},\boldsymbol{\beta}\in\mathbf{R}^n$,

$$\boldsymbol{\alpha}=(a_1,a_2,\cdots,a_n),\quad \boldsymbol{\beta}=(b_1,b_2,\cdots,b_n),$$

则 $\boldsymbol{\alpha}$ 与 $\boldsymbol{\beta}$ 的**内积** $(\boldsymbol{\alpha},\boldsymbol{\beta})$ 规定为

$$(\boldsymbol{\alpha},\boldsymbol{\beta})=a_1b_1+a_2b_2+\cdots+a_nb_n. \tag{3.4.4}$$

若 $\boldsymbol{\alpha},\boldsymbol{\beta}$ 均为列向量, 则

$$(\boldsymbol{\alpha},\boldsymbol{\beta})=\boldsymbol{\alpha}^{\mathrm{T}}\boldsymbol{\beta}=\boldsymbol{\beta}^{\mathrm{T}}\boldsymbol{\alpha},$$

若 $\boldsymbol{\alpha},\boldsymbol{\beta}$ 均为行向量, 则

$$(\boldsymbol{\alpha},\boldsymbol{\beta})=\boldsymbol{\alpha}\boldsymbol{\beta}^{\mathrm{T}}=\boldsymbol{\beta}\boldsymbol{\alpha}^{\mathrm{T}}.$$

根据定义容易证明, 向量的内积具有下列性质:

性质 3.4.1 对任意 $\boldsymbol{\alpha},\boldsymbol{\beta},\boldsymbol{\gamma}\in\mathbf{R}^n, k\in\mathbf{R}$, 均有

(1) $(\boldsymbol{\alpha},\boldsymbol{\beta})=(\boldsymbol{\beta},\boldsymbol{\alpha})$;

(2) $(\boldsymbol{\alpha}+\boldsymbol{\beta},\boldsymbol{\gamma})=(\boldsymbol{\alpha},\boldsymbol{\gamma})+(\boldsymbol{\beta},\boldsymbol{\gamma})$;

(3) $(k\boldsymbol{\alpha},\boldsymbol{\beta})=k(\boldsymbol{\alpha},\boldsymbol{\beta})$;

(4) $(\boldsymbol{\alpha},\boldsymbol{\alpha})\geqslant 0$, 当且仅当 $\boldsymbol{\alpha}=\boldsymbol{\theta}$ 时等号成立.

在解析几何中, 有向线段的内积也具有上述四条性质. 由此可见, 这里定义的向量内积的确是有向线段数性积的推广. 由 (3.4.4) 式定义的内积, 称为**标准内积**.

定义 3.4.2 定义了内积的实向量空间称为**欧几里得 (Euclid) 空间**, 简称为**欧氏空间**①.

① 本节的欧氏空间特指定义了标准内积的实向量空间, 在第 3.5 节, 我们将介绍一般的欧氏空间定义.

3.4.2　向量的度量

利用内积, 可根据解析几何中的结果引入向量的长度和夹角等度量概念. 根据 (3.4.2) 式中的第一式, 首先引入

定义 3.4.3　欧氏空间中的**向量 $\boldsymbol{\alpha}$ 的长度** $|\boldsymbol{\alpha}|$ 规定为

$$|\boldsymbol{\alpha}|=\sqrt{(\boldsymbol{\alpha},\boldsymbol{\alpha})},$$

若 $\boldsymbol{\alpha}=(a_1,a_2,\cdots,a_n)$, 则

$$|\boldsymbol{\alpha}|=\sqrt{a_1^2+a_2^2+\cdots+a_n^2}.$$

当 $n=2$ (或 3) 时, 上式恰为平面 (或空间) 直角坐标系下, 起点为原点、终点为点 (a_1,a_2) (或 (a_1,a_2,a_3)) 的有向线段的长度公式.

显然, $|\boldsymbol{\alpha}|=0$ 当且仅当 $\boldsymbol{\alpha}=\boldsymbol{\theta}$. 当 $|\boldsymbol{\alpha}|=1$ 时, 称 $\boldsymbol{\alpha}$ 为**单位向量**. 当 $\boldsymbol{\alpha}\neq\boldsymbol{\theta}$ 时, $\dfrac{1}{|\boldsymbol{\alpha}|}\boldsymbol{\alpha}$ 一定是单位向量, 称之为**对 $\boldsymbol{\alpha}$ 单位化**.

例如, $\boldsymbol{\alpha}=\left(\dfrac{1}{3},\dfrac{2}{3},\dfrac{2}{3}\right)$ 是单位向量, $\boldsymbol{\beta}=(1,2)$ 不是单位向量, 但 $\dfrac{1}{|\boldsymbol{\beta}|}\boldsymbol{\beta}=\left(\dfrac{1}{\sqrt{5}},\dfrac{2}{\sqrt{5}}\right)$ 是单位向量.

根据 (3.4.2) 式中的第二式, 可引入向量夹角的概念. 首先需要一个预备性结论.

定理 3.4.1　设 V 是欧氏空间, 则对任意 $\boldsymbol{\alpha},\boldsymbol{\beta}\in V$ 均有

$$|(\boldsymbol{\alpha},\boldsymbol{\beta})|\leqslant|\boldsymbol{\alpha}||\boldsymbol{\beta}|,\tag{3.4.5}$$

上式称为**柯西—施瓦茨(Cauchy-Schwarz)不等式**.

证　当 $\boldsymbol{\beta}=\boldsymbol{\theta}$ 时, $(\boldsymbol{\alpha},\boldsymbol{\beta})=0,|\boldsymbol{\beta}|=0$, 此时 (3.4.5) 式显然成立.

假设 $\boldsymbol{\beta}\neq\boldsymbol{\theta}$, 任取实数 x, 则 $\boldsymbol{\alpha}+x\boldsymbol{\beta}\in V$. 根据性质 3.4.1,

$$(\boldsymbol{\alpha}+x\boldsymbol{\beta},\boldsymbol{\alpha}+x\boldsymbol{\beta})\geqslant0,$$

于是有

$$(\boldsymbol{\beta},\boldsymbol{\beta})x^2+2(\boldsymbol{\alpha},\boldsymbol{\beta})x+(\boldsymbol{\alpha},\boldsymbol{\alpha})\geqslant0,$$

因上式对任意实数 x 均成立, 且 $(\boldsymbol{\beta},\boldsymbol{\beta})>0$, 故

$$[2(\boldsymbol{\alpha},\boldsymbol{\beta})]^2-4(\boldsymbol{\beta},\boldsymbol{\beta})(\boldsymbol{\alpha},\boldsymbol{\alpha})\leqslant0,$$

整理后得

$$|(\boldsymbol{\alpha},\boldsymbol{\beta})|^2=(\boldsymbol{\alpha},\boldsymbol{\beta})^2\leqslant(\boldsymbol{\alpha},\boldsymbol{\alpha})(\boldsymbol{\beta},\boldsymbol{\beta})=|\boldsymbol{\alpha}|^2|\boldsymbol{\beta}|^2,$$

上式不等号两边同时开平方, 即得

$$|(\boldsymbol{\alpha},\boldsymbol{\beta})| \leqslant |\boldsymbol{\alpha}||\boldsymbol{\beta}|.$$

请读者自己证明: (3.4.5) 式等号成立的充要条件是 $\boldsymbol{\alpha},\boldsymbol{\beta}$ 线性相关.

现在我们可以定义向量的夹角了.

定义 3.4.4 设 V 是欧氏空间, $\boldsymbol{\alpha},\boldsymbol{\beta} \in V$ 且 $\boldsymbol{\alpha},\boldsymbol{\beta}$ 均不是零向量, 则$\boldsymbol{\alpha}$ 与 $\boldsymbol{\beta}$ 的**夹角** $\langle\boldsymbol{\alpha},\boldsymbol{\beta}\rangle$ 规定为

$$\langle\boldsymbol{\alpha},\boldsymbol{\beta}\rangle = \arccos\frac{(\boldsymbol{\alpha},\boldsymbol{\beta})}{|\boldsymbol{\alpha}||\boldsymbol{\beta}|},$$

这里 $0 \leqslant \langle\boldsymbol{\alpha},\boldsymbol{\beta}\rangle \leqslant \pi$.

若向量 $\boldsymbol{\alpha}$ 与 $\boldsymbol{\beta}$ 的夹角为 $\frac{\pi}{2}$, 则 $\cos\langle\boldsymbol{\alpha},\boldsymbol{\beta}\rangle = 0$, 于是 $(\boldsymbol{\alpha},\boldsymbol{\beta}) = 0$. 反之, 由 $(\boldsymbol{\alpha},\ \boldsymbol{\beta}) = 0$ 又可得 $\boldsymbol{\alpha}$ 与 $\boldsymbol{\beta}$ 的夹角为 $\frac{\pi}{2}$. 因此, 利用内积可判断两个向量是否垂直 (正交).

定义 3.4.5 若 $(\boldsymbol{\alpha},\boldsymbol{\beta}) = 0$, 则称向量 $\boldsymbol{\alpha}$ 与向量 $\boldsymbol{\beta}$ **正交**, 记为 $\boldsymbol{\alpha} \perp \boldsymbol{\beta}$.

若 $\boldsymbol{\alpha}$ 与 $\boldsymbol{\beta}$ 均为 2 元向量或均为 3 元向量, 则 $\boldsymbol{\alpha}$ 与 $\boldsymbol{\beta}$ 正交对应有向线段的垂直. 此外, 零向量与任一向量均正交.

例 3.4.1 设 $\boldsymbol{A} \in \mathbf{R}^{m\times n}$, 则对任意 $\boldsymbol{\alpha} \in \mathrm{Row}\,(\boldsymbol{A})$ 与任意 $\boldsymbol{\beta} \in \mathrm{N}(\boldsymbol{A})$, 均有 $\boldsymbol{\alpha} \perp \boldsymbol{\beta}$.

证 设 $\boldsymbol{A}$ 的行向量组为 $\boldsymbol{\gamma}_1,\boldsymbol{\gamma}_2,\cdots,\boldsymbol{\gamma}_m$, 并且

$$\boldsymbol{\gamma}_i = (a_{i1},a_{i2},\cdots,a_{in}),\quad 其中\ i=1,2,\cdots,m,$$

则 $\boldsymbol{\gamma}_i$ 是齐次线性方程组 $\boldsymbol{AX}=\mathbf{0}$ 中第 i 个方程的系数向量. 因 $\boldsymbol{\beta} \in \mathrm{N}(\boldsymbol{A})$, 故 $\boldsymbol{\beta}$ 是 $\boldsymbol{AX}=\mathbf{0}$ 的解向量. 设 $\boldsymbol{\beta}=(c_1,c_2,\cdots,c_n)$, 则

$$a_{i1}c_1 + a_{i2}c_2 + \cdots + a_{in}c_n = 0,$$

即 $(\boldsymbol{\gamma}_i,\boldsymbol{\beta}) = 0$, 其中 $i=1,2,\cdots,m$. 又因为 $\boldsymbol{\alpha} \in \mathrm{Row}\,(\boldsymbol{A})$, 所以存在 $k_i \in \mathbf{R}$ 使

$$\boldsymbol{\alpha} = k_1\boldsymbol{\gamma}_1 + k_2\boldsymbol{\gamma}_2 + \cdots + k_m\boldsymbol{\gamma}_m,$$

于是

$$(\boldsymbol{\alpha},\boldsymbol{\beta}) = k_1(\boldsymbol{\gamma}_1,\boldsymbol{\beta}) + k_2(\boldsymbol{\gamma}_2,\boldsymbol{\beta}) + \cdots + k_m(\boldsymbol{\gamma}_m,\boldsymbol{\beta}) = 0,$$

即 $\boldsymbol{\alpha} \perp \boldsymbol{\beta}$.

在几何空间中有两个简单而重要的结论: 三角形不等式和勾股定理. 下面证明这两个结论在欧氏空间中也成立.

性质 3.4.2 设 V 是欧氏空间, $\boldsymbol{\alpha}$ 与 $\boldsymbol{\beta}$ 是 V 中任意两个向量, 则有

(1) 三角形不等式: $|\boldsymbol{\alpha}+\boldsymbol{\beta}| \leqslant |\boldsymbol{\alpha}|+|\boldsymbol{\beta}|$;

(2) 勾股定理: 若 $\boldsymbol{\alpha} \perp \boldsymbol{\beta}$, 则 $|\boldsymbol{\alpha}+\boldsymbol{\beta}|^2=|\boldsymbol{\alpha}|^2+|\boldsymbol{\beta}|^2$.

证 (1) 因 $|\boldsymbol{\alpha}+\boldsymbol{\beta}|^2=(\boldsymbol{\alpha}+\boldsymbol{\beta}, \boldsymbol{\alpha}+\boldsymbol{\beta})=(\boldsymbol{\alpha}, \boldsymbol{\alpha})+2(\boldsymbol{\alpha}, \boldsymbol{\beta})+(\boldsymbol{\beta}, \boldsymbol{\beta})$

$$\leqslant |\boldsymbol{\alpha}|^2+2|\boldsymbol{\alpha}||\boldsymbol{\beta}|+|\boldsymbol{\beta}|^2=(|\boldsymbol{\alpha}|+|\boldsymbol{\beta}|)^2,$$

故 $|\boldsymbol{\alpha}+\boldsymbol{\beta}| \leqslant |\boldsymbol{\alpha}|+|\boldsymbol{\beta}|$.

(2) 因 $\boldsymbol{\alpha} \perp \boldsymbol{\beta}$, 故 $(\boldsymbol{\alpha}, \boldsymbol{\beta})=0$. 于是

$$|\boldsymbol{\alpha}+\boldsymbol{\beta}|^2=(\boldsymbol{\alpha}, \boldsymbol{\alpha})+2(\boldsymbol{\alpha}, \boldsymbol{\beta})+(\boldsymbol{\beta}, \boldsymbol{\beta})=|\boldsymbol{\alpha}|^2+|\boldsymbol{\beta}|^2.$$

3.4.3 标准正交基

有了上述必要的准备工作, 现在就可以在欧氏空间中建立“直角坐标系”了.

从解析几何中可知, 建立“直角坐标系”的关键在于选取两条或三条彼此垂直且长度全为 1 的有向线段. 以此为线索, 首先讨论两两正交的向量构成的向量组.

定义 3.4.6 设 V 是一个欧氏空间, $\boldsymbol{\alpha}_1, \boldsymbol{\alpha}_2, \cdots, \boldsymbol{\alpha}_m$ 是 V 中 m 个非零向量, 若 $\boldsymbol{\alpha}_1, \boldsymbol{\alpha}_2, \cdots, \boldsymbol{\alpha}_m$ 两两正交, 则称 $\boldsymbol{\alpha}_1, \boldsymbol{\alpha}_2, \cdots, \boldsymbol{\alpha}_m$ 是**正交向量组**; 由单位向量构成的正交向量组称为**标准正交向量组**, 或**正交单位向量组**.

由于对向量的单位化不改变向量的正交性, 因此正交向量组单位化即得标准正交向量组. 这样, 寻找标准正交向量组的关键就是构造正交向量组. 首先给出正交向量组的一个重要性质.

定理 3.4.2 设 $\boldsymbol{\alpha}_1, \boldsymbol{\alpha}_2, \cdots, \boldsymbol{\alpha}_m$ 是欧氏空间 V 的一个正交向量组, 则 $\boldsymbol{\alpha}_1, \boldsymbol{\alpha}_2, \cdots, \boldsymbol{\alpha}_m$ 线性无关.

证 令

$$k_1 \boldsymbol{\alpha}_1+k_2 \boldsymbol{\alpha}_2+\cdots+k_m \boldsymbol{\alpha}_m=\boldsymbol{\theta}, \tag{3.4.6}$$

上式两端同时与 $\boldsymbol{\alpha}_1$ 作内积

$$\left(k_1 \boldsymbol{\alpha}_1+k_2 \boldsymbol{\alpha}_2+\cdots+k_m \boldsymbol{\alpha}_m, \boldsymbol{\alpha}_1\right)=\left(\boldsymbol{\theta}, \boldsymbol{\alpha}_1\right),$$

展开后得

$$k_1\left(\boldsymbol{\alpha}_1, \boldsymbol{\alpha}_1\right)+k_2\left(\boldsymbol{\alpha}_2, \boldsymbol{\alpha}_1\right)+\cdots+k_m\left(\boldsymbol{\alpha}_m, \boldsymbol{\alpha}_1\right)=0, \tag{3.4.7}$$

已知 $\boldsymbol{\alpha}_1$ 与 $\boldsymbol{\alpha}_2,\boldsymbol{\alpha}_3,\cdots,\boldsymbol{\alpha}_m$ 均正交, 故

$$(\boldsymbol{\alpha}_i,\boldsymbol{\alpha}_1)=0,\quad \text{其中 } i=2,3,\cdots,m,$$

将之代入 (3.4.7) 式得

$$k_1(\boldsymbol{\alpha}_1,\boldsymbol{\alpha}_1)=0,$$

又 $\boldsymbol{\alpha}_1\neq\boldsymbol{\theta}$, 故 $(\boldsymbol{\alpha}_1,\boldsymbol{\alpha}_1)>0$, 于是 $k_1=0$.

同理可得 $k_2=k_3=\cdots=k_m=0$. 所以, $\boldsymbol{\alpha}_1,\boldsymbol{\alpha}_2,\cdots,\boldsymbol{\alpha}_m$ 线性无关.

显然, 线性无关的向量组不一定是正交向量组. 能否在线性无关向量组的基础上, 构造出一个正交向量组呢? 下面以两个 2 元线性无关向量为例, 探讨构造相应的标准正交向量组的方法.

设 $\boldsymbol{\alpha}_1,\boldsymbol{\alpha}_2$ 是两个线性无关的 2 元实向量. 因 2 元实向量对应平面上的有向线段 (见图 3.4.1), 故可用平面上的两条起点相同的有向线段 $\overrightarrow{OA_1}$, $\overrightarrow{OA_2}$ 分别表示 $\boldsymbol{\alpha}_1,\boldsymbol{\alpha}_2$. 由假设 $\boldsymbol{\alpha}_1,\boldsymbol{\alpha}_2$ 线性无关可得 $\overrightarrow{OA_1},\overrightarrow{OA_2}$ 不共线. 过 A_2 点向 $\overrightarrow{OA_1}$ 引垂线且交 $\overrightarrow{OA_1}$ 于 A_3 点, 则

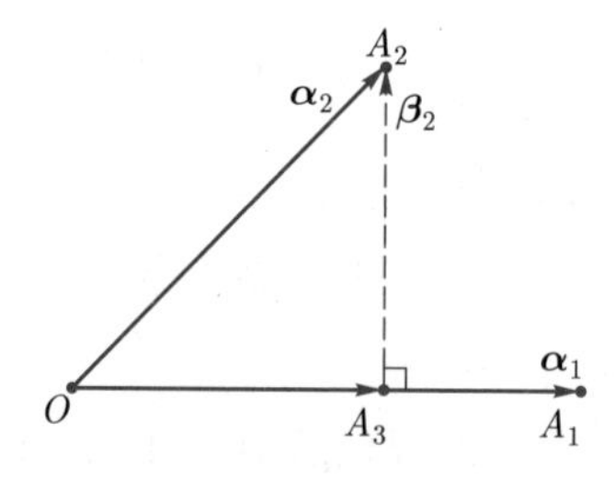

图 3.4.1 平面向量的正交化

$$\overrightarrow{OA_2}=\overrightarrow{OA_3}+\overrightarrow{A_3A_2},$$

因 $\overrightarrow{OA_3}$ 与 $\overrightarrow{OA_1}$ 共线, 且 $\overrightarrow{OA_1}\neq\boldsymbol{\theta}$, 故 $\overrightarrow{OA_3}$ 可表示为 $k_1\overrightarrow{OA_1}$, 于是

$$\overrightarrow{A_3A_2}=\overrightarrow{OA_2}-k_1\overrightarrow{OA_1}=\boldsymbol{\alpha}_2-k_1\boldsymbol{\alpha}_1,$$

令 $\boldsymbol{\beta}_1=\boldsymbol{\alpha}_1,\boldsymbol{\beta}_2$ 为有向线段 $\overrightarrow{A_3A_2}$ 对应的 2 元向量, 即 $\boldsymbol{\beta}_2=\boldsymbol{\alpha}_2-k_1\boldsymbol{\beta}_1$, 则 $\boldsymbol{\beta}_2\perp\boldsymbol{\beta}_1$, 且它们均不为零向量, 否则 $\boldsymbol{\alpha}_1,\boldsymbol{\alpha}_2$ 线性相关. 再令 $\boldsymbol{\eta}_1=\dfrac{1}{|\boldsymbol{\beta}_1|}\boldsymbol{\beta}_1,\boldsymbol{\eta}_2=\dfrac{1}{|\boldsymbol{\beta}_2|}\boldsymbol{\beta}_2$, 则 $\boldsymbol{\eta}_1,\boldsymbol{\eta}_2$ 即为所求的标准正交向量组. 这里系数 k_1 是可以确定的. 实际上, 由 $\boldsymbol{\beta}_2\perp\boldsymbol{\beta}_1$ 可得 $(\boldsymbol{\beta}_2,\boldsymbol{\beta}_1)=0$, 于是

$$0=(\boldsymbol{\beta}_2,\boldsymbol{\beta}_1)=(\boldsymbol{\alpha}_2-k_1\boldsymbol{\beta}_1,\boldsymbol{\beta}_1)=(\boldsymbol{\alpha}_2,\boldsymbol{\beta}_1)-k_1(\boldsymbol{\beta}_1,\boldsymbol{\beta}_1),$$

又 $\boldsymbol{\beta}_1\neq\boldsymbol{\theta}$, 故 $(\boldsymbol{\beta}_1,\boldsymbol{\beta}_1)>0$, 于是可得

$$k_1=\frac{(\boldsymbol{\alpha}_2,\boldsymbol{\beta}_1)}{(\boldsymbol{\beta}_1,\boldsymbol{\beta}_1)},$$

并且容易证明 $\{\boldsymbol{\alpha}_1\}\cong\{\boldsymbol{\beta}_1\},\{\boldsymbol{\alpha}_1,\boldsymbol{\alpha}_2\}\cong\{\boldsymbol{\beta}_1,\boldsymbol{\beta}_2\}$.

交互实验 3.4.1

扫描交互实验 3.4.1 的二维码, 了解如何通过 $\mathbf{R}^3$ 中三个向量组成的线性无关的向量组构造相应的正交向量组.

将上述过程一般化, 即得下述结论:

定理 3.4.3　设 V 是欧氏空间, $\boldsymbol{\alpha}_1,\boldsymbol{\alpha}_2,\cdots,\boldsymbol{\alpha}_m$ 是 V 中的线性无关向量组, 则 V 中存在标准正交的向量组 $\boldsymbol{\eta}_1,\boldsymbol{\eta}_2,\cdots,\boldsymbol{\eta}_m$, 使得

$$\{\boldsymbol{\alpha}_1,\boldsymbol{\alpha}_2,\cdots,\boldsymbol{\alpha}_i\}\cong\{\boldsymbol{\eta}_1,\boldsymbol{\eta}_2,\cdots,\boldsymbol{\eta}_i\},\quad 其中\ i=1,2,\cdots,m.$$

证　对 i 作数学归纳法:

(1) 令 $\boldsymbol{\beta}_1=\boldsymbol{\alpha}_1,\boldsymbol{\eta}_1=\dfrac{1}{|\boldsymbol{\beta}_1|}\boldsymbol{\beta}_1$, 则 $\{\boldsymbol{\alpha}_1\}\cong\{\boldsymbol{\beta}_1\}$, 进而 $\{\boldsymbol{\alpha}_1\}\cong\{\boldsymbol{\eta}_1\}$. 这说明结论在 $i=1$ 时成立.

(2) 设存在正交向量组 $\boldsymbol{\beta}_1,\boldsymbol{\beta}_2,\cdots,\boldsymbol{\beta}_{i-1}(i\geqslant 2)$, 满足

$$\{\boldsymbol{\alpha}_1,\boldsymbol{\alpha}_2,\cdots,\boldsymbol{\alpha}_s\}\cong\{\boldsymbol{\beta}_1,\boldsymbol{\beta}_2,\cdots,\boldsymbol{\beta}_s\},\quad 其中\ s=1,2,\cdots,i-1,$$

令 $\boldsymbol{\eta}_s=\dfrac{1}{|\boldsymbol{\beta}_s|}\boldsymbol{\beta}_s$, 其中 $s=1,2,\cdots,i-1$, 则 $\boldsymbol{\eta}_1,\boldsymbol{\eta}_2,\cdots,\boldsymbol{\eta}_{i-1}$ 是标准正交向量组, 并且也满足

$$\{\boldsymbol{\alpha}_1,\boldsymbol{\alpha}_2,\cdots,\boldsymbol{\alpha}_s\}\cong\{\boldsymbol{\eta}_1,\boldsymbol{\eta}_2,\cdots,\boldsymbol{\eta}_s\},\quad 其中\ s=1,2,\cdots,i-1,$$

(3) 对 $2\leqslant i\leqslant m$, 在 (2) 的假设下, 令

$$\boldsymbol{\beta}_i=\boldsymbol{\alpha}_i-\frac{(\boldsymbol{\alpha}_i,\boldsymbol{\beta}_1)}{(\boldsymbol{\beta}_1,\boldsymbol{\beta}_1)}\boldsymbol{\beta}_1-\frac{(\boldsymbol{\alpha}_i,\boldsymbol{\beta}_2)}{(\boldsymbol{\beta}_2,\boldsymbol{\beta}_2)}\boldsymbol{\beta}_2-\cdots-\frac{(\boldsymbol{\alpha}_i,\boldsymbol{\beta}_{i-1})}{(\boldsymbol{\beta}_{i-1},\boldsymbol{\beta}_{i-1})}\boldsymbol{\beta}_{i-1},\tag{3.4.8}$$

因 $\boldsymbol{\beta}_1,\boldsymbol{\beta}_2,\cdots,\boldsymbol{\beta}_{i-1}$ 可由 $\boldsymbol{\alpha}_1,\boldsymbol{\alpha}_2,\cdots,\boldsymbol{\alpha}_{i-1}$ 线性表出, 故 $\boldsymbol{\beta}_i$ 可由 $\boldsymbol{\alpha}_1,\boldsymbol{\alpha}_2,\cdots,\boldsymbol{\alpha}_i$ 线性表出且 $\boldsymbol{\alpha}_i$ 的系数为 1. 又已知 $\boldsymbol{\alpha}_1,\boldsymbol{\alpha}_2,\cdots,\boldsymbol{\alpha}_i$ 线性无关, 所以 $\boldsymbol{\beta}_i\neq\boldsymbol{\theta}$. 此外, 容易证明 $\boldsymbol{\beta}_i$ 与 $\boldsymbol{\beta}_1,\boldsymbol{\beta}_2,\cdots,\boldsymbol{\beta}_{i-1}$ 都正交, 故 $\boldsymbol{\beta}_1,\boldsymbol{\beta}_2,\cdots,\boldsymbol{\beta}_i$ 是正交向量组. 根据 (3.4.8) 式, $\boldsymbol{\alpha}_i$ 可由 $\boldsymbol{\beta}_1,\boldsymbol{\beta}_2,\cdots,\boldsymbol{\beta}_i$ 线性表出, 所以

$$\{\boldsymbol{\alpha}_1,\boldsymbol{\alpha}_2,\cdots,\boldsymbol{\alpha}_s\}\cong\{\boldsymbol{\beta}_1,\boldsymbol{\beta}_2,\cdots,\boldsymbol{\beta}_s\},\quad 其中\ s=1,2,\cdots,i,$$

令

$$\boldsymbol{\eta}_i=\frac{1}{|\boldsymbol{\beta}_i|}\boldsymbol{\beta}_i,$$

则 $\boldsymbol{\eta}_1,\boldsymbol{\eta}_2,\cdots,\boldsymbol{\eta}_i$ 是标准正交向量组, 并且也满足

$$\{\boldsymbol{\alpha}_1,\boldsymbol{\alpha}_2,\cdots,\boldsymbol{\alpha}_s\}\cong\{\boldsymbol{\eta}_1,\boldsymbol{\eta}_2,\cdots,\boldsymbol{\eta}_s\},\ 其中\ s=1,2,\cdots,i.$$

由数学归纳法原理可知, 定理结论正确.

这个定理采用了归纳式的构造性证明方法, 证明过程提供了一种有效的寻找标准正交向量组的方法, 通常称之为**施密特 (Schmidt) 正交化方法**.

例 3.4.2 试用施密特正交化方法将向量组 $\boldsymbol{\alpha}_1 = (1,1,0,0), \boldsymbol{\alpha}_2 = (1,0,1,0), \boldsymbol{\alpha}_3 = (-1,0,0,1)$ 化为标准正交向量组.

解 先正交化: 令

$$\begin{aligned}
\boldsymbol{\beta}_1 &= \boldsymbol{\alpha}_1, \\
\boldsymbol{\beta}_2 &= \boldsymbol{\alpha}_2 - \frac{(\boldsymbol{\alpha}_2, \boldsymbol{\beta}_1)}{(\boldsymbol{\beta}_1, \boldsymbol{\beta}_1)}\boldsymbol{\beta}_1 = \boldsymbol{\alpha}_2 - \frac{1}{2}\boldsymbol{\beta}_1 = \left(\frac{1}{2}, -\frac{1}{2}, 1, 0\right), \\
\boldsymbol{\beta}_3 &= \boldsymbol{\alpha}_3 - \frac{(\boldsymbol{\alpha}_3, \boldsymbol{\beta}_1)}{(\boldsymbol{\beta}_1, \boldsymbol{\beta}_1)}\boldsymbol{\beta}_1 - \frac{(\boldsymbol{\alpha}_3, \boldsymbol{\beta}_2)}{(\boldsymbol{\beta}_2, \boldsymbol{\beta}_2)}\boldsymbol{\beta}_2 \\
&= \boldsymbol{\alpha}_3 + \frac{1}{2}\boldsymbol{\beta}_1 + \frac{1}{3}\boldsymbol{\beta}_2 = \left(-\frac{1}{3}, \frac{1}{3}, \frac{1}{3}, 1\right),
\end{aligned}$$

再单位化: 令

$$\begin{aligned}
\boldsymbol{\eta}_1 &= \frac{1}{|\boldsymbol{\beta}_1|}\boldsymbol{\beta}_1 = \left(\frac{1}{\sqrt{2}}, \frac{1}{\sqrt{2}}, 0, 0\right), \\
\boldsymbol{\eta}_2 &= \frac{1}{|\boldsymbol{\beta}_2|}\boldsymbol{\beta}_2 = \left(\frac{1}{\sqrt{6}}, -\frac{1}{\sqrt{6}}, \frac{2}{\sqrt{6}}, 0\right), \\
\boldsymbol{\eta}_3 &= \frac{1}{|\boldsymbol{\beta}_3|}\boldsymbol{\beta}_3 = \left(-\frac{1}{2\sqrt{3}}, \frac{1}{2\sqrt{3}}, \frac{1}{2\sqrt{3}}, \frac{3}{2\sqrt{3}}\right),
\end{aligned}$$

则 $\boldsymbol{\eta}_1, \boldsymbol{\eta}_2, \boldsymbol{\eta}_3$ 为所求的标准正交向量组.

定义 3.4.7 设 V 是欧氏空间, 则 V 中由正交向量组构成的基称为**正交基**, 而 V 中由标准正交向量组构成的基则称为**标准正交基**.

例 3.4.3 欧氏空间 $\mathbf{R}^n$ 的自然基 $\varepsilon_1, \varepsilon_2, \cdots, \varepsilon_n$ 是标准正交基.

例 3.4.4 求下列实系数齐次线性方程组

$$\begin{cases}
x_1 + x_2 + x_3 + x_4 = 0, \\
x_1 + 2x_2 + 3x_3 + 4x_4 = 0, \\
2x_1 + 3x_2 + 4x_3 + 5x_4 = 0
\end{cases}$$

的解空间的一个标准正交基.

解 由于解空间的基就是基础解系, 故由它们经过施密特正交化方法得到的标准正交向量组就是标准正交基.

容易求得上述方程组的一个基础解系

$$\boldsymbol{X}_1=(1,-2,1,0)^{\mathrm{T}},\boldsymbol{X}_2=(2,-3,0,1)^{\mathrm{T}},$$

下面对 $\boldsymbol{X}_1,\boldsymbol{X}_2$ 正交化、单位化:

令 $\boldsymbol{\beta}_1=\boldsymbol{X}_1$,

$$\boldsymbol{\beta}_2=\boldsymbol{X}_2-\frac{(\boldsymbol{X}_2,\boldsymbol{\beta}_1)}{(\boldsymbol{\beta}_1,\boldsymbol{\beta}_1)}\boldsymbol{\beta}_1=\boldsymbol{X}_2-\frac{8}{6}\boldsymbol{\beta}_1=\left(\frac{2}{3},-\frac{1}{3},-\frac{4}{3},1\right)^{\mathrm{T}},$$

$$\boldsymbol{\eta}_1=\frac{1}{|\boldsymbol{\beta}_1|}\boldsymbol{\beta}_1=\left(\frac{1}{\sqrt{6}},-\frac{2}{\sqrt{6}},\frac{1}{\sqrt{6}},0\right)^{\mathrm{T}},$$

$$\boldsymbol{\eta}_2=\frac{1}{|\boldsymbol{\beta}_2|}\boldsymbol{\beta}_2=\left(\frac{2}{\sqrt{30}},-\frac{1}{\sqrt{30}},-\frac{4}{\sqrt{30}},\frac{3}{\sqrt{30}}\right)^{\mathrm{T}},$$

则 $\boldsymbol{\eta}_1,\boldsymbol{\eta}_2$ 就是解空间的一个标准正交基.

若一个齐次线性方程组的基础解系只含一个解向量, 则解空间的标准正交基只含一个单位解向量. 我们规定, 只含一个向量的标准正交向量组就是一个单位向量.

由定理 3.4.3 不难发现, 存在基的欧氏空间也一定存在标准正交基. 因为本节所讨论的欧氏空间均为 $\mathbf{R}^n$ 的子空间, 所以除 $\{\boldsymbol{\theta}\}$ 以外, 它们都存在基. 由此可得:

定理 3.4.4 设 V 是欧氏空间, $V\subseteq\mathbf{R}^n$ 且 $V\neq\{\boldsymbol{\theta}\}$, 则 V 一定存在标准正交基.

标准正交基可以形象地理解为几何空间的直角坐标系在欧氏空间的一个推广, 许多问题的讨论或需借助标准正交基来进行, 或在标准正交基下讨论比较方便.

3.4.4 正交矩阵

在第 3.2 节, 我们已经知道, 数域 F 上线性空间的一个基到另一个基的过渡矩阵为数域 F 上的可逆矩阵. 在欧氏空间中, 一个标准正交基到另一个标准正交基的过渡矩阵显然是一个可逆的实矩阵. 除此以外, 它还有什么特性呢? 对此我们有如下结果:

定理 3.4.5 设 $\boldsymbol{\alpha}_1,\boldsymbol{\alpha}_2,\cdots,\boldsymbol{\alpha}_n$ 与 $\boldsymbol{\beta}_1,\boldsymbol{\beta}_2,\cdots,\boldsymbol{\beta}_n$ 是欧氏空间 V 的两个标准正交基, $\boldsymbol{A}$ 为由基 $\boldsymbol{\alpha}_1,\boldsymbol{\alpha}_2,\cdots,\boldsymbol{\alpha}_n$ 到基 $\boldsymbol{\beta}_1,\boldsymbol{\beta}_2,\cdots,\boldsymbol{\beta}_n$ 的过渡矩阵, 则 $\boldsymbol{A}^{\mathrm{T}}\boldsymbol{A}=\boldsymbol{I}$.

证　根据定义 3.2.4, 由已知条件可得 $[\boldsymbol{\beta}_1,\boldsymbol{\beta}_2,\cdots,\boldsymbol{\beta}_n]=[\boldsymbol{\alpha}_1,\boldsymbol{\alpha}_2,\cdots,\boldsymbol{\alpha}_n]\boldsymbol{A}$, 其中 $\boldsymbol{A}=[a_{ij}]\in\mathbf{R}^{n\times n}$, 于是

$$\boldsymbol{\beta}_i=\sum_{k=1}^{n}a_{ki}\boldsymbol{\alpha}_k\quad i=1,2,\cdots,n,$$

因 $\boldsymbol{\alpha}_1,\boldsymbol{\alpha}_2,\cdots,\boldsymbol{\alpha}_n$ 与 $\boldsymbol{\beta}_1,\boldsymbol{\beta}_2,\cdots,\boldsymbol{\beta}_n$ 是两个标准正交基, 故

$$(\boldsymbol{\beta}_i,\boldsymbol{\beta}_j)=\left(\sum_{k=1}^{n}a_{ki}\boldsymbol{\alpha}_k,\sum_{l=1}^{n}a_{lj}\boldsymbol{\alpha}_l\right)=\sum_{k=1}^{n}a_{ki}a_{kj}=\begin{cases}0,i\neq j,\\1,i=j,\end{cases}\tag{3.4.9}$$

其中 $i,j=1,2,\cdots,n$. 将 (3.4.9) 式中最后一个等式表示为矩阵形式即为

$$\boldsymbol{A}^{\mathrm{T}}\boldsymbol{A}=\boldsymbol{I}.$$

定义 3.4.8　设 $\boldsymbol{A}\in\mathbf{R}^{n\times n}$, 若 $\boldsymbol{A}^{\mathrm{T}}\boldsymbol{A}=\boldsymbol{I}$, 则称 $\boldsymbol{A}$ 是**正交矩阵**.

显然, 若 $\boldsymbol{A}$ 是正交矩阵, 则 $\boldsymbol{A}$ 可逆, 且 $\boldsymbol{A}^{-1}=\boldsymbol{A}^{\mathrm{T}}$.

设 $\boldsymbol{A}$ 是 n 阶正交矩阵, $\boldsymbol{\alpha}_1,\boldsymbol{\alpha}_2,\cdots,\boldsymbol{\alpha}_n$ 是 $\boldsymbol{A}$ 的列向量组, 则 $\boldsymbol{\alpha}_1,\boldsymbol{\alpha}_2,\cdots,\boldsymbol{\alpha}_n\in\mathbf{R}^n$. 根据 $\boldsymbol{A}\boldsymbol{A}^{\mathrm{T}}=\boldsymbol{A}^{\mathrm{T}}\boldsymbol{A}=\boldsymbol{I}$,

$$\boldsymbol{A}^{\mathrm{T}}\boldsymbol{A}=[\boldsymbol{\alpha}_1,\boldsymbol{\alpha}_2,\cdots,\boldsymbol{\alpha}_n]^{\mathrm{T}}[\boldsymbol{\alpha}_1,\boldsymbol{\alpha}_2,\cdots,\boldsymbol{\alpha}_n]=\begin{bmatrix}\boldsymbol{\alpha}_1^{\mathrm{T}}\\\boldsymbol{\alpha}_2^{\mathrm{T}}\\\vdots\\\boldsymbol{\alpha}_n^{\mathrm{T}}\end{bmatrix}[\boldsymbol{\alpha}_1,\boldsymbol{\alpha}_2,\cdots,\boldsymbol{\alpha}_n]$$

$$=\begin{bmatrix}\boldsymbol{\alpha}_1^{\mathrm{T}}\boldsymbol{\alpha}_1&\boldsymbol{\alpha}_1^{\mathrm{T}}\boldsymbol{\alpha}_2&\cdots&\boldsymbol{\alpha}_1^{\mathrm{T}}\boldsymbol{\alpha}_n\\\boldsymbol{\alpha}_2^{\mathrm{T}}\boldsymbol{\alpha}_1&\boldsymbol{\alpha}_2^{\mathrm{T}}\boldsymbol{\alpha}_2&\cdots&\boldsymbol{\alpha}_2^{\mathrm{T}}\boldsymbol{\alpha}_n\\\vdots&\vdots&&\vdots\\\boldsymbol{\alpha}_n^{\mathrm{T}}\boldsymbol{\alpha}_1&\boldsymbol{\alpha}_n^{\mathrm{T}}\boldsymbol{\alpha}_2&\cdots&\boldsymbol{\alpha}_n^{\mathrm{T}}\boldsymbol{\alpha}_n\end{bmatrix}=\boldsymbol{I}=\begin{bmatrix}1&0&\cdots&0\\0&1&\cdots&0\\\vdots&\vdots&&\vdots\\0&0&\cdots&1\end{bmatrix},$$

由此可得

$$(\boldsymbol{\alpha}_i,\boldsymbol{\alpha}_j)=\boldsymbol{\alpha}_i^{\mathrm{T}}\boldsymbol{\alpha}_j=\begin{cases}0,i\neq j,\\1,i=j,\end{cases}\quad i,j=1,2,\cdots,n,$$

即 $\boldsymbol{\alpha}_1,\boldsymbol{\alpha}_2,\cdots,\boldsymbol{\alpha}_n$ 是标准正交向量组. 上述推导过程是可逆的, 因此有

定理 3.4.6　设 $\boldsymbol{A}\in\mathbf{R}^{n\times n}$, 则 $\boldsymbol{A}$ 是正交矩阵的充要条件是 $\boldsymbol{A}$ 的列 (行) 向量组是标准正交的.

关于行向量组的标准正交性请读者自证.

例 3.4.5　在 $\mathbf{R}^2$ 中, 将直角坐标系 Oxy 绕原点逆时针旋转 θ 角, 得到新坐标系 $Ox'y'$(如图 3.4.2 所示). 不难得到, 平面空间的这两个标准正交基 $\boldsymbol{i},\boldsymbol{j}$ 和 $\boldsymbol{i}',\boldsymbol{j}'$ 之间具有下列关系:

$$\begin{cases} \boldsymbol{i}' = \boldsymbol{i}\cos\theta + \boldsymbol{j}\sin\theta, \\ \boldsymbol{j}' = -\boldsymbol{i}\sin\theta + \boldsymbol{j}\cos\theta, \end{cases}$$

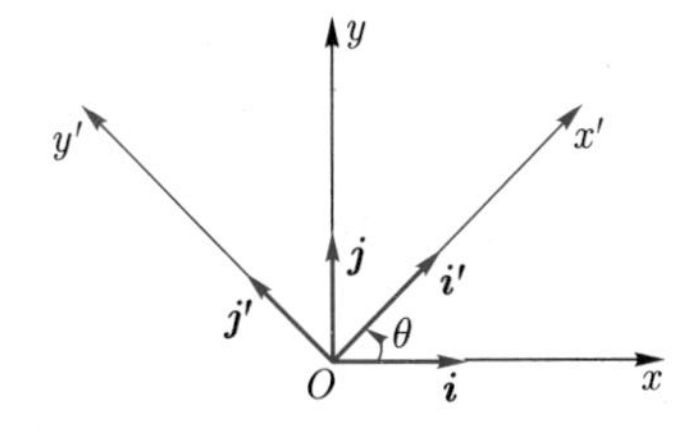

图 3.4.2　坐标旋转

上式可改写为

$$[\boldsymbol{i}',\boldsymbol{j}'] = [\boldsymbol{i},\boldsymbol{j}]\begin{bmatrix} \cos\theta & -\sin\theta \\ \sin\theta & \cos\theta \end{bmatrix},$$

这就是从基 $\boldsymbol{i},\boldsymbol{j}$ 到基 $\boldsymbol{i}',\boldsymbol{j}'$ 的基变换公式, 而

$$\begin{bmatrix} \cos\theta & -\sin\theta \\ \sin\theta & \cos\theta \end{bmatrix}$$

为从基 $\boldsymbol{i},\boldsymbol{j}$ 到基 $\boldsymbol{i}',\boldsymbol{j}'$ 的过渡矩阵, 是一个正交矩阵.

扫描交互实验 3.4.2 的二维码, 通过拖动滑动条选择不同的角度 θ, 观察两个标准正交基的关系, 以及它们之间的过渡矩阵对应的旋转变换.

交互实验 3.4.2

例 3.4.6　设 $\boldsymbol{\alpha}$ 是 n 元实的列向量, $\boldsymbol{I}$ 是 n 阶单位矩阵, 令 $\boldsymbol{A} = \boldsymbol{I} - 2\boldsymbol{\alpha}\boldsymbol{\alpha}^{\mathrm{T}}$, 证明: 若 $\boldsymbol{\alpha}^{\mathrm{T}}\boldsymbol{\alpha} = 1$, 则 $\boldsymbol{A}$ 是正交矩阵.

证　由

$$\boldsymbol{A}^{\mathrm{T}} = \left(\boldsymbol{I} - 2\boldsymbol{\alpha}\boldsymbol{\alpha}^{\mathrm{T}}\right)^{\mathrm{T}} = \boldsymbol{I}^{\mathrm{T}} - 2\left(\boldsymbol{\alpha}\boldsymbol{\alpha}^{\mathrm{T}}\right)^{\mathrm{T}} = \boldsymbol{I} - 2\boldsymbol{\alpha}\boldsymbol{\alpha}^{\mathrm{T}} = \boldsymbol{A},$$

有

$$\begin{aligned} \boldsymbol{A}\boldsymbol{A}^{\mathrm{T}} = \boldsymbol{A}^2 &= \left(\boldsymbol{I} - 2\boldsymbol{\alpha}\boldsymbol{\alpha}^{\mathrm{T}}\right)^2 = \boldsymbol{I}^2 - 4\boldsymbol{\alpha}\boldsymbol{\alpha}^{\mathrm{T}} + \left(2\boldsymbol{\alpha}\boldsymbol{\alpha}^{\mathrm{T}}\right)^2 \\ &= \boldsymbol{I} - 4\boldsymbol{\alpha}\boldsymbol{\alpha}^{\mathrm{T}} + 4\left(\boldsymbol{\alpha}\boldsymbol{\alpha}^{\mathrm{T}}\right)^2 \\ &= \boldsymbol{I} - 4\boldsymbol{\alpha}\boldsymbol{\alpha}^{\mathrm{T}} + 4\left(\boldsymbol{\alpha}\boldsymbol{\alpha}^{\mathrm{T}}\right)\left(\boldsymbol{\alpha}\boldsymbol{\alpha}^{\mathrm{T}}\right) \\ &= \boldsymbol{I} - 4\boldsymbol{\alpha}\boldsymbol{\alpha}^{\mathrm{T}} + 4\boldsymbol{\alpha}\left(\boldsymbol{\alpha}^{\mathrm{T}}\boldsymbol{\alpha}\right)\boldsymbol{\alpha}^{\mathrm{T}} \\ &= \boldsymbol{I} - 4\boldsymbol{\alpha}\boldsymbol{\alpha}^{\mathrm{T}} + 4\boldsymbol{\alpha}\boldsymbol{\alpha}^{\mathrm{T}} = \boldsymbol{I}, \end{aligned}$$

故 $\boldsymbol{A}$ 是正交矩阵.

若 $\boldsymbol{\alpha}$ 为单位向量, $n=2$ (或 3), 则例 3.4.6 中的矩阵 $\boldsymbol{A}$ 表示关于过原点且与 $\boldsymbol{\alpha}$ 垂直的直线 (或平面) 的镜面反射. 扫描交互实验 3.4.3 的二维码, 通过选择不同的方向角 θ 确定单位向量 $\boldsymbol{\alpha}$, 观察 $\boldsymbol{A}$ 对应的镜面反射.

交互实验 3.4.3

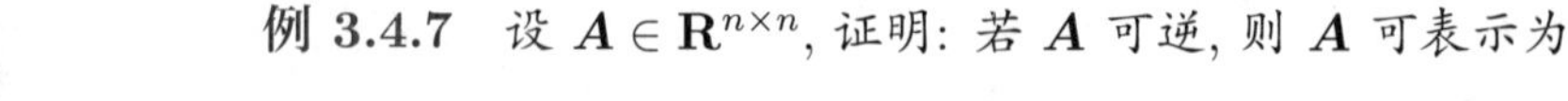

例 3.4.7 设 $\boldsymbol{A}\in\mathbf{R}^{n\times n}$, 证明: 若 $\boldsymbol{A}$ 可逆, 则 $\boldsymbol{A}$ 可表示为

$$\boldsymbol{A}=\boldsymbol{QR}, \tag{3.4.10}$$

其中 $\boldsymbol{Q}$ 是 n 阶正交矩阵, $\boldsymbol{R}$ 是 n 阶可逆上三角形矩阵. (3.4.10) 式称为实方阵 $\boldsymbol{A}$ 的**正交分解**.

证 因可逆上三角形矩阵的逆矩阵也是上三角形矩阵, 故 (3.4.10) 式等价于

$$\boldsymbol{AR}'=\boldsymbol{Q},$$

其中 $\boldsymbol{R}'$ 是可逆上三角形矩阵, $\boldsymbol{Q}$ 是正交矩阵.

设 $\boldsymbol{A}$ 的列向量组为 $\boldsymbol{\alpha}_1,\boldsymbol{\alpha}_2,\cdots,\boldsymbol{\alpha}_n$, 则由 $\boldsymbol{A}$ 可逆得 $\boldsymbol{\alpha}_1,\boldsymbol{\alpha}_2,\cdots,\boldsymbol{\alpha}_n$ 是欧氏空间 $\mathbf{R}^n$ 的一个基. 将 $\boldsymbol{\alpha}_1,\boldsymbol{\alpha}_2,\cdots,\boldsymbol{\alpha}_n$ 用施密特正交化方法正交化、单位化

令

$$\boldsymbol{\beta}_1=\boldsymbol{\alpha}_1,$$

$$\boldsymbol{\beta}_i=\boldsymbol{\alpha}_i-\frac{(\boldsymbol{\alpha}_i,\boldsymbol{\beta}_1)}{(\boldsymbol{\beta}_1,\boldsymbol{\beta}_1)}\boldsymbol{\beta}_1-\frac{(\boldsymbol{\alpha}_i,\boldsymbol{\beta}_2)}{(\boldsymbol{\beta}_2,\boldsymbol{\beta}_2)}\boldsymbol{\beta}_2-\cdots-\frac{(\boldsymbol{\alpha}_i,\boldsymbol{\beta}_{i-1})}{(\boldsymbol{\beta}_{i-1},\boldsymbol{\beta}_{i-1})}\boldsymbol{\beta}_{i-1}, \tag{3.4.11}$$

其中 $i=2,3,\cdots,n$. 因 $\boldsymbol{\beta}_1,\boldsymbol{\beta}_2,\cdots,\boldsymbol{\beta}_{i-1}$ 可由 $\boldsymbol{\alpha}_1,\boldsymbol{\alpha}_2,\cdots,\boldsymbol{\alpha}_{i-1}$ 线性表出, 故 (3.4.11) 式又可表示为

$$\boldsymbol{\beta}_i=k_{1i}\boldsymbol{\alpha}_1+k_{2i}\boldsymbol{\alpha}_2+\cdots+k_{i-1,i}\boldsymbol{\alpha}_{i-1}+\boldsymbol{\alpha}_i, i=1,2,\cdots,n,$$

再令

$$\boldsymbol{\eta}_i=\frac{1}{|\boldsymbol{\beta}_i|}\boldsymbol{\beta}_i=r_{1i}\boldsymbol{\alpha}_1+r_{2i}\boldsymbol{\alpha}_2+\cdots+r_{ii}\boldsymbol{\alpha}_i, i=1,2,\cdots,n, \tag{3.4.12}$$

则 $r_{ii}>0(i=1,2,\cdots,n)$.

把 (3.4.12) 式改写成矩阵形式

$$[\boldsymbol{\eta}_1,\boldsymbol{\eta}_2,\cdots,\boldsymbol{\eta}_n]=[\boldsymbol{\alpha}_1,\boldsymbol{\alpha}_2,\cdots,\boldsymbol{\alpha}_n]\begin{bmatrix} r_{11} & r_{12} & \cdots & r_{1n}\\ 0 & r_{22} & \cdots & r_{2n}\\ \vdots & \vdots & & \vdots\\ 0 & 0 & \cdots & r_{nn}\end{bmatrix}, \tag{3.4.13}$$

令

$$\boldsymbol{Q}=[\boldsymbol{\eta}_1,\boldsymbol{\eta}_2,\cdots,\boldsymbol{\eta}_n],\quad \boldsymbol{R}'=\begin{bmatrix} r_{11} & r_{12} & \cdots & r_{1n} \\ 0 & r_{22} & \cdots & r_{2n} \\ \vdots & \vdots & & \vdots \\ 0 & 0 & \cdots & r_{nn} \end{bmatrix},$$

则 (3.4.13) 式成为

$$\boldsymbol{A}\boldsymbol{R}'=\boldsymbol{Q},$$

因 $r_{11},r_{22},\cdots,r_{nn}>0$, 故 $\mathrm{r}\left(\boldsymbol{R}'\right)=n,\boldsymbol{R}'$ 是可逆的上三角形矩阵. 又列向量组 $\boldsymbol{\eta}_1,\boldsymbol{\eta}_2,\cdots,\boldsymbol{\eta}_n$ 标准正交, 故 n 阶实方阵 $\boldsymbol{Q}$ 是正交矩阵.

如果一个实系数线性方程组 $\boldsymbol{A}\boldsymbol{X}=\boldsymbol{b}$ 的系数矩阵 $\boldsymbol{A}$ 存在正交分解 $\boldsymbol{A}=\boldsymbol{Q}\boldsymbol{R}$, 那么解方程组 $\boldsymbol{A}\boldsymbol{X}=\boldsymbol{b}$ 可通过解下列两个线性方程组来进行:

$$\boldsymbol{Q}\boldsymbol{Y}=\boldsymbol{b},\quad \boldsymbol{R}\boldsymbol{X}=\boldsymbol{Y},$$

前一个方程组的解为

$$\boldsymbol{Y}=\boldsymbol{Q}^{-1}\boldsymbol{b}=\boldsymbol{Q}^{\mathrm{T}}\boldsymbol{b},$$

后一个方程组直接回代即可得解. 这种求解方法与利用系数矩阵的三角分解求解 (见第 1.7.3 节) 的方法思想相同, 但正交分解的适用范围更广一些.

*3.4.5　最小二乘法

人们在解决实际问题的过程中, 经常需要处理线性方程组, 然而在很多情况下方程组都是无解的, 导致这种情况发生的原因是复杂的, 有可能是环境发生了微小变化, 也有可能是读取数据时出现偏差, 还有可能是处理数据时出现计算误差等. 因此, 我们不能因为一个方程组无解就轻易断言问题本身无解. 人们通常的做法是, 求一组数使之最大限度地适合原方程组, 进而把它就视为原方程组的解, 实现这一目标的方法之一是最小二乘法.

为了介绍最小二乘法, 首先要引入距离的概念.

平面上的两个向量 $\boldsymbol{a}$ 与 $\boldsymbol{b}$ 的距离应理解为两向量位置的差异程度. 把 $\boldsymbol{a}$ 与 $\boldsymbol{b}$ 的起点放在一起, 则终点之间的距离远近恰能表示 $\boldsymbol{a}$ 与 $\boldsymbol{b}$ 的相似程度, 而终点的距离恰为 $\boldsymbol{a}-\boldsymbol{b}$ 的长度, 即 $|\boldsymbol{a}-\boldsymbol{b}|$, 可称为 $\boldsymbol{a}$ 与 $\boldsymbol{b}$ 的距离. 将之推广到欧氏空间, 我们有

定义 3.4.9　设 V 是欧氏空间, $\boldsymbol{\alpha},\boldsymbol{\beta}\in V$, 则 $\boldsymbol{\alpha}$ **到** $\boldsymbol{\beta}$ **的距离** $d(\boldsymbol{\alpha},\boldsymbol{\beta})$ 规定为

$$d(\boldsymbol{\alpha},\boldsymbol{\beta})=|\boldsymbol{\alpha}-\boldsymbol{\beta}|.$$

容易证明向量的距离具有下述性质:

性质 3.4.3 设 $\boldsymbol{\alpha},\boldsymbol{\beta},\boldsymbol{\gamma}$ 是欧氏空间 V 中任意三个向量, 则

(1) $d(\boldsymbol{\alpha},\boldsymbol{\beta})=d(\boldsymbol{\beta},\boldsymbol{\alpha})$;

(2) $d(\boldsymbol{\alpha},\boldsymbol{\beta})\geqslant 0$, 当且仅当 $\boldsymbol{\alpha}=\boldsymbol{\beta}$ 时等号成立;

(3) $d(\boldsymbol{\alpha},\boldsymbol{\beta})\leqslant d(\boldsymbol{\alpha},\boldsymbol{\gamma})+d(\boldsymbol{\gamma},\boldsymbol{\beta})$.

在几何空间中, 一条起点在平面 π 上的有向线段 $\boldsymbol{a}$ 到 π 的距离应为 $\boldsymbol{a}$ 与 π 上所有有向线段的距离中的最小者. 从图 3.4.3 中不难看出, 若 π 上的有向线段 $\boldsymbol{b}$ 满足 $\boldsymbol{a}-\boldsymbol{b}\perp\pi$, 则 $d(\boldsymbol{a},\boldsymbol{b})$ 是所有 $d(\boldsymbol{a},\boldsymbol{c})$ 中的最小者, 这里 $\boldsymbol{c}$ 是 π 上任一有向线段. 这一结果在欧氏空间也成立.

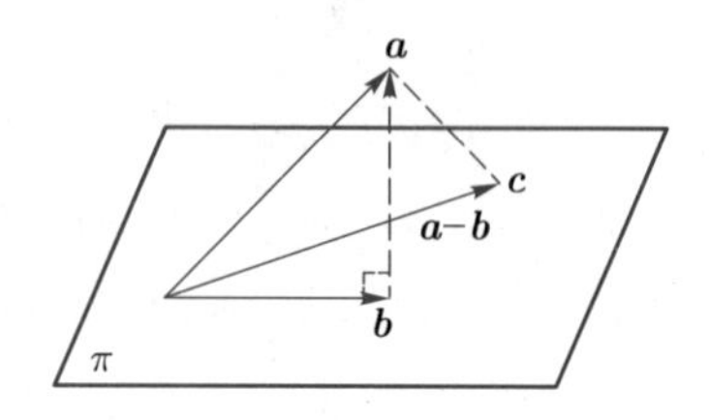

图 3.4.3 向量到平面的距离

定义 3.4.10 设 V 是欧氏空间, W 是 V 的子空间. 对 $\boldsymbol{\alpha}\in V$, 若 $\boldsymbol{\alpha}$ 与 W 中每个向量都正交, 则称**向量 $\boldsymbol{\alpha}$ 与子空间 W 正交**, 记为 $\boldsymbol{\alpha}\perp W$.

显然, 只有零向量才与其所在子空间正交.

定理 3.4.7 设 V 是欧氏空间, W 是 V 的子空间. 任取 $\boldsymbol{\alpha}\in V$, 若存在 $\boldsymbol{\beta}\in W$ 满足 $\boldsymbol{\alpha}-\boldsymbol{\beta}\perp W$, 则对任意 $\boldsymbol{\gamma}\in W$ 均有

$$d(\boldsymbol{\alpha},\boldsymbol{\beta})\leqslant d(\boldsymbol{\alpha},\boldsymbol{\gamma}).$$

证 根据定义 3.4.9,

$$[d(\boldsymbol{\alpha},\boldsymbol{\gamma})]^2=|\boldsymbol{\alpha}-\boldsymbol{\gamma}|^2=|(\boldsymbol{\alpha}-\boldsymbol{\beta})+(\boldsymbol{\beta}-\boldsymbol{\gamma})|^2,$$

因 $\boldsymbol{\alpha}-\boldsymbol{\beta}\perp W$, $\boldsymbol{\beta}-\boldsymbol{\gamma}\in W$, 故 $\boldsymbol{\alpha}-\boldsymbol{\beta}\perp\boldsymbol{\beta}-\boldsymbol{\gamma}$. 利用勾股定理,

$$\begin{aligned}[d(\boldsymbol{\alpha},\boldsymbol{\gamma})]^2&=|\boldsymbol{\alpha}-\boldsymbol{\beta}|^2+|\boldsymbol{\beta}-\gamma|^2\\&\geqslant|\boldsymbol{\alpha}-\boldsymbol{\beta}|^2=[d(\boldsymbol{\alpha},\boldsymbol{\beta})]^2,\end{aligned}$$

于是

$$d(\boldsymbol{\alpha},\boldsymbol{\beta})\leqslant d(\boldsymbol{\alpha},\boldsymbol{\gamma}).$$

在上述定理中, $d(\boldsymbol{\alpha},\boldsymbol{\beta})$ 可视为 $\boldsymbol{\alpha}$ 到子空间 W 的距离. 从这个角度出发, 就可给出最小二乘法.

已知无解线性方程组

$$\boldsymbol{AX}=\boldsymbol{b},\tag{3.4.14}$$

其中 $\boldsymbol{A}=[a_{ij}]\in\mathbf{R}^{m\times n},\boldsymbol{b}=(b_1,b_2,\cdots,b_m)^{\mathrm{T}}\in\mathbf{R}^m,\boldsymbol{X}=(x_1,x_2,\cdots,x_n)^{\mathrm{T}}$.
若存在 $c_1^*,c_2^*,\cdots,c_n^*\in\mathbf{R}$ 使得

$$\sum_{i=1}^{m}(a_{i1}c_1^*+a_{i2}c_2^*+\cdots+a_{in}c_n^*-b_i)^2 \tag{3.4.15}$$

最小, 则称 $\boldsymbol{X}^*=(c_1^*,c_2^*,\cdots,c_n^*)^{\mathrm{T}}$ 为方程组 (3.4.14) 的**最小二乘解**.

考虑欧氏空间 $\mathbf{R}^m$ 及其子空间 $\mathrm{Col}(\boldsymbol{A})$. 令 $\boldsymbol{b}^*=\boldsymbol{A}\boldsymbol{X}^*$, 则 $\boldsymbol{b}^*\in\mathrm{Col}(\boldsymbol{A})$ 且 (3.4.15) 式即为

$$|\boldsymbol{b}^*-\boldsymbol{b}|^2=[d(\boldsymbol{b}^*,\boldsymbol{b})]^2,$$

由此可知, 求 $\boldsymbol{X}^*$ 使 (3.4.15) 式最小等价于求 $\boldsymbol{b}^*\in\mathrm{Col}(\boldsymbol{A})$, 使 $\boldsymbol{b}^*$ 与 $\boldsymbol{b}$ 的距离最小. 根据定理 3.4.7, 只需求 $\boldsymbol{b}^*\in\mathrm{Col}(\boldsymbol{A})$, 使 $(\boldsymbol{b}-\boldsymbol{b}^*)\perp\mathrm{Col}(\boldsymbol{A})$, 即应使 $\mathrm{Col}(\boldsymbol{A})$ 中的任一向量 $\boldsymbol{A}\boldsymbol{X}\,(\boldsymbol{X}\in\mathbf{R}^n)$ 与 $\boldsymbol{b}-\boldsymbol{b}^*$ 的内积均为零, 即

$$(\boldsymbol{b}-\boldsymbol{b}^*,\boldsymbol{A}\boldsymbol{X})=(\boldsymbol{b}-\boldsymbol{b}^*)^{\mathrm{T}}\boldsymbol{A}\boldsymbol{X}=0,$$

由于上式应对任一 $\boldsymbol{X}\in\mathbf{R}^n$ 均成立, 故应有

$$(\boldsymbol{b}-\boldsymbol{b}^*)^{\mathrm{T}}\boldsymbol{A}=\boldsymbol{0},$$

即

$$\boldsymbol{A}^{\mathrm{T}}\boldsymbol{A}\boldsymbol{X}^*=\boldsymbol{A}^{\mathrm{T}}\boldsymbol{b},$$

所以, $\boldsymbol{X}^*$ 应满足线性方程组 $\boldsymbol{A}^{\mathrm{T}}\boldsymbol{A}\boldsymbol{X}=\boldsymbol{A}^{\mathrm{T}}\boldsymbol{b}$. 由上述推导过程得到下述结论:

定理 3.4.8 设 $\boldsymbol{A}\boldsymbol{X}=\boldsymbol{b}$ 是无解线性方程组, 则其最小二乘解是线性方程组

$$\boldsymbol{A}^{\mathrm{T}}\boldsymbol{A}\boldsymbol{X}=\boldsymbol{A}^{\mathrm{T}}\boldsymbol{b} \tag{3.4.16}$$

的解.

下面的例子表明线性方程组 (3.4.16) 总有解.

例 3.4.8 任取 $\boldsymbol{A}\in\mathbf{R}^{m\times n},\boldsymbol{b}\in\mathbf{R}^m$, 则线性方程组 $\boldsymbol{A}^{\mathrm{T}}\boldsymbol{A}\boldsymbol{X}=\boldsymbol{A}^{\mathrm{T}}\boldsymbol{b}$ 一定有解.

证 只需证明系数矩阵 $\boldsymbol{A}^{\mathrm{T}}\boldsymbol{A}$ 与增广矩阵 $[\boldsymbol{A}^{\mathrm{T}}\boldsymbol{A}\ \ \boldsymbol{A}^{\mathrm{T}}\boldsymbol{b}]$ 有相同的秩.

显然, $\mathrm{r}(\boldsymbol{A}^{\mathrm{T}}\boldsymbol{A})\leqslant\mathrm{r}([\boldsymbol{A}^{\mathrm{T}}\boldsymbol{A}\ \ \boldsymbol{A}^{\mathrm{T}}\boldsymbol{b}])$. 另一方面,

$$[\boldsymbol{A}^{\mathrm{T}}\boldsymbol{A}\ \ \boldsymbol{A}^{\mathrm{T}}\boldsymbol{b}]=\boldsymbol{A}^{\mathrm{T}}[\boldsymbol{A}\ \ \boldsymbol{b}],$$

故 $\mathrm{r}\left(\left[\boldsymbol{A}^{\mathrm{T}}\boldsymbol{A}, \boldsymbol{A}^{\mathrm{T}}\boldsymbol{b}\right]\right) \leqslant \mathrm{r}\left(\boldsymbol{A}^{\mathrm{T}}\right)$, 再根据例 2.3.4 有 $\mathrm{r}\left(\boldsymbol{A}^{\mathrm{T}}\right) = \mathrm{r}(\boldsymbol{A}) = \mathrm{r}\left(\boldsymbol{A}^{\mathrm{T}}\boldsymbol{A}\right)$, 故

$$\mathrm{r}\left(\left[\boldsymbol{A}^{\mathrm{T}}\boldsymbol{A}, \boldsymbol{A}^{\mathrm{T}}\boldsymbol{b}\right]\right) \leqslant \mathrm{r}\left(\boldsymbol{A}^{\mathrm{T}}\boldsymbol{A}\right),$$

综上所述, 得

$$\mathrm{r}\left(\boldsymbol{A}^{\mathrm{T}}\boldsymbol{A}\right) = \mathrm{r}\left(\left[\boldsymbol{A}^{\mathrm{T}}\boldsymbol{A}, \boldsymbol{A}^{\mathrm{T}}\boldsymbol{b}\right]\right).$$

定理 3.4.8 和例 3.4.8 告诉我们, 实数域上的任一无解线性方程组都有最小二乘解.

例 3.4.9 物理学中的胡克定律指出, 在弹性范围内, 一个匀质弹簧的长度 x 是作用力 y 的线性函数, 可设之为

$$y = y_0 + kx, \tag{3.4.17}$$

其中 k 称为该弹簧的劲度系数. 现有一匀质弹簧, 未受力时的长度为 6.1 cm. 当弹簧被分别施加 2 N, 4 N, 6 N 的外力时, 测得其长度分别为 7.6 cm, 8.7 cm, 10.4 cm. 求这个弹簧的劲度系数 (结果保留一位小数).

解 已知 4 组对应数据

x_i/cm	6.1	7.6	8.7	10.4
y_i/N	0	2	4	6

将之代入 (3.4.17) 式得

$$\begin{cases} y_0 + 6.1k = 0, \\ y_0 + 7.6k = 2, \\ y_0 + 8.7k = 4, \\ y_0 + 10.4k = 6, \end{cases} \tag{3.4.18}$$

不难验证方程组 (3.4.18) 无解.

令

$$\boldsymbol{A} = \begin{bmatrix} 1 & 6.1 \\ 1 & 7.6 \\ 1 & 8.7 \\ 1 & 10.4 \end{bmatrix}, \quad \boldsymbol{X} = \begin{bmatrix} y_0 \\ k \end{bmatrix}, \quad \boldsymbol{b} = \begin{bmatrix} 0 \\ 2 \\ 4 \\ 6 \end{bmatrix},$$

构造方程组

$$\boldsymbol{A}^{\mathrm{T}}\boldsymbol{A}\boldsymbol{X} = \boldsymbol{A}^{\mathrm{T}}\boldsymbol{b},$$

因为矩阵 $\boldsymbol{A}^{\mathrm{T}}\boldsymbol{A}$ 可逆, 所以

$$\boldsymbol{X}^*=\left(\boldsymbol{A}^{\mathrm{T}}\boldsymbol{A}\right)^{-1}\boldsymbol{A}^{\mathrm{T}}\boldsymbol{b}=(-8.6,1.4)^{\mathrm{T}},$$

由此得该弹簧的劲度系数 $k=1.4\ \mathrm{N/cm}$.

在例 3.4.9 中, 由 (3.4.17) 式和 (3.4.18) 式可知, 目标线性方程是一条过点 $A(6.1,0)$, $B(7.6,2)$, $C(8.7,4)$, $D(10.4,6)$ 的直线. 然而, 线性方程组 (3.4.18) 无解导致不存在这样的直线. 由 (3.4.15) 式可知, 直线 $y=f(x)=1.4x-8.6$ 是使

$$\left(f(x_A)-y_A\right)^2+\left(f(x_B)-y_B\right)^2+\left(f(x_C)-y_C\right)^2+\left(f(x_D)-y_D\right)^2 \quad (3.4.19)$$

最小的一条直线, 其中 x_A,x_B,x_C,x_D 分别为 A,B,C,D 的横坐标, y_A,y_B, y_C,y_D 分别为 A,B,C,D 的纵坐标. 如图 3.4.4 所示, (3.4.19) 式即为四个正方形的面积的和.

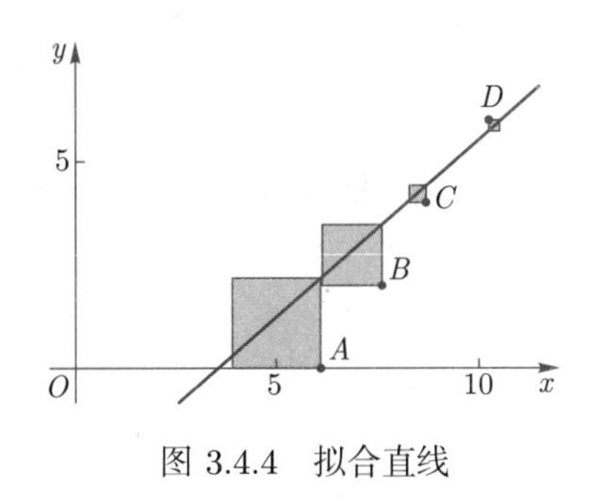

图 3.4.4 拟合直线

交互实验 3.4.4

扫描交互实验 3.4.4 的二维码, 选择任意一条直线 $y=f(x)$, 观察其对应的 (3.4.19) 式的值, 验证直线 $y=1.4x-8.6$ 是使 (3.4.19) 式最小的直线.

*3.5 欧几里得空间 (二)

在实向量空间中, 通过引入内积, 赋予了向量大小和方向的内涵, 建立了欧氏空间. 本节将在实数域 $\mathbf{R}$ 上的线性空间中引入内积, 赋予向量大小和方向的内涵, 建立一般的欧氏空间.

3.5.1 实线性空间的内积

定义 3.5.1 设 V 是实数域 $\mathbf{R}$ 上的一个线性空间. 若对 V 中任意两个向量 $\boldsymbol{\alpha},\boldsymbol{\beta}$, 有唯一确定的记作 $(\boldsymbol{\alpha},\boldsymbol{\beta})$ 的实数与之对应, 并且满足下列条件:

(1) $(\boldsymbol{\alpha},\boldsymbol{\beta})=(\boldsymbol{\beta},\boldsymbol{\alpha})$;

(2) $(k\boldsymbol{\alpha},\boldsymbol{\beta})=k(\boldsymbol{\alpha},\boldsymbol{\beta})$;

(3) $(\boldsymbol{\alpha}+\boldsymbol{\beta},\boldsymbol{\gamma})=(\boldsymbol{\alpha},\boldsymbol{\gamma})+(\boldsymbol{\beta},\boldsymbol{\gamma})$;

(4) $(\boldsymbol{\alpha},\boldsymbol{\alpha})\geqslant 0$, 当且仅当 $\boldsymbol{\alpha}=\boldsymbol{\theta}$ 时 $(\boldsymbol{\alpha},\boldsymbol{\alpha})=0$,

这里 $\boldsymbol{\alpha},\boldsymbol{\beta},\boldsymbol{\gamma}$ 是 V 中的任意向量, k 是任意实数, 则称 $(\boldsymbol{\alpha},\boldsymbol{\beta})$ 为向量 $\boldsymbol{\alpha}$ 与 $\boldsymbol{\beta}$ 的**内积**. 这种定义了内积的实线性空间称为**欧几里得空间**, 简称**欧氏空间**.

显然, 上节中的内积与欧氏空间是定义 3.5.1 的特殊情形.

例 3.5.1 设 $\boldsymbol{\alpha}=(a_1,a_2,\cdots,a_n)$, $\boldsymbol{\beta}=(b_1,b_2,\cdots,b_n)$ 是 $\mathbf{R}^n$ 中任意两个向量, 规定

$$(\boldsymbol{\alpha},\boldsymbol{\beta})=a_1b_1+2a_2b_2+\cdots+na_nb_n,$$

容易验证它是 $\mathbf{R}^n$ 上的一个内积, 且与 $\mathbf{R}^n$ 上的标准内积 ((3.4.4) 式) 不同.

事实上, 在同一个实线性空间 V 上可以定义不同的内积, 构成不同的欧氏空间, 其差别在于"尺度"不同.

例 3.5.2 设 V 是定义在闭区间 $[a,b]$ 上的所有连续实函数构成的函数空间 $C[a,b]$. 对于 V 中任意两个函数 $f(x),g(x)$, 规定

$$(f(x),g(x))=\int_a^b f(x)g(x)\mathrm{d}x, \tag{3.5.1}$$

则容易证明它满足定义 3.5.1 中的四个条件, 所以 V 对按 (3.5.1) 式引入的内积构成一个欧氏空间. 这个内积称为**函数空间 $C[a,b]$ 的标准内积**.

例 3.5.3 在线性空间 $\mathbf{R}^{n\times n}$ 中, 对任意两个 n 阶矩阵 $\boldsymbol{A},\boldsymbol{B}$, 规定

$$(\boldsymbol{A},\boldsymbol{B})=\sum_{i=1}^{n}\sum_{j=1}^{n}a_{ij}b_{ij}=\operatorname{tr}\left(\boldsymbol{A}\boldsymbol{B}^{\mathrm{T}}\right), \tag{3.5.2}$$

容易验证它满足定义 3.5.1 中的四个条件, 因此 $\mathbf{R}^{n\times n}$ 对于 (3.5.2) 式所定义的内积构成一个欧氏空间.

类似地, 可以证明: 在上节的欧氏空间 $\mathbf{R}^n$ 中所叙述的内容对于本节欧氏空间 V 也都是对的. 为明确起见, 把主要结论概述如下:

(1) 向量 $\boldsymbol{\alpha}$ 的长度规定为 $|\boldsymbol{\alpha}|=\sqrt{(\boldsymbol{\alpha},\boldsymbol{\alpha})}$;

(2) 柯西—施瓦茨不等式: $|(\boldsymbol{\alpha},\boldsymbol{\beta})|\leqslant|\boldsymbol{\alpha}||\boldsymbol{\beta}|$;

(3) 两个非零向量 $\boldsymbol{\alpha}$ 与 $\boldsymbol{\beta}$ 的夹角 $\langle\boldsymbol{\alpha},\boldsymbol{\beta}\rangle$ 由其余弦值确定

$$\cos\langle\boldsymbol{\alpha},\boldsymbol{\beta}\rangle=\frac{(\boldsymbol{\alpha},\boldsymbol{\beta})}{|\boldsymbol{\alpha}||\boldsymbol{\beta}|};$$

(4) 三角形不等式: $|\boldsymbol{\alpha}+\boldsymbol{\beta}| \leqslant |\boldsymbol{\alpha}|+|\boldsymbol{\beta}|$;

(5) 勾股定理: 当 $\boldsymbol{\alpha}$ 与 $\boldsymbol{\beta}$ 正交时, $|\boldsymbol{\alpha}+\boldsymbol{\beta}|^2 = |\boldsymbol{\alpha}|^2+|\boldsymbol{\beta}|^2$;

(6) 两个向量 $\boldsymbol{\alpha},\boldsymbol{\beta}$ 正交的充要条件是 $(\boldsymbol{\alpha},\boldsymbol{\beta})=0$.

下面我们对一般欧氏空间的内容再作一些补充.

3.5.2 度量矩阵

设 V 是一个 n 维实线性空间, $\boldsymbol{\alpha}_1,\boldsymbol{\alpha}_2,\cdots,\boldsymbol{\alpha}_n$ 是 V 的一个基, $\boldsymbol{\alpha} = x_1\boldsymbol{\alpha}_1+x_2\boldsymbol{\alpha}_2+\cdots+x_n\boldsymbol{\alpha}_n, \boldsymbol{\beta}=y_1\boldsymbol{\alpha}_1+y_2\boldsymbol{\alpha}_2+\cdots+y_n\boldsymbol{\alpha}_n$ 是 V 中的任意两个向量. 下面考察它们的内积:

$$(\boldsymbol{\alpha},\boldsymbol{\beta}) = \left(\sum_{i=1}^{n} x_i\boldsymbol{\alpha}_i, \sum_{j=1}^{n} y_j\boldsymbol{\alpha}_j\right) = \sum_{i=1}^{n}\sum_{j=1}^{n} x_iy_j\left(\boldsymbol{\alpha}_i,\boldsymbol{\alpha}_j\right),$$

利用矩阵的乘法, 上式还可表示为

$$(\boldsymbol{\alpha},\boldsymbol{\beta}) = \boldsymbol{X}^{\mathrm{T}}\boldsymbol{A}\boldsymbol{Y}, \tag{3.5.3}$$

其中

$$\boldsymbol{X}=\begin{bmatrix} x_1\\ x_2\\ \vdots\\ x_n \end{bmatrix},\quad \boldsymbol{Y}=\begin{bmatrix} y_1\\ y_2\\ \vdots\\ y_n \end{bmatrix}$$

分别是 $\boldsymbol{\alpha},\boldsymbol{\beta}$ 关于基 $\boldsymbol{\alpha}_1,\boldsymbol{\alpha}_2,\cdots,\boldsymbol{\alpha}_n$ 的坐标,

$$\boldsymbol{A}=\begin{bmatrix} (\boldsymbol{\alpha}_1,\boldsymbol{\alpha}_1) & (\boldsymbol{\alpha}_1,\boldsymbol{\alpha}_2) & \cdots & (\boldsymbol{\alpha}_1,\boldsymbol{\alpha}_n)\\ (\boldsymbol{\alpha}_2,\boldsymbol{\alpha}_1) & (\boldsymbol{\alpha}_2,\boldsymbol{\alpha}_2) & \cdots & (\boldsymbol{\alpha}_2,\boldsymbol{\alpha}_n)\\ \vdots & \vdots & & \vdots\\ (\boldsymbol{\alpha}_n,\boldsymbol{\alpha}_1) & (\boldsymbol{\alpha}_n,\boldsymbol{\alpha}_2) & \cdots & (\boldsymbol{\alpha}_n,\boldsymbol{\alpha}_n) \end{bmatrix}$$

称为**基 $\boldsymbol{\alpha}_1,\boldsymbol{\alpha}_2,\cdots,\boldsymbol{\alpha}_n$ 的度量矩阵**. 显然 $\boldsymbol{A}$ 是对称矩阵.

由此可知, 只要知道了一个基的度量矩阵, 亦即知道了任意两个基向量的内积, 那么整个空间中任意两个向量的内积就可立即得到. 这就是说, 度量矩阵完全确定了内积. 显然度量矩阵越简单, 内积的表达式也越简单. 如果度量矩阵是单位矩阵, 即基向量两两正交, 并且长度都是 1, 那么内积的表达式将最简单.

3.5.3 标准正交基

定理 3.5.1 设 $\boldsymbol{\alpha}_1,\boldsymbol{\alpha}_2,\cdots,\boldsymbol{\alpha}_n$ 是欧氏空间 V 的一个正交向量组, 则 $\boldsymbol{\alpha}_1,\boldsymbol{\alpha}_2,\cdots,\boldsymbol{\alpha}_n$ 线性无关.

证明同定理 3.4.2.

显然, n 维欧氏空间的一个基是标准正交基的充要条件是: 它的度量矩阵是单位矩阵.

在标准正交基下, 向量的内积表达式是简单的, 即

定理 3.5.2 设 $\varepsilon_1, \varepsilon_2, \cdots, \varepsilon_n$ 为 n 维欧氏空间 V 的一个标准正交基, $\boldsymbol{\alpha} = x_1\varepsilon_1 + x_2\varepsilon_2 + \cdots + x_n\varepsilon_n, \boldsymbol{\beta} = y_1\varepsilon_1 + y_2\varepsilon_2 + \cdots + y_n\varepsilon_n$, 则

$$(\boldsymbol{\alpha}, \boldsymbol{\beta}) = \sum_{i=1}^{n} x_i y_i.$$

证 由 (3.5.3) 式及标准正交基的度量矩阵是单位矩阵立即可得上式.

欧氏空间 $\mathbf{R}^n$ 中定义的标准内积 (3.4.4) 式正是上式在 $\mathbf{R}^n$ 的自然基下的坐标表达式.

定理 3.5.3 设 $\varepsilon_1, \varepsilon_2, \cdots, \varepsilon_n$ 是欧氏空间 V 的一个标准正交基, 则任一 V 中的向量 $\boldsymbol{\alpha}$ 可以表示成

$$\boldsymbol{\alpha} = (\boldsymbol{\alpha}, \varepsilon_1)\, \varepsilon_1 + (\boldsymbol{\alpha}, \varepsilon_2)\, \varepsilon_2 + \cdots + (\boldsymbol{\alpha}, \varepsilon_n)\, \varepsilon_n$$

或

$$\boldsymbol{\alpha} = \sum_{i=1}^{n} (\boldsymbol{\alpha}, \varepsilon_i)\, \varepsilon_i.$$

证 设向量 $\boldsymbol{\alpha}$ 在基 $\varepsilon_1, \varepsilon_2, \cdots, \varepsilon_n$ 下的坐标为 $x_1, x_2, \cdots, x_n$, 即

$$\boldsymbol{\alpha} = x_1\varepsilon_1 + x_2\varepsilon_2 + \cdots + x_n\boldsymbol{\varepsilon_n},$$

作向量 $\boldsymbol{\alpha}$ 与向量 ε_1 的内积, 有

$$(\boldsymbol{\alpha}, \varepsilon_1) = x_1(\varepsilon_1, \varepsilon_1) + x_2(\varepsilon_2, \varepsilon_1) + \cdots + \boldsymbol{x}_n(\varepsilon_n, \varepsilon_1) = x_1,$$

同理可得

$$x_2 = (\boldsymbol{\alpha}, \varepsilon_2), \cdots, x_n = (\boldsymbol{\alpha}, \varepsilon_n).$$

在一般的欧氏空间里是否存在标准正交基呢? 下面的定理给出了肯定的回答.

定理 3.5.4 在 n 维欧氏空间 V 里必有标准正交基.

同样地, 可以证明: 定理 3.4.4 在一般的欧氏空间中仍然成立, 其方法仍称为施密特正交化方法. 因为在 n 维欧氏空间 V 中必存在一个基, 所以可通过施密特正交化方法由此求出一个标准正交基.

本节对实数域 $\mathbf{R}$ 上的线性空间引入了内积, 建立了一般的欧氏空间, 又称实内积空间. 对于复数域 $\mathbf{C}$ 上的线性空间, 应该如何定义内积使之成为复内积空间呢? 感兴趣的读者可参见有关的参考书.

*3.6 线性映射

在许多数学分支和实际问题中都会遇到线性空间之间的映射. 例如, 解析几何中的坐标变换, 二次型理论中的线性替换等. 并且这种映射保持加法和数量乘法两种运算, 称之为线性映射. 实际上, 正是对线性映射的研究促进了矩阵理论的发展. 例如, 凯莱在研究线性变换的复合时提出了矩阵乘法的定义, 并进一步研究了逆矩阵的问题. 本节研究线性映射的理论.

3.6.1 映射

定义 3.6.1 设 S,T 是两个集合. 如果有一个确定的法则, 使 S 中每个元素 x, 都有 T 中唯一确定的元素 y 与之对应, 就称这个法则是 S 到 T 的一个**映射**. 一个集合 S 到其自身的映射称为 S 上的**变换**.

常用 $\sigma,\tau,\cdots$ 表示映射. 若 σ 是 S 到 T 的映射, 则记为

$$\sigma: S\to T,$$

若 $x\in S$ 通过 σ 对应 $y\in T$, 则记为

$$\sigma: x\to y \quad 或 \quad \sigma(x)=y,$$

此时称 y 为 x 在 σ 下的**像**, 称 x 为 y 在 σ 下的**原像**.

例 3.6.1 设 $S=T=\mathbf{R},\sigma(x)=x^2$, 则 σ 是 S 到 T 的一个映射.

例 3.6.2 在解析几何中, 设 S 表示空间中所有点的集合, $T=\mathbf{R}^3$, 则在建立空间直角坐标系后, 空间的点与其坐标的对应关系是 S 到 T 的一个映射.

例 3.6.3 设 $S=\mathbf{R}[x]_{n+1},T=\mathbf{R}[x]_n,\mathcal{D}(f(x))=f'(x),f(x)\in S$, 则 $\mathcal{D}$ 是 S 到 T 的一个映射.

由上面三个例子可知:

(1) S 与 T 可以是相同的集合, 也可以是不同的集合;

(2) 对 S 中每个元素 x, 需要有 T 中唯一确定的元素与它对应;

(3) 一般来说, T 的元素不一定都是 S 中元素的像.

设 $\sigma: S\to T$, 记 $\sigma(S)=\{\sigma(x)\mid x\in S\}$, 称之为 S 在映射 σ 下的**像集**. 显然, $\sigma(S)\subseteq T$.

定义 3.6.2 设 σ 是 S 到 T 的映射. 若 $\sigma(S)=T$, 则称 σ 为**满射**; 若对任意 $a,b\in S,a\neq b$, 均有 $\sigma(a)\neq\sigma(b)$, 则称 σ 为**单射**; 若 σ 既是满

射又是单射, 则称 σ 是**双射**, 也称为**一一对应**.

不难看出, 例 3.6.3 中的映射是满射但不是单射, 例 3.6.2 中的映射是一一对应, 例 3.6.1 中的映射既不是满射也不是单射.

定义 3.6.3 设 σ, τ 是 S 到 T 的两个映射. 若对 $\forall\, a \in S$ 都有 $\sigma(a)=\tau(a)$, 则称 σ 与 τ **相等**, 记为 $\sigma=\tau$.

此外, 映射之间有时可以进行运算.

定义 3.6.4 设 σ 是集合 S 到 T 的映射, τ 是集合 T 到 U 的映射, τ 与 σ 的**乘积** $\tau\sigma$ 定义为 $\tau\sigma(a)=\tau(\sigma(a)),\ a \in S$.

例 3.6.4 设 $S=\mathbf{R}^{m\times n}, T=\mathbf{R}^{n\times m}$, 则 $\sigma(\boldsymbol{A})=\boldsymbol{A}^{\mathrm{T}}, \boldsymbol{A}\in S$ 是 S 到 T 的一个映射, $\tau(\boldsymbol{B})=\mathrm{r}(\boldsymbol{B}), \boldsymbol{B}\in T$ 是 T 到自然数集合 $\mathbf{N}$ 的一个映射, $\tau\sigma(\boldsymbol{A})=\tau(\sigma(\boldsymbol{A}))=\mathrm{r}(\boldsymbol{A}^{\mathrm{T}})$ 是 S 到 $\mathbf{N}$ 的一个映射.

可以证明, 映射的乘法不满足交换律, 但满足结合律.

3.6.2 线性映射的概念

在解析几何中, 常需要把空间中的点向某一固定平面作投影, 例如向 Oxy 平面投影. 在线性代数中, 这实际上是实数域 $\mathbf{R}$ 上的三维向量空间 $\mathbf{R}^3$ 到自身的一个投影映射 p:

$$p(x,y,z)=(x,y,0),\quad (x,y,z)\in\mathbf{R}^3,$$

不难发现

$$p\left[(x_1,y_1,z_1)+(x_2,y_2,z_2)\right]=p\left(x_1,y_1,z_1\right)+p\left(x_2,y_2,z_2\right),$$
$$p\left[k\left(x_1,y_1,z_1\right)\right]=kp\left(x_1,y_1,z_1\right),$$

其中 (x_1,y_1,z_1) 与 (x_2,y_2,z_2) 是 $\mathbf{R}^3$ 中任意向量, k 是任一实数. 即 p 保持 $\mathbf{R}^3$ 中的线性运算.

交互实验 3.6.1

扫描交互实验 3.6.1 的二维码, 选择 $\mathbf{R}^3$ 中的向量, 并验证 p 的线性性质.

函数的定积分是 $\mathbf{R}$ 上的线性空间 $C[a,b]$ 到 $\mathbf{R}$ 的一个映射, 它也具有下述保持线性运算的性质:

$$\int_a^b [f(x)+g(x)]\mathrm{d}x=\int_a^b f(x)\mathrm{d}x+\int_a^b g(x)\mathrm{d}x,$$

$$\int_a^b kf(x)\mathrm{d}x=k\int_a^b f(x)\mathrm{d}x,$$

其中 $f(x),g(x)$ 是 $C[a,b]$ 中任意的连续函数, k 是任一实数.

定义 3.6.5 设 V_1 与 V_2 是数域 F 上的两个线性空间. 若 V_1 到 V_2 的一个映射 σ 保持加法运算和数量乘法运算, 即对任意的 $\boldsymbol{\alpha}, \boldsymbol{\beta} \in V_1, k \in F$, 均有

$$\sigma(\boldsymbol{\alpha}+\boldsymbol{\beta})=\sigma(\boldsymbol{\alpha})+\sigma(\boldsymbol{\beta}), \quad \sigma(k\boldsymbol{\alpha})=k\sigma(\boldsymbol{\alpha}), \tag{3.6.1}$$

则称 σ 是 V_1 到 V_2 的一个**线性映射**.

例 3.6.5 设 V 是数域 F 上的一个线性空间, 映射 $\varepsilon: V \to V$ 定义为

$$\varepsilon(\boldsymbol{\alpha})=\boldsymbol{\alpha}, \quad \forall\, \boldsymbol{\alpha} \in V,$$

易证 ε 是一个线性映射, 称为**恒等映射** (或**单位映射**).

设 V_1 与 V_2 是数域 F 上的两个线性空间, 映射 $\sigma: V_1 \to V_2$ 定义为

$$\sigma(\boldsymbol{\alpha})=\boldsymbol{\theta}, \quad \forall\, \boldsymbol{\alpha} \in V_1,$$

易证 σ 是一个线性映射, 称为**零映射**, 记为 $\underline{0}$.

例 3.6.6 设 $\boldsymbol{A}$ 是数域 F 上的一个 $m \times n$ 矩阵, 映射 $\sigma_{\boldsymbol{A}}: F^n \to F^m$ 定义为

$$\sigma_{\boldsymbol{A}}(\boldsymbol{\alpha})=\boldsymbol{A}\boldsymbol{\alpha}, \quad \forall\, \boldsymbol{\alpha} \in F^n,$$

易证 $\sigma_{\boldsymbol{A}}$ 是 F^n 到 F^m 的一个线性映射.

注: 这里将 F^n, F^m 中的元素视为列矩阵, 例 1.3.10 后的旋转、切变、投影映射都是通过上例中的对应法则定义的线性映射.

例 3.6.7 映射 $\mathcal{D}: \mathbf{R}[x]_{n+1} \to \mathbf{R}[x]_n$ 定义为

$$\mathcal{D}[f(x)]=\frac{\mathrm{d}}{\mathrm{d}x}f(x), \quad \forall\, f(x) \in \mathbf{R}[x]_{n+1},$$

易证 $\mathcal{D}$ 是一个线性映射.

例 3.6.8 映射 $\mathcal{S}: \mathbf{R}[x]_n \to \mathbf{R}[x]_{n+1}$ 定义为

$$\mathcal{S}[f(x)]=\int_0^x f(t)\mathrm{d}t, \quad \forall\, f(x) \in \mathbf{R}[x]_n,$$

易证 $\mathcal{S}$ 是一个线性映射.

例 3.6.9 映射 $\sigma:\mathbf{R}^2\to\mathbf{R}^3$ 定义为

$$\boldsymbol{\sigma}(a_1,a_2)=(a_1+2a_2,a_1+a_2,a_2),$$

其中 $a_1,a_2\in\mathbf{R}$, 证明: σ 是一个线性映射.

证 因

$$\begin{aligned}
&\sigma\left[(a_1,a_2)+(b_1,b_2)\right]=\sigma(a_1+b_1,a_2+b_2)\\
=&(a_1+b_1+2a_2+2b_2,a_1+b_1+a_2+b_2,a_2+b_2)\\
=&(a_1+2a_2,a_1+a_2,a_2)+(b_1+2b_2,b_1+b_2,b_2)\\
=&\sigma(a_1,a_2)+\sigma(b_1,b_2),\\
&\sigma\left[k(a_1,a_2)\right]=\sigma(ka_1,ka_2)\\
=&(ka_1+2ka_2,ka_1+ka_2,ka_2)\\
=&k(a_1+2a_2,a_1+a_2,a_2)\\
=&k\sigma(a_1,a_2),
\end{aligned}$$

其中 $a_1,a_2,b_1,b_2,k\in\mathbf{R}$, 故 σ 是一个线性映射.

交互实验 3.6.2

扫描交互实验 3.6.2 的二维码, 拖动红色向量和蓝色向量, 了解例 3.6.9 中的线性映射, 并验证它的线性性质.

性质 3.6.1 设 σ 是线性空间 V_1 到 V_2 的线性映射, 则

(1) $\sigma(\boldsymbol{\theta}_1)=\boldsymbol{\theta}_2,\boldsymbol{\theta}_i\in V_i,i=1,2;\sigma(-\boldsymbol{\alpha})=-\sigma(\boldsymbol{\alpha})$;

(2) σ 保持线性组合与线性关系式不变;

(3) σ 把线性相关的向量组变成线性相关的向量组.

证 (1) $\sigma(\boldsymbol{\theta}_1)=\sigma(0\boldsymbol{\alpha})=0\boldsymbol{\sigma}(\boldsymbol{\alpha})=\boldsymbol{\theta}_2$,

$$\sigma(\boldsymbol{\alpha})+\sigma(-\boldsymbol{\alpha})=\sigma[\boldsymbol{\alpha}+(-\boldsymbol{\alpha})]=\sigma(\boldsymbol{\theta})=\boldsymbol{\theta},$$

故 $\sigma(-\boldsymbol{\alpha})=-\sigma(\boldsymbol{\alpha})$.

(2) 设 $\boldsymbol{\alpha}=k_1\boldsymbol{\alpha}_1+k_2\boldsymbol{\alpha}_2+\cdots+k_m\boldsymbol{\alpha}_m$, 则

$$\sigma(\boldsymbol{\alpha})=k_1\sigma(\boldsymbol{\alpha}_1)+k_2\sigma(\boldsymbol{\alpha}_2)+\cdots+k_m\sigma(\boldsymbol{\alpha}_m),$$

即线性组合的像等于像的线性组合且组合系数相同.

(3) 由 (1) 与 (2) 可证 (3).

σ 也可能把线性无关的向量组变成线性相关的向量组, 即 (3) 的逆不成立.

例 3.6.10　考虑投影映射 $p\colon \mathbf{R}^3 \to \mathbf{R}^3$, 容易验证: $\mathbf{R}^3$ 中的三个线性无关向量 $\boldsymbol{\alpha}_1=(1,1,1),\boldsymbol{\alpha}_2=(1,1,0),\boldsymbol{\alpha}_3=(1,0,0)$ 的像 $p(\boldsymbol{\alpha}_1)=(1,1,0),p(\boldsymbol{\alpha}_2)=(1,1,0),p(\boldsymbol{\alpha}_3)=(1,0,0)$ 是线性相关的.

3.6.3　线性映射的矩阵表示

设 V_1,V_2 是数域 F 上的线性空间, $\boldsymbol{\alpha}_1,\boldsymbol{\alpha}_2,\cdots,\boldsymbol{\alpha}_n$ 是 V_1 的一个基, $\boldsymbol{\beta}_1,\boldsymbol{\beta}_2,\cdots,\boldsymbol{\beta}_m$ 是 V_2 的一个基, σ 是 V_1 到 V_2 的一个线性映射, 则

$$\begin{cases}\sigma(\boldsymbol{\alpha}_1)=a_{11}\boldsymbol{\beta}_1+a_{21}\boldsymbol{\beta}_2+\cdots+a_{m1}\boldsymbol{\beta}_m,\\ \sigma(\boldsymbol{\alpha}_2)=a_{12}\boldsymbol{\beta}_1+a_{22}\boldsymbol{\beta}_2+\cdots+a_{m2}\boldsymbol{\beta}_m,\\ \qquad\cdots\cdots\cdots\cdots\\ \sigma(\boldsymbol{\alpha}_n)=a_{1n}\boldsymbol{\beta}_1+a_{2n}\boldsymbol{\beta}_2+\cdots+a_{mn}\boldsymbol{\beta}_m,\end{cases}\tag{3.6.2}$$

上式可形式上写成矩阵形式

$$[\sigma(\boldsymbol{\alpha}_1),\sigma(\boldsymbol{\alpha}_2),\cdots,\sigma(\boldsymbol{\alpha}_n)]=[\boldsymbol{\beta}_1,\boldsymbol{\beta}_2,\cdots,\boldsymbol{\beta}_m]\boldsymbol{A},$$

其中

$$\boldsymbol{A}=\begin{bmatrix}a_{11}&a_{12}&\cdots&a_{1n}\\a_{21}&a_{22}&\cdots&a_{2n}\\\vdots&\vdots&&\vdots\\a_{m1}&a_{m2}&\cdots&a_{mn}\end{bmatrix},$$

称为**线性映射 σ 在基 $\boldsymbol{\alpha}_1,\boldsymbol{\alpha}_2,\cdots,\boldsymbol{\alpha}_n$ 与基 $\boldsymbol{\beta}_1,\boldsymbol{\beta}_2,\cdots,\boldsymbol{\beta}_m$ 下的矩阵表示**.

显然, σ 在给定的一对基下的矩阵表示 $\boldsymbol{A}$ 是唯一确定的, 而在不同基下的矩阵表示一般不相同.

有了线性映射 σ 在一对基下的矩阵表示 $\boldsymbol{A}$ 之后, 可以得到线性空间 V_1 中向量 $\boldsymbol{\alpha}$ 与它在 V_2 中的像 $\sigma(\boldsymbol{\alpha})$ 之间的坐标关系.

任取 $\boldsymbol{\alpha}\in V_1$, 不妨设 $\boldsymbol{\alpha}=x_1\boldsymbol{\alpha}_1+x_2\boldsymbol{\alpha}_2+\cdots+x_n\boldsymbol{\alpha}_n$, 它的像

$$\sigma(\boldsymbol{\alpha})=y_1\boldsymbol{\beta}_1+y_2\boldsymbol{\beta}_2+\cdots+y_m\boldsymbol{\beta}_m=[\boldsymbol{\beta}_1,\boldsymbol{\beta}_2,\cdots,\boldsymbol{\beta}_m]\begin{bmatrix}y_1\\y_2\\\vdots\\y_m\end{bmatrix},$$

又

$$\sigma(\boldsymbol{\alpha})=\sigma\left(\sum_{i=1}^{n}x_i\boldsymbol{\alpha}_i\right)=[\sigma(\boldsymbol{\alpha}_1),\sigma(\boldsymbol{\alpha}_2),\cdots,\sigma(\boldsymbol{\alpha}_n)]\begin{bmatrix}x_1\\x_2\\\vdots\\x_n\end{bmatrix},$$

$$=([\boldsymbol{\beta}_1,\boldsymbol{\beta}_2,\cdots,\boldsymbol{\beta}_m]\boldsymbol{A})\begin{bmatrix}x_1\\x_2\\\vdots\\x_n\end{bmatrix}=[\boldsymbol{\beta}_1,\boldsymbol{\beta}_2,\cdots,\boldsymbol{\beta}_m]\boldsymbol{A}\begin{bmatrix}x_1\\x_2\\\vdots\\x_n\end{bmatrix},$$

于是, 由坐标的唯一性可得

$$\begin{bmatrix}y_1\\y_2\\\vdots\\y_m\end{bmatrix}=\boldsymbol{A}\begin{bmatrix}x_1\\x_2\\\vdots\\x_n\end{bmatrix},\tag{3.6.3}$$

(3.6.3) 式称为线性映射在给定基 $\boldsymbol{\alpha}_1,\boldsymbol{\alpha}_2,\cdots,\boldsymbol{\alpha}_n$ 与 $\boldsymbol{\beta}_1,\boldsymbol{\beta}_2,\cdots,\boldsymbol{\beta}_m$ 下**向量坐标变换公式**.

定理 3.6.1 设 V_1,V_2 是数域 F 上的线性空间, $\boldsymbol{\alpha}_1,\boldsymbol{\alpha}_2,\cdots,\boldsymbol{\alpha}_n$ 是 V_1 的一个基, $\boldsymbol{\beta}_1,\boldsymbol{\beta}_2,\cdots,\boldsymbol{\beta}_m$ 是 V_2 的一个基. 对 $F^{m\times n}$ 中给定的矩阵 $\boldsymbol{A}=[a_{ij}]_{m\times n}$, 存在唯一的线性映射 $\sigma:V_1\to V_2$, 它在这两个基下的矩阵表示为 $\boldsymbol{A}$.

证 对任意的 $\boldsymbol{\alpha}=\sum\limits_{i=1}^{n}x_i\boldsymbol{\alpha}_i\in V_1$, 取

$$\boldsymbol{\beta}=[\boldsymbol{\beta}_1,\boldsymbol{\beta}_2,\cdots,\boldsymbol{\beta}_m]\boldsymbol{A}\begin{bmatrix}x_1\\x_2\\\vdots\\x_n\end{bmatrix}\in V_2,$$

定义映射 $\sigma:V_1\longrightarrow V_2$ 为 $\sigma(\boldsymbol{\alpha})=\boldsymbol{\beta}$. 容易验证 σ 是 V_1 到 V_2 的线性映射. 事实上, 任取 $\boldsymbol{\gamma}_j=\sum\limits_{i=1}^{n}x_{ij}\boldsymbol{\alpha}_i\in V_1, j=1,2,k\in F$, 则有

$$\sigma(\boldsymbol{\gamma}_1+\boldsymbol{\gamma}_2)=[\boldsymbol{\beta}_1,\boldsymbol{\beta}_2,\cdots,\boldsymbol{\beta}_m]\boldsymbol{A}\begin{bmatrix}x_{11}+x_{12}\\x_{21}+x_{22}\\\vdots\\x_{n1}+x_{n2}\end{bmatrix}$$

$$= [\boldsymbol{\beta}_1, \boldsymbol{\beta}_2, \cdots, \boldsymbol{\beta}_m]\, \boldsymbol{A} \begin{bmatrix} x_{11} \\ x_{21} \\ \vdots \\ x_{n1} \end{bmatrix} + [\boldsymbol{\beta}_1, \boldsymbol{\beta}_2, \cdots, \boldsymbol{\beta}_m]\, \boldsymbol{A} \begin{bmatrix} x_{12} \\ x_{22} \\ \vdots \\ x_{n2} \end{bmatrix}$$

$$= \sigma(\boldsymbol{\gamma}_1) + \sigma(\boldsymbol{\gamma}_2),$$

$$\sigma(k\boldsymbol{\gamma}_1) = [\boldsymbol{\beta}_1, \boldsymbol{\beta}_2, \cdots, \boldsymbol{\beta}_m]\, \boldsymbol{A} \begin{bmatrix} kx_{11} \\ kx_{21} \\ \vdots \\ kx_{n1} \end{bmatrix} = k\, [\boldsymbol{\beta}_1, \boldsymbol{\beta}_2, \cdots, \boldsymbol{\beta}_m]\, \boldsymbol{A} \begin{bmatrix} x_{11} \\ x_{21} \\ \vdots \\ x_{n1} \end{bmatrix}$$

$$= k\sigma(\boldsymbol{\gamma}_1),$$

又因为

$$\sigma(\boldsymbol{\alpha}_i) = [\boldsymbol{\beta}_1, \boldsymbol{\beta}_2, \cdots, \boldsymbol{\beta}_m]\boldsymbol{A}\boldsymbol{\varepsilon}_i, \quad i = 1, 2, \cdots, n,$$

所以

$$[\sigma(\boldsymbol{\alpha}_1), \sigma(\boldsymbol{\alpha}_2), \cdots, \sigma(\boldsymbol{\alpha}_n)]$$

$$= [\boldsymbol{\beta}_1, \boldsymbol{\beta}_2, \cdots, \boldsymbol{\beta}_m]\, \boldsymbol{A} \begin{bmatrix} 1 & 0 & \cdots & 0 \\ 0 & 1 & \cdots & 0 \\ \vdots & \vdots & & \vdots \\ 0 & 0 & \cdots & 1 \end{bmatrix} = [\boldsymbol{\beta}_1, \boldsymbol{\beta}_2, \cdots, \boldsymbol{\beta}_m]\, \boldsymbol{A}.$$

最后证明唯一性. 若还有线性映射 $\tau: V_1 \to V_2$, 满足

$$[\tau(\boldsymbol{\alpha}_1), \tau(\boldsymbol{\alpha}_2), \cdots, \tau(\boldsymbol{\alpha}_n)] = [\boldsymbol{\beta}_1, \boldsymbol{\beta}_2, \cdots, \boldsymbol{\beta}_m]\, \boldsymbol{A},$$

则

$$[\tau(\boldsymbol{\alpha}_1), \tau(\boldsymbol{\alpha}_2), \cdots, \tau(\boldsymbol{\alpha}_n)] = [\sigma(\boldsymbol{\alpha}_1), \sigma(\boldsymbol{\alpha}_2), \cdots, \sigma(\boldsymbol{\alpha}_n)],$$

即

$$\sigma(\boldsymbol{\alpha}_i) = \tau(\boldsymbol{\alpha}_i), \quad i = 1, 2, \cdots, n,$$

于是, 对任意 $\boldsymbol{\alpha}=\sum_{i=1}^{n} x_i\boldsymbol{\alpha}_i \in V_1$,

$$\sigma(\boldsymbol{\alpha})=[\sigma(\boldsymbol{\alpha}_1),\sigma(\boldsymbol{\alpha}_2),\cdots,\sigma(\boldsymbol{\alpha}_n)]\begin{bmatrix}x_1\\x_2\\\vdots\\x_n\end{bmatrix}$$

$$=[\tau(\boldsymbol{\alpha}_1),\tau(\boldsymbol{\alpha}_2),\cdots,\tau(\boldsymbol{\alpha}_n)]\begin{bmatrix}x_1\\x_2\\\vdots\\x_n\end{bmatrix}=\tau(\boldsymbol{\alpha}),$$

从而, $\sigma=\tau$.

因此, 在给定基以后, σ 与其矩阵表示 $\boldsymbol{A}$ 是相互唯一确定的. 若记 V_1 到 V_2 的所有线性映射组成的集合为 V^*, 则在给定的一对基下, 线性映射与其矩阵表示的对应关系是 V^* 到 $F^{m\times n}$ 的一一对应.

例 3.6.11 零映射在任意一对基下的矩阵表示均为零矩阵, 恒等映射在任意一对相同的基下的矩阵表示均为单位矩阵 (见例 3.6.5).

例 3.6.12 求 $\mathbf{R}[x]_{n+1}$ 到 $\mathbf{R}[x]_n$ 的线性映射 $\mathcal{D}$:

$$\mathcal{D}[f(x)]=\frac{\mathrm{d}}{\mathrm{d}x}f(x),\quad \forall\ f(x)\in\mathbf{R}[x]_{n+1},$$

在基 $1,x,x^2,\cdots,x^n$ 与基 $1,x,x^2,\cdots,x^{n-1}$ 下的矩阵表示.

解 因 $\mathcal{D}(1)=0,\mathcal{D}(x)=1,\mathcal{D}\left(x^2\right)=2x,\cdots,\mathcal{D}\left(x^n\right)=nx^{n-1}$, 将之写成矩阵形式

$$[\mathcal{D}(1),\mathcal{D}(x),\cdots,\mathcal{D}\left(x^n\right)]=[1,x^2,\cdots,x^{n-1}]\begin{bmatrix}0&1&0&\cdots&0\\0&0&2&\cdots&0\\\vdots&\vdots&\vdots&&\vdots\\0&0&0&\cdots&n\end{bmatrix}_{n\times(n+1)},$$

于是所求矩阵表示为

$$
\boldsymbol{D}=\begin{bmatrix} 0 & 1 & 0 & \cdots & 0 \\ 0 & 0 & 2 & \cdots & 0 \\ \vdots & \vdots & \vdots & & \vdots \\ 0 & 0 & 0 & \cdots & n \end{bmatrix}_{n\times(n+1)}.
$$

注: 对 $\mathbf{R}[x]_{n+1}$ 到 $\mathbf{R}[x]_{n+1}$ 的线性映射 $\mathcal{D}'$:

$$
\mathcal{D}'[f(x)]=\frac{\mathrm{d}}{\mathrm{d}x}f(x),\quad \forall\, f(x)\in\mathbf{R}[x]_{n+1},
$$

其在基 $1,x,x^2,\cdots,x^n$ 与基 $1,x,x^2,\cdots,x^n$ 下的矩阵表示为

$$
\boldsymbol{D}'=\begin{bmatrix} 0 & 1 & 0 & \cdots & 0 \\ 0 & 0 & 2 & \cdots & 0 \\ \vdots & \vdots & \vdots & & \vdots \\ 0 & 0 & 0 & \cdots & n \\ 0 & 0 & 0 & \cdots & 0 \end{bmatrix}_{(n+1)\times(n+1)}.
$$

例 3.6.13 求 $\mathbf{R}[x]_n$ 到 $\mathbf{R}[x]_{n+1}$ 的线性映射 $\mathcal{S}$:

$$
\mathcal{S}[f(x)]=\int_0^x f(t)\mathrm{d}t,\quad \forall\, f(x)\in\mathbf{R}[x]_n,
$$

在基 $1,x,x^2,\cdots,x^{n-1}$ 与基 $1,x,x^2,\cdots,x^n$ 下的矩阵表示.

解 $\mathcal{S}(1)=\int_0^x 1\ \mathrm{d}t=x,\mathcal{S}(x)=\int_0^x t\ \mathrm{d}t=\frac{1}{2}x^2,\mathcal{S}\left(x^2\right)=\int_0^x t^2\ \mathrm{d}t=\frac{1}{3}x^3,\cdots,\mathcal{S}\left(x^{n-1}\right)=\int_0^x t^{n-1}\ \mathrm{d}t=\frac{1}{n}x^n$, 将之写成矩阵形式

$$
\left[\mathcal{S}(1),\mathcal{S}(x),\cdots,\mathcal{S}\left(x^{n-1}\right)\right]=[1,x,\cdots,x^n]\begin{bmatrix} 0 & 0 & \cdots & 0 \\ 1 & 0 & \cdots & 0 \\ 0 & \frac{1}{2} & \cdots & 0 \\ \vdots & \vdots & & \vdots \\ 0 & 0 & \cdots & \frac{1}{n} \end{bmatrix}_{(n+1)\times n},
$$

于是所求矩阵表示为

$$S = \begin{bmatrix} 0 & 0 & \cdots & 0 \\ 1 & 0 & \cdots & 0 \\ 0 & \dfrac{1}{2} & \cdots & 0 \\ \vdots & \vdots & & \vdots \\ 0 & 0 & \cdots & \dfrac{1}{n} \end{bmatrix}_{(n+1)\times n}.$$

例 3.6.14 求例 3.6.9 中定义的线性映射 σ 在 $\mathbf{R}^2$ 的自然基 $\boldsymbol{\alpha}_1 = (1,0), \boldsymbol{\alpha}_2 = (0,1)$ 与 $\mathbf{R}^3$ 的自然基 $\boldsymbol{\beta}_1 = (1,0,0), \boldsymbol{\beta}_2 = (0,1,0), \boldsymbol{\beta}_3 = (0,0,1)$ 下的矩阵表示.

解 由定义可知 $\sigma(\boldsymbol{\alpha}_1) = (1,1,0) = \boldsymbol{\beta}_1 + \boldsymbol{\beta}_2, \sigma(\boldsymbol{\alpha}_2) = (2,1,1) = 2\boldsymbol{\beta}_1 + \boldsymbol{\beta}_2 + \boldsymbol{\beta}_3$, 将之写为矩阵的形式

$$[\sigma(\boldsymbol{\alpha}_1), \sigma(\boldsymbol{\alpha}_2)] = [\boldsymbol{\beta}_1, \boldsymbol{\beta}_2, \boldsymbol{\beta}_3] \begin{bmatrix} 1 & 2 \\ 1 & 1 \\ 0 & 1 \end{bmatrix},$$

于是所求矩阵表示为

$$A = \begin{bmatrix} 1 & 2 \\ 1 & 1 \\ 0 & 1 \end{bmatrix}.$$

实际上, 给定 $\mathbf{R}^2, \mathbf{R}^3$ 的自然基, 例 3.6.14 中矩阵 $\boldsymbol{A}$ 唯一确定的线性映射即为例 3.6.9 中所定义映射.

一般地, 线性空间的基是不唯一的, 若选取不同的一对基, 则同一个线性映射的矩阵表示也不同, 它们之间有什么关系呢? 对此有如下结果.

定理 3.6.2 设 σ 是 V_1 到 V_2 的一个线性映射, $\boldsymbol{\alpha}_1, \boldsymbol{\alpha}_2, \cdots, \boldsymbol{\alpha}_n$ 与 $\boldsymbol{\alpha}'_1, \boldsymbol{\alpha}'_2, \cdots, \boldsymbol{\alpha}'_n$ 是 V_1 的两个基, 且

$$[\boldsymbol{\alpha}'_1, \boldsymbol{\alpha}'_2, \cdots, \boldsymbol{\alpha}'_n] = [\boldsymbol{\alpha}_1, \boldsymbol{\alpha}_2, \cdots, \boldsymbol{\alpha}_n]\boldsymbol{P}, \tag{3.6.4}$$

$\boldsymbol{\beta}_1, \boldsymbol{\beta}_2, \cdots, \boldsymbol{\beta}_m$ 与 $\boldsymbol{\beta}'_1, \boldsymbol{\beta}'_2, \cdots, \boldsymbol{\beta}'_m$ 是 V_2 的两个基, 且

$$[\boldsymbol{\beta}'_1, \boldsymbol{\beta}'_2, \cdots, \boldsymbol{\beta}'_m] = [\boldsymbol{\beta}_1, \boldsymbol{\beta}_2, \cdots, \boldsymbol{\beta}_m]\boldsymbol{Q}, \tag{3.6.5}$$

若线性映射 σ 在基 $\boldsymbol{\alpha}_1, \boldsymbol{\alpha}_2, \cdots, \boldsymbol{\alpha}_n$ 与 $\boldsymbol{\beta}_1, \boldsymbol{\beta}_2, \cdots, \boldsymbol{\beta}_m$ 下的矩阵表示为 $\boldsymbol{A}$, 在基 $\boldsymbol{\alpha}'_1, \boldsymbol{\alpha}'_2, \cdots, \boldsymbol{\alpha}'_n$ 与 $\boldsymbol{\beta}'_1, \boldsymbol{\beta}'_2, \cdots, \boldsymbol{\beta}'_m$ 下的矩阵表示为 $\boldsymbol{B}$, 则

$$\boldsymbol{B} = \boldsymbol{Q}^{-1}\boldsymbol{A}\boldsymbol{P}.$$

证 根据假设有

$$[\sigma(\boldsymbol{\alpha}_1),\sigma(\boldsymbol{\alpha}_2),\cdots,\sigma(\boldsymbol{\alpha}_n)]=[\boldsymbol{\beta}_1,\boldsymbol{\beta}_2,\cdots,\boldsymbol{\beta}_m]\,\boldsymbol{A}, \tag{3.6.6}$$

$$[\sigma(\boldsymbol{\alpha}_1'),\sigma(\boldsymbol{\alpha}_2'),\cdots,\sigma(\boldsymbol{\alpha}_n')]=\left[\boldsymbol{\beta}_1',\boldsymbol{\beta}_2',\cdots,\boldsymbol{\beta}_m'\right]\boldsymbol{B}, \tag{3.6.7}$$

将 (3.6.4) 式、(3.6.5) 式代入 (3.6.7) 式整理可得

$$[\sigma(\boldsymbol{\alpha}_1),\sigma(\boldsymbol{\alpha}_2),\cdots,\sigma(\boldsymbol{\alpha}_n)]\,\boldsymbol{P}=[\boldsymbol{\beta}_1,\boldsymbol{\beta}_2,\cdots,\boldsymbol{\beta}_m]\,\boldsymbol{QB}, \tag{3.6.8}$$

将 (3.6.6) 式代入 (3.6.8) 式得

$$[\boldsymbol{\beta}_1,\boldsymbol{\beta}_2,\cdots,\boldsymbol{\beta}_m]\,\boldsymbol{AP}=[\boldsymbol{\beta}_1,\boldsymbol{\beta}_2,\cdots,\boldsymbol{\beta}_m]\,\boldsymbol{QB},$$

因 $\boldsymbol{\beta}_1,\boldsymbol{\beta}_2,\cdots,\boldsymbol{\beta}_m$ 线性无关, 故

$$\boldsymbol{AP}=\boldsymbol{QB},$$

又因为 $\boldsymbol{Q}$ 是可逆方阵, 所以

$$\boldsymbol{B}=\boldsymbol{Q}^{-1}\boldsymbol{AP}.$$

因此, 一个线性映射 $\sigma: V_1\to V_2$ 有一系列 $F^{m\times n}$ 中的矩阵表示, 它们彼此相抵. 反之, 可以证明, 在 $F^{m\times n}$ 中所有相抵的矩阵代表同一个线性映射. 人们自然会问: 能否找到一对适当的基, 使得 σ 在该对基下的矩阵表示最简单呢? 请读者思考.

3.6.4 线性空间的同构

前面已经提到, 线性空间是代数系统 $F^n, F^{m\times n}, F[x]$ 等的抽象与提高, 并且后者的许多概念和性质完全可推广到线性空间, 那么为什么不同的线性空间会有相同的性质呢? 在此我们作一简单介绍.

定义 3.6.6 设 V_1,V_2 是数域 F 上的线性空间, σ 是 V_1 到 V_2 的一个线性映射. 若 σ 是双射, 则称 σ 是 V_1 到 V_2 的**同构映射**. 若 V_1 与 V_2 之间存在同构映射, 则称 V_1 与 V_2 同构, 记为 $V_1\cong V_2$.

当两个线性空间同构时, 它们在线性相关性方面的性质完全相同. 例如, 在 F^n 与 $F[x]_n$ 之间定义映射

$$\sigma:(a_1,a_2,\cdots,a_n)\to a_1+a_2x+a_3x^2+\cdots+a_nx^{n-1},$$

则 σ 是 F^n 与 $F[x]_n$ 之间的同构映射. 因此, $F[x]_n$ 具有与 F^n 完全相同的线性相关性结论. 更进一步, 我们有

定理 3.6.3 数域 F 上的每个 n 维线性空间都同构于向量空间 F^n.

证 设 V 是数域 F 上的线性空间 ,$\boldsymbol{\alpha}_1,\boldsymbol{\alpha}_2,\cdots,\boldsymbol{\alpha}_n$ 是 V 的一个基, 对任一 $\boldsymbol{\alpha}\in V$, 设 $(a_1,a_2,\cdots,a_n)^{\mathrm{T}}$ 是 $\boldsymbol{\alpha}$ 关于基 $\boldsymbol{\alpha}_1,\boldsymbol{\alpha}_2,\cdots,\boldsymbol{\alpha}_n$ 的坐标, 构造 V 到 F^n 的映射

$$\sigma:\boldsymbol{\alpha}\rightarrow(a_1,a_2,\cdots,a_n),$$

则容易证明 σ 是双射且满足

$$\sigma(\boldsymbol{\alpha}+\boldsymbol{\beta})=\sigma(\boldsymbol{\alpha})+\sigma(\boldsymbol{\beta}),\quad \sigma(k\boldsymbol{\alpha})=k\sigma(\boldsymbol{\alpha}),$$

其中 $\boldsymbol{\alpha},\boldsymbol{\beta}\in V,k\in F$, 所以 σ 是 V 到 F^n 的同构映射, 于是 $V\cong F^n$.

根据这个定理, 可得 F 上任意两个 n 维线性空间都同构, 并且通过 F^n 可获知 F 上所有 n 维线性空间的性质.

*3.7 线性变换

本节讨论线性空间 V 到其自身的线性映射, 称这样的线性映射为线性空间 V 上的**线性变换**. 显然, 上节中有关线性映射的结果对线性变换都成立.

例 3.7.1 设 V 是数域 F 上的一个线性空间. 取定 $k\in F$, 定义映射 $\sigma:V\rightarrow V$ 为

$$\sigma(\boldsymbol{\alpha})=k\boldsymbol{\alpha},\quad \forall\,\boldsymbol{\alpha}\in V,$$

易证 σ 是 V 上的一个线性变换, 称之为**数乘变换**. 事实上,

$$\begin{aligned}\sigma(a\boldsymbol{\alpha}+b\boldsymbol{\beta})&=k(a\boldsymbol{\alpha}+b\boldsymbol{\beta})=k(a\boldsymbol{\alpha})+k(b\boldsymbol{\beta})\\&=a(k\boldsymbol{\alpha})+b(k\boldsymbol{\beta})=a\sigma(\boldsymbol{\alpha})+b\sigma(\boldsymbol{\beta}),\end{aligned}$$

其中 $\boldsymbol{\alpha},\boldsymbol{\beta}\in V,a,b\in F$.

特别地, 当 $k=0$ 时, 称此变换为**零变换**, 记为 $\underline{0}$, 即

$$\underline{0}(\boldsymbol{\alpha})=\boldsymbol{\theta},\quad \forall\,\boldsymbol{\alpha}\in V,$$

当 $k=1$ 时, 称此变换为**恒等变换**或**单位变换**, 记为 ε, 即

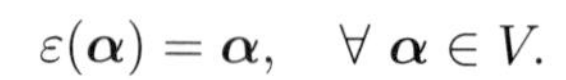

$$\varepsilon(\boldsymbol{\alpha})=\boldsymbol{\alpha},\quad \forall\,\boldsymbol{\alpha}\in V.$$

交互实验 3.7.1

扫描交互实验 3.7.1 的二维码, 拖动滑动条, 选择不同的 $k\in\mathbf{R}$, 观察由其定义的 $\mathbf{R}^2$ 上的数乘变换.

例 3.7.2　在 $F[x]$ 中, 定义变换

$$\sigma[f(x)] = [f(x)]^2, \quad \forall\, f(x) \in F[x].$$

因为对任意的 $a, b \in F, f(x), g(x) \in F[x]$, 有

$$\begin{aligned}&\sigma[af(x) + bg(x)]\\=&[af(x) + bg(x)]^2\\=&a^2[f(x)]^2 + b^2[g(x)]^2 + 2abf(x)g(x),\end{aligned}$$

而

$$a\sigma[f(x)] + b\sigma[g(x)] = a[f(x)]^2 + b[g(x)]^2,$$

所以

$$\sigma[af(x) + bg(x)] \neq a\sigma[f(x)] + b\sigma[g(x)],$$

由此可知, 该变换不是线性变换.

例 3.7.3　设 σ 是 V 上的线性变换, ε 是 V 上的恒等变换, 则 $\sigma\varepsilon = \varepsilon\sigma = \sigma$.

定义 3.7.1　设 σ 是线性空间 V 上的一个变换. 若存在 V 上的另一个变换 τ, 使

$$\tau\sigma = \sigma\tau = \varepsilon,$$

则称 σ 是**可逆变换**, 称 τ 是 σ 的**逆变换**, 这里 ε 是 V 上的恒等变换.

不难证明, 变换 σ 可逆当且仅当 σ 是双射, 并且当 σ 可逆时其逆唯一, 记为 σ^{-1}.

定理 3.7.1　可逆线性变换的逆变换也是线性变换.

证　设 σ 是可逆线性变换, σ^{-1} 是它的逆变换. 任取 $\boldsymbol{\alpha}_1, \boldsymbol{\alpha}_2 \in V$, $k \in F$, 令

$$\sigma^{-1}(\boldsymbol{\alpha}_1) = \boldsymbol{\beta}_1, \quad \sigma^{-1}(\boldsymbol{\alpha}_2) = \boldsymbol{\beta}_2.$$

则由可逆变换的定义可得

$$\sigma(\boldsymbol{\beta}_1) = \boldsymbol{\alpha}_1, \quad \sigma(\boldsymbol{\beta}_2) = \boldsymbol{\alpha}_2,$$

已知 σ 是线性的, 故

$$\boldsymbol{\sigma}(\boldsymbol{\beta}_1 + \boldsymbol{\beta}_2) = \boldsymbol{\alpha}_1 + \boldsymbol{\alpha}_2,$$

由此可得

$$\sigma^{-1}(\boldsymbol{\alpha}_1+\boldsymbol{\alpha}_2)=\boldsymbol{\beta}_1+\boldsymbol{\beta}_2=\sigma^{-1}(\boldsymbol{\alpha}_1)+\sigma^{-1}(\boldsymbol{\alpha}_2),$$

同理, 由 $k\boldsymbol{\alpha}_1=k\sigma(\boldsymbol{\beta}_1)=\sigma(k\boldsymbol{\beta}_1)$ 可得

$$\sigma^{-1}(k\boldsymbol{\alpha}_1)=k\boldsymbol{\beta}_1=k\sigma^{-1}(\boldsymbol{\alpha}_1),$$

所以, σ^{-1} 也是线性的.

此外, 还可以定义线性变换的加法、乘法、数乘运算, 并且其和、乘积以及数乘仍然是线性变换.

定义 3.7.2 设 σ,τ 是数域 F 上线性空间 V 上的线性变换, $k\in F$, σ 与 τ 的**和** $\sigma+\tau$ 定义为

$$(\sigma+\tau)(\boldsymbol{\alpha})=\sigma(\boldsymbol{\alpha})+\tau(\boldsymbol{\alpha}),\quad \forall\ \boldsymbol{\alpha}\in V,$$

σ 与 τ 的**乘积** $\sigma\tau$ 定义为

$$(\sigma\tau)(\boldsymbol{\alpha})=\sigma(\tau(\boldsymbol{\alpha}))\quad \forall\ \boldsymbol{\alpha}\in V,$$

k 与 σ 的**数乘**, $k\sigma$ 定义为

$$(k\sigma)(\boldsymbol{\alpha})=k\sigma(\boldsymbol{\alpha}),\quad \forall\ \boldsymbol{\alpha}\in V.$$

性质 3.7.1 设 σ,τ 是数域 F 上线性空间 V 上的线性变换, $k\in F$, 则 $\sigma+\tau$、$\sigma\tau$、$k\sigma$ 都是 V 上的线性变换.

证 对于任意 $\boldsymbol{\alpha},\boldsymbol{\beta}\in V, a\in F$, 有

$$\begin{aligned}(\sigma+\tau)(\boldsymbol{\alpha}+\boldsymbol{\beta})&=\sigma(\boldsymbol{\alpha}+\boldsymbol{\beta})+\tau(\boldsymbol{\alpha}+\boldsymbol{\beta})\\&=\sigma(\boldsymbol{\alpha})+\sigma(\boldsymbol{\beta})+\tau(\boldsymbol{\alpha})+\tau(\boldsymbol{\beta})\\&=(\sigma+\tau)(\boldsymbol{\alpha})+(\sigma+\tau)(\boldsymbol{\beta}),\\(\sigma+\tau)(a\boldsymbol{\alpha})&=\sigma(a\boldsymbol{\alpha})+\tau(a\boldsymbol{\alpha})=a\sigma(\boldsymbol{\alpha})+a\tau(\boldsymbol{\alpha})\\&=a(\sigma(\boldsymbol{\alpha})+\tau(\boldsymbol{\alpha}))=a(\sigma+\tau)(\boldsymbol{\alpha}),\end{aligned}$$

因此, $\sigma+\tau$ 是 V 上的线性变换. 同理可证 $\sigma\tau$、$k\sigma$ 也是 V 上的线性变换.

容易验证, V 上线性变换的加法与数量乘法满足线性空间定义中的 8 条运算法则, 因此数域 F 上线性空间 V 的所有线性变换组成的集合也是一个线性空间.

3.7.1 线性变换的矩阵表示

设 σ 是数域 F 上线性空间 V 上的线性变换, $\boldsymbol{\alpha}_1,\boldsymbol{\alpha}_2,\cdots,\boldsymbol{\alpha}_n$ 为 V 的一个基,

$$\sigma(\boldsymbol{\alpha}_j)=\sum_{i=1}^{n}a_{ij}\boldsymbol{\alpha}_i,\quad j=1,2,\cdots,n,$$

上式可形式地写成矩阵形式

$$[\sigma(\boldsymbol{\alpha}_1),\sigma(\boldsymbol{\alpha}_2),\cdots,\sigma(\boldsymbol{\alpha}_n)]=[\boldsymbol{\alpha}_1,\boldsymbol{\alpha}_2,\cdots,\boldsymbol{\alpha}_n]\boldsymbol{A},$$

其中

$$\boldsymbol{A}=\begin{bmatrix} a_{11} & a_{12} & \cdots & a_{1n} \\ a_{21} & a_{22} & \cdots & a_{2n} \\ \vdots & \vdots & & \vdots \\ a_{n1} & a_{n2} & \cdots & a_{nn} \end{bmatrix}$$

称为**线性变换 σ 在基 $\boldsymbol{\alpha}_1,\boldsymbol{\alpha}_2,\cdots,\boldsymbol{\alpha}_n$ 下的矩阵表示**.

例 3.7.4 零变换在任一基下的矩阵表示均为零矩阵; 恒等变换在任一基下的矩阵表示均为单位矩阵; 数乘变换在任一基下矩阵表示均为标量矩阵.

例 3.7.5 $\mathbf{R}[x]_{n+1}$ 上的线性变换 $\mathcal{D}$:

$$\mathcal{D}[f(x)]=\frac{\mathrm{d}}{\mathrm{d}x}f(x),\quad \forall\ f(x)\in\mathbf{R}[x]_{n+1},$$

在基 $1,x,x^2,\cdots,x^n$ 下的矩阵表示

$$\boldsymbol{D}=\begin{bmatrix} 0 & 1 & 0 & \cdots & 0 \\ 0 & 0 & 2 & \cdots & 0 \\ \vdots & \vdots & \vdots & & \vdots \\ 0 & 0 & 0 & \cdots & n \\ 0 & 0 & 0 & \cdots & 0 \end{bmatrix}_{(n+1)\times(n+1)}.$$

与第 3.6.3 节中的讨论一样, 有了线性变换 σ 在一个基下的矩阵表示 $\boldsymbol{A}$ 之后, 可以得到线性空间 V 中向量 $\boldsymbol{\alpha}$ 与它的像 $\sigma(\boldsymbol{\alpha})$ 之间的坐标关系.

定理 3.7.2 设 $\boldsymbol{\alpha}_1,\boldsymbol{\alpha}_2,\cdots,\boldsymbol{\alpha}_n$ 是数域 F 上 n 维线性空间 V 的一个基, σ 是 V 上的一个线性变换, 其在基 $\boldsymbol{\alpha}_1,\boldsymbol{\alpha}_2,\cdots,\boldsymbol{\alpha}_n$ 下的矩阵表示为

$\boldsymbol{A}$. 若 $\boldsymbol{\alpha}=x_1\boldsymbol{\alpha}_1+x_2\boldsymbol{\alpha}_2+\cdots+x_n\boldsymbol{\alpha}_n, \sigma(\boldsymbol{\alpha})=y_1\boldsymbol{\alpha}_1+y_2\boldsymbol{\alpha}_2+\cdots+y_n\boldsymbol{\alpha}_n$, 则

$$\begin{bmatrix} y_1 \\ y_2 \\ \vdots \\ y_n \end{bmatrix}=\boldsymbol{A}\begin{bmatrix} x_1 \\ x_2 \\ \vdots \\ x_n \end{bmatrix}.$$

在 n 维线性空间中取定一组基后, 其上的一个线性变换就与一个 n 阶方阵对应. 这个对应还保持线性变换的运算.

定理 3.7.3 设 $\boldsymbol{\alpha}_1,\boldsymbol{\alpha}_2,\cdots,\boldsymbol{\alpha}_n$ 是数域 F 上 n 维线性空间 V 的一个基, V 上的两个线性变换 σ 与 τ 在这个基下矩阵表示分别为 $\boldsymbol{A}$ 与 $\boldsymbol{B}$, 则

(1) 线性变换的和 $\sigma+\tau$ 在基 $\boldsymbol{\alpha}_1,\boldsymbol{\alpha}_2,\cdots,\boldsymbol{\alpha}_n$ 下的矩阵表示为 $\boldsymbol{A}+\boldsymbol{B}$;

(2) 线性变换的数乘积 $k\sigma$ 在基 $\boldsymbol{\alpha}_1,\boldsymbol{\alpha}_2,\cdots,\boldsymbol{\alpha}_n$ 下的矩阵表示为 $k\boldsymbol{A}$;

(3) 线性变换的乘积 $\sigma\tau$ 在基 $\boldsymbol{\alpha}_1,\boldsymbol{\alpha}_2,\cdots,\boldsymbol{\alpha}_n$ 下的矩阵表示为 $\boldsymbol{AB}$;

(4) 线性变换 σ 可逆当且仅当 $\boldsymbol{A}$ 可逆, 并且 σ^{-1} 在基 $\boldsymbol{\alpha}_1,\boldsymbol{\alpha}_2,\cdots,\boldsymbol{\alpha}_n$ 下的矩阵表示为 $\boldsymbol{A}^{-1}$.

证 由已知得

$$[\sigma(\boldsymbol{\alpha}_1),\sigma(\boldsymbol{\alpha}_2),\cdots,\sigma(\boldsymbol{\alpha}_n)]=[\boldsymbol{\alpha}_1,\boldsymbol{\alpha}_2,\cdots,\boldsymbol{\alpha}_n]\boldsymbol{A},$$

$$[\tau(\boldsymbol{\alpha}_1),\tau(\boldsymbol{\alpha}_2),\cdots,\tau(\boldsymbol{\alpha}_n)]=[\boldsymbol{\alpha}_1,\boldsymbol{\alpha}_2,\cdots,\boldsymbol{\alpha}_n]\boldsymbol{B},$$

(1)
$$\begin{aligned}
&[(\sigma+\tau)(\boldsymbol{\alpha}_1),(\sigma+\tau)(\boldsymbol{\alpha}_2),\cdots,(\sigma+\tau)(\boldsymbol{\alpha}_n)]\\
=&[\sigma(\boldsymbol{\alpha}_1)+\tau(\boldsymbol{\alpha}_1),\sigma(\boldsymbol{\alpha}_2)+\tau(\boldsymbol{\alpha}_2),\cdots,\sigma(\boldsymbol{\alpha}_n)+\tau(\boldsymbol{\alpha}_n)]\\
=&[\sigma(\boldsymbol{\alpha}_1),\sigma(\boldsymbol{\alpha}_2),\cdots,\sigma(\boldsymbol{\alpha}_n)]+[\tau(\boldsymbol{\alpha}_1),\tau(\boldsymbol{\alpha}_2),\cdots,\tau(\boldsymbol{\alpha}_n)]\\
=&[\boldsymbol{\alpha}_1,\boldsymbol{\alpha}_2,\cdots,\boldsymbol{\alpha}_n]\boldsymbol{A}+[\boldsymbol{\alpha}_1,\boldsymbol{\alpha}_2,\cdots,\boldsymbol{\alpha}_n]\boldsymbol{B}\\
=&[\boldsymbol{\alpha}_1,\boldsymbol{\alpha}_2,\cdots,\boldsymbol{\alpha}_n](\boldsymbol{A}+\boldsymbol{B});
\end{aligned}$$

(2)
$$\begin{aligned}
&[(k\sigma)(\boldsymbol{\alpha}_1),(k\sigma)(\boldsymbol{\alpha}_2),\cdots,(k\sigma)(\boldsymbol{\alpha}_n)]\\
=&[k(\sigma(\boldsymbol{\alpha}_1)),k(\sigma(\boldsymbol{\alpha}_2)),\cdots,k(\sigma(\boldsymbol{\alpha}_n))]\\
=&k[\sigma(\boldsymbol{\alpha}_1),\sigma(\boldsymbol{\alpha}_2),\cdots,\sigma(\boldsymbol{\alpha}_n)]\\
=&k([\boldsymbol{\alpha}_1,\boldsymbol{\alpha}_2,\cdots,\boldsymbol{\alpha}_n]\boldsymbol{A})\\
=&[\boldsymbol{\alpha}_1,\boldsymbol{\alpha}_2,\ldots,\boldsymbol{\alpha}_n](k\boldsymbol{A});
\end{aligned}$$

(3) 设$\boldsymbol{B}=[b_{ij}]_{n\times n}$,则$\tau(\boldsymbol{\alpha}_j)=\sum\limits_{i=1}^{n}b_{ij}\boldsymbol{\alpha}_i$,从而

$$
\begin{aligned}
&[(\sigma\tau)(\boldsymbol{\alpha}_1),(\sigma\tau)(\boldsymbol{\alpha}_2),\cdots,(\sigma\tau)(\boldsymbol{\alpha}_n)]\\
=&[\sigma(\tau(\boldsymbol{\alpha}_1)),\sigma(\tau(\boldsymbol{\alpha}_2)),\cdots,\sigma(\tau(\boldsymbol{\alpha}_n))]\\
=&\left[\sigma\left(\sum_{i=1}^{n}b_{i1}\boldsymbol{\alpha}_i\right),\sigma\left(\sum_{i=1}^{n}b_{i2}\boldsymbol{\alpha}_i\right),\cdots,\sigma\left(\sum_{i=1}^{n}b_{in}\boldsymbol{\alpha}_i\right)\right]\\
=&\left[\sum_{i=1}^{n}b_{i1}\sigma(\boldsymbol{\alpha}_i),\sum_{i=1}^{n}b_{i2}\sigma(\boldsymbol{\alpha}_i),\cdots,\sum_{i=1}^{n}b_{in}\sigma(\boldsymbol{\alpha}_i)\right]\\
=&[\sigma(\boldsymbol{\alpha}_1),\sigma(\boldsymbol{\alpha}_2),\cdots,\sigma(\boldsymbol{\alpha}_n)]\,\boldsymbol{B}\\
=&([\boldsymbol{\alpha}_1,\boldsymbol{\alpha}_2,\cdots,\boldsymbol{\alpha}_n]\,\boldsymbol{A})\,\boldsymbol{B}\\
=&[\boldsymbol{\alpha}_1,\boldsymbol{\alpha}_2,\cdots,\boldsymbol{\alpha}_n]\,(\boldsymbol{AB});
\end{aligned}
$$

(4) 设σ可逆, 并且$\left[\sigma^{-1}(\boldsymbol{\alpha}_1),\sigma^{-1}(\boldsymbol{\alpha}_2),\cdots,\sigma^{-1}(\boldsymbol{\alpha}_n)\right]=[\boldsymbol{\alpha}_1,\boldsymbol{\alpha}_2,\cdots,\boldsymbol{\alpha}_n]\,\boldsymbol{A}'$,

由(3)得

$$
\begin{aligned}
&\left[(\sigma\sigma^{-1})(\boldsymbol{\alpha}_1),(\sigma\sigma^{-1})(\boldsymbol{\alpha}_2),\cdots,(\sigma\sigma^{-1})(\boldsymbol{\alpha}_n)\right]\\
=&[\boldsymbol{\alpha}_1,\boldsymbol{\alpha}_2,\cdots,\boldsymbol{\alpha}_n]\,(\boldsymbol{AA}')\\
=&[\boldsymbol{\alpha}_1,\boldsymbol{\alpha}_2,\cdots,\boldsymbol{\alpha}_n]\,\boldsymbol{I},
\end{aligned}
$$

于是$\boldsymbol{AA}'=\boldsymbol{I}$, $\boldsymbol{A}$可逆, 且$\boldsymbol{A}'=\boldsymbol{A}^{-1}$.

反之亦然.

例 3.7.6 在 $\mathbf{R}^2$ 中, 规定

$$\sigma\left(a_1,a_2\right)=\left(a_1+a_2,a_2\right),$$

其中 $a_1,a_2\in\mathbf{R}$. 证明: σ 是可逆的线性变换, 并求 σ^{-1}.

证 因

$$
\begin{aligned}
\sigma\left[k\left(a_1,a_2\right)+l\left(b_1,b_2\right)\right]&=\sigma\left(ka_1+lb_1,ka_2+lb_2\right)\\
&=\left(ka_1+lb_1+ka_2+lb_2,ka_2+lb_2\right)\\
&=\left(ka_1+ka_2,ka_2\right)+\left(lb_1+lb_2,lb_2\right)\\
&=k\sigma\left(a_1,a_2\right)+l\sigma\left(b_1,b_2\right),
\end{aligned}
$$

其中 $k,l,a_i,b_i\in\mathbf{R},i=1,2$, 故 σ 是线性变换.

取 $\boldsymbol{\varepsilon}_1=(1,0),\boldsymbol{\varepsilon}_2=(0,1)$, 则 $\sigma(\boldsymbol{\varepsilon}_1)=\sigma(1,0)=(1,0)=\boldsymbol{\varepsilon}_1,\sigma(\boldsymbol{\varepsilon}_2)=\sigma(0,1)=(1,1)=\boldsymbol{\varepsilon}_1+\boldsymbol{\varepsilon}_2$, 将之写为矩阵形式

$$[\sigma(\boldsymbol{\varepsilon}_1),\sigma(\boldsymbol{\varepsilon}_2)]=[\boldsymbol{\varepsilon}_1,\boldsymbol{\varepsilon}_2]\begin{bmatrix}1&1\\0&1\end{bmatrix},$$

因 σ 在基 $\boldsymbol{\varepsilon}_1,\boldsymbol{\varepsilon}_2$ 下的矩阵表示 $\boldsymbol{A}=\begin{bmatrix}1&1\\0&1\end{bmatrix}$ 可逆, 故 σ 可逆, 且 σ^{-1} 在基 $\boldsymbol{\varepsilon}_1,\boldsymbol{\varepsilon}_2$ 下的矩阵表示为 $\boldsymbol{A}^{-1}=\begin{bmatrix}1&-1\\0&1\end{bmatrix}$. 由此可得

$$\begin{aligned}\sigma^{-1}(a_1,a_2)&=\sigma^{-1}(a_1\boldsymbol{\varepsilon}_1+a_2\boldsymbol{\varepsilon}_2)=a_1\sigma^{-1}(\boldsymbol{\varepsilon}_1)+a_2\sigma^{-1}(\boldsymbol{\varepsilon}_2)\\&=\left[\sigma^{-1}(\boldsymbol{\varepsilon}_1),\sigma^{-1}(\boldsymbol{\varepsilon}_2)\right]\begin{bmatrix}a_1\\a_2\end{bmatrix}=[\boldsymbol{\varepsilon}_1,\boldsymbol{\varepsilon}_2]\boldsymbol{A}^{-1}\begin{bmatrix}a_1\\a_2\end{bmatrix}\\&=[\boldsymbol{\varepsilon}_1,\boldsymbol{\varepsilon}_2]\begin{bmatrix}1&-1\\0&1\end{bmatrix}\begin{bmatrix}a_1\\a_2\end{bmatrix}=[\boldsymbol{\varepsilon}_1,\boldsymbol{\varepsilon}_2]\begin{bmatrix}a_1-a_2\\a_2\end{bmatrix}\\&=(a_1-a_2)\boldsymbol{\varepsilon}_1+a_2\boldsymbol{\varepsilon}_2=(a_1-a_2,a_2).\end{aligned}$$

一般地, 线性变换的矩阵表示与线性空间基的选取有关, 在不同的基下同一个线性变换的矩阵表示一般不相同. 它们之间有什么关系呢? 由定理 3.6.2 可得

定理 3.7.4 设 $\boldsymbol{\alpha}_1,\boldsymbol{\alpha}_2,\cdots,\boldsymbol{\alpha}_n$ 与 $\boldsymbol{\beta}_1,\boldsymbol{\beta}_2,\cdots,\boldsymbol{\beta}_n$ 是数域 F 上 n 维线性空间 V 的两个基, σ 是 V 上的一个线性变换. 若 σ 在基 $\boldsymbol{\alpha}_1,\boldsymbol{\alpha}_2,\cdots,\boldsymbol{\alpha}_n$ 与 $\boldsymbol{\beta}_1,\boldsymbol{\beta}_2,\cdots,\boldsymbol{\beta}_n$ 下的矩阵表示分别为 $\boldsymbol{A}$ 与 $\boldsymbol{B}$, 由 $\boldsymbol{\alpha}_1,\ \boldsymbol{\alpha}_2,\ \cdots,\boldsymbol{\alpha}_n$ 到 $\boldsymbol{\beta}_1,\boldsymbol{\beta}_2,\cdots,\boldsymbol{\beta}_n$ 的过渡矩阵为 $\boldsymbol{P}$, 则 $\boldsymbol{B}=\boldsymbol{P}^{-1}\boldsymbol{A}\boldsymbol{P}$.

例 3.7.7 考虑 $\mathbf{R}^2$ 上的线性变换 σ:

$$\sigma(a_1,a_2)=(2a_1+a_2,a_1+2a_2),$$

其中 $a_1,a_2\in\mathbf{R}$. 比较 σ 在自然基 $\boldsymbol{\varepsilon}_1,\boldsymbol{\varepsilon}_2$ 下的矩阵表示 $\boldsymbol{A}$ 与在基 $\boldsymbol{\alpha}_1=(1,1),\boldsymbol{\alpha}_2=(-1,1)$ 下的矩阵表示 $\boldsymbol{B}$.

解 由 $\sigma(\boldsymbol{\varepsilon}_1)=(2,1)=2\boldsymbol{\varepsilon}_1+\boldsymbol{\varepsilon}_2,\sigma(\boldsymbol{\varepsilon}_2)=(1,2)=\boldsymbol{\varepsilon}_1+2\boldsymbol{\varepsilon}_2$, 可得

$$[\sigma(\boldsymbol{\varepsilon}_1),\sigma(\boldsymbol{\varepsilon}_2)]=[\boldsymbol{\varepsilon}_1,\boldsymbol{\varepsilon}_2]\begin{bmatrix}2&1\\1&2\end{bmatrix},$$

于是 $\boldsymbol{A}=\begin{bmatrix}2&1\\1&2\end{bmatrix}$.

由 $\sigma(\boldsymbol{\alpha}_1)=(3,3)=3\boldsymbol{\alpha}_1+0\boldsymbol{\alpha}_2, \sigma(\boldsymbol{\alpha}_2)=(-1,1)=0\boldsymbol{\alpha}_1+\boldsymbol{\alpha}_2$, 可得

$$[\sigma(\boldsymbol{\alpha}_1),\sigma(\boldsymbol{\alpha}_2)]=[\boldsymbol{\alpha}_1,\boldsymbol{\alpha}_2]\begin{bmatrix}3&0\\0&1\end{bmatrix},$$

于是 $\boldsymbol{B}=\begin{bmatrix}3&0\\0&1\end{bmatrix}$.

由 $\boldsymbol{\varepsilon}_1,\boldsymbol{\varepsilon}_2$ 到 $\boldsymbol{\alpha}_1,\boldsymbol{\alpha}_2$ 的过渡矩阵为 $\boldsymbol{P}=\begin{bmatrix}1&-1\\1&1\end{bmatrix}$, 且有

$$\boldsymbol{P}^{-1}\boldsymbol{A}\boldsymbol{P}=\begin{bmatrix}1&-1\\1&1\end{bmatrix}^{-1}\begin{bmatrix}2&1\\1&2\end{bmatrix}\begin{bmatrix}1&-1\\1&1\end{bmatrix}=\begin{bmatrix}3&0\\0&1\end{bmatrix}=\boldsymbol{B}.$$

扫描交互实验 3.7.2 的二维码, 选择例 3.7.7 中两个不同的基, 比较同一个线性变换 σ 在这两个不同基下的矩阵表示. 选出你认为更加简单的矩阵表示.

交互实验 3.7.2

3.7.2　线性变换的特征值与特征向量

线性变换的矩阵表示对研究线性变换必不可少, 并且一般地同一个线性变换在不同的基下的矩阵表示也不同. 因此人们当然希望能找到一个适当的基, 使线性变换在这个基下的矩阵表示尽可能简单, 如对角矩阵 (见例 3.7.7). 在什么条件下线性变换的矩阵表示为对角矩阵呢?

设线性变换 σ 在基 $\boldsymbol{\alpha}_1,\boldsymbol{\alpha}_2,\cdots,\boldsymbol{\alpha}_n$ 下的矩阵表示为对角矩阵

$$\operatorname{diag}(\lambda_1,\lambda_2,\cdots,\lambda_n),$$

则

$$[\sigma(\boldsymbol{\alpha}_1),\sigma(\boldsymbol{\alpha}_2),\cdots,\sigma(\boldsymbol{\alpha}_n)]=[\boldsymbol{\alpha}_1,\boldsymbol{\alpha}_2,\cdots,\boldsymbol{\alpha}_n]\begin{bmatrix}\lambda_1&&&\\&\lambda_2&&\\&&\ddots&\\&&&\lambda_n\end{bmatrix},$$

于是

$$[\sigma(\boldsymbol{\alpha}_1),\sigma(\boldsymbol{\alpha}_2),\cdots,\sigma(\boldsymbol{\alpha}_n)]=[\lambda_1\boldsymbol{\alpha}_1,\lambda_2\boldsymbol{\alpha}_2,\cdots,\lambda_n\boldsymbol{\alpha}_n],$$

由此可得

$$\sigma\left(\boldsymbol{\alpha}_i\right)=\lambda_i \boldsymbol{\alpha}_i, \quad i=1,2, \cdots, n. \tag{3.7.1}$$

定义 3.7.3 设 σ 为数域 F 上 n 维线性空间 V 上的一个线性变换. 若对 F 中的一个数 λ, 存在 V 中一个非零向量 $\boldsymbol{\alpha}$, 使得

$$\sigma(\boldsymbol{\alpha})=\lambda \boldsymbol{\alpha},$$

则称 λ 为 σ 的**特征值**, $\boldsymbol{\alpha}$ 为 σ **属于** λ **的一个特征向量**.

在例 3.7.7 中, 当选择自然基 $\boldsymbol{\varepsilon}_1, \boldsymbol{\varepsilon}_2$ 来表示 $\mathbf{R}^2$ 时, $\sigma(\boldsymbol{\alpha}_1)=(3,3)=3\boldsymbol{\alpha}_1, \sigma(\boldsymbol{\alpha}_2)=(-1,1)=\boldsymbol{\alpha}_2$, 因此, $\boldsymbol{\alpha}_1=(1,1), \boldsymbol{\alpha}_2=(-1,1)$ 分别为 σ 属于特征值 3,1 的特征向量.

根据定义 3.7.3, 由 (3.7.1) 式可知: 若线性变换 σ 在基 $\boldsymbol{\alpha}_1, \boldsymbol{\alpha}_2, \cdots, \boldsymbol{\alpha}_n$ 下的矩阵表示是对角矩阵 $\operatorname{diag}(\lambda_1, \lambda_2, \cdots, \lambda_n)$, 则 $\lambda_1, \lambda_2, \cdots, \lambda_n$ 是 σ 的特征值, $\boldsymbol{\alpha}_1, \boldsymbol{\alpha}_2, \cdots, \boldsymbol{\alpha}_n$ 是 σ 分别属于 $\lambda_1, \lambda_2, \cdots, \lambda_n$ 的特征向量, 并且线性无关. 反之, 若 $\boldsymbol{\sigma}$ 有 n 个线性无关的特征向量 $\boldsymbol{\alpha}_1, \boldsymbol{\alpha}_2, \cdots, \boldsymbol{\alpha}_n$, 设它们对应的特征值分别为 $\lambda_1, \lambda_2, \cdots, \lambda_n$, 则 σ 在基 $\boldsymbol{\alpha}_1, \boldsymbol{\alpha}_2, \cdots, \boldsymbol{\alpha}_n$ 下的矩阵表示为 $\operatorname{diag}(\lambda_1, \lambda_2, \cdots, \lambda_n)$. 于是有

定理 3.7.5 设 σ 是数域 F 上 n 维线性空间 V 上的一个线性变换, 则 σ 的矩阵表示可以在某一个基下为对角矩阵的充要条件是 σ 有 n 个线性无关的特征向量.

例如, 例 3.7.7 中二维向量空间 $\mathbf{R}^2$ 上的线性变换 σ 在由特征向量 $\boldsymbol{\alpha}_1, \boldsymbol{\alpha}_2$ 构成的基下的矩阵表示为对角矩阵. 需要注意的是, 线性变换的特征值与特征向量的计算依赖于矩阵的特征值与特征向量, 还要借助行列式的有关知识. 这些问题将分别在第四章和第五章解决.

习题三

1. 有没有只含一个向量的线性空间? 有没有只含两个向量的线性空间? 有没有只含 m 个向量的线性空间?

2. 次数等于 $n(n \geqslant 1)$ 的实系数多项式全体, 对于多项式的加法和数量乘法, 是否构成实数域上的线性空间?

3. 在几何空间中, 按通常的向量加法和数与向量的数量乘法, 下列集合是不是实数域 $\mathbf{R}$ 上的线性空间:

(1) 平面 π 上所有过原点向量集合;

(2) 位于第一卦限, 以原点为起点的向量集合;

(3) 位于第一、三卦限, 以原点为起点的向量集合;

(4) x 轴上的向量集合;

(5) 平面 π 上, 不平行于某向量的向量集合.

4. 全体实对称 (反称, 上三角形) 矩阵, 对于矩阵的加法和数量乘法, 是否构成实数域上的线性空间?

5. 平面上全体向量, 对于通常的加法和如下定义的数量乘法

$$k\cdot\boldsymbol{\alpha}=\boldsymbol{\theta}$$

是否构成实数域上的线性空间?

6. 设 $\mathbf{R}^+$ 是正实数集合, $\mathbf{R}$ 是实数域, 规定

$$a\oplus b=ab,\quad k\cdot a=a,$$

其中 $a,b\in\mathbf{R}^+,k\in\mathbf{R}$, 问: $\mathbf{R}^+$ 关于运算 "$\oplus$" 和 "$\cdot$" 是否构成 $\mathbf{R}$ 上的线性空间?

7. 在函数空间中, 下列函数组是否线性相关?

(1) $1,\cos^2x,\cos 2x$;

(2) $1,\sin^2x,\cos^2x$.

8. 在 $\mathbf{R}^3$ 中, 求向量 $\boldsymbol{\alpha}=(3,7,1)$ 关于基

$$\boldsymbol{\alpha}_1=(1,3,5),\quad \boldsymbol{\alpha}_2=(6,3,2),\quad \boldsymbol{\alpha}_3=(3,1,0)$$

的坐标.

9. 设 $\boldsymbol{\alpha}_1,\boldsymbol{\alpha}_2,\boldsymbol{\alpha}_3$ 是三维向量空间 V 的一个基, 令

$$\begin{cases}\boldsymbol{\beta}_1=\boldsymbol{\alpha}_1+2\boldsymbol{\alpha}_2+3\boldsymbol{\alpha}_3,\\ \boldsymbol{\beta}_2=2\boldsymbol{\alpha}_1+2\boldsymbol{\alpha}_2+4\boldsymbol{\alpha}_3,\\ \boldsymbol{\beta}_3=3\boldsymbol{\alpha}_1+\boldsymbol{\alpha}_2+3\boldsymbol{\alpha}_3,\end{cases}$$

(1) 证明: $\boldsymbol{\beta}_1,\boldsymbol{\beta}_2,\boldsymbol{\beta}_3$ 也是 V 的一个基;

(2) 求 V 中的向量 $\boldsymbol{\alpha}=\boldsymbol{\alpha}_1-\boldsymbol{\alpha}_2+2\boldsymbol{\alpha}_3$ 关于基 $\boldsymbol{\beta}_1,\boldsymbol{\beta}_2,\boldsymbol{\beta}_3$ 的坐标.

10. 已知 $\mathbf{R}^3$ 的两个基

$$\begin{cases}\boldsymbol{\alpha}_1=(1,1,1),\\ \boldsymbol{\alpha}_2=(1,1,0),\\ \boldsymbol{\alpha}_3=(1,0,0),\end{cases}\qquad \begin{cases}\boldsymbol{\beta}_1=(0,0,1),\\ \boldsymbol{\beta}_2=(0,1,1),\\ \boldsymbol{\beta}_3=(1,1,1),\end{cases}$$

求所有关于这两个基有相同坐标的向量.

11. 求数域 F 上 n 阶对称矩阵所构成的线性空间的维数和一个基.

12. 求数域 F 上 n 阶反称矩阵所构成的线性空间的维数和一个基.

13. 证明: 若 $\boldsymbol{\alpha}_1,\boldsymbol{\alpha}_2,\cdots,\boldsymbol{\alpha}_n$ 能将线性空间 V 中每个向量唯一地线性表出, 则 $\boldsymbol{\alpha}_1,\boldsymbol{\alpha}_2,\cdots,\boldsymbol{\alpha}_n$ 是 V 的一个基.

14. 证明: 若 $\boldsymbol{\alpha}_1,\boldsymbol{\alpha}_2,\cdots,\boldsymbol{\alpha}_n$ 能将线性空间 V 中的每个向量线性表出, 又对 V 中某一向量 $\boldsymbol{\alpha}$ 表示方法唯一, 则 $\boldsymbol{\alpha}_1,\boldsymbol{\alpha}_2,\cdots,\boldsymbol{\alpha}_n$ 是 V 的一个基.

15. 试求线性空间 $F^{2\times 2}$ 的两个不同的基, 并求向量

$$\boldsymbol{A}=\begin{bmatrix}-1 & 3\\ 0 & 2\end{bmatrix}$$

在所求基下的坐标.

16. 证明: 实数域上全体 3 阶方阵的集合是 $\mathbf{R}$ 上的九维线性空间, 并且当

$$\boldsymbol{A}=\begin{bmatrix}0 & 0 & 0\\ 0 & -1 & 0\\ 0 & 0 & 1\end{bmatrix},\quad \boldsymbol{B}=\begin{bmatrix}0 & 1 & 0\\ 0 & 0 & 1\\ 1 & 0 & 0\end{bmatrix}$$

时, $\boldsymbol{I},\boldsymbol{A},\boldsymbol{A}^2,\boldsymbol{B},\boldsymbol{AB},\boldsymbol{A}^2\boldsymbol{B},\boldsymbol{B}^2,\boldsymbol{AB}^{\boldsymbol{2}},\boldsymbol{A}^2\boldsymbol{B}^2$ 为此空间的一个基.

17. 已知 $\mathbf{R}^3$ 的两个基

$$\begin{cases}\boldsymbol{\alpha}_1=(1,2,1),\\ \boldsymbol{\alpha}_2=(2,3,3),\\ \boldsymbol{\alpha}_3=(3,7,1),\end{cases}\qquad \begin{cases}\boldsymbol{\beta}_1=(3,1,4),\\ \boldsymbol{\beta}_2=(5,2,1),\\ \boldsymbol{\beta}_3=(1,1,-6),\end{cases}$$

(1) 求基 $\boldsymbol{\alpha}_1,\boldsymbol{\alpha}_2,\boldsymbol{\alpha}_3$ 到基 $\boldsymbol{\beta}_1,\boldsymbol{\beta}_2,\boldsymbol{\beta}_3$ 的过渡矩阵;

(2) 求向量 $\boldsymbol{\gamma}=(1,0,0)$ 关于基 $\boldsymbol{\alpha}_1,\boldsymbol{\alpha}_2,\boldsymbol{\alpha}_3$ 的坐标;

(3) 已知向量 $\boldsymbol{\xi}$ 关于基 $\boldsymbol{\beta}_1,\boldsymbol{\beta}_2,\boldsymbol{\beta}_3$ 的坐标为 $(-1,0,2)^{\mathrm{T}}$, 求 $\boldsymbol{\xi}$ 关于基 $\boldsymbol{\alpha}_1,\boldsymbol{\alpha}_2\ \boldsymbol{\alpha}_3$ 的坐标.

18. 在 $F[x]_4$ 中, 求基 $1,x,x^2,x^3$ 到基 $1,1+x,1+x+x^2,1+x+x^2+x^3$ 的过渡矩阵. 已知在后一个基下 $g(x)$ 的坐标为 $(1,0,-2,5)^{\mathrm{T}}$, $f(x)$ 的坐标为 $(7,0,8,-2)^{\mathrm{T}}$, 试求 $f(x)+g(x)$ 在这两个基下的坐标.

19. 在 $\mathbf{R}^{2\times 2}$ 中, 证明

$$\boldsymbol{\alpha}_1=\begin{bmatrix}1&1\\1&1\end{bmatrix},\quad \boldsymbol{\alpha}_2=\begin{bmatrix}1&1\\-1&-1\end{bmatrix},$$
$$\boldsymbol{\alpha}_3=\begin{bmatrix}1&-1\\1&-1\end{bmatrix},\quad \boldsymbol{\alpha}_4=\begin{bmatrix}-1&1\\1&-1\end{bmatrix}$$

构成一个基, 并求矩阵

$$\boldsymbol{A}=\begin{bmatrix}1&2\\3&4\end{bmatrix}$$

关于基 $\boldsymbol{\alpha}_1,\boldsymbol{\alpha}_2,\boldsymbol{\alpha}_3,\boldsymbol{\alpha}_4$ 的坐标.

20. 在 $\mathbf{R}^{2\times 2}$ 中, 证明下列两组矩阵是两个基:

$$\boldsymbol{\alpha}_1=\begin{bmatrix}1&0\\0&0\end{bmatrix},\quad \boldsymbol{\alpha}_2=\begin{bmatrix}0&1\\0&0\end{bmatrix},\quad \boldsymbol{\alpha}_3=\begin{bmatrix}0&0\\1&0\end{bmatrix},\quad \boldsymbol{\alpha}_4=\begin{bmatrix}0&0\\0&1\end{bmatrix},$$

$$\boldsymbol{\beta}_1=\begin{bmatrix}0&1\\1&1\end{bmatrix},\quad \boldsymbol{\beta}_2=\begin{bmatrix}1&0\\1&1\end{bmatrix},\quad \boldsymbol{\beta}_3=\begin{bmatrix}1&1\\0&1\end{bmatrix},\quad \boldsymbol{\beta}_4=\begin{bmatrix}1&1\\1&0\end{bmatrix},$$

求从基 $\boldsymbol{\alpha}_1,\boldsymbol{\alpha}_2,\boldsymbol{\alpha}_3,\boldsymbol{\alpha}_4$ 到基 $\boldsymbol{\beta}_1,\boldsymbol{\beta}_2,\boldsymbol{\beta}_3,\boldsymbol{\beta}_4$ 的过渡矩阵, 并求矩阵 $\boldsymbol{A}=\begin{bmatrix}0&1\\2&-3\end{bmatrix}$ 关于这两个基的坐标.

21. 设有 $\mathbf{R}^3$ 的两个子集合

$$W_1=\{(x_1,x_2,x_3)\mid x_1-2x_2+2x_3=0\},$$
$$W_2=\{(x_1,x_2,x_3)\mid x_1-2x_2+2x_3=1\},$$

证明: W_1 是子空间, W_2 不是子空间, 并对这一结果作出几何解释.

22. 设 W_1,W_2 是 $\mathbf{R}^n$ 的两个子空间, 证明: $W_1\cap W_2$ 是 $\mathbf{R}^n$ 的子空间.

23. 证明: $L(\boldsymbol{\alpha}_1,\boldsymbol{\alpha}_2,\cdots,\boldsymbol{\alpha}_s)=L(\boldsymbol{\beta}_1,\boldsymbol{\beta}_2,\cdots,\boldsymbol{\beta}_t)$ 的充要条件是 $\{\boldsymbol{\alpha}_1,\boldsymbol{\alpha}_2,\cdots,\boldsymbol{\alpha}_s\}\cong\{\boldsymbol{\beta}_1,\boldsymbol{\beta}_2,\cdots,\boldsymbol{\beta}_t\}$.

24. 证明: 齐次线性方程组的解空间的每个基都是该方程组的一个基础解系.

25. 设 V 是 n 维向量空间, W 是 V 的 k 维子空间 $(k<n)$, 证明: W 的任一个基都能扩充为 V 的一个基.

26. 设 W 是 $\mathbf{R}^4$ 的二维子空间, W 的一个基为 $\boldsymbol{\alpha}_1=(1,2,0,1),\boldsymbol{\alpha}_2=(-1,1,1,1)$, 试将 W 的这个基扩充为 $\mathbf{R}^4$ 的基.

27. 设 W 是 $\mathbf{R}^4$ 的向量 $(1,-2,5,-3),(2,3,1,-4),(3,8,-3,-5)$ 生成的子空间,

(1) 求 W 的一个基和维数;

(2) 把 W 的这个基扩充为 $\mathbf{R}^4$ 的一个基.

28. 设

$$\boldsymbol{A}=\begin{bmatrix}1&1&-1&0&1\\2&3&1&-1&0\\0&1&3&-1&-2\\4&1&-13&3&10\end{bmatrix},$$

(1) 求 $\boldsymbol{A}$ 的列空间 $\mathrm{Col}(\boldsymbol{A})$ 和行空间 $\mathrm{Row}(\boldsymbol{A})$ 的基与维数;

(2) 求 $\boldsymbol{A}$ 的零空间 $\mathrm{N}(\boldsymbol{A})$ 的基和维数.

29. 设 $\boldsymbol{\alpha},\boldsymbol{\beta},\boldsymbol{\gamma}$ 是线性空间 V 中的向量, 试说明它们的线性组合的全体构成 V 的子空间.

30. 验证形如

$$\begin{bmatrix}a&0\\0&0\end{bmatrix},\quad a\in F$$

的 2 阶矩阵的全体构成线性空间 $F^{2\times 2}$ 的子空间.

31. 设 $\boldsymbol{\alpha}_1,\boldsymbol{\alpha}_2,\ldots,\boldsymbol{\alpha}_n$ 是 n 维向量空间 V 的一个基, 又 V 中向量 $\boldsymbol{\alpha}_{n+1}$ 关于这个基的坐标全不为零, 证明: $\boldsymbol{\alpha}_1,\boldsymbol{\alpha}_2,\ldots,\boldsymbol{\alpha}_n,\boldsymbol{\alpha}_{n+1}$ 中任意 n 个向量都构成 V 的一个基.

32. 设 $\boldsymbol{\alpha}_1,\boldsymbol{\alpha}_2,\cdots,\boldsymbol{\alpha}_s$ 与 $\boldsymbol{\beta}_1,\boldsymbol{\beta}_2,\cdots,\boldsymbol{\beta}_t$ 是数域 F 上的两组 n 元向量, $\mathrm{r}\{\boldsymbol{\alpha}_1,\boldsymbol{\alpha}_2,\ \cdots,\boldsymbol{\alpha}_s\}=r,\mathrm{r}\{\boldsymbol{\beta}_1,\boldsymbol{\beta}_2,\cdots,\boldsymbol{\beta}_t\}=p$, 证明:

$$\dim\left(L\left(\boldsymbol{\alpha}_1,\boldsymbol{\alpha}_2,\cdots,\boldsymbol{\alpha}_s,\boldsymbol{\beta}_1,\boldsymbol{\beta}_2,\cdots,\boldsymbol{\beta}_t\right)\right)\leqslant r+p.$$

33. 设 W_1,W_2 是向量空间 V 的两个非平凡子空间, 证明: 在 V 中存在向量 $\boldsymbol{\alpha}$, 使 $\boldsymbol{\alpha}\notin W_1$ 且 $\boldsymbol{\alpha}\notin W_2$. 试在 $\mathbf{R}^3$ 中举例说明这个结论.

34. 已知欧氏空间 $\mathbf{R}^4$ 的三个向量

$$\boldsymbol{\alpha}=(1,2,-1,1),\quad \boldsymbol{\beta}=(2,3,1,-1),\quad \boldsymbol{\gamma}=(-1,-1,-2,2),$$

求 $|\boldsymbol{\alpha}|,|\boldsymbol{\beta}|,|\boldsymbol{\gamma}|$ 及 $\langle\boldsymbol{\alpha},\boldsymbol{\beta}\rangle,\langle\boldsymbol{\alpha},\boldsymbol{\gamma}\rangle$.

35. 设 $\boldsymbol{\alpha},\boldsymbol{\beta}$ 是欧氏空间 V 的两个向量, 且 $\boldsymbol{\alpha}=k\boldsymbol{\beta}$, 证明:

(1) $k>0$ 的充要条件是 $\langle\boldsymbol{\alpha},\boldsymbol{\beta}\rangle=0$;

(2) $k<0$ 的充要条件是 $\langle \boldsymbol{\alpha}, \boldsymbol{\beta} \rangle = \pi$.

36. 设 $\boldsymbol{\alpha}_1, \boldsymbol{\alpha}_2, \cdots, \boldsymbol{\alpha}_m$ 是欧氏空间的一组向量, 令

$$\mathbf{G}(\boldsymbol{\alpha_1}, \boldsymbol{\alpha_2}, \cdots, \boldsymbol{\alpha_m}) = \begin{bmatrix} (\boldsymbol{\alpha}_1, \boldsymbol{\alpha}_1) & (\boldsymbol{\alpha}_1, \boldsymbol{\alpha}_2) & \cdots & (\boldsymbol{\alpha}_1, \boldsymbol{\alpha}_m) \\ (\boldsymbol{\alpha}_2, \boldsymbol{\alpha}_1) & (\boldsymbol{\alpha}_2, \boldsymbol{\alpha}_2) & \cdots & (\boldsymbol{\alpha}_2, \boldsymbol{\alpha}_m) \\ \vdots & \vdots & & \vdots \\ (\boldsymbol{\alpha}_m, \boldsymbol{\alpha}_1) & (\boldsymbol{\alpha}_m, \boldsymbol{\alpha}_2) & \cdots & (\boldsymbol{\alpha}_m, \boldsymbol{\alpha}_m) \end{bmatrix},$$

证明: $\boldsymbol{\alpha}_1, \boldsymbol{\alpha}_2, \cdots, \boldsymbol{\alpha}_m$ 线性无关的充要条件是 $\mathbf{G}(\boldsymbol{\alpha_1}, \boldsymbol{\alpha_2}, \cdots, \boldsymbol{\alpha_m})$ 可逆.
称 $\mathbf{G}(\boldsymbol{\alpha_1}, \boldsymbol{\alpha_2}, \cdots, \boldsymbol{\alpha_m})$ 为向量 $\boldsymbol{\alpha}_1, \boldsymbol{\alpha}_2, \cdots, \boldsymbol{\alpha}_m$ 的**格拉姆 (Gram) 矩阵**.

37. 在欧氏空间 $\mathbf{R}^4$ 中求与 $(1,1,-1,1),(1,-1,-1,1),(2,1,1,3)$ 都正交的单位向量.

38. 设 $\boldsymbol{\eta}_1, \boldsymbol{\eta}_2, \boldsymbol{\eta}_3$ 是一组标准正交向量, 令

$$\boldsymbol{\xi}_1 = \frac{1}{3}(2\boldsymbol{\eta}_1 + 2\boldsymbol{\eta}_2 - \boldsymbol{\eta}_3), \boldsymbol{\xi}_2 = \frac{1}{3}(2\boldsymbol{\eta}_1 - \boldsymbol{\eta}_2 + 2\boldsymbol{\eta}_3), \boldsymbol{\xi}_3 = \frac{1}{3}(\boldsymbol{\eta}_1 - 2\boldsymbol{\eta}_2 - 2\boldsymbol{\eta}_3),$$

证明: $\boldsymbol{\xi}_1, \boldsymbol{\xi}_2, \boldsymbol{\xi}_3$ 也是一组标准正交向量.

39. 用施密特正交化方法, 由下列向量组分别构造一组标准正交向量:

(1) $\boldsymbol{\alpha}_1 = (1,2,3), \boldsymbol{\alpha}_2 = (0,2,3), \boldsymbol{\alpha}_3 = (0,0,3)$;

(2) $\boldsymbol{\alpha}_1 = (-1,0,1), \boldsymbol{\alpha}_2 = (0,1,0), \boldsymbol{\alpha}_3 = (1,0,1)$;

(3) $\boldsymbol{\alpha}_1 = (2,1,3,-1), \boldsymbol{\alpha}_2 = (7,4,3,-3), \boldsymbol{\alpha}_3 = (5,7,7,8)$.

40. 已知欧氏空间 $\mathbf{R}^3$ 的一个基

$$\boldsymbol{\alpha}_1 = (1,-1,1), \quad \boldsymbol{\alpha}_2 = (-1,1,1), \quad \boldsymbol{\alpha}_3 = (1,1,-1),$$

由此构造 $\mathbf{R}^3$ 的一个标准正交基.

41. 求齐次线性方程组

$$\begin{cases} 2x_1 + x_2 - x_3 + x_4 - 3x_5 = 0, \\ x_1 + x_2 - x_3 + x_5 = 0, \\ 3x_1 + 2x_2 - 2x_3 + x_4 - 2x_5 = 0 \end{cases}$$

的解空间的一个标准正交基.

42. 把 41 题中解空间的标准正交基扩充为 $\mathbf{R}^5$ 的标准正交基.

43. 已知

$$\boldsymbol{Q} = \begin{bmatrix} \frac{2}{7} & a & -\frac{3}{7} \\ d & b & c \\ e & -\frac{3}{7} & \frac{2}{7} \end{bmatrix}$$

为正交矩阵, 试确定 a,b,c,d,e 的值.

44. 已知 $\boldsymbol{P}=\begin{bmatrix}\frac{2}{3} & \frac{1}{3} & \frac{2}{3}\end{bmatrix}^{\mathrm{T}}$, 且矩阵 $\boldsymbol{X}$ 满足 $\boldsymbol{X}=2\boldsymbol{P}\boldsymbol{P}^{\mathrm{T}}\boldsymbol{X}+\boldsymbol{E}$, 这里 $\boldsymbol{E}$ 为元素全为 1 的 3 阶方阵. 求 $\boldsymbol{X}$.

45. 设 $\boldsymbol{A},\boldsymbol{B}$ 是 n 阶正交矩阵, 证明: $\boldsymbol{A}^{\mathrm{T}},\boldsymbol{AB}$ 也是正交矩阵.

46. 设 $\boldsymbol{Q}$ 为 n 阶正交矩阵, $\boldsymbol{I}+\boldsymbol{Q}$ 可逆, 这里 $\boldsymbol{I}$ 是 n 阶单位矩阵, 证明:

(1) $(\boldsymbol{I}-\boldsymbol{Q})(\boldsymbol{I}+\boldsymbol{Q})^{-1}=(\boldsymbol{I}+\boldsymbol{Q})^{-1}(\boldsymbol{I}-\boldsymbol{Q})$;

(2) $(\boldsymbol{I}-\boldsymbol{Q})(\boldsymbol{I}+\boldsymbol{Q})^{-1}$ 是反称矩阵.

47. 设 $\boldsymbol{\alpha},\boldsymbol{\beta},\boldsymbol{\gamma}$ 是欧氏空间 V 中的任意三个向量, 证明:

$$d(\boldsymbol{\alpha},\boldsymbol{\beta})\leqslant d(\boldsymbol{\alpha},\boldsymbol{\gamma})+d(\boldsymbol{\gamma},\boldsymbol{\beta}).$$

48. 求拟合下列 4 个点 $(0,1),(2,0),(3,1),(3,2)$ 的最小二乘直线.

49. 某公司销售部在 6 月份进行中期统计, 得到当年前 5 个月的销售额分别为 4.0 万元, 4.4 万元, 5.2 万元, 6.4 万元以及 8.0 万元. 统计员发现这些数据近似符合一个二次多项式函数. 试用最小二乘法求其表达式, 并预估 12 月份的销售额.

50. 判断下列映射哪些是线性映射:

(1) $\sigma:\mathbf{R}^2\to\mathbf{R}$, $\sigma(x_1,x_2)=x_1$;

(2) $\sigma:\mathbf{R}^2\to\mathbf{R}$, $\sigma(x_1,x_2)=x_1^2$;

(3) $\sigma:\mathbf{R}^2\to\mathbf{R}^3$, $\sigma(x_1,x_2)=(x_1+x_2,x_1-x_2,2x_1+3x_2)$.

51. 对于下列线性映射 $\sigma:\mathbf{R}^3\to\mathbf{R}^4$, 求 $\sigma(x_1,x_2,x_3)$:

(1) $\sigma(1,0,0)=(1,0,0,0),\sigma(0,1,0)=(0,0,1,0),\sigma(0,0,1)=(0,0,0,1)$;

(2) $\sigma(1,0,0)=(1,1,1,1),\sigma(0,1,0)=(4,2,1,1),\sigma(0,0,1)=(3,1,0,0)$;

(3) $\sigma(1,1,1)=(1,2,3,1),\sigma(1,2,1)=(0,1,2,1),\sigma(1,1,0)=(1,1,1,0)$.

52. 将实数域 $\mathbf{R}$ 看作自身上的线性空间 (加法和数乘为实数加法和乘法). 试写出 $\mathbf{R}$ 上线性空间 $C[a,b]$ 到 $\mathbf{R}$ 的一个线性映射.

53. 已知 F^4 到 F^3 的一个映射 $\sigma(x_1,x_2,x_3,x_4)=(-x_1+x_2+2x_3+x_4,-2x_2+x_3,-x_1-x_2+3x_3+x_4)$, 其中 $x_i\in F,i=1,2,3,4$.

(1) 证明 σ 是一个线性映射;

(2) 取 F^4 的一个基: $\boldsymbol{\alpha}_1=(1,0,1,1),\boldsymbol{\alpha}_2=(0,1,0,1),\boldsymbol{\alpha}_3=(0,0,1,0)$, $\boldsymbol{\alpha}_4=(0,0,2,1)$, 以及 F^3 的一个基: $\boldsymbol{\beta}_1=(1,1,1),\boldsymbol{\beta}_2=(1,0,-1),\boldsymbol{\beta}_3=(0,1,0)$, 求 σ 在取定基下的矩阵表示.

54. 已知 $F[x]_n$ 到 $F[x]_{n+1}$ 的一个映射 $\sigma\left(a_0+a_1x+\cdots+a_{n-1}x^{n-1}\right)=a_0x+\frac{1}{2}a_1x^2+\frac{1}{3}a_2x^3+\cdots+\frac{1}{n}a_{n-1}x^n$, 其中 $a_i\in F, i=1,2,\cdots,n-1$.

(1) 证明 σ 是一个线性映射;

(2) 取 $F[x]_n$ 的一个基 $1,x,\cdots,x^{n-1}$, 以及 $F[x]_{n+1}$ 的一个基 $1,x,\cdots,x^n$, 求 σ 在取定基下的矩阵表示.

55. 判断下列变换哪些是线性变换:

(1) 在线性空间 V 中, $\sigma(\boldsymbol{\alpha})=\boldsymbol{\alpha}+\boldsymbol{\beta}$, 其中 $\boldsymbol{\beta}\in V$ 是一个固定的向量;

(2) 在线性空间 V 中, $\sigma(\boldsymbol{\alpha})=\boldsymbol{\beta}$, 其中 $\boldsymbol{\beta}\in V$ 是一个固定的向量;

(3) 在线性空间 $F[x]$ 中, $\sigma(f(x))=f'(x)$;

(4) 在线性空间 $F^{n\times n}$ 中, $\sigma(\boldsymbol{X})=\boldsymbol{BXC}$, 其中 $\boldsymbol{B},\boldsymbol{C}\in F^{n\times n}$ 是两个固定的方阵;

(5) 在由全体复数构成的复线性空间中, $\sigma(\boldsymbol{\alpha})=\overline{\boldsymbol{\alpha}}$;

(6) 在 $\mathbf{R}^3$ 中, $\sigma\left(x_1,x_2,x_3\right)=\left(x_1^2,x_2+x_3,x_3^2\right)$;

(7) 在 $\mathbf{R}^3$ 中, $\sigma\left(x_1,x_2,x_3\right)=\left(2x_1-x_2,x_2+x_3,x_1\right)$.

56. 线性变换是否把零向量变为零向量? 能否把非零向量也变为零向量? 一个非零向量的所有原像能否构成一个子空间?

57. 证明: 若某向量组在线性变换下的像是线性无关的, 则该向量组是线性无关的.

58. 在多项式空间 $F[x]_n$ 中, 令 $\sigma(f(x))=f'(x)$, 证明: $\sigma\left(F[x]_n\right)=F[x]_{n-1}, \sigma^{-1}(0)=\{f(x)\mid f(x)\in F[x]_n \text{ 且 } \sigma(f(x))=0\}=F$.

59. 在 $\mathbf{R}^3$ 中取自然基 $\boldsymbol{i},\boldsymbol{j},\boldsymbol{k}$, 试求将向量投影到 Oxy 平面上的线性变换 σ 的矩阵表示.

60. 求 59 题中的线性变换 σ 在基 $\boldsymbol{\alpha}_1=\boldsymbol{i},\boldsymbol{\alpha}_2=\boldsymbol{j},\boldsymbol{\alpha}_3=\boldsymbol{i}+\boldsymbol{j}+\boldsymbol{k}$ 下的矩阵表示.

61. 在 $\mathbf{R}^3$ 中, σ 定义如下:

$$
\begin{aligned}
&\sigma\left(\boldsymbol{\alpha}_1\right)=(-5,0,3), && \boldsymbol{\alpha}_1=(-1,0,2),\\
&\sigma\left(\boldsymbol{\alpha}_2\right)=(0,-1,6), && \boldsymbol{\alpha}_2=(0,1,1),\\
&\sigma\left(\boldsymbol{\alpha}_3\right)=(-5,-1,9), && \boldsymbol{\alpha}_3=(3,-1,0),
\end{aligned}
$$

求 σ 在基 $\boldsymbol{\alpha}_1,\boldsymbol{\alpha}_2,\boldsymbol{\alpha}_3$ 下的矩阵表示.

62. 证明: 把 n 维线性空间的每一个向量都变为零向量的变换是线性变换, 而且它在任何基下的矩阵表示都是零矩阵.

63. 设三维实线性空间的线性变换 σ 在基 $\boldsymbol{\alpha}_1,\boldsymbol{\alpha}_2,\boldsymbol{\alpha}_3$ 下的矩阵表示是

$$\begin{bmatrix} 1 & 2 & 3 \\ 1 & 0 & 2 \\ 2 & -1 & 4 \end{bmatrix},$$

求在基 $\boldsymbol{\beta}_1=\boldsymbol{\alpha}_1,\boldsymbol{\beta}_2=\boldsymbol{\alpha}_1+\boldsymbol{\alpha}_2,\boldsymbol{\beta}_3=\boldsymbol{\alpha}_1+\boldsymbol{\alpha}_2+\boldsymbol{\alpha}_3$ 下 σ 的矩阵表示.

64. 设四维实线性空间的线性变换 σ 在基 $\boldsymbol{\alpha}_1,\boldsymbol{\alpha}_2,\boldsymbol{\alpha}_3,\boldsymbol{\alpha}_4$ 下的矩阵表示是

$$\begin{bmatrix} 1 & 0 & 2 & -3 \\ 2 & -1 & 0 & 1 \\ 1 & 0 & 0 & 1 \\ -2 & 3 & 1 & 4 \end{bmatrix},$$

求在基 $\boldsymbol{\beta}_1=\boldsymbol{\alpha}_1+\boldsymbol{\alpha}_2+\boldsymbol{\alpha}_3+\boldsymbol{\alpha}_4,\boldsymbol{\beta}_2=\boldsymbol{\alpha}_2+\boldsymbol{\alpha}_3+\boldsymbol{\alpha}_4,\boldsymbol{\beta}_3=\boldsymbol{\alpha}_3+\boldsymbol{\alpha}_4,\boldsymbol{\beta}_4=\boldsymbol{\alpha}_4$ 下 σ 的矩阵表示.

65. 给定 $\mathbf{R}^3$ 的两个基

$$\begin{cases} \boldsymbol{\alpha}_1=(1,0,1), \\ \boldsymbol{\alpha}_2=(2,1,0), \\ \boldsymbol{\alpha}_3=(1,1,1), \end{cases} \quad \begin{cases} \boldsymbol{\beta}_1=(1,2,-1), \\ \boldsymbol{\beta}_2=(2,2,-1), \\ \boldsymbol{\beta}_3=(2,-1,-1), \end{cases}$$

定义线性变换: $\sigma(\boldsymbol{\alpha}_i)=\boldsymbol{\beta}_i\ (i=1,2,3)$.

(1) 写出由基 $\boldsymbol{\alpha}_1,\boldsymbol{\alpha}_2,\boldsymbol{\alpha}_3$ 到基 $\boldsymbol{\beta}_1,\boldsymbol{\beta}_2,\boldsymbol{\beta}_3$ 的过渡矩阵;

(2) 写出 σ 在基 $\boldsymbol{\alpha}_1,\boldsymbol{\alpha}_2,\boldsymbol{\alpha}_3$ 下的矩阵表示;

(3) 写出 σ 在基 $\boldsymbol{\beta}_1,\boldsymbol{\beta}_2,\boldsymbol{\beta}_3$ 下的矩阵表示.

66. 在 $F[x]_4$ 中, $\sigma[f(x)]=f'(x)$, 求 σ 在基 $1,1+x,1+x+x^2,1+x+x^2+x^3$ 下的矩阵表示.

67. 在 $F[x]_n$ 中, $\sigma[f(x)]=f'(x)$, 求 σ 在基 $1,x,x^2,\cdots,x^{n-1}$ 下的矩阵表示.

68. 在 $F[x]_n$ 中, $\sigma[f(x)]=f'(x)$, 求 σ 在基 $1,x-c,(x-c)^2/2!,\cdots,(x-c)^{n-1}/(n-1)!$ 下的矩阵表示.

69. 设 V 是函数

$$\boldsymbol{\alpha}_1=\mathrm{e}^{ax}\cos bx,\ \boldsymbol{\alpha}_2=\mathrm{e}^{ax}\sin bx,\ \boldsymbol{\alpha}_3=x\mathrm{e}^{ax}\cos bx,$$
$$\boldsymbol{\alpha}_4=x\mathrm{e}^{ax}\sin bx,\boldsymbol{\alpha}_5=(x^2/2)\,\mathrm{e}^{ax}\cos bx,\boldsymbol{\alpha}_6=(x^2/2)\,\mathrm{e}^{ax}\sin bx$$

的所有实系数线性组合构成的实数域上的一个六维线性空间. 求微分变换 $\mathcal{D}$ 在基 $\boldsymbol{\alpha}_1,\boldsymbol{\alpha}_2,\cdots,\boldsymbol{\alpha}_6$ 下的矩阵表示.

70. 已知数域 F 上三维线性空间 V 上的线性变换 σ 在基 $\boldsymbol{\alpha}_1, \boldsymbol{\alpha}_2, \boldsymbol{\alpha}_3$ 下的矩阵表示为

$$\begin{bmatrix} a_{11} & a_{12} & a_{13} \\ a_{21} & a_{22} & a_{23} \\ a_{31} & a_{32} & a_{33} \end{bmatrix},$$

(1) 求 σ 在基 $\boldsymbol{\alpha}_3, \boldsymbol{\alpha}_2, \boldsymbol{\alpha}_1$ 下的矩阵表示;

(2) 求 σ 在基 $\boldsymbol{\alpha}_1, k\boldsymbol{\alpha}_2, \boldsymbol{\alpha}_3$ 下的矩阵表示, 其中 $k \in F$ 且 $k \neq 0$;

(3) 求 σ 在基 $\boldsymbol{\alpha}_1 + \boldsymbol{\alpha}_2, \boldsymbol{\alpha}_2, \boldsymbol{\alpha}_3$ 下的矩阵表示.

第四章　行　列　式

行列式是一种重要的数学工具. 它产生于人们解线性方程组的需要. 它不仅在数学中有广泛的应用, 而且在物理学、力学等其他学科的研究中也经常被用到.

本章首先从求解线性方程组需要的角度, 引出行列式的概念, 然后讨论它的性质和计算方法, 最后介绍它的一些应用, 其中包括克拉默 (Cramer) 法则.

4.1　排列

为定义和研究 n 阶行列式, 作为预备知识, 本章首先介绍排列及其相关的基本性质.

定义 4.1.1　由 n 个数 $1, 2, \cdots, n$ 组成的一个有序数组称为一个 n **阶排列**.

如 53421, 12345 均为 5 阶排列. 显然, n 阶排列共有 $n!$ 个. 特别地, 在 n 阶排列 $12\cdots n$ 中, n 个不同的自然数按由小到大的自然顺序排列, 称这样的排列为**自然序排列**.

定义 4.1.2　在一个排列中, 若两个数中前者大于后者, 则称这两个数构成一个**逆序**. 一个排列中所含逆序的总数称为该排列的**逆序数**. 排列 $j_1j_2\cdots j_n$ 的逆序数记为 $\tau(j_1j_2\cdots j_n)$. 逆序数为偶数的排列称为**偶排列**; 逆序数为奇数的排列称为**奇排列**.

例如, 在排列 53412 中, $53, 54, 51, 52, 31, 32, 41, 42$ 都构成逆序, 该排列共有 8 个逆序, 即 $\tau(53412) = 8$, 因此这是个偶排列. 显然, 自然序排列的逆序数为零, 它是个偶排列.

逆序数的计算方法:

$$\tau(j_1j_2\cdots j_n) = i_1 + i_2 + \cdots + i_{n-1},$$

其中 i_k 是 j_k 后面比 j_k 小的数的个数, $k = 1, 2, \cdots, n-1$.

例如,

$$\tau(53412) = 4 + 2 + 2 + 0 = 8.$$

在一个排列中, 对调其中的两个数, 而其余的数不动, 就可得到另一个排列. 对排列所作的上述变换称为**对换**.

例如, 在排列 53412 中, 对 5,1 作对换, 得到排列 13452. 易知, $\tau(13452) = 1 + 1 + 1 = 3$, 于是, 偶排列 53412 经一次对换变成奇排列 13452.

一般地, 有

定理 4.1.1 对换改变排列的奇偶性, 即作一次对换, 奇排列变成偶排列, 偶排列变成奇排列.

证 先考察特殊情形, 即所对换的两个数在排列中是相邻的. 设排列为

$$\cdots ij \cdots,$$

对换 i, j 得排列

$$\cdots\cdot ji \cdots,$$

其中 "$\cdots$" 表示对换中不动的数. 在对换前后, i, j 与排列中其余各数的前后位置是不变的, 除 i, j 外, 排列中的其余各数的位置也是不变的. 因此, 对换 i, j 后只能增加或减少一个逆序. 所以, 相邻两数对换改变排列的奇偶性.

下面考察一般情形. 设对换的两个数 i 与 j 之间有 $k_1, k_2, \cdots, k_s$ 这 s 个数, 即

$$\cdots ik_1k_2 \cdots k_sj \cdots,$$

对换 i, j 得到排列

$$\cdots jk_1k_2 \cdots k_si \cdots,$$

易见, 该对换可由 $2s+1$ 次相邻两数的对换来实现, 具体做法如下:

$$\begin{aligned} & \cdots ik_1k_2 \cdots k_sj \cdots \\ \xrightarrow[\text{的对换}]{s+1\ \text{次相邻两数}} & \cdots k_1k_2 \cdots k_sji \cdots \\ \xrightarrow[\text{的对换}]{s\ \text{次相邻两数}} & \cdots jk_1k_2 \cdots k_si \cdots. \end{aligned}$$

由上面的结论可知, 该对换改变排列的奇偶性. 综上, 定理得证.

由上述定理可得下面两个推论:

推论 4.1.1 全部 $n(n \geqslant 2)$ 阶排列中, 奇排列与偶排列各占一半, 都为 $n!/2$ 个.

证 设在全部 $n!$ 个 n 阶排列中, 奇、偶排列的个数分别为 a, b, 则 $a + b = n!$. 下面首先将 a 个奇排列中的第 1,2 个数字作一对换, 其余的数

字不变. 于是这 a 个奇排列全变成互不相同的偶排列, 且仍是 n 阶排列, 因此有 $a \leqslant b$. 同样可证 $b \leqslant a$. 故 $a = b = n!/2$.

推论 4.1.2 任意一个 $n(n \geqslant 2)$ 阶排列都可以通过有限次对换变成自然序排列, 且所作对换的次数的奇偶性与该排列的奇偶性相同.

证 对排列的阶数 n 作数学归纳法.

当 $n = 2$ 时, 结论显然成立.

假设结论对 $n-1$ 阶排列成立, 下面考察 n 阶排列的情形.

设 $j_1 j_2 \cdots j_n$ 是任意一个 n 阶排列. 若 $j_n = n$, 则 $j_1 j_2 \cdots j_{n-1}$ 为 $n-1$ 阶排列, 于是由归纳假设, 排列 $j_1 j_2 \cdots j_{n-1}$ 可通过有限次对换变成自然序排列 $12 \cdots (n-1)$, 同时 $j_1 j_2 \cdots j_n$ 也变成自然序排列 $12 \cdots (n-1)n$; 若 $j_n \neq n$, 则在排列 $j_1 j_2 \cdots j_n$ 中先作一次 j_n 与 n 的对换, 将排列 $j_1 j_2 \cdots j_n$ 变成 $j'_1 j'_2 \cdots j'_{n-1} n$, 于是可将之归为上一种情形. 由上可知, 结论对 n 阶排列也成立.

综上, 定理的结论对一切自然数 $n(n \geqslant 2)$ 都成立.

另外, 根据定理 4.1.1, 对换改变排列的奇偶性, 对换的次数自然就是排列奇偶性的变化次数, 而自然序排列 $12 \cdots n$ 是偶排列. 因此, 将任意一个 n 阶排列 $j_1 j_2 \cdots j_n$ 变成自然序排列 $12 \cdots n$ 时, 所作对换的次数与排列 $j_1 j_2 \cdots j_n$ 有相同的奇偶性.

4.2 行列式的定义

4.2.1 2 阶行列式的定义

设含有两个未知数、两个方程的线性方程组的一般形式为

$$\begin{cases} a_{11}x_1 + a_{12}x_2 = b_1, \\ a_{21}x_1 + a_{22}x_2 = b_2, \end{cases} \tag{4.2.1}$$

其中 $a_{ij}, b_i (i, j = 1, 2)$ 为常数, $x_j (j = 1, 2)$ 为未知数. 由消元法可知, 当 $a_{11}a_{22} - a_{12}a_{21} \neq 0$ 时, 可得方程组 (4.2.1) 的唯一解为

$$x_1 = \frac{b_1 a_{22} - a_{12} b_2}{a_{11}a_{22} - a_{12}a_{21}}, \quad x_2 = \frac{a_{11} b_2 - b_1 a_{21}}{a_{11}a_{22} - a_{12}a_{21}}.$$

若用符号

$$\begin{vmatrix} a_{11} & a_{12} \\ a_{21} & a_{22} \end{vmatrix} \tag{4.2.2}$$

表示 $a_{11}a_{22}-a_{12}a_{21}$, 即令

$$\begin{vmatrix} a_{11} & a_{12} \\ a_{21} & a_{22} \end{vmatrix} = a_{11}a_{22}-a_{12}a_{21}, \tag{4.2.3}$$

则上述方程组的解可表示为

$$x_1=\frac{\begin{vmatrix} b_1 & a_{12} \\ b_2 & a_{22} \end{vmatrix}}{\begin{vmatrix} a_{11} & a_{12} \\ a_{21} & a_{22} \end{vmatrix}},\quad x_2=\frac{\begin{vmatrix} a_{11} & b_1 \\ a_{21} & b_2 \end{vmatrix}}{\begin{vmatrix} a_{11} & a_{12} \\ a_{21} & a_{22} \end{vmatrix}}. \tag{4.2.4}$$

这种表示不仅方便, 而且易于记忆. 为此, 引入 2 阶行列式的概念, 称符号 (4.2.2) 为 **2 阶行列式**. 它含有两行、两列, a_{ij} 称为它的元素, 其下角标 i 表示 a_{ij} 所在的行数, j 表示 a_{ij} 所在的列数. (4.2.2) 式只是个记号, 它的实质意义是 (4.2.3) 式右端的代数式, 称之为 2 阶行列式的**展开式**, 共有两项, 1 项取正, 1 项取负, 计算的结果是一个数. 它可由如下图示记忆:

$$\begin{vmatrix} a_{11} & a_{12} \\ a_{21} & a_{22} \end{vmatrix}$$

实线联结的两个元素的乘积取正号, 虚线联结的两个元素的乘积取负号.

在 (4.2.4) 式中, 分母是方程组 (4.2.1) 的系数按它们在方程组中的位置排列构成的行列式, 称之为方程组 (4.2.1) 的**系数行列式**; 分子则是用常数项 b_1, b_2 分别替换行列式中 x_1 的系数 (第 1 列) 和 x_2 的系数 (第 2 列) 所得到的行列式. 若分别用 D, D_1 和 D_2 表示它们, 即令

$$D=\begin{vmatrix} a_{11} & a_{12} \\ a_{21} & a_{22} \end{vmatrix},\quad D_1=\begin{vmatrix} b_1 & a_{12} \\ b_2 & a_{22} \end{vmatrix},\quad D_2=\begin{vmatrix} a_{11} & b_1 \\ a_{21} & b_2 \end{vmatrix},$$

则 (4.2.4) 式可表示为

$$x_1=\frac{D_1}{D},\quad x_2=\frac{D_2}{D}.$$

例 4.2.1　利用行列式解方程组

$$\begin{cases} 2x_1+\ \ x_2=2, \\ 3x_1+2x_2=2. \end{cases}$$

解　方程组的系数行列式

$$D=\begin{vmatrix}2 & 1\\ 3 & 2\end{vmatrix}=1\neq 0,$$

于是方程组有唯一解:

$$x_1=\frac{D_1}{D}=\begin{vmatrix}2 & 1\\ 2 & 2\end{vmatrix}=2,$$

$$x_2=\frac{D_2}{D}=\begin{vmatrix}2 & 2\\ 3 & 2\end{vmatrix}=-2.$$

4.2.2　3 阶行列式的定义

设含有 3 个未知数、3 个方程的线性方程组的一般形式为

$$\begin{cases}a_{11}x_1+a_{12}x_2+a_{13}x_3=b_1,\\ a_{21}x_1+a_{22}x_2+a_{23}x_3=b_2,\\ a_{31}x_1+a_{32}x_2+a_{33}x_3=b_3,\end{cases}\tag{4.2.5}$$

由消元法可知, 当

$$D=a_{11}a_{22}a_{33}+a_{12}a_{23}a_{31}+a_{13}a_{21}a_{32}-a_{11}a_{23}a_{32}-a_{12}a_{21}a_{33}-a_{13}a_{22}a_{31}\neq 0$$

时, 方程组 (4.2.5) 有唯一解:

$$\begin{aligned}x_1&=\left(b_1a_{22}a_{33}+a_{12}a_{23}b_3+a_{13}b_2a_{32}-b_1a_{23}a_{32}-a_{12}b_2a_{33}-a_{13}a_{22}b_3\right)/D,\\ x_2&=\left(a_{11}b_2a_{33}+b_1a_{23}a_{31}+a_{13}a_{21}b_3-a_{11}a_{23}b_3-b_1a_{21}a_{33}-a_{13}b_2a_{31}\right)/D,\\ x_3&=\left(a_{11}a_{22}b_3+a_{12}b_2a_{31}+b_1a_{21}a_{32}-a_{11}b_2a_{32}-a_{12}a_{21}b_3-b_1a_{22}a_{31}\right)/D,\end{aligned}$$

和 2 阶行列式一样, 为方便起见, 用符号

$$\begin{vmatrix}a_{11} & a_{12} & a_{13}\\ a_{21} & a_{22} & a_{23}\\ a_{31} & a_{32} & a_{33}\end{vmatrix}\tag{4.2.6}$$

表示 D, 即令

$$\begin{vmatrix}a_{11} & a_{12} & a_{13}\\ a_{21} & a_{22} & a_{23}\\ a_{31} & a_{32} & a_{33}\end{vmatrix}=\begin{aligned}&a_{11}a_{22}a_{33}+a_{12}a_{23}a_{31}+a_{13}a_{21}a_{32}-\\ &a_{11}a_{23}a_{32}-a_{12}a_{21}a_{33}-a_{13}a_{22}a_{31}.\end{aligned}\tag{4.2.7}$$

称符号 (4.2.6) 为 **3 阶行列式**. 它含有 3 行、3 列, 其中 a_{ij} 为它的第 i 行、第 j 列的元素. (4.2.6) 式只是个记号, 它的实质意义是 (4.2.7) 式右端的代数式, 称之为 3 阶行列式的**展开式**, 共有 6 项, 其中 3 项取正, 3 项取负, 计算的结果是一个数.

3 阶行列式的展开式可按图 4.2.1 或图 4.2.2 来记忆, 称之为按对角线法则展开, 其中实线联结的 3 个元素的乘积取正号, 虚线联结的 3 个元素的乘积取负号.

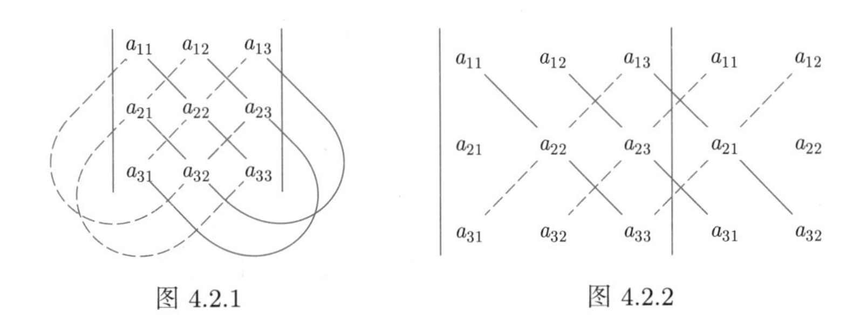

图 4.2.1　　　　图 4.2.2

有了 3 阶行列式的定义, 方程组 (4.2.5), 当 $D \neq 0$ 时, 有唯一解:

$$x_j = \frac{D_j}{D}, \quad j = 1, 2, 3,$$

其中 D 是由方程组 (4.2.5) 的系数按原来位置排列构成的行列式, 称之为方程组 (4.2.5) 的**系数行列式**, D_j 是由常数项 b_1, b_2, b_3 替换 D 中 x_j 的系数 (D 中的第 j 列) 得到的行列式 ($j = 1, 2, 3$).

例 4.2.2　利用行列式解线性方程组

$$\begin{cases} x_1 + \ x_2 + \ x_3 = 1, \\ x_1 + 2x_2 + \ x_3 = 2, \\ x_1 + 2x_2 + 2x_3 = 3. \end{cases}$$

解　系数行列式

$$D = \begin{vmatrix} 1 & 1 & 1 \\ 1 & 2 & 1 \\ 1 & 2 & 2 \end{vmatrix} = 4 + 2 + 1 - 2 - 2 - 2 = 1 \neq 0,$$

因此, 方程组有唯一解:

$$x_1=\frac{D_1}{D}=\begin{vmatrix}1&1&1\\2&2&1\\3&2&2\end{vmatrix}=4+3+4-6-2-4=-1,$$

$$x_2=\frac{D_2}{D}=\begin{vmatrix}1&1&1\\1&2&1\\1&3&2\end{vmatrix}=4+3+1-2-3-2=1,$$

$$x_3=\frac{D_3}{D}=\begin{vmatrix}1&1&1\\1&2&2\\1&2&3\end{vmatrix}=6+2+2-2-4-3=1.$$

4.2.3 n 阶行列式的定义

前面通过定义 2 阶和 3 阶行列式, 导出了含两个未知数、两个方程的线性方程组及含 3 个未知数、3 个方程的线性方程组的求解公式. 那么, 对含 n 个未知数、n 个方程的线性方程组是否也有类似的求解公式呢? 如果有, 那么 n 阶行列式应该怎样定义呢? 为解决好这些问题, 有必要进一步研究 2 阶及 3 阶行列式结构的规律, 并加以推广.

下面分析 3 阶行列式的展开式 (4.2.7). 展开式共有 $3!=6$ 项, 其中每一项都是 (4.2.6) 式中取自不同行、不同列的 3 个元素的乘积:

$$a_{1j_1}a_{2j_2}a_{3j_3},$$

且 $a_{1j_1}a_{2j_2}a_{3j_3}$ 项前面带的正负号可由 $\tau(j_1j_2j_3)$ 确定. 当 $\tau(j_1j_2j_3)$ 为偶数时, 该项带正号, 否则带负号. 因此, 展开式 (4.2.7) 正好是 (4.2.6) 式中所有取自不同行、不同列的 3 个元素的乘积的代数和, 即

$$\begin{vmatrix}a_{11}&a_{12}&a_{13}\\a_{21}&a_{22}&a_{23}\\a_{31}&a_{32}&a_{33}\end{vmatrix}=\sum_{j_1j_2j_3}(-1)^{\tau(j_1j_2j_3)}a_{1j_1}a_{2j_2}a_{3j_3},$$

其中 “$\sum\limits_{j_1j_2j_3}$” 表示对所有的 3 阶排列 $j_1j_2j_3$ 求和. 易见, 以上规律对 2 阶行列式也成立, 即 2 阶行列式的展开式为所有取自 2 阶行列式中不同行、不同列的两个元素的乘积的代数和, 即

$$\begin{vmatrix}a_{11}&a_{12}\\a_{21}&a_{22}\end{vmatrix}=\sum_{j_1j_2}(-1)^{\tau(j_1j_2)}a_{1j_1}a_{2j_2},$$

共有 $2!=2$ 项.

经以上分析, 下面可以给出 n 阶行列式的定义.

定义 4.2.1 称符号

$$\begin{vmatrix} a_{11} & a_{12} & \cdots & a_{1n} \\ a_{21} & a_{22} & \cdots & a_{2n} \\ \vdots & \vdots & & \vdots \\ a_{n1} & a_{n2} & \cdots & a_{nn} \end{vmatrix} \tag{4.2.8}$$

为 n **阶行列式**, 其中 a_{ij} 表示它的第 i 行、第 j 列的元素. n 阶行列式表示一个数, 它等于 (4.2.8) 式中所有取自不同行、不同列的 n 个元素的乘积

$$a_{1j_1}a_{2j_2}\cdots a_{nj_n} \tag{4.2.9}$$

的代数和, 共有 $n!$ 项, 这里 $j_1j_2\cdots j_n$ 是 $1,2,\cdots,n$ 的一个 n 阶排列, 当 $j_1j_2\cdots j_n$ 为偶排列时, 项 (4.2.9) 前面带正号, 否则就带负号, 即

$$\begin{vmatrix} a_{11} & a_{12} & \cdots & a_{1n} \\ a_{21} & a_{22} & \cdots & a_{2n} \\ \vdots & \vdots & & \vdots \\ a_{n1} & a_{n2} & \cdots & a_{nn} \end{vmatrix}$$

$$= \sum_{j_1j_2\cdots j_n} (-1)^{\tau(j_1j_2\cdots j_n)} a_{1j_1}a_{2j_2}\cdots a_{nj_n}, \tag{4.2.10}$$

其中“$\sum\limits_{j_1j_2\cdots j_n}$”表示对所有 n 阶排列 $j_1j_2\cdots j_n$ 求和, 上式的右端称为 n 阶行列式的**展开式**.

特别地, 当 $n=1$ 时, 1 阶行列式 $|a|=a$; 当 $n=2,3$ 时, 它分别为前面的 $2,3$ 阶行列式.

注: 当行列式的阶数 $n\geqslant 4$ 时, 对角线法则展开不再适用.

下面用定义计算几个行列式.

例 4.2.3 计算行列式

$$D = \begin{vmatrix} a_{11} & a_{12} & a_{13} & a_{14} \\ 0 & a_{22} & a_{23} & a_{24} \\ 0 & 0 & a_{33} & a_{34} \\ 0 & 0 & 0 & a_{44} \end{vmatrix}.$$

解　由定义可知,

$$D=\sum_{j_1j_2j_3j_4}(-1)^{\tau(j_1j_2j_3j_4)}a_{1j_1}a_{2j_2}a_{3j_3}a_{4j_4},$$

因为只有当 $j_4=4, j_3=3, j_2=2, j_1=1$ 时, $a_{1j_1}a_{2j_2}a_{3j_3}a_{4j_4}$ 才不为零, 所以

$$\begin{aligned}D&=(-1)^{\tau(1234)}a_{11}a_{22}a_{33}a_{44}\\&=a_{11}a_{22}a_{33}a_{44}.\end{aligned}$$

在 (4.2.8) 式中, $a_{11}, a_{22}, \cdots, a_{nn}$ 所在的对角线称为行列式的**主对角线**, 相应地, $a_{11}, a_{22}, \cdots, a_{nn}$ 称为行列式的**主对角元**; 其另一条对角线称为行列式的**次对角线**. 如上例中, 主对角线下方的元素全为零的行列式, 称为**上三角形行列式**.

一般地, 可以证明, 有

命题 4.2.1

$$\begin{vmatrix}a_{11}&a_{12}&\cdots&a_{1n}\\0&a_{22}&\cdots&a_{2n}\\\vdots&\vdots&&\vdots\\0&0&\cdots&a_{nn}\end{vmatrix}=a_{11}a_{22}\cdots a_{nn},$$

特别地,

$$\begin{vmatrix}a_{11}&0&\cdots&0\\0&a_{22}&\cdots&0\\\vdots&\vdots&&\vdots\\0&0&\cdots&a_{nn}\end{vmatrix}=a_{11}a_{22}\cdots a_{nn}.$$

例 4.2.4　计算行列式

$$\begin{vmatrix}0&0&0&a_{14}\\0&0&a_{23}&a_{24}\\0&a_{32}&a_{33}&a_{34}\\a_{41}&a_{42}&a_{43}&a_{44}\end{vmatrix}.$$

解　由定义,

$$D=\sum_{j_1j_2j_3j_4}(-1)^{\tau(j_1j_2j_3j_4)}a_{1j_1}a_{2j_2}a_{3j_3}a_{4j_4},$$

其中, 只有当 $j_1=4, j_2=3, j_3=2, j_4=1$ 时, $a_{1j_1}a_{2j_2}a_{3j_3}a_{4j_4}$ 才不为零. 因此,

$$D=(-1)^{\tau(4321)}a_{14}a_{23}a_{32}a_{41}=a_{14}a_{23}a_{32}a_{41}.$$

一般地, 可证得

$$\begin{vmatrix} 0 & 0 & \cdots & 0 & a_{1n} \\ 0 & 0 & \cdots & a_{2,n-1} & a_{2n} \\ \vdots & \vdots & & \vdots & \vdots \\ 0 & a_{n-1,2} & \cdots & a_{n-1,n-1} & a_{n-1,n} \\ a_{n1} & a_{n2} & \cdots & a_{n,n-1} & a_{nn} \end{vmatrix}=(-1)^{\frac{1}{2}n(n-1)}a_{1n}a_{2,n-1}\cdots a_{n1}.$$

在 n 阶行列式的定义中, 我们先将每项中各元素的行指标排成自然序排列, 即 $a_{1j_1}a_{2j_2}\cdots a_{nj_n}$, 此时该项前面带的正负号由列指标排列 $j_1j_2\cdots j_n$ 的奇偶性决定. 事实上, 这只是为了方便, 不是必要的. 一般地, n 阶行列式中的项可以写成

$$a_{i_1k_1}a_{i_2k_2}\cdots a_{i_nk_n}, \tag{4.2.11}$$

此时, 它的行指标、列指标分别构成排列 $i_1i_2\cdots i_n, k_1k_2\cdots k_n$. 它们的逆序数之间有如下关系:

$$(-1)^{\tau(i_1i_2\cdots i_n)+\tau(k_1k_2\cdots k_n)}=(-1)^{\tau(j_1j_2\cdots j_n)}.$$

这是因为当对换 (4.2.11) 式的各因子的位置, 将之变成 $a_{1j_1}a_{2j_2}\cdots a_{nj_n}$ 时, 每作一次对换, 排列 $i_1i_2\cdots i_n$ 与 $k_1k_2\cdots k_n$ 同时作一次对换, $\tau(i_1i_2\cdots i_n)$ 和 $\tau(k_1k_2\cdots k_n)$ 同时改变奇偶性, 而它们的和 $\tau(i_1i_2\cdots i_n)+\tau(k_1k_2\cdots k_n)$ 的奇偶性不变. 于是经过若干次元素对换后, $a_{i_1k_1}a_{i_2k_2}\cdots a_{i_nk_n}$ 变成 $a_{1j_1}a_{2j_2}\cdots a_{nj_n}$, 同时有

$$\begin{aligned}(-1)^{\tau(i_1i_2\cdots i_n)+\tau(k_1k_2\cdots k_n)}&=(-1)^{\tau(12\cdots n)+\tau(j_1j_2\cdots j_n)}\\&=(-1)^{\tau(j_1j_2\cdots j_n)}.\end{aligned}$$

由上可知, 也可以将 $a_{i_1k_1}a_{i_2k_2}\cdots a_{i_nk_n}$ 中的元素进行对换, 将之变成 $a_{l_11}a_{l_22}\cdots a_{l_nn}$, 此时有

$$(-1)^{\tau(j_1j_2\cdots j_n)}=(-1)^{\tau(l_1l_2\cdots l_n)}.$$

这样, 行列式 (4.2.10) 也可以按列的自然顺序展开, 即

$$\begin{vmatrix} a_{11} & a_{12} & \cdots & a_{1n} \\ a_{21} & a_{22} & \cdots & a_{2n} \\ \vdots & \vdots & & \vdots \\ a_{n1} & a_{n2} & \cdots & a_{nn} \end{vmatrix} = \sum_{l_1 l_2 \cdots l_n} (-1)^{\tau(l_1 l_2 \cdots l_n)} a_{l_1 1} a_{l_2 2} \cdots a_{l_n n}.$$

4.3 行列式的性质

由上节可知, 一般地, 当 n 较大时, 由行列式的定义计算它的值是十分困难的. 为此, 有必要讨论行列式的性质, 以便利用它们简化行列式的计算.

性质 4.3.1 将行列式的各行变成相应的各列, 行列式的值不变, 即

$$\begin{vmatrix} a_{11} & a_{12} & \cdots & a_{1n} \\ a_{21} & a_{22} & \cdots & a_{2n} \\ \vdots & \vdots & & \vdots \\ a_{n1} & a_{n2} & \cdots & a_{nn} \end{vmatrix} = \begin{vmatrix} a_{11} & a_{21} & \cdots & a_{n1} \\ a_{12} & a_{22} & \cdots & a_{n2} \\ \vdots & \vdots & & \vdots \\ a_{1n} & a_{2n} & \cdots & a_{nn} \end{vmatrix}.$$

证 根据行列式的定义, 将上式的右边按列的自然顺序展开, 得

$$\begin{aligned} \text{右边} &= \sum_{j_1 j_2 \cdots j_n} (-1)^{\tau(j_1 j_2 \cdots j_n)} a_{1 j_1} a_{2 j_2} \cdots a_{n j_n} \\ &= \text{左边}. \end{aligned}$$

由性质 4.3.1 知, 在行列式中, 行与列的地位是相同的, 凡是行具有的性质, 列也同样具有, 反之亦然.

于是, 由性质 4.3.1 和命题 4.2.1 可得

$$\begin{vmatrix} a_{11} & 0 & \cdots & 0 \\ a_{21} & a_{22} & \cdots & 0 \\ \vdots & \vdots & & \vdots \\ a_{n1} & a_{n2} & \cdots & a_{nn} \end{vmatrix} = a_{11} a_{22} \cdots a_{nn}.$$

性质 4.3.2 对调行列式的任意两行 (列), 其值反号, 即

$$\begin{vmatrix} a_{11} & a_{12} & \cdots & a_{1n} \\ \vdots & \vdots & & \vdots \\ a_{i1} & a_{i2} & \cdots & a_{in} \\ \vdots & \vdots & & \vdots \\ a_{k1} & a_{k2} & \cdots & a_{kn} \\ \vdots & \vdots & & \vdots \\ a_{n1} & a_{n2} & \cdots & a_{nn} \end{vmatrix} = -\begin{vmatrix} a_{11} & a_{12} & \cdots & a_{1n} \\ \vdots & \vdots & & \vdots \\ a_{k1} & a_{k2} & \cdots & a_{kn} \\ \vdots & \vdots & & \vdots \\ a_{i1} & a_{i2} & \cdots & a_{in} \\ \vdots & \vdots & & \vdots \\ a_{n1} & a_{n2} & \cdots & a_{nn} \end{vmatrix}.$$

证 根据定义, 上式中,

$$\text{左边} = \sum_{j_1\cdots j_i\cdots j_k\cdots j_n} (-1)^{\tau(j_1\cdots j_i\cdots j_k\cdots j_n)} a_{1j_1}\cdots a_{ij_i}\cdots a_{kj_k}\cdots a_{nj_n},$$

其中任意一项 $a_{1j_1}\cdots a_{ij_i}\cdots a_{kj_k}\cdots a_{nj_n}$, 即 $a_{1j_1}\cdots a_{kj_k}\cdots a_{ij_i}\cdots a_{nj_n}$ 也必是上式右边行列式展开式中的一项. 它在左边展开式中所带正负号为

$$(-1)^{\tau(j_1\cdots j_i\cdots j_k\cdots j_n)},$$

而在右边展开式中所带正负号则为

$$(-1)^{\tau(j_1\cdots j_k\cdots j_i\cdots j_n)},$$

正好相反. 因而, 等式两边的行列式的展开式中, 所含的项完全相同, 但是对应项所带正负号相反. 故命题成立.

推论 4.3.1 若行列式有两行 (列) 完全相同, 则该行列式等于零.

性质 4.3.3 将一个数 c 乘行列式的某一行 (列) 的每个元素, 就等于用数 c 乘该行列式, 即

$$\begin{vmatrix} a_{11} & a_{12} & \cdots & a_{1n} \\ \vdots & \vdots & & \vdots \\ ca_{i1} & ca_{i2} & \cdots & ca_{in} \\ \vdots & \vdots & & \vdots \\ a_{n1} & a_{n2} & \cdots & a_{nn} \end{vmatrix} = c\begin{vmatrix} a_{11} & a_{12} & \cdots & a_{1n} \\ \vdots & \vdots & & \vdots \\ a_{i1} & a_{i2} & \cdots & a_{in} \\ \vdots & \vdots & & \vdots \\ a_{n1} & a_{n2} & \cdots & a_{nn} \end{vmatrix}.$$

证 根据行列式的定义, 上式中,

$$
\begin{aligned}
\text{左边} &= \sum_{j_1 j_2 \cdots j_n} (-1)^{\tau(j_1 j_2 \cdots j_n)} a_{1j_1} \cdots (c a_{ij_i}) \cdots a_{nj_n} \\
&= c \sum_{j_1 j_2 \cdots j_n} (-1)^{\tau(j_1 j_2 \cdots j_n)} a_{1j_1} \cdots a_{ij_i} \cdots a_{nj_n} \\
&= \text{右边}.
\end{aligned}
$$

推论 4.3.2 行列式中某一行 (列) 的公因子可以提出来.

推论 4.3.3 若行列式中某一行 (列) 的元素全为零, 则该行列式等于零.

推论 4.3.4 若行列式中有两行 (列) 成比例, 则该行列式等于零.

证 不妨设行列式中第 j 行的各元素分别为第 i 行 $(i \neq j)$ 对应元素的 c 倍. 此时, 提出第 j 行的公因子 c, 于是行列式中有两行完全相同, 由推论 4.3.1 知行列式等于零.

性质 4.3.4 若行列式中某行 (列) 的所有元素都可表示为两项之和, 则该行列式可表示为两个行列式之和, 即

$$
\begin{vmatrix}
a_{11} & a_{12} & \cdots & a_{1n} \\
\vdots & \vdots & & \vdots \\
b_{s1} + c_{s1} & b_{s2} + c_{s2} & \cdots & b_{sn} + c_{sn} \\
\vdots & \vdots & & \vdots \\
a_{n1} & a_{n2} & \cdots & a_{nn}
\end{vmatrix}
$$

$$
= \begin{vmatrix}
a_{11} & a_{12} & \cdots & a_{1n} \\
\vdots & \vdots & & \vdots \\
b_{s1} & b_{s2} & \cdots & b_{sn} \\
\vdots & \vdots & & \vdots \\
a_{n1} & a_{n2} & \cdots & a_{nn}
\end{vmatrix}
+
\begin{vmatrix}
a_{11} & a_{12} & \cdots & a_{1n} \\
\vdots & \vdots & & \vdots \\
c_{s1} & c_{s2} & \cdots & c_{sn} \\
\vdots & \vdots & & \vdots \\
a_{n1} & a_{n2} & \cdots & a_{nn}
\end{vmatrix}.
$$

证 根据行列式的定义, 上式中,

$$
\begin{aligned}
\text{左边} &= \sum_{j_1 j_2 \cdots j_n} (-1)^{\tau(j_1 j_2 \cdots j_n)} a_{1j_1} \cdots (b_{sj_s} + c_{sj_s}) \cdots a_{nj_n} \\
&= \sum_{j_1 j_2 \cdots j_n} (-1)^{\tau(j_1 j_2 \cdots j_n)} a_{1j_1} \cdots b_{sj_s} \cdots a_{nj_n} +
\end{aligned}
$$

$$\sum_{j_1 j_2 \cdots j_n} (-1)^{\tau(j_1 j_2 \cdots j_n)} a_{1j_1} \cdots c_{sj_s} \cdots a_{nj_n}$$

$$= \text{右边}.$$

性质 4.3.5 将行列式的某一行 (列) 的 k 倍加到它的另一行 (列) 上去, 行列式的值不变, 即

$$\begin{vmatrix} a_{11} & a_{12} & \cdots & a_{1n} \\ \vdots & \vdots & & \vdots \\ a_{i1}+ka_{j1} & a_{i2}+ka_{j2} & \cdots & a_{in}+ka_{jn} \\ \vdots & \vdots & & \vdots \\ a_{j1} & a_{j2} & \cdots & a_{jn} \\ \vdots & \vdots & & \vdots \\ a_{n1} & a_{n2} & \cdots & a_{nn} \end{vmatrix} = \begin{vmatrix} a_{11} & a_{12} & \cdots & a_{1n} \\ \vdots & \vdots & & \vdots \\ a_{i1} & a_{i2} & \cdots & a_{in} \\ \vdots & \vdots & & \vdots \\ a_{j1} & a_{j2} & \cdots & a_{jn} \\ \vdots & \vdots & & \vdots \\ a_{n1} & a_{n2} & \cdots & a_{nn} \end{vmatrix}.$$

证 根据性质 4.3.4 和推论 4.3.3, 上式中,

$$\text{左边} = \begin{vmatrix} a_{11} & a_{12} & \cdots & a_{1n} \\ \vdots & \vdots & & \vdots \\ a_{i1} & a_{i2} & \cdots & a_{in} \\ \vdots & \vdots & & \vdots \\ a_{j1} & a_{j2} & \cdots & a_{jn} \\ \vdots & \vdots & & \vdots \\ a_{n1} & a_{n2} & \cdots & a_{nn} \end{vmatrix} + \begin{vmatrix} a_{11} & a_{12} & \cdots & a_{1n} \\ \vdots & \vdots & & \vdots \\ ka_{j1} & ka_{j2} & \cdots & ka_{jn} \\ \vdots & \vdots & & \vdots \\ a_{j1} & a_{j2} & \cdots & a_{jn} \\ \vdots & \vdots & & \vdots \\ a_{n1} & a_{n2} & \cdots & a_{nn} \end{vmatrix}$$

$$= \text{右边}.$$

为方便起见, 以后采用与初等变换相同的约定记法, 即用 $R_{ij}, cR_i, R_j + kR_i$ 分别表示交换第 i 行和第 j 行, 用 c 乘第 i 行各元素, 将第 i 行的 k 倍加到第 j 行上. 相应地, 对于列有 $C_{ij}, cC_i, C_j + kC_i$.

例 4.3.1 计算行列式

$$D = \begin{vmatrix} 2 & 1 & 5 \\ 1 & 0 & 2 \\ 8 & 4 & 14 \end{vmatrix}.$$

解

$$D=2\begin{vmatrix}2&1&5\\1&0&2\\4&2&7\end{vmatrix}\xlongequal{R_{12}}-2\begin{vmatrix}1&0&2\\2&1&5\\4&2&7\end{vmatrix}\xlongequal[R_3-4R_1]{R_2-2R_1}-2\begin{vmatrix}1&0&2\\0&1&1\\0&2&-1\end{vmatrix}$$

$$\xlongequal{R_3-2R_2}-2\begin{vmatrix}1&0&2\\0&1&1\\0&0&-3\end{vmatrix}=(-2)\times1\times1\times(-3)=6.$$

例 4.3.2 计算行列式

$$D=\begin{vmatrix}a&b&b&b\\a&b&a&b\\a&a&b&a\\b&b&b&a\end{vmatrix}.$$

解 将第 1 行的 (-1) 倍加到第 2 行, 第 4 行的 (-1) 倍加到第 3 行, 得

$$D=\begin{vmatrix}a&b&b&b\\0&0&a-b&0\\a-b&a-b&0&0\\b&b&b&a\end{vmatrix}\xlongequal{R_4-R_1}\begin{vmatrix}a&b&b&b\\0&0&a-b&0\\a-b&a-b&0&0\\b-a&0&0&a-b\end{vmatrix}$$

$$\xlongequal{C_1+C_4}\begin{vmatrix}a+b&b&b&b\\0&0&a-b&0\\a-b&a-b&0&0\\0&0&0&a-b\end{vmatrix}\xlongequal{C_1-C_2}\begin{vmatrix}a&b&b&b\\0&0&a-b&0\\0&a-b&0&0\\0&0&0&a-b\end{vmatrix}$$

$$=(-1)^{\tau(1324)}a(a-b)^3=-a(a-b)^3.$$

例 4.3.3 计算 n 阶行列式

$$D=\begin{vmatrix}a&b&b&\cdots&b\\b&a&b&\cdots&b\\b&b&a&\cdots&b\\\vdots&\vdots&\vdots&&\vdots\\b&b&b&\cdots&a\end{vmatrix}.$$

解

$$D \xlongequal{C_1+\sum\limits_{j=2}^{n} C_j} \begin{vmatrix} a+(n-1)b & b & b & \cdots & b \\ a+(n-1)b & a & b & \cdots & b \\ a+(n-1)b & b & a & \cdots & b \\ \vdots & \vdots & \vdots & & \vdots \\ a+(n-1)b & b & b & \cdots & a \end{vmatrix}$$

$$= [a+(n-1)b] \begin{vmatrix} 1 & b & b & \cdots & b \\ 1 & a & b & \cdots & b \\ 1 & b & a & \cdots & b \\ \vdots & \vdots & \vdots & & \vdots \\ 1 & b & b & \cdots & a \end{vmatrix}$$

$$= [a+(n-1)b] \begin{vmatrix} 1 & 0 & 0 & \cdots & 0 \\ 1 & a-b & 0 & \cdots & 0 \\ 1 & 0 & a-b & \cdots & 0 \\ \vdots & \vdots & \vdots & & \vdots \\ 1 & 0 & 0 & \cdots & a-b \end{vmatrix}$$

$$= [a+(n-1)b](a-b)^{n-1}.$$

n 阶行列式, 如果其元素满足关系

$$a_{ij} = a_{ji} \left(\text{或 } a_{ij} = -a_{ji}\right),$$

其中 $i, j = 1, 2, \cdots, n$, 就被称为**对称** (或**反称**) **行列式**.

例 4.3.4　证明: 奇数阶反称行列式等于零.

证　由 $a_{ij} = -a_{ji}$ 可知 $a_{ii} = 0$, 于是

$$D = \begin{vmatrix} 0 & a_{12} & a_{13} & \cdots & a_{1n} \\ -a_{12} & 0 & a_{23} & \cdots & a_{2n} \\ -a_{13} & -a_{23} & 0 & \cdots & a_{3n} \\ \vdots & \vdots & \vdots & & \vdots \\ -a_{1n} & -a_{2n} & -a_{3n} & \cdots & 0 \end{vmatrix}$$

$$\xlongequal[\text{相应的各列}]{\text{各行变成}} \begin{vmatrix} 0 & -a_{12} & -a_{13} & \cdots & -a_{1n} \\ a_{12} & 0 & -a_{23} & \cdots & -a_{2n} \\ a_{13} & a_{23} & 0 & \cdots & -a_{3n} \\ \vdots & \vdots & \vdots & & \vdots \\ a_{1n} & a_{2n} & a_{3n} & \cdots & 0 \end{vmatrix}$$

$$\xlongequal{\text{每行提出 } (-1)} (-1)^n \begin{vmatrix} 0 & a_{12} & a_{13} & \cdots & a_{1n} \\ -a_{12} & 0 & a_{23} & \cdots & a_{2n} \\ -a_{13} & -a_{23} & 0 & \cdots & a_{3n} \\ \vdots & \vdots & \vdots & & \vdots \\ -a_{1n} & -a_{2n} & -a_{3n} & \cdots & 0 \end{vmatrix}$$

$$= (-1)^n D,$$

当 n 为奇数时, 有 $D = -D$, 因此, $D = 0$.

4.4 行列式按一行 (列) 展开

简化行列式计算的另一种主要方法是降阶, 即将较高阶的行列式的计算转化为较低阶的行列式的计算. 降阶所用的基本方法是把行列式按一行 (列) 展开.

首先引入余子式和代数余子式等相关概念.

定义 4.4.1 在 n 阶行列式

$$D = \begin{vmatrix} a_{11} & \cdots & a_{1j} & \cdots & a_{1n} \\ \vdots & & \vdots & & \vdots \\ a_{i1} & \cdots & a_{ij} & \cdots & a_{in} \\ \vdots & & \vdots & & \vdots \\ a_{n1} & \cdots & a_{nj} & \cdots & a_{nn} \end{vmatrix}$$

中, 划去元素 a_{ij} 所在的第 i 行和第 j 列, 由剩余的 $(n-1)^2$ 个元素按原来的排法构成一个 $n-1$ 阶的行列式, 即

$$\begin{vmatrix} a_{11} & \cdots & a_{1,j-1} & a_{1,j+1} & \cdots & a_{1n} \\ \vdots & & \vdots & \vdots & & \vdots \\ a_{i-1,1} & \cdots & a_{i-1,j-1} & a_{i-1,j+1} & \cdots & a_{i-1,n} \\ a_{i+1,1} & \cdots & a_{i+1,j-1} & a_{i+1,j+1} & \cdots & a_{i+1,n} \\ \vdots & & \vdots & \vdots & & \vdots \\ a_{n1} & \cdots & a_{n,j-1} & a_{n,j+1} & \cdots & a_{nn} \end{vmatrix}$$

称之为元素 a_{ij} 的**余子式**, 记为 M_{ij}; 同时, 称 $(-1)^{i+j}M_{ij}$ 为元素 a_{ij} 的**代数余子式**, 记为 A_{ij}.

例 4.4.1 求行列式

$$D=\begin{vmatrix} 1 & 2 & 3 \\ 0 & 5 & 1 \\ 1 & 0 & 7 \end{vmatrix}$$

的代数余子式 A_{11},A_{12} 和 A_{13}.

解

$$M_{11}=\begin{vmatrix} 5 & 1 \\ 0 & 7 \end{vmatrix}=35, \quad A_{11}=(-1)^{1+1}M_{11}=35,$$

$$M_{12}=\begin{vmatrix} 0 & 1 \\ 1 & 7 \end{vmatrix}=-1, \quad A_{12}=(-1)^{1+2}M_{12}=1,$$

$$M_{13}=\begin{vmatrix} 0 & 5 \\ 1 & 0 \end{vmatrix}=-5, \quad A_{13}=(-1)^{1+3}M_{13}=-5.$$

定理 4.4.1 n 阶行列式

$$D=\begin{vmatrix} a_{11} & a_{12} & \cdots & a_{1n} \\ a_{21} & a_{22} & \cdots & a_{2n} \\ \vdots & \vdots & & \vdots \\ a_{n1} & a_{n2} & \cdots & a_{nn} \end{vmatrix}$$

等于它的任意一行 (列) 的所有元素与它们各自的代数余子式的乘积之和, 即

$$\begin{aligned} D &= a_{i1}A_{i1}+a_{i2}A_{i2}+\cdots+a_{in}A_{in} \\ &= \sum_{j=1}^{n} a_{ij}A_{ij} \quad (i=1,2,\cdots,n) \end{aligned} \tag{4.4.1}$$

或

$$\begin{aligned} D &= a_{1j}A_{1j}+a_{2j}A_{2j}+\cdots+a_{nj}A_{nj} \\ &= \sum_{i=1}^{n} a_{ij}A_{ij} \quad (j=1,2,\cdots,n). \end{aligned} \tag{4.4.2}$$

证　由行、列的对称性, 只需证明行的情况. 将 (4.4.1) 式右边完全展开, 得一个包含 $n(n-1)! = n!$ 项的代数和, 由行列式的定义, 这 $n!$ 项正好是 D 的展开式中的 $n!$ 项. 于是下面只要证同一项在 (4.4.1) 式两边的展开式中取同号即可.

$a_{ij}A_{ij}$ 的展开式中的一般项可写成

$$a_{ij}a_{1j_1}\cdots a_{i-1,j_{i-1}}a_{i+1,j_{i+1}}\cdots a_{nj_n},$$

其中 $j_1\cdots j_{i-1}j_{i+1}\cdots j_n$ 是 $1,\cdots,j-1,j+1,\cdots,n$ 的一个排列. 该项在 (4.4.1) 式右边的展开式中带的符号为

$$\begin{aligned}&(-1)^{i+j}(-1)^{\tau(j_1\cdots j_{i-1}j_{i+1}\cdots j_n)}\\=\ &(-1)^{(i-1)+(j-1)}(-1)^{\tau(j_1\cdots j_{i-1}j_{i+1}\cdots j_n)}\\=\ &(-1)^{\tau(i1\cdots(i-1)(i+1)\cdots n)+\tau(jj_1\cdots j_{i-1}j_{i+1}\cdots j_n)},\end{aligned}$$

这正是在 D 的展开式中该项所带的符号. 定理得证.

(4.4.1) 式和 (4.4.2) 式分别称为**行列式 D 按第 i 行和第 j 列的展开式**.

定理 4.4.2　n 阶行列式

$$D=\begin{vmatrix}a_{11}&a_{12}&\cdots&a_{1n}\\\vdots&\vdots&&\vdots\\a_{i1}&a_{i2}&\cdots&a_{in}\\\vdots&\vdots&&\vdots\\a_{j1}&a_{j2}&\cdots&a_{jn}\\\vdots&\vdots&&\vdots\\a_{n1}&a_{n2}&\cdots&a_{nn}\end{vmatrix}$$

中, 某一行 (列) 的各元素与另一行 (列) 对应元素的代数余子式的乘积之和等于零, 即

$$a_{i1}A_{j1}+a_{i2}A_{j2}+\cdots+a_{in}A_{jn}=\sum_{k=1}^{n}a_{ik}A_{jk}=0\quad(i\neq j)\tag{4.4.3}$$

或

$$a_{1i}A_{1j}+a_{2i}A_{2j}+\cdots+a_{ni}A_{nj}=\sum_{l=1}^{n}a_{li}A_{lj}=0\quad(i\neq j).\tag{4.4.4}$$

证　只需证行的情形. 设行列式

$$D_1 = \begin{vmatrix} a_{11} & a_{12} & \cdots & a_{1n} \\ \vdots & \vdots & & \vdots \\ a_{i1} & a_{i2} & \cdots & a_{in} \\ \vdots & \vdots & & \vdots \\ a_{i1} & a_{i2} & \cdots & a_{in} \\ \vdots & \vdots & & \vdots \\ a_{n1} & a_{n2} & \cdots & a_{nn} \end{vmatrix} \begin{matrix} \\ \\ \leftarrow \text{第 } i \text{ 行} \\ \\ \leftarrow \text{第 } j \text{ 行} \\ \\ \\ \end{matrix}$$

即将 D 的第 j 行替换为它的第 i 行, 其余不变, 这样得到了 D_1. 一方面, D_1 中第 i,j 两行相同, 因此 $D_1=0$. 另一方面, 将 D_1 按第 j 行展开, 得

$$D_1 = a_{i1}A_{j1} + a_{i2}A_{j2} + \cdots + a_{in}A_{jn},$$

因此 (4.4.3) 式成立. 定理得证.

综合定理 4.4.1 和定理 4.4.2 可得如下重要公式:

$$\sum_{k=1}^{n} a_{ik}A_{jk} = \begin{cases} D, & j=i, \\ 0, & j \neq i; \end{cases} \tag{4.4.5}$$

$$\sum_{l=1}^{n} a_{li}A_{lj} = \begin{cases} D, & j=i, \\ 0, & j \neq i. \end{cases} \tag{4.4.6}$$

下面举例说明行列式的计算.

由定理 4.4.1 可知, 一个 n 阶行列式的计算可化为 n 个 $n-1$ 阶行列式的计算. 一般地, 这并不减少多少计算量. 但是, 若行列式的某一行 (列) 中有许多元素为零, 则利用 (4.4.1) 式或 (4.4.2) 式将大大减少计算量. 为此, 在计算行列式时, 总是将行列式的性质和按一行 (列) 展开的公式配合使用, 先利用行列式的性质将某行 (列) 化出足够多的零元素, 然后再按该行 (列) 展开.

例 4.4.2 计算行列式

$$D = \begin{vmatrix} 1 & -1 & 1 & 2 \\ 5 & 1 & 3 & -4 \\ 2 & 0 & 1 & -1 \\ 1 & 3 & -2 & 3 \end{vmatrix}.$$

解　在该行列式中, 第 3 行 (或第 2 列) 中已有一个元素为零. 因此, 可考虑使该行 (列) 出现更多的零元素, 例如

$$D \xlongequal[C_3+C_4]{C_1+2C_4} \begin{vmatrix} 5 & -1 & 3 & 2 \\ -3 & 1 & -1 & -4 \\ 0 & 0 & 0 & -1 \\ 7 & 3 & 1 & 3 \end{vmatrix} = (-1)\times(-1)^{3+4}\begin{vmatrix} 5 & -1 & 3 \\ -3 & 1 & -1 \\ 7 & 3 & 1 \end{vmatrix}$$

$$\xlongequal[C_3+C_2]{C_1+3C_2} \begin{vmatrix} 2 & -1 & 2 \\ 0 & 1 & 0 \\ 16 & 3 & 4 \end{vmatrix} = 1\times(-1)^{2+2}\begin{vmatrix} 2 & 2 \\ 16 & 4 \end{vmatrix} = -24.$$

例 4.4.3　计算行列式

$$D_n = \begin{vmatrix} 1 & 2 & 2 & \cdots & 2 \\ 2 & 2 & 2 & \cdots & 2 \\ 2 & 2 & 3 & \cdots & 2 \\ \vdots & \vdots & \vdots & & \vdots \\ 2 & 2 & 2 & \cdots & n \end{vmatrix}.$$

解

$$D_n \xlongequal[i=1,3,\cdots,n]{R_i-R_2} \begin{vmatrix} -1 & 0 & 0 & \cdots & 0 \\ 2 & 2 & 2 & \cdots & 2 \\ 0 & 0 & 1 & \cdots & 0 \\ \vdots & \vdots & \vdots & & \vdots \\ 0 & 0 & 0 & \cdots & n-2 \end{vmatrix}$$

$$= (-1)\times(-1)^{1+1}\begin{vmatrix} 2 & 2 & 2 & \cdots & 2 \\ 0 & 1 & 0 & \cdots & 0 \\ 0 & 0 & 2 & \cdots & 0 \\ \vdots & \vdots & \vdots & & \vdots \\ 0 & 0 & 0 & \cdots & n-2 \end{vmatrix} = (-2)(n-2)!.$$

例 4.4.4 计算行列式

$$D_n=\begin{vmatrix} a_1+b_1 & a_2 & \cdots & a_n \\ a_1 & a_2+b_2 & \cdots & a_n \\ \vdots & \vdots & & \vdots \\ a_1 & a_2 & \cdots & a_n+b_n \end{vmatrix},\quad b_1b_2\cdots b_n\neq 0.$$

解 用加边升阶法.

$$D_n \xlongequal{\text{加边}} \begin{vmatrix} 1 & a_1 & a_2 & \cdots & a_n \\ 0 & a_1+b_1 & a_2 & \cdots & a_n \\ 0 & a_1 & a_2+b_2 & \cdots & a_n \\ \vdots & \vdots & \vdots & & \vdots \\ 0 & a_1 & a_2 & \cdots & a_n+b_n \end{vmatrix}$$

$$\xlongequal[i=2,3,\cdots,n+1]{R_i-R_1} \begin{vmatrix} 1 & a_1 & a_2 & \cdots & a_n \\ -1 & b_1 & 0 & \cdots & 0 \\ -1 & 0 & b_2 & \cdots & 0 \\ \vdots & \vdots & \vdots & & \vdots \\ -1 & 0 & 0 & \cdots & b_n \end{vmatrix}$$

$$\xlongequal[i=1,2,\ldots,n]{C_1+\frac{1}{b_i}C_{i+1}} \begin{vmatrix} 1+\sum\limits_{j=1}^{n}\frac{a_j}{b_j} & a_1 & a_2 & \cdots & a_n \\ 0 & b_1 & 0 & \cdots & 0 \\ 0 & 0 & b_2 & \cdots & 0 \\ \vdots & \vdots & \vdots & & \vdots \\ 0 & 0 & 0 & \cdots & b_n \end{vmatrix}$$

$$=b_1b_2\cdots b_n\left(1+\sum_{j=1}^{n}\frac{a_j}{b_j}\right).$$

例 4.4.5 计算 $n+1$ 阶行列式

$$D_{n+1}=\begin{vmatrix} x & a_1 & a_2 & \cdots & a_n \\ a_1 & x & a_2 & \cdots & a_n \\ a_1 & a_2 & x & \cdots & a_n \\ \vdots & \vdots & \vdots & & \vdots \\ a_1 & a_2 & a_3 & \cdots & x \end{vmatrix}.$$

解

$$D_{n+1} \xlongequal[j=2,3,\cdots,n+1]{C_1+C_j} \begin{vmatrix} x+\sum\limits_{i=1}^{n} a_i & a_1 & a_2 & \cdots & a_n \\ x+\sum\limits_{i=1}^{n} a_i & x & a_2 & \cdots & a_n \\ x+\sum\limits_{i=1}^{n} a_i & a_2 & x & \cdots & a_n \\ \vdots & \vdots & \vdots & & \vdots \\ x+\sum\limits_{i=1}^{n} a_i & a_2 & a_3 & \cdots & x \end{vmatrix}$$

$$= \left(x+\sum_{i=1}^{n} a_i\right) \begin{vmatrix} 1 & a_1 & a_2 & \cdots & a_n \\ 1 & x & a_2 & \cdots & a_n \\ 1 & a_2 & x & \cdots & a_n \\ \vdots & \vdots & \vdots & & \vdots \\ 1 & a_2 & a_3 & \cdots & x \end{vmatrix}$$

$$\xlongequal[j=1,2,\cdots,n]{C_{j+1}-a_jC_1} \left(x+\sum_{i=1}^{n} a_i\right) \begin{vmatrix} 1 & 0 & 0 & \cdots & 0 \\ 1 & x-a_1 & 0 & \cdots & 0 \\ 1 & a_2-a_1 & x-a_2 & \cdots & 0 \\ \vdots & \vdots & \vdots & & \vdots \\ 1 & a_2-a_1 & a_3-a_2 & \cdots & x-a_n \end{vmatrix}$$

$$= \left(x+\sum_{i=1}^{n} a_i\right)(x-a_1)(x-a_2)\cdots(x-a_n).$$

例 4.4.6 计算行列式

$$D_n = \begin{vmatrix} a_1 & x & x & \cdots & x \\ x & a_2 & x & \cdots & x \\ x & x & a_3 & \cdots & x \\ \vdots & \vdots & \vdots & & \vdots \\ x & x & x & \cdots & a_n \end{vmatrix}.$$

解　用递推法. $a_n = x + (a_n - x)$, 然后将 D_n 写成两个行列式之

和,即

$$D_n = \begin{vmatrix} a_1 & x & \cdots & x & x \\ x & a_2 & \cdots & x & x \\ \vdots & \vdots & & \vdots & \vdots \\ x & x & \cdots & a_{n-1} & x \\ x & x & \cdots & x & x \end{vmatrix} + \begin{vmatrix} a_1 & x & \cdots & x & 0 \\ x & a_2 & \cdots & x & 0 \\ \vdots & \vdots & & \vdots & \vdots \\ x & x & \cdots & a_{n-1} & 0 \\ x & x & \cdots & x & a_n - x \end{vmatrix},$$

在上式右边第一个行列式中, 将最后一列的 (-1) 倍加到其余各列, 第二个行列式按最后一列展开, 得

$$D_n = x(a_1 - x)(a_2 - x)\cdots(a_{n-1} - x) + (a_n - x) D_{n-1},$$

再将 D_{n-1} 的类似表达式代入上式, 得

$$\begin{aligned} D_n =& x(a_1 - x)(a_2 - x)\cdots(a_{n-1} - x) + \\ & x(a_1 - x)(a_2 - x)\cdots(a_{n-2} - x)(a_n - x) + \\ & (a_{n-1} - x)(a_n - x) D_{n-2}, \end{aligned}$$

重复同样的做法 $n-1$ 次, 并注意到 $D_1 = a_1 = x + (a_1 - x)$, 得

$$\begin{aligned} D_n =& x(a_1 - x)(a_2 - x)\cdots(a_{n-1} - x) + \\ & x(a_1 - x)(a_2 - x)\cdots(a_{n-2} - x)(a_n - x) + \cdots + \\ & x(a_2 - x)\cdots(a_n - x) + (a_1 - x)(a_2 - x)\cdots(a_n - x). \end{aligned}$$

例 4.4.7 证明范德蒙德 (Vandermonde) 行列式

$$V_n = \begin{vmatrix} 1 & 1 & 1 & \cdots & 1 \\ x_1 & x_2 & x_3 & \cdots & x_n \\ x_1^2 & x_2^2 & x_3^2 & \cdots & x_n^2 \\ \vdots & \vdots & \vdots & & \vdots \\ x_1^{n-1} & x_2^{n-1} & x_3^{n-1} & \cdots & x_n^{n-1} \end{vmatrix} = \prod_{1 \leqslant j < i \leqslant n} (x_i - x_j),$$

其中

$$\begin{aligned} \prod_{1 \leqslant j < i \leqslant n} (x_i - x_j) =& (x_2 - x_1)(x_3 - x_1)\cdots(x_n - x_1) \cdot \\ & (x_3 - x_2)\cdots(x_n - x_2) \cdot \\ & \cdots \\ & (x_{n-1} - x_{n-2})(x_n - x_{n-2}) \cdot \\ & (x_n - x_{n-1}) \end{aligned}$$

是满足条件 $1 \leqslant j < i \leqslant n$ 的所有因式 $(x_i - x_j)$ 的乘积.

证　对行列式的阶数作数学归纳法.

当 $n = 2$ 时,

$$V_2 = \begin{vmatrix} 1 & 1 \\ x_1 & x_2 \end{vmatrix} = x_2 - x_1 = \prod_{1 \leqslant j < i \leqslant 2} (x_i - x_j),$$

结论成立.

假设结论对 $n-1$ 阶范德蒙德行列式成立, 下面证明对 n 阶范德蒙德行列式结论也成立.

在 V_n 中, 从第 n 行开始, 依次将上一行的 $(-x_1)$ 倍加到下一行, 得

$$V_n \xlongequal[\substack{\vdots \\ R_2 - x_1 R_1}]{\substack{R_n - x_1 R_{n-1} \\ R_{n-1} - x_1 R_{n-2}}} \begin{vmatrix} 1 & 1 & 1 & \cdots & 1 \\ 0 & x_2 - x_1 & x_3 - x_1 & \cdots & x_n - x_1 \\ 0 & x_2(x_2 - x_1) & x_3(x_3 - x_1) & \cdots & x_n(x_n - x_1) \\ \vdots & \vdots & \vdots & & \vdots \\ 0 & x_2^{n-2}(x_2 - x_1) & x_3^{n-2}(x_3 - x_1) & \cdots & x_n^{n-2}(x_n - x_1) \end{vmatrix},$$

再按第 1 列展开, 并分别提取每列的公因式, 得

$$V_n = (x_2 - x_1)(x_3 - x_1)\cdots(x_n - x_1) \begin{vmatrix} 1 & 1 & \cdots & 1 \\ x_2 & x_3 & \cdots & x_n \\ x_2^2 & x_3^2 & \cdots & x_n^2 \\ \vdots & \vdots & & \vdots \\ x_2^{n-2} & x_3^{n-2} & \cdots & x_n^{n-2} \end{vmatrix},$$

上式右端的行列式为 $n-1$ 阶范德蒙德行列式, 由归纳假设得

$$\begin{aligned} V_n &= (x_2 - x_1)(x_3 - x_1)\cdots(x_n - x_1) \prod_{2 \leqslant j < i \leqslant n} (x_i - x_j) \\ &= \prod_{1 \leqslant j < i \leqslant n} (x_i - x_j). \end{aligned}$$

综上, 命题结论对大于 1 的自然数都成立.

例 4.4.8　证明:

$$\begin{vmatrix} a_{11} & a_{12} & 0 & 0 \\ a_{21} & a_{22} & 0 & 0 \\ c_{11} & c_{12} & b_{11} & b_{12} \\ c_{21} & c_{22} & b_{21} & b_{22} \end{vmatrix} = \begin{vmatrix} a_{11} & a_{12} \\ a_{21} & a_{22} \end{vmatrix} \cdot \begin{vmatrix} b_{11} & b_{12} \\ b_{21} & b_{22} \end{vmatrix}.$$

证　上式中,

$$\text{左边} = a_{11}\begin{vmatrix} a_{22} & 0 & 0 \\ c_{12} & b_{11} & b_{12} \\ c_{22} & b_{21} & b_{22} \end{vmatrix} - a_{12}\begin{vmatrix} a_{21} & 0 & 0 \\ c_{11} & b_{11} & b_{12} \\ c_{21} & b_{21} & b_{22} \end{vmatrix}$$

$$= a_{11}a_{22}\begin{vmatrix} b_{11} & b_{12} \\ b_{21} & b_{22} \end{vmatrix} - a_{12}a_{21}\begin{vmatrix} b_{11} & b_{12} \\ b_{21} & b_{22} \end{vmatrix}$$

$$= (a_{11}a_{22} - a_{12}a_{21})\begin{vmatrix} b_{11} & b_{12} \\ b_{21} & b_{22} \end{vmatrix} = \begin{vmatrix} a_{11} & a_{12} \\ a_{21} & a_{22} \end{vmatrix}\begin{vmatrix} b_{11} & b_{12} \\ b_{21} & b_{22} \end{vmatrix} = \text{右边}.$$

一般地, 用数学归纳法可证得

$$\begin{vmatrix} a_{11} & \cdots & a_{1k} & & & \\ \vdots & & \vdots & & \mathbf{0} & \\ a_{k1} & \cdots & a_{kk} & & & \\ & & & b_{11} & \cdots & b_{1s} \\ & * & & \vdots & & \vdots \\ & & & b_{s1} & \cdots & b_{ss} \end{vmatrix} = \begin{vmatrix} a_{11} & \cdots & a_{1k} & & & \\ \vdots & & \vdots & & * & \\ a_{k1} & \cdots & a_{kk} & & & \\ & & & b_{11} & \cdots & b_{1s} \\ & \mathbf{0} & & \vdots & & \vdots \\ & & & b_{s1} & \cdots & b_{ss} \end{vmatrix}$$

$$= \begin{vmatrix} a_{11} & \cdots & a_{1k} \\ \vdots & & \vdots \\ a_{k1} & \cdots & a_{kk} \end{vmatrix} \cdot \begin{vmatrix} b_{11} & \cdots & b_{1s} \\ \vdots & & \vdots \\ b_{s1} & \cdots & b_{ss} \end{vmatrix},$$

进而可得

$$\begin{vmatrix} & & & a_{11} & \cdots & a_{1k} \\ & \mathbf{0} & & \vdots & & \vdots \\ & & & a_{k1} & \cdots & a_{kk} \\ b_{11} & \cdots & b_{1s} & & & \\ \vdots & & \vdots & & * & \\ b_{s1} & \cdots & b_{ss} & & & \end{vmatrix} = \begin{vmatrix} & & & a_{11} & \cdots & a_{1k} \\ & * & & \vdots & & \vdots \\ & & & a_{k1} & \cdots & a_{kk} \\ b_{11} & \cdots & b_{1s} & & & \\ \vdots & & \vdots & & \mathbf{0} & \\ b_{s1} & \cdots & b_{ss} & & & \end{vmatrix}$$

$$= (-1)^{k\times s}\begin{vmatrix} a_{11} & \cdots & a_{1k} \\ \vdots & & \vdots \\ a_{k1} & \cdots & a_{kk} \end{vmatrix} \cdot \begin{vmatrix} b_{11} & \cdots & b_{1s} \\ \vdots & & \vdots \\ b_{s1} & \cdots & b_{ss} \end{vmatrix}.$$

其中 “$*$” 表示元素为任意数.

4.5　行列式的应用

4.5.1　求解线性方程组

在第 4.2 节中, 我们利用 2, 3 阶行列式分别求解二元、三元线性方程组. 下面将该方法推广到含 n 个未知量、n 个方程的线性方程组.

定理 4.5.1 (**克拉默法则**) 如果线性方程组

$$\begin{cases} a_{11}x_1 + a_{12}x_2 + \cdots + a_{1n}x_n = b_1, \\ a_{21}x_1 + a_{22}x_2 + \cdots + a_{2n}x_n = b_2, \\ \cdots\cdots\cdots\cdots \\ a_{n1}x_1 + a_{n2}x_2 + \cdots + a_{nn}x_n = b_n \end{cases} \tag{4.5.1}$$

的系数行列式

$$D = \begin{vmatrix} a_{11} & a_{12} & \cdots & a_{1n} \\ a_{21} & a_{22} & \cdots & a_{2n} \\ \vdots & \vdots & & \vdots \\ a_{n1} & a_{n2} & \cdots & a_{nn} \end{vmatrix} \neq 0,$$

那么该方程组有唯一解

$$x_j = \frac{D_j}{D}, \quad j = 1, 2, \cdots, n, \tag{4.5.2}$$

其中

$$D_j = \begin{vmatrix} a_{11} & \cdots & a_{1,j-1} & b_1 & a_{1,j+1} & \cdots & a_{1n} \\ a_{21} & \cdots & a_{2,j-1} & b_2 & a_{2,j+1} & \cdots & a_{2n} \\ \vdots & & \vdots & \vdots & \vdots & & \vdots \\ a_{n1} & \cdots & a_{n,j-1} & b_n & a_{n,j+1} & \cdots & a_{nn} \end{vmatrix} \quad (j = 1, 2, \cdots, n).$$

证 将方程组 (4.5.1) 简写成

$$\sum_{j=1}^{n} a_{ij}x_j = b_i, \quad i = 1, 2, \cdots, n, \tag{4.5.3}$$

下面首先证明: 当 $D \neq 0$ 时, (4.5.2) 是方程组 (4.5.1) 的解. 将 D_j 按第 j 列展开, 得

$$\begin{aligned} D_j &= b_1A_{1j} + b_2A_{2j} + \cdots + b_nA_{nj} \\ &= \sum_{s=1}^{n} b_sA_{sj} \quad (j = 1, 2, \cdots, n), \end{aligned}$$

其中 A_{sj} 为 D 中元素 a_{sj} 的代数余子式 $(s = 1, 2, \cdots, n)$. 再将 (4.5.2) 式

代入 (4.5.3) 式的第 i 个方程的左边, 得

$$\begin{aligned}\sum_{j=1}^{n} a_{ij}\frac{D_j}{D} &= \frac{1}{D}\sum_{j=1}^{n} a_{ij}D_j = \frac{1}{D}\sum_{j=1}^{n} a_{ij}\left(\sum_{s=1}^{n} b_s A_{sj}\right)\\ &= \frac{1}{D}\sum_{j=1}^{n}\sum_{s=1}^{n} a_{ij}b_s A_{sj} = \frac{1}{D}\sum_{s=1}^{n}\left(\sum_{j=1}^{n} a_{ij}A_{sj}\right)b_s\\ &= \frac{1}{D}\cdot D\cdot b_i = b_i \quad (i=1,2,\cdots,n),\end{aligned}$$

即 (4.5.2) 式满足方程组 (4.5.3) 或 (4.5.1). 因此, (4.5.2) 式为方程组 (4.5.1) 的一个解.

再证解的唯一性:

不妨设方程组 (4.5.1) 的任意一个解为

$$x_l = k_l, \quad l=1,2,\cdots,n,$$

于是有

$$\sum_{j=1}^{n} a_{ij}k_j = b_i, \quad i=1,2,\cdots,n, \tag{4.5.4}$$

依次用 $A_{1l}, A_{2l}, \cdots, A_{nl}$ 乘 (4.5.4) 式中的各式并相加, 得

$$\sum_{i=1}^{n} A_{il}\left(\sum_{j=1}^{n} a_{ij}k_j\right) = \sum_{i=1}^{n} b_i A_{il} = D_l,$$

又上式中,

$$左边 = \sum_{i=1}^{n}\sum_{j=1}^{n} A_{il}a_{ij}k_j = \sum_{j=1}^{n}\left(\sum_{i=1}^{n} a_{ij}A_{il}\right)k_j = k_l D,$$

因此, 有

$$k_l D = D_l,$$

从而

$$k_l = \frac{D_l}{D}, \quad l=1,2,\cdots,n.$$

推论 4.5.1 若齐次线性方程组

$$\begin{cases} a_{11}x_1 + a_{12}x_2 + \cdots + a_{1n}x_n = 0,\\ a_{21}x_1 + a_{22}x_2 + \cdots + a_{2n}x_n = 0,\\ \cdots\cdots\cdots\cdots\\ a_{n1}x_1 + a_{n2}x_2 + \cdots + a_{nn}x_n = 0 \end{cases} \tag{4.5.5}$$

的系数行列式 $D \neq 0$, 则它只有零解; 反之, 若方程组 (4.5.5) 有非零解, 则其系数行列式 $D=0$.

例 4.5.1 解方程组

$$\begin{cases} 2x_1+x_2-5x_3+x_4=1, \\ x_1-3x_2-6x_4=2, \\ 2x_2-x_3+2x_4=0, \\ x_1+4x_2-7x_3+6x_4=-1. \end{cases}$$

解 方程组的系数行列式

$$D=\begin{vmatrix} 2 & 1 & -5 & 1 \\ 1 & -3 & 0 & -6 \\ 0 & 2 & -1 & 2 \\ 1 & 4 & -7 & 6 \end{vmatrix}=27 \neq 0,$$

于是, 由克拉默法则, 方程组有唯一解.

$$D_1=\begin{vmatrix} 1 & 1 & -5 & 1 \\ 2 & -3 & 0 & -6 \\ 0 & 2 & -1 & 2 \\ -1 & 4 & -7 & 6 \end{vmatrix}=27, \quad D_2=\begin{vmatrix} 2 & 1 & -5 & 1 \\ 1 & 2 & 0 & -6 \\ 0 & 0 & -1 & 2 \\ 1 & -1 & -7 & 6 \end{vmatrix}=15,$$

$$D_3=\begin{vmatrix} 2 & 1 & 1 & 1 \\ 1 & -3 & 2 & -6 \\ 0 & 2 & 0 & 2 \\ 1 & 4 & -1 & 6 \end{vmatrix}=6, \quad D_4=\begin{vmatrix} 2 & 1 & -5 & 1 \\ 1 & -3 & 0 & 2 \\ 0 & 2 & -1 & 0 \\ 1 & 4 & -7 & -1 \end{vmatrix}=-12,$$

于是, 方程组的唯一解为

$$x_1=\frac{D_1}{D}=1, \quad x_2=\frac{D_2}{D}=\frac{5}{9},$$

$$x_3=\frac{D_3}{D}=\frac{2}{9}, \quad x_4=\frac{D_4}{D}=-\frac{4}{9}.$$

注: 克拉默法则应用的条件是:

(1) 方程组中, 方程的个数等于未知数的个数;

(2) 方程组的系数行列式 $D \neq 0$.

例 4.5.2 对于方程组

$$\begin{cases} ax_1 + \ x_2 + \ x_3 = 1, \\ \ x_1 + ax_2 + \ x_3 = a, \\ \ x_1 + \ x_2 + ax_3 = a^2, \end{cases} \tag{4.5.6}$$

试讨论: 当 a 取何值时, 它有唯一解? 无穷多解? 无解? 并在有解时求出解.

解法一 "高斯消元法", 略.

解法二 方程组的系数行列式

$$D = \begin{vmatrix} a & 1 & 1 \\ 1 & a & 1 \\ 1 & 1 & a \end{vmatrix} = (a-1)^2(a+2),$$

于是由克拉默法则可知:

(1) 当 $a \neq 1$ 且 $a \neq -2$ 时, $D \neq 0$, 方程组有唯一解:

$$x_1 = \frac{D_1}{D} = -\frac{a+1}{a+2}, \quad x_2 = \frac{D_2}{D} = \frac{1}{a+2}, \quad x_3 = \frac{D_3}{D} = \frac{(a+1)^2}{a+2}.$$

(2) 当 $a = 1$ 时, 设 $\boldsymbol{A}$ 为方程组的系数矩阵, 则 $\mathrm{r}(\boldsymbol{A}) = \mathrm{r}(\widetilde{\boldsymbol{A}}) = 1 < n = 3$, 故方程组有无穷多解, 用高斯消元法求得其一般解为

$$\begin{bmatrix} x_1 \\ x_2 \\ x_3 \end{bmatrix} = \begin{bmatrix} 1 \\ 0 \\ 0 \end{bmatrix} + k_1 \begin{bmatrix} -1 \\ 1 \\ 0 \end{bmatrix} + k_2 \begin{bmatrix} -1 \\ 0 \\ 1 \end{bmatrix},$$

其中 k_1, k_2 为任意常数.

(3) 当 $a = -2$ 时, $\mathrm{r}(\boldsymbol{A}) = 2 < \mathrm{r}(\widetilde{\boldsymbol{A}}) = 3$, 故方程组无解.

例 4.5.3 已知平面上不共线的三点: $P_1(x_1, y_1)$, $P_2(x_2, y_2)$ 和 $P_3(x_3, y_3)$, 求过这三点的圆的方程.

解 设所求圆的方程为

$$a\left(x^2 + y^2\right) + bx + cy + d = 0 \quad (a \neq 0),$$

$P(x, y)$ 为该圆上任意一点, 又 P_1, P_2 和 P_3 在该圆上, 因此, P, P_1, P_2 及

P_3 的坐标满足上述方程, 即有

$$\begin{cases} a\left(x^2+y^2\right)+bx\ \ +cy\ \ +d=0, \\ a\left(x_1^2+y_1^2\right)+bx_1+cy_1+d=0, \\ a\left(x_2^2+y_2^2\right)+bx_2+cy_2+d=0, \\ a\left(x_3^2+y_3^2\right)+bx_3+cy_3+d=0 \end{cases}$$

成立. 将 (a,b,c,d) 看作以 $z_i(i=1,2,3,4)$ 为未知量的齐次线性方程组

$$\begin{cases} \left(x^2+y^2\right)z_1+\ \ xz_2+\ \ yz_3+z_4=0, \\ \left(x_1^2+y_1^2\right)z_1+x_1z_2+y_1z_3+z_4=0, \\ \left(x_2^2+y_2^2\right)z_1+x_2z_2+y_2z_3+z_4=0, \\ \left(x_3^2+y_3^2\right)z_1+x_3z_2+y_3z_3+z_4=0 \end{cases}$$

的一组非零解, 于是其系数行列式必为零, 即

$$\begin{vmatrix} x^2+y^2 & x & y & 1 \\ x_1^2+y_1^2 & x_1 & y_1 & 1 \\ x_2^2+y_2^2 & x_2 & y_2 & 1 \\ x_3^2+y_3^2 & x_3 & y_3 & 1 \end{vmatrix}=0, \tag{4.5.7}$$

由 P_1,P_2,P_3 不共线可知

$$\begin{vmatrix} x_1 & y_1 & 1 \\ x_2 & y_2 & 1 \\ x_3 & y_3 & 1 \end{vmatrix}\neq 0,$$

于是, 在方程 (4.5.7) 中 x^2 和 y^2 的系数相同且不为零, 交叉项 xy 的系数为零. 这表明 (4.5.7) 为一个圆的方程. 同时, P_1,P_2 及 P_3 的坐标也满足方程(4.5.7). 故这就是所要求的圆的方程.

4.5.2 方阵的行列式

定义 4.5.1 设 $\boldsymbol{A}$ 为 n 阶矩阵,

$$\boldsymbol{A}=\begin{bmatrix} a_{11} & a_{12} & \cdots & a_{1n} \\ a_{21} & a_{22} & \cdots & a_{2n} \\ \vdots & \vdots & & \vdots \\ a_{n1} & a_{n2} & \cdots & a_{nn} \end{bmatrix}$$

称

$$\begin{vmatrix} a_{11} & a_{12} & \cdots & a_{1n} \\ a_{21} & a_{22} & \cdots & a_{2n} \\ \vdots & \vdots & & \vdots \\ a_{n1} & a_{n2} & \cdots & a_{nn} \end{vmatrix}$$

为**矩阵 $\boldsymbol{A}$ 的行列式**, 记为 $|\boldsymbol{A}|$ 或 $\det \boldsymbol{A}$.

定理 4.5.2 初等矩阵的行列式非零, 且有

$$\det \boldsymbol{E}_{ij} = -1, \quad \det \boldsymbol{E}_i(c) = c \neq 0, \quad \det \boldsymbol{E}_{ij}(k) = 1.$$

定理 4.5.3 若 $\boldsymbol{P}$ 为初等矩阵, 则

$$\det(\boldsymbol{PA}) = \det \boldsymbol{P} \det \boldsymbol{A}.$$

证 不妨设 $\boldsymbol{P}$ 为交换初等矩阵, 即 $\boldsymbol{P} = \boldsymbol{E}_{ij}$, 于是 $\boldsymbol{P}$ 左乘 $\boldsymbol{A}$ 相当于交换 $\boldsymbol{A}$ 的第 i 行和第 j 行, 从而有

$$\det(\boldsymbol{PA}) = -\det \boldsymbol{A},$$

又

$$\det \boldsymbol{P} = -1,$$

故

$$\det(\boldsymbol{PA}) = \det \boldsymbol{P} \det \boldsymbol{A}.$$

其他两种情形可类似证明. 命题得证.

由上可知, 若 $\boldsymbol{B} = \boldsymbol{P}_s\boldsymbol{P}_{s-1}\cdots\boldsymbol{P}_2\boldsymbol{P}_1\boldsymbol{A}$, 其中 $\boldsymbol{P}_i(i = 1, 2, \cdots, s)$ 为初等矩阵, 则有

$$\begin{aligned} \det \boldsymbol{B} &= \det\left(\boldsymbol{P}_s\left(\boldsymbol{P}_{s-1}\cdots\boldsymbol{P}_2\boldsymbol{P}_1\boldsymbol{A}\right)\right) \\ &= \det \boldsymbol{P}_s \det\left(\boldsymbol{P}_{s-1}\cdots\boldsymbol{P}_2\boldsymbol{P}_1\boldsymbol{A}\right) \\ &= \det \boldsymbol{P}_s \det \boldsymbol{P}_{s-1}\cdots\det \boldsymbol{P}_2 \det \boldsymbol{P}_1 \det \boldsymbol{A}. \end{aligned}$$

定理 4.5.4 若 $\boldsymbol{A}, \boldsymbol{B}$ 为同阶方阵, 则

$$\det(\boldsymbol{AB}) = \det \boldsymbol{A} \det \boldsymbol{B}.$$

证 若 $\boldsymbol{A}$ 可逆, 则由定理 1.4.5 可知, $\boldsymbol{A}$ 可表示为初等矩阵的乘积, 即存在初等矩阵 $\boldsymbol{P}_i, i = 1, 2, \cdots, s$, 使得

$$\boldsymbol{A}=\boldsymbol{P}_s\boldsymbol{P}_{s-1}\cdots\boldsymbol{P}_1,$$

于是

$$\det\boldsymbol{A}=\det\boldsymbol{P}_s\det\boldsymbol{P}_{s-1}\cdots\det\boldsymbol{P}_1,$$

从而

$$\begin{aligned}\det(\boldsymbol{AB})&=\det\left(\boldsymbol{P}_s\boldsymbol{P}_{s-1}\cdots\boldsymbol{P}_1\boldsymbol{B}\right)\\&=\det\boldsymbol{P}_s\det\boldsymbol{P}_{s-1}\cdots\det\boldsymbol{P}_1\det\boldsymbol{B}\\&=\det\boldsymbol{A}\det\boldsymbol{B}.\end{aligned}$$

命题成立.

若 $\boldsymbol{A}$ 不可逆, 则 $\mathrm{r}(\boldsymbol{A})$ 小于矩阵 $\boldsymbol{A}$ 的阶数 n, 且由定理 1.4.3 可知, 存在初等矩阵 $\boldsymbol{P}_l,\boldsymbol{P}_{l-1},\cdots,\boldsymbol{P}_1$ 及 $\boldsymbol{Q}_1,\boldsymbol{Q}_2,\cdots,\boldsymbol{Q}_t$, 使得

$$\boldsymbol{P}_l\boldsymbol{P}_{l-1}\cdots\boldsymbol{P}_1\boldsymbol{A}\boldsymbol{Q}_1\boldsymbol{Q}_2\cdots\boldsymbol{Q}_t=\mathrm{diag}(1,\cdots,1,0,\cdots,0)\xlongequal{\text{记为}}\boldsymbol{\Lambda},$$

其中 1 的个数为 $\mathrm{r}(\boldsymbol{A})<n$, 于是

$$\boldsymbol{A}=\boldsymbol{P}_1^{-1}\boldsymbol{P}_2^{-1}\cdots\boldsymbol{P}_l^{-1}\boldsymbol{\Lambda}\boldsymbol{Q}_t^{-1}\boldsymbol{Q}_{t-1}^{-1}\cdots\boldsymbol{Q}_1^{-1},$$

其中 $\boldsymbol{P}_i^{-1}(i=1,2,\cdots,l),\boldsymbol{Q}_j^{-1}(j=1,2,\cdots,t)$ 仍为初等矩阵, 从而

$$\begin{aligned}\det\boldsymbol{A}&=\det\boldsymbol{P}_1^{-1}\det\boldsymbol{P}_2^{-1}\cdots\det\boldsymbol{P}_l^{-1}\det\left(\boldsymbol{\Lambda}\boldsymbol{Q}_t^{-1}\boldsymbol{Q}_{t-1}^{-1}\cdots\boldsymbol{Q}_1^{-1}\right)\\&=\det\boldsymbol{P}_1^{-1}\det\boldsymbol{P}_2^{-1}\cdots\det\boldsymbol{P}_l^{-1}\cdot 0\\&=0,\end{aligned}$$

$$\begin{aligned}\det(\boldsymbol{AB})&=\det\left(\boldsymbol{P}_1^{-1}\boldsymbol{P}_2^{-1}\cdots\boldsymbol{P}_l^{-1}\boldsymbol{\Lambda}\boldsymbol{Q}_t^{-1}\boldsymbol{Q}_{t-1}^{-1}\cdots\boldsymbol{Q}_1^{-1}\boldsymbol{B}\right)\\&=\det\boldsymbol{P}_1^{-1}\det\boldsymbol{P}_2^{-1}\cdots\det\boldsymbol{P}_l^{-1}\det\left(\boldsymbol{\Lambda}\boldsymbol{Q}_t^{-1}Q_{t-1}^{-1}\cdots\boldsymbol{Q}_1^{-1}\boldsymbol{B}\right)\\&=\det\boldsymbol{P}_1^{-1}\det\boldsymbol{P}_2^{-1}\cdots\det\boldsymbol{P}_l^{-1}\cdot 0\\&=0,\end{aligned}$$

因此

$$\det(\boldsymbol{AB})=\det\boldsymbol{A}\det\boldsymbol{B}.$$

命题成立.

综上, 定理得证.

推论 4.5.2 *若 $\boldsymbol{A}_i(i=1,2,\cdots,s)$ 为 n 阶方阵, 则有*

$$\det\left(\boldsymbol{A}_1\boldsymbol{A}_2\cdots\boldsymbol{A}_s\right)=\det\boldsymbol{A}_1\det\boldsymbol{A}_2\cdots\det\boldsymbol{A}_s.$$

另外, 容易证明, 关于 n 阶方阵的行列式还有如下结论:

(1) $\det(k\boldsymbol{A}) = k^n \det \boldsymbol{A}$, 其中 k 为任意数;

(2) $\det \boldsymbol{A}^{\mathrm{T}} = \det \boldsymbol{A}$;

(3) $\det \boldsymbol{A}^{-1} = (\det \boldsymbol{A})^{-1}$ (当 $\boldsymbol{A}$ 可逆时);

(4)

$$\det \begin{bmatrix} \boldsymbol{A} & \boldsymbol{0} \\ \boldsymbol{C} & \boldsymbol{D} \end{bmatrix} = \det \boldsymbol{A} \det \boldsymbol{D} = \det \begin{bmatrix} \boldsymbol{A} & \boldsymbol{B} \\ \boldsymbol{0} & \boldsymbol{D} \end{bmatrix},$$

其中 $\boldsymbol{A}, \boldsymbol{D}$ 为方阵, 称上述分块矩阵为准上 (下) 三角形矩阵. 由数学归纳法可证明, (4) 的结论可推广到一般的准上 (下) 三角形矩阵的情形, 特别地, 有

$$\begin{vmatrix} \boldsymbol{A}_1 & & & \\ & \boldsymbol{A}_2 & & \\ & & \ddots & \\ & & & \boldsymbol{A}_s \end{vmatrix} = |\boldsymbol{A}_1|\,|\boldsymbol{A}_2|\cdots|\boldsymbol{A}_s|,$$

其中 $\boldsymbol{A}_i(i = 1, 2, \cdots, s)$ 为方阵;

(5) 若 $\boldsymbol{A}$ 为正交矩阵, 则 $\det \boldsymbol{A} = \pm 1$;

(6) 若 $\boldsymbol{A} \xrightarrow{cR_i} \boldsymbol{B}$, 则 $\det \boldsymbol{B} = c \det \boldsymbol{A}$;

(7) 若 $\boldsymbol{A} \xrightarrow{R_j + kR_i} \boldsymbol{B}$, 则 $\det \boldsymbol{B} = \det \boldsymbol{A}$;

(8) 若 $\boldsymbol{A} \xrightarrow{R_{ij}} \boldsymbol{B}$, 则 $\det \boldsymbol{B} = -\det \boldsymbol{A}$.

4.5.3 矩阵可逆的条件

设 $\boldsymbol{A} = [a_{ij}]_{n \times n}$, A_{ij} 是 $|\boldsymbol{A}|$ 中元素 a_{ij} 的代数余子式. 将这 n^2 个数 $A_{ij}(i, j = 1, 2, \cdots, n)$ 按如下方式排成一个 n 阶方阵, 记作 $\boldsymbol{A}^*$, 即

$$\boldsymbol{A}^* = \begin{bmatrix} A_{11} & A_{21} & \cdots & A_{n1} \\ A_{12} & A_{22} & \cdots & A_{n2} \\ \vdots & \vdots & & \vdots \\ A_{1n} & A_{2n} & \cdots & A_{nn} \end{bmatrix},$$

称 $\boldsymbol{A}^*$ 为矩阵 $\boldsymbol{A}$ 的**伴随矩阵**. 例如, 矩阵

$$\boldsymbol{A} = \begin{bmatrix} 1 & 2 \\ 3 & 4 \end{bmatrix}$$

的伴随矩阵为

$$\boldsymbol{A}^* = \begin{bmatrix} 4 & -2 \\ -3 & 1 \end{bmatrix}.$$

下面求

$$A^*A=\begin{bmatrix}A_{11}&A_{21}&\cdots&A_{n1}\\A_{12}&A_{22}&\cdots&A_{n2}\\\vdots&\vdots&&\vdots\\A_{1n}&A_{2n}&\cdots&A_{nn}\end{bmatrix}\begin{bmatrix}a_{11}&a_{12}&\cdots&a_{1n}\\a_{21}&a_{22}&\cdots&a_{2n}\\\vdots&\vdots&&\vdots\\a_{n1}&a_{n2}&\cdots&a_{nn}\end{bmatrix},$$

由行列式的性质可知, $\boldsymbol{A}^*\boldsymbol{A}$ 的第 i 行、第 j 列的元素为

$$a_{1j}A_{1i}+a_{2j}A_{2i}+\cdots+a_{nj}A_{ni}=\sum_{k=1}^{n}a_{kj}A_{ki}=\begin{cases}|\boldsymbol{A}| & (i=j),\\ 0 & (i\neq j),\end{cases}$$

于是

$$\boldsymbol{A}^*\boldsymbol{A}=\begin{bmatrix}|\boldsymbol{A}|&&&\\&|\boldsymbol{A}|&&\\&&\ddots&\\&&&|\boldsymbol{A}|\end{bmatrix}=|\boldsymbol{A}|\boldsymbol{I},$$

类似地, 有 $\boldsymbol{A}\boldsymbol{A}^*=|\boldsymbol{A}|\boldsymbol{I}$, 因此

$$\boldsymbol{A}^*\boldsymbol{A}=\boldsymbol{A}\boldsymbol{A}^*=|\boldsymbol{A}|\boldsymbol{I}. \tag{4.5.8}$$

由上可得:

定理 4.5.5 *方阵 $\boldsymbol{A}$ 可逆的充要条件是 $|\boldsymbol{A}|\neq 0$; 当 $\boldsymbol{A}$ 可逆时,*

$$\boldsymbol{A}^{-1}=\frac{1}{|\boldsymbol{A}|}\boldsymbol{A}^*,$$

其中 $\boldsymbol{A}^*$ 为 $\boldsymbol{A}$ 的伴随矩阵.

证 充分性: 若 $|\boldsymbol{A}|\neq 0$, 则 (4.5.8) 式可变成

$$\left(\frac{1}{|\boldsymbol{A}|}\boldsymbol{A}^*\right)\boldsymbol{A}=\boldsymbol{A}\left(\frac{1}{|\boldsymbol{A}|}\boldsymbol{A}^*\right)=\boldsymbol{I},$$

于是由矩阵可逆的定义知, 矩阵 $\boldsymbol{A}$ 可逆, 且其逆矩阵

$$\boldsymbol{A}^{-1}=\frac{1}{|\boldsymbol{A}|}\boldsymbol{A}^*.$$

必要性: 若 $\boldsymbol{A}$ 可逆, 则 $\boldsymbol{A}\boldsymbol{A}^{-1}=\boldsymbol{I}$. 对上式两边取行列式, 有

$$\left|\boldsymbol{A}\boldsymbol{A}^{-1}\right|=|\boldsymbol{A}|\left|\boldsymbol{A}^{-1}\right|=|\boldsymbol{I}|=1,$$

故

$$|\boldsymbol{A}|\neq 0.$$

由定理 4.5.5 可得求矩阵逆的一种方法 —— 伴随矩阵法.

例 4.5.4 下列矩阵是否可逆? 若可逆, 则求出其逆矩阵.

$$\boldsymbol{A}=\begin{bmatrix}3&1&1\\2&1&0\\1&1&1\end{bmatrix},\quad \boldsymbol{B}=\begin{bmatrix}a_{11}&&\\&a_{22}&\\&&a_{33}\end{bmatrix},\quad \boldsymbol{C}=\begin{bmatrix}a_{11}&a_{12}\\a_{21}&a_{22}\end{bmatrix}.$$

解 求得 $|\boldsymbol{A}|=2\neq 0$, 因此 $\boldsymbol{A}$ 可逆. 记 $\boldsymbol{A}=[a_{ij}]$, 于是其各元素的代数余子式分别为

$$A_{11}=\begin{vmatrix}1&0\\1&1\end{vmatrix}=1,\quad A_{12}=-\begin{vmatrix}2&0\\1&1\end{vmatrix}=-2,\quad A_{13}=\begin{vmatrix}2&1\\1&1\end{vmatrix}=1,$$

$$A_{21}=-\begin{vmatrix}1&1\\1&1\end{vmatrix}=0,\quad A_{22}=\begin{vmatrix}3&1\\1&1\end{vmatrix}=2,\quad A_{23}=-\begin{vmatrix}3&1\\1&1\end{vmatrix}=-2,$$

$$A_{31}=\begin{vmatrix}1&1\\1&0\end{vmatrix}=-1,\quad A_{32}=-\begin{vmatrix}3&1\\2&0\end{vmatrix}=2,\quad A_{33}=\begin{vmatrix}3&1\\2&1\end{vmatrix}=1,$$

从而

$$\boldsymbol{A}^{-1}=\frac{1}{|\boldsymbol{A}|}\boldsymbol{A}^{*}=\frac{1}{2}\begin{bmatrix}1&0&-1\\-2&2&2\\1&-2&1\end{bmatrix}=\begin{bmatrix}\frac{1}{2}&0&-\frac{1}{2}\\-1&1&1\\\frac{1}{2}&-1&\frac{1}{2}\end{bmatrix}.$$

当 $|\boldsymbol{B}|=a_{11}a_{22}a_{33}\neq 0$ 时, $\boldsymbol{B}$ 可逆, 其逆也为对角矩阵, 且

$$\boldsymbol{B}^{-1}=\begin{bmatrix}a_{11}^{-1}&&\\&a_{22}^{-1}&\\&&a_{33}^{-1}\end{bmatrix}.$$

当 $|\boldsymbol{C}|=a_{11}a_{22}-a_{12}a_{21}\neq 0$ 时, $\boldsymbol{C}$ 可逆, 其逆矩阵为

$$\boldsymbol{C}^{-1}=\frac{1}{|\boldsymbol{C}|}\begin{bmatrix}a_{22}&-a_{12}\\-a_{21}&a_{11}\end{bmatrix}.$$

注: 该方法对 2 阶、3 阶, 特别是对 2 阶矩阵求逆较方便. 3 阶以上的矩阵求逆一般不用该方法, 而用初等变换法.

例 4.5.5 设 $\boldsymbol{A}=[a_{ij}]_{n\times n}$ 可逆, $\boldsymbol{A}^*$ 是 $\boldsymbol{A}$ 的伴随矩阵, 试证: $\boldsymbol{A}^*$ 可逆, 且 $(\boldsymbol{A}^*)^{-1}=(\boldsymbol{A}^{-1})^*$.

证 由定理 4.5.5 可知

$$\boldsymbol{A}^{-1}=\frac{1}{|\boldsymbol{A}|}\boldsymbol{A}^*,$$

由此可得

$$\boldsymbol{A}^*=|\boldsymbol{A}|\boldsymbol{A}^{-1},$$

于是

$$\boldsymbol{A}^*\left(\boldsymbol{A}^{-1}\right)^*=|\boldsymbol{A}|\boldsymbol{A}^{-1}\left(\left|\boldsymbol{A}^{-1}\right|\boldsymbol{A}\right)=|\boldsymbol{A}||\boldsymbol{A}|^{-1}\boldsymbol{A}^{-1}\boldsymbol{A}=\boldsymbol{I},$$

因此 $\boldsymbol{A}^*$ 可逆, 且 $(\boldsymbol{A}^*)^{-1}=(\boldsymbol{A}^{-1})^*$.

设 $\boldsymbol{A}$ 为 $n(n\geqslant 2)$ 阶方阵, 与 $\boldsymbol{A}^*$ 相关的结论还有:

(1) $|\boldsymbol{A}^*|=|\boldsymbol{A}|^{n-1}$;

(2) $(\boldsymbol{A}^*)^*=|\boldsymbol{A}|^{n-2}\boldsymbol{A}$ (当 $\boldsymbol{A}$ 可逆时);

(3) $(k\boldsymbol{A})^*=k^{n-1}\boldsymbol{A}^*$ (其中 k 为任意数);

(4) $(\boldsymbol{A}^*)^{-1}=\left(\boldsymbol{A}^{-1}\right)^*=\dfrac{1}{|\boldsymbol{A}|}\boldsymbol{A}$ (当 $\boldsymbol{A}$ 可逆时).

证明留作习题.

例 4.5.6 设矩阵

$$\boldsymbol{T}=\begin{bmatrix}\boldsymbol{A} & \boldsymbol{0}\\ \boldsymbol{C} & \boldsymbol{D}\end{bmatrix},$$

其中 $\boldsymbol{A},\boldsymbol{D}$ 为可逆子块. (1) 证明: $\boldsymbol{T}$ 可逆; (2) 求 $\boldsymbol{T}^{-1}$.

(1) **证** 由 $\boldsymbol{A},\boldsymbol{D}$ 可逆知

$$\det\boldsymbol{A}\neq 0,\quad \det\boldsymbol{D}\neq 0,$$

于是

$$\det\boldsymbol{T}=\det\boldsymbol{A}\quad\det\boldsymbol{D}\neq 0,$$

因此, $\boldsymbol{T}$ 可逆.

(2) **解法一** 同例 1.6.3.

解法二 同例 1.6.5.

解法三 构造矩阵

$$\boldsymbol{M}=\left[\begin{array}{cc|cc}\boldsymbol{A} & \boldsymbol{0} & \boldsymbol{I} & \boldsymbol{0}\\ \boldsymbol{C} & \boldsymbol{D} & \boldsymbol{0} & \boldsymbol{I}\end{array}\right],$$

用分块初等行变换将 $\boldsymbol{M}$ 的左半部化为分块单位矩阵, 此时相应的右半部就是 $\boldsymbol{T}^{-1}$, 即

$$\left[\begin{array}{cc|cc}\boldsymbol{A} & \boldsymbol{0} & \boldsymbol{I} & \boldsymbol{0}\\ \boldsymbol{C} & \boldsymbol{D} & \boldsymbol{0} & \boldsymbol{I}\end{array}\right]\longrightarrow\left[\begin{array}{cc|cc}\boldsymbol{I} & \boldsymbol{0} & \boldsymbol{A}^{-1} & \boldsymbol{0}\\ \boldsymbol{C} & \boldsymbol{D} & \boldsymbol{0} & \boldsymbol{I}\end{array}\right]$$

$$\longrightarrow\left[\begin{array}{cc|cc}\boldsymbol{I} & \boldsymbol{0} & \boldsymbol{A}^{-1} & \boldsymbol{0}\\ \boldsymbol{0} & \boldsymbol{D} & -\boldsymbol{C}\boldsymbol{A}^{-1} & \boldsymbol{I}\end{array}\right]\longrightarrow\left[\begin{array}{cc|cc}\boldsymbol{I} & \boldsymbol{0} & \boldsymbol{A}^{-1} & \boldsymbol{0}\\ \boldsymbol{0} & \boldsymbol{I} & -\boldsymbol{D}^{-1}\boldsymbol{C}\boldsymbol{A}^{-1} & \boldsymbol{D}^{-1}\end{array}\right],$$

于是

$$\boldsymbol{T}^{-1}=\begin{bmatrix}\boldsymbol{A}^{-1} & \boldsymbol{0}\\ -\boldsymbol{D}^{-1}\boldsymbol{C}\boldsymbol{A}^{-1} & \boldsymbol{D}^{-1}\end{bmatrix}.$$

在上例中, 特别地, 当 $\boldsymbol{C}=\boldsymbol{0}$ 时, 有

$$\begin{bmatrix}\boldsymbol{A} & \boldsymbol{0}\\ \boldsymbol{0} & \boldsymbol{D}\end{bmatrix}^{-1}=\begin{bmatrix}\boldsymbol{A}^{-1} & \boldsymbol{0}\\ \boldsymbol{0} & \boldsymbol{D}^{-1}\end{bmatrix}.$$

一般地, 对于准下三角形矩阵有

$$\det\begin{bmatrix}\boldsymbol{A}_{11} & & & \\ & \boldsymbol{A}_{22} & \boldsymbol{0} & \\ & * & \ddots & \\ & & & \boldsymbol{A}_{ss}\end{bmatrix}=\det\boldsymbol{A}_{11}\det\boldsymbol{A}_{22}\cdots\det\boldsymbol{A}_{ss},$$

因此, 准下三角形矩阵

$$\begin{bmatrix}\boldsymbol{A}_{11} & & & \\ & \boldsymbol{A}_{22} & \boldsymbol{0} & \\ & * & \ddots & \\ & & & \boldsymbol{A}_{ss}\end{bmatrix}\text{可逆}\Longleftrightarrow\boldsymbol{A}_{ii},i=1,2,\cdots,s\text{ 都可逆}.$$

对于准上三角形矩阵也有相同的结论.

特别地, 准对角矩阵

$$\begin{bmatrix}\boldsymbol{A}_{1} & & & \\ & \boldsymbol{A}_{2} & & \\ & & \ddots & \\ & & & \boldsymbol{A}_{s}\end{bmatrix}\text{可逆}\Longleftrightarrow\boldsymbol{A}_{i},i=1,2,\cdots,s\text{ 都可逆},$$

当准对角矩阵可逆时,

$$\begin{bmatrix} \boldsymbol{A}_1 & & & \\ & \boldsymbol{A}_2 & & \\ & & \ddots & \\ & & & \boldsymbol{A}_s \end{bmatrix}^{-1} = \begin{bmatrix} \boldsymbol{A}_1^{-1} & & & \\ & \boldsymbol{A}_2^{-1} & & \\ & & \ddots & \\ & & & \boldsymbol{A}_s^{-1} \end{bmatrix}.$$

类似地可以证明, 矩阵

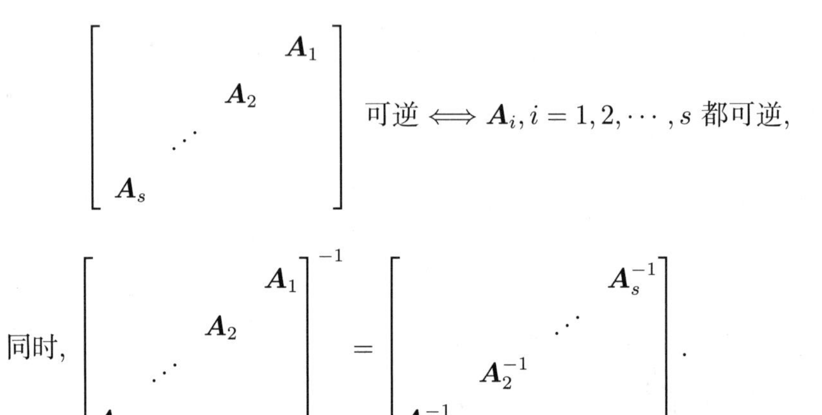

$$\begin{bmatrix} & & & \boldsymbol{A}_1 \\ & & \boldsymbol{A}_2 & \\ & \iddots & & \\ \boldsymbol{A}_s & & & \end{bmatrix} \text{可逆} \iff \boldsymbol{A}_i, i=1,2,\cdots,s \text{ 都可逆},$$

同时,
$$\begin{bmatrix} & & & \boldsymbol{A}_1 \\ & & \boldsymbol{A}_2 & \\ & \iddots & & \\ \boldsymbol{A}_s & & & \end{bmatrix}^{-1} = \begin{bmatrix} & & & \boldsymbol{A}_s^{-1} \\ & & \iddots & \\ & \boldsymbol{A}_2^{-1} & & \\ \boldsymbol{A}_1^{-1} & & & \end{bmatrix}.$$

4.5.4 行列式与矩阵的秩

矩阵的秩与行列式也有着密切的关系. 对于 n 阶方阵, 有

定理 4.5.6 设 $\boldsymbol{A}$ 为 n 阶方阵, 则 $\boldsymbol{A}$ 满秩 (即 $\mathrm{r}(\boldsymbol{A}) = n$) 的充要条件是 $\det \boldsymbol{A} \neq 0$.

证 若 $\boldsymbol{A}$ 满秩, 即 $\mathrm{r}(\boldsymbol{A}) = n$, 则 $\boldsymbol{A}$ 可逆, 从而 $|\boldsymbol{A}| \neq 0$; 反之, 若 $|\boldsymbol{A}| \neq 0$, 则 $\boldsymbol{A}$ 可逆, 从而 $\boldsymbol{A}$ 满秩.

定义 4.5.2 设矩阵 $\boldsymbol{A} = [a_{ij}]_{m\times n}$, 任取 $\boldsymbol{A}$ 的 k 个行 ($i_1, i_2, \cdots, i_k$ 行) 和 k 个列 ($j_1, j_2, \cdots, j_k$ 列) 的交叉点上的 k^2 个元素, 并按原顺序排列成的 k 阶行列式

$$\begin{vmatrix} a_{i_1j_1} & a_{i_1j_2} & \cdots & a_{i_1j_k} \\ a_{i_2j_1} & a_{i_2j_2} & \cdots & a_{i_2j_k} \\ \vdots & \vdots & & \vdots \\ a_{i_kj_1} & a_{i_kj_2} & \cdots & a_{i_kj_k} \end{vmatrix}$$

称为 $\boldsymbol{A}$ 的一个 k **阶子式**; 特别地, 当 $i_1 = j_1, i_2 = j_2, \cdots, i_k = j_k$ 时, 称之为 $\boldsymbol{A}$ 的一个 k **阶主子式**.

例如, 对矩阵

$$A=\begin{bmatrix}1&2&0&3\\7&2&9&4\\4&5&1&2\end{bmatrix}$$

来说,

$$\begin{vmatrix}1&2\\7&2\end{vmatrix},|7|,\begin{vmatrix}2&3\\5&2\end{vmatrix},\begin{vmatrix}1&0\\4&1\end{vmatrix},|1|$$

都是 $\boldsymbol{A}$ 的子式, 且其中

$$\begin{vmatrix}1&2\\7&2\end{vmatrix},\begin{vmatrix}1&0\\4&1\end{vmatrix},|1|$$

还是 $\boldsymbol{A}$ 的主子式.

一般地, 矩阵的秩与行列式有如下紧密关系:

定理 4.5.7 设矩阵 $\boldsymbol{A}=[a_{ij}]_{m\times n}$, $\mathrm{r}(\boldsymbol{A})=r$ 的充要条件是 $\boldsymbol{A}$ 有一个 r 阶子式不为零, 且所有 $r+1$ 阶子式 (若有的话) 全为零.

证 必要性: 设 $\mathrm{r}(\boldsymbol{A})=r$, 则 $\boldsymbol{A}$ 的行向量组的秩也为 r. 不妨设 $\boldsymbol{A}$ 的前 r 个行向量线性无关, 记 $\boldsymbol{A}$ 的前 r 个行构成的矩阵为 $\boldsymbol{A}_1$, 于是, $\boldsymbol{A}_1$ 的列向量组的秩 $=\boldsymbol{A}_1$ 的行向量组的秩 $=r$. 不妨再设 $\boldsymbol{A}_1$ 的前 r 个列向量线性无关, 于是由定理 4.5.6 知, $\boldsymbol{A}$ 的左上角的 r 阶子式不为零. 因为 $\boldsymbol{A}$ 的任意 $r+1$ 个行向量 (若有的话) 都线性相关, 所以在 $\boldsymbol{A}$ 的任意 $r+1$ 个行中构成的任意一个 $r+1$ 阶子式都为零.

充分性: 设矩阵 $\boldsymbol{A}$ 有一个 r 阶子式不为零, 且所有的 $r+1$ 阶子式全为零, 下面证 $\mathrm{r}(\boldsymbol{A})=r$.

由行列式按一行 (列) 展开的公式, 若 $\boldsymbol{A}$ 的所有 $r+1$ 阶子式全为零, 则 $\boldsymbol{A}$ 的 $r+2$ 阶子式也一定为零, 从而 $\boldsymbol{A}$ 的所有阶数大于 r 的子式全为零.

现在设 $\mathrm{r}(\boldsymbol{A})=k$. 由定理的必要性可知 $k\geqslant r$ (否则, $\boldsymbol{A}$ 的所有 r 阶子式都为零, 这与已知矛盾), 同理 $k\leqslant r$ (否则, $\boldsymbol{A}$ 就一定有一个 k $(k\geqslant r+1)$ 阶子式不为零, 这也与已知矛盾). 因此, $k=r$.

综上, 命题得证.

由定理 4.5.7 知, 矩阵 $\boldsymbol{A}$ 的秩就等于 $\boldsymbol{A}$ 的非零子式的最高阶数. 另外, 由该定理可判断矩阵或向量组的秩. 例如, 设

$$\boldsymbol{\alpha}_1=(a,1,0,0),\quad \boldsymbol{\alpha}_2=(b,0,1,0),\quad \boldsymbol{\alpha}_3=(c,0,0,1),$$

将 $\boldsymbol{\alpha}_1,\boldsymbol{\alpha}_2,\boldsymbol{\alpha}_3$ 作为列构造矩阵 $\boldsymbol{A}$, 即

$$\boldsymbol{A}=\begin{bmatrix} a & b & c \\ 1 & 0 & 0 \\ 0 & 1 & 0 \\ 0 & 0 & 1 \end{bmatrix},$$

易见, $\boldsymbol{A}$ 中有一个 3 阶子式不为零, 且无更高阶子式. 因此 , $\mathrm{r}(\boldsymbol{A})=3$, 从而向量组 $\boldsymbol{\alpha}_1,\boldsymbol{\alpha}_2,\boldsymbol{\alpha}_3$ 的秩也为 3.

4.5.5 行列式与矢量 (向量) 的叉积

定义 4.5.3 设矢量 (向量)

$$\boldsymbol{\alpha}=a_1\boldsymbol{i}+b_1\boldsymbol{j}+c_1\boldsymbol{k},\quad \boldsymbol{\beta}=a_2\boldsymbol{i}+b_2\boldsymbol{j}+c_2\boldsymbol{k},$$

$\boldsymbol{\alpha},\boldsymbol{\beta}\in\mathbf{R}^3$, 称矢量 (向量)

$$(b_1c_2-b_2c_1)\,\boldsymbol{i}+(a_2c_1-a_1c_2)\,\boldsymbol{j}+(a_1b_2-a_2b_1)\,\boldsymbol{k}$$

为 $\boldsymbol{\alpha}$ 与 $\boldsymbol{\beta}$ 的**叉积 (矢积)**, 记为 $\boldsymbol{\alpha}\times\boldsymbol{\beta}$.

矢量的叉积在物理学中有着广泛的应用. 利用行列式可以方便地计算矢量的叉积. 设矢量 $\boldsymbol{\alpha},\boldsymbol{\beta}$ 如定义 4.5.3 所示, 则 $\boldsymbol{\alpha}$ 与 $\boldsymbol{\beta}$ 的叉积

$$\boldsymbol{\alpha}\times\boldsymbol{\beta}=\begin{vmatrix} b_1 & c_1 \\ b_2 & c_2 \end{vmatrix}\boldsymbol{i}-\begin{vmatrix} a_1 & c_1 \\ a_2 & c_2 \end{vmatrix}\boldsymbol{j}+\begin{vmatrix} a_1 & b_1 \\ a_2 & b_2 \end{vmatrix}\boldsymbol{k},$$

形式上等于行列式

$$\begin{vmatrix} \boldsymbol{i} & \boldsymbol{j} & \boldsymbol{k} \\ a_1 & b_1 & c_1 \\ a_2 & b_2 & c_2 \end{vmatrix}$$

按第一行展开.

例 4.5.7 设矢量

$$\boldsymbol{\alpha}=2\boldsymbol{i}-\boldsymbol{j}+3\boldsymbol{k},\quad \boldsymbol{\beta}=3\boldsymbol{i}+2\boldsymbol{j}-2\boldsymbol{k},$$

求 $\boldsymbol{\alpha}\times\boldsymbol{\beta}$.

解

$$\boldsymbol{\alpha}\times\boldsymbol{\beta}=\begin{vmatrix}\boldsymbol{i}&\boldsymbol{j}&\boldsymbol{k}\\2&-1&3\\3&2&-2\end{vmatrix}$$

$$=\begin{vmatrix}-1&3\\2&-2\end{vmatrix}\boldsymbol{i}-\begin{vmatrix}2&3\\3&-2\end{vmatrix}\boldsymbol{j}+\begin{vmatrix}2&-1\\3&2\end{vmatrix}\boldsymbol{k}$$

$$=-4\boldsymbol{i}+13\boldsymbol{j}+7\boldsymbol{k}.$$

习题四

1. 计算下列各排列的逆序数, 并指出它们的奇偶性:

(1) 621354;　　(2) 795346182;

(3) 864312579;　　(4) 987654321.

2. 在 $1,2,3,4,5,6,7,8,9$ 组成的下列排列中, 选择 i 和 j, 使得

(1) $58i419j73$ 为偶排列;

(2) $679i125j4$ 为奇排列.

3. 在所有由 $1,2,\cdots,n$ 构成的 n 阶排列中, 哪个排列的逆序数最大? 它等于多少?

4. 判断下列各乘积是不是 4 阶行列式的展开式中的项? 若是, 试确定该项所带的正负号:

(1) $a_{11}a_{23}a_{34}$;　　(2) $a_{12}a_{22}a_{34}a_{41}$;

(3) $a_{11}a_{23}a_{32}a_{44}$;　　(4) $a_{24}a_{31}a_{12}a_{43}$.

5. 用行列式的定义计算下列行列式:

(1) $\begin{vmatrix}a_{11}&a_{12}&a_{13}&a_{14}&a_{15}\\a_{21}&a_{22}&a_{23}&a_{24}&a_{25}\\a_{31}&a_{32}&0&0&0\\a_{41}&a_{42}&0&0&0\\a_{51}&a_{52}&0&0&0\end{vmatrix}$;

(2) $\begin{vmatrix}0&a&0&0\\b&0&0&0\\0&c&d&e\\0&0&f&0\end{vmatrix}$;

(3) $\begin{vmatrix} a_{11} & a_{12} & \cdots & a_{1,n-1} & a_{1n} \\ a_{21} & a_{22} & \cdots & a_{2,n-1} & 0 \\ \vdots & \vdots & & \vdots & \vdots \\ a_{n-1,1} & a_{n-1,2} & \cdots & 0 & 0 \\ a_{n1} & 0 & \cdots & 0 & 0 \end{vmatrix}$;

(4) $\begin{vmatrix} n & 0 & 0 & \cdots & 0 & 0 \\ 0 & 0 & 0 & \cdots & 0 & 1 \\ 0 & 0 & 0 & \cdots & 2 & 0 \\ \vdots & \vdots & \vdots & & \vdots & \vdots \\ 0 & 0 & n-2 & \cdots & 0 & 0 \\ 0 & n-1 & 0 & \cdots & 0 & 0 \end{vmatrix}$.

6. 计算下列行列式:

(1) $\begin{vmatrix} 1 & 2 & 1 \\ 3 & 4 & 1 \\ 0 & 2 & 2 \end{vmatrix}$;

(2) $\begin{vmatrix} a-b-c & 2a & 2a \\ 2b & b-c-a & 2b \\ 2c & 2c & c-a-b \end{vmatrix}$;

(3) $\begin{vmatrix} 1 & 1 & 1 & 1 \\ 1 & -1 & 1 & 1 \\ 1 & 1 & -1 & 1 \\ 1 & 1 & 1 & -1 \end{vmatrix}$;

(4) $\begin{vmatrix} 1+x & 1 & 1 & 1 \\ 1 & 1-x & 1 & 1 \\ 1 & 1 & 1+y & 1 \\ 1 & 1 & 1 & 1-y \end{vmatrix}$;

(5) $\begin{vmatrix} a^2 & (a+1)^2 & (a+2)^2 & (a+3)^2 \\ b^2 & (b+1)^2 & (b+2)^2 & (b+3)^2 \\ c^2 & (c+1)^2 & (c+2)^2 & (c+3)^2 \\ d^2 & (d+1)^2 & (d+2)^2 & (d+3)^2 \end{vmatrix}$;

(6) $\begin{vmatrix} a_1b_1 & a_1b_2 & \cdots & a_1b_n \\ a_2b_1 & a_2b_2 & \cdots & a_2b_n \\ \vdots & \vdots & & \vdots \\ a_nb_1 & a_nb_2 & \cdots & a_nb_n \end{vmatrix}$;

(7) $\begin{vmatrix} 1 & a_1 & a_2 & \cdots & a_n \\ 1 & a_1+b_1 & a_2 & \cdots & a_n \\ 1 & a_1 & a_2+b_2 & \cdots & a_n \\ \vdots & \vdots & \vdots & & \vdots \\ 1 & a_1 & a_2 & \cdots & a_n+b_n \end{vmatrix}$;

(8) $\begin{vmatrix} 1 & 2 & 3 & \cdots & n-1 & n \\ 1 & -1 & 0 & \cdots & 0 & 0 \\ 0 & 2 & -2 & \cdots & 0 & 0 \\ \vdots & \vdots & \vdots & & \vdots & \vdots \\ 0 & 0 & 0 & \cdots & n-1 & -(n-1) \end{vmatrix}$;

(9) $\begin{vmatrix} x_1+1 & x_1+2 & \cdots & x_1+n \\ x_2+1 & x_2+2 & \cdots & x_2+n \\ \vdots & \vdots & & \vdots \\ x_n+1 & x_n+2 & \cdots & x_n+n \end{vmatrix}$;

(10) $\begin{vmatrix} -a_1 & a_1 & 0 & \cdots & 0 & 0 \\ 0 & -a_2 & a_2 & \cdots & 0 & 0 \\ 0 & 0 & -a_3 & \cdots & 0 & 0 \\ \vdots & \vdots & \vdots & & \vdots & \vdots \\ 0 & 0 & 0 & \cdots & -a_n & a_n \\ 1 & 1 & 1 & \cdots & 1 & 1 \end{vmatrix}$.

7. 证明下列等式:

(1) $\begin{vmatrix} b+c & c+a & a+b \\ b_1+c_1 & c_1+a_1 & a_1+b_1 \\ b_2+c_2 & c_2+a_2 & a_2+b_2 \end{vmatrix} = 2\begin{vmatrix} a & b & c \\ a_1 & b_1 & c_1 \\ a_2 & b_2 & c_2 \end{vmatrix}$;

(2) $\begin{vmatrix} a_1+b_1x & a_1x+b_1 & c_1 \\ a_2+b_2x & a_2x+b_2 & c_2 \\ a_3+b_3x & a_3x+b_3 & c_3 \end{vmatrix} = (1-x^2)\begin{vmatrix} a_1 & b_1 & c_1 \\ a_2 & b_2 & c_2 \\ a_3 & b_3 & c_3 \end{vmatrix}$.

8. 计算下列行列式:

(1) $\begin{vmatrix} 1 & 1 & 2 & 2 \\ 3 & -1 & -1 & 1 \\ 2 & 2 & 1 & -1 \\ 1 & 2 & 3 & 0 \end{vmatrix}$; (2) $\begin{vmatrix} 1 & -1 & -5 & 8 \\ 1 & -3 & 0 & 9 \\ 0 & 2 & -1 & 5 \\ 1 & 4 & -7 & 1 \end{vmatrix}$;

(3) $\begin{vmatrix} 1 & 2 & 3 & 4 \\ 2 & 3 & 4 & 1 \\ 3 & 4 & 1 & 2 \\ 4 & 1 & 2 & 3 \end{vmatrix}$; (4) $\begin{vmatrix} \lambda-1 & 2 & -2 \\ 2 & \lambda+2 & -4 \\ -2 & -4 & \lambda+2 \end{vmatrix}$.

9. 计算下列行列式:

(1) $\begin{vmatrix} x & y & 0 & \cdots & 0 & 0 \\ 0 & x & y & \cdots & 0 & 0 \\ 0 & 0 & x & \cdots & 0 & 0 \\ \vdots & \vdots & \vdots & & \vdots & \vdots \\ 0 & 0 & 0 & \cdots & x & y \\ y & 0 & 0 & \cdots & 0 & x \end{vmatrix}_{(n阶)}$;

(2) $\begin{vmatrix} 1+a_1 & a_2 & a_3 & \cdots & a_n \\ a_1 & 1+a_2 & a_3 & \cdots & a_n \\ a_1 & a_2 & 1+a_3 & \cdots & a_n \\ \vdots & \vdots & \vdots & & \vdots \\ a_1 & a_2 & a_3 & \cdots & 1+a_n \end{vmatrix}$;

(3) $\begin{vmatrix} 1 & 1 & 1 & \cdots & 1 \\ a & a-1 & a-2 & \cdots & a-n \\ a^2 & (a-1)^2 & (a-2)^2 & \cdots & (a-n)^2 \\ \vdots & \vdots & \vdots & & \vdots \\ a^n & (a-1)^n & (a-2)^n & \cdots & (a-n)^n \end{vmatrix}$;

(4) $\begin{vmatrix} x & -1 & 0 & \cdots & 0 & 0 \\ 0 & x & -1 & \cdots & 0 & 0 \\ \vdots & \vdots & \vdots & & \vdots & \vdots \\ 0 & 0 & 0 & \cdots & x & -1 \\ a_n & a_{n-1} & a_{n-2} & \cdots & a_2 & x+a_1 \end{vmatrix}$.

10. 计算下列行列式:

(1) $\begin{vmatrix} 1 & 2 & 0 & 0 & 0 \\ 2 & 2 & 0 & 0 & 0 \\ 0 & 3 & 3 & 4 & 0 \\ 6 & 5 & 3 & 7 & 9 \\ 1 & 0 & 0 & 2 & 4 \end{vmatrix}$; (2) $\begin{vmatrix} 5 & 8 & 4 & 1 & 3 \\ 9 & 7 & 6 & 1 & 4 \\ 3 & 4 & 1 & 0 & 0 \\ 4 & 4 & 5 & 0 & 0 \\ 1 & 2 & 3 & 0 & 0 \end{vmatrix}$.

11. 证明下列关于 n 阶行列式的等式:

(1) $\begin{vmatrix} 2 & -1 & & & \\ -1 & 2 & & & \\ & \ddots & \ddots & \ddots & \\ & & & 2 & -1 \\ & & & -1 & 2 \end{vmatrix} = n+1$;

(2) $\begin{vmatrix} \cos\theta & 1 & 0 & \cdots & 0 & 0 \\ 1 & 2\cos\theta & 1 & \cdots & 0 & 0 \\ 0 & 1 & 2\cos\theta & \cdots & 0 & 0 \\ \vdots & \vdots & \vdots & & \vdots & \vdots \\ 0 & 0 & 0 & \cdots & 2\cos\theta & 1 \\ 0 & 0 & 0 & \cdots & 1 & 2\cos\theta \end{vmatrix} = \cos n\theta$.

12. 用克拉默法则解下列方程组:

(1) $\begin{cases} 5x_1 \quad\quad +4x_3 + 2x_4 = 3, \\ x_1 - x_2 + 2x_3 + x_4 = 1, \\ 4x_1 + x_2 + 2x_3 \quad\quad = 1, \\ x_1 + x_2 + x_3 + x_4 = 0; \end{cases}$

(2) $\begin{cases} x_1 + 2x_2 + 2x_3 + 3x_4 = 1, \\ 2x_1 + 2x_2 + 2x_3 + x_4 = 0, \\ 2x_1 + 6x_2 + 2x_3 + x_4 = 2, \\ x_1 + 3x_3 + 2x_4 = 3. \end{cases}$

13. 齐次线性方程组

$$\begin{cases} x_1 + x_2 + x_3 + ax_4 = 0, \\ x_1 + 2x_2 + x_3 + x_4 = 0, \\ x_1 + x_2 - 3x_3 + x_4 = 0, \\ x_1 + x_2 + ax_3 - bx_4 = 0 \end{cases}$$

有非零解时, a, b 必须满足什么条件?

14. λ 取何值时, 线性方程组

$$\begin{cases} 2x_1 + \lambda x_2 - x_3 = 1, \\ \lambda x_1 - x_2 + x_3 = 2, \\ 4x_1 + 5x_2 - 5x_3 = -1 \end{cases}$$

有唯一解? 有无穷多解? 无解? 并在有解时求出全部解.

15. 设 $A(x_1, y_1), B(x_2, y_2)$ 是平面上不同的两点, 试证: 过 A, B 的直线方程为

$$\begin{vmatrix} x & y & 1 \\ x_1 & y_1 & 1 \\ x_2 & y_2 & 1 \end{vmatrix} = 0.$$

16. 求三次多项式 $f(x) = a_0x^3 + a_1x^2 + a_2x + a_3$, 使得

$$f(-1) = 0, \quad f(1) = 4, \quad f(2) = 3, \quad f(3) = 16.$$

17. 设某物质的密度 ρ 与温度 t 的关系为

$$\rho = a_0t^3 + a_1t^2 + a_2t + a_3,$$

由实验测得如下数据:

$t/°\mathrm{C}$	0	10	20	30
$\rho/(\mathrm{g \cdot cm^{-3}})$	13.60	13.57	13.55	13.52

(1) 求 ρ 和 t 的关系式;

(2) 求 $t=15^\circ\mathrm{C}$ 时的该物质的密度 (保留两位小数).

18. 设 $\boldsymbol{A}$ 为 3 阶方阵, 且 $|\boldsymbol{A}|=5$, 求:

(1) $|-2\boldsymbol{A}|$; (2) $\left|\boldsymbol{A}^{-1}\right|$; (3) $|(5\boldsymbol{A})^{-1}|$;

(4) $|\boldsymbol{A}^*|$; (5) $\left|\dfrac{1}{5}\boldsymbol{A}^*-4\boldsymbol{A}^{-1}\right|$.

19. 设 $\boldsymbol{A},\boldsymbol{B}$ 皆是 n 阶方阵, 证明:

$$\begin{vmatrix} \boldsymbol{A} & \boldsymbol{B} \\ \boldsymbol{B} & \boldsymbol{A} \end{vmatrix} = |\boldsymbol{A}+\boldsymbol{B}||\boldsymbol{A}-\boldsymbol{B}|.$$

20. 设 $\boldsymbol{A}$ 为 $n(n\geqslant 2)$ 阶方阵, 证明:

(1) $|\boldsymbol{A}^*|=|\boldsymbol{A}|^{n-1}$;

(2) $(\boldsymbol{A}^*)^*=|\boldsymbol{A}|^{n-2}\boldsymbol{A}$ (当 $\boldsymbol{A}$ 可逆时);

(3) $(k\boldsymbol{A})^*=k^{n-1}\boldsymbol{A}^*$ (其中 k 为任意数).

21. 判断下列矩阵是否可逆, 若可逆, 则求出其逆矩阵:

(1) $\begin{bmatrix} 5 & 4 \\ 3 & 5 \end{bmatrix}$; (2) $\begin{bmatrix} 4 & 1 & 3 \\ 0 & 2 & 1 \\ 3 & 2 & 5 \end{bmatrix}$; (3) $\begin{bmatrix} \cos\theta & -\sin\theta \\ \sin\theta & \cos\theta \end{bmatrix}$.

22. 设方阵 $\boldsymbol{A}$ 满足 $\boldsymbol{A}^2-\boldsymbol{A}-2\boldsymbol{I}=\boldsymbol{0}$, 证明:

(1) $\boldsymbol{A}$ 和 $\boldsymbol{I}-\boldsymbol{A}$ 都可逆, 并求它们的逆矩阵;

(2) $\boldsymbol{A}+\boldsymbol{I}$ 和 $\boldsymbol{A}-2\boldsymbol{I}$ 不同时可逆.

23. 设 $\boldsymbol{A},\boldsymbol{B}$ 都是 n 阶矩阵, 下列命题是否成立? 若成立, 则给出证明; 若不成立, 则举反例说明:

(1) 若 $\boldsymbol{A},\boldsymbol{B}$ 皆不可逆, 则 $\boldsymbol{A}+\boldsymbol{B}$ 也不可逆;

(2) 若 $\boldsymbol{AB}$ 可逆, 则 $\boldsymbol{A},\boldsymbol{B}$ 都可逆;

(3) 若 $\boldsymbol{AB}$ 不可逆, 则 $\boldsymbol{A},\boldsymbol{B}$ 都不可逆;

(4) 若 $\boldsymbol{A}$ 可逆, 则 $k\boldsymbol{A}$ 也可逆 (k 为数).

24. 设 $\boldsymbol{M}=\begin{bmatrix} \boldsymbol{A} & \boldsymbol{B} \\ \boldsymbol{0} & \boldsymbol{D} \end{bmatrix}$, $\boldsymbol{A},\boldsymbol{D}$ 皆可逆, 证明: $\boldsymbol{M}$ 可逆, 并求 $\boldsymbol{M}^{-1}$.

25. 设 $\boldsymbol{A},\boldsymbol{B},\boldsymbol{C},\boldsymbol{D}$ 都是 n 阶矩阵, $|\boldsymbol{A}|\neq 0, \boldsymbol{AC}=\boldsymbol{CA}$, 证明:

$$\begin{vmatrix} \boldsymbol{A} & \boldsymbol{B} \\ \boldsymbol{C} & \boldsymbol{D} \end{vmatrix} = |\boldsymbol{AD}-\boldsymbol{CB}|.$$

26. 设 $\boldsymbol{A}$ 是 $m\times n$ 矩阵, $\boldsymbol{B}$ 是 $n\times m$ 矩阵, 且 $m>n$, 证明: $|\boldsymbol{AB}|=0$.

27. 设 $\boldsymbol{A}$ 为非零 n 阶方阵, 证明: 存在 n 阶非零矩阵 $\boldsymbol{B}$, 使得 $\boldsymbol{AB}=\boldsymbol{0}$ 的充要条件是 $|\boldsymbol{A}|=0$.

28. 设 $\boldsymbol{A}$ 是 $n(n\geqslant 2)$ 阶方阵, $\boldsymbol{A}^*$ 为 $\boldsymbol{A}$ 的伴随矩阵, 证明:

$$\mathrm{r}\left(\boldsymbol{A}^*\right)=\begin{cases} n, & \text{当 } \mathrm{r}(\boldsymbol{A})=n \text{ 时}, \\ 1, & \text{当 } \mathrm{r}(\boldsymbol{A})=n-1 \text{ 时}, \\ 0, & \text{当 } \mathrm{r}(\boldsymbol{A})<n-1 \text{ 时}. \end{cases}$$

29. 设 $\boldsymbol{A}$ 为 $n(n\geqslant 2)$ 阶方阵, 证明: 若 $|\boldsymbol{A}|=0$, 则 $|\boldsymbol{A}|$ 中任意两行 (列) 对应元素的代数余子式成比例.

30. 计算 $\boldsymbol{\alpha}\times\boldsymbol{\beta}$:

(1) $\boldsymbol{\alpha}=5\boldsymbol{i}-3\boldsymbol{j}+2\boldsymbol{k},\quad \boldsymbol{\beta}=2\boldsymbol{i}-2\boldsymbol{j}+\boldsymbol{k}$;

(2) $\boldsymbol{\alpha}=\boldsymbol{i}+\boldsymbol{k},\quad \boldsymbol{\beta}=\boldsymbol{i}+\boldsymbol{j}-\boldsymbol{k}$.

31. 设 $\boldsymbol{\alpha}=a_1\boldsymbol{i}+b_1\boldsymbol{j}+c_1\boldsymbol{k}, \boldsymbol{\beta}=a_2\boldsymbol{i}+b_2\boldsymbol{j}+c_2\boldsymbol{k}, \boldsymbol{\gamma}=a_3\boldsymbol{i}+b_3\boldsymbol{j}+c_3\boldsymbol{k}, \boldsymbol{\alpha}, \boldsymbol{\beta}$ $\boldsymbol{\gamma}\in\mathbf{R}^3$, 证明:

$$(\boldsymbol{\alpha}\times\boldsymbol{\beta},\boldsymbol{\gamma})=\begin{vmatrix} a_1 & b_1 & c_1 \\ a_2 & b_2 & c_2 \\ a_3 & b_3 & c_3 \end{vmatrix}.$$

第五章 特征值与特征向量

在数学和工程技术的许多领域, 如微分方程、运动稳定性、振动、自动控制、多体系统动力学、航空、航天等, 常常需要寻找矩阵在相似意义上的最简单形式. 为此, 本章从介绍特征值与特征向量的概念和计算开始, 进而讨论矩阵的相似对角化问题及若尔当 (Jordan) 标准形, 并举例说明相关的应用.

5.1 矩阵的特征值与特征向量

5.1.1 特征值与特征向量的定义和求法

特征值与特征向量是极其重要的基本概念, 是解决矩阵的相似对角化问题的关键, 在许多领域有着广泛的应用. 例如, 求目标函数

$$f(x_1, x_2) = ax_1^2 + 2bx_1x_2 + cx_2^2$$

在约束条件 $x_1^2 + x_2^2 = 1$ 下的最值问题可转化为方程 $\boldsymbol{AX} = \lambda\boldsymbol{X}$ 的求解问题, 其中

$$\boldsymbol{A} = \begin{bmatrix} a & b \\ b & c \end{bmatrix}, \quad \boldsymbol{X} = \begin{bmatrix} x_1 \\ x_2 \end{bmatrix}.$$

类似的情况很多, 一般地,

定义 5.1.1 设 $\boldsymbol{A} = [a_{ij}] \in \mathbf{C}^{n\times n}$. 若存在数 $\lambda \in \mathbf{C}$ 及非零列向量 $\boldsymbol{X} = (x_1, x_2, \cdots, x_n)^{\mathrm{T}} \in \mathbf{C}^n$, 使得

$$\boldsymbol{AX} = \lambda\boldsymbol{X}, \tag{5.1.1}$$

或

$$(\lambda\boldsymbol{I} - \boldsymbol{A})\boldsymbol{X} = \mathbf{0}, \tag{5.1.2}$$

则称 λ 为矩阵 $\boldsymbol{A}$ 的**特征值**, $\boldsymbol{X}$ 为矩阵 $\boldsymbol{A}$ 的属于 (或对应于) 特征值 λ 的**特征向量**.

例如, 对于矩阵

$$\boldsymbol{A} = \begin{bmatrix} 0 & 2 \\ 2 & 0 \end{bmatrix},$$

存在数 2 及非零列向量 $\boldsymbol{X} = (1, 1)^{\mathrm{T}}$, 使得

$$\boldsymbol{AX} = \begin{bmatrix} 0 & 2 \\ 2 & 0 \end{bmatrix}\begin{bmatrix} 1 \\ 1 \end{bmatrix} = \begin{bmatrix} 2 \\ 2 \end{bmatrix} = 2\boldsymbol{X},$$

因此, 数 2 是矩阵 $\boldsymbol{A}$ 的一个特征值, $\boldsymbol{X}=(1,1)^{\mathrm{T}}$ 是矩阵 $\boldsymbol{A}$ 的属于特征值 2 的特征向量.

交互实验 5.1.1

扫描交互实验 5.1.1 的二维码, 拖动红色向量 $\boldsymbol{X}$, 比较红色向量与蓝色向量 $\boldsymbol{AX}$, 试找出矩阵 $\boldsymbol{A}$ 的其他特征向量.

注: (1) 只有方阵才有特征值与特征向量; (2) 特征向量必须是非零向量, 而特征值不一定非零.

下面讨论矩阵的特征值、特征向量的求法. 显然, (5.1.2) 式是关于未知数 $x_1,x_2,\cdots,x_n$ 的有 n 个方程的齐次线性方程组

$$\begin{cases}(\lambda-a_{11})x_1-a_{12}x_2-\cdots-a_{1n}x_n=0,\\-a_{21}x_1+(\lambda-a_{22})x_2-\cdots-a_{2n}x_n=0,\\\cdots\cdots\cdots\cdots\\-a_{n1}x_1-a_{n2}x_2-\cdots+(\lambda-a_{nn})x_n=0.\end{cases}\tag{5.1.3}$$

如果 λ 是 $\boldsymbol{A}$ 的特征值, $\boldsymbol{X}\neq\boldsymbol{0}$ 是 $\boldsymbol{A}$ 的属于特征值 λ 的特征向量, 那么 λ 和 $\boldsymbol{X}$ 必满足 (5.1.2) 式或 (5.1.3) 式, 即 $\boldsymbol{X}\neq\boldsymbol{0}$ 是方程组 (5.1.2) 或 (5.1.3) 的非零解. 根据方程组解的理论, 此时 λ 必是多项式

$$|\lambda\boldsymbol{I}-\boldsymbol{A}|\tag{5.1.4}$$

的根. 反之, 若 λ 是多项式 (5.1.4) 的一个根, 即有 $|\lambda\boldsymbol{I}-\boldsymbol{A}|=0$, 则方程组 (5.1.2) 或 (5.1.3) 必有非零解, 不妨设 $\boldsymbol{X}=(x_1,x_2,\cdots,x_n)^{\mathrm{T}}$ 是 (5.1.2) 或 (5.1.3) 的任意一个非零解, 于是有

$$(\lambda\boldsymbol{I}-\boldsymbol{A})\boldsymbol{X}=\boldsymbol{0}$$

或

$$\boldsymbol{AX}=\lambda\boldsymbol{X},$$

根据定义 5.1.1, λ 为矩阵 $\boldsymbol{A}$ 的一个特征值, 非零解 $\boldsymbol{X}$ 是矩阵 $\boldsymbol{A}$ 的属于特征值 λ 的特征向量.

由上可知, 矩阵 $\boldsymbol{A}$ 的特征值正好是多项式 (5.1.4) 的全部根, 矩阵 $\boldsymbol{A}$ 的属于特征值 λ 的全部特征向量正好是方程组 (5.1.2) 的全部非零解.

定义 5.1.2 设 $\boldsymbol{A}$ 为 n 阶方阵, 称 $\lambda\boldsymbol{I}-\boldsymbol{A}$ 为矩阵 $\boldsymbol{A}$ 的**特征矩阵**, $|\lambda\boldsymbol{I}-\boldsymbol{A}|$ 为矩阵 $\boldsymbol{A}$ 的**特征多项式**, $|\lambda\boldsymbol{I}-\boldsymbol{A}|=0$ 为矩阵 $\boldsymbol{A}$ 的**特征方程**, (5.1.2) 式为矩阵 $\boldsymbol{A}$ 的**特征方程组**.

综上, 可得矩阵 $\boldsymbol{A}$ 的特征值与特征向量的求法:

(1) 写出矩阵 $\boldsymbol{A}$ 的特征多项式 $|\lambda\boldsymbol{I}-\boldsymbol{A}|$, 它的全部根就是矩阵 $\boldsymbol{A}$ 的全部特征值;

(2) 设 $\lambda_1,\lambda_2,\cdots,\lambda_s$ 是矩阵 $\boldsymbol{A}$ 的全部互异的特征值. 将 $\boldsymbol{A}$ 的每个互异的特征值 $\lambda_i(i=1,2,\cdots,s)$ 分别代入特征方程组 (5.1.2), 得

$$(\lambda_i\boldsymbol{I}-\boldsymbol{A})\boldsymbol{X}=\boldsymbol{0}\quad(i=1,2,\cdots,s),$$

分别求出它们的基础解系: $\boldsymbol{X}_{i1},\boldsymbol{X}_{i2},\cdots,\boldsymbol{X}_{il_i}$. 这是特征值 λ_i 所对应的一组线性无关的特征向量. 其非零线性组合

$$k_{i1}\boldsymbol{X}_{i1}+k_{i2}\boldsymbol{X}_{i2}+\cdots+k_{il_i}\boldsymbol{X}_{il_i}\quad(i=1,2,\cdots,s)$$

是 $\boldsymbol{A}$ 的属于特征值 $\lambda_i(i=1,2,\cdots,s)$ 的全部特征向量, 其中 $k_{i1},k_{i2},\cdots,k_{il_i}\in\mathbf{C}$ 不全为零.

例 5.1.1 求矩阵 $\boldsymbol{A}$ 的特征值和特征向量, 其中

$$\boldsymbol{A}=\begin{bmatrix}2&1\\1&2\end{bmatrix}.$$

解 (1) 矩阵 $\boldsymbol{A}$ 的特征多项式为

$$f(\lambda)=|\lambda\boldsymbol{I}-\boldsymbol{A}|=\begin{vmatrix}\lambda-2&-1\\-1&\lambda-2\end{vmatrix}=(\lambda-1)(\lambda-3),$$

解得 $\boldsymbol{A}$ 的全部特征值为 $\lambda_1=1,\lambda_2=3$.

(2) 将 $\lambda_1=1$ 代入特征方程组, 得 $(1\boldsymbol{I}-\boldsymbol{A})\boldsymbol{X}=\boldsymbol{0}$, 即

$$\begin{bmatrix}-1&-1\\-1&-1\end{bmatrix}\begin{bmatrix}x_1\\x_2\end{bmatrix}=\boldsymbol{0},$$

求得它的一个基础解系: $\boldsymbol{X}_{11}=(1,-1)^{\mathrm{T}}$. 它是 $\boldsymbol{A}$ 的属于特征值 1 的一个线性无关的特征向量; 属于 1 的全部特征向量是 $k_{11}\boldsymbol{X}_{11}\,(k_{11}\neq0)$.

再将 $\lambda_2=3$ 代入特征方程组, 得 $(3\boldsymbol{I}-\boldsymbol{A})\boldsymbol{X}=\boldsymbol{0}$, 即

$$\begin{bmatrix}1&-1\\-1&1\end{bmatrix}\begin{bmatrix}x_1\\x_2\end{bmatrix}=\boldsymbol{0},$$

求得它的一个基础解系: $\boldsymbol{X}_{21}=(1,1)^{\mathrm{T}}$. 它是 $\boldsymbol{A}$ 的属于特征值 3 的一个线性无关的特征向量; 属于 3 的全部特征向量是 $k_{21}\boldsymbol{X}_{21}\,(k_{21}\neq0)$.

交互实验 5.1.2

扫描交互实验 5.1.2 的二维码, 拖动红色向量 $\boldsymbol{X}$ 的方向, 比较红色向量与蓝色向量 $\boldsymbol{AX}$, 并确定矩阵 $\boldsymbol{A}$ 的所有特征向量都在直线 $y=x$ 与 $y=-x$ 上.

例 5.1.2 求目标函数

$$f(x_1,x_2)=2x_1^2+2x_1x_2+2x_2^2$$

在约束条件 $x_1^2+x_2^2=1$ 下的最值.

解 用拉格朗日 (Lagrange) 乘数法. 令

$$L(x_1,x_2)=2x_1^2+2x_1x_2+2x_2^2+\lambda\left(1-x_1^2-x_2^2\right),$$

则有

$$\frac{\partial L}{\partial x_1}=4x_1+2x_2-2\lambda x_1=0,\quad \frac{\partial L}{\partial x_2}=2x_1+4x_2-2\lambda x_2=0,$$

将之化为矩阵形式

$$\begin{bmatrix}2&1\\1&2\end{bmatrix}\begin{bmatrix}x_1\\x_2\end{bmatrix}=\lambda\begin{bmatrix}x_1\\x_2\end{bmatrix},$$

显然, 其中 $(x_1,x_2)^{\mathrm{T}}\neq\mathbf{0}$, 于是原题转化为求矩阵 $\boldsymbol{A}=\begin{bmatrix}2&1\\1&2\end{bmatrix}$ 的特征值和特征向量.

由例 5.1.1 知, 矩阵 $\boldsymbol{A}$ 的特征值为 $\lambda_1=1,\lambda_2=3$, 相应的特征向量为

$$(x_1,x_2)^{\mathrm{T}}=k_{11}(1,-1)^{\mathrm{T}},\quad (x_1,x_2)^{\mathrm{T}}=k_{21}(1,1)^{\mathrm{T}},$$

其中 k_{11},k_{21} 不为零. 将之代入约束条件 $x_1^2+x_2^2=1$, 得

$$k_{11}=\pm\frac{\sqrt{2}}{2},\quad k_{21}=\pm\frac{\sqrt{2}}{2},$$

于是 $(x_1,x_2)=\left(\pm\frac{\sqrt{2}}{2},\mp\frac{\sqrt{2}}{2}\right),(x_1,x_2)=\left(\pm\frac{\sqrt{2}}{2},\pm\frac{\sqrt{2}}{2}\right)$ 为可能取得最值的点. 比较各点处目标函数的值, 可求得最大值为

$$f\left(\frac{\sqrt{2}}{2},\frac{\sqrt{2}}{2}\right)=f\left(-\frac{\sqrt{2}}{2},-\frac{\sqrt{2}}{2}\right)=3,$$

最小值为

$$f\left(\frac{\sqrt{2}}{2},-\frac{\sqrt{2}}{2}\right)=f\left(-\frac{\sqrt{2}}{2},\frac{\sqrt{2}}{2}\right)=1.$$

例 5.1.3　求矩阵 $\boldsymbol{A}$ 的特征值和特征向量, 其中

$$\boldsymbol{A}=\begin{bmatrix} 3 & 1 & 0 \\ -4 & -1 & 0 \\ 4 & -8 & 2 \end{bmatrix}.$$

解　(1) 矩阵 $\boldsymbol{A}$ 的特征多项式为

$$\begin{aligned} f(\lambda)=|\lambda \boldsymbol{I}-\boldsymbol{A}|&=\begin{vmatrix} \lambda-3 & -1 & 0 \\ 4 & \lambda+1 & 0 \\ -4 & 8 & \lambda-2 \end{vmatrix} \\ &=(\lambda-1)^2(\lambda-2), \end{aligned}$$

解得 $\boldsymbol{A}$ 的全部特征值为 $\lambda_1=\lambda_2=1, \lambda_3=2$.

(2) 将 $\lambda_1=1$ 代入特征方程组, 得

$$(1\boldsymbol{I}-\boldsymbol{A})\boldsymbol{X}=\boldsymbol{0},$$

即

$$\begin{bmatrix} -2 & -1 & 0 \\ 4 & 2 & 0 \\ -4 & 8 & -1 \end{bmatrix}\begin{bmatrix} x_1 \\ x_2 \\ x_3 \end{bmatrix}=\boldsymbol{0},$$

求得它的一个基础解系: $\boldsymbol{X}_{11}=(-1,2,20)^{\mathrm{T}}$. 它是 $\boldsymbol{A}$ 的属于特征值 1 的一个线性无关的特征向量; 属于 1 的全部特征向量是 $k_{11}\boldsymbol{X}_{11}\,(k_{11}\neq 0)$.

再将 $\lambda_3=2$ 代入特征方程组, 得

$$(2\boldsymbol{I}-\boldsymbol{A})\boldsymbol{X}=\boldsymbol{0},$$

即

$$\begin{bmatrix} -1 & -1 & 0 \\ 4 & 3 & 0 \\ -4 & 8 & 0 \end{bmatrix}\begin{bmatrix} x_1 \\ x_2 \\ x_3 \end{bmatrix}=\boldsymbol{0},$$

求得它的一个基础解系: $\boldsymbol{X}_{31}=(0,0,1)^{\mathrm{T}}$. 它是属于特征值 2 的一个线性无关的特征向量; 属于 2 的全部特征向量为 $k_{31}\boldsymbol{X}_{31}\,(k_{31}\neq 0)$.

显然, 单位矩阵的特征值全是 1; 零矩阵的特征值全是 0; 上 (下) 三角形阵的特征值是它的全部主对角元.

矩阵 $\boldsymbol{A}$ 的全部特征值的集合常称为 $\boldsymbol{A}$ 的**谱**.

5.1.2 特征值与特征向量的性质

下面进一步讨论特征值、特征向量的一些性质. 设 $\boldsymbol{A}=[a_{ij}]\in\mathbf{C}^{n\times n}$, 易见, 它的特征多项式是关于 λ 的 n 次多项式, 不妨设为

$$f(\lambda)=|\lambda\boldsymbol{I}-\boldsymbol{A}|=C_0\lambda^n+C_1\lambda^{n-1}+\cdots+C_{n-1}\lambda+C_n,$$

即

$$\begin{vmatrix}\lambda-a_{11} & -a_{12} & \cdots & -a_{1n}\\ -a_{21} & \lambda-a_{22} & \cdots & -a_{2n}\\ \vdots & \vdots & & \vdots\\ -a_{n1} & -a_{n2} & \cdots & \lambda-a_{nn}\end{vmatrix} \tag{5.1.5}$$

$$=C_0\lambda^n+C_1\lambda^{n-1}+\cdots+C_{n-1}\lambda+C_n,$$

考虑上式左端行列式的展开式. 它除了

$$(\lambda-a_{11})(\lambda-a_{22})\cdots(\lambda-a_{nn}) \tag{5.1.6}$$

这一项含有 n 个形如 $(\lambda-a_{ii})$ 的因式外, 其余各项最多含有 $(n-2)$ 个这样的因式. 于是展开式中 λ^n,λ^{n-1} 项只能由 (5.1.6) 式产生. 比较 (5.1.5) 式两端 λ^n, λ^{n-1} 项的系数, 得

$$C_0=1,$$

$$C_1=-(a_{11}+a_{22}+\cdots+a_{nn}), \tag{5.1.7}$$

在 (5.1.5) 式中, 令 $\lambda=0$, 得

$$C_n=(-1)^n|\boldsymbol{A}|. \tag{5.1.8}$$

另外, 根据多项式理论, n 次多项式 $f(\lambda)=|\lambda\boldsymbol{I}-\boldsymbol{A}|$ 在复数域上有且仅有 n 个根 (重根按重数记), 不妨设为 $\lambda_1,\lambda_2,\cdots,\lambda_n$, 又由于 $f(\lambda)$ 的首项系数 $C_0=1$, 于是有

$$\begin{aligned}f(\lambda)=|\lambda\boldsymbol{I}-\boldsymbol{A}|&=(\lambda-\lambda_1)(\lambda-\lambda_2)\cdots(\lambda-\lambda_n)\\&=\lambda^n-(\lambda_1+\lambda_2+\cdots+\lambda_n)\lambda^{n-1}+\cdots+(-1)^n\lambda_1\lambda_2\cdots\lambda_n,\end{aligned} \tag{5.1.9}$$

比较 (5.1.5) 式和 (5.1.9) 式, 得

$$\begin{aligned} C_1 &= -(\lambda_1+\lambda_2+\cdots+\lambda_n), \\ C_n &= (-1)^n\lambda_1\lambda_2\cdots\lambda_n, \end{aligned} \tag{5.1.10}$$

于是由 (5.1.7), (5.1.8) 及 (5.1.10) 可得特征值的重要性质:

(1) $|\boldsymbol{A}|=\lambda_1\lambda_2\cdots\lambda_n$;

(2) $\sum\limits_{i=1}^{n}a_{ii}=\sum\limits_{i=1}^{n}\lambda_i$.

由 (1) 易见, 矩阵 $\boldsymbol{A}$ 可逆的充要条件是它的所有特征值都不为零.

矩阵 $\boldsymbol{A}$ 的主对角线上所有元素之和 $\sum\limits_{i=1}^{n}a_{ii}$ 称为矩阵 $\boldsymbol{A}$ 的**迹**, 记作 $\operatorname{tr}\boldsymbol{A}$. 于是, 以上性质 (2) 又可写成

$$\operatorname{tr}\boldsymbol{A}=\sum_{i=1}^{n}\lambda_i.$$

另外, 可以证明, 关于特征值与特征向量还有如下性质:

(3) 若 $\boldsymbol{X}_1,\boldsymbol{X}_2,\cdots,\boldsymbol{X}_s$ 都是矩阵 $\boldsymbol{A}$ 的属于特征值 λ_0 的特征向量, 则其非零线性组合

$$k_1\boldsymbol{X}_1+k_2\boldsymbol{X}_2+\cdots+k_s\boldsymbol{X}_s$$

也是 $\boldsymbol{A}$ 的属于特征值 λ_0 的特征向量, 并且可以证明, $\boldsymbol{A}$ 的属于特征值 λ_0 的全部特征向量, 再添加零向量, 可组成一个子空间, 称之为 $\boldsymbol{A}$ 的属于特征值 λ_0 的**特征子空间**, 记为 V_{λ_0}. 不难看出, V_{λ_0} 正是特征方程组 $(\lambda_0\boldsymbol{I}-\boldsymbol{A})\boldsymbol{X}=\boldsymbol{0}$ 的解空间;

(4) 若 λ 是矩阵 $\boldsymbol{A}$ 的特征值, $\boldsymbol{X}$ 是 $\boldsymbol{A}$ 的属于特征值 λ 的特征向量, 则有

① $k\lambda$ 是矩阵 $k\boldsymbol{A}$ 的特征值 (其中 k 为任意常数),

② λ^m 是矩阵 $\boldsymbol{A}^m$ 的特征值 (其中 m 为正整数),

③ $f(\lambda)$ 是 $f(\boldsymbol{A})$ 的特征值 (这里 $f(x)$ 是关于 x 的任一多项式函数),

④ 当 $\boldsymbol{A}$ 可逆时, λ^{-1} 是 $\boldsymbol{A}^{-1}$ 的特征值; 并且 $\boldsymbol{X}$ 仍是矩阵 $k\boldsymbol{A},\boldsymbol{A}^m,f(\boldsymbol{A})$, $\boldsymbol{A}^{-1}$ 的分别对应于特征值 $k\lambda$, λ^m, $f(\lambda)$, λ^{-1} 的特征向量,

(5) 矩阵 $\boldsymbol{A}$ 和 $\boldsymbol{A}^{\mathrm{T}}$ 有相同的谱.

证明留作习题.

例 5.1.4 已知 n 阶可逆矩阵 $\boldsymbol{A}$ 的全部特征值为 $\lambda_1,\lambda_2,\cdots,\lambda_n$, 求 $\boldsymbol{I}-\boldsymbol{A}^*$ 的全部特征值及 $|\boldsymbol{I}-\boldsymbol{A}^*|$.

解 由特征值的性质知, $|\boldsymbol{A}|=\lambda_1\lambda_2\cdots\lambda_n$, 又已知 $\boldsymbol{A}$ 可逆, 从而 $\lambda_1\lambda_2\cdots\lambda_n\neq 0, \boldsymbol{A}^{-1}$ 的全部特征值为 $\lambda_1^{-1},\lambda_2^{-1},\cdots,\lambda_n^{-1}$. 由伴随矩阵的性质知, 当 $\boldsymbol{A}$ 可逆时, $\boldsymbol{A}^*=|\boldsymbol{A}|\boldsymbol{A}^{-1}$, 从而有

$$\boldsymbol{I}-\boldsymbol{A}^*=\boldsymbol{I}-|\boldsymbol{A}|\boldsymbol{A}^{-1}\xlongequal{\text{记为}}f\left(\boldsymbol{A}^{-1}\right),$$

于是, 由上述性质 (4) 中的 ③ 知, $\boldsymbol{I}-\boldsymbol{A}^*$ 的全部特征值为

$$\begin{aligned}f\left(\lambda_i^{-1}\right)&=1-|\boldsymbol{A}|\lambda_i^{-1}=1-\lambda_1\lambda_2\cdots\lambda_n\cdot\lambda_i^{-1}\\&=1-\lambda_1\cdots\lambda_{i-1}\lambda_{i+1}\cdots\lambda_n,\quad i=1,2,\cdots,n,\end{aligned}$$

于是

$$\begin{aligned}|\boldsymbol{I}-\boldsymbol{A}^*|&=f\left(\lambda_1^{-1}\right)\cdots f\left(\lambda_n^{-1}\right)\\&=\prod_{i=1}^{n}\left(1-\lambda_1\cdots\lambda_{i-1}\lambda_{i+1}\cdots\lambda_n\right).\end{aligned}$$

5.1.3 矩阵的相似

由定理 3.7.4 可知, 同一个线性变换在不同的基下的矩阵有关系 $\boldsymbol{P}^{-1}\boldsymbol{A}\boldsymbol{P}=\boldsymbol{B}$, 其中 $\boldsymbol{A},\boldsymbol{B}$ 分别为此线性变换在基 $\boldsymbol{\alpha}_1,\boldsymbol{\alpha}_2,\cdots,\boldsymbol{\alpha}_n$ 和基 $\boldsymbol{\beta}_1,\boldsymbol{\beta}_2,\cdots,\boldsymbol{\beta}_n$ 下的矩阵, $\boldsymbol{P}$ 为基 $\boldsymbol{\alpha}_1,\boldsymbol{\alpha}_2,\cdots,\boldsymbol{\alpha}_n$ 到基 $\boldsymbol{\beta}_1,\boldsymbol{\beta}_2,\cdots,\boldsymbol{\beta}_n$ 的过渡矩阵, 这种关系称为相似. 一般地,

定义 5.1.3 设 $\boldsymbol{A},\boldsymbol{B}\in\mathbf{C}^{n\times n}$. 若存在 n 阶可逆矩阵 $\boldsymbol{P}$, 使得

$$\boldsymbol{P}^{-1}\boldsymbol{A}\boldsymbol{P}=\boldsymbol{B},$$

则称 $\boldsymbol{A}$ **相似于** $\boldsymbol{B}$, 记作 $\boldsymbol{A}\sim\boldsymbol{B}$, $\boldsymbol{P}$ 称为由 $\boldsymbol{A}$ 到 $\boldsymbol{B}$ 的**相似变换矩阵**.

相似是矩阵之间的一种关系. 易证, 它具有如下性质:

(1) 反身性: $\boldsymbol{A}\sim\boldsymbol{A}$;

(2) 对称性: 若 $\boldsymbol{A}\sim\boldsymbol{B}$, 则 $\boldsymbol{B}\sim\boldsymbol{A}$;

(3) 传递性: 若 $\boldsymbol{A}\sim\boldsymbol{B},\boldsymbol{B}\sim\boldsymbol{C}$, 则 $\boldsymbol{A}\sim\boldsymbol{C}$.

这说明矩阵的相似关系也是一种等价关系, 可以对同阶的方阵进行等价分类, 即将所有相互相似的方阵归为一类.

显然, 若 $\boldsymbol{A}\sim\boldsymbol{B}$, 则 $\mathrm{r}(\boldsymbol{A})=\mathrm{r}(\boldsymbol{B}),|\boldsymbol{A}|=|\boldsymbol{B}|$.

另外, 可以证明, 相似矩阵还有以下性质:

(4) $\boldsymbol{P}^{-1}\left(\boldsymbol{A}_1+\boldsymbol{A}_2+\cdots+\boldsymbol{A}_m\right)\boldsymbol{P}=\boldsymbol{P}^{-1}\boldsymbol{A}_1\boldsymbol{P}+\boldsymbol{P}^{-1}\boldsymbol{A}_2\boldsymbol{P}+\cdots+\boldsymbol{P}^{-1}\boldsymbol{A}_m\boldsymbol{P}$;

(5) $\boldsymbol{P}^{-1}(k\boldsymbol{A})\boldsymbol{P}=k\boldsymbol{P}^{-1}\boldsymbol{A}\boldsymbol{P}$, k 为任意数;

(6) $\boldsymbol{P}^{-1}\left(\boldsymbol{A}_1\boldsymbol{A}_2\cdots\boldsymbol{A}_m\right)\boldsymbol{P}=\left(\boldsymbol{P}^{-1}\boldsymbol{A}_1\boldsymbol{P}\right)\left(\boldsymbol{P}^{-1}\boldsymbol{A}_2\boldsymbol{P}\right)\cdots\left(\boldsymbol{P}^{-1}\boldsymbol{A}_m\boldsymbol{P}\right)$, 其中 $\boldsymbol{A}_1,\boldsymbol{A}_2,\cdots,\boldsymbol{A}_m$ 均为 n 阶矩阵, $\boldsymbol{P}$ 为 n 阶可逆矩阵. 特别地, 当 $\boldsymbol{A}_1=\boldsymbol{A}_2=\cdots=\boldsymbol{A}_m=\boldsymbol{A}$ 时, (6) 成为

$$\boldsymbol{P}^{-1}\boldsymbol{A}^m\boldsymbol{P}=\left(\boldsymbol{P}^{-1}\boldsymbol{A}\boldsymbol{P}\right)^m;$$

(7) 若 $\boldsymbol{A}\sim\boldsymbol{B}$, 则 $f(\boldsymbol{A})\sim f(\boldsymbol{B})$, 这里 $f(x)$ 为任一多项式函数.

其证明如下:

设

$$f(x)=a_mx^m+\cdots+a_1x+a_0,$$

则

$$f(\boldsymbol{A})=a_m\boldsymbol{A}^m+\cdots+a_1\boldsymbol{A}+a_0\boldsymbol{I},$$

由 $\boldsymbol{A}\sim\boldsymbol{B}$ 可知, 存在可逆矩阵 $\boldsymbol{P}$, 使得

$$\boldsymbol{P}^{-1}\boldsymbol{A}\boldsymbol{P}=\boldsymbol{B},$$

于是

$$\begin{aligned}\boldsymbol{P}^{-1}f(\boldsymbol{A})\boldsymbol{P}&=\boldsymbol{P}^{-1}\left(a_m\boldsymbol{A}^m+\cdots+a_1\boldsymbol{A}+a_0\boldsymbol{I}\right)\boldsymbol{P}\\&=a_m\left(\boldsymbol{P}^{-1}\boldsymbol{A}\boldsymbol{P}\right)^m+\cdots+a_1\left(\boldsymbol{P}^{-1}\boldsymbol{A}\boldsymbol{P}\right)+a_0\boldsymbol{I}\\&=f\left(\boldsymbol{P}^{-1}\boldsymbol{A}\boldsymbol{P}\right)\\&=f(\boldsymbol{B}),\end{aligned}$$

从而

$$f(\boldsymbol{A})\sim f(\boldsymbol{B});$$

(8) 若 $\boldsymbol{A}\sim\boldsymbol{B}$, 则 $|\lambda\boldsymbol{I}-\boldsymbol{A}|=|\lambda\boldsymbol{I}-\boldsymbol{B}|$.

其证明如下:

由 $\boldsymbol{A}\sim\boldsymbol{B}$ 可知, 存在可逆矩阵 $\boldsymbol{P}$, 使得

$$\boldsymbol{P}^{-1}\boldsymbol{A}\boldsymbol{P}=\boldsymbol{B},$$

于是

$$\begin{aligned}|\lambda\boldsymbol{I}-\boldsymbol{B}|&=\left|\lambda\boldsymbol{I}-\boldsymbol{P}^{-1}\boldsymbol{A}\boldsymbol{P}\right|\\&=\left|\boldsymbol{P}^{-1}(\lambda\boldsymbol{I}-\boldsymbol{A})\boldsymbol{P}\right|\\&=\left|\boldsymbol{P}^{-1}\right||\lambda\boldsymbol{I}-\boldsymbol{A}||\boldsymbol{P}|\\&=|\lambda\boldsymbol{I}-\boldsymbol{A}|,\end{aligned}$$

由上易见, 若 $\boldsymbol{A} \sim \boldsymbol{B}$, 则矩阵 $\boldsymbol{A}, \boldsymbol{B}$ 有相同的谱;

(9) 若 $\boldsymbol{A}_i \sim \boldsymbol{B}_i, i=1,2,\cdots,m$, 则

$$\operatorname{diag}(\boldsymbol{A}_1, \boldsymbol{A}_2, \cdots, \boldsymbol{A}_m) \sim \operatorname{diag}(\boldsymbol{B}_1, \boldsymbol{B}_2, \cdots, \boldsymbol{B}_m).$$

其证明如下:

由 $\boldsymbol{A}_i \sim \boldsymbol{B}_i$ 可知, 存在可逆矩阵 $\boldsymbol{P}_i$, 使得

$$\boldsymbol{P}_i^{-1}\boldsymbol{A}_i\boldsymbol{P}_i = \boldsymbol{B}_i, \quad i=1,2,\cdots,m,$$

取

$$\boldsymbol{P} = \operatorname{diag}(\boldsymbol{P}_1, \boldsymbol{P}_2, \cdots, \boldsymbol{P}_m),$$

显然 $\boldsymbol{P}$ 可逆, 且

$$\boldsymbol{P}^{-1} = \operatorname{diag}\left(\boldsymbol{P}_1^{-1}, \boldsymbol{P}_2^{-1}, \cdots, \boldsymbol{P}_m^{-1}\right),$$

于是有

$$\boldsymbol{P}^{-1}\operatorname{diag}(\boldsymbol{A}_1, \boldsymbol{A}_2, \cdots, \boldsymbol{A}_m)\boldsymbol{P} = \operatorname{diag}(\boldsymbol{B}_1, \boldsymbol{B}_2, \cdots, \boldsymbol{B}_m),$$

因此,

$$\operatorname{diag}(\boldsymbol{A}_1, \boldsymbol{A}_2, \cdots, \boldsymbol{A}_m) \sim \operatorname{diag}(\boldsymbol{B}_1, \boldsymbol{B}_2, \cdots, \boldsymbol{B}_m).$$

例 5.1.5 设 $\boldsymbol{B} = \boldsymbol{P}^{-1}\boldsymbol{A}\boldsymbol{P}$, $\boldsymbol{X}$ 是矩阵 $\boldsymbol{A}$ 的属于特征值 λ_0 的特征向量, 证明: $\boldsymbol{P}^{-1}\boldsymbol{X}$ 是矩阵 $\boldsymbol{B}$ 的对应于特征值 λ_0 的一个特征向量.

证 由已知可得

$$\boldsymbol{A}\boldsymbol{X} = \lambda_0\boldsymbol{X}, \quad \boldsymbol{X} \neq \boldsymbol{0},$$

于是

$$\begin{aligned}\boldsymbol{B}\left(\boldsymbol{P}^{-1}\boldsymbol{X}\right) &= \left(\boldsymbol{P}^{-1}\boldsymbol{A}\boldsymbol{P}\right)\left(\boldsymbol{P}^{-1}\boldsymbol{X}\right) = \boldsymbol{P}^{-1}(\boldsymbol{A}\boldsymbol{X}) \\ &= \boldsymbol{P}^{-1}(\lambda_0\boldsymbol{X}) = \lambda_0\left(\boldsymbol{P}^{-1}\boldsymbol{X}\right),\end{aligned}$$

又由 $\boldsymbol{X} \neq \boldsymbol{0}, \boldsymbol{P}^{-1}$ 可逆可得 $\boldsymbol{P}^{-1}\boldsymbol{X} \neq \boldsymbol{0}$, 因此, 由定义 5.1.1 可知, 结论成立.

例 5.1.6 已知

$$\boldsymbol{A} = \begin{bmatrix} -10 & 6 \\ -18 & 11 \end{bmatrix}, \quad \boldsymbol{P} = \begin{bmatrix} 2 & -1 \\ 3 & -2 \end{bmatrix},$$

(1) 求 $\boldsymbol{P}^{-1}\boldsymbol{AP}$; (2) 求 $\boldsymbol{A}^n$.

解 (1) 先求得

$$\boldsymbol{P}^{-1}=\begin{bmatrix}2&-1\\3&-2\end{bmatrix},$$

于是

$$\begin{aligned}\boldsymbol{P}^{-1}\boldsymbol{AP}&=\begin{bmatrix}2&-1\\3&-2\end{bmatrix}\begin{bmatrix}-10&6\\-18&11\end{bmatrix}\begin{bmatrix}2&-1\\3&-2\end{bmatrix}\\&=\begin{bmatrix}-1&0\\0&2\end{bmatrix}.\end{aligned}$$

(2) 由上式可得

$$\boldsymbol{A}=\boldsymbol{P}\begin{bmatrix}-1&0\\0&2\end{bmatrix}\boldsymbol{P}^{-1},$$

将上式两端同时求 n 次幂, 得

$$\begin{aligned}\boldsymbol{A}^n&=\boldsymbol{P}\begin{bmatrix}-1&0\\0&2\end{bmatrix}^n\boldsymbol{P}^{-1}\\&=\begin{bmatrix}2&-1\\3&-2\end{bmatrix}\begin{bmatrix}(-1)^n&0\\0&2^n\end{bmatrix}\begin{bmatrix}2&-1\\3&-2\end{bmatrix}\\&=\begin{bmatrix}(-1)^n\times4-3\times2^n&(-1)^{n+1}\times2+2^{n+1}\\(-1)^n\times6-3\times2^n&(-1)^{n+1}\times3+2^{n+2}\end{bmatrix}.\end{aligned}$$

由上可知, 对给定的矩阵 $\boldsymbol{A}$, 一般地, 直接求它的 n 次幂是比较困难的, 但是, 当 $\boldsymbol{A}$ 与对角矩阵相似 (即 $\boldsymbol{A}$ 可以相似对角化) 时, 问题就变得比较简单了.

5.2 矩阵的相似对角化

由第一章可知, 对于矩阵运算来说, 对角矩阵最为简单. 矩阵 $\boldsymbol{A}$ 可相似于一对角矩阵, 不仅可简化 $\boldsymbol{A}$ 的方幂的计算, 而且对解决许多科学和工程技术问题具有重要意义. 那么, 满足什么条件的矩阵才能与对角矩阵相似呢? 下面就来解决这个问题.

5.2.1 矩阵可对角化的条件

不妨假设 n 阶方阵 $\boldsymbol{A}$ 可相似于对角矩阵, 即存在可逆矩阵 $\boldsymbol{P}$, 使得

$$\boldsymbol{P}^{-1}\boldsymbol{AP}=\operatorname{diag}(\lambda_1,\lambda_2,\cdots,\lambda_n),$$

或

$$\boldsymbol{A}\boldsymbol{P}=\boldsymbol{P}\operatorname{diag}(\lambda_1,\lambda_2,\cdots,\lambda_n),$$

令

$$\boldsymbol{P}=[\boldsymbol{X}_1,\boldsymbol{X}_2,\cdots,\boldsymbol{X}_n]$$

并代入上式, 得

$$\boldsymbol{A}[\boldsymbol{X}_1,\boldsymbol{X}_2,\cdots,\boldsymbol{X}_n]=[\boldsymbol{X}_1,\boldsymbol{X}_2,\cdots,\boldsymbol{X}_n]\operatorname{diag}(\lambda_1,\lambda_2,\cdots,\lambda_n),$$

即

$$[\boldsymbol{A}\boldsymbol{X}_1,\boldsymbol{A}\boldsymbol{X}_2,\cdots,\boldsymbol{A}\boldsymbol{X}_n]=[\lambda_1\boldsymbol{X}_1,\lambda_2\boldsymbol{X}_2,\cdots,\lambda_n\boldsymbol{X}_n],$$

从而有

$$\boldsymbol{A}\boldsymbol{X}_i=\lambda_i\boldsymbol{X}_i,\quad i=1,2,\cdots,n,$$

由 $\boldsymbol{P}$ 可逆知, $\boldsymbol{X}_i\neq\boldsymbol{0}(i=1,2,\cdots,n)$, 且 $\boldsymbol{X}_1,\boldsymbol{X}_2,\cdots,\boldsymbol{X}_n$ 线性无关. 从而 $\boldsymbol{X}_1$, $\boldsymbol{X}_2$, $\cdots$,$\boldsymbol{X}_n$ 是 $\boldsymbol{A}$ 的 n 个线性无关的特征向量 ,$\lambda_1,\lambda_2,\cdots,\lambda_n$ 是 $\boldsymbol{A}$ 的 n 个特征值.

反之, 若 n 阶方阵 $\boldsymbol{A}$ 有 n 个线性无关的特征向量, 不妨设为 $\boldsymbol{X}_1$, $\boldsymbol{X}_2$, $\cdots$, $\boldsymbol{X}_n$, 则存在相应的特征值 $\lambda_1,\lambda_2,\cdots,\lambda_n$, 使得

$$\boldsymbol{A}\boldsymbol{X}_i=\lambda_i\boldsymbol{X}_i,\quad i=1,2,\cdots,n,$$

此时, 令

$$\boldsymbol{P}=[\boldsymbol{X}_1,\boldsymbol{X}_2,\cdots,\boldsymbol{X}_n],$$

显然, $\boldsymbol{P}$ 可逆, 且有

$$\boldsymbol{P}^{-1}\boldsymbol{A}\boldsymbol{P}=\operatorname{diag}(\lambda_1,\lambda_2,\cdots,\lambda_n).$$

综上, 有如下重要结论:

定理 5.2.1 n 阶方阵 $\boldsymbol{A}$ 可相似对角化的充要条件是 $\boldsymbol{A}$ 有 n 个线性无关的特征向量.

值得注意的是, 以上分析不仅给出了定理 5.2.1 的证明, 而且提供了求与 $\boldsymbol{A}$ 相似的对角矩阵及相似变换矩阵 $\boldsymbol{P}$ 的方法. 与 $\boldsymbol{A}$ 相似的对角矩阵的主对角元正好是 $\boldsymbol{A}$ 的全部特征值, 并且 $\lambda_1,\lambda_2,\cdots,\lambda_n$ 的顺序与 $\boldsymbol{X}_1,\boldsymbol{X}_2,\cdots,\boldsymbol{X}_n$ 的顺序相对应. 若 $\lambda_1,\lambda_2,\cdots,\lambda_n$ 的顺序改变, 则 $\boldsymbol{X}_1,\boldsymbol{X}_2,\cdots,\boldsymbol{X}_n$ 的顺序也要相应改变. 相似变换矩阵 $\boldsymbol{P}$ 由 $\boldsymbol{A}$ 的 n 个线性无关的特征向量作为列构成, 即

$$\boldsymbol{P}=[\boldsymbol{X}_1,\boldsymbol{X}_2,\cdots,\boldsymbol{X}_n].$$

相似变换矩阵 $\boldsymbol{P}$ 是不唯一的. 一方面特征向量不唯一; 另一方面 $\boldsymbol{X}_1, \boldsymbol{X}_2, \cdots, \boldsymbol{X}_n$ 的顺序随 $\lambda_1, \lambda_2, \cdots, \lambda_n$ 的顺序的改变而改变.

根据定理 5.2.1,n 阶方阵 $\boldsymbol{A}$ 是否能相似对角化的问题就转化为 $\boldsymbol{A}$ 是否有 n 个线性无关的特征向量的问题. 由定义 5.1.1 可知, n 阶方阵的特征向量都是 n 元向量. 因此, n 阶方阵最多有 n 个线性无关的特征向量. 那么, 什么样的 n 阶方阵有 n 个线性无关的特征向量呢? 特征向量之间的线性相关性又如何判断呢? 对此有

定理 5.2.2　n 阶方阵 $\boldsymbol{A}$ 的属于不同特征值的特征向量是线性无关的.

证　设 $\lambda_1, \lambda_2, \cdots, \lambda_m$ 是矩阵 $\boldsymbol{A}$ 的 m 个互不相同的特征值, $\boldsymbol{X}_1, \boldsymbol{X}_2, \cdots, \boldsymbol{X}_m$ 是它们分别对应的特征向量, 即有

$$\boldsymbol{A}\boldsymbol{X}_i = \lambda_i \boldsymbol{X}_i, \quad i = 1, 2, \cdots, m.$$

下面用数学归纳法证明 $\boldsymbol{X}_1, \boldsymbol{X}_2, \cdots, \boldsymbol{X}_m$ 是线性无关的.

当 $m = 1$ 时, 因为 $\boldsymbol{X}_1 \neq \boldsymbol{0}$, 所以 $\boldsymbol{X}_1$ 线性无关. 结论成立.

假设结论对 $m-1$ 个互异的特征值成立, 下面证对 m 个互异的特征值结论也成立.

设

$$k_1 \boldsymbol{X}_1 + k_2 \boldsymbol{X}_2 + \cdots + k_m \boldsymbol{X}_m = \boldsymbol{0}, \tag{5.2.1}$$

在上式两端同时左乘 $\boldsymbol{A}$, 得

$$k_1 \boldsymbol{A}\boldsymbol{X}_1 + k_2 \boldsymbol{A}\boldsymbol{X}_2 + \cdots + k_m \boldsymbol{A}\boldsymbol{X}_m = \boldsymbol{0},$$

由于 $\boldsymbol{A}\boldsymbol{X}_i = \lambda_i \boldsymbol{X}_i (i = 1, 2, \cdots, m)$, 上式可变为

$$k_1 \lambda_1 \boldsymbol{X}_1 + k_2 \lambda_2 \boldsymbol{X}_2 + \cdots + k_m \lambda_m \boldsymbol{X}_m = \boldsymbol{0}, \tag{5.2.2}$$

由 (5.2.2) 式减 (5.2.1) 式的 λ_m 倍, 消去 $\boldsymbol{X}_m$, 得

$$k_1 (\lambda_1 - \lambda_m) \boldsymbol{X}_1 + k_2 (\lambda_2 - \lambda_m) \boldsymbol{X}_2 + \cdots + k_{m-1} (\lambda_{m-1} - \lambda_m) \boldsymbol{X}_{m-1} = \boldsymbol{0}, \tag{5.2.3}$$

根据归纳假设, $\boldsymbol{X}_1, \boldsymbol{X}_2, \cdots, \boldsymbol{X}_{m-1}$ 线性无关. 于是由 (5.2.3) 式得

$$k_i (\lambda_i - \lambda_m) = 0, \quad i = 1, 2, \cdots, m-1,$$

又已知 $\lambda_i - \lambda_m \neq 0$, $i = 1, 2, \cdots, m-1$, 所以必有

$$k_i = 0, \quad i = 1, 2, \cdots, m-1,$$

将上式代入 (5.2.1) 式, 得

$$k_m \boldsymbol{X}_m = \boldsymbol{0},$$

而 $\boldsymbol{X}_m \neq \boldsymbol{0}$, 所以必有 $k_m = 0$, 于是 $\boldsymbol{X}_1, \boldsymbol{X}_2, \cdots, \boldsymbol{X}_m$ 线性无关.

综上, 结论对一切正整数都成立.

推论 5.2.1 若 n 阶方阵 $\boldsymbol{A}$ 有 n 个互异的特征值 (即特征多项式无重根), 则 $\boldsymbol{A}$ 可相似对角化.

对于不同特征值的若干个特征向量之间的线性相关性, 有

定理 5.2.3 设 $\lambda_1, \lambda_2, \cdots, \lambda_m$ 是 n 阶方阵 $\boldsymbol{A}$ 的 m 个互异的特征值, $\boldsymbol{X}_{i1}, \boldsymbol{X}_{i2}, \cdots, \boldsymbol{X}_{il_i}$ 是属于特征值 $\lambda_i (i = 1, 2, \cdots, m)$ 的线性无关的特征向量, 则由所有这些特征向量 (共 $l_1 + l_2 + \cdots + l_m$ 个) 构成的向量组

$$\boldsymbol{X}_{11}, \boldsymbol{X}_{12}, \cdots, \boldsymbol{X}_{1l_1}, \cdots, \boldsymbol{X}_{m1}, \boldsymbol{X}_{m2}, \cdots, \boldsymbol{X}_{ml_m}$$

是线性无关的.

证 设

$$\sum_{i=1}^{m} (k_{i1} \boldsymbol{X}_{i1} + k_{i2} \boldsymbol{X}_{i2} + \cdots + k_{il_i} \boldsymbol{X}_{il_i}) = \boldsymbol{0}, \tag{5.2.4}$$

同时记

$$k_{i1} \boldsymbol{X}_{i1} + k_{i2} \boldsymbol{X}_{i2} + \cdots + k_{il_i} \boldsymbol{X}_{il_i} = \boldsymbol{Y}_i,$$

于是 (5.2.4) 式可写为

$$\boldsymbol{Y}_1 + \boldsymbol{Y}_2 + \cdots + \boldsymbol{Y}_m = \boldsymbol{0}, \tag{5.2.5}$$

其中 $\boldsymbol{Y}_i$ 是 $\boldsymbol{A}$ 的属于特征值 λ_i 的特征向量

$$\boldsymbol{X}_{i1}, \boldsymbol{X}_{i2}, \cdots, \boldsymbol{X}_{il_i}$$

的线性组合 $(i = 1, 2, \cdots, m)$. 它要么是属于特征值 λ_i 的特征向量, 要么是零向量. 不妨设 $\boldsymbol{Y}_1, \boldsymbol{Y}_2, \cdots, \boldsymbol{Y}_m$ 中至少有一个是特征向量, 则由定理 5.2.2 知, (5.2.5) 式不成立. 矛盾. 因此, 必然有

$$\boldsymbol{Y}_i = \boldsymbol{0}, \quad i = 1, 2, \cdots, m,$$

即

$$k_{i1} \boldsymbol{X}_{i1} + k_{i2} \boldsymbol{X}_{i2} + \cdots + k_{il_i} \boldsymbol{X}_{il_i} = \boldsymbol{0}, \quad i = 1, 2, \cdots, m,$$

又由于 $\boldsymbol{X}_{i1}, \boldsymbol{X}_{i2}, \cdots, \boldsymbol{X}_{il_i}$ 线性无关, 所以

$$k_{i1} = k_{i2} = \cdots = k_{il_i} = 0, \quad i = 1, 2, \cdots, m.$$

综上, 结论成立.

由定理 5.2.1 和定理 5.2.3 可知, 对 n 阶方阵 $\boldsymbol{A}$ 来说, 只要属于它的各个互异特征值的线性无关的特征向量的总数不少于 n, $\boldsymbol{A}$ 就可以相似对角化. 那么, 对于 n 阶方阵 $\boldsymbol{A}$ 的特征值 λ_i 来说, 属于它的一组线性无关的特征向量最多能有多少个呢? 这可从特征向量的求法中得到答案. 由第 5.1 节知, 特征值 λ_i 对应的全部特征向量正好是特征方程组 $(\lambda_i\boldsymbol{I}-\boldsymbol{A})\boldsymbol{X}=\boldsymbol{0}$ 的全部非零解. 因此, $\boldsymbol{A}$ 的属于特征值 λ_i 的一组线性无关的特征向量最多有 $n-\mathrm{r}(\lambda_i\boldsymbol{I}-\boldsymbol{A})$ 个. 这个数也就是特征方程组 $(\lambda_i\boldsymbol{I}-\boldsymbol{A})\boldsymbol{X}=\boldsymbol{0}$ 的一个基础解系中所含解向量的个数, 即其解空间的维数, 也即特征子空间 V_{λ_i} 的维数, 被称为特征值 λ_i 的**几何重数**, 记为 q_i. 设 n 阶方阵 $\boldsymbol{A}$ 的所有互异的特征值为 $\lambda_1,\lambda_2,\cdots,\lambda_s$, 其几何重数分别为 $q_1,q_2,\cdots,q_s$. 于是, $\boldsymbol{A}$ 最多有 $\sum\limits_{i=1}^{s}q_i$ 个线性无关的特征向量. 因此, $\boldsymbol{A}$ 可相似对角化当且仅当 $\sum\limits_{i=1}^{s}q_i\geqslant n$.

另外, 由多项式理论可知, n 阶方阵 $\boldsymbol{A}$ 的特征多项式在复数域上总可以分解为互不相同的一次因式的方幂的乘积, 即

$$f_{\boldsymbol{A}}(\lambda)=(\lambda-\lambda_1)^{p_1}(\lambda-\lambda_2)^{p_2}\cdots(\lambda-\lambda_s)^{p_s},$$

其中 $\lambda_1,\lambda_2,\cdots,\lambda_s$ 是 $\boldsymbol{A}$ 的所有互异的特征值, p_i 被称作特征值 λ_i 的**代数重数** $(i=1,2,\cdots,s)$, 且有 $\sum\limits_{i=1}^{s}p_i=n$.

关于特征值 λ_i 的代数重数和几何重数有如下结论:

定理 5.2.4　n 阶方阵 $\boldsymbol{A}$ 的任一特征值 λ_i 的几何重数 q_i 不大于它的代数重数 p_i.

证　设

$$\boldsymbol{X}_{i1},\boldsymbol{X}_{i2},\cdots,\boldsymbol{X}_{iq_i}$$

是特征值 λ_i 的特征子空间 V_{λ_i} 的一个基, 并将之扩充为 $\mathbf{C}^n$ 的一个基:

$$\boldsymbol{X}_{i1},\boldsymbol{X}_{i2},\cdots,\boldsymbol{X}_{iq_i},\boldsymbol{Y}_1,\boldsymbol{Y}_2,\cdots,\boldsymbol{Y}_{n-q_i},$$

于是有

$$\begin{aligned}&\boldsymbol{A}[\boldsymbol{X}_{i1},\boldsymbol{X}_{i2},\cdots,\boldsymbol{X}_{iq_i},\boldsymbol{Y}_1,\boldsymbol{Y}_2,\cdots,\boldsymbol{Y}_{n-q_i}]\\=&[\boldsymbol{A}\boldsymbol{X}_{i1},\boldsymbol{A}\boldsymbol{X}_{i2},\cdots,\boldsymbol{A}\boldsymbol{X}_{iq_i},\boldsymbol{A}\boldsymbol{Y}_1,\boldsymbol{A}\boldsymbol{Y}_2,\cdots,\boldsymbol{A}\boldsymbol{Y}_{n-q_i}]\\=&[\lambda_i\boldsymbol{X}_{i1},\lambda_i\boldsymbol{X}_{i2},\cdots,\lambda_i\boldsymbol{X}_{iq_i},\boldsymbol{A}\boldsymbol{Y}_1,\boldsymbol{A}\boldsymbol{Y}_2,\cdots,\boldsymbol{A}\boldsymbol{Y}_{n-q_i}]\\=&[\boldsymbol{X}_{i1},\boldsymbol{X}_{i2},\cdots,\boldsymbol{X}_{iq_i},\boldsymbol{Y}_1,\boldsymbol{Y}_2,\cdots,\boldsymbol{Y}_{n-q_i}]\begin{bmatrix}\lambda_i\boldsymbol{I}_{q_i}&*\\\boldsymbol{0}&\boldsymbol{A}_1\end{bmatrix},\end{aligned}\tag{5.2.6}$$

其中 $\boldsymbol{A}_1$ 为 $n-q_i$ 阶方阵. 令

$$\boldsymbol{P}=[\boldsymbol{X}_{i1},\boldsymbol{X}_{i2},\cdots,\boldsymbol{X}_{iq_i},\boldsymbol{Y}_1,\boldsymbol{Y}_2,\cdots,\boldsymbol{Y}_{n-q_i}],$$

显然, $\boldsymbol{P}$ 可逆, 于是 (5.2.6) 式可变为

$$\boldsymbol{AP}=\boldsymbol{P}\begin{bmatrix}\lambda_i\boldsymbol{I}_{q_i} & * \\ \boldsymbol{0} & \boldsymbol{A}_1\end{bmatrix},$$

或

$$\boldsymbol{P}^{-1}\boldsymbol{AP}=\begin{bmatrix}\lambda_i\boldsymbol{I}_{q_i} & * \\ \boldsymbol{0} & \boldsymbol{A}_1\end{bmatrix},$$

即

$$\boldsymbol{A}\sim\begin{bmatrix}\lambda_i\boldsymbol{I}_{q_i} & * \\ \boldsymbol{0} & \boldsymbol{A}_1\end{bmatrix},$$

从而有

$$\begin{aligned}f_{\boldsymbol{A}}(\lambda)&=\det\left(\lambda\boldsymbol{I}-\begin{bmatrix}\lambda_i\boldsymbol{I}_{q_i} & * \\ \boldsymbol{0} & \boldsymbol{A}_1\end{bmatrix}\right)\\&=\det\begin{bmatrix}(\lambda-\lambda_i)\boldsymbol{I}_{q_i} & -* \\ \boldsymbol{0} & \lambda\boldsymbol{I}_{n-q_i}-\boldsymbol{A}_1\end{bmatrix}\\&=(\lambda-\lambda_i)^{q_i}\det(\lambda\boldsymbol{I}_{n-q_i}-\boldsymbol{A}_1)\\&=(\lambda-\lambda_i)^{q_i}f_{\boldsymbol{A}_1}(\lambda),\end{aligned}$$

于是, 由代数重数的定义知

$$p_i\geqslant q_i,\quad i=1,2,\cdots,s.$$

特别地, 对于单特征值, 其几何重数等于代数重数.

由代数重数的定义和定理 5.2.4 可得

$$\sum_{i=1}^{s}q_i\leqslant\sum_{i=1}^{s}p_i=n,$$

同时, 由上面已知, n 阶方阵 $\boldsymbol{A}$ 可相似对角化当且仅当

$$\sum_{i=1}^{s}q_i\geqslant n,$$

于是有

定理 5.2.5 设 $\lambda_1,\lambda_2,\cdots,\lambda_s$ 是 n 阶方阵 $\boldsymbol{A}$ 的全部互异的特征值, p_i 和 q_i 分别是特征值 λ_i 的代数重数和几何重数, $i=1,2,\cdots,s$. 则 $\boldsymbol{A}$ 可相似对角化的充要条件是

$$p_i=q_i,\quad i=1,2,\cdots,s.$$

5.2.2 相似对角化的方法

前面讨论了 n 阶方阵可相似对角化的条件, 并给出了求相似对角矩阵及相似变换矩阵的方法, 具体步骤如下:

(1) 求出 $\boldsymbol{A}$ 的全部互异的特征值

$$\lambda_1,\lambda_2,\cdots,\lambda_s.$$

(2) 对每个特征值 λ_i, 求特征矩阵 $\lambda_i\boldsymbol{I}-\boldsymbol{A}$ 的秩, 并判断 λ_i 的几何重数 $q_i=n-\mathrm{r}\left(\lambda_i\boldsymbol{I}-\boldsymbol{A}\right)$ 是否等于它的代数重数 $p_i(i=1,2,\cdots,s)$. 只要有一个不相等, $\boldsymbol{A}$ 就不可以相似对角化; 否则, $\boldsymbol{A}$ 可以相似对角化.

(3) 当 $\boldsymbol{A}$ 可相似对角化时, 对每个特征值 λ_i, 求方程组

$$\left(\lambda_i\boldsymbol{I}-\boldsymbol{A}\right)\boldsymbol{X}=\boldsymbol{0}$$

的一个基础解系:

$$\boldsymbol{X}_{i1},\boldsymbol{X}_{i2},\cdots,\boldsymbol{X}_{iq_i},\quad i=1,2,\cdots,s.$$

(4) 令

$$\boldsymbol{P}=\left[\boldsymbol{X}_{11},\boldsymbol{X}_{12},\cdots,\boldsymbol{X}_{1q_1},\cdots,\boldsymbol{X}_{s1},\boldsymbol{X}_{s2},\cdots,\boldsymbol{X}_{sq_s}\right],$$

则有

$$\boldsymbol{P}^{-1}\boldsymbol{A}\boldsymbol{P}=\mathrm{diag}\left(\lambda_1,\cdots,\lambda_1,\cdots,\lambda_s,\cdots,\lambda_s\right),$$

其中有 q_i 个 $\lambda_i(i=1,2,\cdots,s)$.

例 5.2.1 判断矩阵

$$\boldsymbol{A}=\begin{bmatrix}3&-1&1\\2&0&1\\1&-1&2\end{bmatrix}$$

是否可以相似对角化.

解 (1) 求 $\boldsymbol{A}$ 的特征值.

$$|\lambda \boldsymbol{I}-\boldsymbol{A}|=\begin{vmatrix}\lambda-3 & 1 & -1\\ -2 & \lambda & -1\\ -1 & 1 & \lambda-2\end{vmatrix}=(\lambda-1)(\lambda-2)^2,$$

于是, $\boldsymbol{A}$ 的特征值为: $\lambda_1=1,\lambda_2=2$(二重).

(2) 因为 $\lambda_1=1$ 是单特征值, 所以 $p_1=q_1=1$. 下面考察 $\lambda_2=2$ 的情形:

$$\lambda_2\boldsymbol{I}-\boldsymbol{A}=\begin{bmatrix}-1 & 1 & -1\\ -2 & 2 & -1\\ -1 & 1 & 0\end{bmatrix}\xrightarrow{\text{行}}\begin{bmatrix}1 & -1 & 1\\ 0 & 0 & 1\\ 0 & 0 & 0\end{bmatrix},$$

于是 $\mathrm{r}\,(\lambda_2\boldsymbol{I}-\boldsymbol{A})=2, q_2=n-\mathrm{r}\,(\lambda_2\boldsymbol{I}-\boldsymbol{A})=1<2=p_2$, 从而 $\boldsymbol{A}$ 不可相似对角化.

例 5.2.2 设

$$\boldsymbol{A}=\begin{bmatrix}0 & 1 & 1\\ 1 & 0 & 1\\ 1 & 1 & 0\end{bmatrix},$$

$\boldsymbol{A}$ 是否可以相似对角化? 若 $\boldsymbol{A}$ 可以相似对角化, 则求相似对角矩阵及相似变换矩阵 $\boldsymbol{P}$.

解 (1) 求 $\boldsymbol{A}$ 的特征值.

$$|\lambda \boldsymbol{I}-\boldsymbol{A}|=\begin{vmatrix}\lambda & -1 & -1\\ -1 & \lambda & -1\\ -1 & -1 & \lambda\end{vmatrix}=(\lambda-2)(\lambda+1)^2,$$

于是, $\boldsymbol{A}$ 的特征值为 : $\lambda_1=2,\lambda_2=-1$(二重).

(2) 因为 $\lambda_1=2$ 是单特征值, 所以 $p_1=q_1=1$. 下面考察 $\lambda_2=-1$ 的情形:

$$\lambda_2\boldsymbol{I}-\boldsymbol{A}=\begin{bmatrix}-1 & -1 & -1\\ -1 & -1 & -1\\ -1 & -1 & -1\end{bmatrix}\xrightarrow{\text{行}}\begin{bmatrix}1 & 1 & 1\\ 0 & 0 & 0\\ 0 & 0 & 0\end{bmatrix},$$

于是

$$q_2=3-\mathrm{r}\,(\lambda_2\boldsymbol{I}-\boldsymbol{A})=3-1=2=p_2,$$

因此, $\boldsymbol{A}$ 可以相似对角化.

(3) 对 $\lambda_1 = 2$, 求得特征方程组 $(2\boldsymbol{I} - \boldsymbol{A})\boldsymbol{X} = \boldsymbol{0}$, 即

$$\begin{bmatrix} 2 & -1 & -1 \\ -1 & 2 & -1 \\ -1 & -1 & 2 \end{bmatrix}\begin{bmatrix} x_1 \\ x_2 \\ x_3 \end{bmatrix} = \boldsymbol{0}$$

的一个基础解系

$$\boldsymbol{X}_{11} = (1, 1, 1)^{\mathrm{T}},$$

对 $\lambda_2 = -1$, 特征方程组 $(-\boldsymbol{I} - \boldsymbol{A})\boldsymbol{X} = \boldsymbol{0}$ 同解于方程组

$$\begin{bmatrix} 1 & 1 & 1 \\ 0 & 0 & 0 \\ 0 & 0 & 0 \end{bmatrix}\begin{bmatrix} x_1 \\ x_2 \\ x_3 \end{bmatrix} = \boldsymbol{0},$$

求得其一个基础解系:

$$\boldsymbol{X}_{21} = (-1, 1, 0)^{\mathrm{T}}, \boldsymbol{X}_{22} = (-1, 0, 1)^{\mathrm{T}}.$$

(4) 令

$$\boldsymbol{P} = [\boldsymbol{X}_{11}, \boldsymbol{X}_{21}, \boldsymbol{X}_{22}] = \begin{bmatrix} 1 & -1 & -1 \\ 1 & 1 & 0 \\ 1 & 0 & 1 \end{bmatrix},$$

则有

$$\boldsymbol{P}^{-1}\boldsymbol{A}\boldsymbol{P} = \mathrm{diag}(2, -1, -1).$$

例 5.2.3 设矩阵 $\boldsymbol{A}$ 和 $\boldsymbol{P}$ 如上例, 多项式 $f(x) = x^2 + 2x + 3$, 试证:

$$\boldsymbol{P}^{-1}f(\boldsymbol{A})\boldsymbol{P} = f(\boldsymbol{\Lambda}) = \mathrm{diag}(f(2), f(-1), f(-1)),$$

其中, $\boldsymbol{\Lambda} = \mathrm{diag}(2, -1, -1)$.

证 由上例知, $2, -1$ (二重) 是矩阵 $\boldsymbol{A}$ 的全部特征值, 它们对应的特征向量分别为 $\boldsymbol{X}_{11}$,$\boldsymbol{X}_{21}$, $\boldsymbol{X}_{22}$. 由特征值、特征向量的性质知, $f(2), f(-1)$(二重) 是矩阵 $f(\boldsymbol{A})$ 的全部特征值, 其对应的特征向量分别为 $\boldsymbol{X}_{11}, \boldsymbol{X}_{21}, \boldsymbol{X}_{22}$. 于是, 令

$$\boldsymbol{P} = [\boldsymbol{X}_{11}, \boldsymbol{X}_{21}, \boldsymbol{X}_{22}],$$

则有

$$\boldsymbol{P}^{-1}f(\boldsymbol{A})\boldsymbol{P} = \mathrm{diag}(f(2), f(-1), f(-1)) = f(\boldsymbol{\Lambda}).$$

一般地, 对任意多项式 $f(x)$ 及 n 阶方阵 $\boldsymbol{A}$, 若

$$\boldsymbol{P}^{-1}\boldsymbol{A}\boldsymbol{P}=\operatorname{diag}(\lambda_1,\lambda_2,\cdots,\lambda_n)\xlongequal{\text{记为}}\boldsymbol{\Lambda},$$

则

$$\boldsymbol{P}^{-1}f(\boldsymbol{A})\boldsymbol{P}=f(\boldsymbol{\Lambda})=\operatorname{diag}(f(\lambda_1),f(\lambda_2),\cdots,f(\lambda_n)),$$

从而有

$$f(\boldsymbol{A})=\boldsymbol{P}\operatorname{diag}(f(\lambda_1),f(\lambda_2),\cdots,f(\lambda_n))\boldsymbol{P}^{-1}.$$

证明留作习题.

5.2.3 应用举例

许多实际问题最后都归结为求解微分方程 (组) 的问题. 因此, 如何求解微分方程 (组) 是个很重要的问题. 下面举例说明特征值和特征向量在其中的应用.

例 5.2.4 求解线性微分方程组

$$\begin{cases}\dfrac{\mathrm{d}x_1}{\mathrm{d}t}=a_{11}x_1+a_{12}x_2+\cdots+a_{1n}x_n,\\ \dfrac{\mathrm{d}x_2}{\mathrm{d}t}=a_{21}x_1+a_{22}x_2+\cdots+a_{2n}x_n,\\ \qquad\cdots\cdots\cdots\cdots\\ \dfrac{\mathrm{d}x_n}{\mathrm{d}t}=a_{n1}x_1+a_{n2}x_2+\cdots+a_{nn}x_n.\end{cases}\tag{5.2.7}$$

解 令

$$\boldsymbol{X}=\begin{bmatrix}x_1\\x_2\\\vdots\\x_n\end{bmatrix},\quad \frac{\mathrm{d}\boldsymbol{X}}{\mathrm{d}t}=\begin{bmatrix}\dfrac{\mathrm{d}x_1}{\mathrm{d}t}\\\dfrac{\mathrm{d}x_2}{\mathrm{d}t}\\\vdots\\\dfrac{\mathrm{d}x_n}{\mathrm{d}t}\end{bmatrix},\quad \boldsymbol{A}=\begin{bmatrix}a_{11}&a_{12}&\cdots&a_{1n}\\a_{21}&a_{22}&\cdots&a_{2n}\\\vdots&\vdots&&\vdots\\a_{n1}&a_{n2}&\cdots&a_{nn}\end{bmatrix},$$

则方程组 (5.2.7) 可表示成矩阵形式

$$\frac{\mathrm{d}\boldsymbol{X}}{\mathrm{d}t}=\boldsymbol{A}\boldsymbol{X},\tag{5.2.8}$$

假设 $\boldsymbol{A}$ 可以相似对角化, 即存在可逆矩阵 $\boldsymbol{P}$, 使得

$$\boldsymbol{P}^{-1}\boldsymbol{A}\boldsymbol{P}=\operatorname{diag}(\lambda_1,\lambda_2,\cdots,\lambda_n),$$

其中 $\lambda_1, \lambda_2, \cdots, \lambda_n$ 为 $\boldsymbol{A}$ 的全部特征值. 于是令

$$\boldsymbol{X} = \boldsymbol{P}\boldsymbol{Y}, \tag{5.2.9}$$

其中 $\boldsymbol{Y} = (y_1, y_2, \cdots, y_n)^{\mathrm{T}}$, 将 (5.2.9) 式代入 (5.2.8) 式得

$$\frac{\mathrm{d}(\boldsymbol{P}\boldsymbol{Y})}{\mathrm{d}t} = \boldsymbol{A}\boldsymbol{P}\boldsymbol{Y},$$

即

$$\boldsymbol{P}\frac{\mathrm{d}\boldsymbol{Y}}{\mathrm{d}t} = \boldsymbol{A}\boldsymbol{P}\boldsymbol{Y},$$

在上式两端同时左乘 $\boldsymbol{P}^{-1}$, 得

$$\frac{\mathrm{d}\boldsymbol{Y}}{\mathrm{d}t} = \boldsymbol{P}^{-1}\boldsymbol{A}\boldsymbol{P}\boldsymbol{Y} = \mathrm{diag}\,(\lambda_1, \lambda_2, \cdots, \lambda_n)\,\boldsymbol{Y},$$

即

$$\begin{cases} \dfrac{\mathrm{d}y_1}{\mathrm{d}t} = \lambda_1 y_1, \\ \dfrac{\mathrm{d}y_2}{\mathrm{d}t} = \lambda_2 y_2, \\ \cdots\cdots\cdots\cdots \\ \dfrac{\mathrm{d}y_n}{\mathrm{d}t} = \lambda_n y_n, \end{cases}$$

将上式积分, 得

$$y_1 = C_1\mathrm{e}^{\lambda_1 t}, \quad y_2 = C_2\mathrm{e}^{\lambda_2 t}, \quad \cdots, \quad y_n = C_n\mathrm{e}^{\lambda_n t}, \tag{5.2.10}$$

其中 $C_1, C_2, \cdots, C_n$ 为积分常数. 将 (5.2.10) 式代入 (5.2.9) 式, 可得

$$\boldsymbol{X} = C_1\boldsymbol{P}_1\mathrm{e}^{\lambda_1 t} + C_2\boldsymbol{P}_2\mathrm{e}^{\lambda_2 t} + \cdots + C_n\boldsymbol{P}_n\mathrm{e}^{\lambda_n t},$$

其中 $\boldsymbol{P}_i$ 为矩阵 $\boldsymbol{P}$ 的第 i 列, 也是 $\boldsymbol{A}$ 的对应于特征值 λ_i 的特征向量, $i = 1, 2, \cdots, n$.

另外, 对于 n 阶常系数齐次线性微分方程

$$\frac{\mathrm{d}^n x(t)}{\mathrm{d}t^n} + a_1\frac{\mathrm{d}^{n-1}x(t)}{\mathrm{d}t^{n-1}} + \cdots + a_{n-1}\frac{\mathrm{d}x(t)}{\mathrm{d}t} + a_n x(t) = 0, \tag{5.2.11}$$

可令

$$x = x_1, \quad \frac{\mathrm{d}x}{\mathrm{d}t} = x_2, \quad \frac{\mathrm{d}^2 x}{\mathrm{d}t^2} = x_3, \quad \cdots, \quad \frac{\mathrm{d}^{n-1}x}{\mathrm{d}t^{n-1}} = x_n,$$

于是, 可得与方程 (5.2.11) 同解的方程组

$$\begin{cases}\dfrac{\mathrm{d}x_1}{\mathrm{d}t}=x_2,\\ \dfrac{\mathrm{d}x_2}{\mathrm{d}t}=x_3,\\ \qquad\cdots\cdots\cdots\cdots\\ \dfrac{\mathrm{d}x_{n-1}}{\mathrm{d}t}=x_n,\\ \dfrac{\mathrm{d}x_n}{\mathrm{d}t}=-a_nx_1-a_{n-1}x_2-\cdots-a_1x_n,\end{cases}\tag{5.2.12}$$

(5.2.12) 式可写成矩阵形式

$$\frac{\mathrm{d}\boldsymbol{X}}{\mathrm{d}t}=\boldsymbol{AX},$$

其中 $\boldsymbol{X}=(x_1,x_2,\cdots,x_n)^{\mathrm{T}}, \dfrac{\mathrm{d}\boldsymbol{X}}{\mathrm{d}t}=\left(\dfrac{\mathrm{d}x_1}{\mathrm{d}t},\dfrac{\mathrm{d}x_2}{\mathrm{d}t},\cdots,\dfrac{\mathrm{d}x_n}{\mathrm{d}t}\right)^{\mathrm{T}}$,

$$\boldsymbol{A}=\begin{bmatrix}0&1&0&\cdots&0\\0&0&1&\cdots&0\\\vdots&\vdots&\vdots&&\vdots\\0&0&0&\cdots&1\\-a_n&-a_{n-1}&-a_{n-2}&\cdots&-a_1\end{bmatrix},$$

于是, 这类微分方程可以归结为等价的线性微分方程组, 然后再利用特征值和特征向量求解.

例 5.2.5 求解微分方程

$$\frac{\mathrm{d}^3x}{\mathrm{d}t^3}-3\frac{\mathrm{d}^2x}{\mathrm{d}t^2}-4\frac{\mathrm{d}x}{\mathrm{d}t}+12x=0.\tag{5.2.13}$$

解 令

$$x=x_1,\quad \frac{\mathrm{d}x}{\mathrm{d}t}=x_2,\quad \frac{\mathrm{d}^2x}{\mathrm{d}t^2}=x_3,$$

于是, (5.2.13) 式可变成等价的方程组

$$\begin{cases}\dfrac{\mathrm{d}x_1}{\mathrm{d}t}=\qquad\qquad x_2,\\ \dfrac{\mathrm{d}x_2}{\mathrm{d}t}=\qquad\qquad\qquad x_3,\\ \dfrac{\mathrm{d}x_3}{\mathrm{d}t}=-12x_1+4x_2+3x_3,\end{cases}$$

即

$$\frac{\mathrm{d}\boldsymbol{X}}{\mathrm{d}t}=\boldsymbol{A}\boldsymbol{X},$$

其中 $\boldsymbol{X}=(x_1,x_2,x_3)^{\mathrm{T}}, \dfrac{\mathrm{d}\boldsymbol{X}}{\mathrm{d}t}=\left(\dfrac{\mathrm{d}x_1}{\mathrm{d}t},\dfrac{\mathrm{d}x_2}{\mathrm{d}t},\dfrac{\mathrm{d}x_3}{\mathrm{d}t}\right)^{\mathrm{T}}$,

$$\boldsymbol{A}=\begin{bmatrix}0&1&0\\0&0&1\\-12&4&3\end{bmatrix},$$

可求得 $\boldsymbol{A}$ 的特征值为 $\lambda_1=3,\lambda_2=2,\lambda_3=-2$, 对应的特征向量分别为

$$\boldsymbol{X}_1=(1,3,9)^{\mathrm{T}},\quad \boldsymbol{X}_2=(1,2,4)^{\mathrm{T}},\quad \boldsymbol{X}_3=(1,-2,4)^{\mathrm{T}},$$

于是, 由例 5.2.4 知,

$$\begin{aligned}\boldsymbol{X}&=C_1\boldsymbol{X}_1\mathrm{e}^{\lambda_1 t}+C_2\boldsymbol{X}_2\mathrm{e}^{\lambda_2 t}+C_3\boldsymbol{X}_3\mathrm{e}^{\lambda_3 t}\\&=C_1\begin{bmatrix}1\\3\\9\end{bmatrix}\mathrm{e}^{3t}+C_2\begin{bmatrix}1\\2\\4\end{bmatrix}\mathrm{e}^{2t}+C_3\begin{bmatrix}1\\-2\\4\end{bmatrix}\mathrm{e}^{-2t},\end{aligned}$$

从而

$$x=x_1=C_1\mathrm{e}^{3t}+C_2\mathrm{e}^{2t}+C_3\mathrm{e}^{-2t},$$

其中 $C_i(i=1,2,3)$ 为任意常数.

例 5.2.6 某超市为了提高自己的经营、服务水平, 在年末特地对附近一个小区的居民作了市场调查. 结果表明, 该小区有 60% 的居民使用该超市提供的日用品, 而且在这些老顾客中, 有 70% 的人表示, 来年仍将继续使用该超市提供的日用品; 同时, 在尚未使用过该超市提供的日用品的被调查者中, 有 30% 的人表示, 来年将使用该超市提供的日用品. 问: 照此趋势, k 年后, 在这个小区中, 有多少比例的居民使用该超市提供的日用品?

这类实例在日常生活中还很多. 例如, 在某城市的就业人口中, 从事第一、第二和第三产业的人员分别占 30%、30% 和 40%. 一年后, 在从事第一产业的人员中, 将有 10% 的人转向第二产业、20% 的人转向第三产业; 在从事第二产业的人员中, 将有 10% 的人转向第一产业、20% 的人转向第三产业; 在从事第三产业的人员中, 将有 10% 的人转向第一产业、20%

的人转向第二产业. 问: 照此趋势, k 年后, 该城市就业人员在第一、第二和第三产业中的分布情况如何?

以上这些例子从数学的角度看, 其本质是一样的, 从中可以抽象出同一数学模型, 即一个有限状态的系统. 它每一时刻处在一个确定的状态, 并随着时间的流逝, 从一个状态转移为另一个状态, 每个状态的概率只与最近的前一状态相关. 这样的一种连续过程, 被称为**马尔可夫** (Markov) **过程**. 一般地, 假设系统共有 n 种可能的状态, 分别记为 $1,2,\cdots,n$, 在某个观察期间, 它的状态为 $j(1\leqslant j\leqslant n)$, 而在下一个观察期间, 它的状态为 $i(1\leqslant i\leqslant n)$ 的概率为 p_{ij}, 称之为**转移概率**. 它不随时间而变化, 且有

$$0\leqslant p_{ij}\leqslant 1,\quad \sum_{i=1}^{n}p_{ij}=1,\quad j=1,2,\cdots,n,$$

称矩阵 $\boldsymbol{P}=[p_{ij}]$ 为**转移概率矩阵**. 由系统的初始状态可以构造一个 n 元向量, 称之为**状态向量**, 记为 $\boldsymbol{X}_0$, k 年后的状态向量记为 $\boldsymbol{X}_k$, 于是有

$$\boldsymbol{X}_k=\boldsymbol{P}\boldsymbol{X}_{k-1}=\cdots=\boldsymbol{P}^k\boldsymbol{X}_0,$$

由上式易见, 要求出 $\boldsymbol{X}_k$, 关键是求 $\boldsymbol{P}^k$. 当 $\boldsymbol{P}$ 可相似对角化, 即存在可逆矩阵 $\boldsymbol{S}$, 使得

$$\boldsymbol{S}^{-1}\boldsymbol{P}\boldsymbol{S}=\operatorname{diag}(\lambda_1,\lambda_2,\cdots,\lambda_n),$$

时, 有

$$\boldsymbol{X}_k=\boldsymbol{P}^k\boldsymbol{X}_0=\boldsymbol{S}\operatorname{diag}\left(\lambda_1^k,\lambda_2^k,\cdots,\lambda_n^k\right)\boldsymbol{S}^{-1}\boldsymbol{X}_0.$$

对于例 5.2.6, 系统共有两种可能的状态: 使用和不使用, 分别记为 1 和 2, 于是有

$$\boldsymbol{X}_0=\begin{bmatrix}0.6\\0.4\end{bmatrix},\quad \boldsymbol{P}=\begin{bmatrix}p_{11}&p_{12}\\p_{21}&p_{22}\end{bmatrix}=\begin{bmatrix}0.7&0.3\\0.3&0.7\end{bmatrix},$$

$$\boldsymbol{X}_k=\boldsymbol{P}^k\boldsymbol{X}_0.$$

下面求 $\boldsymbol{P}^k$. 先求 $\boldsymbol{P}$ 的特征值及对应的特征向量:

$$|\lambda\boldsymbol{I}-\boldsymbol{P}|=\begin{vmatrix}\lambda-0.7&-0.3\\-0.3&\lambda-0.7\end{vmatrix}=(\lambda-1)(\lambda-0.4),$$

于是, 特征值为 $\lambda_1=1,\lambda_2=0.4$. 求得它们对应的特征向量分别为

$$\boldsymbol{S}_1=(1,1)^{\mathrm{T}},\quad \boldsymbol{S}_2=(1,-1)^{\mathrm{T}},$$

取

$$S = [S_1, S_2] = \begin{bmatrix} 1 & 1 \\ 1 & -1 \end{bmatrix},$$

于是

$$S^{-1} = \begin{bmatrix} \frac{1}{2} & \frac{1}{2} \\ \frac{1}{2} & -\frac{1}{2} \end{bmatrix},$$

从而

$$\begin{aligned} X_k = P^k X_0 &= \begin{bmatrix} 1 & 1 \\ 1 & -1 \end{bmatrix} \begin{bmatrix} 1 & 0 \\ 0 & 0.4^k \end{bmatrix} \begin{bmatrix} \frac{1}{2} & \frac{1}{2} \\ \frac{1}{2} & -\frac{1}{2} \end{bmatrix} \begin{bmatrix} 0.6 \\ 0.4 \end{bmatrix} \\ &= \begin{bmatrix} 0.5 + 0.1 \times 0.4^k \\ 0.5 - 0.1 \times 0.4^k \end{bmatrix}, \end{aligned}$$

由上可知, 当 $k \to \infty$ 时,

$$X_k \to (0.5, 0.5)^{\mathrm{T}}.$$

交互实验 5.2.1

扫描交互实验 5.2.1 的二维码, 不断增加年份 k 的值, 观察状态向量 X_k 的变化情况; 拖动红色向量选择不同的初始状态向量 X_0, 不断增加年份 k 的值, 观察状态向量 X_k 的变化情况.

5.3 实对称矩阵的相似对角化

由上节可知, 一般的 n 阶方阵 A, 只有当它有 n 个线性无关的特征向量, 或它的全部互异的特征值的几何重数和代数重数都对应相等时, 才可以相似对角化. 那么, 对实对称矩阵, 情况又如何呢? 为研究这一问题, 首先介绍复矩阵和复向量的有关概念和性质.

定义 5.3.1 元素为复数的矩阵和向量分别被称为**复矩阵**和**复向量**.

定义 5.3.2 设 a_{ij} 为复数, $\bar{a}_{ij}$ 为 a_{ij} 的共轭复数, $A = [a_{ij}]_{m\times n}$, $\overline{A} = [\bar{a}_{ij}]_{m\times n}$, 则称 $\overline{A}$ 为 A 的**共轭矩阵**.

例如, 设

$$A = \begin{bmatrix} 2\mathrm{i} & 5 \\ 0 & 1-\mathrm{i} \end{bmatrix},$$

则

$$\overline{A} = \begin{bmatrix} -2\mathrm{i} & 5 \\ 0 & 1+\mathrm{i} \end{bmatrix}.$$

由上述定义和共轭复数的运算性质可知, 共轭矩阵有以下性质:

(1) $\overline{\overline{\boldsymbol{A}}} = \boldsymbol{A}$;

(2) $\overline{\boldsymbol{A}}^{\mathrm{T}} = \overline{\boldsymbol{A}^{\mathrm{T}}}$;

(3) $\overline{k\boldsymbol{A}} = \bar{k}\overline{\boldsymbol{A}}$, 其中 k 为复数;

(4) $\overline{\boldsymbol{A}+\boldsymbol{B}} = \overline{\boldsymbol{A}} + \overline{\boldsymbol{B}}$;

(5) $\overline{\boldsymbol{AB}} = \overline{\boldsymbol{A}}\ \overline{\boldsymbol{B}}$;

(6) $\overline{(\boldsymbol{AB})^{\mathrm{T}}} = \overline{\boldsymbol{B}^{\mathrm{T}}}\ \overline{\boldsymbol{A}^{\mathrm{T}}}$;

(7) 若 $\boldsymbol{A}$ 可逆, 则 $\overline{\boldsymbol{A}^{-1}} = (\overline{\boldsymbol{A}})^{-1}$;

(8) 若 $\boldsymbol{A}$ 为方阵, $\det\overline{\boldsymbol{A}} = \overline{\det\boldsymbol{A}}$;

(9) $\mathrm{r}(\boldsymbol{A}) = \mathrm{r}(\overline{\boldsymbol{A}})$.

证明留作习题.

另外, n 元复向量 $\boldsymbol{X} = (x_1, x_2, \cdots, x_n)^{\mathrm{T}}$ 有如下性质:

对任意 n 元复向量 $\boldsymbol{X} = (x_1, x_2, \cdots, x_n)^{\mathrm{T}}$, 都有 $\overline{\boldsymbol{X}}^{\mathrm{T}}\boldsymbol{X} \geqslant 0$, 当且仅当 $\boldsymbol{X} = \boldsymbol{0}$ 时等号成立.

5.3.1 实对称矩阵的特征值和特征向量

有了前面的准备, 下面开始研究实对称矩阵.

首先, 实对称矩阵是方阵. 因此, 前面有关方阵的结论对实对称矩阵都成立.

其次, 对一般的 n 阶实方阵来说, 由第 5.1 节可知, 其特征值可能是实数, 也可能是复数, 其特征向量可能是实向量, 也可能是复向量. 那么, 对于实对称矩阵, 情况又如何呢? 不妨设 λ 为实对称矩阵 $\boldsymbol{A}$ 的任一特征值, $\boldsymbol{X}$ 为 λ 对应的特征向量, 则有

$$\overline{\boldsymbol{A}^{\mathrm{T}}} = \boldsymbol{A}, \tag{5.3.1}$$

$$\boldsymbol{AX} = \lambda\boldsymbol{X}, \tag{5.3.2}$$

对 (5.3.2) 式两端同时取转置、共轭, 得

$$\overline{(\boldsymbol{AX})^{\mathrm{T}}} = \overline{(\lambda\boldsymbol{X})^{\mathrm{T}}},$$

即

$$\overline{\boldsymbol{X}^{\mathrm{T}}}\ \overline{\boldsymbol{A}^{\mathrm{T}}} = \bar{\lambda}\,\overline{\boldsymbol{X}^{\mathrm{T}}}, \tag{5.3.3}$$

将 (5.3.1) 式代入 (5.3.3) 式, 得

$$\overline{\boldsymbol{X}^{\mathrm{T}}}\boldsymbol{A} = \bar{\lambda}\,\overline{\boldsymbol{X}^{\mathrm{T}}}, \tag{5.3.4}$$

再用 $\boldsymbol{X}$ 右乘 (5.3.4) 式的两端, 得

$$\overline{\boldsymbol{X}^{\mathrm{T}}}\boldsymbol{A}\boldsymbol{X}=\bar{\lambda}\,\overline{\boldsymbol{X}^{\mathrm{T}}}\boldsymbol{X},$$

即

$$\lambda\overline{\boldsymbol{X}^{\mathrm{T}}}\boldsymbol{X}=\bar{\lambda}\,\overline{\boldsymbol{X}^{\mathrm{T}}}\boldsymbol{X},$$

或

$$(\lambda-\bar{\lambda})\overline{\boldsymbol{X}^{\mathrm{T}}}\boldsymbol{X}=0, \tag{5.3.5}$$

又

$$\boldsymbol{X}\neq\mathbf{0},\quad \overline{\boldsymbol{X}^{\mathrm{T}}}\boldsymbol{X}>0,$$

于是由 (5.3.5) 式可得

$$\lambda=\bar{\lambda}.$$

从而有

定理 5.3.1 实对称矩阵的特征值都是实数.

由定理 5.3.1 和特征向量的求法可知, (在实数域上) 实对称矩阵的特征向量都是实向量.

由定理 5.2.2 知, 对一般的 n 阶方阵来说, 属于不同特征值的特征向量是线性无关的. 对实对称矩阵来说, 不仅如此, 而且有

定理 5.3.2 实对称矩阵的属于不同特征值的特征向量是正交的.

证 设 λ_1,λ_2 是实对称矩阵 $\boldsymbol{A}$ 的任意两个不同的特征值, 它们对应的特征向量分别为 $\boldsymbol{X}_1,\boldsymbol{X}_2$, 则有

$$\boldsymbol{A}\boldsymbol{X}_1=\lambda_1\boldsymbol{X}_1, \tag{5.3.6}$$

$$\boldsymbol{A}\boldsymbol{X}_2=\lambda_2\boldsymbol{X}_2, \tag{5.3.7}$$

下面要证 $\boldsymbol{X}_1\perp\boldsymbol{X}_2$, 也即 $\boldsymbol{X}_2^{\mathrm{T}}\boldsymbol{X}_1=0$. 为此, 对 (5.3.7) 式两端同时取转置, 得

$$\boldsymbol{X}_2^{\mathrm{T}}\boldsymbol{A}^{\mathrm{T}}=\lambda_2\boldsymbol{X}_2^{\mathrm{T}},$$

即

$$\boldsymbol{X}_2^{\mathrm{T}}\boldsymbol{A}=\lambda_2\boldsymbol{X}_2^{\mathrm{T}},$$

将上式两端同时右乘 $\boldsymbol{X}_1$, 得

$$\boldsymbol{X}_2^{\mathrm{T}}\boldsymbol{A}\boldsymbol{X}_1=\lambda_2\boldsymbol{X}_2^{\mathrm{T}}\boldsymbol{X}_1,$$

再将 (5.3.6) 式代入上式, 得

$$\lambda_1 \boldsymbol{X}_2^{\mathrm{T}} \boldsymbol{X}_1 = \lambda_2 \boldsymbol{X}_2^{\mathrm{T}} \boldsymbol{X}_1,$$

或

$$(\lambda_1 - \lambda_2) \boldsymbol{X}_2^{\mathrm{T}} \boldsymbol{X}_1 = 0, \tag{5.3.8}$$

又由于 $\lambda_1 \neq \lambda_2$, 所以由 (5.3.9) 式得

$$\boldsymbol{X}_2^{\mathrm{T}} \boldsymbol{X}_1 = 0.$$

命题得证.

5.3.2 实对称矩阵的相似对角化

有了实对称矩阵的特征值和特征向量的性质, 下面就可以研究它的相似对角化的问题. 由第 5.2 节可知, 对一般的 n 阶方阵 $\boldsymbol{A}$ 来说, 它的任一特征值 λ_i 的几何重数 q_i 和代数重数 p_i 满足关系 $q_i \leqslant p_i$; 当且仅当对 $\boldsymbol{A}$ 的任一特征值 λ_i 都有 $q_i = p_i (i = 1, 2, \cdots, n)$ 时, $\boldsymbol{A}$ 可相似对角化. 那么, 当 $\boldsymbol{A}$ 为实对称矩阵时, 情况又是怎样呢?

定理 5.3.3 设 λ_0 是 n 阶实对称矩阵 $\boldsymbol{A}$ 的任一特征值, p, q 分别为它的代数重数和几何重数, 则 $p = q$.

证 首先, 由定理 5.2.4 知, $q \leqslant p$. 下面证 q 不小于 p.

取特征子空间 V_{λ_0} 的一个标准正交基

$$\boldsymbol{\alpha}_1, \boldsymbol{\alpha}_2, \cdots, \boldsymbol{\alpha}_q,$$

并将之扩充为 $\mathbf{R}^n$ 的一个标准正交基

$$\boldsymbol{\alpha}_1, \boldsymbol{\alpha}_2, \cdots, \boldsymbol{\alpha}_q, \boldsymbol{\beta}_1, \boldsymbol{\beta}_2, \cdots, \boldsymbol{\beta}_{n-q},$$

令

$$\boldsymbol{P} = \left[\boldsymbol{\alpha}_1, \boldsymbol{\alpha}_2, \cdots, \boldsymbol{\alpha}_q, \boldsymbol{\beta}_1, \boldsymbol{\beta}_2, \cdots, \boldsymbol{\beta}_{n-q}\right],$$

于是, $\boldsymbol{P}$ 为正交矩阵, 且

$$\begin{aligned}
\boldsymbol{A}\boldsymbol{P} &= \boldsymbol{A}\left[\boldsymbol{\alpha}_1, \boldsymbol{\alpha}_2, \cdots, \boldsymbol{\alpha}_q, \boldsymbol{\beta}_1, \boldsymbol{\beta}_2, \cdots, \boldsymbol{\beta}_{n-q}\right] \\
&= \left[\boldsymbol{A}\boldsymbol{\alpha}_1, \boldsymbol{A}\boldsymbol{\alpha}_2, \cdots, \boldsymbol{A}\boldsymbol{\alpha}_q, \boldsymbol{A}\boldsymbol{\beta}_1, \boldsymbol{A}\boldsymbol{\beta}_2, \cdots, \boldsymbol{A}\boldsymbol{\beta}_{n-q}\right] \\
&= \left[\lambda_0\boldsymbol{\alpha}_1, \lambda_0\boldsymbol{\alpha}_2, \cdots, \lambda_0\boldsymbol{\alpha}_q, \boldsymbol{A}\boldsymbol{\beta}_1, \boldsymbol{A}\boldsymbol{\beta}_2, \cdots, \boldsymbol{A}\boldsymbol{\beta}_{n-q}\right] \\
&= \left[\boldsymbol{\alpha}_1, \boldsymbol{\alpha}_2, \cdots, \boldsymbol{\alpha}_q, \boldsymbol{\beta}_1, \boldsymbol{\beta}_2, \cdots, \boldsymbol{\beta}_{n-q}\right] \begin{bmatrix} \lambda_0 \boldsymbol{I}_q & * \\ \mathbf{0} & \boldsymbol{A}_1 \end{bmatrix} \\
&= \boldsymbol{P} \begin{bmatrix} \lambda_0 \boldsymbol{I}_q & * \\ \mathbf{0} & \boldsymbol{A}_1 \end{bmatrix},
\end{aligned}$$

即

$$\boldsymbol{P}^{-1}\boldsymbol{A}\boldsymbol{P}=\begin{bmatrix}\lambda_0\boldsymbol{I}_q & * \\ \boldsymbol{0} & \boldsymbol{A}_1\end{bmatrix},$$

又

$$\overline{(\boldsymbol{P}^{-1}\boldsymbol{A}\boldsymbol{P})}^{\mathrm{T}}=\overline{\boldsymbol{P}}^{\mathrm{T}}\ \overline{\boldsymbol{A}}^{\mathrm{T}}\ \overline{(\boldsymbol{P}^{-1})}^{\mathrm{T}}=\boldsymbol{P}^{-1}\boldsymbol{A}\boldsymbol{P},$$

所以

$$\boldsymbol{P}^{-1}\boldsymbol{A}\boldsymbol{P}=\begin{bmatrix}\lambda_0\boldsymbol{I}_q & \boldsymbol{0} \\ \boldsymbol{0} & \boldsymbol{A}_1\end{bmatrix},$$

其中 $\boldsymbol{A}_1$ 也是实对称矩阵.

下面用反证法证明 q 不小于 p.

假设 $q<p$, 于是, 由定理 5.2.4 的证明可知

$$f_{\boldsymbol{A}}(\lambda)=(\lambda-\lambda_0)^q f_{\boldsymbol{A}_1}(\lambda),$$

因而, λ_0 应是 $f_{\boldsymbol{A}_1}(\lambda)$ 的 $p-q$ 重根, 也就是 $\boldsymbol{A}_1$ 的 $p-q$ 重特征值.

同上面一样, 对实对称矩阵 $\boldsymbol{A}_1$, 存在 $n-q$ 阶正交矩阵 $\boldsymbol{P}_1$, 使得

$$\boldsymbol{P}_1^{-1}\boldsymbol{A}_1\boldsymbol{P}_1=\begin{bmatrix}\lambda_0\boldsymbol{I}_l & \boldsymbol{0} \\ \boldsymbol{0} & \boldsymbol{A}_2\end{bmatrix},\quad (l\in\mathbf{Z}, l>0),$$

作 n 阶正交矩阵

$$\boldsymbol{Q}=\boldsymbol{P}\begin{bmatrix}\boldsymbol{I}_q & \boldsymbol{0} \\ \boldsymbol{0} & \boldsymbol{P}_1\end{bmatrix},$$

于是有

$$\begin{aligned}\boldsymbol{Q}^{-1}\boldsymbol{A}\boldsymbol{Q}&=\begin{bmatrix}\boldsymbol{I}_q & \boldsymbol{0} \\ \boldsymbol{0} & \boldsymbol{P}_1^{-1}\end{bmatrix}\boldsymbol{P}^{-1}\boldsymbol{A}\boldsymbol{P}\begin{bmatrix}\boldsymbol{I}_q & \boldsymbol{0} \\ \boldsymbol{0} & \boldsymbol{P}_1\end{bmatrix}\\&=\begin{bmatrix}\boldsymbol{I}_q & \boldsymbol{0} \\ \boldsymbol{0} & \boldsymbol{P}_1^{-1}\end{bmatrix}\begin{bmatrix}\lambda_0\boldsymbol{I}_q & \boldsymbol{0} \\ \boldsymbol{0} & \boldsymbol{A}_1\end{bmatrix}\begin{bmatrix}\boldsymbol{I}_q & \boldsymbol{0} \\ \boldsymbol{0} & \boldsymbol{P}_1\end{bmatrix}\\&=\begin{bmatrix}\lambda_0\boldsymbol{I}_q & \boldsymbol{0} \\ \boldsymbol{0} & \boldsymbol{P}_1^{-1}\boldsymbol{A}_1\boldsymbol{P}_1\end{bmatrix}\\&=\begin{bmatrix}\lambda_0\boldsymbol{I}_{q+l} & \boldsymbol{0} \\ \boldsymbol{0} & \boldsymbol{A}_2\end{bmatrix},\end{aligned}$$

于是

$$\lambda_0 \boldsymbol{I} - \boldsymbol{Q}^{-1}\boldsymbol{A}\boldsymbol{Q} = \begin{bmatrix} \boldsymbol{0}_{q+l} & \boldsymbol{0} \\ \boldsymbol{0} & \lambda_0\boldsymbol{I} - \boldsymbol{A}_2 \end{bmatrix},$$

其中, $\boldsymbol{0}_{q+l}$ 是一个 $q+l$ 阶零矩阵, 从而

$$\mathrm{r}\,(\lambda_0\boldsymbol{I} - \boldsymbol{A}) = \mathrm{r}\left(\lambda_0\boldsymbol{I} - \boldsymbol{Q}^{-1}\boldsymbol{A}\boldsymbol{Q}\right) \leqslant n - q - l < n - q,$$

这与方程组 $(\lambda_0\boldsymbol{I} - \boldsymbol{A})\,\boldsymbol{X} = \boldsymbol{0}$ 的基础解系中含 q 个解向量相矛盾. 故 $q \geqslant p$.

综上, 有 $q = p$.

由定理 5.3.3 可知, 实对称矩阵一定可以相似对角化, 而且有

定理 5.3.4 对任一 n 阶实对称矩阵 $\boldsymbol{A}$, 存在 n 阶正交矩阵 $\boldsymbol{Q}$, 使得

$$\boldsymbol{Q}^{-1}\boldsymbol{A}\boldsymbol{Q} = \mathrm{diag}\,(\lambda_1, \lambda_2, \cdots, \lambda_n),$$

其中 $\lambda_1, \lambda_2, \cdots, \lambda_n$ 为矩阵 $\boldsymbol{A}$ 的全部特征值.

证 设 $\lambda_1', \lambda_2', \cdots, \lambda_s'$ 是实对称矩阵 $\boldsymbol{A}$ 的全部互异的特征值, $p_1, p_2, \cdots, p_s$ 为相应的代数重数. 由定理 5.3.3 知, 特征值 λ_i' 存在 p_i 个对应的线性无关的特征向量, 不妨设为

$$\boldsymbol{X}_{i1}, \boldsymbol{X}_{i2}, \cdots, \boldsymbol{X}_{ip_i}, \tag{5.3.9}$$

用施密特正交化方法将向量组 (5.3.9) 正交化、单位化, 得标准正交向量组

$$\boldsymbol{\alpha}_{i1}, \boldsymbol{\alpha}_{i2}, \cdots, \boldsymbol{\alpha}_{ip_i}, \tag{5.3.10}$$

它们仍是属于 λ_i' 的特征向量, 且向量组 (5.3.10) 为特征子空间 $V_{\lambda_i'}$ 的一个标准正交基, 其中 $i = 1, 2, \cdots, s$. 由定理 5.3.2 知, 向量组

$$\boldsymbol{\alpha}_{11}, \boldsymbol{\alpha}_{12}, \cdots, \boldsymbol{\alpha}_{1p_1}, \cdots, \boldsymbol{\alpha}_{s1}, \boldsymbol{\alpha}_{s2}, \cdots, \boldsymbol{\alpha}_{sp_s}$$

构成 $\mathbf{R}^n$ 的一个标准正交基. 令

$$\boldsymbol{Q} = [\boldsymbol{\alpha}_{11}, \boldsymbol{\alpha}_{12}, \cdots, \boldsymbol{\alpha}_{1p_1}, \cdots, \boldsymbol{\alpha}_{s1}, \boldsymbol{\alpha}_{s2}, \cdots, \boldsymbol{\alpha}_{sp_s}],$$

于是有

$$\boldsymbol{Q}^{-1}\boldsymbol{A}\boldsymbol{Q} = \mathrm{diag}\,(\lambda_1', \cdots, \lambda_1', \cdots, \lambda_s', \cdots, \lambda_s'),$$

其中 $\boldsymbol{Q}$ 为正交矩阵, λ_i' 共有 p_i 个 $(i = 1, 2, \cdots, s)$, 它们是矩阵 $\boldsymbol{A}$ 的全部特征值.

易见, 定理 5.3.4 的证明给出了实对称矩阵 $\boldsymbol{A}$ 正交相似对角化的方法, 步骤如下:

(1) 求 $\boldsymbol{A}$ 的特征值. 设

$$f_{\boldsymbol{A}}(\lambda) = |\lambda\boldsymbol{I} - \boldsymbol{A}| = (\lambda - \lambda_1)^{p_1}(\lambda - \lambda_2)^{p_2} \cdots (\lambda - \lambda_s)^{p_s},$$

其中 $\lambda_i \neq \lambda_j (i \neq j), p_i$ 为 λ_i 的代数重数, $i = 1, 2, \cdots, s$.

(2) 对每个特征值 λ_i, 求特征方程组

$$(\lambda_i \boldsymbol{I} - \boldsymbol{A}) \boldsymbol{X} = \boldsymbol{0}$$

的一个基础解系

$$\boldsymbol{X}_{i1}, \boldsymbol{X}_{i2}, \cdots, \boldsymbol{X}_{ip_i}, \tag{5.3.11}$$

然后用施密特正交化方法将向量组 (5.3.11) 正交化、单位化, 得

$$\boldsymbol{\alpha}_{i1}, \boldsymbol{\alpha}_{i2}, \cdots, \boldsymbol{\alpha}_{ip_i},$$

其中 $i = 1, 2, \cdots, s$.

(3) 令

$$\boldsymbol{Q} = [\boldsymbol{\alpha}_{11}, \cdots, \boldsymbol{\alpha}_{1p_1}, \boldsymbol{\alpha}_{21}, \cdots, \boldsymbol{\alpha}_{2p_2}, \cdots, \boldsymbol{\alpha}_{s1}, \cdots, \boldsymbol{\alpha}_{sp_s}],$$

于是, $\boldsymbol{Q}$ 为正交矩阵, 且有

$$\boldsymbol{Q}^{-1} \boldsymbol{A} \boldsymbol{Q} = \operatorname{diag}(\lambda_1, \cdots, \lambda_1, \lambda_2, \cdots, \lambda_2, \cdots, \lambda_s, \cdots, \lambda_s),$$

其中 λ_i 有 p_i 个 $(i = 1, 2, \cdots, s)$.

例 5.3.1 设

$$\boldsymbol{A} = \begin{bmatrix} 3 & 2 & 4 \\ 2 & 0 & 2 \\ 4 & 2 & 3 \end{bmatrix},$$

求正交矩阵 $\boldsymbol{Q}$, 使 $\boldsymbol{Q}^{-1} \boldsymbol{A} \boldsymbol{Q}$ 为对角矩阵.

解 (1) 求 $\boldsymbol{A}$ 的特征值. 由

$$f_{\boldsymbol{A}}(\lambda) = |\lambda \boldsymbol{I} - \boldsymbol{A}| = \begin{vmatrix} \lambda - 3 & -2 & -4 \\ -2 & \lambda & -2 \\ -4 & -2 & \lambda - 3 \end{vmatrix} = (\lambda + 1)^2 (\lambda - 8),$$

得

$$\lambda_1 = -1, p_1 = 2; \quad \lambda_2 = 8, p_2 = 1.$$

(2) 将 $\lambda_1 = -1$ 代入特征方程组 $(\lambda \boldsymbol{I} - \boldsymbol{A}) \boldsymbol{X} = \boldsymbol{0}$, 得

$$\begin{bmatrix} -4 & -2 & -4 \\ -2 & -1 & -2 \\ -4 & -2 & -4 \end{bmatrix} \begin{bmatrix} x_1 \\ x_2 \\ x_3 \end{bmatrix} = \boldsymbol{0},$$

可求得其一个基础解系

$$X_{11}=(-1,2,0)^{\mathrm{T}}, X_{12}=(-1,0,1)^{\mathrm{T}},$$

用施密特正交化方法将 X_{11}, X_{12} 正交化, 得

$$\beta_{11}=X_{11}=(-1,2,0)^{\mathrm{T}},$$

$$\beta_{12}=X_{12}-\frac{(X_{12},\beta_{11})}{(\beta_{11},\beta_{11})}\beta_{11}=\left(-\frac{4}{5},-\frac{2}{5},1\right)^{\mathrm{T}},$$

再将 β_{11},β_{12} 单位化, 得

$$\alpha_{11}=\frac{\beta_{11}}{|\beta_{11}|}=\left(-\frac{1}{\sqrt{5}},\frac{2}{\sqrt{5}},0\right)^{\mathrm{T}},$$

$$\alpha_{12}=\frac{\beta_{12}}{|\beta_{12}|}=\left(-\frac{4}{3\sqrt{5}},-\frac{2}{3\sqrt{5}},\frac{\sqrt{5}}{3}\right)^{\mathrm{T}},$$

将 $\lambda_2=8$ 代入特征方程组 $(\lambda I-A)X=\mathbf{0}$, 得

$$\begin{bmatrix} 5 & -2 & -4 \\ -2 & 8 & -2 \\ -4 & -2 & 5 \end{bmatrix}\begin{bmatrix} x_1 \\ x_2 \\ x_3 \end{bmatrix}=\mathbf{0},$$

可求得其一个基础解系

$$X_{21}=(2,1,2)^{\mathrm{T}},$$

将 X_{21} 单位化, 得

$$\alpha_{21}=\frac{X_{21}}{|X_{21}|}=\left(\frac{2}{3},\frac{1}{3},\frac{2}{3}\right)^{\mathrm{T}}.$$

(3) 令

$$Q=[\alpha_{11},\alpha_{12},\alpha_{21}]=\begin{bmatrix} -\frac{1}{\sqrt{5}} & -\frac{4}{3\sqrt{5}} & \frac{2}{3} \\ \frac{2}{\sqrt{5}} & -\frac{2}{3\sqrt{5}} & \frac{1}{3} \\ 0 & \frac{\sqrt{5}}{3} & \frac{2}{3} \end{bmatrix},$$

则 Q 为正交矩阵, 且有

$$Q^{-1}AQ=\operatorname{diag}(-1,-1,8).$$

例 5.3.2　设 3 阶实对称矩阵 $\boldsymbol{A}$ 的特征值为 $1,4,-2$, 矩阵 $\boldsymbol{A}$ 的对应于特征值 1 和 4 的特征向量分别为

$$\boldsymbol{X}_1=(2,1,-2)^{\mathrm{T}},\boldsymbol{X}_2=(2,-2,1)^{\mathrm{T}},$$

(1) 求 $\boldsymbol{A}$ 的对应于特征值 -2 的特征向量;

(2) 求矩阵 $\boldsymbol{A}$.

解　(1) 设 $\boldsymbol{A}$ 的对应于特征值 -2 的特征向量为 $\boldsymbol{X}_3=(x_1,x_2,x_3)^{\mathrm{T}}$, 由定理 5.3.2 知, $\boldsymbol{X}_3\perp\boldsymbol{X}_1,\boldsymbol{X}_3\perp\boldsymbol{X}_2$, 即有

$$\begin{cases}2x_1+x_2-2x_3=0,\\2x_1-2x_2+x_3=0,\end{cases}$$

求得其一个基础解系: $(1,2,2)^{\mathrm{T}}$. 因此, $\boldsymbol{A}$ 的对应于特征值 -2 的全部特征向量为 $k(1,2,2)^{\mathrm{T}}(k\in\mathbf{R},k\neq0)$.

(2) 解法一　取 $\boldsymbol{X}_3=(1,2,2)^{\mathrm{T}}$, 同时令

$$\boldsymbol{P}=[\boldsymbol{X}_1,\boldsymbol{X}_2,\boldsymbol{X}_3]=\begin{bmatrix}2&2&1\\1&-2&2\\-2&1&2\end{bmatrix},$$

于是可得

$$\boldsymbol{P}^{-1}=\frac{1}{9}\begin{bmatrix}2&1&-2\\2&-2&1\\1&2&2\end{bmatrix},$$

同时,

$$\boldsymbol{P}^{-1}\boldsymbol{A}\boldsymbol{P}=\operatorname{diag}(1,4,-2),$$

从而

$$\begin{aligned}\boldsymbol{A}&=\boldsymbol{P}\operatorname{diag}(1,4,-2)\boldsymbol{P}^{-1}\\&=\begin{bmatrix}2&2&1\\1&-2&2\\-2&1&2\end{bmatrix}\begin{bmatrix}1&&\\&4&\\&&-2\end{bmatrix}\times\frac{1}{9}\begin{bmatrix}2&1&-2\\2&-2&1\\1&2&2\end{bmatrix}\\&=\begin{bmatrix}2&-2&0\\-2&1&-2\\0&-2&0\end{bmatrix}.\end{aligned}$$

解法二　取 $\boldsymbol{X}_3=(1,2,2)^{\mathrm{T}}$, 将 $\boldsymbol{X}_1,\boldsymbol{X}_2,\boldsymbol{X}_3$ 分别单位化, 得

$$\boldsymbol{\alpha}_1=\left(\frac{2}{3},\frac{1}{3},-\frac{2}{3}\right)^{\mathrm{T}},\boldsymbol{\alpha}_2=\left(\frac{2}{3},-\frac{2}{3},\frac{1}{3}\right)^{\mathrm{T}},\boldsymbol{\alpha}_3=\left(\frac{1}{3},\frac{2}{3},\frac{2}{3}\right)^{\mathrm{T}},$$

令

$$\boldsymbol{Q}=[\boldsymbol{\alpha}_1,\boldsymbol{\alpha}_2,\boldsymbol{\alpha}_3]=\frac{1}{3}\begin{bmatrix}2&2&1\\1&-2&2\\-2&1&2\end{bmatrix},$$

则 $\boldsymbol{Q}$ 为正交矩阵, 且有

$$\boldsymbol{Q}^{\mathrm{T}}\boldsymbol{A}\boldsymbol{Q}=\operatorname{diag}(1,4,-2),$$

从而

$$\begin{aligned}\boldsymbol{A}&=\boldsymbol{Q}\operatorname{diag}(1,4,-2)\boldsymbol{Q}^{\mathrm{T}}\\&=\frac{1}{3}\begin{bmatrix}2&2&1\\1&-2&2\\-2&1&2\end{bmatrix}\begin{bmatrix}1&&\\&4&\\&&-2\end{bmatrix}\frac{1}{3}\begin{bmatrix}2&1&-2\\2&-2&1\\1&2&2\end{bmatrix}\\&=\begin{bmatrix}2&-2&0\\-2&1&-2\\0&-2&0\end{bmatrix}.\end{aligned}$$

例 5.3.3　已知 $\boldsymbol{A},\boldsymbol{B}$ 为 n 阶实对称矩阵, 且 $\boldsymbol{A}\sim\boldsymbol{B}$, 证明: 存在正交矩阵 $\boldsymbol{Q}$, 使得 $\boldsymbol{Q}^{-1}\boldsymbol{A}\boldsymbol{Q}=\boldsymbol{B}$.

证　由 $\boldsymbol{A}\sim\boldsymbol{B}$ 知, $\boldsymbol{A}$ 和 $\boldsymbol{B}$ 有相同的特征值, 不妨设为 $\lambda_1,\lambda_2,\cdots,\lambda_n$, 于是由定理 5.3.4 知, 对 $\boldsymbol{A}$ 和 $\boldsymbol{B}$ 分别存在正交矩阵 $\boldsymbol{Q}_1$和 $\boldsymbol{Q}_2$, 使得

$$\boldsymbol{Q}_1^{-1}\boldsymbol{A}\boldsymbol{Q}_1=\operatorname{diag}(\lambda_1,\lambda_2,\cdots,\lambda_n)=\boldsymbol{Q}_2^{-1}\boldsymbol{B}\boldsymbol{Q}_2,$$

从而有

$$\boldsymbol{Q}_2\boldsymbol{Q}_1^{-1}\boldsymbol{A}\boldsymbol{Q}_1\boldsymbol{Q}_2^{-1}=\boldsymbol{B},$$

取 $\boldsymbol{Q}=\boldsymbol{Q}_1\boldsymbol{Q}_2^{-1}$, 于是有

$$\boldsymbol{Q}^{-1}\boldsymbol{A}\boldsymbol{Q}=\boldsymbol{B},$$

其中 $\boldsymbol{Q}$, 由正交矩阵的性质知, 为正交矩阵.

*5.4　若尔当标准形

由定理 5.2.1 可知, 一个 n 阶方阵 $\boldsymbol{A}$ 可对角化的充要条件是 $\boldsymbol{A}$ 有 n 个线性无关的特征向量. $\boldsymbol{A}$ 如果不具备这个条件, 就不能与对角矩阵相似, 此时与 $\boldsymbol{A}$ 相似的矩阵中最简单的形式又是什么样呢? 本节将就这一问题进行初步讨论.

5.4.1　若尔当标准形

定义 5.4.1　称 m 阶上三角形矩阵

$$\begin{bmatrix} a & 1 & 0 & \cdots & 0 & 0 \\ 0 & a & 1 & \cdots & 0 & 0 \\ \vdots & \vdots & \vdots & & \vdots & \vdots \\ 0 & 0 & 0 & \cdots & a & 1 \\ 0 & 0 & 0 & \cdots & 0 & a \end{bmatrix}$$

为一个 m 阶**若尔当块**, 称准对角矩阵

$$\begin{bmatrix} \boldsymbol{J}_1 & & & \\ & \boldsymbol{J}_2 & & \\ & & \ddots & \\ & & & \boldsymbol{J}_s \end{bmatrix}$$

为一个**若尔当形矩阵**, 其中 $\boldsymbol{J}_1, \boldsymbol{J}_2, \cdots, \boldsymbol{J}_s$ 均为若尔当块.

例如,

$$[5], \begin{bmatrix} -1 & 1 \\ 0 & -1 \end{bmatrix}, \begin{bmatrix} 2 & 1 & 0 \\ 0 & 2 & 1 \\ 0 & 0 & 2 \end{bmatrix}$$

分别是 1 阶、2 阶、3 阶若尔当块, 而

$$\begin{bmatrix} 5 & & & & & \\ & -1 & 1 & & & \\ & & -1 & & & \\ & & & 0 & 1 & \\ & & & & 0 & 1 \\ & & & & & 0 \end{bmatrix}$$

则是 6 阶若尔当形矩阵.

显然, 对角矩阵是由一些 1 阶若尔当块构成的若尔当形矩阵.

本节的主要结论是下述定理:

定理 5.4.1 设 $\boldsymbol{A} \in \mathbf{C}^{n\times n}$, 则 $\boldsymbol{A}$ 相似于一个若尔当形矩阵

$$\boldsymbol{J} = \begin{bmatrix} \boldsymbol{J}_1 & & & \\ & \boldsymbol{J}_2 & & \\ & & \ddots & \\ & & & \boldsymbol{J}_s \end{bmatrix},$$

并且除了若尔当块 $\boldsymbol{J}_1, \boldsymbol{J}_2, \cdots, \boldsymbol{J}_s$ 的排列次序外, $\boldsymbol{J}$ 由 $\boldsymbol{A}$ 唯一确定. 称 $\boldsymbol{J}$ 为 $\boldsymbol{A}$ 的**若尔当标准形**.

当每个若尔当块的阶数均为 1 时, $\boldsymbol{J}$ 即为对角矩阵. 因此, 这个定理涵盖了可对角化的情况, 是对一般复方阵都成立的普遍性结论.

本节将只讨论求复方阵的若尔当标准形的方法, 而略去理论上的证明. 除非特别声明, 本节所涉及的运算均在复数域 $\mathbf{C}$ 上进行.

5.4.2 不变因子与初等因子

大家知道 n 阶方阵 $\boldsymbol{A}$ 的特征矩阵是 $\lambda\boldsymbol{I} - \boldsymbol{A}$, 下面记 $\boldsymbol{A}(\lambda) = \lambda\boldsymbol{I} - \boldsymbol{A}$, 并称如下的三种操作为特征矩阵 $\boldsymbol{A}(\lambda)$ 的**初等变换**:

(1) 互换 $\boldsymbol{A}(\lambda)$ 的两行 (列);

(2) 用一个非零数乘 $\boldsymbol{A}(\lambda)$ 的某一行 (列);

(3) 将 $\boldsymbol{A}(\lambda)$ 的某一行 (列) 的 $\varphi(\lambda)$ 倍加到其另一行 (列) 上, 其中 $\varphi(\lambda)$ 是 λ 的多项式.

同数字方阵一样, 可利用初等变换把特征矩阵 $\boldsymbol{A}(\lambda)$ 化为对角矩阵.

定理 5.4.2 设 $\boldsymbol{A}$ 为 n 阶方阵, 则 $\boldsymbol{A}(\lambda) = \lambda\boldsymbol{I} - \boldsymbol{A}$ 可经过有限次初等变换化成下列形式:

$$\begin{bmatrix} d_1(\lambda) & & & \\ & d_2(\lambda) & & \\ & & \ddots & \\ & & & d_n(\lambda) \end{bmatrix}, \tag{5.4.1}$$

其中 $d_1(\lambda), d_2(\lambda), \cdots, d_n(\lambda)$ 均为最高次项系数为 1 的多项式, 并且 $d_i(\lambda) \mid d_{i+1}(\lambda)$, $i = 1, 2, \cdots, n-1$. 矩阵 (5.4.1) 被 $\boldsymbol{A}(\lambda)$ 唯一确定, 称之为 $\boldsymbol{A}(\lambda)$ 的**史密斯** (Smith) **标准形**.

定理中 $d_i(\lambda) \mid d_{i+1}(\lambda)$ 意指 $d_i(\lambda)$ 能整除 $d_{i+1}(\lambda)$.

例 5.4.1 已知

$$A = \begin{bmatrix} -1 & 1 & 0 \\ -4 & 3 & 0 \\ 1 & 0 & 2 \end{bmatrix},$$

求 $\boldsymbol{A}(\lambda) = \lambda \boldsymbol{I} - \boldsymbol{A}$ 的史密斯标准形.

解 因

$$\boldsymbol{A}(\lambda) = \begin{bmatrix} \lambda+1 & -1 & 0 \\ 4 & \lambda-3 & 0 \\ -1 & 0 & \lambda-2 \end{bmatrix}$$

$$\xrightarrow{C_1+(\lambda+1)C_2} \begin{bmatrix} 0 & -1 & 0 \\ (\lambda-1)^2 & \lambda-3 & 0 \\ -1 & 0 & \lambda-2 \end{bmatrix}$$

$$\xrightarrow{R_2+(\lambda-3)R_1} \begin{bmatrix} 0 & -1 & 0 \\ (\lambda-1)^2 & 0 & 0 \\ -1 & 0 & \lambda-2 \end{bmatrix}$$

$$\xrightarrow{C_3+(\lambda-2)C_1} \begin{bmatrix} 0 & -1 & 0 \\ (\lambda-1)^2 & 0 & (\lambda-1)^2(\lambda-2) \\ -1 & 0 & 0 \end{bmatrix}$$

$$\xrightarrow{R_2+(\lambda-1)^2R_3} \begin{bmatrix} 0 & -1 & 0 \\ 0 & 0 & (\lambda-1)^2(\lambda-2) \\ -1 & 0 & 0 \end{bmatrix}$$

$$\longrightarrow \begin{bmatrix} 1 & 0 & 0 \\ 0 & 1 & 0 \\ 0 & 0 & (\lambda-1)^2(\lambda-2) \end{bmatrix},$$

故 $\boldsymbol{A}(\lambda)$ 的史密斯标准形为

$$\begin{bmatrix} 1 & & \\ & 1 & \\ & & (\lambda-1)^2(\lambda-2) \end{bmatrix}.$$

定义 5.4.2 设 (5.4.1) 式是 n 阶方阵 $\boldsymbol{A}$ 的特征矩阵 $\boldsymbol{A}(\lambda)$ 的史密斯标准形, 则称其中的 $d_1(\lambda), d_2(\lambda), \cdots, d_n(\lambda)$ 是 $\boldsymbol{A}(\lambda)$ 的**不变因子**, 也称之为方阵 $\boldsymbol{A}$ 的**不变因子**.

例如例 5.4.1 中的 3 阶方阵 $\boldsymbol{A}$ 的不变因子为 $1, 1, (\lambda-1)^2(\lambda-2)$.

例 5.4.2 求 3 阶若尔当块

$$\boldsymbol{J}=\begin{bmatrix} a & 1 & 0 \\ 0 & a & 1 \\ 0 & 0 & a \end{bmatrix}$$

的不变因子.

解 因

$$\boldsymbol{J}(\lambda)=\lambda\boldsymbol{I}-\boldsymbol{J}=\begin{bmatrix} \lambda-a & -1 & 0 \\ 0 & \lambda-a & -1 \\ 0 & 0 & \lambda-a \end{bmatrix}$$

$$\xrightarrow{C_1+(\lambda-a)C_2}\begin{bmatrix} 0 & -1 & 0 \\ (\lambda-a)^2 & \lambda-a & -1 \\ 0 & 0 & \lambda-a \end{bmatrix}$$

$$\xrightarrow{R_2+(\lambda-a)R_1}\begin{bmatrix} 0 & -1 & 0 \\ (\lambda-a)^2 & 0 & -1 \\ 0 & 0 & \lambda-a \end{bmatrix}$$

$$\xrightarrow{R_3+(\lambda-a)R_2}\begin{bmatrix} 0 & -1 & 0 \\ (\lambda-a)^2 & 0 & -1 \\ (\lambda-a)^3 & 0 & 0 \end{bmatrix}$$

$$\xrightarrow{C_1+(\lambda-a)^2C_3}\begin{bmatrix} 0 & -1 & 0 \\ 0 & 0 & -1 \\ (\lambda-a)^3 & 0 & 0 \end{bmatrix}$$

$$\longrightarrow\begin{bmatrix} 1 & 0 & 0 \\ 0 & 1 & 0 \\ 0 & 0 & (\lambda-a)^3 \end{bmatrix},$$

故 $\boldsymbol{J}$ 的不变因子为 $1,1,(\lambda-a)^3$.

可以证明, m 阶若尔当块

$$\begin{bmatrix} a & 1 & & & \\ & a & 1 & & \\ & & \ddots & \ddots & \\ & & & a & 1 \\ & & & & a \end{bmatrix}$$

的不变因子为 $\underbrace{1,1,\cdots,1}_{m-1\text{个}},(\lambda-a)^m$.

设 n 阶方阵 $\boldsymbol{A}$ 的不变因子为 $d_1(\lambda),d_2(\lambda),\cdots,d_n(\lambda)$. 将它们分解成互不相同的一次因式方幂的乘积

$$\begin{aligned} d_1(\lambda) &= (\lambda-\lambda_1)^{k_{11}}(\lambda-\lambda_2)^{k_{12}}\cdots(\lambda-\lambda_t)^{k_{1t}}, \\ d_2(\lambda) &= (\lambda-\lambda_1)^{k_{21}}(\lambda-\lambda_2)^{k_{22}}\cdots(\lambda-\lambda_t)^{k_{2t}}, \\ &\cdots\cdots\cdots\cdots \\ d_n(\lambda) &= (\lambda-\lambda_1)^{k_{n1}}(\lambda-\lambda_2)^{k_{n2}}\cdots(\lambda-\lambda_t)^{k_{nt}}, \end{aligned} \tag{5.4.2}$$

其中 $\lambda_1,\lambda_2,\cdots,\lambda_t$ 是互不相等的复数, k_{ij} 是非负整数 $(i=1,2,\cdots,n;j=1,2,\cdots,t)$. 因为 $d_i(\lambda)\mid d_{i+1}(\lambda)(i=1,2,\cdots,n-1)$, 故有

$$0\leqslant k_{1j}\leqslant k_{2j}\leqslant\cdots\leqslant k_{nj}\quad(j=1,2,\cdots,t).$$

定义 5.4.3　在 (5.4.2) 式中, 指数 k_{ij} 大于零的因式 $(\lambda-\lambda_j)^{k_{ij}}$ 称为 $\boldsymbol{A}(\lambda)=\lambda\boldsymbol{I}-\boldsymbol{A}$ 的**初等因子**, 也称之为 n 阶方阵 $\boldsymbol{A}$ 的**初等因子**.

在方阵 $\boldsymbol{A}$ 的初等因子中, 同样的一次因式的幂有可能重复出现, 这是允许的.

例如, 若 7 阶方阵 $\boldsymbol{A}$ 的不变因子为 $1,1,1,1,1,(\lambda+2)(\lambda-3)^2,(\lambda+2)^2(\lambda-3)^2$, 则 $\boldsymbol{A}$ 的初等因子为 $\lambda+2,(\lambda-3)^2,(\lambda+2)^2,(\lambda-3)^2$.

例 5.4.1 中的 3 阶方阵 $\boldsymbol{A}$ 的初等因子为 $(\lambda-1)^2,\lambda-2$. 例 5.4.2 中 3 阶方阵 $\boldsymbol{J}$ 的初等因子为 $(\lambda-a)^3$. 一般地, 主对角元为 a 的 m 阶若尔当块的初等因子为 $(\lambda-a)^m$.

根据定义, 求初等因子必须先求不变因子, 而求不变因子则要把特征矩阵化成史密斯标准形. 有时这是比较麻烦的. 下面的定理给出一种不必先求不变因子而直接求初等因子的方法.

定理 5.4.3　设 $\boldsymbol{A}$ 是 n 阶复方阵, 用初等变换将 $\lambda\boldsymbol{I}-\boldsymbol{A}$ 化为对角矩阵 (其主对角元的最高次项系数均为 1), 然后把主对角元分解成互不相同的一次因式方幂的乘积, 则其中所有指数大于零的一次因式的幂就是 $\boldsymbol{A}$ 的全部初等因子.

例 5.4.3　求矩阵

$$\boldsymbol{A}=\begin{bmatrix} 4 & 6 & 0 \\ -3 & -5 & 0 \\ -3 & -6 & 1 \end{bmatrix}$$

的初等因子.

解 因

$$\lambda\boldsymbol{I}-\boldsymbol{A}=\begin{bmatrix}\lambda-4 & -6 & 0\\ 3 & \lambda+5 & 0\\ 3 & 6 & \lambda-1\end{bmatrix}$$

$$\xrightarrow{C_1+\frac{1}{6}(\lambda-4)C_2}\begin{bmatrix}0 & -6 & 0\\ \frac{1}{6}(\lambda-1)(\lambda+2) & \lambda+5 & 0\\ \lambda-1 & 6 & \lambda-1\end{bmatrix}$$

$$\xrightarrow[6R_2]{\substack{R_3+R_1\\ R_2+\frac{1}{6}(\lambda+5)R_1}}\begin{bmatrix}0 & -6 & 0\\ (\lambda-1)(\lambda+2) & 0 & 0\\ \lambda-1 & 0 & \lambda-1\end{bmatrix}$$

$$\xrightarrow{\substack{-\frac{1}{6}C_2\\ C_1-C_3}}\begin{bmatrix}0 & 1 & 0\\ (\lambda-1)(\lambda+2) & 0 & 0\\ 0 & 0 & \lambda-1\end{bmatrix}$$

$$\longrightarrow\begin{bmatrix}(\lambda-1)(\lambda+2) & 0 & 0\\ 0 & 1 & 0\\ 0 & 0 & \lambda-1\end{bmatrix},$$

故 $\boldsymbol{A}$ 的初等因子为 $\lambda-1,\lambda-1,\lambda+2$.

特别地, 对角矩阵

$$\begin{bmatrix}a_1 & & & \\ & a_2 & & \\ & & \ddots & \\ & & & a_n\end{bmatrix}$$

的初等因子为 $\lambda-a_1,\lambda-a_2,\cdots,\lambda-a_n$.

5.4.3 求方阵的若尔当标准形

定理 5.4.4 设 n 阶方阵 $\boldsymbol{A}$ 的初等因子为

$$(\lambda-a_1)^{m_1},(\lambda-a_2)^{m_2},\cdots,(\lambda-a_s)^{m_s},$$

则 $\boldsymbol{A}$ 的若尔当标准形为

$$\boldsymbol{J}=\begin{bmatrix}\boldsymbol{J}_1 & & & \\ & \boldsymbol{J}_2 & & \\ & & \ddots & \\ & & & \boldsymbol{J}_s\end{bmatrix},$$

其中

$$\boldsymbol{J}_i=\begin{bmatrix}a_i & 1 & & & \\ & a_i & 1 & & \\ & & \ddots & \ddots & \\ & & & a_i & 1 \\ & & & & a_i\end{bmatrix}_{m_i\times m_i} \qquad (i=1,2,\cdots,s).$$

例 5.4.4 求方阵

$$\boldsymbol{A}=\begin{bmatrix}-1 & 1 & 0\\ -4 & 3 & 0\\ 1 & 0 & 2\end{bmatrix}$$

的若尔当标准形.

解 在例 5.4.1 中已求出 $\boldsymbol{A}$ 的不变因子是 $1,1,(\lambda-1)^2(\lambda-2)$, 由此可得 $\boldsymbol{A}$ 的初等因子为 $(\lambda-1)^2,\lambda-2$. 它们对应的若尔当块分别为

$$\boldsymbol{J}_1=\begin{bmatrix}1 & 1\\ 0 & 1\end{bmatrix},\quad \boldsymbol{J}_2=[2],$$

于是 $\boldsymbol{A}$ 的若尔当标准形为

$$\boldsymbol{J}=\begin{bmatrix}\boldsymbol{J}_1 & \\ & \boldsymbol{J}_2\end{bmatrix}=\begin{bmatrix}1 & 1 & 0\\ 0 & 1 & 0\\ 0 & 0 & 2\end{bmatrix}.$$

例 5.4.5 求方阵

$$\boldsymbol{A}=\begin{bmatrix}1 & -1 & 2\\ 3 & -3 & 6\\ 2 & -2 & 4\end{bmatrix}$$

的若尔当标准形.

解　因

$$\lambda \boldsymbol{I}-\boldsymbol{A}=\begin{bmatrix}\lambda-1 & 1 & -2\\ -3 & \lambda+3 & -6\\ -2 & 2 & \lambda-4\end{bmatrix}\xrightarrow{C_{12}}\begin{bmatrix}1 & \lambda-1 & -2\\ \lambda+3 & -3 & -6\\ 2 & -2 & \lambda-4\end{bmatrix}$$

$$\xrightarrow[R_2-(\lambda+3)R_1]{R_3-2R_1}\begin{bmatrix}1 & \lambda-1 & -2\\ 0 & -\lambda^2-2\lambda & 2\lambda\\ 0 & -2\lambda & \lambda\end{bmatrix}$$

$$\xrightarrow[C_2-(\lambda-1)C_1]{C_3+2C_1}\begin{bmatrix}1 & 0 & 0\\ 0 & -\lambda^2-2\lambda & 2\lambda\\ 0 & -2\lambda & \lambda\end{bmatrix}$$

$$\xrightarrow{C_2+2C_3}\begin{bmatrix}1 & 0 & 0\\ 0 & -\lambda^2+2\lambda & 2\lambda\\ 0 & 0 & \lambda\end{bmatrix}\xrightarrow[R_2-2R_3]{(-1)C_2}\begin{bmatrix}1 & 0 & 0\\ 0 & \lambda(\lambda-2) & 0\\ 0 & 0 & \lambda\end{bmatrix},$$

故 $\boldsymbol{A}$ 的初等因子为 $\lambda,\lambda,\lambda-2$. 它们对应的若尔当块分别为

$$\boldsymbol{J}_1=[0],\quad \boldsymbol{J}_2=[0],\quad \boldsymbol{J}_3=[2]$$

于是 $\boldsymbol{A}$ 的若尔当标准形为

$$\boldsymbol{J}=\begin{bmatrix}\boldsymbol{J}_1 & & \\ & \boldsymbol{J}_2 & \\ & & \boldsymbol{J}_3\end{bmatrix}=\begin{bmatrix}0 & & \\ & 0 & \\ & & 2\end{bmatrix}.$$

实际上, $\boldsymbol{A}$ 是可对角化的.

5.4.4 求相似变换矩阵

设方阵 $\boldsymbol{A}$ 的若尔当标准形为 $\boldsymbol{J}$, 则存在可逆矩阵 $\boldsymbol{P}$ 使得 $\boldsymbol{P}^{-1}\boldsymbol{A}\boldsymbol{P}=\boldsymbol{J}$, $\boldsymbol{P}$ 为相似变换矩阵. 在此不作一般讨论, 只举例说明求 $\boldsymbol{P}$ 的方法.

例 5.4.6 求方阵

$$\boldsymbol{A}=\begin{bmatrix}3 & 0 & 8\\ 3 & -1 & 6\\ -2 & 0 & -5\end{bmatrix}$$

的若尔当标准形及其相似变换矩阵 $\boldsymbol{P}$.

解 先求若尔当标准形:

$$\lambda \boldsymbol{I}-\boldsymbol{A}=\begin{bmatrix}\lambda-3 & 0 & -8\\ -3 & \lambda+1 & -6\\ 2 & 0 & \lambda+5\end{bmatrix}$$

$$\xrightarrow{R_1-R_2}\begin{bmatrix}\lambda & -(\lambda+1) & -2\\ -3 & \lambda+1 & -6\\ 2 & 0 & \lambda+5\end{bmatrix}$$

$$\xrightarrow{C_1+C_2}\begin{bmatrix}-1 & -(\lambda+1) & -2\\ \lambda-2 & \lambda+1 & -6\\ 2 & 0 & \lambda+5\end{bmatrix}$$

$$\xrightarrow[R_2+(\lambda-2)R_1]{R_3+2R_1}\begin{bmatrix}-1 & -(\lambda+1) & -2\\ 0 & -(\lambda+1)(\lambda-3) & -2(\lambda+1)\\ 0 & -2(\lambda+1) & \lambda+1\end{bmatrix}$$

$$\xrightarrow[C_2-(\lambda+1)C_1]{C_3-2C_1}\begin{bmatrix}-1 & 0 & 0\\ 0 & -(\lambda+1)(\lambda-3) & -2(\lambda+1)\\ 0 & -2(\lambda+1) & \lambda+1\end{bmatrix}$$

$$\xrightarrow{C_2+2C_3}\begin{bmatrix}-1 & 0 & 0\\ 0 & -(\lambda+1)^2 & -2(\lambda+1)\\ 0 & 0 & \lambda+1\end{bmatrix}$$

$$\xrightarrow[R_2+2R_3]{\substack{(-1)C_1\\(-1)C_2}}\begin{bmatrix}1 & 0 & 0\\ 0 & (\lambda+1)^2 & 0\\ 0 & 0 & \lambda+1\end{bmatrix}.$$

故 $\boldsymbol{A}$ 的初等因子为 $\lambda+1,(\lambda+1)^2$. 它们对应的若尔当块分别为

$$\boldsymbol{J}_1=[-1],\quad \boldsymbol{J}_2=\begin{bmatrix}-1 & 1\\ 0 & -1\end{bmatrix},$$

于是 $\boldsymbol{A}$ 的若尔当标准形为

$$\boldsymbol{J}=\begin{bmatrix}\boldsymbol{J}_1 & \\ & \boldsymbol{J}_2\end{bmatrix}=\begin{bmatrix}-1 & 0 & 0\\ 0 & -1 & 1\\ 0 & 0 & -1\end{bmatrix}.$$

再求相似变换矩阵:

设所求矩阵为 $\boldsymbol{P}$, 则 $\boldsymbol{P}^{-1}\boldsymbol{A}\boldsymbol{P}=\boldsymbol{J}$. 对 $\boldsymbol{P}$ 按列分块: $\boldsymbol{P}=[\boldsymbol{X}_1,\boldsymbol{X}_2,\boldsymbol{X}_3]$, 于是有

$$\boldsymbol{A}\boldsymbol{P}=\boldsymbol{A}[\boldsymbol{X}_1,\boldsymbol{X}_2,\boldsymbol{X}_3]=[\boldsymbol{A}\boldsymbol{X}_1,\boldsymbol{A}\boldsymbol{X}_2,\boldsymbol{A}\boldsymbol{X}_3],$$

$$\begin{aligned}\boldsymbol{P}\boldsymbol{J}&=[\boldsymbol{X}_1,\boldsymbol{X}_2,\boldsymbol{X}_3]\begin{bmatrix}-1&0&0\\0&-1&1\\0&0&-1\end{bmatrix}\\&=[-\boldsymbol{X}_1,-\boldsymbol{X}_2,\boldsymbol{X}_2-\boldsymbol{X}_3],\end{aligned}$$

由 $\boldsymbol{A}\boldsymbol{P}=\boldsymbol{P}\boldsymbol{J}$ 可得

$$\boldsymbol{A}\boldsymbol{X}_1=-\boldsymbol{X}_1,\boldsymbol{A}\boldsymbol{X}_2=-\boldsymbol{X}_2,\boldsymbol{A}\boldsymbol{X}_3=\boldsymbol{X}_2-\boldsymbol{X}_3,$$

整理后得到三个线性方程组

$$(\boldsymbol{I}+\boldsymbol{A})\boldsymbol{X}_1=\boldsymbol{0}, \tag{5.4.3}$$

$$(\boldsymbol{I}+\boldsymbol{A})\boldsymbol{X}_2=\boldsymbol{0}, \tag{5.4.4}$$

$$(\boldsymbol{I}+\boldsymbol{A})\boldsymbol{X}_3=\boldsymbol{X}_2, \tag{5.4.5}$$

下面分别求 $\boldsymbol{X}_1,\boldsymbol{X}_2,\boldsymbol{X}_3$:

齐次线性方程组 (5.4.3) 与 (5.4.4) 是相同的, 可得一个基础解系:

$$\boldsymbol{\alpha}_1=(0,1,0)^{\mathrm{T}},\quad \boldsymbol{\alpha}_2=(-2,0,1)^{\mathrm{T}},$$

可取 $\boldsymbol{X}_1=\boldsymbol{\alpha}_1$, 但不能简单地取 $\boldsymbol{X}_2=\boldsymbol{\alpha}_2$. 这是因为若 $\boldsymbol{X}_2$ 选取不当, 则将会使非齐次线性方程组 (5.4.5) 无解. 由于 $\boldsymbol{\alpha}_1,\boldsymbol{\alpha}_2$ 的任一线性组合都是齐次方程组 (5.4.3) 与 (5.4.4) 的解, 故应取 $\boldsymbol{X}_2=k_1\boldsymbol{\alpha}_1+k_2\boldsymbol{\alpha}_2$ 使非齐次方程组 (5.4.5) 有解, 即方程组 (5.4.5) 的系数矩阵与增广矩阵有相同的秩. 易算出方程组 (5.4.5) 的系数矩阵 $\boldsymbol{I}+\boldsymbol{A}$ 的秩为 1, 故应使方程组 (5.4.5) 的增广矩阵 $[\boldsymbol{I}+\boldsymbol{A}\ \boldsymbol{X}_2]$ 的秩也为 1. 由

$$[\boldsymbol{I}+\boldsymbol{A}\ \boldsymbol{X}_2]=\begin{bmatrix}4&0&8&-2k_2\\3&0&6&k_1\\-2&0&-4&k_2\end{bmatrix}$$

容易看出, 只需令 $k_1=3,k_2=-2$ 就可使上述矩阵的秩为 1, 于是 $\boldsymbol{X}_2=3\boldsymbol{\alpha}_1-2\boldsymbol{\alpha}_2=(4,3,-2)^{\mathrm{T}}$.

再由方程组 (5.4.5) 解得 $\boldsymbol{X}_3=(1,0,0)^{\mathrm{T}}$. 于是

$$P=[X_1,X_2,X_3]=\begin{bmatrix}0&4&1\\1&3&0\\0&-2&0\end{bmatrix}.$$

下面举例说明若尔当标准形在求解常系数齐次线性微分方程组上的应用.

例 5.4.7　求解常系数齐次线性微分方程组

$$\begin{cases}\dfrac{\mathrm{d}x_1}{\mathrm{d}t}=3x_1+8x_3,\\\dfrac{\mathrm{d}x_2}{\mathrm{d}t}=3x_1-x_2+6x_3,\\\dfrac{\mathrm{d}x_3}{\mathrm{d}t}=-2x_1-5x_3.\end{cases}\tag{5.4.6}$$

解　令

$$A=\begin{bmatrix}3&0&8\\3&-1&6\\-2&0&-5\end{bmatrix},\quad X=\begin{bmatrix}x_1\\x_2\\x_3\end{bmatrix},\quad \frac{\mathrm{d}X}{\mathrm{d}t}=\begin{bmatrix}\dfrac{\mathrm{d}x_1}{\mathrm{d}t}\\\dfrac{\mathrm{d}x_2}{\mathrm{d}t}\\\dfrac{\mathrm{d}x_3}{\mathrm{d}t}\end{bmatrix},$$

则方程组 (5.4.6) 可表示为

$$\frac{\mathrm{d}X}{\mathrm{d}t}=AX,\tag{5.4.7}$$

由例 5.4.6 可知

$$P^{-1}AP=J=\begin{bmatrix}-1&0&0\\0&-1&1\\0&0&-1\end{bmatrix},\quad P=\begin{bmatrix}0&4&1\\1&3&0\\0&-2&0\end{bmatrix},$$

于是作线性变换

$$X=PY,\tag{5.4.8}$$

其中 $Y=(y_1,y_2,y_3)^{\mathrm{T}}$, 并将其代入 (5.4.7) 式, 得

$$\frac{\mathrm{d}Y}{\mathrm{d}t}=P^{-1}APY=JY,$$

即

$$\begin{cases} \dfrac{\mathrm{d}y_1}{\mathrm{d}t} = -y_1, & (5.4.9) \\ \dfrac{\mathrm{d}y_2}{\mathrm{d}t} = -y_2 + y_3, & (5.4.10) \\ \dfrac{\mathrm{d}y_3}{\mathrm{d}t} = -y_3, & (5.4.11) \end{cases}$$

方程 (5.4.9) 与方程 (5.4.11) 的解显然是

$$y_1 = C_1\mathrm{e}^{-t}, \quad y_3 = C_3\mathrm{e}^{-t},$$

这时方程 (5.4.10) 可表示为

$$\frac{\mathrm{d}y_2}{\mathrm{d}t} + y_2 = C_3\mathrm{e}^{-t},$$

其解为

$$y_2 = \mathrm{e}^{-t}\left(C_3t + C_2\right),$$

把 y_1, y_2, y_3 代入 (5.4.8) 式, 即

$$\begin{bmatrix} x_1 \\ x_2 \\ x_3 \end{bmatrix} = \begin{bmatrix} 0 & 4 & 1 \\ 1 & 3 & 0 \\ 0 & -2 & 0 \end{bmatrix} \begin{bmatrix} y_1 \\ y_2 \\ y_3 \end{bmatrix} = \begin{bmatrix} 4y_2 + y_3 \\ y_1 + 3y_2 \\ -2y_2 \end{bmatrix},$$

得

$$\begin{aligned} x_1 &= \left(4C_3t + 4C_2 + C_3\right)\mathrm{e}^{-t}, \\ x_2 &= \left(3C_3t + 3C_2 + C_1\right)\mathrm{e}^{-t}, \\ x_3 &= \left(-2C_3t - 2C_2\right)\mathrm{e}^{-t}, \end{aligned}$$

这里 C_1, C_2, C_3 均为任意常数.

5.4.5 矩阵的特征值和特征向量与线性变换的特征值和特征向量的关系

在第三章中, 为讨论如何使线性变换在适当的基下的矩阵最简单, 如对角矩阵或若尔当形矩阵, 定义了线性变换的特征值和特征向量. 那么, 这与矩阵的特征值和特征向量是什么关系呢? 所谓适当的基如何寻找? 在该基下, 线性变换的矩阵怎么求呢? 下面就一一回答这些问题, 并举例说明.

设 σ 是数域 F 上的 n 维线性空间 V 上的一个线性变换, λ 是 σ 的一个特征值, $\boldsymbol{\alpha}$ 是 σ 属于 λ 的一个特征向量, 即 $\sigma(\boldsymbol{\alpha}) = \lambda\boldsymbol{\alpha}(\boldsymbol{\alpha} \neq \boldsymbol{\theta})$. 取定 V 的一个基 $\boldsymbol{\alpha}_1, \boldsymbol{\alpha}_2, \cdots, \boldsymbol{\alpha}_n$, $\boldsymbol{A}$ 为 σ 在基 $\boldsymbol{\alpha}_1, \boldsymbol{\alpha}_2, \cdots, \boldsymbol{\alpha}_n$ 下的矩阵, 设 $\boldsymbol{\alpha}$ 在该基下的坐标为 $\boldsymbol{X} = (x_1, x_2, \cdots, x_n)^{\mathrm{T}}(\boldsymbol{X} \neq \boldsymbol{\theta}$, 否则 $\boldsymbol{\alpha} = \boldsymbol{\theta})$, 即

$$\boldsymbol{\alpha} = x_1\boldsymbol{\alpha}_1 + x_2\boldsymbol{\alpha}_2 + \cdots + x_n\boldsymbol{\alpha}_n = \left[\boldsymbol{\alpha}_1, \boldsymbol{\alpha}_2, \cdots, \boldsymbol{\alpha}_n\right]\boldsymbol{X},$$

则

$$\begin{aligned}\sigma(\boldsymbol{\alpha}) &= \sigma\left(x_1\boldsymbol{\alpha}_1 + x_2\boldsymbol{\alpha}_2 + \cdots + \boldsymbol{x}_n\boldsymbol{\alpha}_n\right)\\ &= x_1\sigma\left(\boldsymbol{\alpha}_1\right) + x_2\sigma\left(\boldsymbol{\alpha}_2\right) + \cdots + x_n\sigma\left(\boldsymbol{\alpha}_n\right)\\ &= \left[\sigma\left(\boldsymbol{\alpha}_1\right), \sigma\left(\boldsymbol{\alpha}_2\right), \cdots, \sigma\left(\boldsymbol{\alpha}_n\right)\right]\boldsymbol{X}\\ &= \left[\boldsymbol{\alpha}_1, \boldsymbol{\alpha}_2, \cdots, \boldsymbol{\alpha}_n\right]\boldsymbol{AX},\end{aligned}$$

又

$$\begin{aligned}\sigma(\boldsymbol{\alpha}) &= \lambda\boldsymbol{\alpha}\\ &= \lambda x_1\boldsymbol{\alpha}_1 + \lambda x_2\boldsymbol{\alpha}_2 + \cdots + \lambda x_n\boldsymbol{\alpha}_n\\ &= \left[\boldsymbol{\alpha}_1, \boldsymbol{\alpha}_2, \cdots, \boldsymbol{\alpha}_n\right]\lambda\boldsymbol{X},\end{aligned}$$

于是由坐标的唯一性可知

$$\boldsymbol{AX} = \lambda\boldsymbol{X},$$

因此, λ 为矩阵 $\boldsymbol{A}$ 的一个特征值, $\boldsymbol{X}$ 是 $\boldsymbol{A}$ 的属于 λ 的特征向量.

反之, 若 λ 是矩阵 $\boldsymbol{A}$ 的特征值, $\boldsymbol{X} = (x_1, x_2, \cdots, x_n)^{\mathrm{T}}$ 是 $\boldsymbol{A}$ 属于 λ 的特征向量, 则由 $\boldsymbol{A}$ 可唯一确定线性变换 σ:

$$\left[\sigma\left(\boldsymbol{\alpha}_1\right), \sigma\left(\boldsymbol{\alpha}_2\right), \cdots, \sigma\left(\boldsymbol{\alpha}_n\right)\right] = \left[\boldsymbol{\alpha}_1, \boldsymbol{\alpha}_2, \cdots, \boldsymbol{\alpha}_n\right]\boldsymbol{A},$$

以 $\boldsymbol{X}$ 为坐标唯一确定一个 V 中的向量:

$$\boldsymbol{\alpha} = x_1\boldsymbol{\alpha}_1 + \boldsymbol{x}_2\boldsymbol{\alpha}_2 + \cdots + x_n\boldsymbol{\alpha}_n = \left[\boldsymbol{\alpha}_1, \boldsymbol{\alpha}_2, \cdots, \boldsymbol{\alpha}_n\right]\boldsymbol{X},$$

$\boldsymbol{\alpha} \neq \boldsymbol{\theta}$(否则 $\boldsymbol{X} = \mathbf{0}$), 且

$$\begin{aligned}\lambda\boldsymbol{\alpha} &= \left[\boldsymbol{\alpha}_1, \boldsymbol{\alpha}_2, \cdots, \boldsymbol{\alpha}_n\right]\lambda\boldsymbol{X}\\ &= \left[\boldsymbol{\alpha}_1, \boldsymbol{\alpha}_2, \cdots, \boldsymbol{\alpha}_n\right]\boldsymbol{AX}\\ &= \left[\sigma\left(\boldsymbol{\alpha}_1\right), \sigma\left(\boldsymbol{\alpha}_2\right), \cdots, \sigma\left(\boldsymbol{\alpha}_n\right)\right]\boldsymbol{X}\\ &= \sigma(\boldsymbol{\alpha}),\end{aligned}$$

即 λ 是 σ 的特征值, $\boldsymbol{\alpha}$ 为 σ 属于 λ 的一个特征向量.

综上, 矩阵 $\boldsymbol{A}$ 与线性变换 σ 的特征值相同, 矩阵 $\boldsymbol{A}$ 的属于特征值 λ 的特征向量 $\boldsymbol{X}$ 是线性变换 σ 属于特征值 λ 的特征向量 $\boldsymbol{\alpha}$ 在取定基下的坐标. 为此, 求线性变换的特征值和特征向量可转化为求矩阵的特征值和特征向量.

由定理 5.4.1 可知, 任意 $\boldsymbol{A} \in \mathbf{C}^{n\times n}$ 都相似于一个若尔当形矩阵, 即一定存在可逆矩阵 $\boldsymbol{P}$(相似变换矩阵), 使得

$$\boldsymbol{P}^{-1}\boldsymbol{A}\boldsymbol{P} = \boldsymbol{J} = \begin{bmatrix} \boldsymbol{J}_1 & & & \\ & \boldsymbol{J}_2 & & \\ & & \ddots & \\ & & & \boldsymbol{J}_s \end{bmatrix},$$

且除 $\boldsymbol{J}_1, \boldsymbol{J}_2, \cdots, \boldsymbol{J}_s$ 的排列次序外, $\boldsymbol{J}$ 由 $\boldsymbol{A}$ 唯一确定. 特别地, 当 $\boldsymbol{J}_i(i = 1, 2, \cdots, s)$ 的阶数均为 1 时, $\boldsymbol{J}$ 为对角矩阵, 即矩阵 $\boldsymbol{A}$ 可相似对角化. 又由定理 3.7.4 可知, 同一个线性变换在不同的基下的矩阵表示相似. $\boldsymbol{\alpha}_1, \boldsymbol{\alpha}_2, \cdots, \boldsymbol{\alpha}_n$ 为线性变换 σ 的一个基, 选取基 $\boldsymbol{\beta}_1, \boldsymbol{\beta}_2, \cdots, \boldsymbol{\beta}_n$ 使得

$$[\boldsymbol{\beta}_1, \boldsymbol{\beta}_2, \cdots, \boldsymbol{\beta}_n] = [\boldsymbol{\alpha}_1, \boldsymbol{\alpha}_2, \cdots, \boldsymbol{\alpha}_n]\,\boldsymbol{P},$$

于是, 由定理 3.7.4, 线性变换 σ 在基 $\boldsymbol{\beta}_1, \boldsymbol{\beta}_2, \cdots, \boldsymbol{\beta}_n$ 下的矩阵表示为 $\boldsymbol{P}^{-1}\boldsymbol{A}\boldsymbol{P} = \boldsymbol{J}$, 其中 $\boldsymbol{A}$ 为 σ 在基 $\boldsymbol{\alpha}_1, \boldsymbol{\alpha}_2, \cdots, \boldsymbol{\alpha}_n$ 下的矩阵表示, $\boldsymbol{P}$ 为其相似变换矩阵. 下面举例说明.

例 5.4.8 设 σ 是数域 F 上的三维线性空间 V 上的一个线性变换, 它在基 $\boldsymbol{\alpha}_1, \boldsymbol{\alpha}_2, \boldsymbol{\alpha}_3$ 下的矩阵表示为

$$\boldsymbol{A} = \begin{bmatrix} 1 & 2 & 2 \\ 2 & 1 & 2 \\ 2 & 2 & 1 \end{bmatrix},$$

求 σ 的特征值和特征向量, 并选取一个适当的基, 使 σ 在该基下的矩阵表示为若尔当形矩阵.

解 由

$$|\lambda\boldsymbol{I} - \boldsymbol{A}| = \begin{vmatrix} \lambda-1 & -2 & -2 \\ -2 & \lambda-1 & -2 \\ -2 & -2 & \lambda-1 \end{vmatrix} = (\lambda+1)^2(\lambda-5)$$

可得, 线性变换 σ 的特征值为

$$\lambda_1 = \lambda_2 = -1, \quad \lambda_3 = 5,$$

将 $\lambda_1 = -1$ 代入特征方程组 $(\lambda\boldsymbol{I} - \boldsymbol{A})\boldsymbol{X} = \boldsymbol{0}$, 求得它的一个基础解系: $\boldsymbol{X}_{11} = (1, 0, -1)^{\mathrm{T}}, \boldsymbol{X}_{12} = (0, 1, -1)^{\mathrm{T}}$. 于是 σ 属于 -1 的两个线性无

关的特征向量为

$$\boldsymbol{\beta}_{11}=[\boldsymbol{\alpha}_1,\boldsymbol{\alpha}_2,\boldsymbol{\alpha}_3]\,\boldsymbol{X}_{11}=\boldsymbol{\alpha}_1-\boldsymbol{\alpha}_3,\quad \boldsymbol{\beta}_{12}=[\boldsymbol{\alpha}_1,\boldsymbol{\alpha}_2,\boldsymbol{\alpha}_3]\,\boldsymbol{X}_{12}=\boldsymbol{\alpha}_2-\boldsymbol{\alpha}_3,$$

属于 -1 的全部特征向量为

$$k_{11}\boldsymbol{\beta}_{11}+k_{12}\boldsymbol{\beta}_{12},$$

其中 k_{11},k_{12} 是数域 F 中任意不全为零的数.

再将 $\lambda_3=5$ 代入特征方程组 $(\lambda\boldsymbol{I}-\boldsymbol{A})\boldsymbol{X}=\boldsymbol{0}$, 求得它的一个基础解系: $\boldsymbol{X}_{31}=(1,1,1)^{\mathrm{T}}$. 于是 σ 属于 5 的一个线性无关的特征向量为

$$\boldsymbol{\beta}_{31}=[\boldsymbol{\alpha}_1,\boldsymbol{\alpha}_2,\boldsymbol{\alpha}_3]\,\boldsymbol{X}_{31}=\boldsymbol{\alpha}_1+\boldsymbol{\alpha}_2+\boldsymbol{\alpha}_3,$$

属于 5 的全部特征向量为 $k_{31}\boldsymbol{\beta}_{31}$, 其中 k_{31} 是数域 F 中任一非零数.

构造矩阵 $\boldsymbol{P}=[\boldsymbol{X}_{11},\boldsymbol{X}_{12},\boldsymbol{X}_{31}]$, 显然 $\boldsymbol{P}$ 可逆, 且

$$\boldsymbol{P}^{-1}\boldsymbol{A}\boldsymbol{P}=\mathrm{diag}(-1,-1,5),$$

于是选取基 $\boldsymbol{\beta}_1,\boldsymbol{\beta}_2,\boldsymbol{\beta}_3$:

$$[\boldsymbol{\beta}_1,\boldsymbol{\beta}_2,\boldsymbol{\beta}_3]=[\boldsymbol{\alpha}_1,\boldsymbol{\alpha}_2,\boldsymbol{\alpha}_3]\,\boldsymbol{P}=[\boldsymbol{\beta}_{11},\boldsymbol{\beta}_{12},\boldsymbol{\beta}_{31}],$$

则线性变换 σ 在该基下的矩阵表示为 $\mathrm{diag}(-1,-1,5)$.

习题五

1. 求下列矩阵的特征值和特征向量:

(1) $\begin{bmatrix} 1 & -3 \\ -2 & 2 \end{bmatrix}$;　　(2) $\begin{bmatrix} 2 & 1 & 1 \\ 0 & 1 & -1 \\ 0 & 1 & 3 \end{bmatrix}$;

(3) $\begin{bmatrix} 1 & 2 & 3 \\ 0 & 2 & 3 \\ 0 & 0 & 3 \end{bmatrix}$;　　(4) $\begin{bmatrix} 4 & -2 & -1 \\ 5 & -2 & -1 \\ -2 & 1 & 1 \end{bmatrix}$;

(5) $\begin{bmatrix} 0 & 1 & 0 & 0 \\ 0 & 0 & 1 & 0 \\ 0 & 0 & 0 & 1 \\ 0 & 0 & 0 & 0 \end{bmatrix}$;　　(6) $\begin{bmatrix} 1 & 1 & 1 & 1 \\ 1 & 1 & -1 & -1 \\ 1 & -1 & 1 & -1 \\ 1 & -1 & -1 & 1 \end{bmatrix}$.

2. 已知 4 阶矩阵 $\boldsymbol{A}$ 的特征值为 $\lambda_1=2$(三重),$\lambda_2=5$, 求 $\operatorname{tr}\boldsymbol{A}$ 和 $\det\boldsymbol{A}$.

3. 已知矩阵

$$\boldsymbol{A}=\begin{bmatrix}4&2&2\\2&x&2\\2&2&4\end{bmatrix}$$

的特征值 $\lambda_1=2$(二重), $\lambda_2=8$, 求 x, 并求 $\boldsymbol{A}$ 的特征向量.

4. 设 $\boldsymbol{X}_1,\boldsymbol{X}_2,\cdots,\boldsymbol{X}_s$ 都是矩阵 $\boldsymbol{A}$ 的属于特征值 λ_0 的特征向量, 证明其非零线性组合

$$k_1\boldsymbol{X}_1+k_2\boldsymbol{X}_2+\cdots+k_s\boldsymbol{X}_s$$

也是 $\boldsymbol{A}$ 的属于特征值 λ_0 的特征向量.

5. 证明: 若 $\boldsymbol{X}_1,\boldsymbol{X}_2$ 是矩阵 $\boldsymbol{A}$ 的属于不同特征值的特征向量, 则 $\boldsymbol{X}_1+\boldsymbol{X}_2$ 不再是 $\boldsymbol{A}$ 的特征向量.

6. 设 λ 是矩阵 $\boldsymbol{A}$ 的特征值, $\boldsymbol{X}$ 是 $\boldsymbol{A}$ 的属于特征值 λ 的特征向量, 证明:

(1) $k\lambda$ 是矩阵 $k\boldsymbol{A}$ 的特征值 (其中 k 为任意数);

(2) λ^m 是矩阵 $\boldsymbol{A}^m$ 的特征值 (其中 m 为正整数);

(3) $f(\lambda)$ 是 $f(\boldsymbol{A})$ 的特征值 (这里 $f(x)$ 是关于 x 的任一多项式函数);

(4) 当 $\boldsymbol{A}$ 可逆时, λ^{-1} 是 $\boldsymbol{A}^{-1}$ 的特征值.

并且 $\boldsymbol{X}$ 仍是矩阵 $k\boldsymbol{A},\boldsymbol{A}^m,f(\boldsymbol{A}),\boldsymbol{A}^{-1}$ 的分别对应于特征值 $k\lambda,\lambda^m,f(\lambda)$, λ^{-1} 的特征向量.

7. 已知 λ 是 $\boldsymbol{A}$ 的特征值, $\boldsymbol{X}$ 为 $\boldsymbol{A}$ 的对应于 λ 的特征向量, 求 $2\boldsymbol{A}^3-3\boldsymbol{A}^2+\boldsymbol{I}$ 的一个特征值及对应的一个特征向量.

8. 设 $\boldsymbol{A}$ 可逆, 试讨论 $\boldsymbol{A}$ 和 $\boldsymbol{A}^*$ 的特征值及特征向量之间的关系.

9. 设 $\det\boldsymbol{A}\neq0,\boldsymbol{X}$ 是矩阵 $\boldsymbol{A}$ 的对应于特征值 λ 的特征向量, 求 $(\boldsymbol{A}^*)^2-\boldsymbol{I}$ 的一个特征值及对应的一个特征向量.

10. 已知 $\boldsymbol{P}=\begin{bmatrix}2&-1\\3&-2\end{bmatrix},\boldsymbol{P}^{-1}\boldsymbol{A}\boldsymbol{P}=\begin{bmatrix}-1&0\\0&2\end{bmatrix}$, 求 $\boldsymbol{A}^n$.

11. 设 $\boldsymbol{A}\sim\begin{bmatrix}-1&&\\&2&\\&&3\end{bmatrix}$, 求 $\det(\boldsymbol{A}-2\boldsymbol{I})$.

12. 设多项式 $f(x)=2x^5-5x^2+1$,

$$\boldsymbol{P}=\begin{bmatrix}2&3\\1&2\end{bmatrix},\boldsymbol{P}^{-1}\boldsymbol{A}\boldsymbol{P}=\begin{bmatrix}1&0\\0&-1\end{bmatrix},$$

求 $f(\boldsymbol{A})$.

13. 已知 $\det\boldsymbol{A}\neq 0$, 证明: $\boldsymbol{AB}\sim\boldsymbol{BA}$.

14. 设 $\boldsymbol{A}\sim\boldsymbol{B},\boldsymbol{C}\sim\boldsymbol{D}$, 证明:

$$\begin{bmatrix}\boldsymbol{A}&\boldsymbol{0}\\\boldsymbol{0}&\boldsymbol{C}\end{bmatrix}\sim\begin{bmatrix}\boldsymbol{B}&\boldsymbol{0}\\\boldsymbol{0}&\boldsymbol{D}\end{bmatrix}.$$

15. 若 $2\boldsymbol{I}+\boldsymbol{A}$ 可逆, $2\boldsymbol{I}-\boldsymbol{A}$ 不可逆, 则关于 $\boldsymbol{A}$ 的特征值有什么判断?

16. 已知 $\det\left(\boldsymbol{I}-\boldsymbol{A}^2\right)=0$, 证明: 1 和 -1 中至少有一个是 $\boldsymbol{A}$ 的特征值.

17. 设

$$\boldsymbol{A}=\begin{bmatrix}1&a&1\\a&1&b\\1&b&1\end{bmatrix},\quad\boldsymbol{B}=\begin{bmatrix}2&&\\&1&\\&&0\end{bmatrix},$$

a,b 满足什么条件时, $\boldsymbol{A}$ 与 $\boldsymbol{B}$ 相似?

18. 试判断下列矩阵中哪些可以对角化. 并对可对角化的矩阵, 求出相似变换矩阵 $\boldsymbol{P}$ 及对角阵 $\boldsymbol{\Lambda}$:

(1) $\begin{bmatrix}1&0\\-2&2\end{bmatrix}$;　　(2) $\begin{bmatrix}1&1&0\\0&1&1\\0&0&1\end{bmatrix}$;

(3) $\begin{bmatrix}4&2&-1\\2&1&-2\\3&2&0\end{bmatrix}$;　　(4) $\begin{bmatrix}3&-4&-4\\0&2&0\\2&-2&-3\end{bmatrix}$;

(5) $\begin{bmatrix}1&-1&1\\2&-2&2\\-1&1&-1\end{bmatrix}$;　　(6) $\begin{bmatrix}1&4&2\\0&-3&4\\0&4&3\end{bmatrix}$.

19. 证明: 主对角元互不相等的上 (下) 三角形矩阵一定可以相似对角化.

20. 已知 $\boldsymbol{X}=(1,1,-1)^{\mathrm{T}}$ 是矩阵

$$\boldsymbol{A}=\begin{bmatrix} 2 & -1 & 2 \\ 5 & a & 3 \\ -1 & b & -2 \end{bmatrix}$$

的一个特征向量.

(1) 确定参数 a,b 的值及特征向量 $\boldsymbol{X}$ 所对应的特征值;

(2) $\boldsymbol{A}$ 能否相似于对角矩阵? 说明理由.

21. 设矩阵

$$\boldsymbol{A}=\begin{bmatrix} 1 & 2 & 0 \\ 2 & 1 & 0 \\ -2 & a & 3 \end{bmatrix}.$$

(1) 问 a 取何值时, $\boldsymbol{A}$ 可对角化?

(2) 当 $\boldsymbol{A}$ 可对角化时, 求可逆矩阵 $\boldsymbol{P}$, 使得 $\boldsymbol{P}^{-1}\boldsymbol{A}\boldsymbol{P}$ 为对角矩阵.

22. 设矩阵

$$\boldsymbol{A}=\begin{bmatrix} a & 0 & 0 \\ 0 & a & b \\ 0 & 0 & c \end{bmatrix}.$$

(1) 参数 a,b,c 满足什么条件时, $\boldsymbol{A}$ 可以对角化?

(2) 当 $\boldsymbol{A}$ 可对角化时, $\boldsymbol{A}^{\mathrm{T}}$ 是否可以对角化?

(3) 当 $\boldsymbol{A}$ 可对角化时, $\boldsymbol{A}$ 与 $\boldsymbol{A}^{\mathrm{T}}$ 是否相似?

23. 设 4 阶矩阵 $\boldsymbol{A}$ 的特征值 $\lambda_1=1$(三重),$\lambda_2=-1$, $\boldsymbol{X}_1=(1,-1,0,0)^{\mathrm{T}}$, $\boldsymbol{X}_2=(-1,1,-1,0)^{\mathrm{T}}$, $\boldsymbol{X}_3=(0,-1,1,-1)^{\mathrm{T}}$ 为 λ_1 对应的三个特征向量, $\boldsymbol{X}_4=(0,0,-1,1)^{\mathrm{T}}$ 为 λ_2 对应的一个特征向量.

(1) $\boldsymbol{A}$ 是否可以对角化?

(2) 若 $\boldsymbol{A}$ 能对角化, 则求出 $\boldsymbol{A}$ 及 $\boldsymbol{A}^k$(k 为正整数).

24. 已知矩阵

$$\boldsymbol{A}=\begin{bmatrix} 1 & 1 \\ 0 & 2 \end{bmatrix}, \quad \boldsymbol{B}=\begin{bmatrix} 1 & 0 \\ 2 & 2 \end{bmatrix}.$$

(1) 证明: 矩阵 $\boldsymbol{A}$ 与 $\boldsymbol{B}$ 都可以对角化, 且它们可相似于同一个对角矩阵;

(2) 求可逆矩阵 $\boldsymbol{P}$, 使得 $\boldsymbol{P}^{-1}\boldsymbol{A}\boldsymbol{P}=\boldsymbol{B}$.

25. 设矩阵

$$\boldsymbol{A}=\begin{bmatrix}1&3\\2&2\end{bmatrix}.$$

(1) 求 $\boldsymbol{A}$ 的特征值和特征向量;

(2) 求 $\boldsymbol{A}^k$(k 为正整数);

(3) 设多项式 $f(x)=\begin{vmatrix}x^3+1&x^2\\x^3&x^5-1\end{vmatrix}$, 求 $f(\boldsymbol{A})$.

26. 设复数域上 n 阶矩阵 $\boldsymbol{A}$ 满足 $\boldsymbol{A}^2+\boldsymbol{A}-6\boldsymbol{I}=\boldsymbol{0}$.

(1) 求 $\boldsymbol{A}$ 的全部特征值;

(2) 证明: $\boldsymbol{A}$ 可以对角化, 并求与 $\boldsymbol{A}$ 相似的对角矩阵.

27. 求解下列微分方程组:

(1) $\dfrac{\mathrm{d}\boldsymbol{X}}{\mathrm{d}t}=\begin{bmatrix}1&-1\\2&4\end{bmatrix}\boldsymbol{X}$;　　(2) $\dfrac{\mathrm{d}\boldsymbol{X}}{\mathrm{d}t}=\begin{bmatrix}0&1&0\\0&0&1\\8&-14&7\end{bmatrix}\boldsymbol{X}$.

28. 求解下列微分方程:

(1) $\dfrac{\mathrm{d}^2x}{\mathrm{d}t^2}-2\dfrac{\mathrm{d}x}{\mathrm{d}t}-3x=0$;

(2) $\dfrac{\mathrm{d}^3x}{\mathrm{d}t^3}-7\dfrac{\mathrm{d}^2x}{\mathrm{d}t^2}+14\dfrac{\mathrm{d}x}{\mathrm{d}t}-8x=0$.

29. 对下列实对称矩阵 $\boldsymbol{A}$, 求正交矩阵 $\boldsymbol{Q}$, 使得 $\boldsymbol{Q}^{-1}\boldsymbol{A}\boldsymbol{Q}$ 为对角矩阵:

(1) $\begin{bmatrix}1&0&1\\0&1&0\\1&0&1\end{bmatrix}$;　　(2) $\begin{bmatrix}2&2&-2\\2&5&-4\\-2&-4&5\end{bmatrix}$;

(3) $\begin{bmatrix}-1&2&4\\2&2&-2\\4&-2&-1\end{bmatrix}$;　　(4) $\begin{bmatrix}1&2&2\\2&1&2\\2&2&1\end{bmatrix}$;

(5) $\begin{bmatrix}1&1&0&-1\\1&1&-1&0\\0&-1&1&1\\-1&0&1&1\end{bmatrix}$;　(6) $\begin{bmatrix}-1&-3&3&-3\\-3&-1&-3&3\\3&-3&-1&-3\\-3&3&-3&-1\end{bmatrix}$.

30. 已知 3 阶实对称矩阵 $\boldsymbol{A}$ 的特征值为 $\lambda_1=1$(二重),$\lambda_2=-2$, 向量

$$\boldsymbol{X}_1=(1,0,-1)^{\mathrm{T}},\quad \boldsymbol{X}_2=(1,1,0)^{\mathrm{T}}$$

是矩阵 $\boldsymbol{A}$ 的对应于 $\lambda_1=1$ 的特征向量.

(1) 求 $\boldsymbol{A}$ 的对应于特征值 $\lambda_2=-2$ 的特征向量;

(2) 求矩阵 $\boldsymbol{A}$.

31. 已知 3 阶实对称矩阵 $\boldsymbol{A}$ 的特征值为 $\lambda_1=1$(二重), $\lambda_2=-2$, 向量 $\boldsymbol{X}=(1,1,0)^{\mathrm{T}}$ 是 $\boldsymbol{A}$ 的对应于 $\lambda_2=-2$ 的特征向量.

(1) 求特征子空间 V_{λ_1} 的一个标准正交基;

(2) 求矩阵 $\boldsymbol{A}$.

32. 已知 $\boldsymbol{A}$ 是 n 阶实对称矩阵, 且 $\boldsymbol{A}^2=\boldsymbol{A}$.

(1) 证明: 存在正交矩阵 $\boldsymbol{Q}$, 使得

$$\boldsymbol{Q}^{-1}\boldsymbol{A}\boldsymbol{Q}=\operatorname{diag}(1,1,\cdots,1,0,\cdots,0);$$

(2) 若 $\mathrm{r}(\boldsymbol{A})=r$, 则求 $\det(\boldsymbol{A}-2\boldsymbol{I})$.

33. 已知矩阵

$$\boldsymbol{A}=\begin{bmatrix}1&2&0\\2&1&0\\0&0&-1\end{bmatrix}.$$

(1) 求 $\boldsymbol{A}$ 的特征值和特征向量;

(2) 求正交矩阵 $\boldsymbol{Q}$, 使得

$$\boldsymbol{Q}^{-1}\left(2\boldsymbol{A}^3-\boldsymbol{A}^2+\boldsymbol{I}\right)\boldsymbol{Q}$$

为对角矩阵.

34. 证明: 反称实矩阵的特征值是零或纯虚数.

35. 证明: 正交矩阵的特征值 λ 满足 $\lambda\bar{\lambda}=1$.

36. 已知 $\mathbf{R}^n$ 中两个非零向量

$$\boldsymbol{\alpha}=(a_1,a_2,\cdots,a_n),\quad \boldsymbol{\beta}=(b_1,b_2,\cdots,b_n),$$

且 $\boldsymbol{\alpha}\perp\boldsymbol{\beta}$. 令 n 阶方阵 $\boldsymbol{A}=\boldsymbol{\alpha}^{\mathrm{T}}\boldsymbol{\beta}$.

(1) 求 $\boldsymbol{A}^2$;

(2) 证明: $\boldsymbol{A}$ 的特征值全为零, 且 $\boldsymbol{A}$ 不可对角化.

37. 设 $\boldsymbol{A}$ 为 n 阶幂零矩阵, 试证: $\boldsymbol{A}$ 的特征值全为零.

38. 设矩阵

$$\boldsymbol{A}=\begin{bmatrix} a & -1 & c \\ 5 & b & 3 \\ 1-c & 0 & -a \end{bmatrix},$$

$|\boldsymbol{A}|=-1$, 且 $\boldsymbol{A}$ 的伴随矩阵 $\boldsymbol{A}^*$ 有一个对应于特征值 λ_0 的特征向量为 $\boldsymbol{\alpha}=(-1,-1,1)^{\mathrm{T}}$, 求 a,b,c 及 λ_0 的值.

39. 设 3 阶矩阵 $\boldsymbol{A}$ 和 3 元向量 $\boldsymbol{\alpha}$ 使得向量组 $\boldsymbol{\alpha},\boldsymbol{A\alpha},\boldsymbol{A}^2\boldsymbol{\alpha}$ 线性无关, 且满足

$$\boldsymbol{A}^3\boldsymbol{\alpha}=3\boldsymbol{A\alpha}-2\boldsymbol{A}^2\boldsymbol{\alpha}.$$

(1) 记 $\boldsymbol{P}=\left[\boldsymbol{\alpha},\boldsymbol{A\alpha},\boldsymbol{A}^2\boldsymbol{\alpha}\right]$, 求矩阵 $\boldsymbol{B}$, 使得 $\boldsymbol{A}=\boldsymbol{PBP}^{-1}$;

(2) 求 $\det(\boldsymbol{A}-\boldsymbol{I})$.

40. 求下列矩阵的若尔当标准形:

(1) $\begin{bmatrix} 1 & 2 & 0 \\ 0 & 2 & 0 \\ -2 & -2 & -1 \end{bmatrix}$; (2) $\begin{bmatrix} 3 & -1 & 0 \\ 6 & -3 & 2 \\ 8 & -6 & 5 \end{bmatrix}$;

(3) $\begin{bmatrix} 1 & 1 & -1 \\ -3 & -3 & 3 \\ -2 & -2 & 2 \end{bmatrix}$; (4) $\begin{bmatrix} 1 & -3 & 0 & 3 \\ -2 & 6 & 0 & 13 \\ 0 & -3 & 1 & 3 \\ -1 & 2 & 0 & 8 \end{bmatrix}$.

41. 设 $\boldsymbol{A}=\begin{bmatrix} 1 & 4 & 2 \\ 0 & -3 & 4 \\ 0 & 4 & 3 \end{bmatrix}$, 利用若尔当标准形求 $\boldsymbol{A}^5$.

42. 设 $\boldsymbol{A}$ 为幂零矩阵, 求 $\det(\boldsymbol{A}+\boldsymbol{I})$.

43. 求幂等矩阵的若尔当标准形.

44. 设 $\boldsymbol{A}$ 是秩为 r 的幂零矩阵, 证明: $\boldsymbol{A}^{r+1}=\boldsymbol{0}$.

45. 设 x_1,x_2,x_3 是 t 的三个未知函数, 求解微分方程组

$$\begin{cases} \dfrac{\mathrm{d}x_1}{\mathrm{d}t}=-x_1+x_2, \\ \dfrac{\mathrm{d}x_2}{\mathrm{d}t}=-4x_1+3x_2, \\ \dfrac{\mathrm{d}x_3}{\mathrm{d}t}=x_1+2x_3. \end{cases}$$

46. 设 $\boldsymbol{\alpha}_1,\boldsymbol{\alpha}_2,\boldsymbol{\alpha}_3,\boldsymbol{\alpha}_4$ 是四维线性空间 V 的一组基, 线性变换 σ 在这

组基下的矩阵表示为

$$A=\begin{bmatrix} 5 & -2 & -4 & 3 \\ 3 & -1 & -3 & 2 \\ -3 & \frac{1}{2} & \frac{9}{2} & -\frac{5}{2} \\ -10 & 3 & 11 & -7 \end{bmatrix}.$$

(1) 求 σ 在基

$$\begin{aligned} \beta_1 &= \alpha_1+2\alpha_2+\alpha_3+\alpha_4, \\ \beta_2 &= 2\alpha_1+3\alpha_2+\alpha_3, \\ \beta_3 &= \alpha_3, \\ \beta_4 &= \alpha_4 \end{aligned}$$

下的矩阵;

(2) 求 σ 的特征值与特征向量;

(3) 求一可逆矩阵 P, 使 $P^{-1}AP$ 成对角形;

(4) 找一组适当的基, 使此线性变换在该基下的矩阵为对角矩阵.

第六章　二次型与正定矩阵

在平面解析几何中，中心在坐标原点的圆锥曲线方程的一般形式为

$$ax^2 + 2bxy + cy^2 = d,$$

方程的左边是一个关于 x, y 的二次齐次多项式 (简称二次型). 为了研究上面方程的图形和性质，通常通过配方和变量替换，将之化为不含 x, y 的交叉项的标准方程

$$a'x'^2 + c'y'^2 = d,$$

由曲线的标准方程研究曲线的图形和性质就变得非常方便.

同样，在研究空间解析几何中的二次曲面方程时，也存在类似的问题. 不仅如此，在许多理论和实际问题中，如网络计算、最优化理论及运动稳定性等，都存在这样的二次型问题. 为此，有必要将之抽象出来，作深入的研究.

本章将主要用矩阵的方法研究二次型. 首先给出二次型的定义和矩阵表示，然后研究二次型的标准形和规范形，最后讨论有重要应用的正定二次型的性质和判定，并介绍它的一些应用.

6.1　二次型的定义和矩阵表示

定义 6.1.1　n 个变量 $x_1, x_2, \cdots, x_n$ 的二次齐次多项式

$$\begin{aligned} f(x_1, x_2, \cdots, x_n) = & d_{11}x_1^2 + d_{12}x_1x_2 + d_{13}x_1x_3 + \cdots + d_{1n}x_1x_n \\ & + d_{22}x_2^2 + d_{23}x_2x_3 + \cdots + d_{2n}x_2x_n \\ & \cdots\cdots\cdots\cdots \\ & + d_{nn}x_n^2, \end{aligned} \tag{6.1.1}$$

当系数属于数域 F 时，称为**数域 F 上的一个 n 元二次型**，简称**二次型**. 当 F 为实 (复) 数域时，称之为**实 (复) 二次型**.

为方便研究，下面令

$$\begin{aligned} & d_{ii} = a_{ii}, \quad i = 1, 2, \cdots, n, \\ & a_{ij} = a_{ji} = \tfrac{1}{2}d_{ij}, \quad i < j, \end{aligned}$$

则 $d_{ij}x_ix_j = a_{ij}x_ix_j + a_{ji}x_jx_i(i<j)$, 于是 (6.1.1) 式可表示为对称形式

$$\begin{aligned}
f(x_1,x_2,\cdots,x_n) =& a_{11}x_1^2 + a_{12}x_1x_2 + \cdots + a_{1n}x_1x_n \\
& + a_{21}x_2x_1 + a_{22}x_2^2 + \cdots + a_{2n}x_2x_n \\
& \cdots\cdots\cdots\cdots \\
& + a_{n1}x_nx_1 + a_{n2}x_nx_2 + \cdots + a_{nn}x_n^2 \\
=& x_1(a_{11}x_1 + a_{12}x_2 + \cdots + a_{1n}x_n) \\
& + x_2(a_{21}x_1 + a_{22}x_2 + \cdots + a_{2n}x_n) \\
& \cdots\cdots\cdots\cdots \\
& + x_n(a_{n1}x_1 + a_{n2}x_2 + \cdots + a_{nn}x_n) \\
=& (x_1,x_2,\cdots,x_n)\begin{bmatrix} a_{11} & a_{12} & \cdots & a_{1n} \\ a_{21} & a_{22} & \cdots & a_{2n} \\ \vdots & \vdots & & \vdots \\ a_{n1} & a_{n2} & \cdots & a_{nn} \end{bmatrix}\begin{bmatrix} x_1 \\ x_2 \\ \vdots \\ x_n \end{bmatrix},
\end{aligned}$$

记

$$\boldsymbol{A} = \begin{bmatrix} a_{11} & a_{12} & \cdots & a_{1n} \\ a_{21} & a_{22} & \cdots & a_{2n} \\ \vdots & \vdots & & \vdots \\ a_{n1} & a_{n2} & \cdots & a_{nn} \end{bmatrix}, \quad \boldsymbol{X} = \begin{bmatrix} x_1 \\ x_2 \\ \vdots \\ x_n \end{bmatrix},$$

则 (6.1.1) 式可表示为矩阵形式

$$f(x_1,x_2,\cdots,x_n) = \boldsymbol{X}^{\mathrm{T}}\boldsymbol{A}\boldsymbol{X},$$

称之为**二次型** $f(x_1,x_2,\cdots,x_n)$ **的矩阵表示**, 其中矩阵 $\boldsymbol{A}$ 称为**二次型** $f(x_1,x_2,\cdots,x_n)$ **对应的矩阵**. 因为 $a_{ij}=a_{ji}$, 所以 $\boldsymbol{A}^{\mathrm{T}}=\boldsymbol{A}$, 即 $\boldsymbol{A}$ 为对称矩阵. 另外, 若 $\boldsymbol{A},\boldsymbol{B}$ 为 n 阶对称矩阵, 且

$$f(x_1,x_2,\cdots,x_n) = \boldsymbol{X}^{\mathrm{T}}\boldsymbol{A}\boldsymbol{X} = \boldsymbol{X}^{\mathrm{T}}\boldsymbol{B}\boldsymbol{X},$$

则必有 $\boldsymbol{A}=\boldsymbol{B}$(证明留作习题). 由此可知, 每个二次型都唯一确定一个对称矩阵; 反之, 每个对称矩阵也都唯一确定一个二次型. 因而, 二次型与对称矩阵之间一一对应. 所以研究二次型的性质可转化为研究矩阵 $\boldsymbol{A}$ 的性质, 并把矩阵 $\boldsymbol{A}$ 的秩称为**二次型** $\boldsymbol{X}^{\mathrm{T}}\boldsymbol{A}\boldsymbol{X}$ **的秩**.

例 6.1.1　设二次型

$$f(x,y,z)=4x^2+2xy+4xz+3y^2+6yz+7z^2,$$

则其矩阵表示为

$$f(x,y,z)=(x,y,z)\begin{bmatrix}4&1&2\\1&3&3\\2&3&7\end{bmatrix}\begin{bmatrix}x\\y\\z\end{bmatrix},$$

$f(x,y,z)$ 对应的矩阵为 $\boldsymbol{A}=\begin{bmatrix}4&1&2\\1&3&3\\2&3&7\end{bmatrix}$.

注: $f(x_1,x_2,\cdots,x_n)=\boldsymbol{X}^{\mathrm{T}}\boldsymbol{A}\boldsymbol{X}$, 只有当其中的 $\boldsymbol{A}$ 为对称矩阵时, 才称为二次型 f 的矩阵表示.

6.2　二次型的标准形

在本章开头, 为了方便地研究圆锥曲线方程, 将二次型 $ax^2+2bxy+cy^2$ 化成了只含平方项, 不含交叉项的二次型 $a'x'^2+c'y'^2$, 这个过程就是化二次型为标准形. 一般地, 有

定义 6.2.1　只含变量的平方项, 不含交叉项, 即形如

$$b_1y_1^2+b_2y_2^2+\cdots+b_ny_n^2$$

的二次型, 称为**二次型的标准形**.

下面讨论如何将一般的二次型化为标准形.

一般地, 一个二次型 $\boldsymbol{X}^{\mathrm{T}}\boldsymbol{A}\boldsymbol{X}$ 可看成 n 元向量 $\boldsymbol{\alpha}$ 的一个函数, 即

$$f(\boldsymbol{\alpha})=\boldsymbol{X}^{\mathrm{T}}\boldsymbol{A}\boldsymbol{X}, \tag{6.2.1}$$

其中的 $\boldsymbol{X}=(x_1,x_2,\cdots,x_n)^{\mathrm{T}}$ 看成是向量 $\boldsymbol{\alpha}$ 在 F^n 的自然基 $\boldsymbol{\varepsilon}_1,\boldsymbol{\varepsilon}_2,\cdots,\boldsymbol{\varepsilon}_n$ 下的坐标向量, 因而有 $\boldsymbol{\alpha}=\boldsymbol{X}$. 二次型 $\boldsymbol{X}^{\mathrm{T}}\boldsymbol{A}\boldsymbol{X}$ 作为 n 元向量 $\boldsymbol{\alpha}$ 的函数, 它的矩阵表示是与一个基相联系的. 不妨在 F^n 中再任取一个基 $\boldsymbol{\beta}_1,\boldsymbol{\beta}_2,\cdots,\boldsymbol{\beta}_n$, 设向量 $\boldsymbol{\alpha}$ 在该基下的坐标向量为 $\boldsymbol{Y}=(y_1,y_2,\cdots,y_n)^{\mathrm{T}}$, 且

$$[\boldsymbol{\beta}_1,\boldsymbol{\beta}_2,\cdots,\boldsymbol{\beta}_n]=[\boldsymbol{\varepsilon}_1,\boldsymbol{\varepsilon}_2,\cdots,\boldsymbol{\varepsilon}_n]\boldsymbol{C},$$

于是由坐标变换公式 (3.2.5) 可知

$$\boldsymbol{X}=\boldsymbol{C}\boldsymbol{Y}, \tag{6.2.2}$$

将 (6.2.2) 式代入 (6.2.1) 式得

$$f(\boldsymbol{\alpha})=\boldsymbol{X}^{\mathrm{T}}\boldsymbol{A}\boldsymbol{X}=\boldsymbol{Y}^{\mathrm{T}}\left(\boldsymbol{C}^{\mathrm{T}}\boldsymbol{A}\boldsymbol{C}\right)\boldsymbol{Y}, \tag{6.2.3}$$

其中 $\boldsymbol{C}^{\mathrm{T}}\boldsymbol{A}\boldsymbol{C}$ 仍是对称矩阵, 因而 $\boldsymbol{Y}^{\mathrm{T}}\left(\boldsymbol{C}^{\mathrm{T}}\boldsymbol{A}\boldsymbol{C}\right)\boldsymbol{Y}$ 是一个关于 $y_1,y_2,\cdots,y_n$ 的二次型. 特别地, 适当选取基 $\boldsymbol{\beta}_1,\boldsymbol{\beta}_2,\cdots,\boldsymbol{\beta}_n$ 或 (6.2.2) 式中的可逆矩阵 $\boldsymbol{C}$, 可能使二次型 $\boldsymbol{X}^{\mathrm{T}}\boldsymbol{A}\boldsymbol{X}$ 化为标准形, 即有

$$\begin{aligned}f(\boldsymbol{\alpha})&=\boldsymbol{X}^{\mathrm{T}}\boldsymbol{A}\boldsymbol{X}=\boldsymbol{Y}^{\mathrm{T}}\left(\boldsymbol{C}^{\mathrm{T}}\boldsymbol{A}\boldsymbol{C}\right)\boldsymbol{Y}\\&=b_1y_1^2+b_2y_2^2+\cdots+b_ny_n^2.\end{aligned}$$

例 6.2.1 在 $\mathbf{R}^2$ 中, 设向量 $\boldsymbol{\alpha}$ 在自然基 $\boldsymbol{\varepsilon}_1,\boldsymbol{\varepsilon}_2$ 下的坐标为 $(x_1,x_2)^{\mathrm{T}}$, $f(x_1,x_2)=5x_1^2-6x_1x_2+5x_2^2$, 即

$$\begin{aligned}f(\boldsymbol{\alpha})&=(x_1,x_2)\begin{bmatrix}5&-3\\-3&5\end{bmatrix}\begin{bmatrix}x_1\\x_2\end{bmatrix}\\&=\boldsymbol{X}^{\mathrm{T}}\boldsymbol{A}\boldsymbol{X},\end{aligned} \tag{6.2.4}$$

选取基

$$[\boldsymbol{\beta}_1,\boldsymbol{\beta}_2]=[\boldsymbol{\varepsilon}_1,\boldsymbol{\varepsilon}_2]\begin{bmatrix}\cos\dfrac{\pi}{4}&-\sin\dfrac{\pi}{4}\\\sin\dfrac{\pi}{4}&\cos\dfrac{\pi}{4}\end{bmatrix},$$

这相当于将由基 $\boldsymbol{\varepsilon}_1,\boldsymbol{\varepsilon}_2$ 确定的坐标系逆时针旋转 $\pi/4$, 则 $\boldsymbol{\alpha}$ 在基 $\boldsymbol{\beta}_1,\boldsymbol{\beta}_2$ 下的坐标向量 $\boldsymbol{Y}=(y_1,y_2)^{\mathrm{T}}$ 满足

$$\boldsymbol{X}=\begin{bmatrix}x_1\\x_2\end{bmatrix}=\begin{bmatrix}\cos\dfrac{\pi}{4}&-\sin\dfrac{\pi}{4}\\\sin\dfrac{\pi}{4}&\cos\dfrac{\pi}{4}\end{bmatrix}\begin{bmatrix}y_1\\y_2\end{bmatrix}=\boldsymbol{C}\boldsymbol{Y}, \tag{6.2.5}$$

将 (6.2.5) 式代入 (6.2.4) 式, 有

$$\begin{aligned}f(\boldsymbol{\alpha})&=\boldsymbol{X}^{\mathrm{T}}\boldsymbol{A}\boldsymbol{X}=\boldsymbol{Y}^{\mathrm{T}}\left(\boldsymbol{C}^{\mathrm{T}}\boldsymbol{A}\boldsymbol{C}\right)\boldsymbol{Y}\\&=(y_1,y_2)\begin{bmatrix}2&0\\0&8\end{bmatrix}\begin{bmatrix}y_1\\y_2\end{bmatrix}\\&=2y_1^2+8y_2^2,\end{aligned}$$

上面矩阵 $\begin{bmatrix}2&0\\0&8\end{bmatrix}$ 是矩阵 $\begin{bmatrix}5&-3\\-3&5\end{bmatrix}$ 的相似对角矩阵.

若令 $f(\boldsymbol{\alpha})=8$, 则有

$$2y_1^2+8y_2^2=8, \quad 即 \quad \frac{y_1^2}{4}+y_2^2=1,$$

显然, 它表示的图形是一椭圆.

扫描交互实验 6.2.1 的二维码, 点击“线性替换”按钮, 了解如何通过坐标系的替换, 确定 $f(x_1,x_2)=5x_1^2-6x_1x_2+5x_2^2=8$ 的图像.

交互实验 6.2.1

由上可知, 在化二次型为标准形时, 确定 (6.2.2) 式, 即

$$\boldsymbol{X}=\boldsymbol{C}\boldsymbol{Y}$$

中的可逆矩阵 $\boldsymbol{C}$ 是关键.

定义 6.2.2 设 $\boldsymbol{X}=(x_1,x_2,\cdots,x_n)^{\mathrm{T}}$, $\boldsymbol{Y}=(y_1,y_2,\cdots,y_n)^{\mathrm{T}}$, 矩阵 $\boldsymbol{C}=[c_{ij}]_{n\times n}$, 则称

$$\boldsymbol{X}=\boldsymbol{C}\boldsymbol{Y}$$

为**线性替换**; 当 $\det\boldsymbol{C}\neq 0$ 时, 称线性替换是**可逆的** (或**满秩的**或**非退化的**).

由 (6.2.3) 式知, 二次型经可逆的线性替换 $\boldsymbol{X}=\boldsymbol{C}\boldsymbol{Y}$ 仍变成二次型, 且有

$$f(x_1,x_2,\cdots,x_n)=\boldsymbol{X}^{\mathrm{T}}\boldsymbol{A}\boldsymbol{X}=\boldsymbol{Y}^{\mathrm{T}}\left(\boldsymbol{C}^{\mathrm{T}}\boldsymbol{A}\boldsymbol{C}\right)\boldsymbol{Y}=\boldsymbol{Y}^{\mathrm{T}}\boldsymbol{B}\boldsymbol{Y},$$

其中

$$\boldsymbol{B}=\boldsymbol{C}^{\mathrm{T}}\boldsymbol{A}\boldsymbol{C},$$

这是可逆的线性替换作用前后的两个二次型矩阵之间的重要关系.

定义 6.2.3 对任意 n 阶矩阵 $\boldsymbol{A}$ 和 $\boldsymbol{B}$, 若存在可逆的 n 阶矩阵 $\boldsymbol{C}$, 使得

$$\boldsymbol{B}=\boldsymbol{C}^{\mathrm{T}}\boldsymbol{A}\boldsymbol{C},$$

则称 $\boldsymbol{A}$ 与 $\boldsymbol{B}$ 合同, 记为 $\boldsymbol{A}\simeq\boldsymbol{B}$.

容易证明, 矩阵间的合同关系满足如下性质:

(1) 反身性: $\boldsymbol{A}\simeq\boldsymbol{A}$;

(2) 对称性: 若 $\boldsymbol{A}\simeq\boldsymbol{B}$, 则 $\boldsymbol{B}\simeq\boldsymbol{A}$;

(3) 传递性: 若 $\boldsymbol{A}\simeq\boldsymbol{B},\boldsymbol{B}\simeq\boldsymbol{C}$, 则 $\boldsymbol{A}\simeq\boldsymbol{C}$.

这说明矩阵的合同关系也是一种等价关系, 可以对同阶的方阵进行等价分类, 即将所有相互合同的方阵归为一类.

另外还有

(4) 若 $\boldsymbol{A} \simeq \boldsymbol{B}$, 则 $\mathrm{r}(\boldsymbol{A}) = \mathrm{r}(\boldsymbol{B})$;

(5) 与对称矩阵合同的矩阵必为对称矩阵.

由以上的讨论已知, 化二次型为标准形的关键是如何找一个可逆的线性替换 $\boldsymbol{X} = \boldsymbol{C}\boldsymbol{Y}$, 使得 $\boldsymbol{Y}^{\mathrm{T}}\left(\boldsymbol{C}^{\mathrm{T}}\boldsymbol{A}\boldsymbol{C}\right)\boldsymbol{Y}$ 为标准形, 这等价于找一个可逆矩阵 $\boldsymbol{C}$, 使得矩阵 $\boldsymbol{C}^{\mathrm{T}}\boldsymbol{A}\boldsymbol{C}$ 为对角矩阵, 即 $\boldsymbol{A}$ 与对角矩阵合同.

下面介绍化二次型为标准形的具体方法.

一、配方法

例 6.2.2 化二次型

$$f\left(x_1, x_2, x_3\right) = 2x_1^2 - 2x_2^2 - 4x_1x_3 - 8x_2x_3$$

为标准形.

解 先对 x_1 配方. 将 $f\left(x_1, x_2, x_3\right)$ 中含 x_1 的各项括在一起, 配成平方项, 消去所有含 x_1 的交叉项:

$$\begin{aligned} f\left(x_1, x_2, x_3\right) &= \left(2x_1^2 - 4x_1x_3\right) - 2x_2^2 - 8x_2x_3 \\ &= 2\left(x_1 - x_3\right)^2 - 2x_2^2 - 8x_2x_3 - 2x_3^2, \end{aligned}$$

再对 x_2 配方. 将上式中含 x_2 的各项括在一起, 配成平方项, 消去所有含 x_2 的交叉项:

$$\begin{aligned} f\left(x_1, x_2, x_3\right) &= 2\left(x_1 - x_3\right)^2 - 2\left(x_2^2 + 4x_2x_3\right) - 2x_3^2 \\ &= 2\left(x_1 - x_3\right)^2 - 2\left(x_2 + 2x_3\right)^2 + 6x_3^2, \end{aligned}$$

作可逆线性替换

$$\left\{\begin{array}{l} y_1 = x_1 \qquad - x_3, \\ y_2 = \qquad x_2 + 2x_3, \\ y_3 = \qquad\qquad x_3, \end{array}\right. \quad 或 \quad \left\{\begin{array}{l} x_1 = y_1 \qquad + y_3, \\ x_2 = \qquad y_2 - 2y_3, \\ x_3 = \qquad\qquad y_3, \end{array}\right.$$

则二次型 $f\left(x_1, x_2, x_3\right)$ 化为标准形

$$f\left(x_1, x_2, x_3\right) = 2y_1^2 - 2y_2^2 + 6y_3^2,$$

以上过程可用矩阵表示为

$$\begin{bmatrix} x_1 \\ x_2 \\ x_3 \end{bmatrix} = \begin{bmatrix} 1 & 0 & 1 \\ 0 & 1 & -2 \\ 0 & 0 & 1 \end{bmatrix}\begin{bmatrix} y_1 \\ y_2 \\ y_3 \end{bmatrix},$$

即

$$X = CY, \tag{6.2.6}$$

其中 $\boldsymbol{X} = (x_1, x_2, x_3)^{\mathrm{T}}, \boldsymbol{Y} = (y_1, y_2, y_3)^{\mathrm{T}}$, 则

$$f(x_1, x_2, x_3) = (x_1, x_2, x_3)\begin{bmatrix} 2 & 0 & -2 \\ 0 & -2 & -4 \\ -2 & -4 & 0 \end{bmatrix}\begin{bmatrix} x_1 \\ x_2 \\ x_3 \end{bmatrix} = \boldsymbol{X}^{\mathrm{T}}\boldsymbol{A}\boldsymbol{X}, \tag{6.2.7}$$

将 (6.2.6) 式代入 (6.2.7) 式, 得

$$f(x_1, x_2, x_3) = (\boldsymbol{CY})^{\mathrm{T}}\boldsymbol{A}(\boldsymbol{CY}) = \boldsymbol{Y}^{\mathrm{T}}\left(\boldsymbol{C}^{\mathrm{T}}\boldsymbol{A}\boldsymbol{C}\right)\boldsymbol{Y},$$

令 $\boldsymbol{B} = \boldsymbol{C}^{\mathrm{T}}\boldsymbol{A}\boldsymbol{C}$, 则

$$\boldsymbol{B} = \begin{bmatrix} 1 & 0 & 1 \\ 0 & 1 & -2 \\ 0 & 0 & 1 \end{bmatrix}^{\mathrm{T}}\begin{bmatrix} 2 & 0 & -2 \\ 0 & -2 & -4 \\ -2 & -4 & 0 \end{bmatrix}\begin{bmatrix} 1 & 0 & 1 \\ 0 & 1 & -2 \\ 0 & 0 & 1 \end{bmatrix} = \begin{bmatrix} 2 & & \\ & -2 & \\ & & 6 \end{bmatrix},$$

于是

$$f(x_1, x_2, x_3) = (y_1, y_2, y_3)\begin{bmatrix} 2 & & \\ & -2 & \\ & & 6 \end{bmatrix}\begin{bmatrix} y_1 \\ y_2 \\ y_3 \end{bmatrix} = 2y_1^2 - 2y_2^2 + 6y_3^2.$$

例 6.2.3　化二次型

$$f(x_1, x_2, x_3) = 2x_1x_2 - 6x_2x_3 + 2x_1x_3 \tag{6.2.8}$$

为标准形.

解　本例的特点是二次型中没有平方项, 无法配方. 因此, 先作一个适当的可逆线性替换, 使其出现平方项, 然后再重复上例的做法.

本例可利用平方差公式作可逆的线性替换

$$\begin{cases} x_1 = y_1 - y_2, \\ x_2 = y_1 + y_2, \\ x_3 = \qquad\qquad y_3, \end{cases} \tag{6.2.9}$$

将 (6.2.9) 式代入 (6.2.8) 式, 得

$$\begin{aligned} f(x_1, x_2, x_3) &= 2\left(y_1^2 - y_2^2\right) - 6(y_1 + y_2)y_3 + 2(y_1 - y_2)y_3 \\ &= 2y_1^2 - 2y_2^2 - 4y_1y_3 - 8y_2y_3, \end{aligned} \tag{6.2.10}$$

再按上例的方法配方. 由上例知, 再对 (6.2.10) 式作可逆的线性替换

$$\begin{cases} y_1 = z_1 \quad\quad + \quad z_3, \\ y_2 = \quad\quad z_2 - 2z_3, \\ y_3 = \quad\quad\quad\quad z_3, \end{cases} \tag{6.2.11}$$

可将二次型 $f(x_1, x_2, x_3)$ 化为标准形

$$f(x_1, x_2, x_3) = 2z_1^2 - 2z_2^2 + 6z_3^2, \tag{6.2.12}$$

将 (6.2.11) 式代入 (6.2.9) 式, 可得将二次型 (6.2.8) 化为标准形 (6.2.12) 的可逆线性替换

$$\begin{cases} x_1 = z_1 - z_2 + 3z_3, \\ x_2 = z_1 + z_2 - \ z_3, \\ x_3 = \quad\quad\quad\quad z_3. \end{cases}$$

注: 一般地, 配方的方法不同, 所得的标准形也不同. 因而, 标准形是不唯一的.

那么, 是否任意一个二次型都可以由可逆线性替换化为标准形呢? 对此有

定理 6.2.1 数域 F 上任意一个二次型 $f(x_1, x_2, \cdots, x_n)$ 都可以经过 F 上的非退化线性替换化为标准形

$$b_1y_1^2 + b_2y_2^2 + \cdots + b_ny_n^2.$$

该定理的证明可参见参考文献 [10] 的 215 页, 或 [11] 的 338 页, 且总可以用配方法将二次型化为标准形.

二、初等变换法

用矩阵的语言来表述, 定理 6.2.1 就成为:

定理 6.2.2 对数域 F 上任意一个对称矩阵 $\boldsymbol{A}$, 一定存在 F 上的可逆矩阵 $\boldsymbol{C}$, 使得 $\boldsymbol{C}^{\mathrm{T}}\boldsymbol{A}\boldsymbol{C}$ 为对角矩阵 $\mathrm{diag}(b_1, b_2, \cdots, b_n)$, 即

$$\boldsymbol{C}^{\mathrm{T}}\boldsymbol{A}\boldsymbol{C} = \mathrm{diag}(b_1, b_2, \cdots, b_n). \tag{6.2.13}$$

由第一章可知, 可逆矩阵可表示为初等矩阵的乘积, 不妨设

$$\boldsymbol{C} = \boldsymbol{P}_1\boldsymbol{P}_2\cdots\boldsymbol{P}_s,$$

其中 $\boldsymbol{P}_i (i = 1, 2, \cdots, s)$ 是初等矩阵, 于是 (6.2.13) 式成为

$$\boldsymbol{P}_s^{\mathrm{T}}\cdots\boldsymbol{P}_2^{\mathrm{T}}\boldsymbol{P}_1^{\mathrm{T}}\boldsymbol{A}\boldsymbol{P}_1\boldsymbol{P}_2\cdots\boldsymbol{P}_s = \mathrm{diag}(b_1, b_2, \cdots, b_n), \tag{6.2.14}$$

由初等矩阵与初等变换的关系可知, 对 $\boldsymbol{A}$ 左乘 $\boldsymbol{P}_i^{\mathrm{T}}$, 相当于对 $\boldsymbol{A}$ 作一次初等行变换, 再对 $\boldsymbol{A}$ 右乘 $\boldsymbol{P}_i$, 则相当于对 $\boldsymbol{A}$ 紧接着作一次相应的初等列变换. 因而由 (6.2.14) 式可知, 对对称矩阵 $\boldsymbol{A}$ 作一次初等行变换, 紧接着作一次相应的初等列变换, 直到把 $\boldsymbol{A}$ 化为对角矩阵为止, 同时, 记录下所作初等列 (或行) 变换对应的初等矩阵之积, 即 $\boldsymbol{P}_1\boldsymbol{P}_2\cdots\boldsymbol{P}_s$ (或 $\boldsymbol{P}_s^{\mathrm{T}}\cdots\boldsymbol{P}_2^{\mathrm{T}}\boldsymbol{P}_1^{\mathrm{T}}$), 这就是要求的可逆矩阵 $\boldsymbol{C}$ (或 $\boldsymbol{C}^{\mathrm{T}}$). 具体做法是, 构造 $2n\times n$ 矩阵 $\begin{bmatrix}\boldsymbol{A}\\\boldsymbol{I}\end{bmatrix}$, 对它作一次初等列变换, 紧接着作一次相应的初等行变换, 直至使 $\boldsymbol{A}$ 化为对角矩阵, 即

$$\begin{bmatrix}\boldsymbol{A}\\\boldsymbol{I}\end{bmatrix}\to\begin{bmatrix}\boldsymbol{C}^{\mathrm{T}}\boldsymbol{A}\boldsymbol{C}\\\boldsymbol{C}\end{bmatrix},$$

当 $\boldsymbol{C}^{\mathrm{T}}\boldsymbol{A}\boldsymbol{C}$ 为对角阵时, 单位矩阵 $\boldsymbol{I}$ 就化为要找的可逆矩阵 $\boldsymbol{C}$. 类似地, 也可构造 $n\times 2n$ 矩阵 $[\boldsymbol{A}\ \boldsymbol{I}]$, 对它作一次初等行变换, 紧接着作一次相应的初等列变换, 直至使 $\boldsymbol{A}$ 化为对角阵, 即

$$[\boldsymbol{A}\ \boldsymbol{I}]\to\left[\boldsymbol{C}^{\mathrm{T}}\boldsymbol{A}\boldsymbol{C}\ \ \boldsymbol{C}^{\mathrm{T}}\right],$$

当 $\boldsymbol{C}^{\mathrm{T}}\boldsymbol{A}\boldsymbol{C}$ 为对角矩阵时, 单位矩阵 $\boldsymbol{I}$ 就化为 $\boldsymbol{C}^{\mathrm{T}}$. 下面以例 6.2.2 为例说明此方法.

例 6.2.4　用初等变换法将二次型

$$f(x_1,x_2,x_3)=2x_1^2-2x_2^2-4x_1x_3-8x_2x_3$$

化为标准形.

解　二次型对应的矩阵

$$\boldsymbol{A}=\begin{bmatrix}2&0&-2\\0&-2&-4\\-2&-4&0\end{bmatrix},$$

构造 $n\times 2n$ 矩阵

$$[\boldsymbol{A}\ \boldsymbol{I}]=\left[\begin{array}{ccc|ccc}2&0&-2&1&0&0\\0&-2&-4&0&1&0\\-2&-4&0&0&0&1\end{array}\right]$$

$$\xrightarrow{R_3+R_1}\left[\begin{array}{ccc|ccc}2&0&-2&1&0&0\\0&-2&-4&0&1&0\\0&-4&-2&1&0&1\end{array}\right]\xrightarrow{C_3+C_1}\left[\begin{array}{ccc|ccc}2&0&0&1&0&0\\0&-2&-4&0&1&0\\0&-4&-2&1&0&1\end{array}\right]$$

$$\xrightarrow{R_3-2R_2}\left[\begin{array}{ccc|ccc}2&0&0&1&0&0\\0&-2&-4&0&1&0\\0&0&6&1&-2&1\end{array}\right]\xrightarrow{C_3-2C_2}\left[\begin{array}{ccc|ccc}2&0&0&1&0&0\\0&-2&0&0&1&0\\0&0&6&1&-2&1\end{array}\right],$$

于是取

$$\boldsymbol{C}^{\mathrm{T}}=\begin{bmatrix}1&0&0\\0&1&0\\1&-2&1\end{bmatrix},$$

作可逆线性替换 $\boldsymbol{X}=\boldsymbol{CY}$, 其中 $\boldsymbol{X}=(x_1,x_2,x_3)^{\mathrm{T}}$, $\boldsymbol{Y}=(y_1,y_2,y_3)^{\mathrm{T}}$, 则二次型

$$f(x_1,x_2,x_3)=\boldsymbol{X}^{\mathrm{T}}\boldsymbol{AX}=2y_1^2-2y_2^2+6y_3^2.$$

例 6.2.5 用初等变换法将二次型

$$f(x_1,x_2,x_3)=2x_1x_2-6x_2x_3+2x_1x_3$$

化为标准形.

解 二次型对应的矩阵

$$\boldsymbol{A}=\begin{bmatrix}0&1&1\\1&0&-3\\1&-3&0\end{bmatrix},$$

构造 $n\times 2n$ 矩阵

$$[\boldsymbol{A}\ \boldsymbol{I}\,]=\left[\begin{array}{ccc|ccc}0&1&1&1&0&0\\1&0&-3&0&1&0\\1&-3&0&0&0&1\end{array}\right]$$

$$\xrightarrow{R_1+R_2}\left[\begin{array}{ccc|ccc}1&1&-2&1&1&0\\1&0&-3&0&1&0\\1&-3&0&0&0&1\end{array}\right]\xrightarrow{C_1+C_2}\left[\begin{array}{ccc|ccc}2&1&-2&1&1&0\\1&0&-3&0&1&0\\-2&-3&0&0&0&1\end{array}\right]$$

$$\xrightarrow{R_3+R_1}\left[\begin{array}{ccc|ccc}2&1&-2&1&1&0\\1&0&-3&0&1&0\\0&-2&-2&1&1&1\end{array}\right]\xrightarrow{C_3+C_1}\left[\begin{array}{ccc|ccc}2&1&0&1&1&0\\1&0&-2&0&1&0\\0&-2&-2&1&1&1\end{array}\right]$$

$$\xrightarrow{R_2-\frac{1}{2}R_1}\left[\begin{array}{ccc|ccc}2&1&0&1&1&0\\0&-\frac{1}{2}&-2&-\frac{1}{2}&\frac{1}{2}&0\\0&-2&-2&1&1&1\end{array}\right]\xrightarrow{C_2-\frac{1}{2}C_1}\left[\begin{array}{ccc|ccc}2&0&0&1&1&0\\0&-\frac{1}{2}&-2&-\frac{1}{2}&\frac{1}{2}&0\\0&-2&-2&1&1&1\end{array}\right]$$

$$\xrightarrow{R_3-4R_2}\left[\begin{array}{ccc|ccc}2&0&0&1&1&0\\0&-\frac{1}{2}&-2&-\frac{1}{2}&\frac{1}{2}&0\\0&0&6&3&-1&1\end{array}\right]\xrightarrow{C_3-4C_2}\left[\begin{array}{ccc|ccc}2&0&0&1&1&0\\0&-\frac{1}{2}&0&-\frac{1}{2}&\frac{1}{2}&0\\0&0&6&3&-1&1\end{array}\right],$$

于是取

$$\boldsymbol{C}^{\mathrm{T}}=\begin{bmatrix}1&1&0\\-\frac{1}{2}&\frac{1}{2}&0\\3&-1&1\end{bmatrix},$$

作可逆线性替换 $\boldsymbol{X}=\boldsymbol{CY}$, 其中 $\boldsymbol{X}=(x_1,x_2,x_3)^{\mathrm{T}}$, $\boldsymbol{Y}=(y_1,y_2,y_3)^{\mathrm{T}}$, 则二次型

$$f(x_1,x_2,x_3)=\boldsymbol{X}^{\mathrm{T}}\boldsymbol{AX}=2y_1^2-\frac{1}{2}y_2^2+6y_3^2.$$

三、正交变换法

以上介绍了化二次型为标准形的配方法和初等变换法. 这两种方法对数域 F 上的任意二次型都适用.

现在假设讨论的是实二次型. 显然, 以上两种方法对它都适用, 前面有关二次型的结论对它都成立, 而且实二次型对应的矩阵是实对称矩阵. 由定理 5.3.4 可知, 对于任意一个 n 阶实对称矩阵 $\boldsymbol{A}$, 一定存在正交矩阵 $\boldsymbol{Q}$, 使得

$$\boldsymbol{Q}^{\mathrm{T}}\boldsymbol{AQ}=\boldsymbol{Q}^{-1}\boldsymbol{AQ}=\operatorname{diag}(\lambda_1,\lambda_2,\cdots,\lambda_n),$$

其中 $\lambda_1,\lambda_2,\cdots,\lambda_n$ 是矩阵 $\boldsymbol{A}$ 的全部特征值. 因此, 对于任意一个实二次型 $f(x_1,x_2,\cdots,x_n)=\boldsymbol{X}^{\mathrm{T}}\boldsymbol{AX}$, 有如下重要结论:

定理 6.2.3 (主轴定理)　对于任意一个 n 元实二次型

$$f(x_1,x_2,\cdots,x_n)=\boldsymbol{X}^{\mathrm{T}}\boldsymbol{AX},$$

一定存在正交变换 $\boldsymbol{X}=\boldsymbol{QY}$($\boldsymbol{Q}$ 为 n 阶正交矩阵), 使得

$$\boldsymbol{X}^{\mathrm{T}}\boldsymbol{AX}=\boldsymbol{Y}^{\mathrm{T}}\left(\boldsymbol{Q}^{\mathrm{T}}\boldsymbol{AQ}\right)\boldsymbol{Y}=\lambda_1y_1^2+\lambda_2y_2^2+\cdots+\lambda_ny_n^2,$$

其中 $\lambda_1, \lambda_2, \cdots, \lambda_n$ 是实对称矩阵 $\boldsymbol{A}$ 的全部特征值.

例 6.2.6 用正交变换法将二次型

$$f(x_1, x_2, x_3) = x_1^2 - 2x_2^2 - 2x_3^2 - 4x_1x_2 + 4x_1x_3 + 8x_2x_3$$

化为标准形, 并写出所用的正交变换.

解 (1) 写出二次型 $f(x_1, x_2, x_3)$ 对应的矩阵 $\boldsymbol{A}$, 求出它的全部互异的特征值.

$$\boldsymbol{A} = \begin{bmatrix} 1 & -2 & 2 \\ -2 & -2 & 4 \\ 2 & 4 & -2 \end{bmatrix},$$

于是

$$|\lambda \boldsymbol{I} - \boldsymbol{A}| = \begin{vmatrix} \lambda - 1 & 2 & -2 \\ 2 & \lambda + 2 & -4 \\ -2 & -4 & \lambda + 2 \end{vmatrix} = (\lambda - 2)^2(\lambda + 7),$$

由此可求得

$$\lambda_1 = 2(\text{二重}), \lambda_2 = -7.$$

(2) 对每个特征值 λ_i, 求方程组 $(\lambda_i \boldsymbol{I} - \boldsymbol{A})\boldsymbol{X} = \boldsymbol{0}$ 的一个基础解系, 并将之施密特正交化、单位化.

对于 $\lambda_1 = 2$, 方程组为 $(2\boldsymbol{I} - \boldsymbol{A})\boldsymbol{X} = \boldsymbol{0}$, 即

$$\begin{bmatrix} 1 & 2 & -2 \\ 2 & 4 & -4 \\ -2 & -4 & 4 \end{bmatrix} \begin{bmatrix} x_1 \\ x_2 \\ x_3 \end{bmatrix} = \boldsymbol{0},$$

求得其一个基础解系: $\boldsymbol{X}_{11} = (2, -1, 0)^{\mathrm{T}}, \boldsymbol{X}_{12} = (2, 0, 1)^{\mathrm{T}}$. 下面对 $\boldsymbol{X}_{11}$, $\boldsymbol{X}_{12}$ 先施密特正交化, 再单位化:

令

$$\begin{aligned}
\boldsymbol{\beta}_{11} &= \boldsymbol{X}_{11} = (2, -1, 0)^{\mathrm{T}}, \\
\boldsymbol{\beta}_{12} &= \boldsymbol{X}_{12} - \frac{(\boldsymbol{X}_{12}, \boldsymbol{\beta}_{11})}{(\boldsymbol{\beta}_{11}, \boldsymbol{\beta}_{11})}\boldsymbol{\beta}_{11} = \boldsymbol{X}_{12} - \frac{4}{5}\boldsymbol{\beta}_{11} = \left(\frac{2}{5}, \frac{4}{5}, 1\right)^{\mathrm{T}}, \\
\boldsymbol{\alpha}_{11} &= \frac{\boldsymbol{\beta}_{11}}{|\boldsymbol{\beta}_{11}|} = \left(\frac{2\sqrt{5}}{5}, -\frac{\sqrt{5}}{5}, 0\right)^{\mathrm{T}}, \\
\boldsymbol{\alpha}_{12} &= \frac{\boldsymbol{\beta}_{12}}{|\boldsymbol{\beta}_{12}|} = \left(\frac{2\sqrt{5}}{15}, \frac{4\sqrt{5}}{15}, \frac{\sqrt{5}}{3}\right)^{\mathrm{T}},
\end{aligned}$$

对于 $\lambda_2=-7$, 方程组为 $(-7\boldsymbol{I}-\boldsymbol{A})\boldsymbol{X}=\mathbf{0}$, 即

$$\begin{bmatrix}-8&2&-2\\2&-5&-4\\-2&-4&-5\end{bmatrix}\begin{bmatrix}x_1\\x_2\\x_3\end{bmatrix}=\mathbf{0},$$

求得其一个基础解系: $\boldsymbol{X}_{21}=(1,2,-2)^{\mathrm{T}}$. 将之单位化, 得

$$\boldsymbol{\alpha}_{21}=\frac{\boldsymbol{X}_{21}}{|\boldsymbol{X}_{21}|}=\left(\frac{1}{3},\frac{2}{3},-\frac{2}{3}\right)^{\mathrm{T}}.$$

(3) 由 $\boldsymbol{\alpha}_{11},\boldsymbol{\alpha}_{12},\boldsymbol{\alpha}_{21}$ 作正交矩阵 $\boldsymbol{Q}$, 即取

$$\boldsymbol{Q}=[\boldsymbol{\alpha}_{11},\boldsymbol{\alpha}_{12},\boldsymbol{\alpha}_{21}],$$

于是有

$$\boldsymbol{Q}^{\mathrm{T}}\boldsymbol{A}\boldsymbol{Q}=\operatorname{diag}(2,2,-7).$$

二次型 $f(x_1,x_2,x_3)=\boldsymbol{X}^{\mathrm{T}}\boldsymbol{A}\boldsymbol{X}$ 经正交变换 $\boldsymbol{X}=\boldsymbol{Q}\boldsymbol{Y}$ 化为标准形, 即

$$\begin{aligned}f(x_1,x_2,x_3)&=\boldsymbol{X}^{\mathrm{T}}\boldsymbol{A}\boldsymbol{X}\\&=\boldsymbol{Y}^{\mathrm{T}}\left(\boldsymbol{Q}^{\mathrm{T}}\boldsymbol{A}\boldsymbol{Q}\right)\boldsymbol{Y}\\&=2y_1^2+2y_2^2-7y_3^2,\end{aligned}$$

其中 $\boldsymbol{X}=(x_1,x_2,x_3)^{\mathrm{T}},\boldsymbol{Y}=(y_1,y_2,y_3)^{\mathrm{T}}$.

例 6.2.7　将二次曲面方程

$$x^2+y^2+z^2-2xz+4x+2y-4z-5=0 \tag{6.2.15}$$

化为标准方程 (只含平方项、常数项的方程).

解　① 用正交变换法将 (6.2.15) 式中的二次型部分, 即

$$x^2+y^2+z^2-2xz \tag{6.2.16}$$

化为标准形.

设 $\boldsymbol{A}$ 是二次型 (6.2.16) 对应的矩阵, 于是

$$\boldsymbol{A}=\begin{bmatrix}1&0&-1\\0&1&0\\-1&0&1\end{bmatrix},$$

由

$$|\lambda \boldsymbol{I}-\boldsymbol{A}|=\begin{vmatrix}\lambda-1 & 0 & 1\\ 0 & \lambda-1 & 0\\ 1 & 0 & \lambda-1\end{vmatrix}=\lambda(\lambda-1)(\lambda-2),$$

求得 $\boldsymbol{A}$ 的特征值为

$$\lambda_1=1,\lambda_2=2,\lambda_3=0,$$

由方程组

$$(1\boldsymbol{I}-\boldsymbol{A})\boldsymbol{X}=\boldsymbol{0},(2\boldsymbol{I}-\boldsymbol{A})\boldsymbol{X}=\boldsymbol{0}\text{ 及 }(0\boldsymbol{I}-\boldsymbol{A})\boldsymbol{X}=\boldsymbol{0}$$

分别求得 λ_1,λ_2 和 λ_3 对应的特征向量:

$$(0,1,0)^{\mathrm{T}},(1,0,-1)^{\mathrm{T}},(1,0,1)^{\mathrm{T}},$$

将它们单位化, 再作为列构造正交矩阵

$$\boldsymbol{Q}=\begin{bmatrix}0 & \frac{1}{\sqrt{2}} & \frac{1}{\sqrt{2}}\\ 1 & 0 & 0\\ 0 & -\frac{1}{\sqrt{2}} & \frac{1}{\sqrt{2}}\end{bmatrix},$$

则 $\boldsymbol{Q}^{\mathrm{T}}\boldsymbol{A}\boldsymbol{Q}=\operatorname{diag}(1,2,0)$. 于是作正交变换 $\boldsymbol{X}=\boldsymbol{Q}\boldsymbol{Y}$, 其中 $\boldsymbol{X}=(x,y,z)^{\mathrm{T}}$, $\boldsymbol{Y}=(x',y',z')^{\mathrm{T}}$, 就将二次型 (6.2.16) 化为标准形

$$x'^2+2y'^2,$$

同时将曲面方程 (6.2.15), 或

$$\boldsymbol{X}^{\mathrm{T}}\boldsymbol{A}\boldsymbol{X}+(4,2,-4)\boldsymbol{X}-5=0,$$

化为

$$x'^2+2y'^2+2x'+4\sqrt{2}y'-5=0, \tag{6.2.17}$$

② 将 (6.2.17) 式配方, 得

$$(x'+1)^2+2\left(y'+\sqrt{2}\right)^2=10,$$

令

$$\begin{cases}x''=x'+1,\\ y''=y'+\sqrt{2},\\ z''=z',\end{cases} \tag{6.2.18}$$

并将之代入上式, 得二次曲面的标准方程

$$x''^2 + 2y''^2 = 10, \tag{6.2.19}$$

所作的坐标变换包括正交变换

$$\boldsymbol{X} = \boldsymbol{QY} \quad \text{即} \quad \begin{cases} x = \quad \dfrac{1}{\sqrt{2}}y' + \dfrac{1}{\sqrt{2}}z', \\ y = x', \\ z = -\dfrac{1}{\sqrt{2}}y' + \dfrac{1}{\sqrt{2}}z', \end{cases}$$

和平移变换 (6.2.18), 两者合起来就是

$$\begin{cases} x = \dfrac{1}{\sqrt{2}}(y'' + z'') - 1, \\ y = x'' - 1, \\ z = \dfrac{1}{\sqrt{2}}(-y'' + z'') + 1. \end{cases}$$

由上例可知, 中心在坐标原点的二次曲面的方程 (不含一次项) 总可以由正交变换化为标准方程; 中心不在坐标原点的二次曲面的方程 (含一次项) 总可以由一个正交变换和一个平移变换化为标准方程.

交互实验 **6.2.2**

扫描交互实验 6.2.2 的二维码, 点击"正交变换"坐标系由 $Oxyz$ 变换为 $Ox'y'z'$, 这时二次曲面的方程由 (6.2.15) 变为 (6.2.17); 点击"平移变换", 坐标系由 $Ox'y'z'$ 变换为 $O''x''y''z''$, 这时二次曲面的方程由 (6.2.17) 变为 (6.2.19). 易见, 二次曲面为一个椭圆柱面.

6.3 惯性定理和二次型的规范形

由上节的例 6.2.3 和例 6.2.5 可知, 同一个二次型, 由于所作的可逆线性替换不同, 所化得的标准形也不同, 一个是 $2y_1^2 - 2y_2^2 + 6y_3^2$, 另一个是 $2y_1^2 - \dfrac{1}{2}y_2^2 + 6y_3^2$. 因此, 二次型的标准形不唯一. 那么同一个二次型的不同标准形之间有什么类似之处呢? 从以上两个标准形看, 它们都有 3 个非零平方项, 且都是两个正项、一个负项. 这是巧合还是必然? 下面就这两个问题给以说明.

由定理 6.2.1 可知, 数域 F 上任意一个二次型

$$f(x_1, x_2, \cdots, x_n) = \boldsymbol{X}^{\mathrm{T}}\boldsymbol{AX}$$

都可经可逆线性替换 $\boldsymbol{X}=\boldsymbol{C}\boldsymbol{Y}$ 化为标准形

$$b_1y_1^2+b_2y_2^2+\cdots+b_ny_n^2,$$

于是有

$$\boldsymbol{C}^{\mathrm{T}}\boldsymbol{A}\boldsymbol{C}=\operatorname{diag}(b_1,b_2,\cdots,b_n),$$

由合同的性质可知, 矩阵 $\boldsymbol{A}$ 的秩等于对角阵 $\operatorname{diag}(b_1,b_2,\cdots,b_n)$ 的秩, 也等于其非零对角元 b_i 的个数, 即二次型的标准形中非零平方项的个数. 因而, 虽然二次型的标准形不唯一, 但其中所含非零平方项的个数是一样的, 这个数就是二次型矩阵 $\boldsymbol{A}$ 的秩, 即二次型的秩. 因此有

定理 6.3.1 秩为 r 的二次型

$$f(x_1,x_2,\cdots,x_n)=\boldsymbol{X}^{\mathrm{T}}\boldsymbol{A}\boldsymbol{X}$$

可经可逆线性替换化为标准形

$$b_1y_1^2+b_2y_2^2+\cdots+b_ry_r^2,\ \text{其中} b_i\neq 0(i=1,2,\cdots,r).$$

下面分别对复二次型和实二次型作进一步研究.

一、复二次型

设 $f(x_1,x_2,\cdots,x_n)=\boldsymbol{X}^{\mathrm{T}}\boldsymbol{A}\boldsymbol{X}$ 是秩为 r 的复二次型, 则由定理 6.3.1 可知, 它可经过适当的可逆复线性替换化为标准形

$$b_1y_1^2+b_2y_2^2+\cdots+b_ry_r^2, \tag{6.3.1}$$

其中 $b_i(i=1,2,\cdots,r)$ 为非零复数. 由于复数总可以开平方, 因此可对标准形 (6.3.1) 式再作可逆复线性替换

$$\begin{cases} y_1=\dfrac{1}{\sqrt{b_1}}z_1, \\ \cdots\cdots\cdots\cdots \\ y_r=\dfrac{1}{\sqrt{b_r}}z_r, \\ y_{r+1}=z_{r+1}, \\ \cdots\cdots\cdots\cdots \\ y_n=z_n, \end{cases}$$

得

$$f(x_1,x_2,\cdots,x_n)=z_1^2+z_2^2+\cdots+z_r^2, \tag{6.3.2}$$

称 (6.3.2) 式为**复二次型** $f(x_1, x_2, \cdots, x_n)$ **的规范形**. 它是由二次型的秩 r 唯一确定的, 因而有

定理 6.3.2 任意一个复二次型 $f(x_1, x_2, \cdots, x_n) = \boldsymbol{X}^{\mathrm{T}}\boldsymbol{A}\boldsymbol{X}$, 总可以经过一个适当的可逆复线性替换化为规范形, 且规范形是唯一的.

若用矩阵的语言来表述, 则有

定理 6.3.3 对任意一个秩为 r 的 n 阶复对称矩阵 $\boldsymbol{A}$, 必存在可逆复矩阵 $\boldsymbol{C}$, 使得

$$\boldsymbol{C}^{\mathrm{T}}\boldsymbol{A}\boldsymbol{C} = \begin{bmatrix} \boldsymbol{I}_r & \boldsymbol{0} \\ \boldsymbol{0} & \boldsymbol{0} \end{bmatrix}.$$

推论 6.3.1 设 $\boldsymbol{A}, \boldsymbol{B}$ 均为 n 阶复对称矩阵, 则 $\boldsymbol{A}$ 与 $\boldsymbol{B}$ 在复数域上合同的充要条件是 $\mathrm{r}(\boldsymbol{A}) = \mathrm{r}(\boldsymbol{B})$.

二、实二次型

设 $f(x_1, x_2, \cdots, x_n) = \boldsymbol{X}^{\mathrm{T}}\boldsymbol{A}\boldsymbol{X}$ 是秩为 r 的实二次型, 则由定理 6.3.1 可知, 它可经过适当的可逆实线性替换化为标准形. 在标准形中再适当排列变量的次序, 可得

$$f(x_1, x_2, \cdots, x_n) = b_1 y_1^2 + \cdots + b_p y_p^2 - b_{p+1} y_{p+1}^2 - \cdots - b_r y_r^2, \tag{6.3.3}$$

其中 $b_i > 0, i = 1, 2, \cdots, r$, r 为二次型的秩. 由于在实数域上正数总可以开平方, 因此可对标准形 (6.3.3) 再作可逆实线性替换

$$\begin{cases} y_1 = \dfrac{1}{\sqrt{b_1}} z_1, \\ \cdots\cdots\cdots\cdots \\ y_r = \dfrac{1}{\sqrt{b_r}} z_r, \\ y_{r+1} = z_{r+1}, \\ \cdots\cdots\cdots\cdots \\ y_n = z_n, \end{cases}$$

得

$$f(x_1, x_2, \cdots, x_n) = z_1^2 + \cdots + z_p^2 - z_{p+1}^2 - \cdots - z_r^2, \tag{6.3.4}$$

称 (6.3.4) 式为**实二次型** $f(x_1, x_2, \cdots, x_n)$ **的规范形**. 它由 r 和 p 完全确定. 关于实二次型的规范形有如下结论:

定理 6.3.4 (惯性定理) 任意一个实二次型 $f(x_1, x_2, \cdots, x_n) = \boldsymbol{X}^{\mathrm{T}}\boldsymbol{A}\boldsymbol{X}$, 总可以经过一个适当的可逆实线性替换化为规范形, 且规范形是唯一的.

证 定理的前半部已由上面的分析得证. 下面证规范形的唯一性.

设二次型 $f(x_1,x_2,\cdots,x_n)=\boldsymbol{X}^{\mathrm{T}}\boldsymbol{A}\boldsymbol{X}$ 经过可逆实线性替换 $\boldsymbol{X}=\boldsymbol{C}_1\boldsymbol{Y}$ 化为规范形

$$f(x_1,x_2,\cdots,x_n)=y_1^2+\cdots+y_p^2-y_{p+1}^2-\cdots-y_r^2, \tag{6.3.5}$$

而经过另一个可逆实线性替换 $\boldsymbol{X}=\boldsymbol{C}_2\boldsymbol{Z}$ 化为规范形

$$f(x_1,x_2,\cdots,x_n)=z_1^2+\cdots+z_q^2-z_{q+1}^2-\cdots-z_r^2, \tag{6.3.6}$$

其中 r 为二次型 $f(x_1,x_2,\cdots,x_n)$ 的秩.

下面要证 (6.3.5) 式与 (6.3.6) 式相同, 为此只需证 $p=q$.

用反证法. 不妨设 $p>q$.

由 (6.3.5) 式和 (6.3.6) 式得

$$y_1^2+\cdots+y_p^2-y_{p+1}^2-\cdots-y_r^2=z_1^2+\cdots+z_q^2-z_{q+1}^2-\cdots-z_r^2, \tag{6.3.7}$$

由 $\boldsymbol{X}=\boldsymbol{C}_1\boldsymbol{Y}$ 和 $\boldsymbol{X}=\boldsymbol{C}_2\boldsymbol{Z}$ 得

$$\boldsymbol{Z}=(z_1,z_2,\cdots,z_n)^{\mathrm{T}}=\boldsymbol{C}_2^{-1}\boldsymbol{X}=\boldsymbol{C}_2^{-1}\boldsymbol{C}_1\boldsymbol{Y}, \tag{6.3.8}$$

记

$$\boldsymbol{C}_2^{-1}\boldsymbol{C}_1=\boldsymbol{G}=[g_{ij}]_{n\times n},$$

则 (6.3.8) 式可表示为

$$\begin{cases} z_1=g_{11}y_1+g_{12}y_2+\cdots+g_{1n}y_n, \\ z_2=g_{21}y_1+g_{22}y_2+\cdots+g_{2n}y_n, \\ \quad\cdots\cdots\cdots\cdots \\ z_q=g_{q1}y_1+g_{q2}y_2+\cdots+g_{qn}y_n, \\ \quad\cdots\cdots\cdots\cdots \\ z_n=g_{n1}y_1+g_{n2}y_2+\cdots+g_{nn}y_n, \end{cases} \tag{6.3.9}$$

构造齐次线性方程组

$$\begin{cases} g_{11}y_1+g_{12}y_2+\cdots+g_{1n}y_n=0, \\ g_{21}y_1+g_{22}y_2+\cdots+g_{2n}y_n=0, \\ \quad\cdots\cdots\cdots\cdots \\ g_{q1}y_1+g_{q2}y_2+\cdots+g_{qn}y_n=0, \\ y_{p+1}=0, \\ \quad\cdots\cdots\cdots\cdots \\ y_n=0, \end{cases} \tag{6.3.10}$$

易见, 方程组 (6.3.10) 含 n 个未知量, 而仅含

$$q+(n-p)=n-(p-q)<n,$$

个方程, 因此它必有非零解. 不妨设

$$\boldsymbol{Y}_0=(k_1,k_2,\cdots,k_p,k_{p+1},\cdots,k_n)^{\mathrm{T}}$$

是方程组 (6.3.10) 的一个非零解, 显然有

$$k_{p+1}=\cdots=k_n=0,$$

于是 $k_1,k_2,\cdots,k_p$ 必不全为零. 将 $\boldsymbol{Y}_0$ 代入 (6.3.7) 式的左端, 得值为

$$k_1^2+k_2^2+\cdots+k_p^2>0, \tag{6.3.11}$$

同时, 将 $\boldsymbol{Y}_0$ 代入 (6.3.9) 式, 得

$$\boldsymbol{Z}_0=(t_1,t_2,\cdots,t_q,t_{q+1},\cdots,t_n)^{\mathrm{T}},$$

由于 $\boldsymbol{Y}_0$ 是方程组 (6.3.10) 的解, 因此有

$$t_1=\cdots=t_q=0,$$

于是将 $\boldsymbol{Z}_0$ (即 $\boldsymbol{Y}_0$ 通过 (6.3.9) 式) 代入式 (6.3.7) 的右端, 得值为

$$-t_{q+1}^2-\cdots-t_r^2\leqslant 0,$$

这与 (6.3.11) 式矛盾. 因此 $p\leqslant q$.

同理可证 $q\leqslant p$. 从而 $p=q$, 定理得证.

若用矩阵的语言, 则惯性定理表述为

定理 6.3.5　对任意一个秩为 r 的 n 阶实对称矩阵 $\boldsymbol{A}$, 一定存在可逆矩阵 $\boldsymbol{C}\in\mathbf{R}^{n\times n}$, 使得

$$\boldsymbol{C}^{\mathrm{T}}\boldsymbol{A}\boldsymbol{C}=\begin{bmatrix}\boldsymbol{I}_p & \mathbf{0} & \mathbf{0}\\ \mathbf{0} & -\boldsymbol{I}_{r-p} & \mathbf{0}\\ \mathbf{0} & \mathbf{0} & \mathbf{0}\end{bmatrix}_{n\times n},$$

其中 p 由 $\boldsymbol{A}$ 唯一确定.

定义 6.3.1　在秩为 r 的实二次型的标准形或规范形中, 正平方项的个数 p 称为**正惯性指数**, 负平方项的个数 $r-p$ 称为**负惯性指数**, 它们的差 $p-(r-p)=2p-r$ 称为**符号差**.

由定理 6.3.5 易得

推论 6.3.2 任意两个 n 阶实对称矩阵在实数域上合同的充要条件是它们有相同的秩和正惯性指数.

至此, 本节开始时提出的两个问题已很清楚. 虽然同一个二次型的标准形不唯一, 但是其规范形是唯一的.

若将具有相同规范形的所有 n 元实二次型归为一类, 则全体 n 元实二次型可分为 $\frac{1}{2}(n+1)(n+2)$ 类. 用矩阵的语言可表述为: 全体 n 阶实对称矩阵按合同分类, 共有 $\frac{1}{2}(n+1)(n+2)$ 类.

6.4 实二次型的定性

任意一个实二次型 $f(x_1,x_2,\cdots,x_n)$ 都可看成定义在实数域上的 n 个变量 $x_1, x_2,\cdots,x_n$ 的实值函数.

定义 6.4.1 设实二次型

$$f(x_1,x_2,\cdots,x_n)=\boldsymbol{X}^{\mathrm{T}}\boldsymbol{A}\boldsymbol{X},$$

若对任意非零的实向量 $\boldsymbol{X}=(x_1,x_2,\cdots,x_n)^{\mathrm{T}}$, 恒有:

(1) $f=\boldsymbol{X}^{\mathrm{T}}\boldsymbol{A}\boldsymbol{X}>0$, 则称 f 是**正定的**, 同时称 $\boldsymbol{A}$ 为**正定矩阵**;

(2) $f=\boldsymbol{X}^{\mathrm{T}}\boldsymbol{A}\boldsymbol{X}\geqslant 0$, 且至少存在一个非零的实向量 $\boldsymbol{X}_0$, 使得 $f=\boldsymbol{X}_0^{\mathrm{T}}\boldsymbol{A}\boldsymbol{X}_0=0$, 则称 f 是**半正定的**, 同时称 $\boldsymbol{A}$ 为**半正定矩阵**;

(3) $f=\boldsymbol{X}^{\mathrm{T}}\boldsymbol{A}\boldsymbol{X}<0$, 则称 f 是**负定的**, 同时称 $\boldsymbol{A}$ 为**负定矩阵**;

(4) $f=\boldsymbol{X}^{\mathrm{T}}\boldsymbol{A}\boldsymbol{X}\leqslant 0$, 且至少存在一个非零的实向量 $\boldsymbol{X}_0$, 使得 $f=\boldsymbol{X}_0^{\mathrm{T}}\boldsymbol{A}\boldsymbol{X}_0=0$, 则称 f 是**半负定的**, 同时称 $\boldsymbol{A}$ 为**半负定矩阵**.

若二次型 $f(x_1,x_2,\cdots,x_n)$ 的值既可为正, 又可为负, 则称 f 是不定的.

例如, 二次型

$$f(x_1,x_2,\cdots,x_n)=x_1^2+x_2^2+\cdots+x_n^2$$

是正定的; 二次型

$$f(x_1,x_2,\cdots,x_n)=x_1^2+x_2^2+\cdots+x_r^2\quad(r<n)$$

是半正定的; 二次型

$$f(x_1,x_2,\cdots,x_n)=-x_1^2-x_2^2-\cdots-x_n^2$$

是负定的; 二次型

$$f\left(x_1,x_2,\cdots,x_n\right)=-x_1^2-x_2^2-\cdots-x_r^2 \quad (r<n)$$

是半负定的; 二次型

$$f\left(x_1,x_2,\cdots,x_n\right)=x_1^2+\cdots+x_p^2-x_{p+1}^2-\cdots-x_r^2$$

$(0<p<r)$ 是不定的.

下面研究如何判定实二次型的定性. 因为正定二次型在许多理论和实际问题中有广泛应用, 所以下面着重讨论正定二次型和正定矩阵.

定理 6.4.1 可逆的实线性替换不改变实二次型的定性.

证 不妨设实二次型 $f\left(x_1,x_2,\cdots,x_n\right)=\boldsymbol{X}^{\mathrm{T}}\boldsymbol{A}\boldsymbol{X}$ 是正定的. 下面对它作可逆的实线性替换 $\boldsymbol{X}=\boldsymbol{C}\boldsymbol{Y}$(即 $\boldsymbol{C}$ 为可逆实矩阵), 有

$$\begin{aligned} f\left(x_1,x_2,\cdots,x_n\right) &= \boldsymbol{X}^{\mathrm{T}}\boldsymbol{A}\boldsymbol{X} \\ &= (\boldsymbol{C}\boldsymbol{Y})^{\mathrm{T}}\boldsymbol{A}(\boldsymbol{C}\boldsymbol{Y}) \\ &= \boldsymbol{Y}^{\mathrm{T}}\left(\boldsymbol{C}^{\mathrm{T}}\boldsymbol{A}\boldsymbol{C}\right)\boldsymbol{Y} \\ &= \boldsymbol{Y}^{\mathrm{T}}\boldsymbol{B}\boldsymbol{Y}, \end{aligned}$$

其中 $\boldsymbol{B}=\boldsymbol{C}^{\mathrm{T}}\boldsymbol{A}\boldsymbol{C}$.

下面证二次型 $\boldsymbol{Y}^{\mathrm{T}}\boldsymbol{B}\boldsymbol{Y}$ 也是正定的.

对于任意一个非零的 n 元实向量 $\boldsymbol{Y}_0$, 都可由 $\boldsymbol{X}=\boldsymbol{C}\boldsymbol{Y}$ 得到非零的 n 元实向量 $\boldsymbol{X}_0$ (若 $\boldsymbol{X}_0=\mathbf{0}$, 则 $\boldsymbol{Y}_0=\boldsymbol{C}^{-1}\boldsymbol{X}_0=\mathbf{0}$, 与已知矛盾). 于是由 $\boldsymbol{X}^{\mathrm{T}}\boldsymbol{A}\boldsymbol{X}$ 的正定性可知

$$\begin{aligned} \boldsymbol{Y}_0^{\mathrm{T}}\boldsymbol{B}\boldsymbol{Y}_0 &= \boldsymbol{Y}_0^{\mathrm{T}}\left(\boldsymbol{C}^{\mathrm{T}}\boldsymbol{A}\boldsymbol{C}\right)\boldsymbol{Y}_0 \\ &= \left(\boldsymbol{C}\boldsymbol{Y}_0\right)^{\mathrm{T}}\boldsymbol{A}\left(\boldsymbol{C}\boldsymbol{Y}_0\right) \\ &= \boldsymbol{X}_0^{\mathrm{T}}\boldsymbol{A}\boldsymbol{X}_0>0, \end{aligned}$$

由定义 6.4.1 可知, 二次型 $\boldsymbol{Y}^{\mathrm{T}}\boldsymbol{B}\boldsymbol{Y}$ 是正定的.

对于其他几种情况可类似证明.

由定理 6.4.1 可知, 实二次型与它的标准形、规范形有相同的定性. 因而, 可由实二次型的标准形或规范形讨论其定性问题.

关于实二次型的正定性判定, 有如下重要结果:

定理 6.4.2 设 n 元实二次型 $f\left(x_1,x_2,\cdots,x_n\right)=\boldsymbol{X}^{\mathrm{T}}\boldsymbol{A}\boldsymbol{X}$, 则下列命题等价:

(1) $f(x_1,x_2,\cdots,x_n)$ 是正定二次型 ($\boldsymbol{A}$ 是正定矩阵);

(2) $f(x_1,x_2,\cdots,x_n)$ 的正惯性指数为 $n(\boldsymbol{A}\simeq\boldsymbol{I})$;

(3) 存在可逆的实矩阵 $\boldsymbol{B}$, 使得 $\boldsymbol{A}=\boldsymbol{B}^{\mathrm{T}}\boldsymbol{B}$;

(4) $\boldsymbol{A}$ 的 n 个特征值全部大于零.

证 (1) $\Rightarrow$ (2). 设二次型 $f(x_1,x_2,\cdots,x_n)$ 经过可逆的实线性替换 $\boldsymbol{X}=\boldsymbol{C}\boldsymbol{Y}$ 化为标准形

$$f(x_1,x_2,\cdots,x_n)=b_1y_1^2+b_2y_2^2+\cdots+b_ny_n^2,$$

若二次型 $f(x_1,x_2,\cdots,x_n)$ 的正惯性指数 $p<n$, 则 $b_1,b_2,\cdots,b_n$ 中至少有一个不大于零, 不妨设 $b_1\leqslant 0$, 于是取

$$\boldsymbol{Y}_0=(1,0,\cdots,0)^{\mathrm{T}}\neq\boldsymbol{0},$$

由 $\boldsymbol{X}=\boldsymbol{C}\boldsymbol{Y}$ 可得 n 元非零实向量

$$\boldsymbol{X}_0=\boldsymbol{C}\boldsymbol{Y}_0,$$

(若 $\boldsymbol{X}_0=\boldsymbol{0}$, 则 $\boldsymbol{Y}_0=\boldsymbol{C}^{-1}\boldsymbol{X}_0=\boldsymbol{0}$, 与已知矛盾.) 从而有

$$\begin{aligned}
f(\boldsymbol{X}_0)&=\boldsymbol{X}_0^{\mathrm{T}}\boldsymbol{A}\boldsymbol{X}_0=(\boldsymbol{C}\boldsymbol{Y}_0)^{\mathrm{T}}\boldsymbol{A}(\boldsymbol{C}\boldsymbol{Y}_0)\\
&=\boldsymbol{Y}_0^{\mathrm{T}}\boldsymbol{C}^{\mathrm{T}}\boldsymbol{A}\boldsymbol{C}\boldsymbol{Y}_0\\
&=(1,0,\cdots,0)\begin{bmatrix}b_1&&&\\&b_2&&\\&&\ddots&\\&&&b_n\end{bmatrix}\begin{bmatrix}1\\0\\\vdots\\0\end{bmatrix}\\
&=b_1\leqslant 0,
\end{aligned}$$

显然, 这与二次型 $f(x_1,x_2,\cdots,x_n)=\boldsymbol{X}^{\mathrm{T}}\boldsymbol{A}\boldsymbol{X}$ 正定相矛盾. 因此, (2) 的结论成立.

(2) $\Rightarrow$ (3). 设二次型 $f(x_1,x_2,\cdots,x_n)=\boldsymbol{X}^{\mathrm{T}}\boldsymbol{A}\boldsymbol{X}$ 的正惯性指数为 n, 则由定理 6.3.4 可知, 存在可逆的实线性替换 $\boldsymbol{X}=\boldsymbol{C}\boldsymbol{Y}$, 使得

$$\begin{aligned}
f(x_1,x_2,\cdots,x_n)&=\boldsymbol{X}^{\mathrm{T}}\boldsymbol{A}\boldsymbol{X}\\
&=(\boldsymbol{C}\boldsymbol{Y})^{\mathrm{T}}\boldsymbol{A}(\boldsymbol{C}\boldsymbol{Y})\\
&=\boldsymbol{Y}^{\mathrm{T}}\boldsymbol{C}^{\mathrm{T}}\boldsymbol{A}\boldsymbol{C}\boldsymbol{Y}\\
&=y_1^2+y_2^2+\cdots+y_n^2,
\end{aligned}$$

于是有

$$\boldsymbol{C}^{\mathrm{T}}\boldsymbol{A}\boldsymbol{C}=\boldsymbol{I},$$

由上式可得

$$\begin{aligned}\boldsymbol{A}&=(\boldsymbol{C}^{\mathrm{T}})^{-1}\boldsymbol{C}^{-1}\\&=\boldsymbol{B}^{\mathrm{T}}\boldsymbol{B},\end{aligned}$$

其中 $\boldsymbol{B}=\boldsymbol{C}^{-1}$ 为可逆的实矩阵. (3) 得证.

(3) ⇒ (4). 设 λ 是 $\boldsymbol{A}$ 的任意一个特征值, 对应的特征向量为 $\boldsymbol{X}$, 于是有

$$\boldsymbol{A}\boldsymbol{X}=\lambda\boldsymbol{X},$$

又已知 $\boldsymbol{A}=\boldsymbol{B}^{\mathrm{T}}\boldsymbol{B}$, 其中 $\boldsymbol{B}$ 为可逆的实矩阵, 则上式可写成

$$\left(\boldsymbol{B}^{\mathrm{T}}\boldsymbol{B}\right)\boldsymbol{X}=\lambda\boldsymbol{X},$$

上式两边同时左乘 $\boldsymbol{X}^{\mathrm{T}}$, 得

$$\boldsymbol{X}^{\mathrm{T}}\boldsymbol{B}^{\mathrm{T}}\boldsymbol{B}\boldsymbol{X}=\lambda\boldsymbol{X}^{\mathrm{T}}\boldsymbol{X},$$

即

$$(\boldsymbol{B}\boldsymbol{X},\boldsymbol{B}\boldsymbol{X})=\lambda(\boldsymbol{X},\boldsymbol{X}),$$

由 $\boldsymbol{X}\neq\boldsymbol{0},\boldsymbol{B}$ 可逆可知, $\boldsymbol{B}\boldsymbol{X}\neq\boldsymbol{0}$, 从而有

$$\lambda=\frac{(\boldsymbol{B}\boldsymbol{X},\boldsymbol{B}\boldsymbol{X})}{(\boldsymbol{X},\boldsymbol{X})}>0,$$

(4) 得证.

(4) ⇒ (1). 由定理 5.3.4 可知, 对 n 阶实对称矩阵 $\boldsymbol{A}$, 存在正交矩阵 $\boldsymbol{Q}$, 使得

$$\boldsymbol{Q}^{\mathrm{T}}\boldsymbol{A}\boldsymbol{Q}=\operatorname{diag}(\lambda_1,\lambda_2,\cdots,\lambda_n),$$

其中 $\lambda_1,\lambda_2,\cdots,\lambda_n$ 是 $\boldsymbol{A}$ 的全部特征值. 于是对实二次型 $f(x_1,x_2,\cdots,x_n)=\boldsymbol{X}^{\mathrm{T}}\boldsymbol{A}\boldsymbol{X}$ 作可逆的实线性替换 $\boldsymbol{X}=\boldsymbol{Q}\boldsymbol{Y}$, 得

$$f(x_1,x_2,\cdots,x_n)=\lambda_1y_1^2+\lambda_2y_2^2+\cdots+\lambda_ny_n^2,$$

又由 (4) 可知, $\lambda_1,\lambda_2,\cdots,\lambda_n$ 都大于零, 因此二次型 $f(x_1,x_2,\cdots,x_n)$ 正定. (1) 得证.

综上, 定理得证.

由 (2) $\Rightarrow$ (3) 的证明可得

推论 6.4.1 二次型 $f(x_1,x_2,\cdots,x_n)$ 正定的充要条件是它的规范形为

$$f(x_1,x_2,\cdots,x_n)=y_1^2+y_2^2+\cdots+y_n^2.$$

推论 6.4.2 正定矩阵的行列式大于零.

由定理 6.4.2 易得如下结果:

定理 6.4.3 若 $\boldsymbol{A}$ 是正定矩阵, 则

(1) $k\boldsymbol{A}$ 为正定矩阵, 其中 k 为任意正实数;

(2) $\boldsymbol{A}^{-1}$ 为正定矩阵;

(3) $\boldsymbol{A}^m$ 为正定矩阵, 其中 m 为任意正整数;

(4) $\boldsymbol{A}$ 的伴随矩阵 $\boldsymbol{A}^*$ 为正定矩阵;

(5) $\boldsymbol{C}^{\mathrm{T}}\boldsymbol{A}\boldsymbol{C}$ 为正定矩阵, 其中 $\boldsymbol{C}$ 为任意可逆实矩阵.

证 先证结论 (1) $\sim$ (4). 由 $\boldsymbol{A}$ 正定可知, $\boldsymbol{A}$ 是实对称矩阵, 且 $\boldsymbol{A}$ 的特征值 $\lambda_i(i=1,2,\cdots,n)$ 全部大于零. 于是 $k\boldsymbol{A}$ (或 $\boldsymbol{A}^{-1},\boldsymbol{A}^m,\ \boldsymbol{A}^*$) 是实对称的. 又由特征值的性质可知, $k\boldsymbol{A}$(或 $\boldsymbol{A}^{-1},\boldsymbol{A}^m,\boldsymbol{A}^*$) 的全部特征值是 $k\lambda_i$ (或 $\lambda_i^{-1},\lambda_i^m,\ |\boldsymbol{A}|\lambda_i^{-1}$) $(i=1,2,\cdots,n)$, 它们全部大于零. 于是, 由定理 6.4.2 可知, 结论 (1) $\sim$ (4) 成立.

下面证 (5). 由 $\boldsymbol{A}$ 正定可知, $\boldsymbol{A}$ 是实对称矩阵, 且 $\boldsymbol{A}\simeq\boldsymbol{I}$. 于是 $\boldsymbol{C}^{\mathrm{T}}\boldsymbol{A}\boldsymbol{C}$ 也是实对称矩阵, 其中 $\boldsymbol{C}$ 是可逆的实矩阵. 又 $\boldsymbol{C}^{\mathrm{T}}\boldsymbol{A}\boldsymbol{C}\simeq\boldsymbol{A},\boldsymbol{A}\simeq\boldsymbol{I}$, 由合同的传递性可知, $\boldsymbol{C}^{\mathrm{T}}\boldsymbol{A}\boldsymbol{C}\simeq\boldsymbol{I}$, 故根据定理 6.4.2, $\boldsymbol{C}^{\mathrm{T}}\boldsymbol{A}\boldsymbol{C}$ 是正定矩阵.

至此, 判断实二次型或实对称矩阵是否正定的方法已有多种, 下面举例说明.

例 6.4.1 证明: 如果 $\boldsymbol{A}^{-1}$ 是正定矩阵, 那么 $\boldsymbol{A}$ 也是正定矩阵.

证法一 由定理 6.4.3 知, 若 $\boldsymbol{A}^{-1}$ 是正定矩阵, 则 $(\boldsymbol{A}^{-1})^{-1}=\boldsymbol{A}$ 也是正定矩阵. 命题得证.

证法二 由 $\boldsymbol{A}^{-1}$ 是正定矩阵可知, $(\boldsymbol{A}^{-1})^{\mathrm{T}}=\boldsymbol{A}^{-1}\in\mathbf{R}^{n\times n}$. 上式两端取逆, 有 $\boldsymbol{A}^{\mathrm{T}}=\boldsymbol{A}$, 即 $\boldsymbol{A}$ 是实对称矩阵. 于是, 二次型

$$\begin{aligned}\boldsymbol{X}^{\mathrm{T}}\boldsymbol{A}\boldsymbol{X}&=(\boldsymbol{X},\boldsymbol{A}\boldsymbol{X})\\&=\left(\boldsymbol{A}^{-1}\boldsymbol{Y},\boldsymbol{Y}\right)\quad(\text{作可逆实线性替换 }\boldsymbol{X}=\boldsymbol{A}^{-1}\boldsymbol{Y})\\&=\boldsymbol{Y}^{\mathrm{T}}\boldsymbol{A}^{-1}\boldsymbol{Y},\end{aligned}$$

对任意非零的 $\boldsymbol{X}\in\mathbf{R}^n$, 必有 $\boldsymbol{Y}\neq\mathbf{0},\boldsymbol{Y}\in\mathbf{R}^n$ (否则, $\boldsymbol{X}=\boldsymbol{A}^{-1}\boldsymbol{Y}=\mathbf{0}$ 矛

盾), 于是由 $\boldsymbol{A}^{-1}$ 的正定性, 恒有

$$\boldsymbol{X}^{\mathrm{T}}\boldsymbol{A}\boldsymbol{X}=\boldsymbol{Y}^{\mathrm{T}}\boldsymbol{A}^{-1}\boldsymbol{Y}>0,$$

从而二次型 $\boldsymbol{X}^{\mathrm{T}}\boldsymbol{A}\boldsymbol{X}$ 正定, $\boldsymbol{A}$ 是正定矩阵.

证法三　已知 $\boldsymbol{A}^{-1}$ 是正定矩阵, 同时有

$$\boldsymbol{A}^{\mathrm{T}}\boldsymbol{A}^{-1}\boldsymbol{A}=\boldsymbol{A},$$

其中 $\boldsymbol{A}$ 是可逆的实矩阵. 于是由定理 6.4.3 知, $\boldsymbol{A}$ 是正定矩阵.

证法四　已知 $\boldsymbol{A}^{-1}$ 正定. 同证法二可证得 $\boldsymbol{A}$ 为实对称矩阵. 又存在可逆的实矩阵 $\boldsymbol{C}$, 使得

$$\boldsymbol{C}^{\mathrm{T}}\boldsymbol{A}^{-1}\boldsymbol{C}=\boldsymbol{I},$$

将上式两端取逆, 得

$$\boldsymbol{C}^{-1}\boldsymbol{A}\left(\boldsymbol{C}^{\mathrm{T}}\right)^{-1}=\boldsymbol{I},$$

令 $\left(\boldsymbol{C}^{-1}\right)^{\mathrm{T}}=\boldsymbol{P}$, 则 $\boldsymbol{P}$ 为可逆的实矩阵, 上式成为

$$\boldsymbol{P}^{\mathrm{T}}\boldsymbol{A}\boldsymbol{P}=\boldsymbol{I},$$

于是由定理 6.4.2 知, $\boldsymbol{A}$ 为正定矩阵.

证法五　已知 $\boldsymbol{A}^{-1}$ 正定, 于是由定理 6.4.2 知, 存在可逆的实矩阵 $\boldsymbol{B}$, 使得 $\boldsymbol{A}^{-1}=\boldsymbol{B}^{\mathrm{T}}\boldsymbol{B}$. 对上式两端取逆, 得 $\boldsymbol{A}=\boldsymbol{B}^{-1}\left(\boldsymbol{B}^{-1}\right)^{\mathrm{T}}$. 令 $\boldsymbol{D}=\left(\boldsymbol{B}^{-1}\right)^{\mathrm{T}}$, 则 $\boldsymbol{D}$ 为可逆的实矩阵, 且

$$\boldsymbol{A}=\boldsymbol{D}^{\mathrm{T}}\boldsymbol{D},$$

$\boldsymbol{A}$ 为实对称矩阵. 因而由定理 6.4.2 知, $\boldsymbol{A}$ 为正定矩阵.

证法六　已知 $\boldsymbol{A}^{-1}$ 正定. 同证法二可证得 $\boldsymbol{A}$ 为实对称矩阵. 设 $\boldsymbol{A}^{-1}$ 的全部特征值为 $\lambda_i^{-1}(i=1,2,\cdots,n)$, 由 $\boldsymbol{A}^{-1}$ 正定可知, $\lambda_i^{-1}>0(i=1,2,\cdots,n)$, 于是 $\boldsymbol{A}$ 的全部特征值 $\lambda_i(i=1,2,\cdots,n)$ 也大于零. 故由定理 6.4.2 知, $\boldsymbol{A}$ 为正定矩阵.

例 6.4.2　判断二次型

$$f\left(x_1,x_2,x_3\right)=2x_1^2+3x_2^2+3x_3^2+4x_2x_3$$

是否正定.

解法一 (配方法) 将二次型 $f(x_1,x_2,x_3)$ 配成完全平方项之和.

$$\begin{aligned}
f(x_1,x_2,x_3)&=2x_1^2+\left(3x_2^2+4x_2x_3\right)+3x_3^2\\
&=2x_1^2+3\left(x_2^2+\frac{4}{3}x_2x_3\right)+3x_3^2\\
&=2x_1^2+3\left(x_2+\frac{2}{3}x_3\right)^2-\frac{4}{3}x_3^2+3x_3^2\\
&=2x_1^2+3\left(x_2+\frac{2}{3}x_3\right)^2+\frac{5}{3}x_3^2\geqslant 0,
\end{aligned}$$

易见

$$\begin{aligned}
&f(x_1,x_2,x_3)=0\\
\Leftrightarrow\, &x_1=x_2+\frac{2}{3}x_3=x_3=0\\
\Leftrightarrow\, &x_1=x_2=x_3=0,
\end{aligned}$$

因此, 由正定二次型的定义可知, $f(x_1,x_2,x_3)$ 正定.

解法二 (初等变换法) 写出二次型对应的矩阵 $\boldsymbol{A}$, 对 $\boldsymbol{A}$ 作一次初等行变换, 紧接着作一次相应的初等列变换, 直至将 $\boldsymbol{A}$ 化为对角形.

$$\boldsymbol{A}=\begin{bmatrix}2&0&0\\0&3&2\\0&2&3\end{bmatrix}\xrightarrow{R_3-\frac{2}{3}R_2}\begin{bmatrix}2&0&0\\0&3&2\\0&0&\frac{5}{3}\end{bmatrix}\xrightarrow{C_3-\frac{2}{3}C_2}\begin{bmatrix}2&0&0\\0&3&0\\0&0&\frac{5}{3}\end{bmatrix},$$

于是二次型 $f(x_1,x_2,x_3)$ 有标准形

$$2y_1^2+3y_2^2+\frac{5}{3}y_3^2,$$

显然, 其正惯性指数为 3. 因此, 二次型 $f(x_1,x_2,x_3)$ 是正定的.

解法三 (求特征值法) 写出二次型 $f(x_1,x_2,x_3)$ 对应的矩阵 $\boldsymbol{A}$, 并求出 $\boldsymbol{A}$ 的全部特征值.

$$\boldsymbol{A}=\begin{bmatrix}2&0&0\\0&3&2\\0&2&3\end{bmatrix},$$

于是

$$\begin{aligned}
|\lambda\boldsymbol{I}-\boldsymbol{A}|&=\begin{vmatrix}\lambda-2&0&0\\0&\lambda-3&-2\\0&-2&\lambda-3\end{vmatrix}\\
&=(\lambda-2)(\lambda-1)(\lambda-5),
\end{aligned}$$

由上式求得 $\boldsymbol{A}$ 的全部特征值为 $\lambda_1 = 2, \lambda_2 = 1, \lambda_3 = 5$. 显然它们全大于零, 因此二次型 $f(x_1, x_2, x_3)$ 正定.

另外, 还可以由二次型的系数来判断它的正定性.

首先引入相关的概念.

定义 6.4.2　设 n 阶方阵 $\boldsymbol{A} = [a_{ij}]$, 称子式

$$\Delta_k = \begin{vmatrix} a_{11} & a_{12} & \cdots & a_{1k} \\ a_{21} & a_{22} & \cdots & a_{2k} \\ \vdots & \vdots & & \vdots \\ a_{k1} & a_{k2} & \cdots & a_{kk} \end{vmatrix}, \quad k = 1, 2, \cdots, n$$

为矩阵 $\boldsymbol{A}$ 的 k 阶顺序主子式.

定理 6.4.4　n 元实二次型 $f(x_1, x_2, \cdots, x_n) = \boldsymbol{X}^{\mathrm{T}}\boldsymbol{A}\boldsymbol{X}$ 正定的充要条件是 $\boldsymbol{A}$ 的各阶顺序主子式 $\Delta_k > 0, k = 1, 2, \cdots, n$.

证　必要性: 设二次型 $f(x_1, x_2, \cdots, x_n) = \boldsymbol{X}^{\mathrm{T}}\boldsymbol{A}\boldsymbol{X}$ 正定, 下面证明 $\Delta_k > 0$, $k = 1, 2, \cdots, n$. 记

$$\boldsymbol{A}_k = \begin{bmatrix} a_{11} & a_{12} & \cdots & a_{1k} \\ a_{21} & a_{22} & \cdots & a_{2k} \\ \vdots & \vdots & & \vdots \\ a_{k1} & a_{k2} & \cdots & a_{kk} \end{bmatrix}, \quad k = 1, 2, \cdots, n,$$

构造二次型 $f_k(x_1, x_2, \cdots, x_k) = \boldsymbol{X}_k^{\mathrm{T}}\boldsymbol{A}_k\boldsymbol{X}_k$, 其中 $\boldsymbol{X}_k = (x_1, x_2, \cdots, x_k)^{\mathrm{T}} \in \mathbf{R}^k$. 于是由二次型 $f(x_1, x_2, \cdots, x_n) = \boldsymbol{X}^{\mathrm{T}}\boldsymbol{A}\boldsymbol{X}$ 正定可知, 对于任意非零实向量 $\boldsymbol{X}_k$, 必有

$$f_k(x_1, x_2, \cdots, x_k) = f(x_1, x_2, \cdots, x_k, 0, \cdots, 0) > 0, k = 1, 2, \cdots, n,$$

于是由正定二次型的定义可知, $f_k(x_1, x_2, \cdots, x_k) = \boldsymbol{X}_k^{\mathrm{T}}\boldsymbol{A}_k\boldsymbol{X}_k$ 正定, 因而有

$$\Delta_k = \det(\boldsymbol{A}_k) > 0, \quad k = 1, 2, \cdots, n.$$

充分性: 对 n 作数学归纳法.

当 $n = 1$ 时, $\Delta_1 = a_{11} > 0$, 二次型 $f(x_1) = a_{11}x_1^2 > 0$ (对任意实数 $x_1 \neq 0$), 因此二次型正定, 结论成立.

假设充分性对 $n-1$ 元实二次型成立, 即当 $\Delta_k > 0(k = 1, 2, \cdots, n-1)$ 时, 二次型

$$f(x_1, x_2, \cdots, x_{n-1}) = \boldsymbol{X}_{n-1}^{\mathrm{T}}\boldsymbol{A}_{n-1}\boldsymbol{X}_{n-1}$$

正定, 或 $\boldsymbol{A}_{n-1}$ 正定. 下面证对 n 元实二次型充分性也成立, 即证当 $\Delta_k > 0\ (k=1, 2, \cdots, n)$ 时, 二次型

$$f(x_1, x_2, \cdots, x_n) = \boldsymbol{X}^{\mathrm{T}}\boldsymbol{A}\boldsymbol{X}$$

正定, 或 $\boldsymbol{A}$ 正定.

由定理 6.4.2 可知, 证 $\boldsymbol{A}$ 正定, 只需证 $\boldsymbol{A} \simeq \boldsymbol{I}$. 将 $\boldsymbol{A}$ 作如下分块:

$$\boldsymbol{A} = \begin{bmatrix} \boldsymbol{A}_{n-1} & \boldsymbol{\beta} \\ \boldsymbol{\beta}^{\mathrm{T}} & a_{nn} \end{bmatrix},$$

其中 $\boldsymbol{\beta} = (a_{1n}, a_{2n}, \cdots, a_{n-1,n})^{\mathrm{T}}$, 取可逆实矩阵

$$\boldsymbol{C}_1 = \begin{bmatrix} \boldsymbol{I}_{n-1} & -\boldsymbol{A}_{n-1}^{-1}\boldsymbol{\beta} \\ \boldsymbol{0} & 1 \end{bmatrix},$$

则有

$$\boldsymbol{C}_1^{\mathrm{T}}\boldsymbol{A}\boldsymbol{C}_1 = \begin{bmatrix} \boldsymbol{A}_{n-1} & \boldsymbol{0} \\ \boldsymbol{0} & \boldsymbol{a}_{nn} - \boldsymbol{\beta}^{\mathrm{T}}\boldsymbol{A}_{n-1}^{-1}\boldsymbol{\beta} \end{bmatrix} = \begin{bmatrix} \boldsymbol{A}_{n-1} & \boldsymbol{0} \\ \boldsymbol{0} & a \end{bmatrix}, \tag{6.4.1}$$

其中 $a = a_{nn} - \boldsymbol{\beta}^{\mathrm{T}}\boldsymbol{A}_{n-1}^{-1}\boldsymbol{\beta}$. 在 (6.4.1) 式中, 由 $\Delta_k > 0\ (k=1, 2, \cdots, n)$ 及归纳假设知道, $\boldsymbol{A}_{n-1}$ 正定, 同时可由 $\left|\boldsymbol{C}_1^{\mathrm{T}}\boldsymbol{A}\boldsymbol{C}_1\right| = |\boldsymbol{C}_1|^2|\boldsymbol{A}| = |\boldsymbol{A}| = |\boldsymbol{A}_{n-1}| \cdot a$ 得到 $a > 0$, 于是存在 $n-1$ 阶可逆实矩阵 $\boldsymbol{P}$, 使得

$$\boldsymbol{P}^{\mathrm{T}}\boldsymbol{A}_{n-1}\boldsymbol{P} = \boldsymbol{I}_{n-1},$$

取可逆实矩阵

$$\boldsymbol{C}_2 = \begin{bmatrix} \boldsymbol{P} & \boldsymbol{0} \\ \boldsymbol{0} & \dfrac{1}{\sqrt{a}} \end{bmatrix},$$

于是

$$\begin{aligned} \boldsymbol{C}_2^{\mathrm{T}}\boldsymbol{C}_1^{\mathrm{T}}\boldsymbol{A}\boldsymbol{C}_1\boldsymbol{C}_2 &= \boldsymbol{C}_2^{\mathrm{T}}\begin{bmatrix} \boldsymbol{A}_{n-1} & \boldsymbol{0} \\ \boldsymbol{0} & a \end{bmatrix}\boldsymbol{C}_2 \\ &= \begin{bmatrix} \boldsymbol{P}^{\mathrm{T}}\boldsymbol{A}_{n-1}\boldsymbol{P} & \boldsymbol{0} \\ \boldsymbol{0} & 1 \end{bmatrix} \\ &= \boldsymbol{I}, \end{aligned}$$

令 $\boldsymbol{C} = \boldsymbol{C}_1\boldsymbol{C}_2$, 则 $\boldsymbol{C}$ 为可逆实矩阵, 且

$$\boldsymbol{C}^{\mathrm{T}}\boldsymbol{A}\boldsymbol{C} = \boldsymbol{I},$$

因此, $\boldsymbol{A}$ 正定.

综上, 对任意正整数 n, 定理的充分性成立.

于是, 结论成立.

下面用定理 6.4.4 (即顺序主子式法) 判断例 6.4.2 所给二次型是否正定.

写出二次型对应的矩阵

$$\boldsymbol{A}=\begin{bmatrix}2&0&0\\0&3&2\\0&2&3\end{bmatrix},$$

易求得

$$\Delta_1=2>0,\Delta_2=6>0,\Delta_3=10>0,$$

故二次型 $f(x_1,x_2,x_3)$ 正定.

例 6.4.3　试问 t 取何值时, 二次型

$$f(x_1,x_2,x_3)=x_1^2+2x_2^2+3x_3^2+2tx_1x_2+2x_1x_3$$

正定.

解　二次型对应的矩阵

$$\boldsymbol{A}=\begin{bmatrix}1&t&1\\t&2&0\\1&0&3\end{bmatrix},$$

二次型正定的充要条件是 $\Delta_k>0\ (k=1,2,3)$, 即

$$\Delta_1=1>0,\ \Delta_2=\begin{vmatrix}1&t\\t&2\end{vmatrix}=2-t^2>0,$$

$$\Delta_3=\begin{vmatrix}1&t&1\\t&2&0\\1&0&3\end{vmatrix}=-3t^2+4>0,$$

由 $\Delta_2>0$ 求得 $-\sqrt{2}<t<\sqrt{2}$; 由 $\Delta_3>0$ 求得 $-\dfrac{2\sqrt{3}}{3}<t<\dfrac{2\sqrt{3}}{3}$. 因此, 当 $-\dfrac{2\sqrt{3}}{3}<t<\dfrac{2\sqrt{3}}{3}$ 时, 二次型 $f(x_1,x_2,x_3)$ 正定.

例 6.4.4 设 $\boldsymbol{A}$ 是实对称矩阵, $\boldsymbol{B}$ 是正定矩阵, 证明: 存在可逆实矩阵 $\boldsymbol{C}$, 使得 $\boldsymbol{C}^{\mathrm{T}}\boldsymbol{A}\boldsymbol{C}$ 和 $\boldsymbol{C}^{\mathrm{T}}\boldsymbol{B}\boldsymbol{C}$ 都成对角形.

证 已知 $\boldsymbol{B}$ 是正定矩阵, 于是存在可逆实矩阵 $\boldsymbol{P}$, 使得

$$\boldsymbol{P}^{\mathrm{T}}\boldsymbol{B}\boldsymbol{P}=\boldsymbol{I},$$

由 $\boldsymbol{A}$ 为实对称矩阵可知, $\boldsymbol{P}^{\mathrm{T}}\boldsymbol{A}\boldsymbol{P}$ 也是实对称矩阵. 于是, 对 $\boldsymbol{P}^{\mathrm{T}}\boldsymbol{A}\boldsymbol{P}$ 存在正交矩阵 $\boldsymbol{Q}$, 使得

$$\boldsymbol{Q}^{\mathrm{T}}\left(\boldsymbol{P}^{\mathrm{T}}\boldsymbol{A}\boldsymbol{P}\right)\boldsymbol{Q}=\operatorname{diag}\left(\lambda_1,\lambda_2,\cdots,\lambda_n\right),$$

其中 $\lambda_i(i=1,2,\cdots,n)$ 为 $\boldsymbol{P}^{\mathrm{T}}\boldsymbol{A}\boldsymbol{P}$ 的特征值. 令

$$\boldsymbol{C}=\boldsymbol{P}\boldsymbol{Q},$$

则 $\boldsymbol{C}$ 为可逆实矩阵, 且

$$\boldsymbol{C}^{\mathrm{T}}\boldsymbol{A}\boldsymbol{C}=\boldsymbol{Q}^{\mathrm{T}}\boldsymbol{P}^{\mathrm{T}}\boldsymbol{A}\boldsymbol{P}\boldsymbol{Q}=\operatorname{diag}\left(\lambda_1,\lambda_2,\cdots,\lambda_n\right),$$

$$\boldsymbol{C}^{\mathrm{T}}\boldsymbol{B}\boldsymbol{C}=\boldsymbol{Q}^{\mathrm{T}}\boldsymbol{P}^{\mathrm{T}}\boldsymbol{B}\boldsymbol{P}\boldsymbol{Q}=\boldsymbol{Q}^{\mathrm{T}}\boldsymbol{Q}=\boldsymbol{I}.$$

以上重点讨论了正定二次型和正定矩阵. 对于其他有定二次型有以下主要结果:

定理 6.4.5 设实二次型 $f\left(x_1,x_2,\cdots,x_n\right)=\boldsymbol{X}^{\mathrm{T}}\boldsymbol{A}\boldsymbol{X}$, 则下列命题等价:

(1) $f\left(x_1,x_2,\cdots,x_n\right)$ 是负定二次型 ($\boldsymbol{A}$ 是负定矩阵);

(2) $f\left(x_1,x_2,\cdots,x_n\right)$ 的负惯性指数为 $n(\boldsymbol{A}\simeq-\boldsymbol{I})$;

(3) 存在可逆实矩阵 $\boldsymbol{B}$, 使得 $\boldsymbol{A}=-\boldsymbol{B}^{\mathrm{T}}\boldsymbol{B}$;

(4) $\boldsymbol{A}$ 的 n 个特征值全部小于零;

(5) $\boldsymbol{A}$ 的顺序主子式 Δ_k 满足 $(-1)^k\Delta_k>0, k=1,2,\cdots,n$.

定理 6.4.6 设实二次型 $f\left(x_1,x_2,\cdots,x_n\right)=\boldsymbol{X}^{\mathrm{T}}\boldsymbol{A}\boldsymbol{X}$, 则下列命题等价:

(1) $f\left(x_1,x_2,\cdots,x_n\right)$ 是半正定的 ($\boldsymbol{A}$ 是半正定的);

(2) $f\left(x_1,x_2,\cdots,x_n\right)$ 的正惯性指数 $p=\mathrm{r}(\boldsymbol{A})<n(\boldsymbol{A}\simeq\operatorname{diag}(1,\cdots,1,0,\cdots,0)$, 其中 1 共有 $\mathrm{r}(\boldsymbol{A})<n$ 个);

(3) 存在不可逆的实矩阵 $\boldsymbol{B}$, 使得 $\boldsymbol{A}=\boldsymbol{B}^{\mathrm{T}}\boldsymbol{B}$;

(4) $\boldsymbol{A}$ 的特征值都大于等于零, 且其中至少有一个等于零;

(5) $\boldsymbol{A}$ 的各阶主子式全部大于等于零, 且其中至少有一个顺序主子式等于零.

另外, 关于实二次型 $f(x_1, x_2, \cdots, x_n)$ 显然有如下结论:

(1) $f(x_1, x_2, \cdots, x_n)$ 负定 $\Leftrightarrow -f(x_1, x_2, \cdots, x_n)$ 正定;

(2) $f(x_1, x_2, \cdots, x_n)$ 半负定 $\Leftrightarrow -f(x_1, x_2, \cdots, x_n)$ 半正定.

问题可作相应转化. 为此, 有关半负定的问题就不再讨论.

二次型的化简和定性理论在许多理论和实际问题中有着广泛的应用. 下面举例说明二次型的定性理论在运动稳定性中的应用.

运动稳定性问题在人们日常生活中许多领域中普遍存在. 简单地说, 一个实际系统在运动过程中, 很难避免外界的干扰, 这种扰动会对系统的正常运动产生影响. 随着时间的推移, 若系统受干扰的运动与未受干扰的运动相差很小, 则称系统的正常运动是稳定的; 否则, 称之为不稳定的. 运动稳定性理论就是研究系统正常运动状态在干扰作用下稳定的条件的理论.

以常系数线性系统

$$\frac{\mathrm{d}\boldsymbol{X}}{\mathrm{d}t} = \boldsymbol{AX} \tag{6.4.2}$$

为例, 其中 $\boldsymbol{A} \in \mathbf{R}^{n\times n}, \boldsymbol{X} = (x_1, x_2, \cdots, x_n)^{\mathrm{T}}, \dfrac{\mathrm{d}\boldsymbol{X}}{\mathrm{d}t} = \left(\dfrac{\mathrm{d}x_1}{\mathrm{d}t}, \dfrac{\mathrm{d}x_2}{\mathrm{d}t}, \cdots, \dfrac{\mathrm{d}x_n}{\mathrm{d}t}\right)^{\mathrm{T}}$, 可以证明, 有

定理 6.4.7 系统 (6.4.2) 的零解稳定的充要条件是存在正定矩阵 $\boldsymbol{V}$, 使得

$$-\left(\boldsymbol{VA} + \boldsymbol{A}^{\mathrm{T}}\boldsymbol{V}\right)$$

半正定.

感兴趣的读者可参见参考文献 [16]. 下面举例说明.

例 6.4.5 试研究带阻尼的单摆的平衡状态的稳定性.

解 设单摆的质量为 m, 摆长为 l, 黏性阻尼系数为 c, 相对垂直轴的偏角为 θ, 如图 6.4.1 所示, 则系统的动力学方程为

$$ml^2\ddot{\theta} + c\dot{\theta} + mgl\sin\theta = 0, \tag{6.4.3}$$

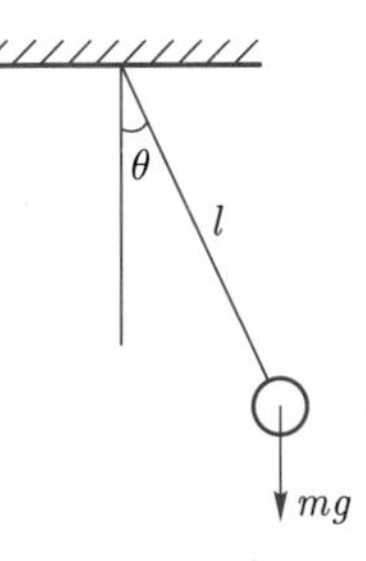

图 6.4.1 单摆

其中 $\dot{\theta} = \dfrac{\mathrm{d}\theta}{\mathrm{d}t}, \ddot{\theta} = \dfrac{\mathrm{d}^2\theta}{\mathrm{d}t^2}$. 令

$$\frac{c}{ml^2} = r, \frac{g}{l} = \omega_0^2,$$

则 (6.4.3) 式等价于

$$\ddot{\theta} + r\dot{\theta} + \omega_0^2\sin\theta = 0, \tag{6.4.4}$$

方程 (6.4.4) 的一次近似方程为

$$\ddot{\theta}+r\dot{\theta}+\omega_0^2\theta=0, \tag{6.4.5}$$

令 $\dot{\theta}=\omega$, 则 (6.4.5) 式等价于如下常系数线性系统:

$$\begin{cases}\dot{\theta}=\omega,\\ \dot{\omega}=-\omega_0^2\theta-r\omega,\end{cases}$$

或

$$\begin{bmatrix}\dot{\theta}\\ \dot{\omega}\end{bmatrix}=\begin{bmatrix}0 & 1\\ -\omega_0^2 & -r\end{bmatrix}\begin{bmatrix}\theta\\ \omega\end{bmatrix},$$

显然, 此时矩阵

$$\boldsymbol{A}=\begin{bmatrix}0 & 1\\ -\omega_0^2 & -r\end{bmatrix},$$

取

$$\boldsymbol{V}=\begin{bmatrix}\omega_0^2 & 0\\ 0 & 1\end{bmatrix},$$

$\boldsymbol{V}$ 为正定矩阵, 且使得

$$-\left(\boldsymbol{V}\boldsymbol{A}+\boldsymbol{A}^{\mathrm{T}}\boldsymbol{V}\right)=\begin{bmatrix}0 & 0\\ 0 & 2r\end{bmatrix}$$

半正定. 因此, 该系统的零解稳定.

习题六

1. 写出下列二次型的矩阵表示式:

(1) $f(x,y,z)=x^2-2xy+4xz+6y^2-yz+8z^2$;

(2) $f\left(x_1,x_2,x_3\right)=x_1^2-x_2^2+4x_3^2+4x_1x_2-6x_1x_3+2x_2x_3$;

(3) $f\left(x_1,x_2,x_3,x_4\right)=2x_1^2-x_3^2+4x_4^2+8x_1x_3-x_1x_4+6x_2x_3+2x_3x_4$;

(4) $f\left(x_1,x_2,x_3,x_4\right)=x_1^2-x_2^2-2x_1x_2+2x_1x_3+4x_2x_3$.

2. 写出下列对称矩阵对应的二次型 (用多项式表示):

(1) $\boldsymbol{A}=\begin{bmatrix}1 & 2\\ 2 & 3\end{bmatrix}$; (2) $\boldsymbol{A}=\begin{bmatrix}1 & 2 & 3\\ 2 & 2 & 3\\ 3 & 3 & 3\end{bmatrix}$;

(3) $\boldsymbol{A}=\begin{bmatrix}1 & -1 & 0 & 3\\ -1 & 2 & 6 & 1\\ 0 & 6 & 1 & 2\\ 3 & 1 & 2 & 3\end{bmatrix}$; (4) $\boldsymbol{A}=\begin{bmatrix}a & b & & & \\ b & a & b & & \\ & b & \ddots & \ddots & \\ & & \ddots & a & b\\ & & & b & a\end{bmatrix}_{n\times n}$.

3. 设二次型 $f(x_1,x_2,x_3)=\boldsymbol{X}^{\mathrm{T}}\boldsymbol{A}\boldsymbol{X}$ 对一切 $\boldsymbol{X}=(x_1,x_2,x_3)^{\mathrm{T}}$ 都有 $f(x_1,x_2,x_3)=0$, 证明: $\boldsymbol{A}=\boldsymbol{0}$.

4. 设 $\boldsymbol{A},\boldsymbol{B}$ 为 n 阶对称矩阵, 且对一切 $\boldsymbol{X}$ 都有

$$f(x_1,x_2,\cdots,x_n)=\boldsymbol{X}^{\mathrm{T}}\boldsymbol{A}\boldsymbol{X}=\boldsymbol{X}^{\mathrm{T}}\boldsymbol{B}\boldsymbol{X},$$

证明: $\boldsymbol{A}=\boldsymbol{B}$.

5. 设 $\boldsymbol{A},\boldsymbol{B},\boldsymbol{C},\boldsymbol{D}$ 都是 n 阶对称矩阵, 且 $\boldsymbol{A}\simeq\boldsymbol{B},\boldsymbol{C}\simeq\boldsymbol{D}$, 试判断下列结论是否成立? 若不成立, 试举反例; 若成立, 试证明之:

(1) $(\boldsymbol{A}+\boldsymbol{C})\simeq(\boldsymbol{B}+\boldsymbol{D})$;

(2) $\begin{bmatrix}\boldsymbol{A} & \boldsymbol{0}\\ \boldsymbol{0} & \boldsymbol{C}\end{bmatrix}\simeq\begin{bmatrix}\boldsymbol{B} & \boldsymbol{0}\\ \boldsymbol{0} & \boldsymbol{D}\end{bmatrix}$.

6. 证明: 矩阵

$$\operatorname{diag}(\lambda_1,\lambda_2,\cdots,\lambda_n)\simeq\operatorname{diag}(\lambda_{i_1},\lambda_{i_2},\cdots,\lambda_{i_n}),$$

其中 $i_1,i_2,\cdots,i_n$ 是 $1,2,\cdots,n$ 的一个排列.

7. 用配方法将下列二次型化为标准形, 并求出所用的可逆线性替换:

(1) $f(x_1,x_2,x_3)=x_1^2+4x_1x_2-3x_2x_3$;

(2) $f(x_1,x_2,x_3)=x_1^2+x_2^2+x_3^2+x_1x_2+x_1x_3+x_2x_3$;

(3) $f(x_1,x_2,x_3)=2x_1x_2+2x_1x_3-6x_2x_3$;

(4) $f(x_1,x_2,x_3,x_4)=x_1x_2+x_2x_3+x_3x_4$.

8. 用初等变换法将下列复二次型化为标准形, 并求出所用的可逆线性替换:

(1) $f(x_1,x_2,x_3)=x_1^2+4x_1x_2-3x_2x_3$;

(2) $f(x_1,x_2,x_3,x_4)=x_1^2-x_2^2+2x_3^2+2x_1x_2+2x_2x_4$;

(3) $f(x_1,x_2,x_3)=x_2^2+x_3^2-2x_1x_2+2x_2x_3$;

(4) $f(x_1,x_2,x_3)=2x_1x_2+2x_1x_3+2x_2x_3$.

9. 用正交变换法将下列实二次型化为标准形, 并求出所用的正交变换:

(1) $f(x_1,x_2,x_3)=2x_1^2+x_2^2-4x_1x_2-4x_2x_3$;

(2) $f(x_1,x_2,x_3)=x_1^2+4x_2^2+x_3^2-4x_1x_2-8x_1x_3-4x_2x_3$;

(3) $f(x_1,x_2,x_3)=2x_1x_2+2x_1x_3+2x_2x_3$;

(4) $f(x_1,x_2,x_3,x_4)=8x_1x_3+2x_1x_4+2x_2x_3+8x_2x_4$.

10. 试用直角坐标变换化简下列二次曲面方程:

(1) $4x^2-6y^2-6z^2-4yz-4x+4y+4z-5=0$;

(2) $x^2+2y^2+2z^2-4yz-2x+2\sqrt{2}y-6\sqrt{2}z+5=0$.

11. 设

$$\boldsymbol{A}=\begin{bmatrix} 4 & -2 & & & \\ -2 & 1 & & & \\ & & 5 & & \\ & & & -4 & 6 \\ & & & 6 & 1 \end{bmatrix},$$

试求正交矩阵 $\boldsymbol{Q}$, 使得 $\boldsymbol{Q}^{\mathrm{T}}\boldsymbol{A}\boldsymbol{Q}$ 为对角矩阵.

12. 设 $\boldsymbol{A}$ 是一个秩为 r 的 n 阶实对称矩阵, 试证明:

(1) $\boldsymbol{A}\simeq\operatorname{diag}(d_1,d_2,\cdots,d_r,0,\cdots,0)$, 其中 $d_i\neq 0, i=1,2,\cdots,r$;

(2) $\boldsymbol{A}$ 可以表示为 r 个秩为 1 的对称矩阵之和.

13. 将第 8 题中的复二次型化为规范形, 并求变换矩阵 $\boldsymbol{C}$.

14. 将第 9 题中的实二次型化为规范形, 并求变换矩阵 $\boldsymbol{C}$.

15. 设实二次型 $f(x_1,x_2,x_3)=2x_1x_3$.

(1) 求一个正交变换 $\boldsymbol{X}=\boldsymbol{Q}\boldsymbol{Y}$, 化 $f(x_1,x_2,x_3)$ 为规范形;

(2) 在什么条件下, 一个实二次型可用正交变换化为规范形? 并说明理由.

16. 设

$$\boldsymbol{A}=\begin{bmatrix} 1 & 0 & 0 \\ 0 & 1 & 0 \\ 0 & 0 & 3 \end{bmatrix},\quad \boldsymbol{B}=\begin{bmatrix} 2 & 0 & 0 \\ 0 & -1 & 0 \\ 0 & 0 & 2 \end{bmatrix},\quad \boldsymbol{C}=\begin{bmatrix} 1 & 1 & 0 \\ 1 & 1 & 0 \\ 0 & 0 & 1 \end{bmatrix},$$

(1) $\boldsymbol{A}$ 与 $\boldsymbol{B}$ 在复数域上是否合同? $\boldsymbol{A}$ 与 $\boldsymbol{C}$ 在复数域上是否合同? 并说明理由;

(2) $\boldsymbol{A}$ 与 $\boldsymbol{B}$ 在实数域上是否合同? $\boldsymbol{A}$ 与 $\boldsymbol{C}$ 在实数域上是否合同? 并说明理由.

17. 已知实二次型 $\boldsymbol{X}^{\mathrm{T}}\boldsymbol{A}\boldsymbol{X}$ 的正、负惯性指数都不为零. 证明: 存在非零向量 $\boldsymbol{X}_1, \boldsymbol{X}_2$ 和 $\boldsymbol{X}_3$, 使得 $\boldsymbol{X}_1^{\mathrm{T}}\boldsymbol{A}\boldsymbol{X}_1 > 0, \boldsymbol{X}_2^{\mathrm{T}}\boldsymbol{A}\boldsymbol{X}_2 = 0$ 和 $\boldsymbol{X}_3^{\mathrm{T}}\boldsymbol{A}\boldsymbol{X}_3 < 0$.

18. 证明: 全体 n 阶实对称矩阵按实数域上合同分类, 共有 $\dfrac{1}{2}(n+1)\cdot(n+2)$ 类.

19. 判断下列二次型是否正定:

(1) $f(x_1, x_2, x_3) = 2x_1^2 + x_2^2 - 4x_1x_2 - 4x_2x_3$;

(2) $f(x_1, x_2, x_3) = x_1^2 + 2x_2^2 + 4x_3^2 + 2x_1x_2 - 4x_2x_3$;

(3) $f(x_1, x_2, x_3, x_4) = x_1^2 + 2x_2^2 + 3x_3^2 + 4x_4^2 - 2x_1x_2 + 4x_2x_3 - 8x_3x_4$;

(4) $f(x_1, x_2, \cdots, x_n) = \displaystyle\sum_{i=1}^{n} x_i^2 + \sum_{i=1}^{n-1} x_ix_{i+1}$.

20. 判断下列矩阵是否正定:

(1) $\begin{bmatrix} 1 & -2 & 0 \\ -2 & 2 & -2 \\ 0 & -2 & 3 \end{bmatrix}$; (2) $\begin{bmatrix} 5 & 2 & -2 \\ 2 & 5 & -1 \\ -2 & -1 & 5 \end{bmatrix}$;

(3) $\begin{bmatrix} 1 & 2 & 1 \\ 2 & 5 & -3 \\ 1 & -3 & 9 \end{bmatrix}$; (4) $\begin{bmatrix} 2 & 2 & -2 \\ 2 & 5 & -4 \\ -2 & -4 & 5 \end{bmatrix}$.

21. 参数 t 满足什么条件时, 下列二次型正定:

(1) $f(x_1, x_2, x_3) = x_1^2 + 4x_2^2 + 2x_3^2 + 4tx_1x_2 + 2x_1x_3$;

(2) $f(x_1, x_2, x_3) = 2x_1^2 + x_2^2 + 3x_3^2 + 4tx_1x_2 + 2x_1x_3$.

22. 设二次型 $f(x_1, x_2, \cdots, x_n)$ 对于任意全不为零的 $x_1, x_2, \cdots, x_n$ 都大于零. 二次型 f 是否正定? 若 f 正定, 试证明之; 若 f 不正定, 试举出反例.

23. 设 $\boldsymbol{B}$ 为可逆矩阵, 证明: $\boldsymbol{B}^{\mathrm{T}}\boldsymbol{B}$ 是正定矩阵.

24. 设 $\boldsymbol{A}$ 为正定矩阵, 证明:

(1) $\boldsymbol{A}^{-1}$ 为正定矩阵;

(2) $\boldsymbol{A}$ 的伴随矩阵 $\boldsymbol{A}^*$ 为正定矩阵;

(3) $\boldsymbol{A}^k$ 为正定矩阵, k 为正整数.

25. 已知 $\boldsymbol{A}, \boldsymbol{B}$ 都是 n 阶正定矩阵, k, s 为正数, 证明: $k\boldsymbol{A} + s\boldsymbol{B}$ 也

正定.

26. 设 $\boldsymbol{A}$ 是 n 阶实对称矩阵. t 满足什么条件时, $\boldsymbol{A}+t\boldsymbol{I}$ 正定?

27. 设 $\boldsymbol{A}\in\mathbf{R}^{m\times n}, m<n$, 证明: $\boldsymbol{A}\boldsymbol{A}^{\mathrm{T}}$ 正定的充要条件是 $\mathrm{r}(\boldsymbol{A})=m$.

28. 设 $\boldsymbol{\alpha}_1,\boldsymbol{\alpha}_2,\cdots,\boldsymbol{\alpha}_m$ 都是 n 元实向量, 证明: 矩阵

$$\begin{bmatrix} (\boldsymbol{\alpha}_1,\boldsymbol{\alpha}_1) & (\boldsymbol{\alpha}_1,\boldsymbol{\alpha}_2) & \cdots & (\boldsymbol{\alpha}_1,\boldsymbol{\alpha}_m) \\ (\boldsymbol{\alpha}_2,\boldsymbol{\alpha}_1) & (\boldsymbol{\alpha}_2,\boldsymbol{\alpha}_2) & \cdots & (\boldsymbol{\alpha}_2,\boldsymbol{\alpha}_m) \\ \vdots & \vdots & & \vdots \\ (\boldsymbol{\alpha}_m,\boldsymbol{\alpha}_1) & (\boldsymbol{\alpha}_m,\boldsymbol{\alpha}_2) & \cdots & (\boldsymbol{\alpha}_m,\boldsymbol{\alpha}_m) \end{bmatrix}$$

正定的充要条件是向量组 $\boldsymbol{\alpha}_1,\boldsymbol{\alpha}_2,\cdots,\boldsymbol{\alpha}_m$ 线性无关.

29. 设 $\boldsymbol{X}_1,\boldsymbol{X}_2,\cdots,\boldsymbol{X}_m$ 是 m 个 n 元非零列向量, 证明: 若存在 n 阶正定矩阵 $\boldsymbol{A}$, 使得

$$\boldsymbol{X}_i^{\mathrm{T}}\boldsymbol{A}\boldsymbol{X}_j=0 \quad (i\neq j; i,j=1,2,\cdots,m),$$

则向量组 $\boldsymbol{X}_1,\boldsymbol{X}_2,\cdots,\boldsymbol{X}_m$ 线性无关.

30. 设 $\boldsymbol{A}$ 是 2 阶实对称矩阵, 且 $\det\boldsymbol{A}=2, \operatorname{tr}\boldsymbol{A}=3$.

(1) 证明: $\boldsymbol{A}$ 是正定的;

(2) 判断二次曲线 $\boldsymbol{X}^{\mathrm{T}}\boldsymbol{A}\boldsymbol{X}=4$ 的形状, 其中 $\boldsymbol{X}=(x,y)^{\mathrm{T}}$.

31. 设实二次型 $f(x_1,x_2,x_3)=\boldsymbol{X}^{\mathrm{T}}\boldsymbol{A}\boldsymbol{X}$ 经过正交变换 $\boldsymbol{X}=\boldsymbol{Q}\boldsymbol{Y}$ 化为 $f=y_1^2+2y_2^2+3y_3^2$, 其中 $\boldsymbol{X}=(x_1,x_2,x_3)^{\mathrm{T}}, \boldsymbol{Y}=(y_1,y_2,y_3)^{\mathrm{T}}$.

(1) f 是否正定?

(2) 求 $\det\boldsymbol{A}$;

(3) 若

$$\boldsymbol{Q}=\begin{bmatrix} 1 & 0 & 0 \\ 0 & \frac{1}{\sqrt{2}} & \frac{1}{\sqrt{2}} \\ 0 & -\frac{1}{\sqrt{2}} & \frac{1}{\sqrt{2}} \end{bmatrix},$$

试求矩阵 $\boldsymbol{A}$.

32. 设 $\boldsymbol{A},\boldsymbol{B}$ 都是 n 阶正定矩阵, 且 $\boldsymbol{A}\boldsymbol{B}=\boldsymbol{B}\boldsymbol{A}$, 证明: $\boldsymbol{A}\boldsymbol{B}$ 也是正定矩阵.

33. 设 $\boldsymbol{A}$ 是 n 阶实对称矩阵, 且

$$\boldsymbol{A}^3-7\boldsymbol{A}^2+14\boldsymbol{A}-8\boldsymbol{I}=\boldsymbol{0},$$

证明: $\boldsymbol{A}$ 是正定矩阵.

34. 证明: (1) 正定矩阵的主对角元都大于零; (2) 负定矩阵的主对角元都小于零.

35. 判断下列二次型的定性:

(1) $f(x_1,x_2,x_3)=-2x_1^2-4x_2^2-8x_3^2+2x_1x_2+4x_2x_3$;

(2) $f(x_1,x_2,x_3)=x_1^2+2x_2^2+3x_3^2+2x_1x_2-4x_2x_3$;

(3) $f(x_1,x_2,x_3)=2x_2^2+2x_3^2-2x_1x_2-2x_1x_3-2x_2x_3$.

36. 设 $\boldsymbol{B}$ 是 n 阶实矩阵, 且 $\mathrm{r}(\boldsymbol{B})<n$, 证明: $\boldsymbol{B}^{\mathrm{T}}\boldsymbol{B}$ 是半正定矩阵.

37. 已知二次型 $f(x_1,x_2)=ax_1^2+2bx_1x_2+cx_2^2$ 是正定的, 证明: 二次型

$$g(y_1,y_2)=\det\begin{bmatrix} a & b & y_1 \\ b & c & y_2 \\ y_1 & y_2 & 0 \end{bmatrix}$$

是负定的.

38. 设 $\boldsymbol{A}$ 是 n 阶正定矩阵, $\boldsymbol{X}=(x_1,x_2,\cdots,x_n)^{\mathrm{T}}$, 证明: 二次型

$$f(x_1,x_2,\cdots,x_n)=\det\begin{bmatrix} \mathbf{0} & \boldsymbol{X}^{\mathrm{T}} \\ \boldsymbol{X} & \boldsymbol{A} \end{bmatrix}$$

是负定的.

39. 已知矩阵 $\boldsymbol{A}=[a_{ij}]\in\mathbf{R}^{n\times n}$ 正定, 证明:

$$\det\boldsymbol{A}\leqslant a_{11}a_{22}\cdots a_{nn}.$$

参 考 文 献

[1] 王耕禄. 线性代数 [M]. 北京: 北京理工大学出版社, 1992.

[2] 居余马, 胡金德, 林翠琴, 等. 线性代数 [M]. 北京: 清华大学出版社, 1995.

[3] 熊全淹, 叶明训. 线性代数 [M]. 3 版. 北京: 高等教育出版社, 1987.

[4] LIEBECK H. 实用代数学 [M]. 费青云, 潘介正, 王建磐, 译. 北京: 高等教育出版社, 1985.

[5] 谢国瑞. 应用矩阵方法 [M]. 北京: 化学工业出版社, 1988.

[6] 普罗斯库烈柯夫 ИB. 线性代数习题集 [M]. 周晓钟, 译. 北京: 人民教育出版社, 1981.

[7] LUCAS W F. 政治及有关模型 [M]. 王国秋, 刘德铭, 译. 长沙: 国防科技大学出版社, 1996.

[8] STRANG G. Linear Algebra and Its Applications [M]. New York: Academic Press, Inc, 1980.

[9] RORRES C, ANTON H. Applications of Linear Algebra [M]. New York: Wiley, 1984.

[10] 北京大学数学系前代数小组. 高等代数 [M]. 王萼芳, 石生明, 修订. 5 版. 北京: 高等教育出版社, 2019.

[11] 俞正光, 李永乐, 詹汉生. 线性代数与解析几何 [M]. 北京: 清华大学出版社, 1998.

[12] 陈维新. 线性代数 [M]. 北京: 科学出版社, 2000.

[13] KOLMAN B. Elementary Linear Algebra [M]. New York: Macmillan Publishing Company, 1982.

[14] 史荣昌. 矩阵分析 [M]. 北京: 北京理工大学出版社, 1996.

[15] 欧维义, 李常孝, 张平. 研究生入学考试数学试题精选 · 精解 · 精练(线性代数)[M]. 长春: 吉林大学出版社, 2000.

[16] 黄琳. 稳定性理论 [M]. 北京: 北京大学出版社, 1992.

[17] 张苍, 等. 九章算术 [M]. 邹涌, 译解. 3 版. 重庆: 重庆出版社, 2016.

索　　引

特殊符号及字母

C

D

E

F

K

L

Q

R

S

T

Y

Z